Word+Excel+PPT+PS+移动办公

完全自学视频教程 5合1

超值全彩版

IT教育研究工作室◎编著

中国水利水电出版社
www.waterpub.com.cn
·北京·

内容简介

本书以“商务办公”为出发点，以短时间内“提高工作效率”为目标，充分考虑到职场人士和商务精英的实际需求，系统并全面地讲解了职场中最常用、最常见的五大商务办公技能，包括：①Word文字处理；②Excel电子表格；③PPT幻灯片制作；④Photoshop图像处理；⑤手机移动办公指南。

全书分5篇共17章。第1篇：用Word高效做文档(第1章~第5章)，主要讲解了Word办公文档的编辑与排版、表格制作、文档高级处理等技能；第2篇：用Excel高效制表格(第6章~第10章)，主要讲解了Excel电子表格创建、数据计算、数据分析与统计等技能；第3篇：用PowerPoint高效做幻灯片(第11章和第12章)，主要讲解了PPT幻灯片的创建、编辑及播放设置等技能；第4篇：用PS高效处理图像(第13章~第16章)，主要讲解了Photoshop图像处理、特效设计与创意、广告设计等技能；第5篇：高效移动办公篇(第17章)，主要讲解了手机移动办公相关的应用技能。

本书既适合零基础且想快速掌握商务办公技能的读者学习，又可以作为广大职业院校教材的参考用书及企事业单位的办公培训教材。

图书在版编目(CIP)数据

Word+Excel+PPT+PS+移动办公完全自学视频教程5合1/IT教育研究工作室编著. —北京：中国水利水电出版社，2019.5(2023.3重印)

ISBN 978-7-5170-7527-1

Ⅰ.①W… Ⅱ.①I… Ⅲ.①办公自动化—应用软件教材 Ⅳ.①TP317.1

中国版本图书馆CIP数据核字(2019)第051114号

书　名	Word+Excel+PPT+PS+移动办公完全自学视频教程5合1 Word+Excel+PPT+PS+YIDONG BANGONG WANQUAN ZIXUE SHIPIN JIAOCHENG 5 HE 1
作　者	IT教育研究工作室　编著
出版发行	中国水利水电出版社 (北京市海淀区玉渊潭南路1号D座 100038) 网址：www.waterpub.com.cn E-mail：zhiboshangshu@163.com 电话：(010)62572966-2205/2266/2201(营销中心)
经　售	北京科水图书销售有限公司 电话：(010)68545874、63202643 全国各地新华书店和相关出版物销售网点
排　版	北京智博尚书文化传媒有限公司
印　刷	北京富博印刷有限公司
规　格	170mm×240mm　16开本　22.5印张　567千字　1插页
版　次	2019年5月第1版　2023年3月第15次印刷
印　数	156001—162000册
定　价	89.80元

PERFACE 前言

◆ 为什么编写本书

无论你是一线工作的普通职员，还是企业的高级管理人员；无论你从事哪个工作领域（诸如行政文秘、人力资源、财务会计、市场销售、教育培训等），人在职场，工作中都离不开商务办公技能。

基于此，我们花了一年时间专门调研职场人士对商务办公技能的需求，策划并编写了这本办公5合1教程。

本书与众不同之处在于：①内容安排上充分考虑到职场人士和商务精英的实际需求，涵盖当下职场中最常用、最常见的五大商务办公技能(Word文字处理 + Excel电子表格 + PPT幻灯片制作 + Photoshop图像处理 + 手机移动办公指南)，做到“一书在手，办公不愁”。②本书打破传统教条式写法，精选职场中的工作案例，通过讲解案例制作的过程，融会贯通了软件应用技能。本着用最科学的方法教会你日常工作中的高效办公技能，旨在让读者真正“学得会、也用得上”。

◆ 本书有哪些特点

案例引导，活学活用。本书精选了丰富且实用的职场案例，涉及行政文秘、人力资源、财务会计、市场营销、图像处理、广告设计、移动办公等常见应用领域。这种以案例贯穿全书的讲解方法，让职场人士带着目的学习操作，学完马上就能运用。

思路解析，事半功倍。本书打破常规，没有一来就讲解案例操作，而是通过清晰的“思维导图”来帮助读者理清案例思路，明白在职场中什么情况下会制作此类文档，制作的要点是什么、有什么样的步骤。从而跳出迷阵，带着全局观来学习后面的内容，不再苦苦思考“为什么要这样操作”。

一步一图，易学易会。本书在进行案例讲解时，为每一步操作都配上对应的软件截图，并清晰地标注了操作步骤。让读者结合计算机中的软件，快速领会操作技巧，迅速提高办公效率。

专家点拨，少走弯路。本书在讲解案例时，不只是简单的操作讲解，而是以“专家答疑”和“专家点拨”的方式穿插到案例讲解过程中，解释为什么这样操作、操作时的难点、注意事项是什么。真正解决了读者在学习过程中的疑问，帮助读者少走弯路。

扫码学习，一看即会。本书相关内容的讲解，都配有同步的多媒体教学视频，读者可以用微信扫一扫书中对应的二维码，即可随时随地同步学习。

◆ 有那些赠送资料

花一本书的钱，买的不仅仅是一本书，而是一套超值的综合学习套餐。套餐学习资料如下。

①同步学习文件。提供了书中所有案例的素材文件，方便读者跟着书中讲解同步练习操作。

②《电脑入门必备技能手册》电子书，即使你不懂电脑，也可以通过本手册的学习，掌握电脑入门技能，以便更好地学习商务办公应用技能。

③《Office办公技巧随身查》电子书，为你排解Office办公疑难，提升工作效率。

④《电脑常见故障排解速查手册》电子书，一册在手，电脑故障不再求人。

⑤ 共9集《电脑系统安装、重装、备份、还原》视频教程，解除读者电脑办公中系统崩溃的烦恼。

⑥1000个Office商务办公模板，拿来即用，不必再花时间和心血去搜集。

⑦2380个PS设计样式资源库，提升图像处理效率。

⑧Word、Excel、PPT高效办公快捷键速查表

温馨提示：以上内容可以通过以下步骤来获取学习资源。

	第1步：打开手机微信，点击【发现】点击 →【扫一扫】→ 对准此二维码 → 扫描 → 成功后进入【详细资料】页面，点击【关注】。
	第2步：进入公众账号主页面，点击左下角的【键盘 】图标 → 在右侧输入"sD2019wHy"→ 点击【发送】按钮，即可获取对应学习资料的"下载网址"及"下载密码"。
	第3步：在电脑中打开浏览器窗口在【地址栏】中输入上一步获取的"下载网址"，并打开网站 → 提示输入密码，输入上一步获取的"下载密码"单击【提取】按钮。
	第4步：进入下载页面，单击书名后面的【下载】按钮，即可将学习资源包下载到电脑中。若提示是【高速下载】还是【普通下载】，请选择【普通下载】。
	第5步：下载完后，有些资料若是压缩包，请通过解压软件(如WinRAR、7-zip等)进行解压就可使用。

◆ 本书适合读者

- 零基础，想快速学习Word、Excel、PowerPoint、Photoshop及手机办公应用技能的读者；
- 对商务办公略知一二，职场办公应用不太熟悉或不懂的人员；
- 有一点点基础，但缺乏商务办公实战应用经验的人员；
- 即将走入社会，参加工作的广大院校毕业生。

本书由IT教育研究工作室策划，并组织相关老师编写，他们具有丰富的商务办公应用技巧和实战经验，对于他们的辛苦付出在此表示衷心的感谢！同时，由于计算机技术发展非常迅速，书中疏漏和不足之处在所难免，敬请广大读者及专家指正。

读者学习交流 QQ 群：292480556

致亲爱的读者

若工作不高效，职场何来晋升？

90%的人都想改变现状，而付诸行动的人却不到30%。

从买下这本书的那一刻起，你就已经超越了绝大部分的人！

人的一生中，“学习”是最有价值的投资。

利用碎片化时间给自己充电，身在职场，学无止境！

目录

CONTENTS

第 1 篇　用 Word 高效做文档

第1篇

第2篇

第3篇

第4篇

第5篇

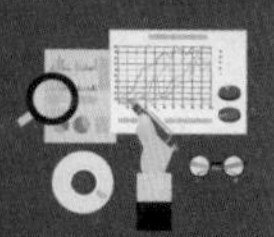

目录

CONTENTS

第1篇

第2篇

第3篇

第4篇

第5篇

目录

CONTENTS

第 2 篇 用 Excel 高效制表格

第1篇

第2篇

第3篇

第4篇

第5篇

目录

CONTENTS

第1篇

第2篇

第3篇

第4篇

第5篇

目录

CONTENTS

第 3 篇 用 PowerPoint 高效做幻灯片

第1篇

第2篇

第3篇

第4篇

第5篇

目录

CONTENTS

第1篇

第2篇

第3篇

第4篇

第5篇

第 4 篇　用 PS 高效处理图像

目录

CONTENTS

目录

CONTENTS

第1篇

第2篇

第3篇

第4篇

第5篇

第 5 篇　高效移动办公篇

第1篇

用Word高效做文档

第1章 Word办公文档的录入与编排

◆本章导读

Word 2016是Microsoft公司推出的一款强大的文字处理软件，使用该软件可以轻松地输入和编排文档。本章通过制作劳动合同和公司年度培训方案，系统地介绍了Word 2016的文档编辑和排版功能。

◆知识要点

- Word文档的基本操作
- 替换与查找的应用技巧
- 制表符在排版中的应用
- 段落格式的设置
- 页眉/页脚的设置技巧
- 目录的设置技巧

◆案例展示

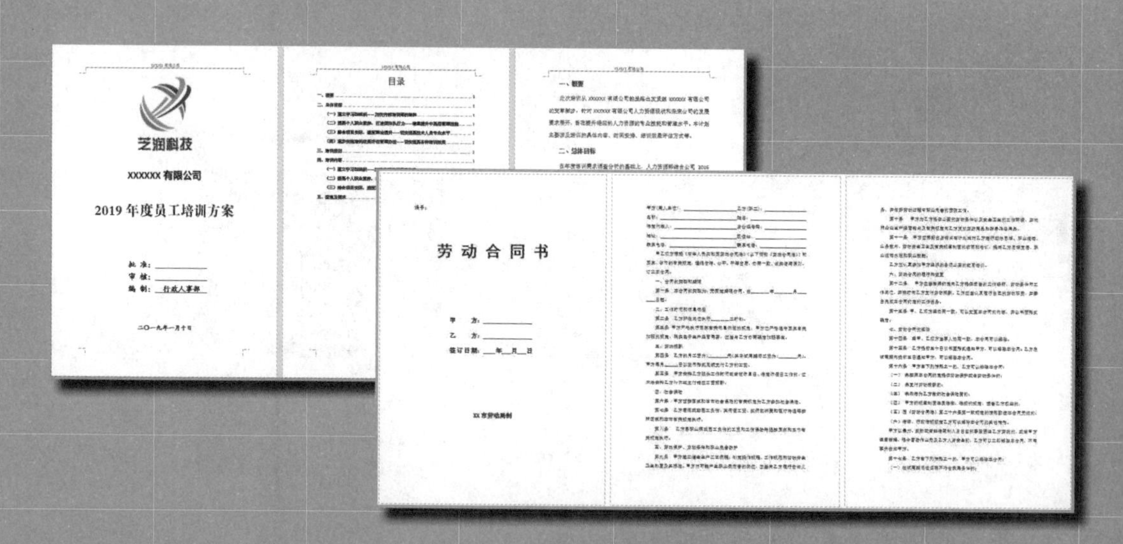

1.1 制作“劳动合同”

扫一扫 看视频

※ 案例说明

劳动合同是公司常用的文档资料之一。一般情况下，企业可以采用劳动部门制作的格式文本，也可以在遵循劳动法律法规的前提下，根据公司自身的情况，制定合理、合法、有效的劳动合同。本节将利用 Word 的文档编辑功能，制作一份名为“劳动合同”的文档。

“劳动合同”文档制作完成后的效果如下图所示。

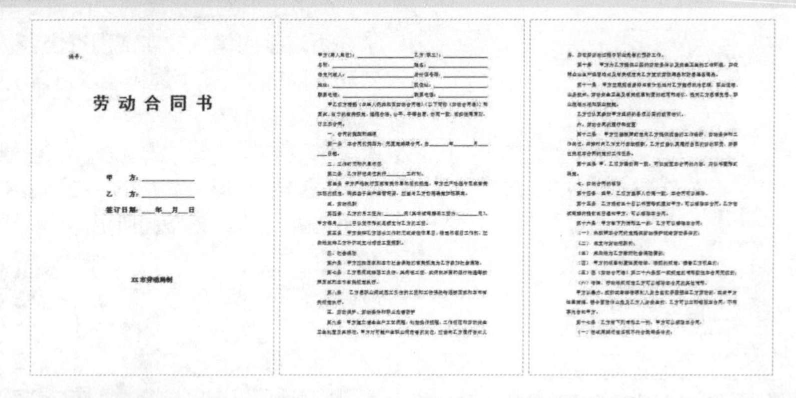

劳 动 合 同 书

甲　方：__________

乙　方：__________

签订日期：___年__月__日

XX市劳动局制

※ 思路解析

劳动合同是企业与员工签订的用工协议，一般包括两个主体，一是用工单位，二是劳动者。最近某公司进行招聘制度改革，要求行政主管制作一份新的劳动合同。其制作流程及思路如下图所示。

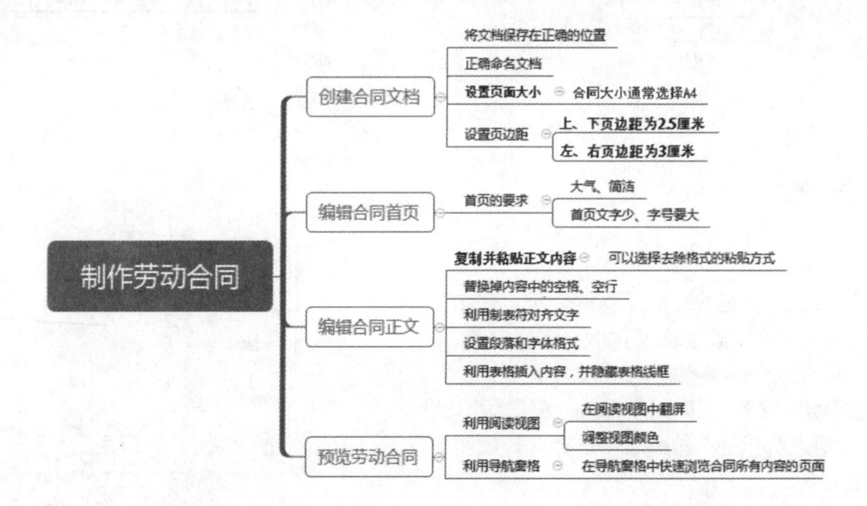

※ 步骤详解

1.1.1 创建并设置劳动合同格式

在编排劳动合同前，首先需要创建一个合同文档，并准确设置文档的格式以符合规范。

>>>1. 新建空白文档

在编排文档前要养成在正确的位置创建文档并命名的习惯，以防文档丢失。

第1步：新建文档。❶在保存文档的文件夹中，右击鼠标，从弹出的快捷菜单中选择"新建"命令；❷选择级联菜单中的"Microsoft Word文档"命令，如下图所示。

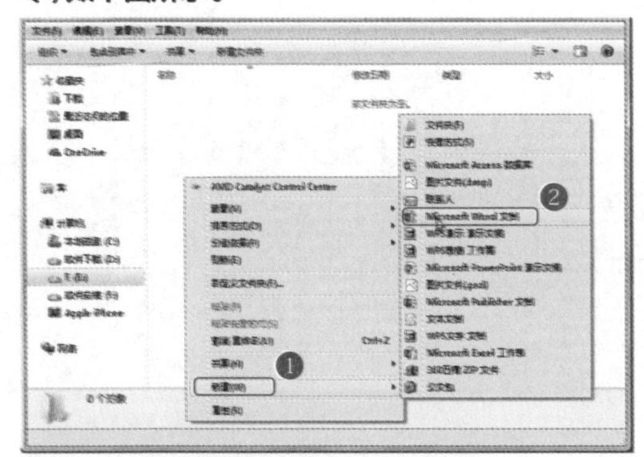

第2步：为文档命名。为成功创建的Word文档输入正确的名称，如下图所示。

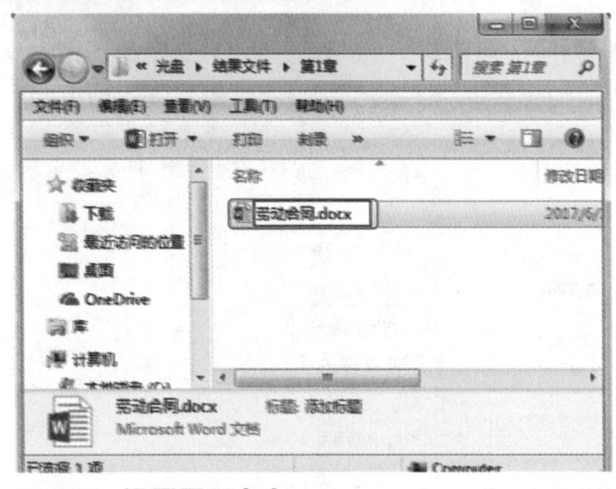

>>>2. 设置页面大小

不同的文档对页面大小有不同的要求。在文档创建完成后，应根据需求对页面大小进行设置。通常情况下，劳动合同选择A4页面大小。

❶切换到"布局"选项卡下，单击"纸张大小"下拉按钮；❷在弹出的下拉列表中选择A4，如右上图所示。

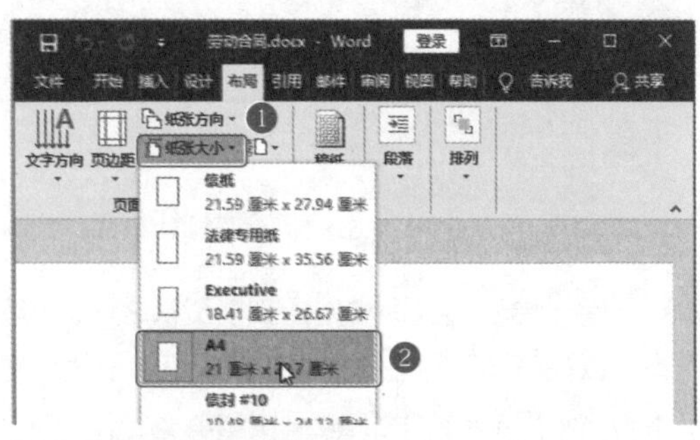

>>>3. 设置页边距

页边距指的是页面的边线到文字的距离，通常在页边距内输入文字或图形内容。一般来说，劳动合同的上、下页边距通常是2.5厘米，左、右页边距是3厘米。

第1步：打开"页面设置"对话框。❶单击"页边距"下拉按钮，❷在弹出的下拉列表中选择"自定义页边距"选项，如下图所示。

第2步：设置页边距。❶在"页面设置"对话框中，输入页边距的数值，上、下为2.5厘米，左、右为3厘米；❷单击右下角"确定"按钮，如下图所示。

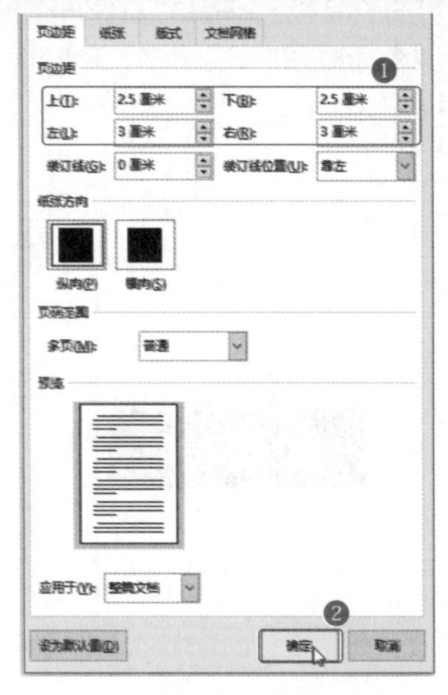

1.1.2 编辑劳动合同首页

“劳动合同”文档的基本格式设置完成后，就可以开始编辑合同的首页了。首页的内容应该说明这份文档，格式应当简洁大气。在输入内容时，一部分内容输入完成后需要换行，再输入另外一部分的内容。

>>>1. 输入首页内容

第1步：定位光标输入第一行字。 将光标置于页面左上方，输入第一行字，如下图所示。

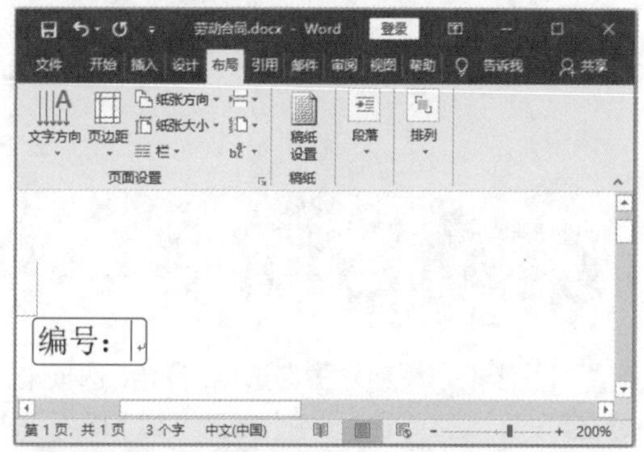

第2步：按Enter键换行。 第一行字输入完成后，按下Enter键，让光标换行，如下图所示。

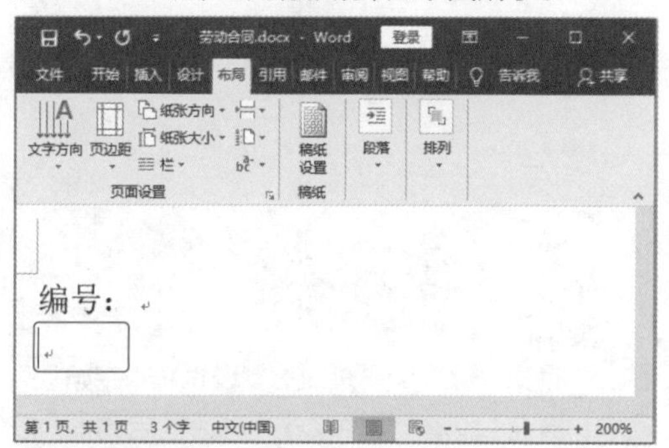

第3步：输入第二行字。 完成换行后，输入第二行字，如下图所示。

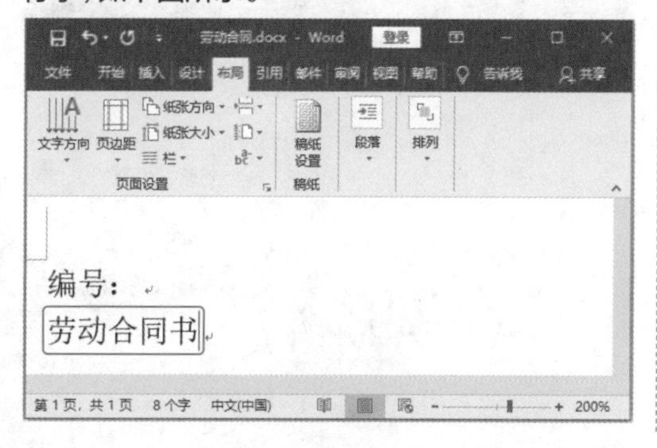

第4步：完成首页内容输入。 按照同样的方法，完成首页内容的输入，如下图所示。

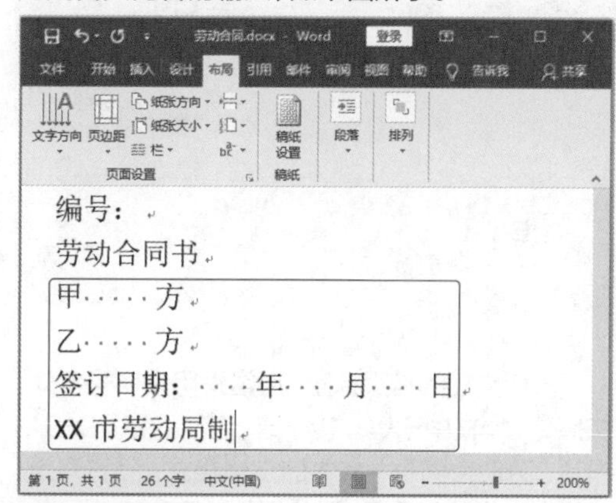

专家点拨

按Enter键换行称为硬回车，按Enter+Shift组合键换行称为软回车。硬回车的效果是分段，换行后新输入的是另一段内容。而软回车的效果只是换行不换段，类似于首行缩进这样的段落格式，对软回车后输入的文字是无效的。

>>>2. 编辑“编号”文字格式

录入首页内容后，接下来设置“编号”格式，包括字体、字号、行距以及对齐方式等。在Word 2016的“开始”选项卡中，可以轻松完成字体和段落的格式设置，具体操作步骤如下。

第1步：设置字体格式。 ❶选择文本“编号”；❷选择“开始”选项卡；❸在“字体”组中将“字体”设置为“仿宋”；❹将字号设置为“四号”，如下图所示。

第2步：设置行距。 ❶选择文本“编号”；❷在“开始”选项卡“段落”组中单击“行和段落间距”按钮；❸在弹出的下拉列表中选择3.0选项，即可将所选文本的行距设置为3倍行距，如下图所示。

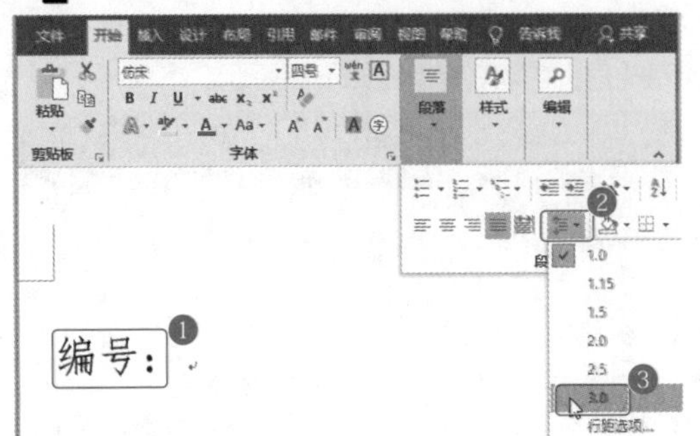

>>>3. 设置标题格式

一篇文档的首页标题，通常采用大字号字体，如黑体、华文中宋等。接下来，在Word 2016中设置“劳动合同书”文本的字体格式、段落间距、行距以及字体宽度等，具体操作步骤如下。

第1步：打开“字体”对话框。❶选择标题“劳动合同书”；❷选择“开始”选项卡；❸在“字体”组中单击“对话框启动器”按钮，如下图所示。

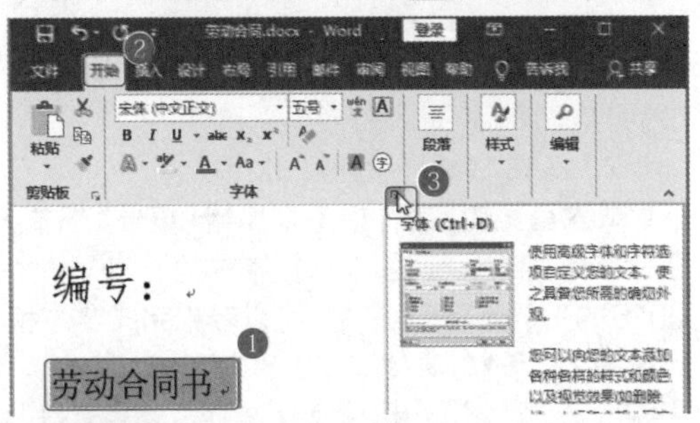

第2步：设置字体格式。❶在弹出的“字体”对话框中将“中文字体”设置为“黑体”；❷将“字形”设置为“常规”；❸将字号设置为“初号”；❹单击“确定”按钮，如下图所示。

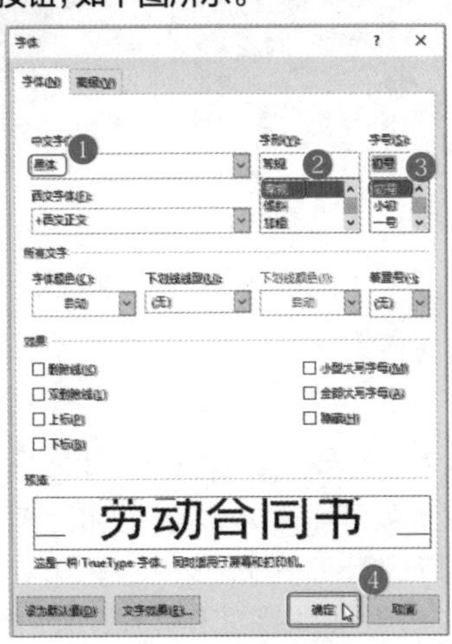

专家点拨

对于字体格式，也可以直接在“开始”选项卡下的“字体”组中进行设置，但是在“字体”对话框中有更多的设置选项。

第3步：设置字体加粗。❶选择“开始”选项卡；❷在“字体”组中单击“加粗”按钮 B，如下图所示。

第4步：设置对齐方式。❶选择“开始”选项卡；❷在“段落”组中单击“居中”按钮，如下图所示。

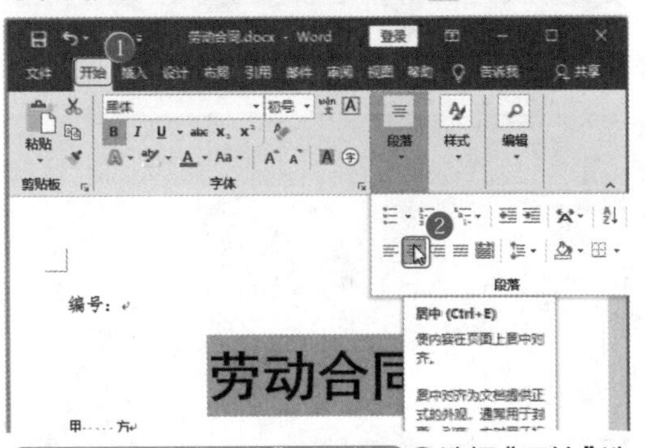

第5步：打开“段落”对话框。❶选择“开始”选项卡；❷在“段落”组中单击“对话框启动器”按钮，如下图所示。

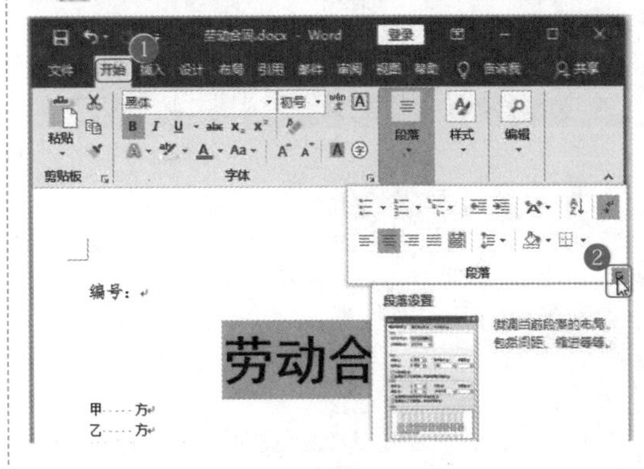

专家点拨

启动对话框的方法通常有以下两种。

(1)选中文本，单击鼠标右键，在弹出的快捷菜单中选择“段落”命令。

(2)选中文本，单击“开始”选项卡“段落”组中的“对话框启动器”按钮。

第6步：设置行距、间距。❶在弹出的“段落”对话框中，默认切换到“缩进和间距”选项卡；❷将“行距”设置为“1.5倍行距”；❸将“间距”设置为“段前4行、段后4行”；❹单击“确定”按钮，如下图所示。

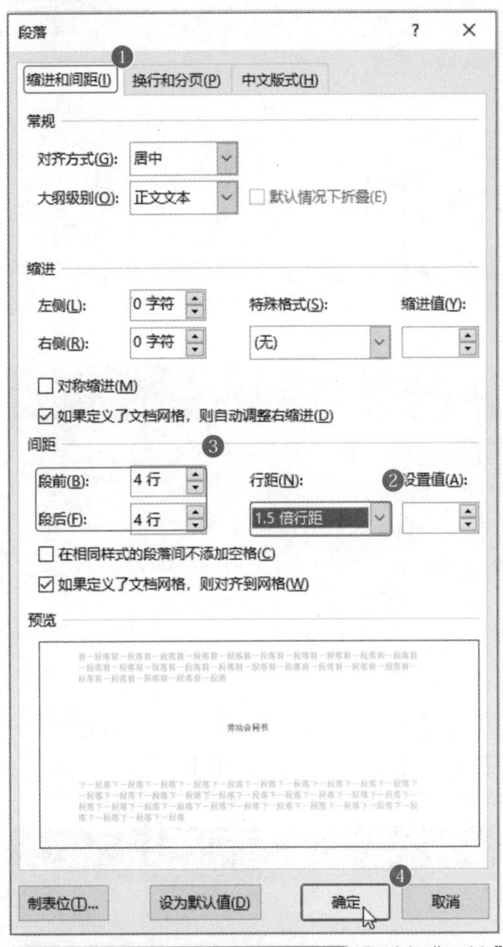

第7步：打开“调整宽度”对话框。❶选择“开始”选项卡；❷在“段落”组中单击“中文版式”下拉按钮；❸在弹出的下拉列表中选择“调整宽度”选项，如右上图所示。

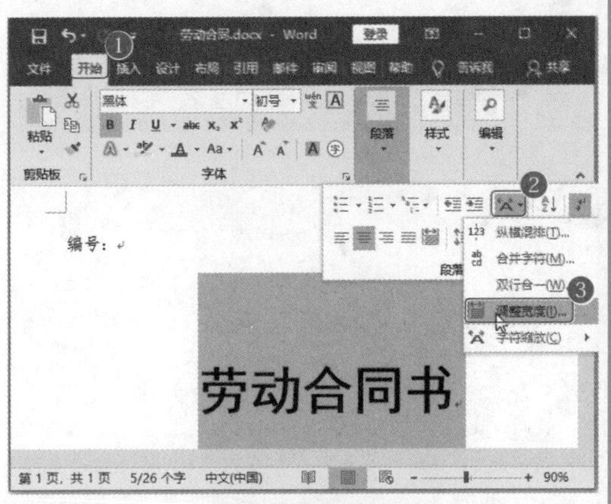

第8步：设置文字宽度。❶在弹出的“调整宽度”对话框中，将“新文字宽度”设置为“7字符”；❷单击“确定”按钮，如下图所示。

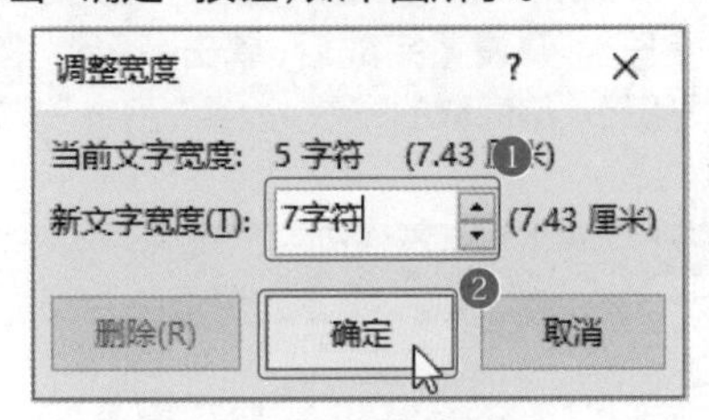

>>>4. 设置首页其他内容格式

正规的劳动合同首页通常包括订立劳动合同的甲乙双方信息、签订时间以及印制单位等。接下来设置这些项目的字体和段落格式，使其更加整齐美观，具体操作步骤如下。

第1步：设置字体格式。将所有项目的“字体”设置为“宋体(中文正文)”，“字号”设置为“三号”，并加粗显示，如下图所示。

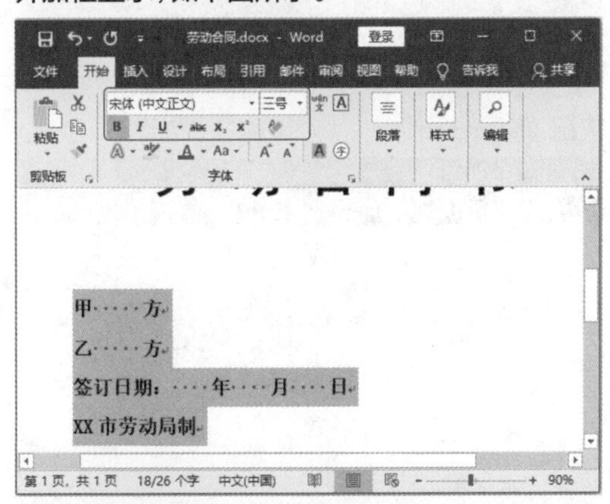

第2步：调整文字缩进。❶选中所有项目；❷在“段落”组中不断单击“增加缩进量”按钮，即可以

一个字符为单位向右侧缩进，如下图所示。

第3步：设置"甲方"文字宽度。❶选中文本"甲方"，打开"调整宽度"对话框，设置"新文字宽度"为"5字符"；❷设置完成后，单击"确定"按钮，如下图所示。用同样的方法，设置"乙方"文字的宽度。

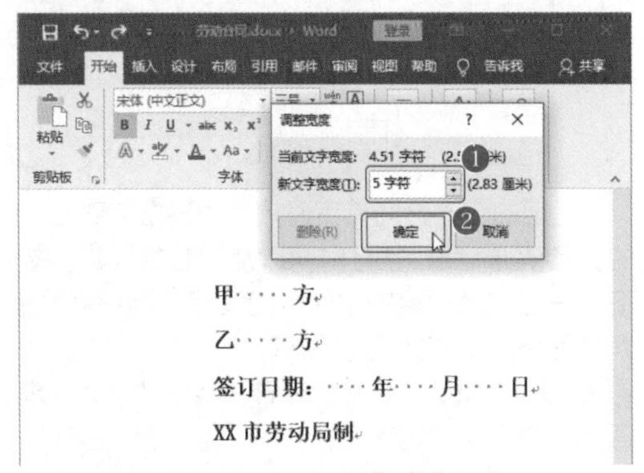

第4步：设置"签订日期"文字宽度。❶选择文本"签订日期"，再次打开"调整宽度"对话框，将"新文字宽度"设置为"5字符"；❷单击"确定"按钮，如下图所示。

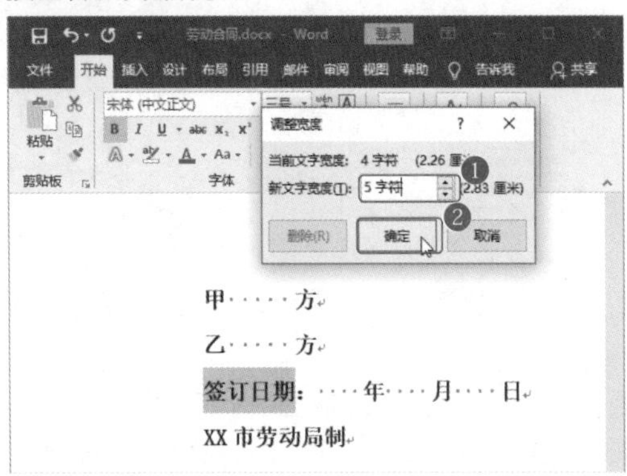

专家点拨

在设置字体格式时，如果能找到范本，那么可以通过格式刷把范本上的文字格式复制到目标文档中，以实现格式的快速调整。

第5步：调整行距。❶选中"甲方"及下方的所有文字，在"开始"选项卡"段落"组中单击"行和段落间距"下拉按钮；❷在弹出的下拉列表中选择2.5选项，即可将所选文本的行距设置为2.5倍行距，如下图所示。

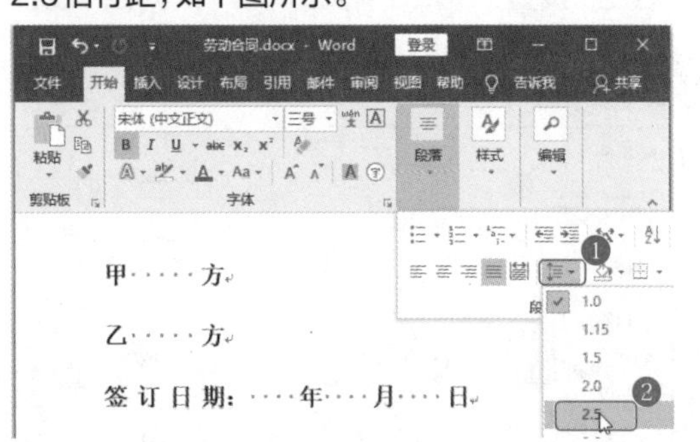

第6步：设置段前间距。❶选择标题"甲方"所在的行；❷选择"布局"选项卡；❸在"段落"组中将"段前间距"设置为"8行"，如下图所示。

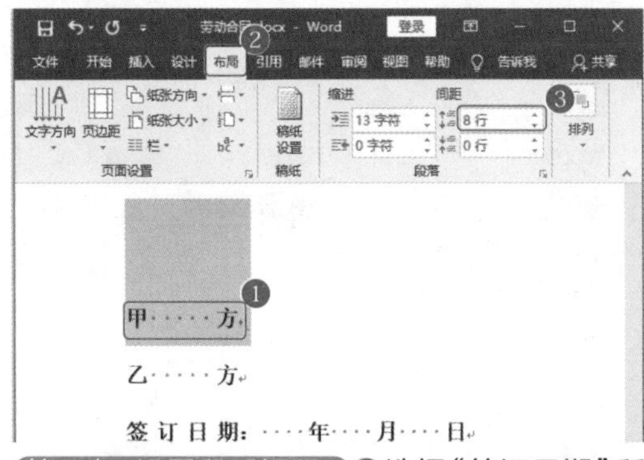

第7步：设置段后间距。❶选择"签订日期"所在的行；❷选择"布局"选项卡；❸在"段落"组中将"段后间距"设置为"8行"，如下图所示。

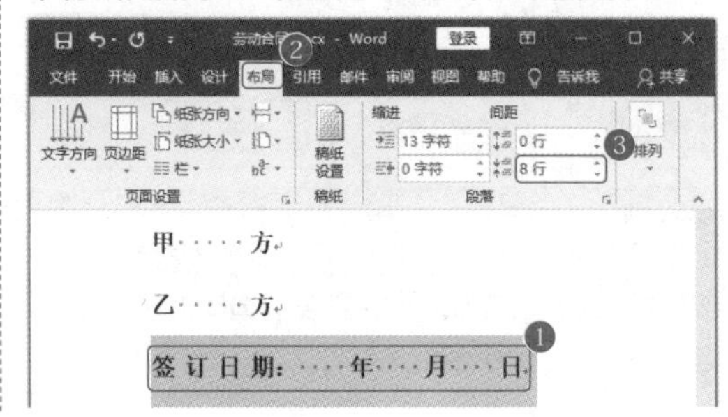

第8步：添加下划线。 在“甲方”“乙方”的右侧输入冒号，并添加合适的空格，然后按住Ctrl键的同时选中这些空格；❶选择“开始”选项卡；❷在“段落”组中单击“下划线”按钮 U ·，即可为选中的空格加上下划线，如下图所示。

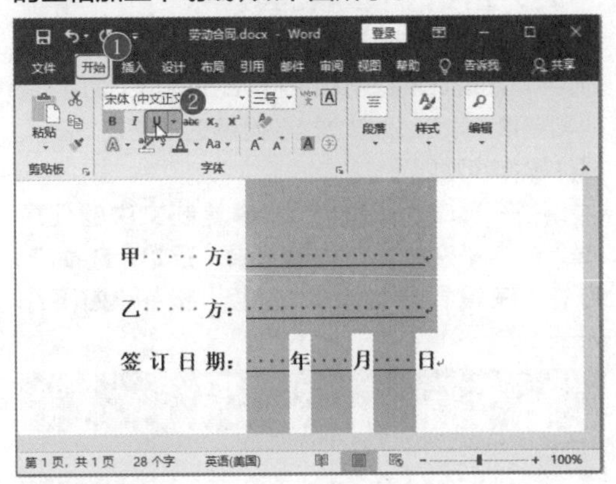

专家答疑

问：为文字尾部的空格添加下划线，为什么有的文档能看到下划线，有的文档却看不到？

答：为文字尾部的空格添加了下划线，但在某些文档中却看不到，这是因为格式设置没有让尾部的下划线显示。解决的方法是，选择“文件”→“选项”命令，在弹出的“Word选项”对话框中选择“高级”选项卡，在“版式选项”栏下勾选“为尾部空格添加下划线”复选框，即可显示文字尾部的下划线。

第9步：设置段落缩进。 ❶选择文本“XX市劳动局制”；❷选择“布局”选项卡；❸在“段落”组中将“左缩进”设置为“0字符”，如下图所示。

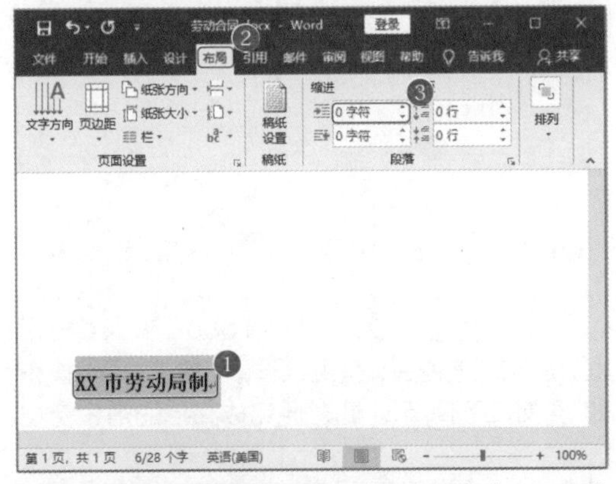

第10步：设置对齐方式。 ❶保持选中“XX市劳动局制”文字；❷选择“开始”选项卡；❸单击“段落”组中的“居中”按钮 ≡，如下图所示。

第11步：查看合同首页效果。 操作到这里，“劳动合同”首页就设置完成了。此时可以查看制作完成的合同首页，如下图所示。

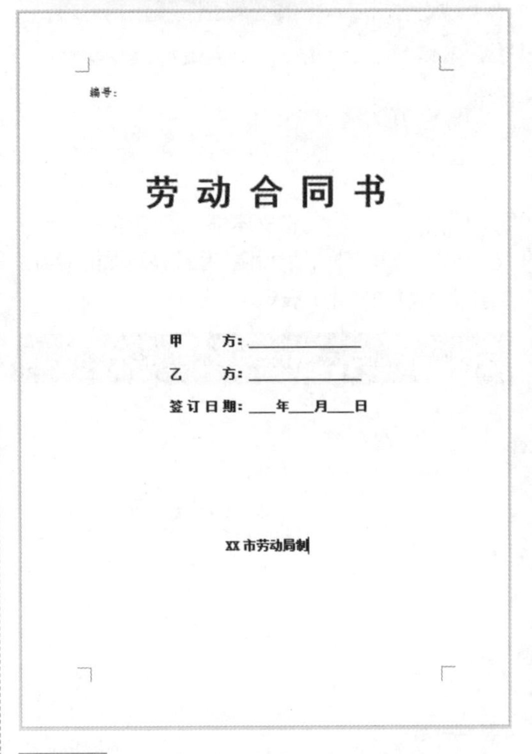

编号：

劳 动 合 同 书

甲　方：__________

乙　方：__________

签 订 日 期：___年___月___日

XX 市劳动局制

1.1.3 编辑“劳动合同”正文

“劳动合同”的首页制作完成后，就可以录入文档内容了。在录入内容时，需要对内容进行排版设置，以及灵活使用格式刷进行格式设置。

>>>1. 复制和粘贴文本

在录入和编辑文档内容时，有时需要从外部文件或其他文档中复制一些文本内容。例如，本例将从素材文本文件中复制劳动合同内容到Word中进行编辑，这就涉及文本内容的复制与粘贴操作，具体操作步骤如下。

第1步：复制文本。 在“记事本”中打开“素材文件\第1章\劳动合同内容.txt”文件。按Ctrl+A组合键全选文本内容，按Ctrl+C组合键复制所选内容，如下图所示。

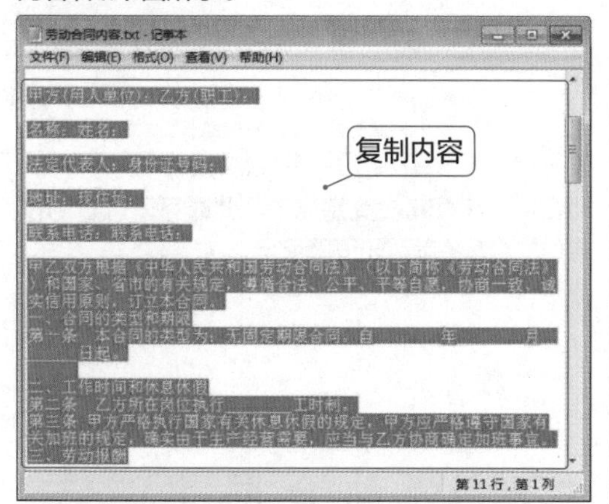

第2步：粘贴文本。 将文本插入点定位于Word文档末尾，按Ctrl+V组合键即可将复制的内容粘贴到文档中，如下图所示。

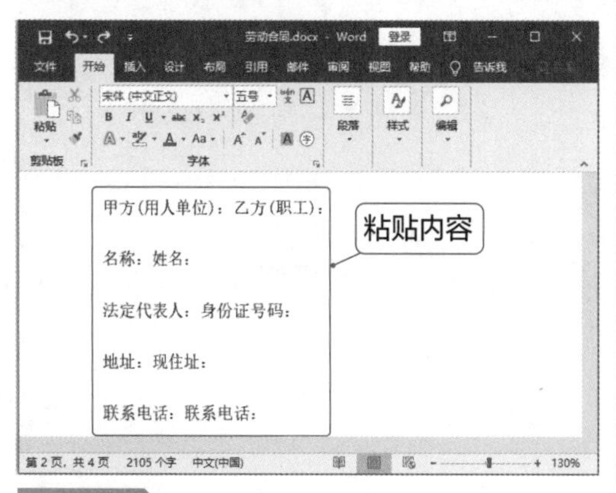

专家答疑

问：为什么从网页中复制的文字，执行“粘贴”命令后，格式变得十分奇怪呢？应该怎样操作呢？

答：在Word 2016中粘贴复制的内容后，根据复制源内容的不同，自带的格式也会不同。为了避免复制到源内容的格式，在复制内容后，单击“粘贴”下拉按钮，在弹出的下拉列表中选择“只保留文本”的粘贴方式。

>>>2. 查找和替换空格、空行

从其他文件向Word文档中复制和粘贴内容时，经常出现许多空格和空行。此时，可以使用“查找和替换”命令，批量替换或删除这些空格、空行。具体操作步骤如下。

第1步：执行“替换”命令。 ❶复制文中的任意一个汉字符空格“　”；❷选择“开始”选项卡；❸在“编辑”组中单击“替换”按钮，如下图所示。

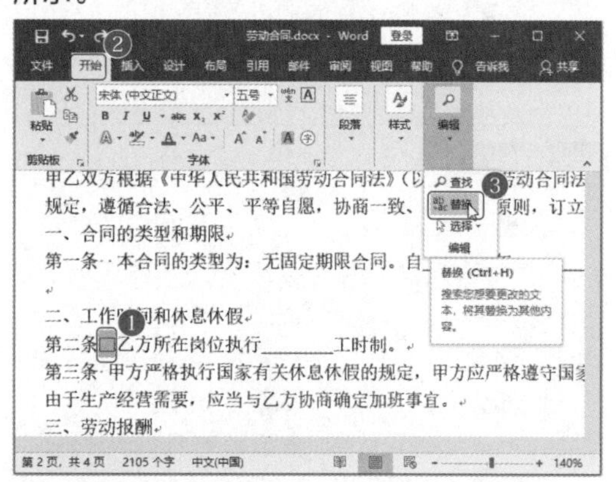

第2步：设置替换内容，并进行替换。 ❶打开“查找和替换”对话框，在“查找内容”文本框中粘贴复制文中的任意一个汉字符空格“　”；❷在“替换为”文本框中什么都不输入；❸单击“全部替换”按钮，如下图所示。

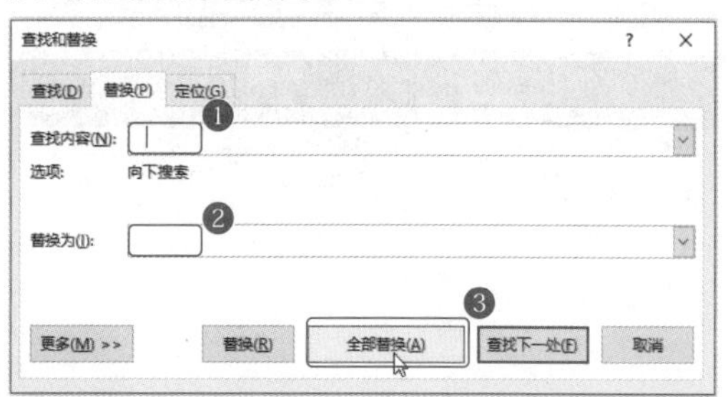

第3步：完成替换。 弹出Microsoft Word对话框，提示用户是否从头继续搜索，单击“否”按钮即可，如下图所示。此时便完成文档的多余空格删除。

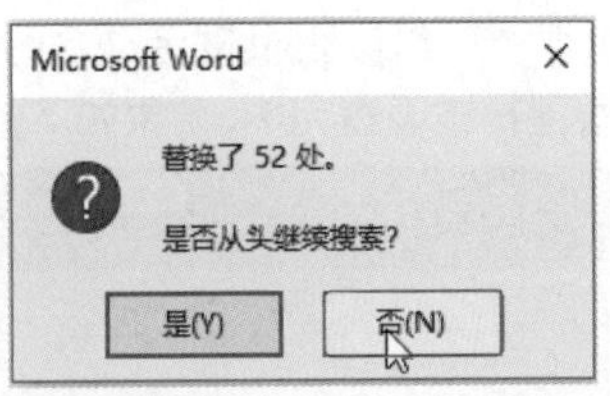

第4步：替换空行。再次打开“查找和替换”对话框，❶在“查找内容”文本框中输入“^p^p”；在“替换为”文本框中输入“^p”；❸单击“全部替换”按钮，如下图所示。

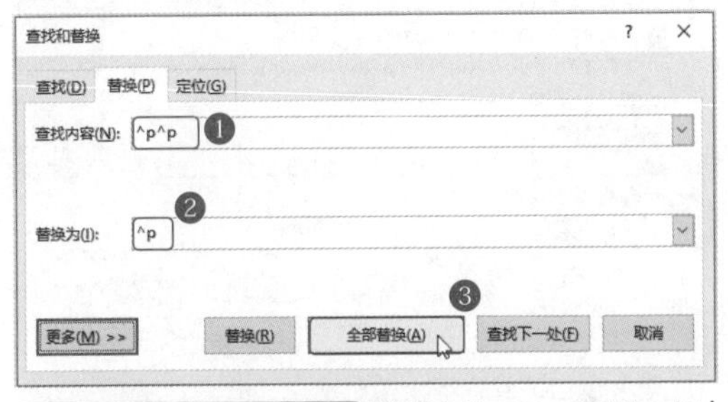

第5步：完成空行替换。弹出Microsoft Word对话框，提示用户“全部完成”，单击“确定”按钮即可，如下图所示。此时就将文档中的多余空行删除了。

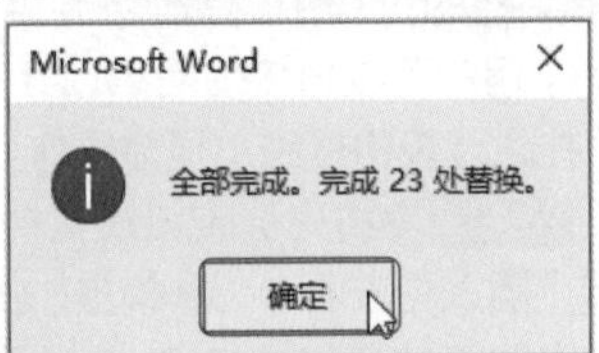

专家点拨

在对文档内容进行查找、替换时，如果要查找的内容或要替换的内容中包含特殊格式，如段落标记、手动换行符、制表位、分节符等编辑标记之类的特定内容，均可使用“查找和替换”对话框中的“特殊格式”按钮菜单进行选择。

>>>3. 使用制表符进行精确排版

对Word文档进行排版时，想要将不连续的文本列排列整齐，可以使用制表符进行快速定位和精确排版。具体操作步骤如下。

第1步：打开标尺，移动制表符位置。在“视图”选项卡下单击“显示”组中的“标尺”按钮，即可打开标尺，如右上图所示。选中标尺上的点，按住鼠标左键不放，可以左右移动确定制表符的位置，从而实现文字的位置调整。

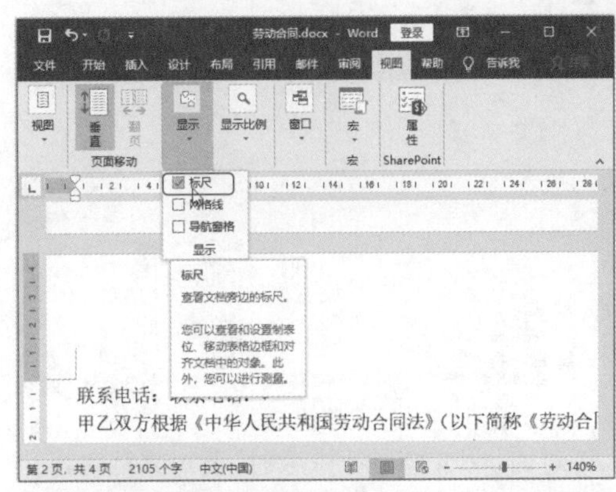

第2步：定位制表符位置。在标尺上单击或移动鼠标，会出现一个“左对齐式制表符”└，如下图所示。

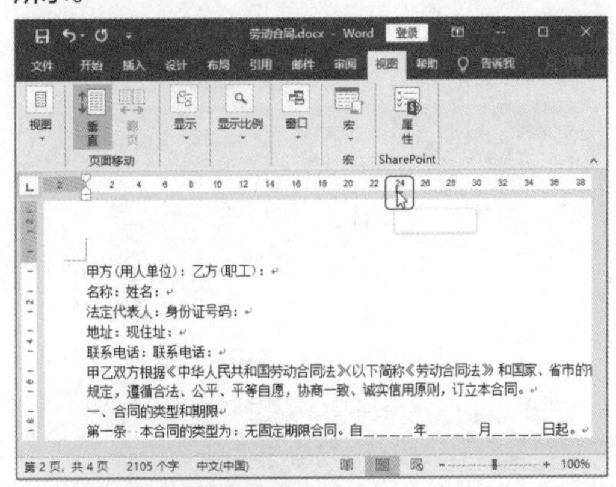

第3步：对齐文字。❶将光标定位到文本“乙方”之前，然后按下Tab键，此时光标之后的文本自动与制表符对齐；❷用同样的方法，定位其他文字的位置，如下图所示。

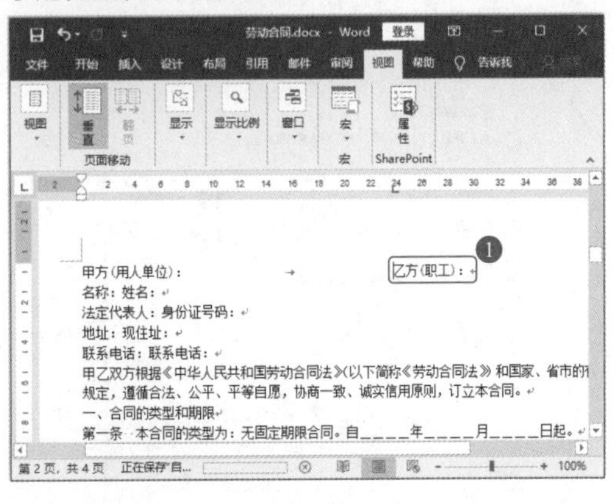

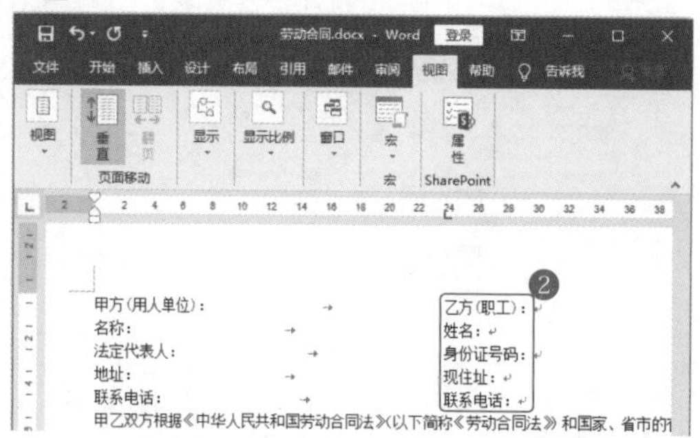

>>>4. 设置字体和段落格式

对Word文档进行排版时，要对文档内容的字体、行距等进行设置。具体操作步骤如下。

第1步：设置下划线。在文字后面添加合适的空格，并选中这些空格。❶选择“开始”选项卡；❷在“字体”组中单击“下划线”按钮，即可为选中的空格加上下划线，如下图所示。

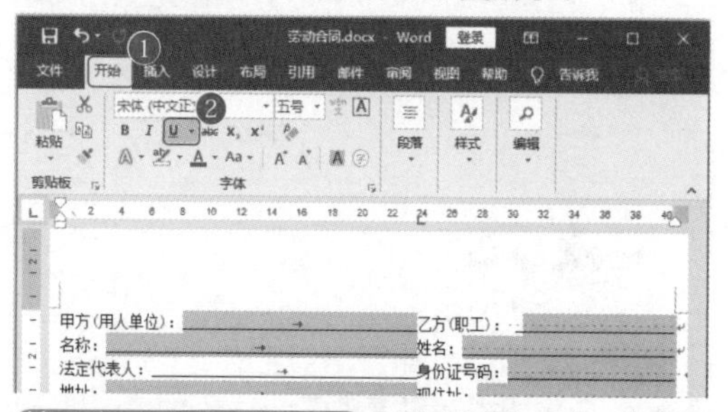

第2步：设置段落格式。❶选中所有正文，在“段落”组中单击“对话框启动器”按钮，在弹出的“段落”对话框中设置“首行缩进”为“2字符”；❷将“行距”设置为“1.5倍行距”；❸单击“确定”按钮，如下图所示。

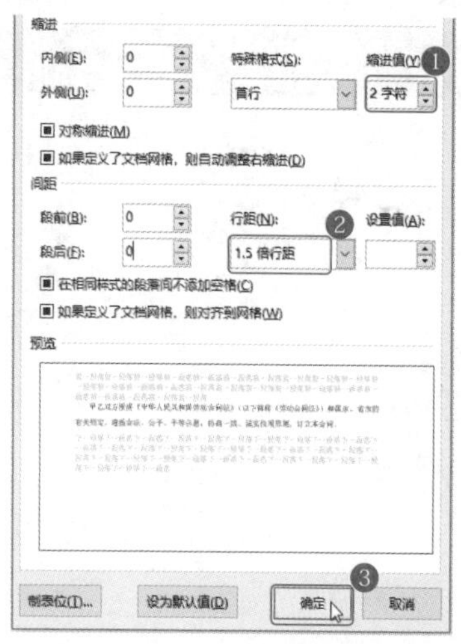

第3步：查看设置效果。此时劳动合同内的文字的字体和段落格式设置完毕，效果如下图所示。

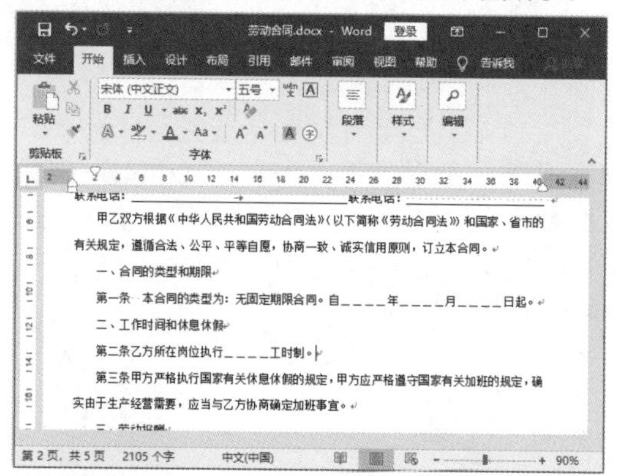

专家点拨

在Word文档中还可以通过标尺来快速设置不同段落的首行缩进值。方法是选中段落后，拖动界面上方的左缩进标尺，即可完成段落的缩进。

>>>5. 插入和设置表格

在编辑文档的过程中，有时还会用到表格来定位文本列。用户可以直接使用Word插入表格，输入文本，并隐藏表格框线。具体操作步骤如下。

第1步：插入表格。将光标定位在文档的结尾位置，❶选择“插入”选项卡；❷单击“表格”下拉按钮，在弹出的下拉列表中拖选1行3列，即可在文档中插入一个1行3列的表格，如下图所示。

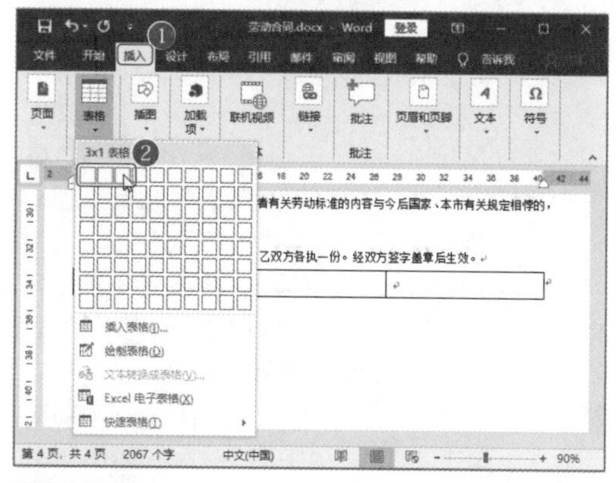

专家点拨

如果需要插入的表格行列数较多，可以选择“插入表格”选项，通过输入行数和列数来创建表格。

第2步：输入表格内容。在表格中录入内容，并设置字体和段落格式，如下图所示。

劳动合同.docx - Word

文件 开始 插入 设计 布局 引用 邮件 审阅 视图 帮助 设计 布局 告诉我

剪贴板 字体 段落 样式 编辑

第二十一条本合同未尽事宜，或者有关劳动标准的内容与今后国家、本市有关规定相悖的，按有关规定执行。

第二十二条本合同一式两份，甲乙双方各执一份。经双方签字盖章后生效。

甲方（盖章）	乙方（盖章）	签证单位（盖章）
法定代表人（签章）		
年　月　日	年　月　日	年　月　日

第4页，共4页　2105个字　中文(中国)　90%

第3步：隐藏表格线。选中表格，❶选择“开始”选项卡；❷在“段落”组中单击“边框”下拉按钮 ；❸在弹出的下拉列表中选择“无框线”选项。此时，表格的实框线被删除了，如下图所示。

劳动合同.docx - Word

第二十一条本合同未尽事宜，或者有关劳动标……按有关规定执行。

第二十二条本合同一式两份，甲乙双方各执一份。经双方签字盖章后生效。

甲方（盖章）　乙方（盖章）　签证单位（盖章）

法定代表人（签章）

下框线(B)　上框线(P)　左框线(L)　右框线(R)　无框线(N)　所有框线(A)　外侧框线(S)　内部框线(I)　内部横框线(H)

1.1.4 预览劳动合同

编排完文档后，通常需要对文档排版后的整体效果进行查看。本节将以不同的方式对“劳动合同”文档进行查看。

>>>1. 使用阅读视图预览合同

Word 2016提供了全新的阅读视图模式，在该模式下单击左右的箭头按钮即可完成翻屏。此外，Word 2016阅读视图模式提供了3种页面背景色，方便用户在各种环境下舒适地阅读。具体操作步骤如下。

第1步：进入阅读视图模式。❶选择“视图”选项卡；❷单击“视图”组中的“阅读视图”按钮，如右上图所示。

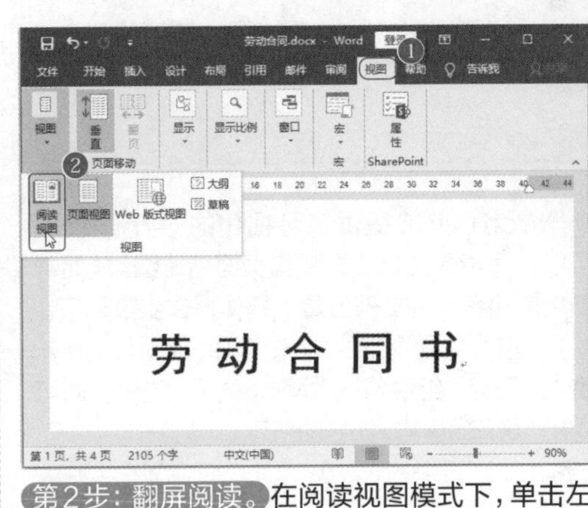

第2步：翻屏阅读。在阅读视图模式下，单击左右的箭头按钮即可完成翻屏，如下图所示。

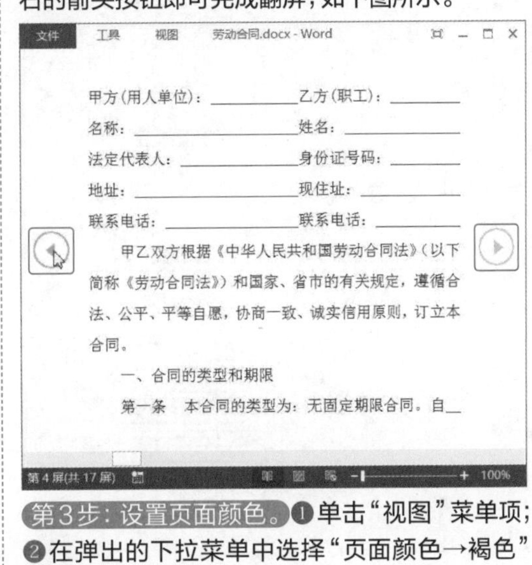

第3步：设置页面颜色。❶单击“视图”菜单项；❷在弹出的下拉菜单中选择“页面颜色→褐色”命令，如下图所示。

文件 工具 视图 劳动合同.docx - Word

编辑文档(E)　导航窗格(N)　显示批注(C)　列宽(W)　页面颜色(G)　布局(L)

无(N)　褐色(S)　逆转(I)

程、工作规……制度及其标准。甲方对可能产生职业病……向乙方履行告知义务，并做好劳动过程……工作。

第十……必要的劳动条件以及安全卫生的工……有关规定向乙方发……

第十……对乙方进行政治思想、职业道德、业务……卫生及有关规章制度的教育和培训，提高……职业道德水准和职业技能。

乙方应认真参加甲方组织的各项必要的教育培训。

第7屏(共17屏)　100%

专家点拨

在阅读视图下预览完毕后，可以按Esc键退出预览，也可以单击页面右下方的“页面视图”按钮，返回页面视图编辑状态下。

>>>2. 使用“导航”窗格

Word 2016提供了可视化的“导航”窗格可以快速查看文档结构图和页面缩略图，从而帮助用户快速定位文档位置。具体操作步骤如下。

第1步：打开“导航”窗格。 ❶选择“视图”选项卡；❷在“显示”组中勾选“导航窗格”复选框，即可调出“导航”窗格，如右图所示。

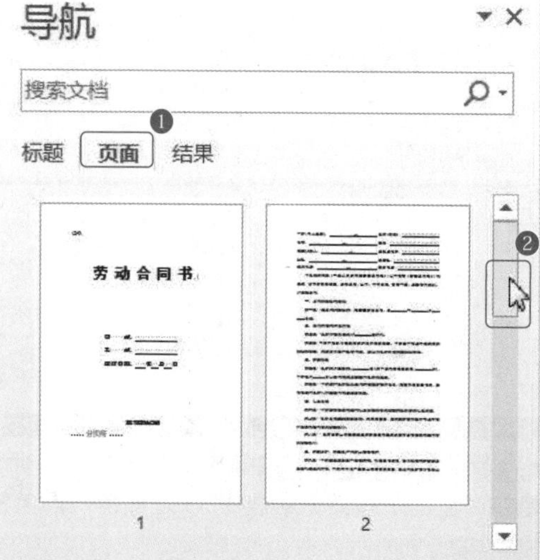

第2步：浏览文档。 在“导航”窗格中，❶选择“页面”选项卡，即可查看文档的页面缩略图；❷在查看缩略图时，可以拖动右边的滑块查看文档，如左图所示。

1.2 制作“员工培训方案”

扫一扫 看视频

※ 案例说明

员工培训方案是公司培养人才的重要举措之一。员工培训方案的内容主要包括培训目的、培训对象、培训课程、培训形式、培训内容以及培训预算等。本节通过编排员工培训方案，详细讲解如何在文档中设置页眉 / 页码、生成目录等内容。

“员工培训方案”文档制作完成后的效果如下图所示。

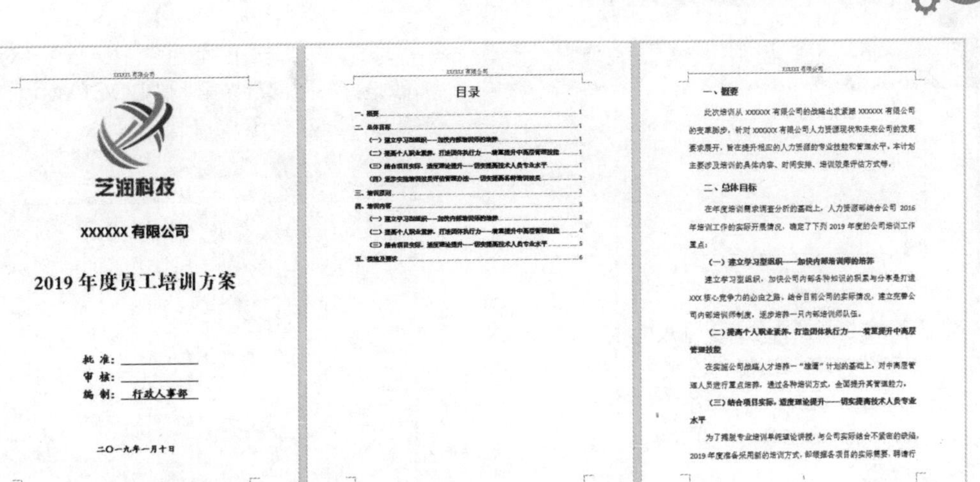

芝润科技

XXXXXX 有限公司

2019 年度员工培训方案

批　准：________
审　核：________
编　制：行政人事部

二〇一九年一月十日

XXXXXX 有限公司

目录

XXXXXX 有限公司

一、概要

此次培训从 XXXXXX 有限公司的战略出发紧跟 XXXXXX 有限公司的变革脚步，针对 XXXXXX 有限公司人力资源现状和未来公司的发展要求展开，旨在提升相应的人力资源的专业技能和管理水平。本计划主要涉及培训的具体内容、时间安排、培训效果评估方式等。

二、总体目标

在年度培训需求调查分析的基础上，人力资源部结合公司 2016 年培训工作的实际开展情况，确定了下列 2019 年度的公司培训工作重点：

（一）建立学习型组织——加快内部培训师的培养

建立学习型组织，加快公司内部各种知识的积累与分享是打造 XXX 核心竞争力的必由之路。结合目前公司的实际情况，建立完善公司内部培训师制度，逐步培养一只内部培训师队伍。

（二）提高个人职业素养，打造团体执行力——着重提升中高层管理技能

在实施公司战略人才培养一"雄鹰"计划的基础上，对中高层管理人员进行重点培养，通过各种培训方式，全面提升其管理能力。

（三）结合项目实际，适度理论提升——切实提高技术人员专业水平

为了摆脱专业培训单纯理论讲授，与公司实际结合不紧密的缺陷，2019 年度准备采用新的培训方式，即根据各项目的实际需要，聘请行

※ 思路解析

员工培训方案是企业内部常用的一种文档，通常是由企业内部培训师制作。培训师在制作培训文档时可以考虑在文档中添加企业特有的标志。由于培训文档内容较长，通常需要设置目录，方便阅览。文档制作完成后，可能需要打印出来，发给参与培训的员工。打印时有一些注意事项，用户应留心。其具体操作思路如下图所示。

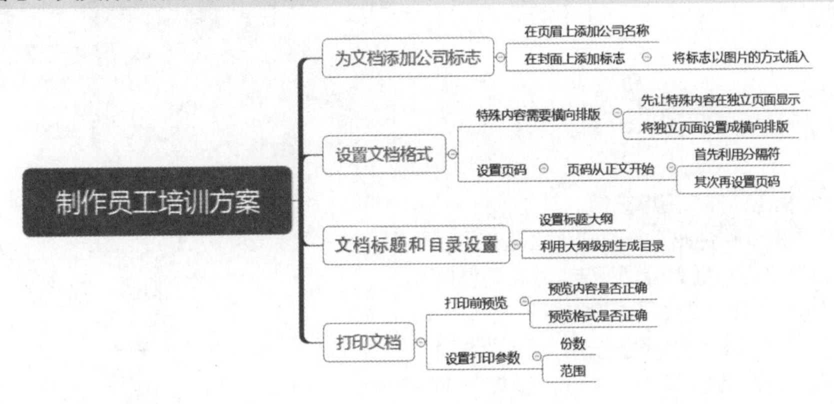

※ 步骤详解

1.2.1 为“员工培训方案”添加公司标志

“员工培训方案”是公司的正式文档，在文档建立好后，应该在文档的封面、页眉/页脚处添加上公司的名称等信息，以显示这是专属于某公司的培训方案。

>>>1. 在页眉中添加上公司名称

为“员工培训方案”文档全文插入页眉“XXXXXX有限公司”，字体格式设置为“宋体，五号”。具体操作步骤如下。

第1步：双击页眉。 新建文档，命名为“员工培训方案”并保存。在页眉位置双击鼠标左键，即可进入页眉和页脚的设置状态，并在页眉下方出现一条横线，如下图所示。

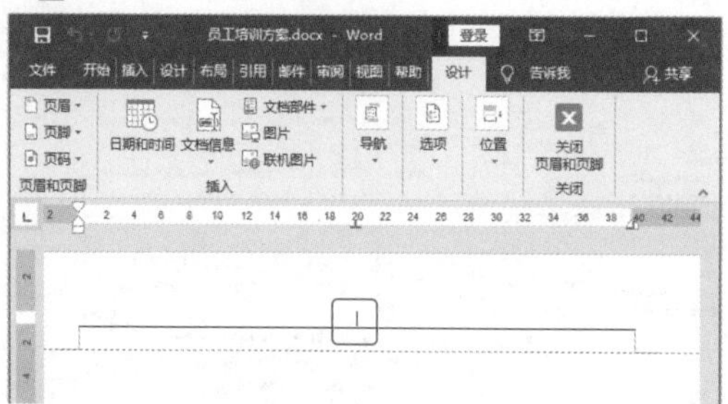

第2步：设置页眉内容。❶输入页眉“XXXXXX有限公司”，并将字体格式设置为“宋体，五号”；❷完成页眉文字输入后，单击“关闭页眉和页脚”按钮，退出页眉编辑状态，如下图所示。

专家点拨

公司特有的文档通常会在页眉处写上公司的名称等信息，也可在页眉处添加图片类信息作为公司文档的标志。其方法是进入页眉编辑状态，插入图片到页眉位置。

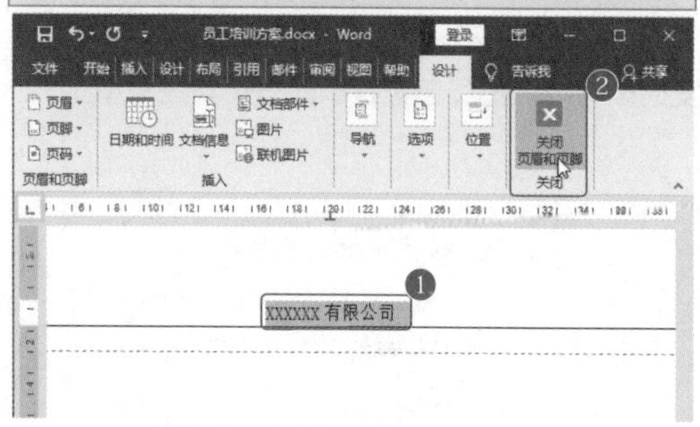

>>>2. 在封面上添加公司标志

公司标志是反映企业形象和文化的标志。在员工培训方案文档中插入公司标志，然后调整插入图片的大小和位置，具体操作步骤如下。

第1步：单击“图片”按钮。❶选择“插入”选项卡；❷单击“插图”组中的“图片”按钮，如下图所示。

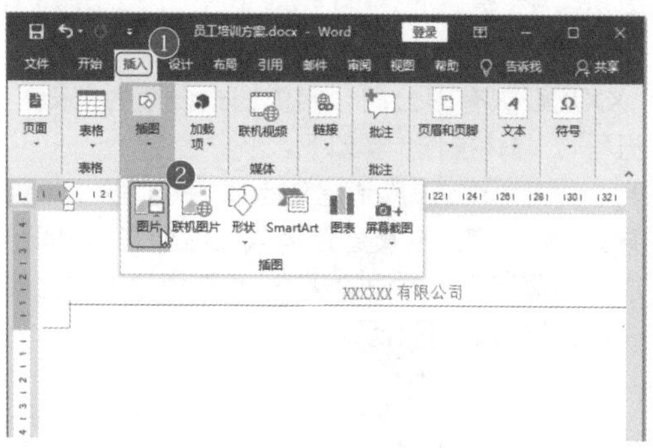

第2步：选择图片。在弹出的“插入图片”对话框中，❶选择“素材文件\第1章\LOGO.png”文件；❷单击“插入”按钮，如下图所示。

第3步：调整图片大小。❶将鼠标指针移动到图片右下角，当它变成双向箭头形状时，按住鼠标左键拖动，实现图片大小的调整，然后将图片设置为“居中”对齐；❷完成标志的插入后，便可以在封面中输入员工培训的相关信息，完成封面的制作，如下图所示。

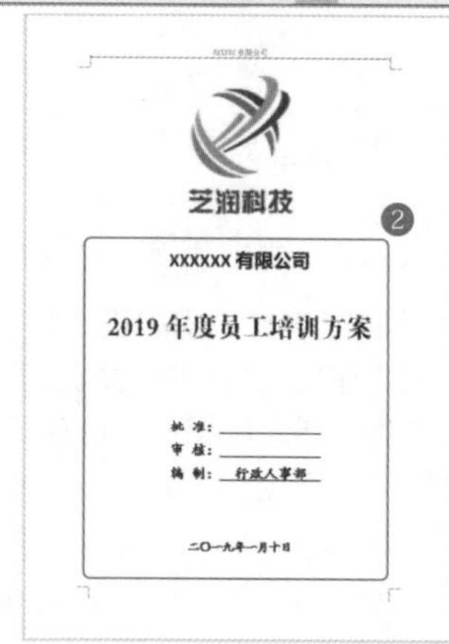

1.2.2 设置文档格式

完成员工培训方案的封面设置后，就可以输入正文内容了。正文内容段前段后距离、缩进等格式设置可以参照1.1节，本小节主要讲解排版方向及页码的设置。

>>>1. 设置横向排版

在Word文档的排版过程中，可能会遇到宽度特别宽的表格，正常的纵向版面不能容纳。此时，可以使用分节符功能在表格的前、后方分别进行分页，让表格单独存在于一个页面中，然后再设置页面的横向排版。具体操作步骤如下。

第1步：在表格前插入分页符。 将“素材文件\第1章\员工培训方案内容.docx”文件中的内容复制并粘贴到文档中。❶将光标定位在表格前方的插入位置；❷单击“布局”选项卡下的“页面设置”组中的“分页符”按钮；❸在弹出的下拉列表中选择“下一页”选项，如下图所示。

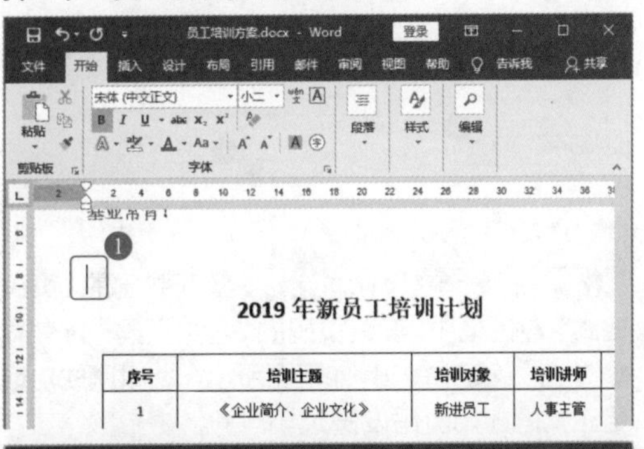

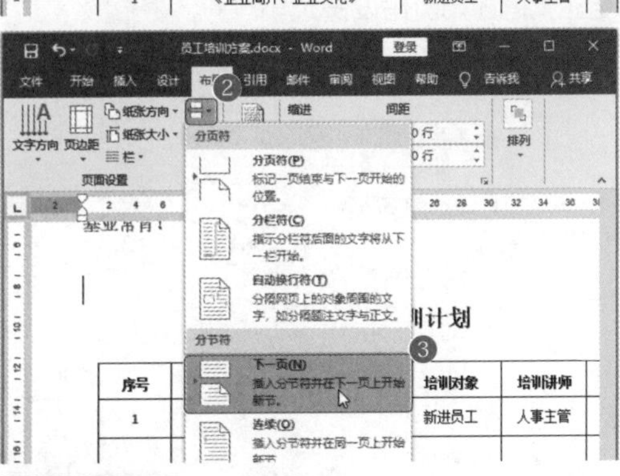

专家点拨

不同的分隔符有不同的作用，这里介绍几种常用的分隔符：分页符的作用是为特定内容分页；分栏符的作用是让内容在恰当的位置自动分栏，如让某内容出现在下栏顶部；换行符的作用是结束当前行，并让内容在下一个空行继续操作显示。

第2步：在表格后插入分页符。 按照同样的方法，将光标放在表格后面，插入一个分页符，使表格完全独立于一个页面上，方便后面对页面方向的调整，如下图所示。

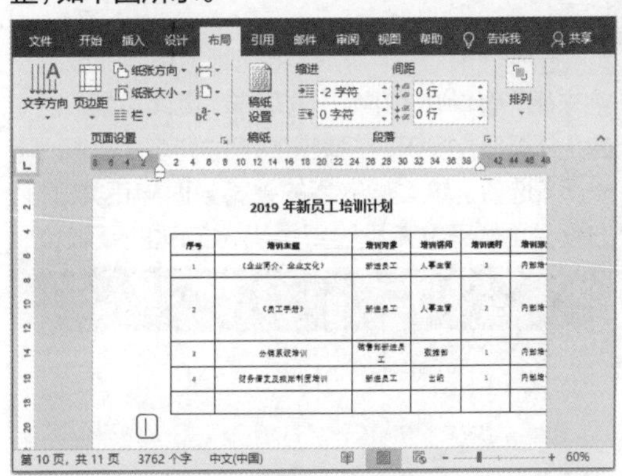

第3步：设置页面方向。 将光标定位在表格后方的插入位置，❶选择“布局”选项卡；❷在“页面设置”组中单击“纸张方向”下拉按钮；❸在弹出的下拉列表中选择“横向”选项，如下图所示。

第4步：查看页面效果。 此时即可看到横向表格排版的效果。表格经过页面方向调整后，可以完全显示在页面中，如下图所示。

>>>2. 设置页码

为了使Word文档便于浏览和打印，用户可以在页脚处插入并编辑页码。默认情况下，Word 2016文档都是从首页开始插入页码的，如果想从文档的正文部分才开始插入页码，需要进行分页设置，利用分页符来隔断页码。具体操作步骤如下。

第1步：插入分页符。❶将光标放到第1页的文字末尾；❷单击“布局”选项卡“页面设置”组中的“分页符”按钮，在弹出的下拉列表中选择“下一页”选项。这么做的目的是将封面与正文分开，方便后面为正文单独设置页码，如下图所示。

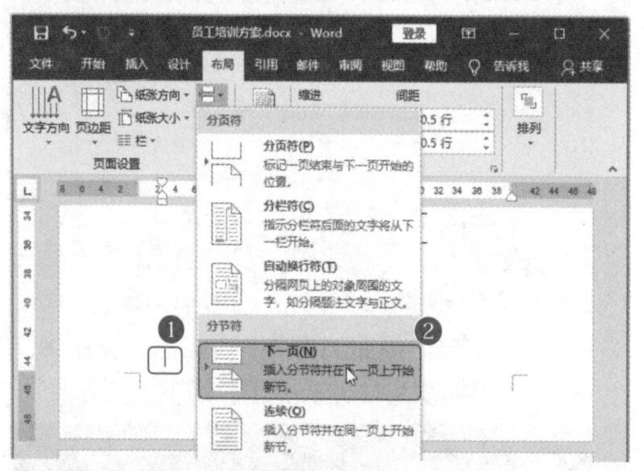

第2步：进行页面链接。❶在第2页的正文下方双击，进入页脚设置状态；❷单击“页眉和页脚工具–设计”选项卡下的“导航”组中的“链接到前一节”按钮。这么做的目的是将正文与封面页的链接取消，方便单独设置页码，如下图所示。

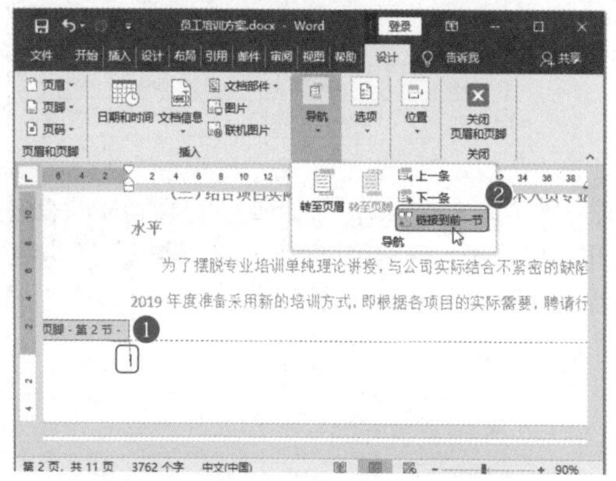

第3步：插入页码。❶单击“页眉和页脚工具–设计”选项卡下的“页眉和页脚”组中的“页码”下拉按钮；❷在弹出的下拉列表中选择“页面底端”→“普通数字2”选项，如右上图所示。

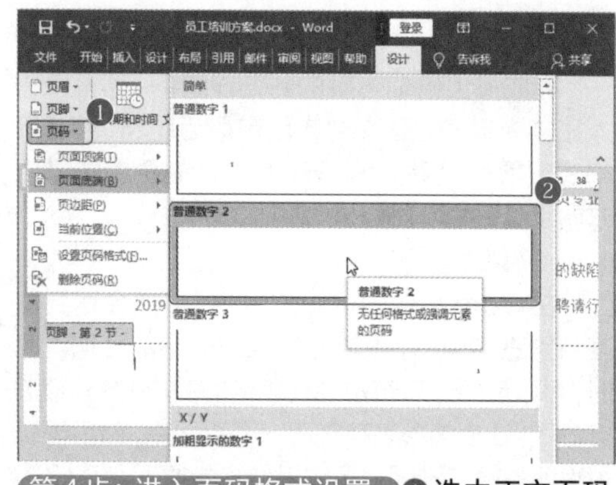

第4步：进入页码格式设置。❶选中正文页码；❷单击“页眉和页脚工具–设计”选项卡下的“页眉和页脚”组中的“页码”下拉按钮；❸在弹出的下拉列表中选择“设置页码格式”选项，如下图所示。

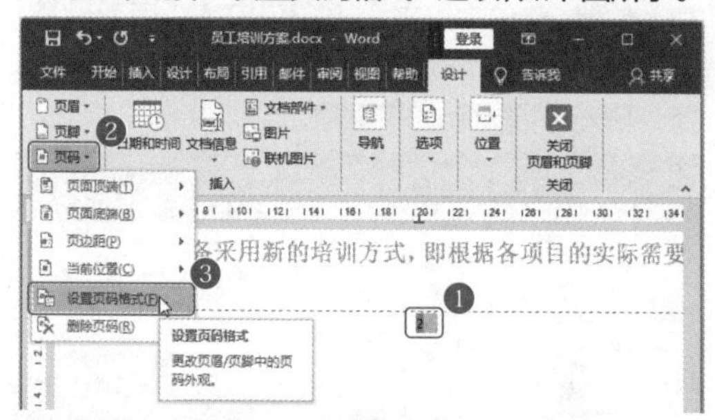

第5步：设置页码起始编号。❶在弹出的“页码格式”对话框中，设置页码的“起始页码”为“1”；❷单击“确定”按钮，如下图所示。此时就成功地将正文的起始页码设置为“1”了。

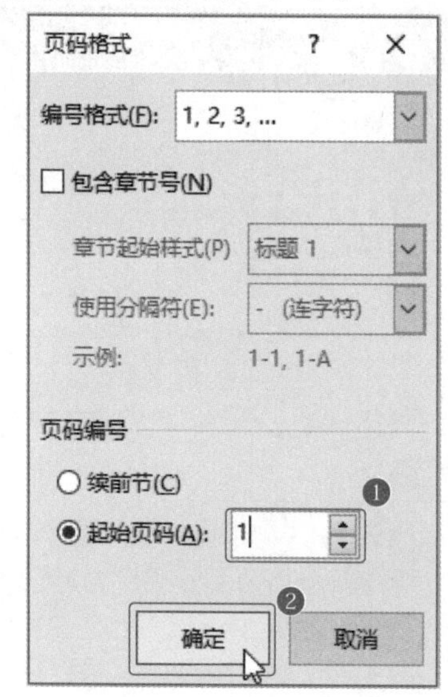

第6步：查看页码设置效果。此时便完成了页面底端的页码设置，可以看到页码是从正文页开始编号的，并且起始值为“1”，效果如下图所示。

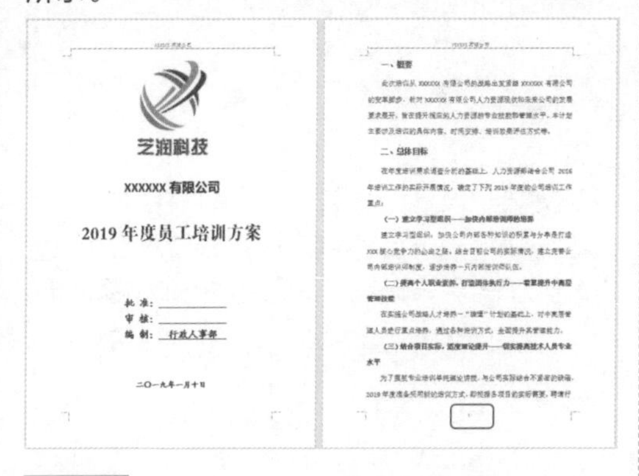

1.2.3 设置文档结构和目录

文档创建完成后，为了便于阅读，用户可以为文档添加一个目录。有了目录，文档的结构将更加清晰，便于阅读者对整个文档进行定位。

>>>1. 设置标题大纲级别

生成目录之前，先要根据文档的标题样式设置大纲级别，大纲级别设置完毕即可在文档中插入自动目录。具体操作步骤如下。

第1步：设置1级标题。❶选中文档中的第一个标题“一、概要”，单击“段落”组中的“对话框启动器”按钮 ；❷在打开的“段落”对话框中设置“大纲级别”为“1级”。此时便完成了第一个标题的大纲级别设置，如下图和右上图所示。

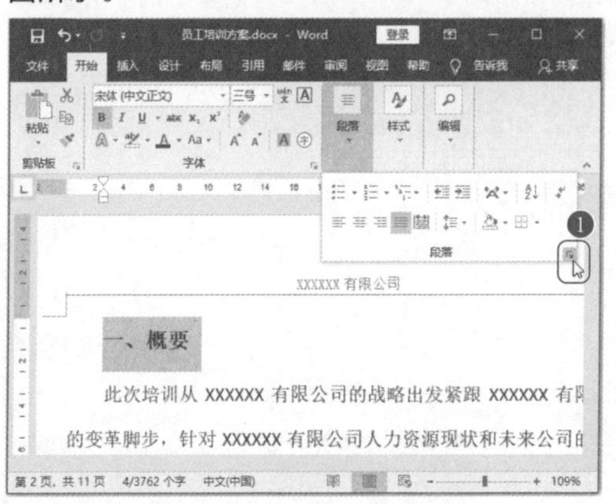

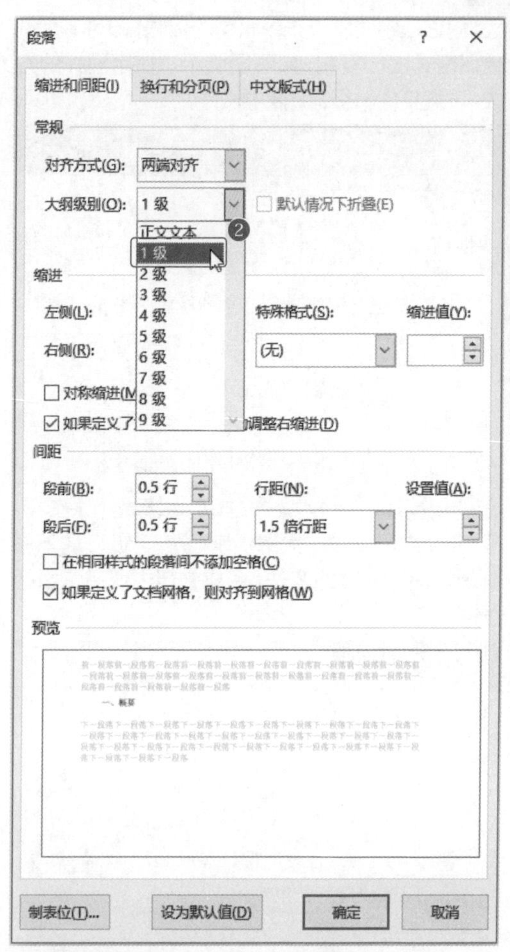

第2步：执行“格式刷”命令。❶选中完成大纲级别设置的标题“一、概要”；❷单击“剪贴板”组中的“格式刷”按钮 ，如下图所示。

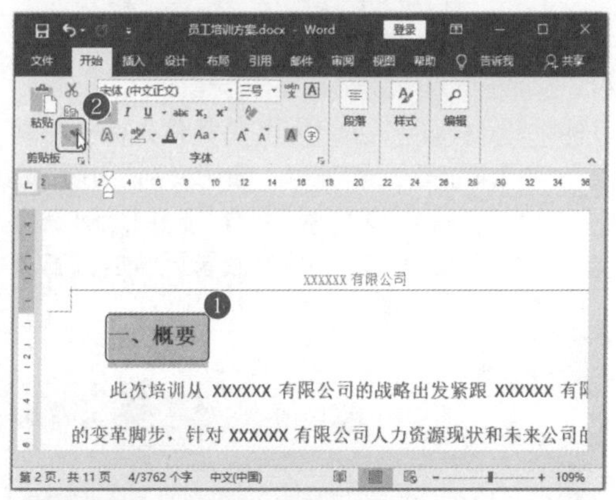

第3步：使用“格式刷”。此时光标变成了刷子形

状，用它选中同属于一级大纲的标题，即可将大纲级别格式进行复制，如下图所示。使用同样的方法，设置其他一级标题的格式。

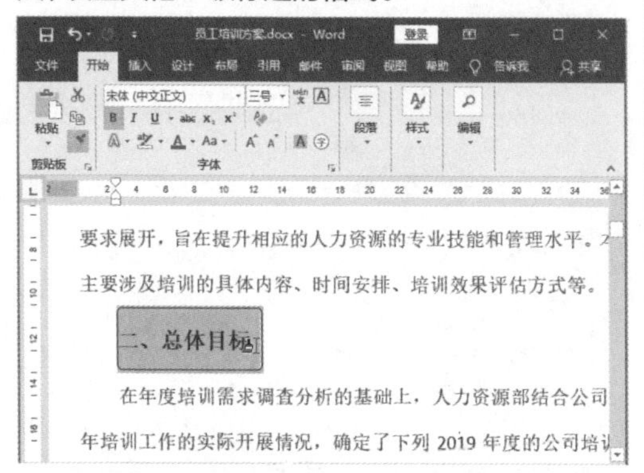

第4步：设置2级标题。❶选中二级标题；❷在“段落”对话框中设置“大纲级别”为“2级”，如下图所示。使用同样的方法，完成文档中所有二级标题的设置。

>>>2．设置目录自动生成

大纲级别设置完毕，接下来就可以生成目录了。生成自动目录的具体操作步骤如下。

第1步：打开“目录”对话框。❶将光标放在需要生成目录的第2页空白页；❷切换到“引用”选项卡，单击“目录”组中的“目录”下拉按钮，在弹出的下拉列表中选择“自定义目录”选项，如右上图所示。

专家点拨

除了插入自定义的目录外，用户还可以根据需要在文档中插入手动目录或自动目录。单击“目录”组中的“目录”下拉按钮，选择手动目录或自动目录，便会按照样式自动生成目录。

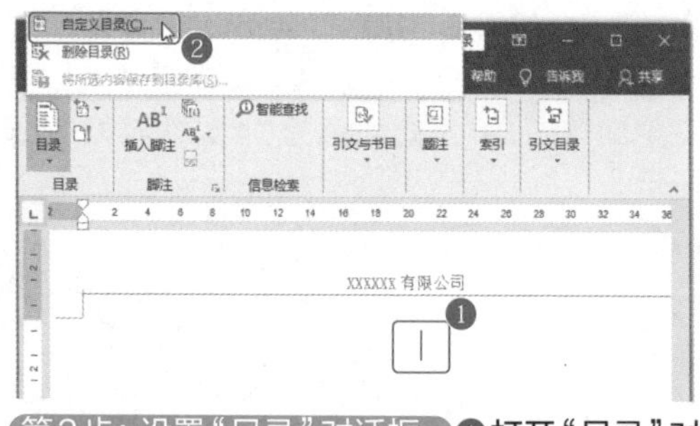

第2步：设置“目录”对话框。❶打开“目录”对话框，选中“显示页码”复选框；❷设置目录的显示级别为“2级”；❸单击“确定”按钮，如下图所示。

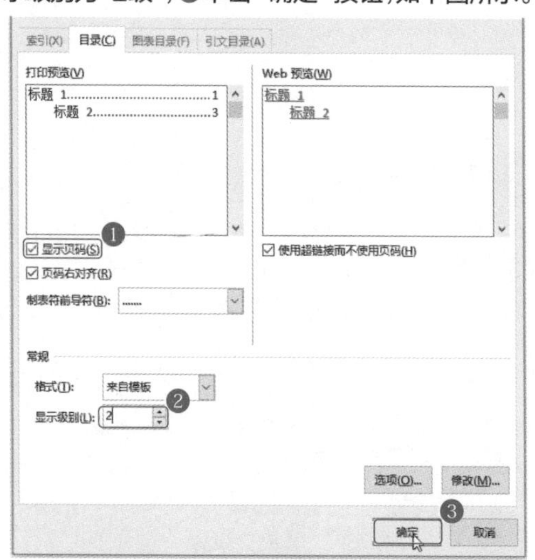

第3步：查看生成的目录。此时就完成了文档的目录生成。可以为目录页添加“目录”二字，并设置“目录”二字的字体和大小，设置下方的目录内容的行距为“1.5倍”，这样便完成了目录的设置，如下图所示。

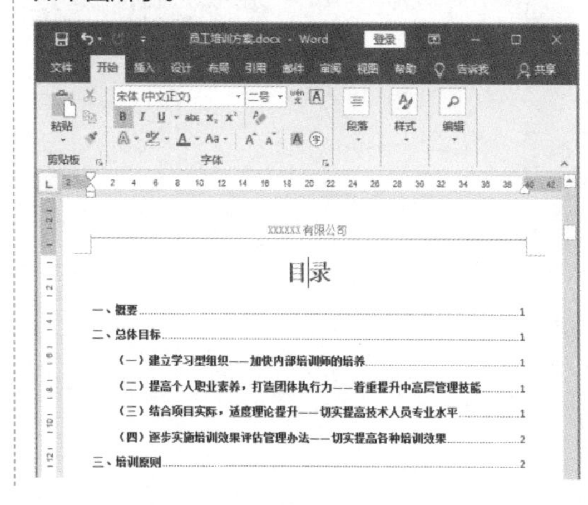

1.2.4 打印员工培训方案文档

公司员工培训方案完成制作后，往往需要打印出来给领导，或者是发给参与培训的员工，让他们了解培训的安排。在打印前需要预览文档，也可以根据需要进行打印设置。接下来就讲解关于文档打印的操作。

>>>1. 打印前预览文档

为了避免打印文档时内容、格式有误，最好在打印前对文档进行预览。具体操作步骤如下。

第1步：单击“文件”菜单项。选择“文件”命令，如下图所示。

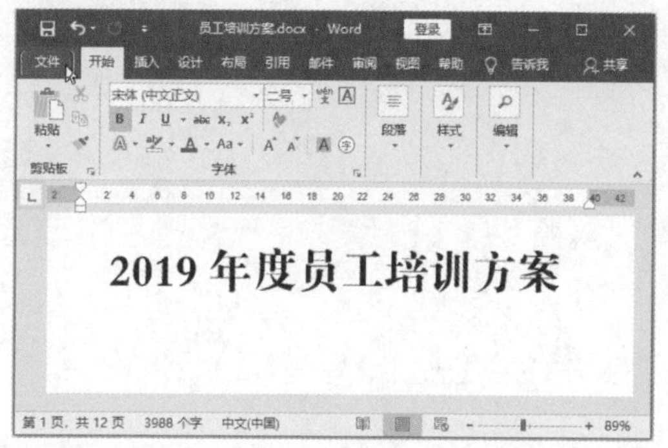

第2步：翻页预览文档。❶在弹出的下拉列表中选择“打印”命令；❷此时可以在界面最右边看到当前页的视图预览效果，单击下方的翻页按钮 ▸，将整个文档的页面都预览完毕，如下图所示。

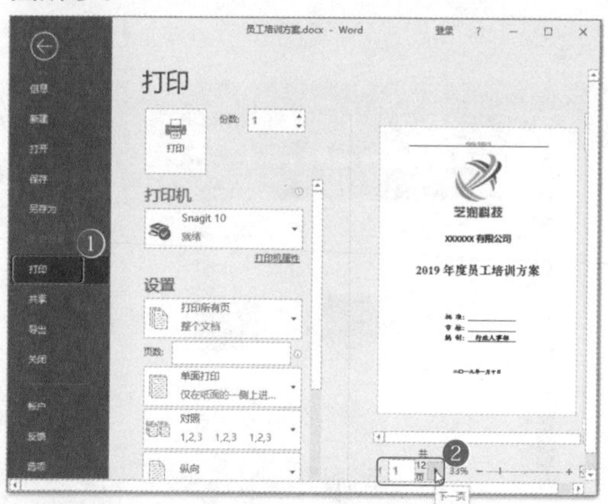

第3步：对文档进行调整。在预览文档时，要注意查看文档的页边距、文字内容是否恰当，然后对其进行调整。如右上图所示。

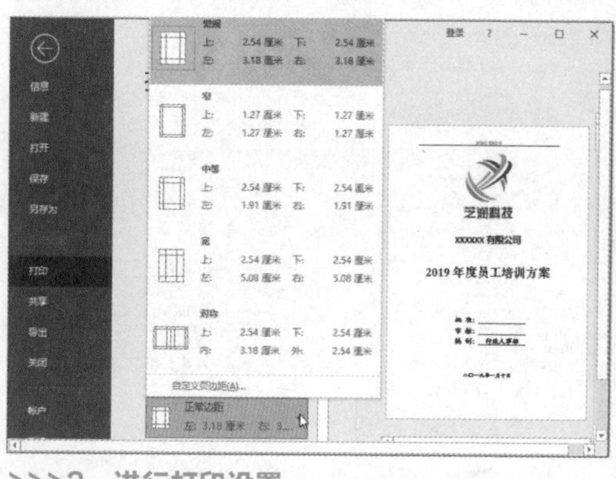

>>>2. 进行打印设置

通过打印预览确定文档准确无误后，就可以进行打印份数、打印范围等参数的设置了，设置完成后便开始打印文档。具体操作步骤如下。

第1步：设置打印份数和范围。❶根据需要设置打印份数，单击“份数”数值框右侧的 ⬍ 按钮即可加减份数；❷设置打印的范围，可以选择打印所有页或者当前页，也可以自定义打印范围，如下图所示。

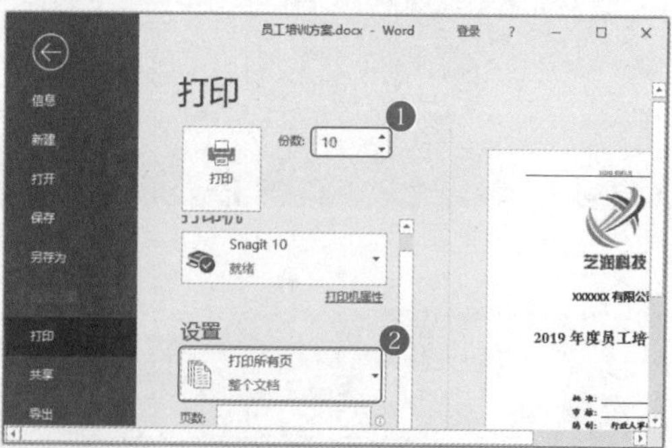

第2步：开始打印。当完成打印设置后，单击“打印”按钮，即可开始打印文档，如下图所示。

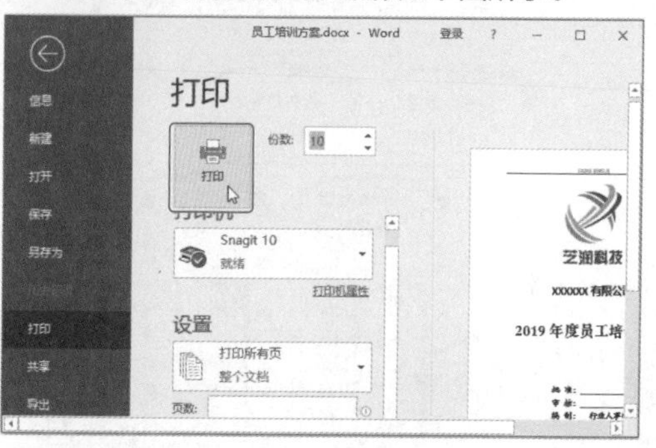

第2章 Word图文混排办公文档的制作

◆本章导读

在Word 2016中可以添加并编辑插入的图片和SmartArt图形。图片可以增强页面的表现力，SmartArt图可以更清晰地表现思路及流程。这两种元素的存在，让Word文档不再是简单的文字编辑软件，而是能制作出图文混排的办公软件。

◆知识要点

■插入SmartArt图的技巧
■利用SmartArt图编辑流程图的技巧
■绘制图形的方法
■插入图片并调整图片位置的方法
■掌握图片的裁剪与美化
■文字、图片、流程图的混合排版

◆案例展示

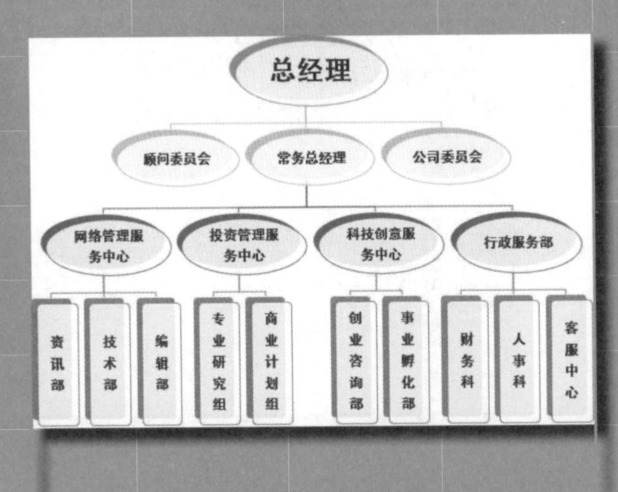

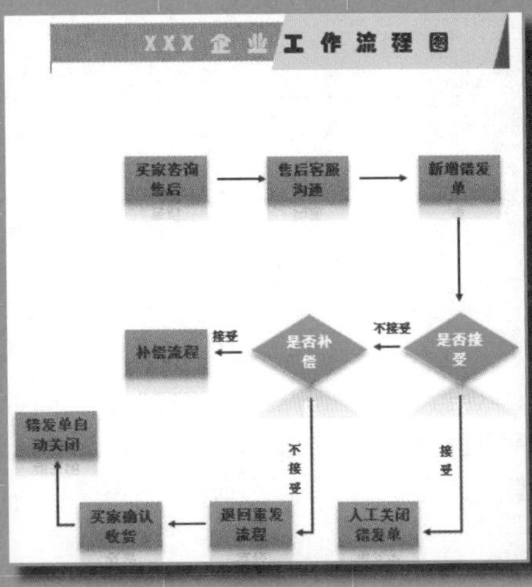

2.1 制作“企业组织结构图”

扫一扫 看视频

※ 案例说明

企业组织结构图用于表现企业、机构或系统中的层次关系，在办公中有着广泛的应用。借助Word 2016提供的用于体现组织结构、关系或流程的图表——SmartArt图形，制作企业组织结构图非常方便快捷。本节将通过企业组织结构图的制作，为读者讲解SmartArt图形的应用方法。

“企业组织结构图”文档制作完成后的效果如下图所示。

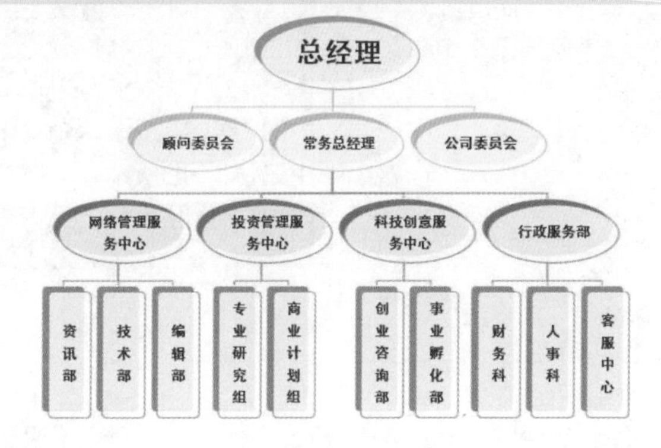

※ 思路解析

由于人事变动，公司领导要求人事科制作一份新的企业组织结构图。在制作企业组织结构图时，人事科的文员首先绘制了一张公司人员层级结构的大体关系图，并根据这张图选择恰当的SmartArt图模板；模板选择好后，再将模板的结构调整成草图的结构；然后输入文字；最后对SmartArt图的样式和文字样式进行调整。在整个操作过程中，需要注意的事项如下图所示。

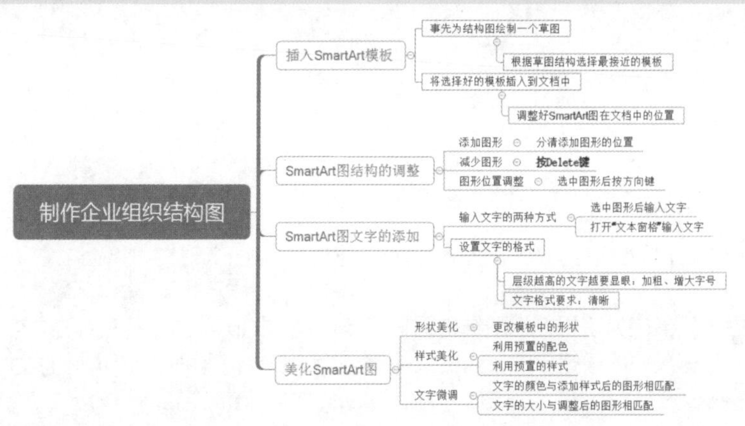

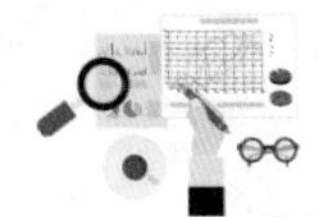

※ 步骤详解

2.1.1 插入 SmartArt 模板

在Word 2016中提供了多种SmartArt模板图形，在制作企业组织结构图时，应根据实际需求来选择，以减少后期对结构图的编辑次数。选择好SmartArt模板图形后，还要以正确的方式插入到文档中。

>>>1. SmartArt模板的选择

SmartArt模板的选择要根据组织结构图的内容来进行。

第1步：分析结构图内容。根据公司的组织结构，在草稿纸上绘制一个草图，如下图所示。

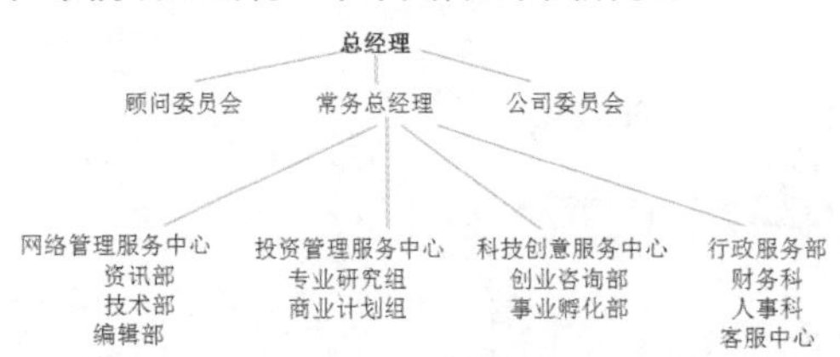

第2步：根据草图选择模板。❶新建一个Word文档，保存并命名为“企业组织结构图.docx”。单击“插入”选项卡下的“插图”组中的SmartArt按钮；❷在打开的“选择SmartArt图形”对话框中对照上一步绘制的草图，选择结构最相近的“层次结构”模板；❸单击“确定”按钮，如下图所示。

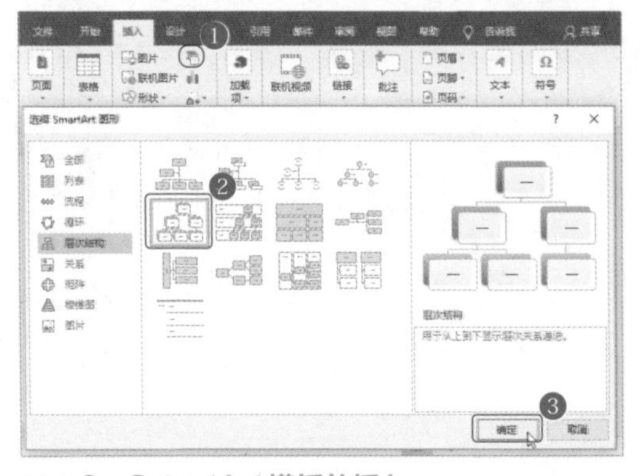

>>>2. SmartArt模板的插入

完成模板选择后，要将SmartArt图插入到文档中正确的位置。

第1步：设置光标位置。为了保证组织结构图在文档中央，需要对插入的图调整一下。如右上图所示，将光标放在SmartArt图的左下方。

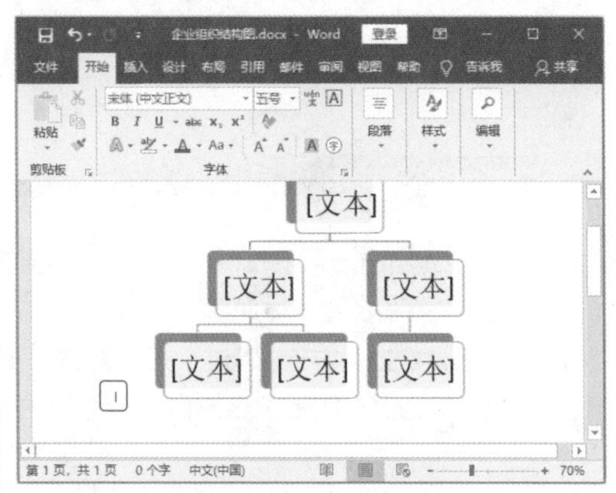

第2步：设置SmartArt图居中。单击“段落”组中的“居中”按钮，SmartArt图便自动位于页面中央，如下图所示。

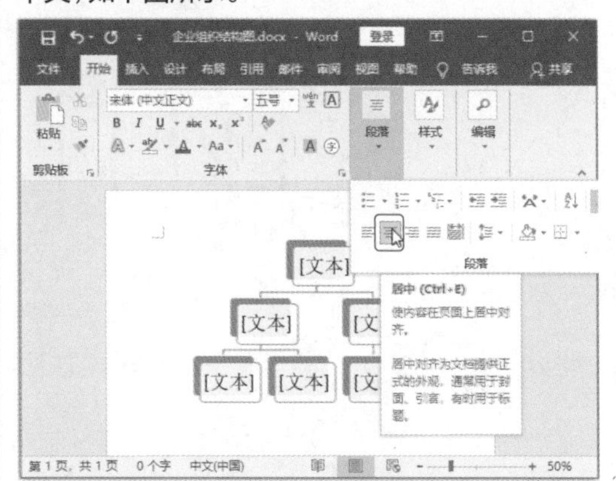

专家点拨

对于SmartArt图的位置，不仅可以通过光标来调整，还可以选中SmartArt图后，切换到“SmartArt工具-格式”选项卡，然后单击“排列”组中的“位置”按钮，选择SmartArt图在页面中的位置，以及文字环绕的方式。

2.1.2 灵活调整 SmartArt 图的结构

SmartArt模板并不能完全符合实际需求，需要对结构进行调整。

>>>1. SmartArt图形的增减

增加SmartArt图形的结构时，需要对照之前的草图，在恰当的位置添加图形，并选中多余的图形，按Delete键删除。

第1步：在后面添加图形。❶选中第二排右边的图形；❷单击"SmartArt工具－设计"选项卡下的"创建图形"组中的"添加形状"按钮，在弹出的下拉列表中选择"在后面添加形状"选项，如下图所示。

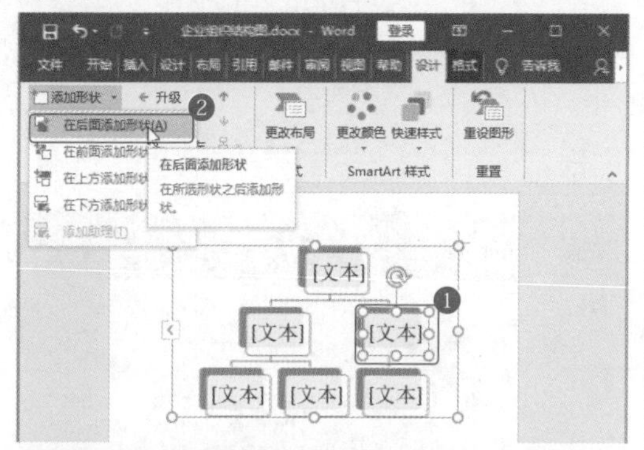

第2步：删除图形。按住Ctrl键，同时选中第三排的图形，按Delete键删除，如下图所示。

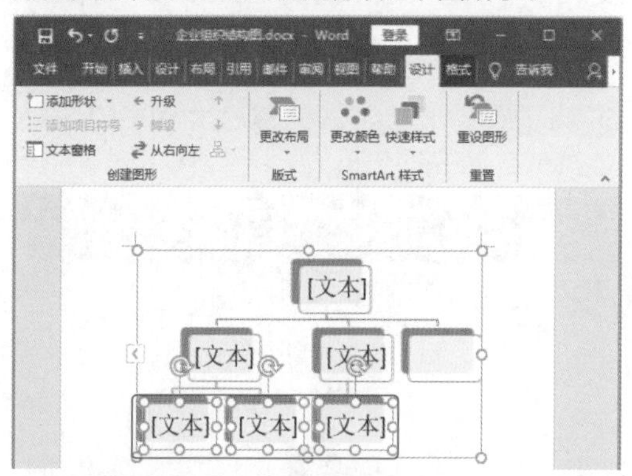

第3步：在下方添加图形。❶选中第二排中间的图形；❷单击"SmartArt工具－设计"选项卡下的"创建图形"组中的"添加形状"下拉按钮，在弹出的下拉列表中选择"在下方添加形状"选项，如下图所示。

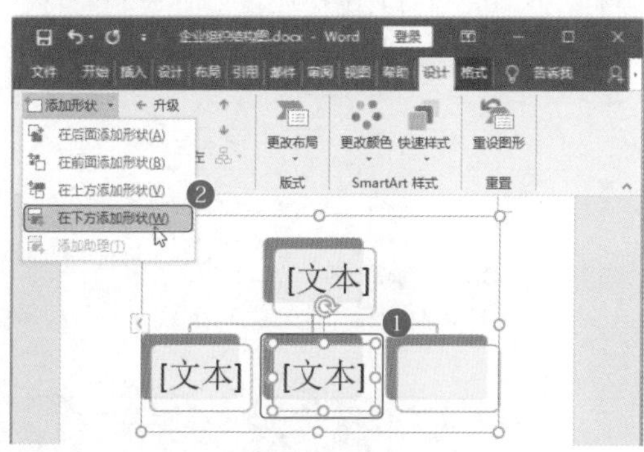

第4步：继续添加图形。按照相同的方法，在第二排中间的图形下方添加另外3个图形，如下图所示。

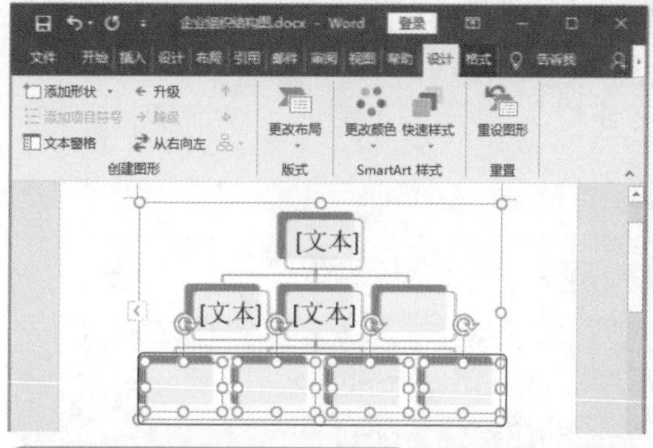

第5步：完成结构框架制作。按照相同的方法，分别选中第三排的图形，在下方添加数量相当的图形，如下图所示。此时便根据草图完成了企业组织结构图的框架制作。

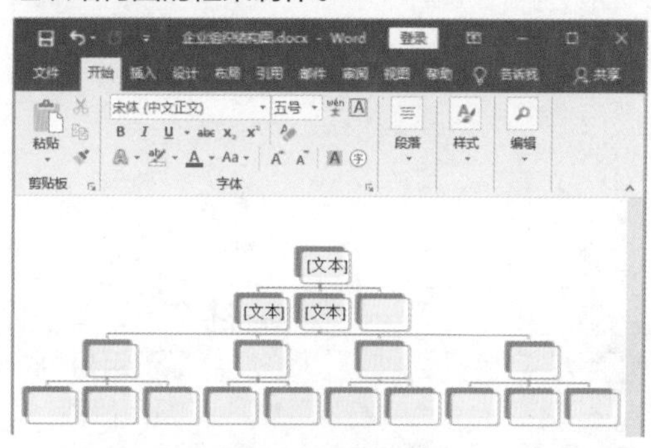

>>>2．调整结构图中的图形位置

完成SmartArt图形的结构后，从美观上考虑，可以拉长图形之间的连接线，使整个结构图更好地充实Word页面，避免拥挤。

第1步：调整第一排图形位置。❶选中第一排的图形；❷按↑键，让图形往上移动一段距离，如下图所示。

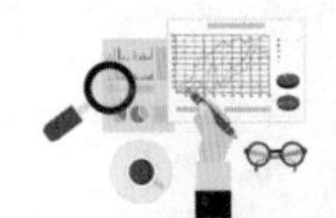

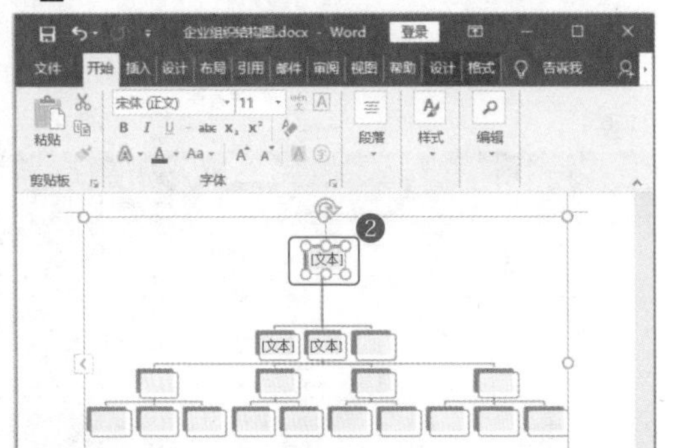

第2步：完成最后一排图形的位置调整。按住Ctrl键，选中最后一排图形，然后按↓键，让图形向下移动一段距离，如下图所示。

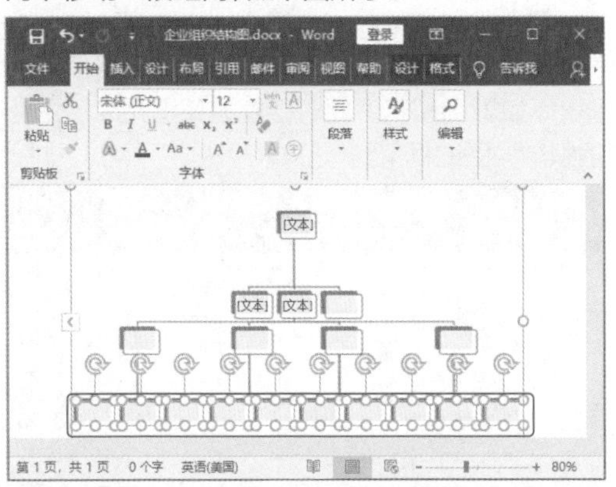

第3步：完成所有图形的位置调整。使用相同的方法，调整SmartArt图形结构间的垂直距离，如下图所示。

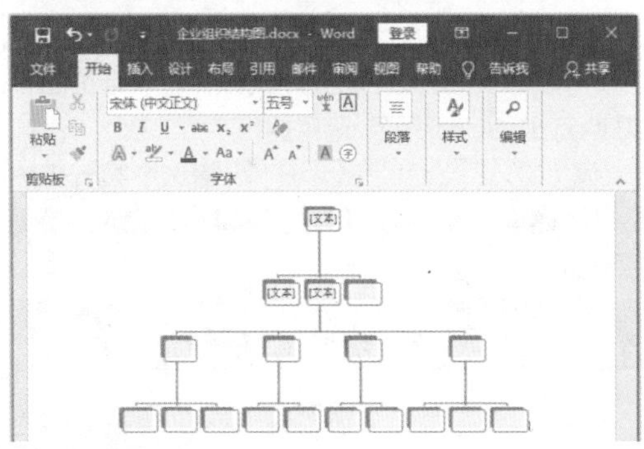

专家点拨

调整SmartArt结构图中的图形位置，可以灵活使用↑、↓、→、←4个方向键。需要注意的是，同时选中同一排的图形再按方向键，可以保证图形的移动距离相同，且水平对齐。

2.1.3 组织结构图的文字添加

完成SmartArt图结构制作后，就可以开始输入文字了。输入文字时要考虑字体的格式，使其清晰、美观。

>>>1. 在SmartArt图中添加文字

在SmartArt图中添加文字的方法是，选中具体图形，然后输入文字即可。

第1步：选中要输入文字的图形。单击要输入文字的图形，如下图所示。

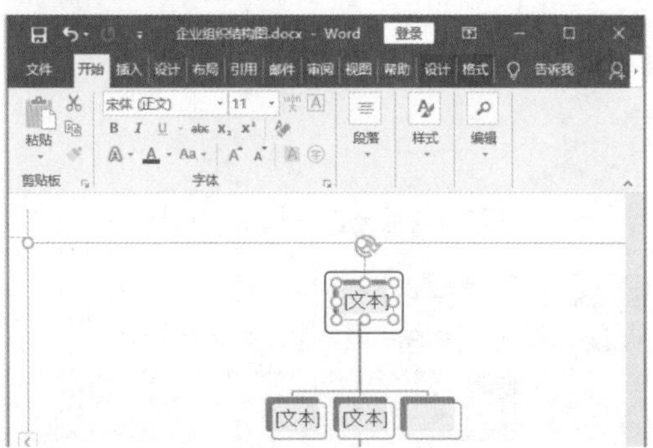

第2步：在图形中输入文字。选中图形后，输入文字即可，如下图所示。

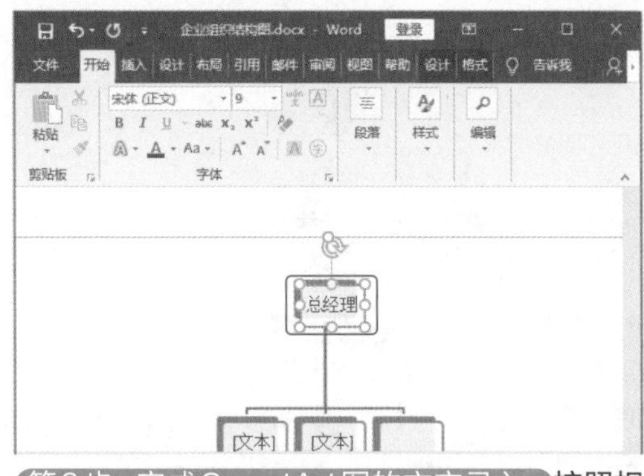

第3步：完成SmartArt图的文字录入。按照相同的方法完成SmartArt结构图中所有图形的文字录入，如下图所示。

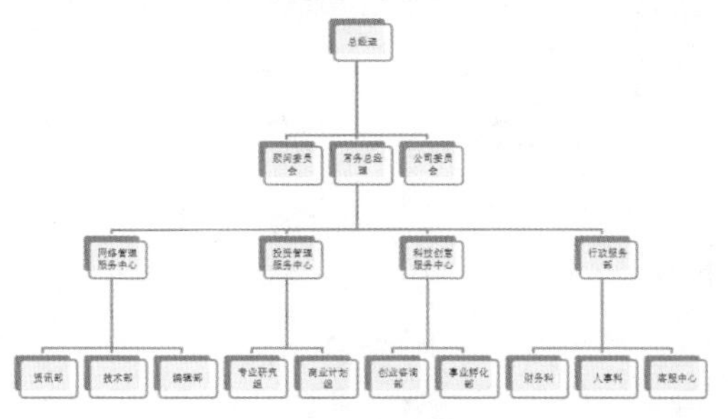

专家点拨

在SmartArt图中输入文字，还可以通过“文本窗格”来进行。其方法是单击“SmartArt工具-设计”选项卡“创建图形”组中的“文本窗格”按钮，打开“在此处键入文字”窗格。在该窗格中，可以隐藏和显示SmartArt图形所对应的文本内容，该内容以多级列表的形式表现其层次结构。通过该窗格可快速创建新的SmartArt图形以及输入其内容。

>>>2. 设置SmartArt图中文字的格式

SmartArt图默认的文字格式是宋体，为了使文字更具表现力，可以把字体设置为加粗，同时改变字体、字号等格式。

第1步：将字体加粗。 企业组织结构图中，最顶层的图形代表的是高层领导。为了显示领导的重要性，可以将该层文字加粗显示。❶选中最顶层图形；❷单击“字体”组中的“加粗”按钮 **B**，如下图所示。

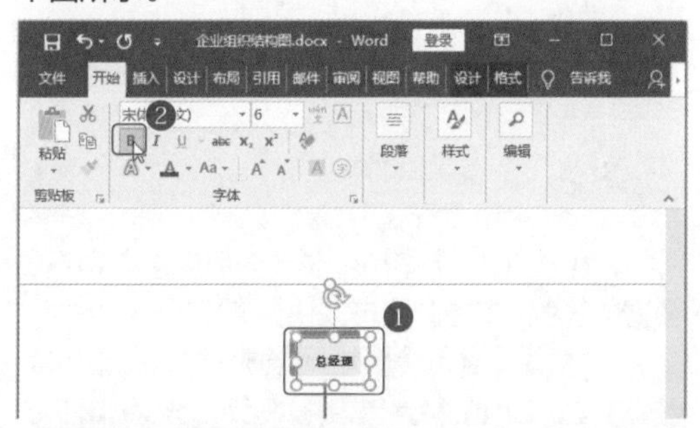

第2步：设置文字的其他格式。 选中文字，将其字体设置为“Adobe 黑体 Std R”，字号大小为8号，如下图所示。

第3步：完成所有文字格式的调整。 按照相同的方法，对其他文字的格式进行调整。

2.1.4 组织结构图的美化

完成SmartArt图的文字输入后，就进入到最后的样式调整环节，可以对图形的颜色、效果进行调整。

>>>1. 修改SmartArt图形状

SmartArt图中的图形形状与模板一致，此时可以根据文字的数量等需求对形状进行修改。

第1步：拉长图形。 按住Ctrl键，同时选中最后一排所有图形，将光标放在其中一个图形的正下方，当它变成双向箭头时，按住鼠标左键向下拖动，实现拉长图形的效果，如下图所示。

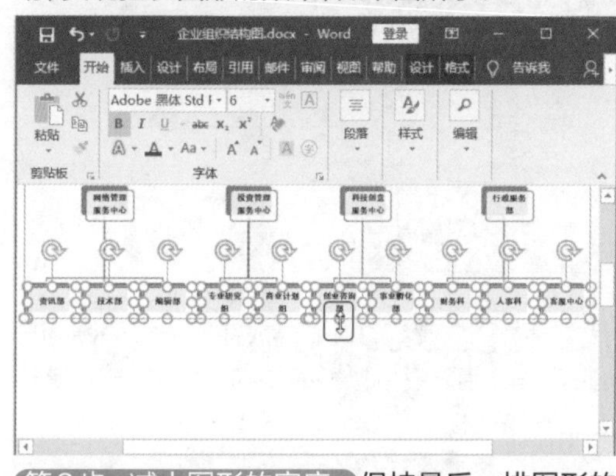

第2步：减小图形的宽度。 保持最后一排图形的选中状态，将光标放在其中一个图形的左边线中间，当它变成双向箭头时，按住鼠标左键不放往右拖动，如下图所示。

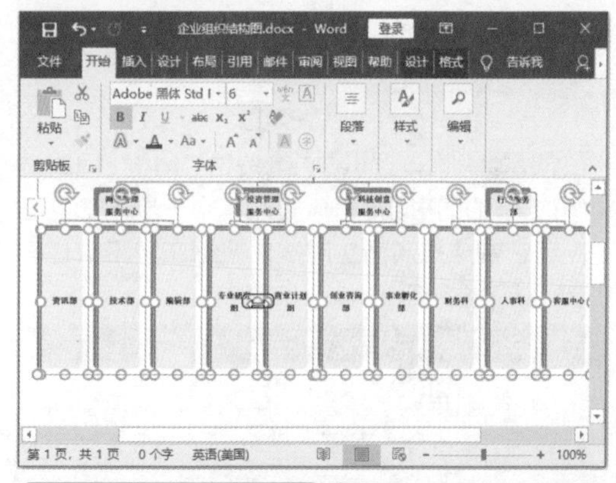

第3步：修改图形形状。 ❶按住Ctrl键的同时选中前面3排图形；❷单击“SmartArt工具-格式”选项卡下的“形状”组中的“更改形状”下拉按钮；❸在弹出的下拉列表中选择“椭圆”选项，实现更改图形形状的目的，如下图所示。

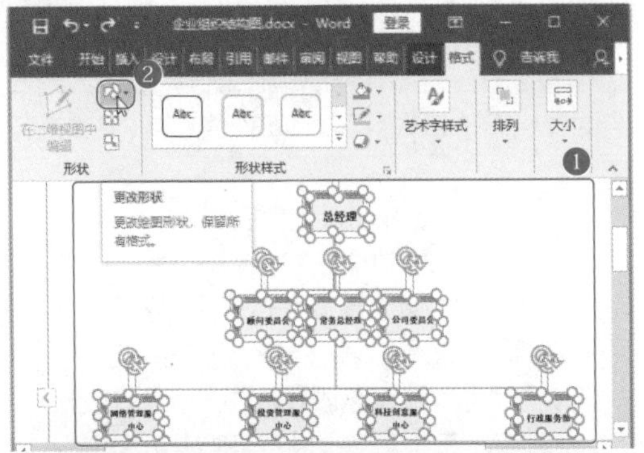

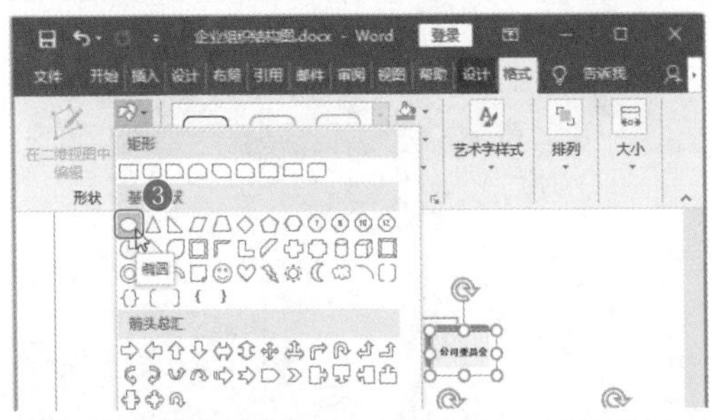

第4步：增大图形。将光标放在第一排椭圆图形的右下角，当它变成倾斜的双向箭头时，按住鼠标左键不放往右下方拖动，如下图所示。

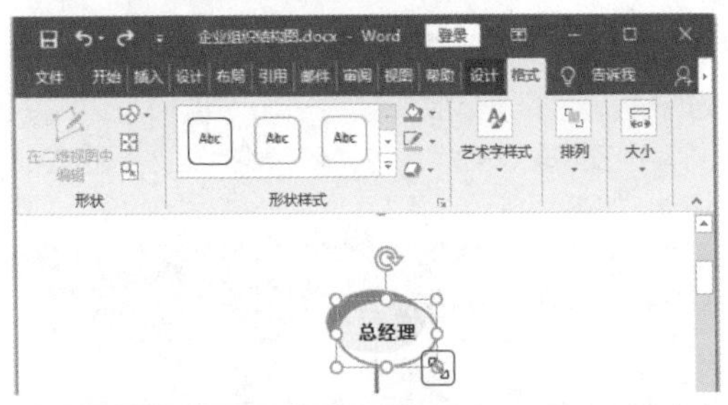

第5步：增加图形的宽度。按住Ctrl键，同时选中第二排的图形，将光标放在其中一个图形的右边，当它变成双向箭头时按住鼠标左键不放往右拖动，如下图所示。

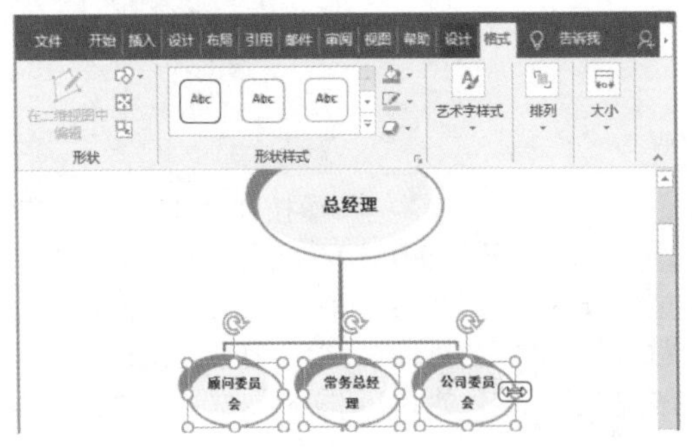

第6步：完成图形调整。按照相同的方法，调整第三排图形的宽度，最后完成整个SmartArt图的形状调整，效果如下图所示。

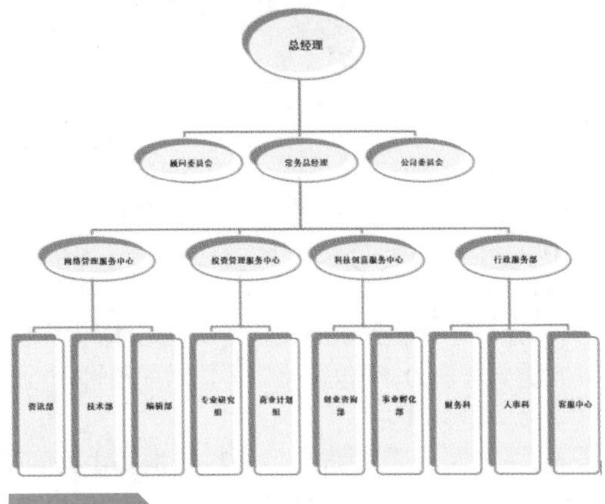

专家答疑

问：在调整SmartArt图中的形状大小时，可以通过设置参数实现更精确的调整吗？

答：可以。在调整SmartArt图的结构时，可以选中图形后，在“SmartArt工具－格式”选项卡的“大小”组中，通过输入“宽度”和“高度”的值来修改图形的大小。

>>>2. 套用预置样式

Word 2016为SmartArt图提供了多种系统预置的样式，直接套用可以快速调整图形的样式。

第1步：应用预置的颜色样式。❶选中SmartArt图，单击“SmartArt工具－设计”选项卡下的“SmartArt样式”组中的“更改颜色”下拉按钮；❷在弹出的颜色样式下拉列表中选择一种配色，如下图所示。

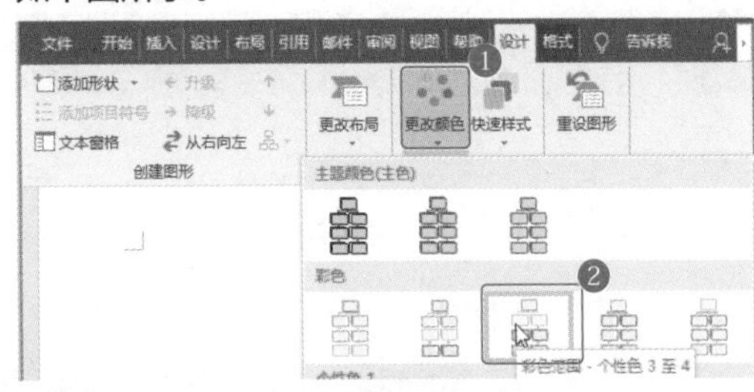

第2步：应用预置的样式。❶单击“SmartArt样式”组中的“快速样式”按钮；❷在弹出的下拉列表中选择一种样式，如选择“强烈效果”样式，此时便成功地将这种样式效果应用到SmartArt图中，如下图所示。

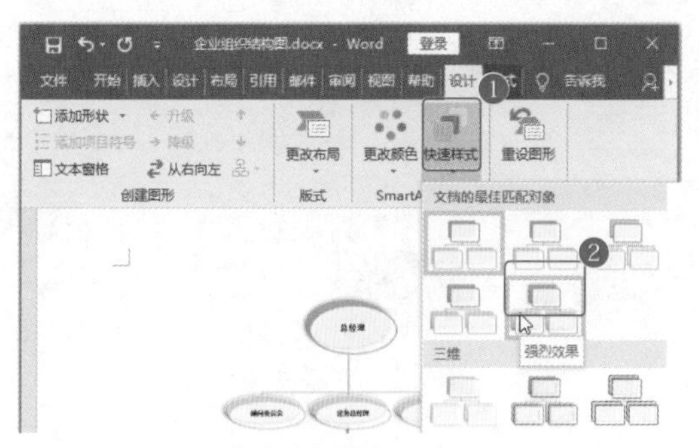

>>>3. 根据图形美化文字

在完成SmartArt图的结构、样式等项目的设置后，最后一步还需要根据图形的颜色、大小来检查文字是否与图形相匹配。需要注意的是文字颜色与图形颜色是否相搭配、文字大小与图形大小是否相搭配。

第1步：调整文字大小。❶选中第一排图形；❷单击“字体”组中的“增大字号”按钮 A˄，让字体充满整个图形，如下图所示。

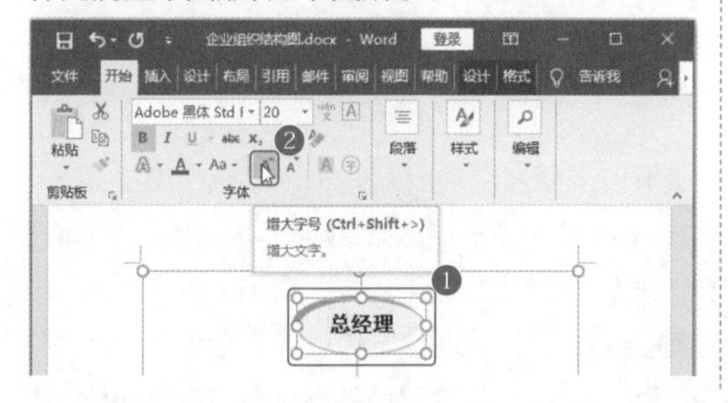

第2步：完成所有文字大小的调整。按照相同的方法，选中不同的形状，增大文字的字号，使文字尽量充满图形，效果如下图所示。至此便完成了企业组织结构图的制作。

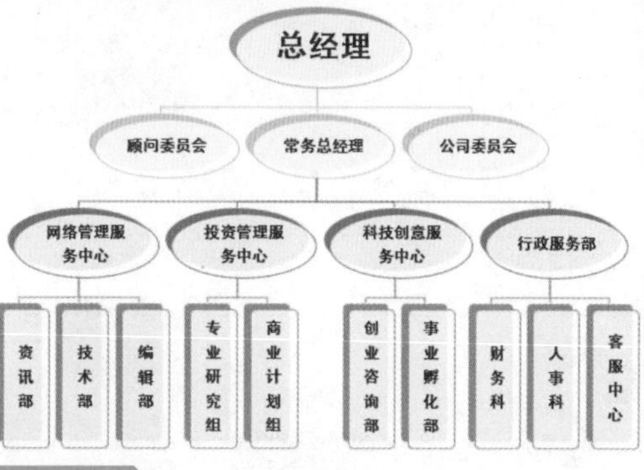

专家答疑

问：在调整SmartArt图形中的文字大小时，想避免文字溢到图形边框，让文字与图形保留一定的边距，应该怎么做？

答：可以通过文本框边距设置来实现。在调整SmartArt图的文字大小时，可以事先设置好文字与图形左、右、上、下边框的距离，再调整文字的大小。方法是选中图形后，单击鼠标右键，打开“设置形状格式”窗格，在“文本选项”选项卡中选择“布局属性”命令，即可进行边距设置。

2.2 制作“企业内部工作流程图”

扫一扫 看视频

※ 案例说明

企业内部工作流程图可以帮助企业管理者了解不同部门的工作环节，将多余的环节去除，更改不合理的环节。管理者将修订好的工作流程图发送给下属，可以让下属人员清楚自己的工作流程，从而将管理变得简单便捷，提高工作人员的效率。

“企业内部工作流程图”文档制作完成后的效果如下图所示。

XXX 企业工作流程图

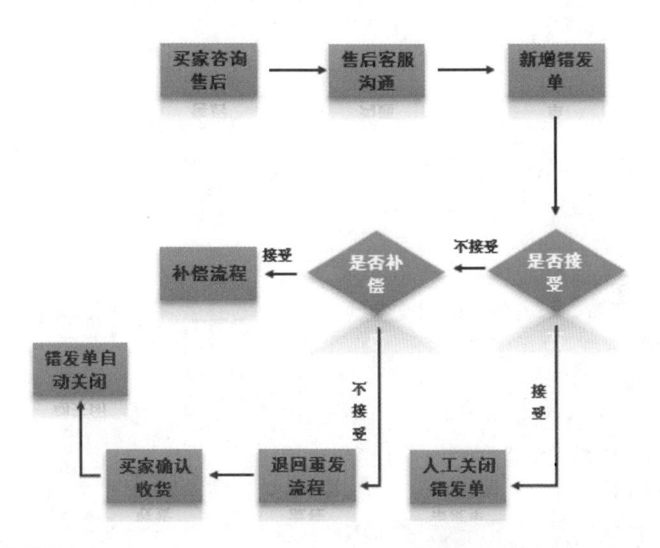

※ 思路解析

企业内部工作流程图和企业组织结构图不同，组织结构图的结构比较单一，通常是由上而下的结构，这种结构可以利用 PowrPoint 2016 中的 SmartArt 图形模板修改制作，从而提高了制作效率。但是不同的企业不同的部门有不同的工作方式，其流程图结构多样，在 SmartArt 图形中难以找到合适的模板，此时可以通过绘制形状和箭头的方法，灵活绘制流程图。制作者应当根据企业内部的工作流程，选择恰当的形状进行绘制，然后调整形状的对齐效果，再在形状中添加文字，最后再修饰流程图，完成制作。具体思路如下图所示。

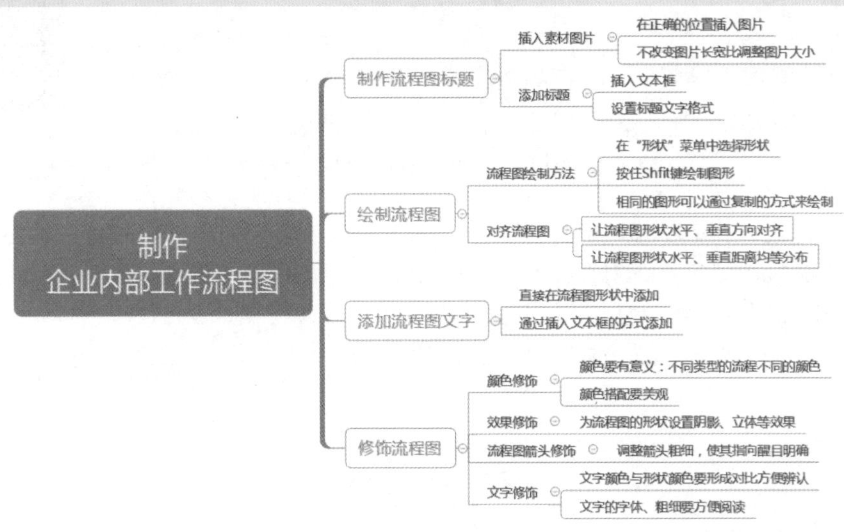

※ 步骤详解

2.2.1 制作工作流程图标题

工作流程图文档应当有一个醒目的标题，它既突出主题，又起到修饰作用。在标题设置时，可以插入图片素材和设置字体格式，从而达到美化标题的目的。

>>>1. 插入素材图片

为了让标题醒目，可以插入素材图片作为标题的背景，插入图片后注意调整图片的大小和位置。

第1步：打开"插入图片"对话框。新建文档，保存并命名为"企业内部工作流程图"。❶将光标放到文档中间的位置，表示要将图片插入到这里；❷单击"插入"选项卡"插图"组中的"图片"按钮，如下图所示。

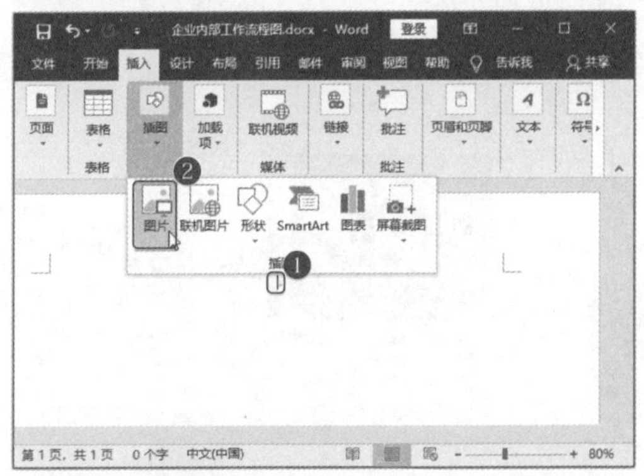

第2步：插入图片。❶打开"插入图片"窗口，选择"素材文件/第2章/横栏.tif"文件；❷单击"插入"按钮，如下图所示。

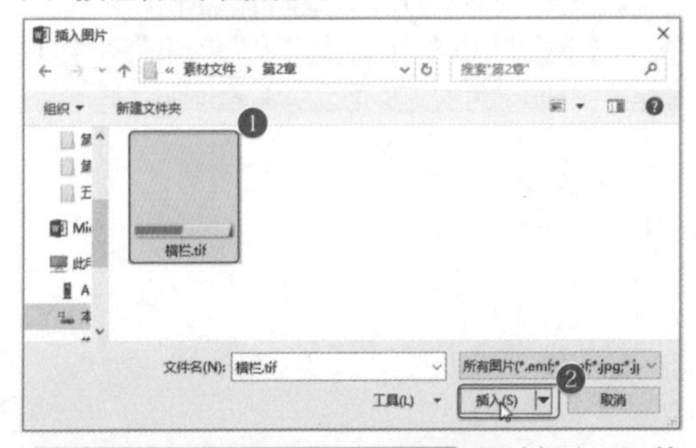

第3步：调整插入图片的大小。图片插入后，将光标放到图片右下方，当它变成倾斜的双箭头时，按住鼠标左键拖动缩小图片，如右上图所示。

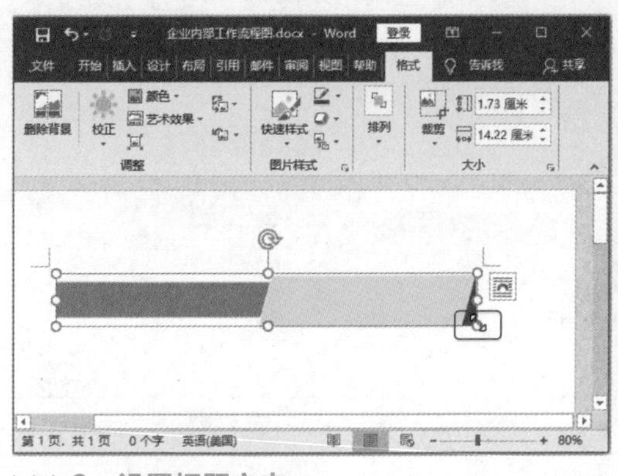

>>>2. 设置标题文本

完成素材背景的制作后，就可以输入标题文本，并将其置于背景图片之上。

第1步：插入文本框。完成标题背景制作后，就可以插入文本框输入标题文字。❶单击"插入"选项卡下的"文本"组中的"文本框"下拉按钮；❷在弹出的下拉列表中选择"绘制横排文本框"选项，如下图所示。

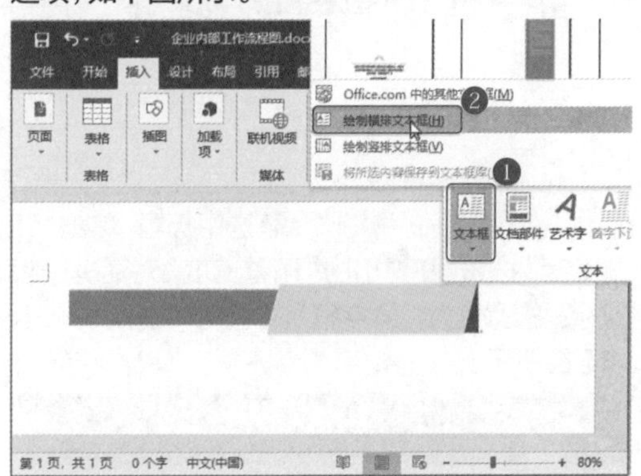

专家点拨

插入文本框时，还可以选择"绘制竖排文本框"，这种文本框适合于比较复古的内容排版，如诗歌、古文。竖排文本框输入内容后，读者的阅读顺序是从上往下阅读。

第2步：设置文本框格式。按住鼠标左键不放，在页面中绘制文本框。❶在文本框中输入标题文字；❷选中文本框，单击"绘图工具-格式"选项卡下的"形状填充"下拉按钮；❸在弹出的下拉列表中选择"无填充"选项，如下图所示。按照同样的方法，设置文本的边框为无填充色。

第3步：设置标题格式。设置标题的字体格式和字号，如下图所示。

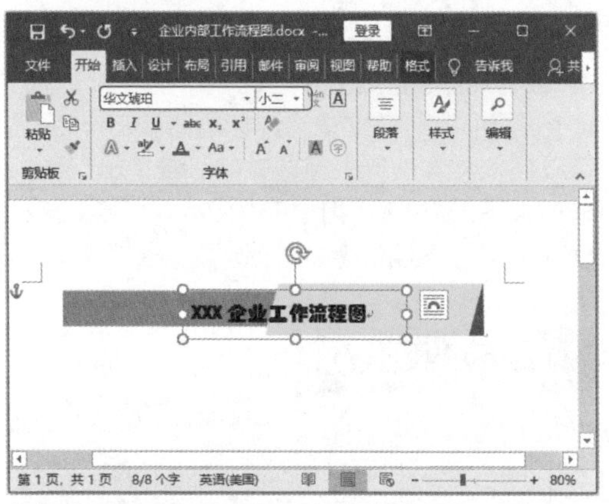

第4步：设置标题的宽度。❶选中标题，单击“调整宽度”按钮，在弹出的“调整宽度”对话框中设置标题的宽度为“14字符”；❷单击“确定”按钮，如下图所示。

第5步：打开文字“颜色”对话框。❶选中标题中的“XXX企业”；❷单击“字体颜色”下拉按钮 A -；❸在弹出的下拉列表中选择“其他颜色”选项，如下图所示。

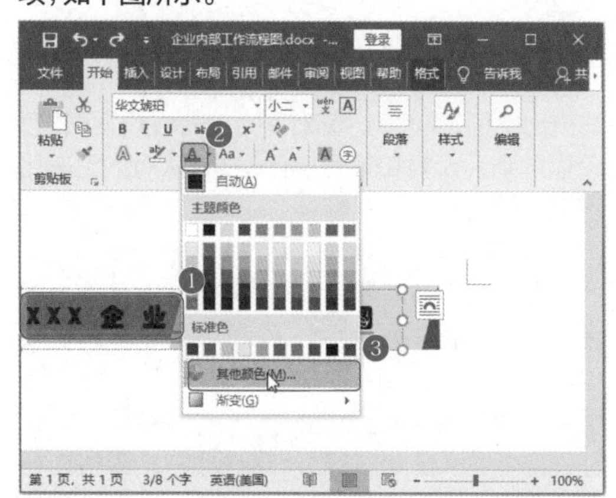

第6步：设置字体颜色参数。❶在打开的“颜色”对话框中按照下图所示设置颜色；❷单击“确定”按钮，如下图所示。

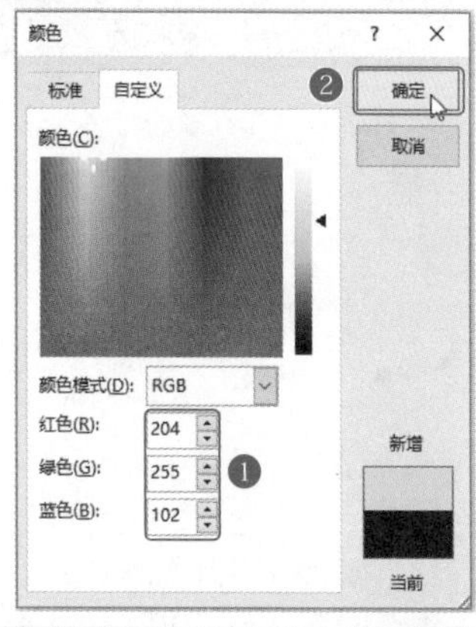

第7步：调整文本框位置。完成标题文字的制作后，调整文本框的位置，效果如下图所示。

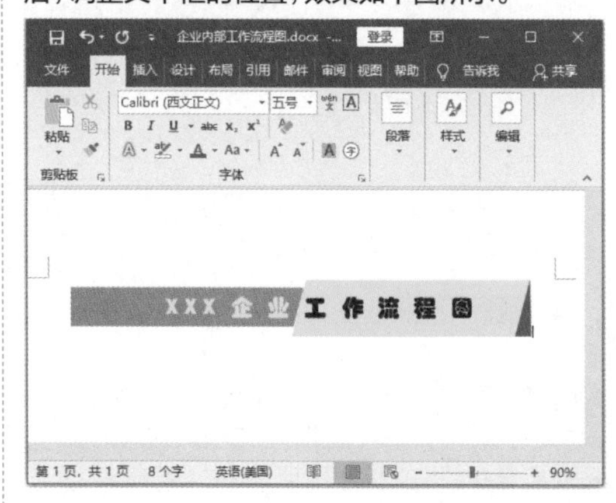

2.2.2 绘制流程图

利用Word 2016的形状绘制流程图，主要掌握不同形状的绘制方法，以及形状的对齐调整方法。

>>>1. 绘制流程图的基本形状

一张完整的流程图通常由1~2种基本形状构成，不同的形状有不同的含义。如果是相同的形状，可以利用复制的方法来快速完成。具体操作如下。

第1步：选择“矩形”形状。 ❶单击“插入”选项卡下的“形状”按钮；❷在弹出的下拉列表中选择“矩形”选项，如下图所示。

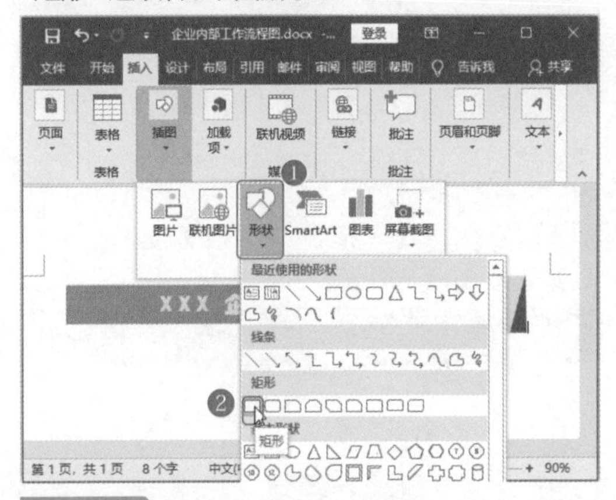

专家点拨

在所需要形状上单击鼠标右键，选择“锁定绘图模式”命令，可以在界面中连续绘制多个图形。当绘制完成后，按Esc键即可退出绘图状态。

第2步：绘制矩形。 在Word界面中，按住鼠标左键不放，拖动绘制矩形，如下图所示。

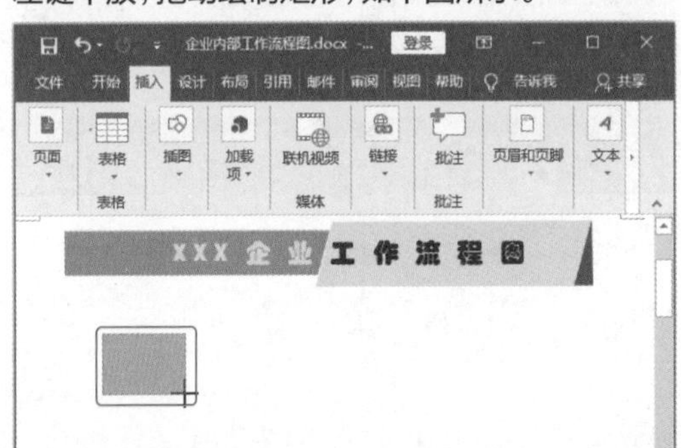

第3步：复制两个矩形。 第一个矩形绘制完成后，选中该矩形，连续两次按Ctrl+D组合键，复制出另外两个矩形，并调整位置，如右上图所示。

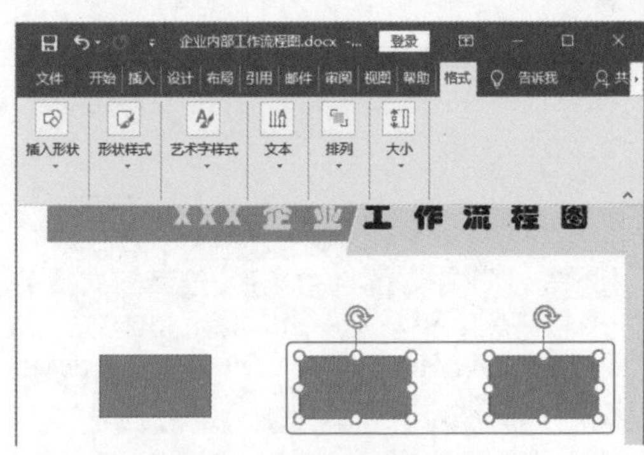

第4步：选择“菱形”形状。 ❶单击“插入”选项卡下的“形状”下拉按钮；❷在弹出的下拉列表中选择“菱形”选项，如下图所示。

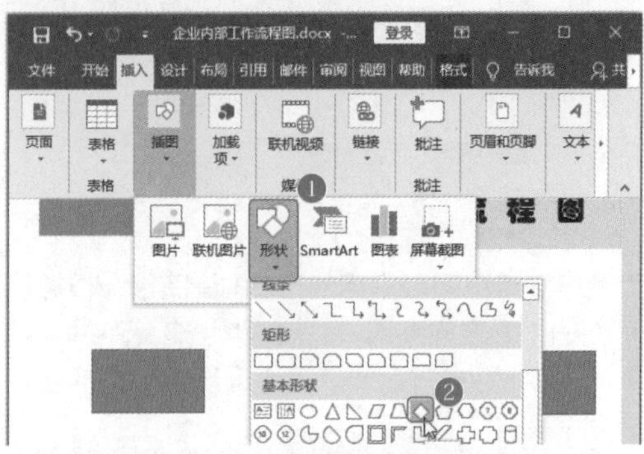

第5步：绘制菱形并复制形状。 ❶在界面中按住鼠标左键不放，拖动绘制一个菱形；❷选中菱形，按下Ctrl+D组合键，复制出一个菱形；❸选中矩形，按下Ctrl+D组合键，复制出一个矩形，与两个菱形并排，如下图所示。

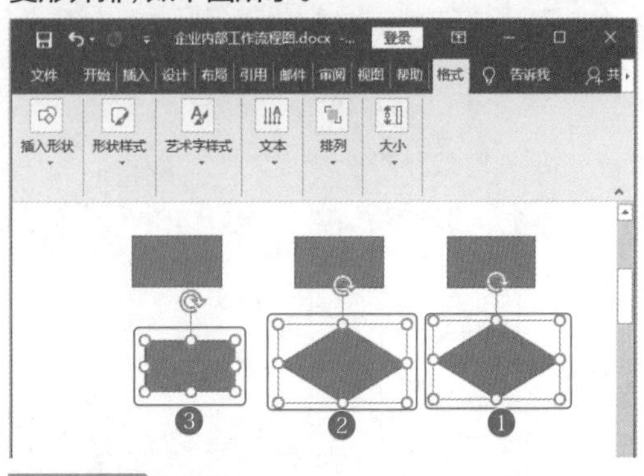

专家答疑

问：绘图时如何灵活利用Ctrl和Shift键辅助绘图？

答：在Word中绘制形状时，按住Ctrl键拖动绘

制，可以使鼠标位置作为图形的中心点，按住Shift键拖动进行绘制则可以绘制出固定宽度比的形状，如按住Shift键拖动绘制矩形，则可绘制出正方形，按住Shift键绘制圆形则可绘制出正圆形。

第6步：复制矩形。选中矩形，连续三次按下Ctrl+D组合键，复制出3个矩形，如下图所示。

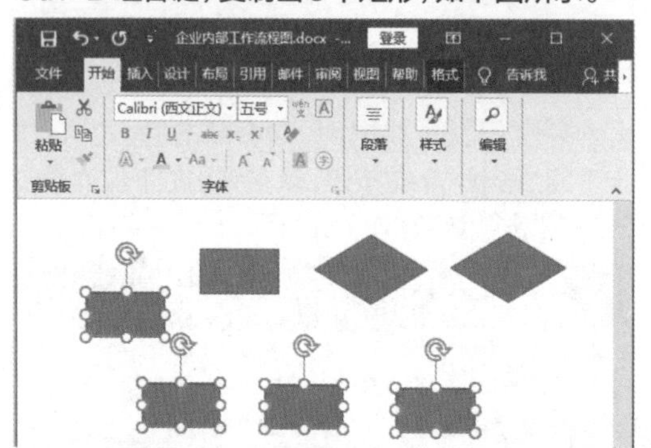

>>>2. 绘制流程图箭头

连接流程图最常用的形状便是箭头，根据流程图的引导方向不同，箭头类型也有所不同。绘制不同的箭头，只需要选择不同形状的图标便可开始绘制。

第1步：选择"箭头"形状。❶单击"插入"选项卡下的"形状"下拉按钮；❷在弹出的下拉列表中选择"直线箭头"选项，如下图所示。

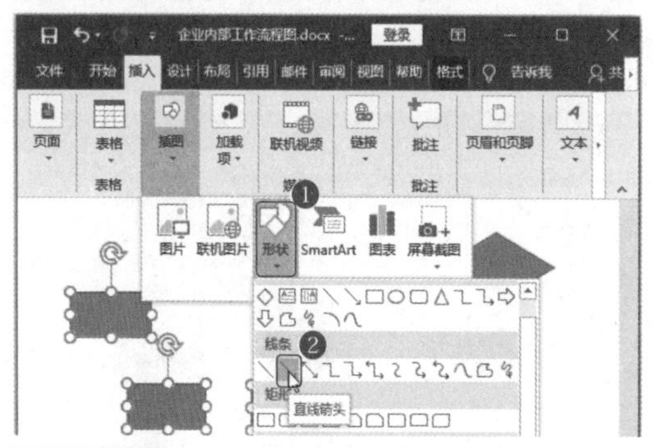

专家点拨

在绘制箭头、线条时，如果需要绘制出水平、重直或呈45°及其倍数方向线条，可在绘制时按住Shift键；绘制具有多个转折点的线条可使用"任意多边形"形状，绘制完成后按Esc键退出线条绘制即可。

第2步：绘制第一个箭头。为了便于箭头保持水平，按住Shift键，再按住鼠标左键不放，拖动并绘制箭头，如下图所示。

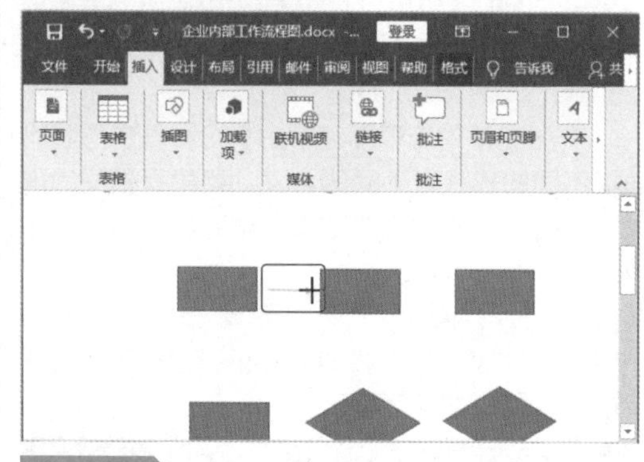

专家点拨

直线也可以变成箭头，方法是选中直线，进入"设置形状格式"窗格，设置"箭头前端类型""箭头末端类型"选项箭头形状即可。

第3步：绘制其他箭头。按照相同的方法，绘制其他箭头，如下图所示。

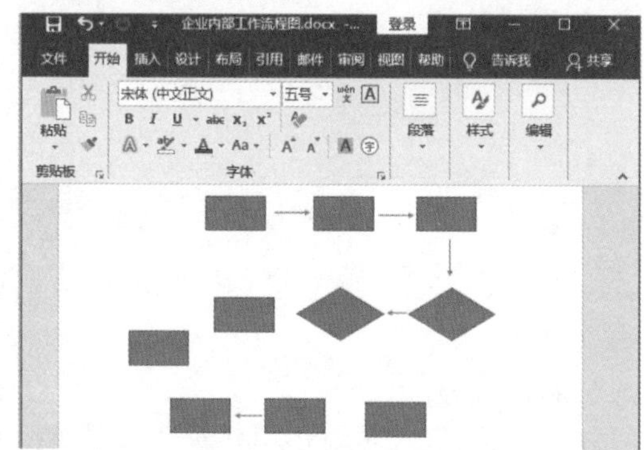

第4步：选择"肘形箭头连接符"。❶单击"插入"选项卡下的"形状"按钮；❷在弹出的下拉列表中选择"连接符：肘形箭头"选项，如下图所示。

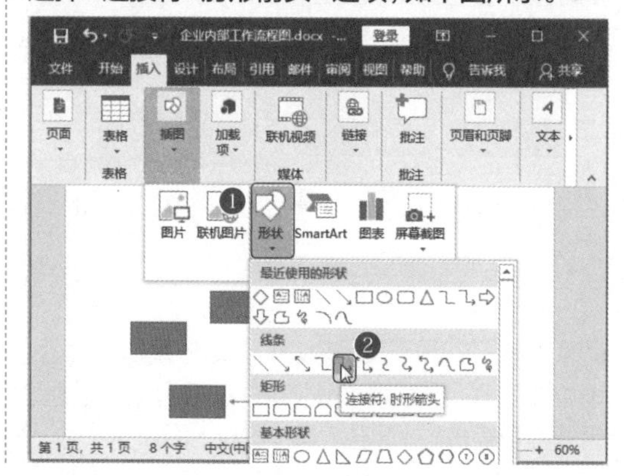

第5步：绘制第一个肘形箭头。按住鼠标左键不放，拖动并绘制肘形箭头，如下图所示。

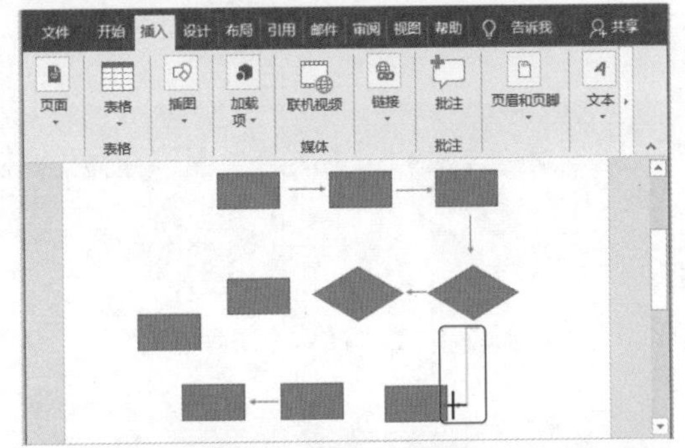

第6步：调整肘形箭头。肘形箭头绘制完成后，单击箭头上的黄色点，并按住鼠标左键不放，拖动这个点，调整肘形箭头的形状，如下图所示。

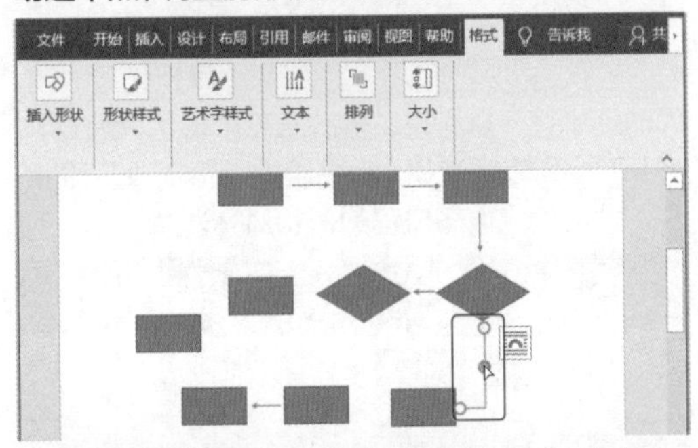

第7步：绘制其他肘形箭头。按照相同的方法，完成其他肘形箭头的绘制。此时便完成了流程图的基本形状绘制，效果如下图所示。

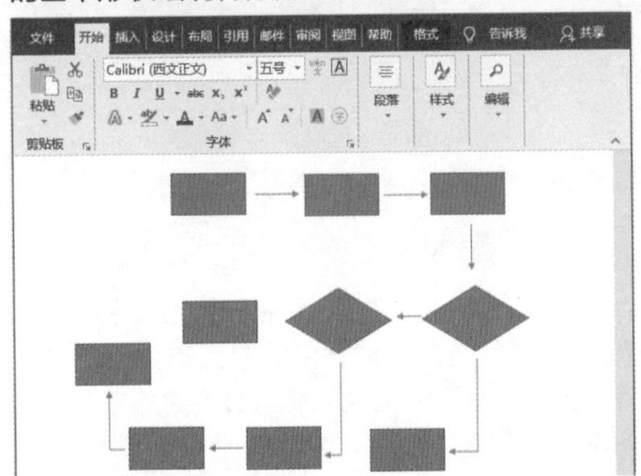

>>>3. 调整流程图的对齐方式

手动绘制的流程图完成后，往往存在布局上的问题，如形状之间没有对齐，形状之间的距离有问题，此时需要进行调整，主要用到Word 2016的“对齐”功能。

第1步：将第二、三排形状往下移。审视整个流程图，发现彼此间的距离太紧，需要拉开距离。按住Ctrl键，选中下面两排的图形。然后按↓方向键，让这两排图形向下移动，如下图所示。

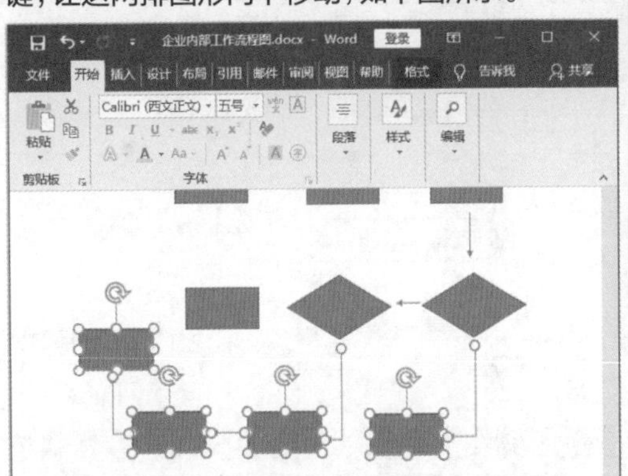

第2步：将第三排形状往下移。按住Ctrl键，选中第三排图形。然后按↓方向键，让这排图形向下移动。此时便将3排图形之间的距离拉大，如下图所示。

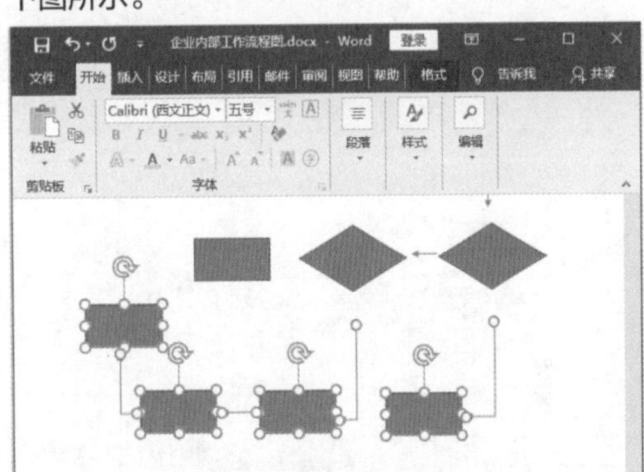

第3步：查看完成距离调整的流程图。完成距离调整后，再调整一下箭头的长度，效果如下图所示。

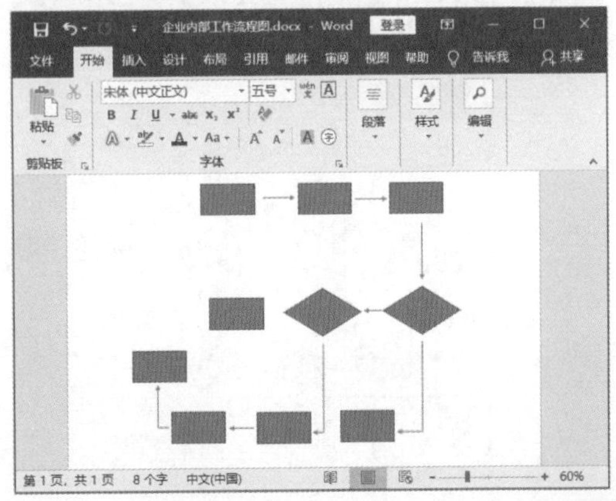

第4步：调整第一排形状，使其垂直居中。❶按住Ctrl键，选中第一排的形状；❷单击“绘图工具-格式”选项卡下的“排列”组中的“对齐”下拉按钮，在弹出的下拉列表中选择“垂直居中”选项，如下图所示。

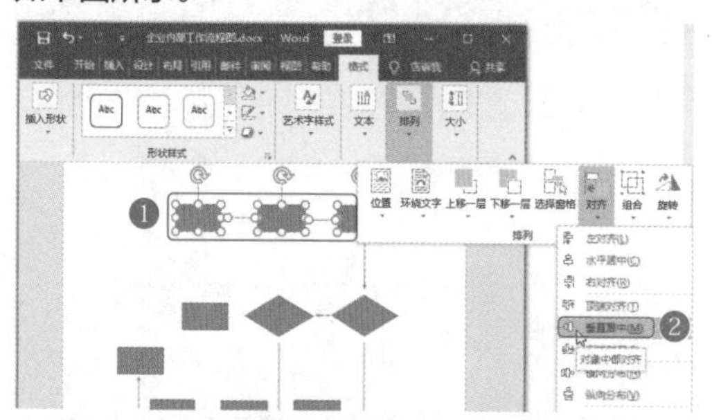

第5步：调整第二、三排形状，使其垂直居中。按照同样的方法调整第二排形状垂直居中。❶选中第三排形状；❷执行“垂直居中”命令，如下图所示。

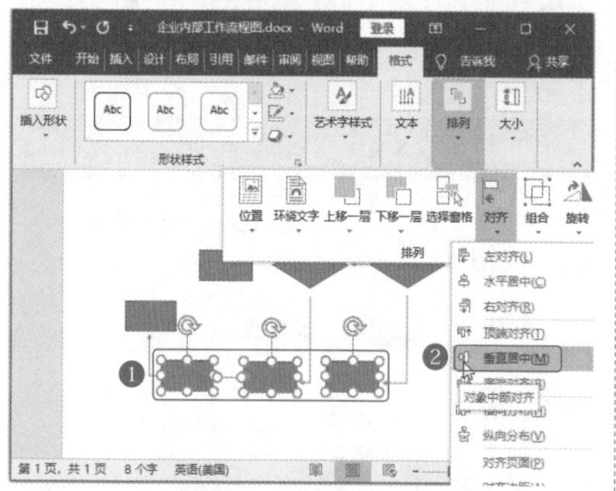

第6步：调整形状，使其左对齐。❶按住Ctrl键，同时选中第一排和第二排的第一个矩形；❷在“对齐”下拉列表中选择“左对齐”选项，如下图所示。

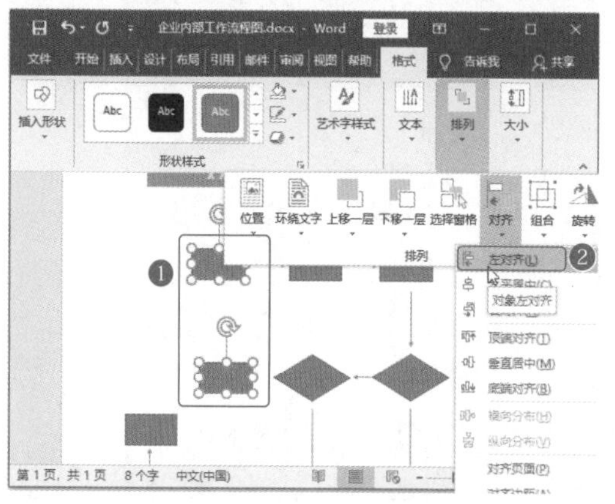

第7步：调整形状，使其水平居中。❶按住Ctrl键，同时选中第一排和第二排的第二个形状；❷在“对齐”下拉列表中选择“水平居中”选项，如下图所示。

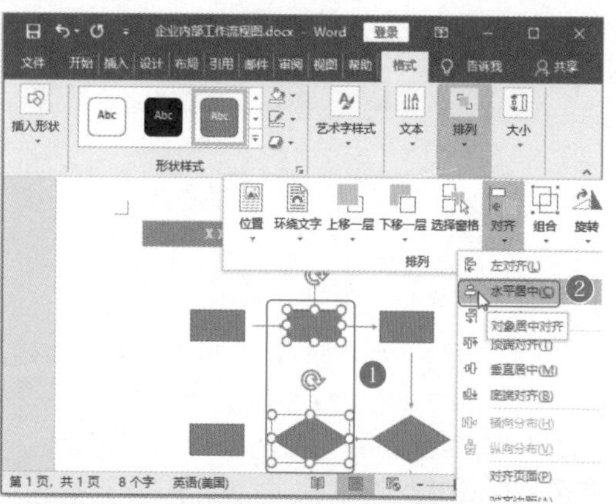

第8步：调整形状，使其水平居中。❶按住Ctrl键，同时选中第一排和第二排的第三个形状；❷在“对齐”下拉列表中选择“水平居中”选项，如下图所示。此时便完成了流程的形状对齐调整。

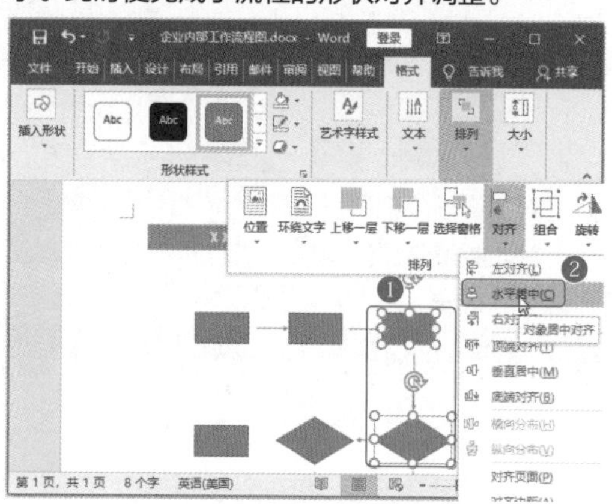

2.2.3 添加流程图文字

手动绘制的流程图是由形状组成的，因此添加文字其实是在形状中输入文本。而不是像SmartArt图那样，自带有输入文字的地方。因此，如果需要为箭头添加文字，则需要绘制文本框。

>>>1. 在形状中添加文字

在形状中添加文字的方法是，将光标置入形状中，然后就可以输入文字了。

第1步：在第1个形状中输入文字。将光标放在左上角的形状中，输入文字，如下图所示。

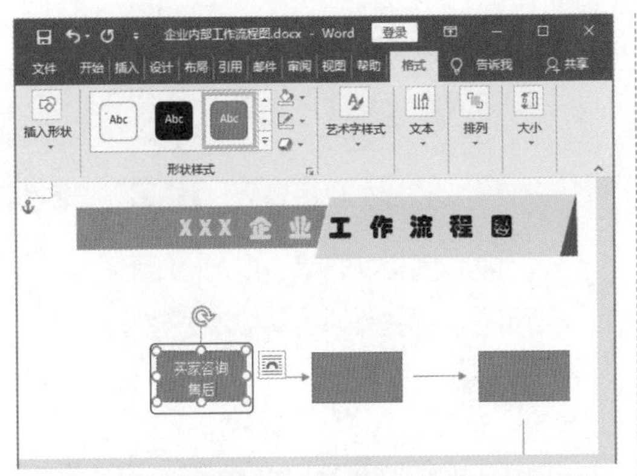

第2步：完成其他文字输入。按照相同的方法，完成流程图内其他形状的文字输入，如下图所示。

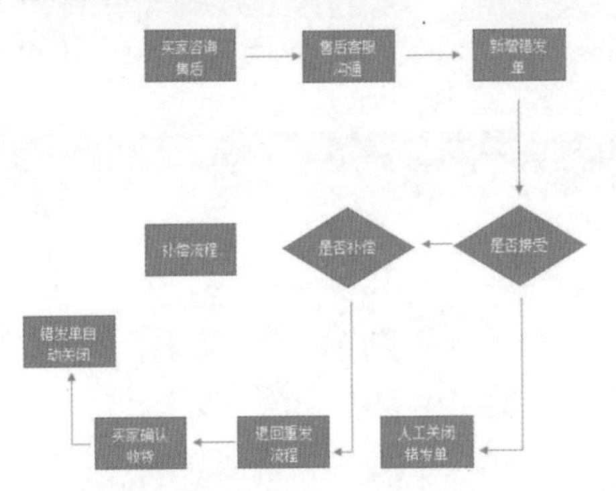

>>>2. 为箭头添加文字

为箭头添加文字，需要绘制文本框。根据文字显示方向的不同，可以灵活选择横向或竖向文本框。

第1步：选择文本框类型。❶单击“插入”选项卡下的“文本”组中的“文本框”下拉按钮；❷在弹出的下拉列表中选择“绘制横排文本框”选项，如下图所示。

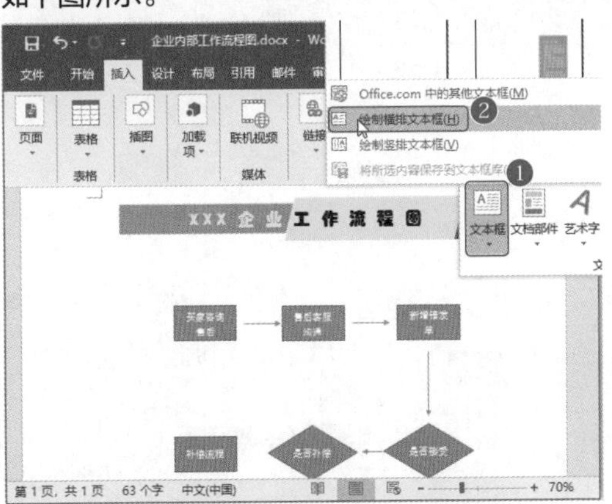

第2步：绘制文本框。按住鼠标左键不放，拖动绘制文本框，如下图所示。

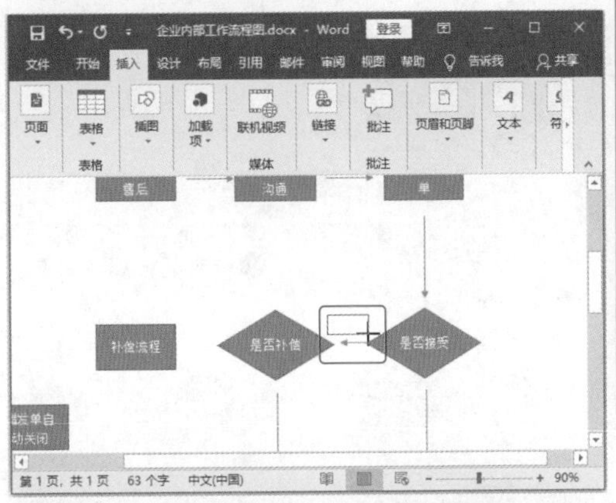

第3步：输入文字并设置文本框格式。❶在文本框中输入文字；❷选中文本框，单击“绘图工具－格式”选项卡下的“形状填充”下拉按钮；❸在弹出的下拉列表中选择“无填充”选项；❹在“形状轮廓”下拉列表中选择“无轮廓”选项，如下图所示。

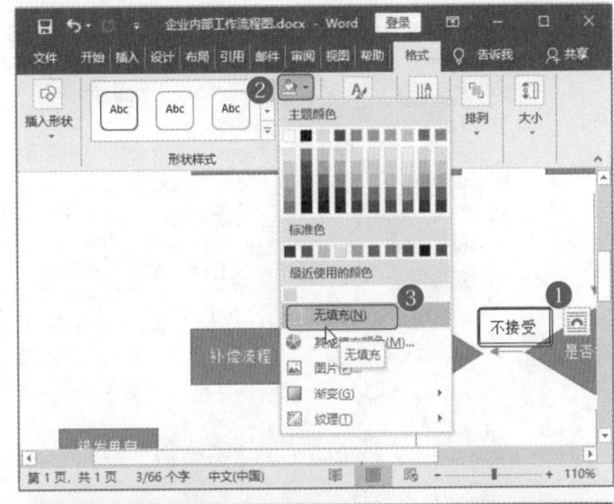

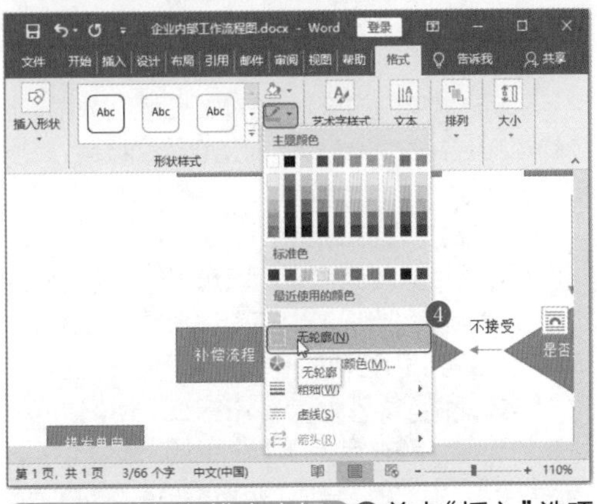

第4步：选择竖排文本框。❶单击“插入”选项

卡下的“文本”组中的“文本框”下拉按钮；❷在弹出的下拉列表中选择“绘制竖排文本框”选项，如下图所示。

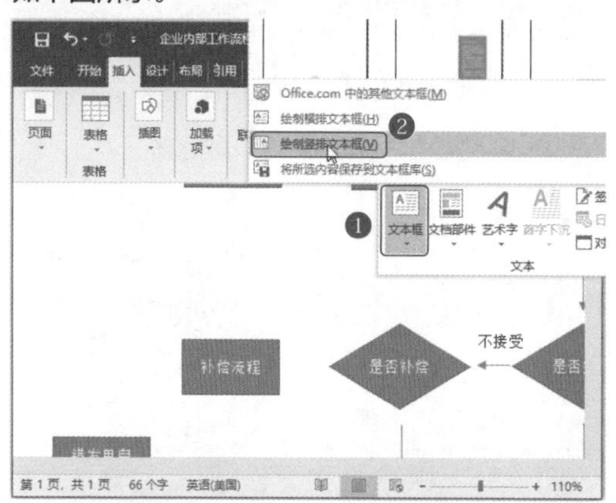

第5步：绘制竖排文本框并输入文字，完成格式调整。竖排文本框的绘制方法和横排文本框一致。绘制完成后，输入文字，并设置文本框无填充色、无轮廓即可。将第二排的箭头复制一个到左边，补上遗漏的箭头，效果如下图所示。

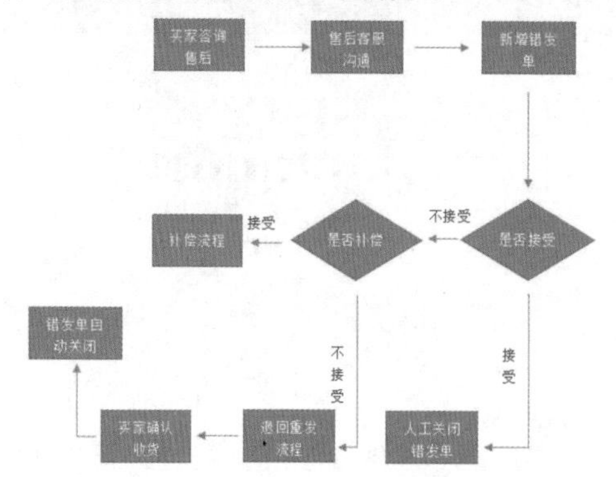

2.2.4 修饰流程图

利用形状绘制的流程图在进行颜色、效果、字体的修饰时，没有系统预置的整套样式可用，只能单独设置格式。

>>>1. 调整流程图的颜色

流程图中的颜色也有代表意义，不能随心所欲地设置颜色。流程图中有两种形状，代表两种流程，那么可以为这两种形状设置不同的颜色。

第1步：打开形状样式列表。按住Ctrl键，选中所有的矩形，单击“绘制工具－格式”选项卡下的“形状样式”组中的“其他”按钮，如右上图所示。

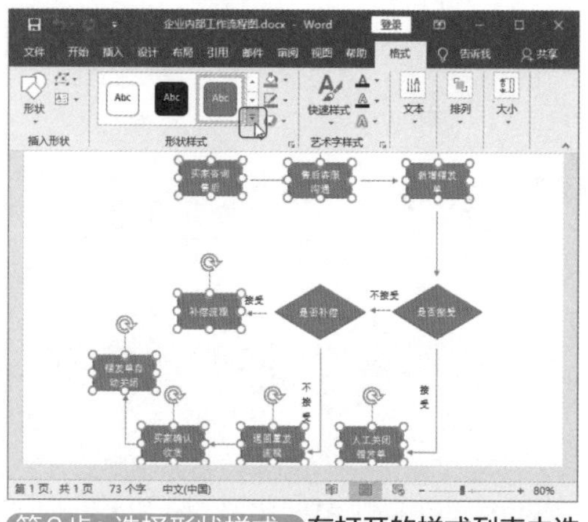

第2步：选择形状样式。在打开的样式列表中选择形状样式，如选择“强烈效果－绿色，强调颜色6”样式，如下图所示。

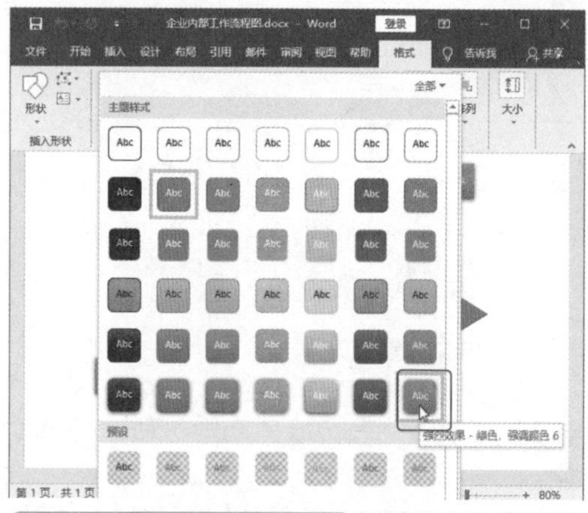

第3步：打开形状样式列表。同时选中两个菱形，单击“绘制工具－格式”选项卡下的“形状样式”组中的“其他”按钮，如下图所示。

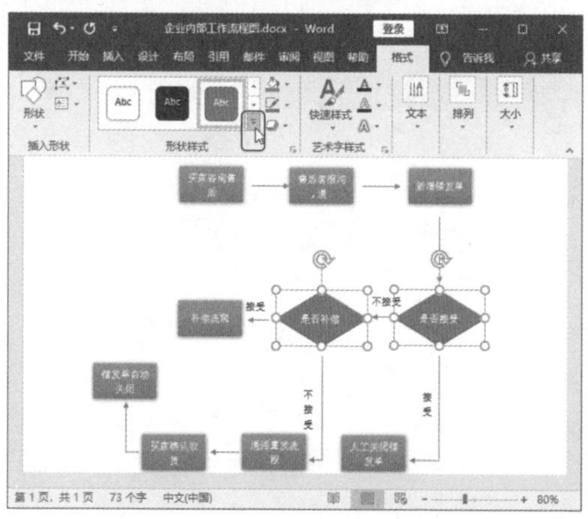

第4步：选择形状样式。在打开的样式列表中选择形状样式，如选择“强烈效果－橙色，强调颜色2”样式，如下图所示。

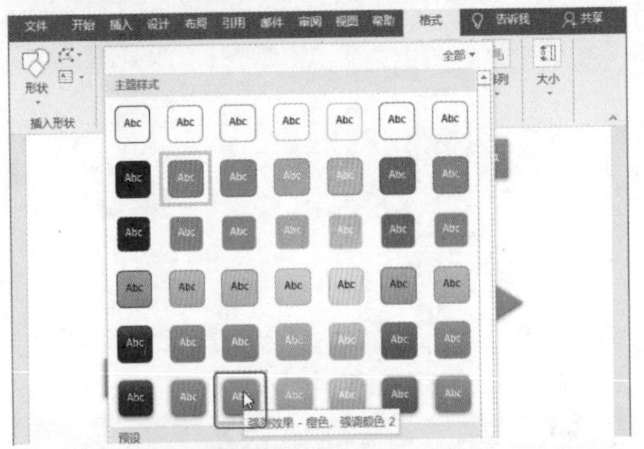

>>>2. 设置流程图形状效果

流程图的样式设置完成后，可以为形状设置效果。可以设置的效果有阴影、映像、发光、柔化边缘、棱台、三维旋转等。效果不宜设置太多，选择1~2种效果即可。

第1步：设置阴影效果。❶按住Ctrl键，选中流程图中的所有形状，单击“绘图工具－格式”选项卡下的“形状效果”下拉按钮；❷在弹出的下拉列表中选择“阴影”；❸选择级联列表中的“偏移：下”选项，如下图所示。

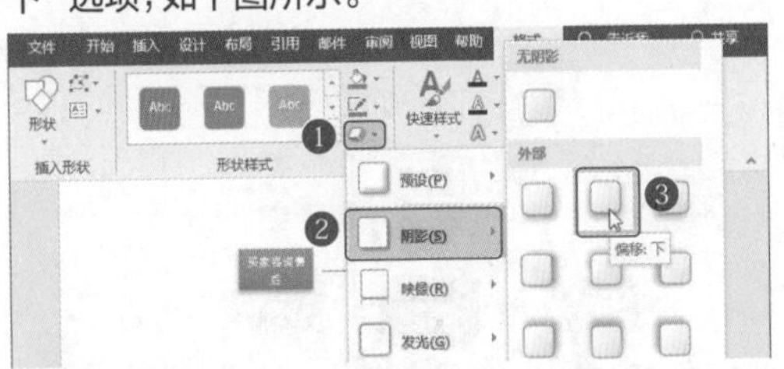

第2步：设置映像效果。❶选择“形状效果”列表中的“映像”选项；❷选择“半映像：接触”效果，如下图所示。

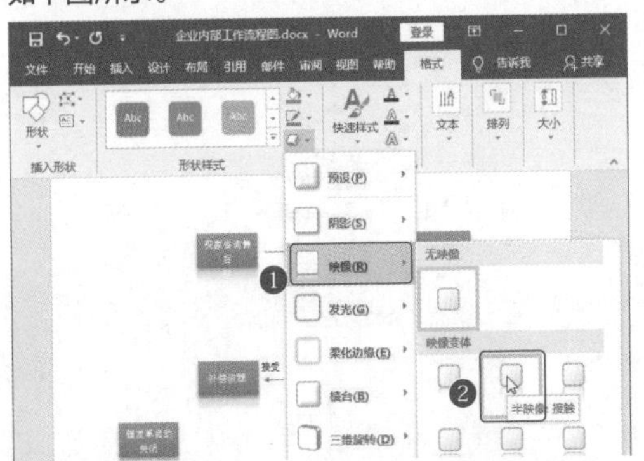

第3步：查看完成设置的流程图。完成颜色和效果设置的流程图如下图所示。

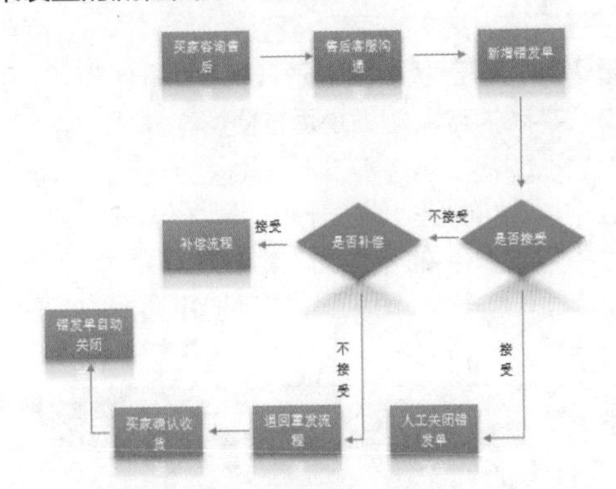

>>>3. 设置流程图箭头样式

流程图中，箭头也是重要元素，箭头的设置主要有加粗线条设置和颜色设置。

第1步：设置箭头的粗细。❶按住Ctrl键，选中所有箭头，单击“绘图工具－格式”选项卡下的“形状轮廓”下拉按钮；❷在弹出的下拉列表中选择“粗细”选项；❸选择“1.5磅”选项，如下图所示。

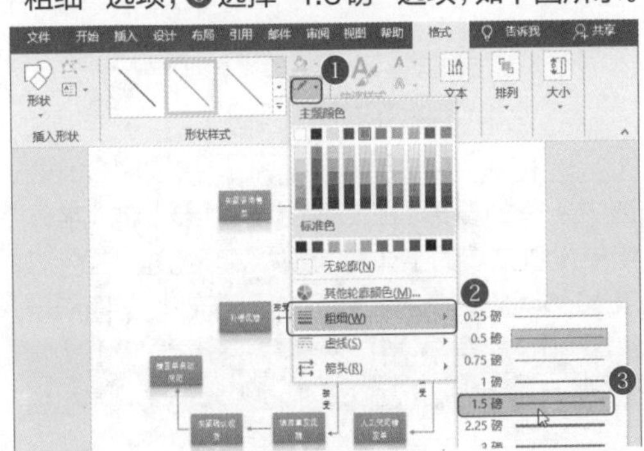

第2步：设置箭头的颜色。❶单击“形状轮廓”下拉按钮；❷在弹出的下拉列表中选择“黑色，文字1”选项，如下图所示。此时便完成了箭头样式的设置。

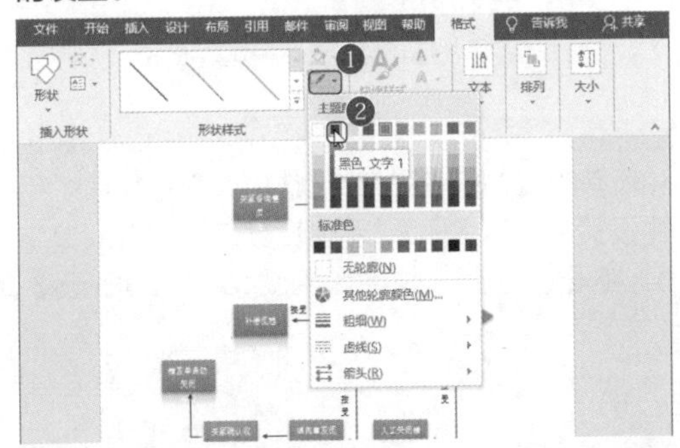

>>>4. 调整流程图文字格式

流程图不仅要注重形状的样式，文字同样要进行调整。文字的调整，要注意两点：第一，颜色是否与背景形状的颜色形成对比，方便辨认；第二，文字的字体、粗细是否方便辨认。

第1步：设置矩形形状的文字格式。按住Ctrl键，选中所有的矩形，在“开始”选项卡下的“字体”组中设置文字的字体为“黑体”、颜色为“黑色、文字1”、字号为“小四”，并且加粗显示，如下图所示。

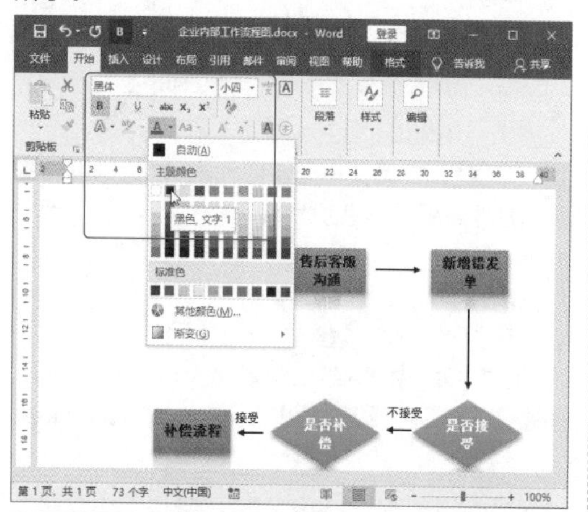

第2步：设置菱形形状的文字格式。按住Ctrl键，选中所有的菱形，在“开始”选项卡下的“字体”组中设置文字的字体为“黑体”、颜色为“白色，背景1”，字号为“小四”，并且加粗显示，如下图所示。

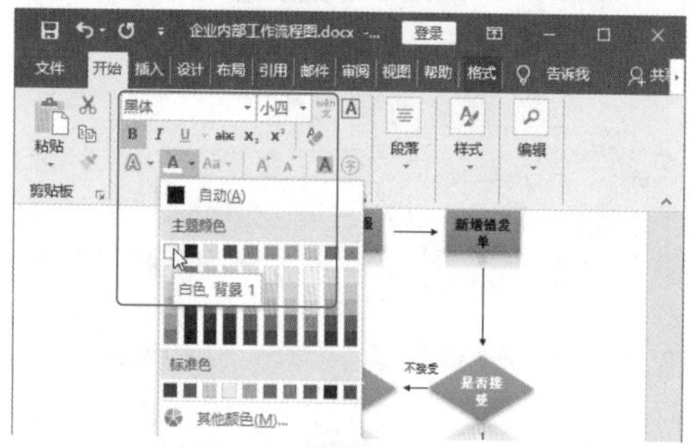

第3步：设置文本框的文字格式。按住Ctrl键，选中所有的文本框，在“开始”选项卡下的“字体”组中设置文字的字体为“黑体”、颜色为“黑色、文字1”、字号为“五号”、并且加粗显示，如右上图所示。

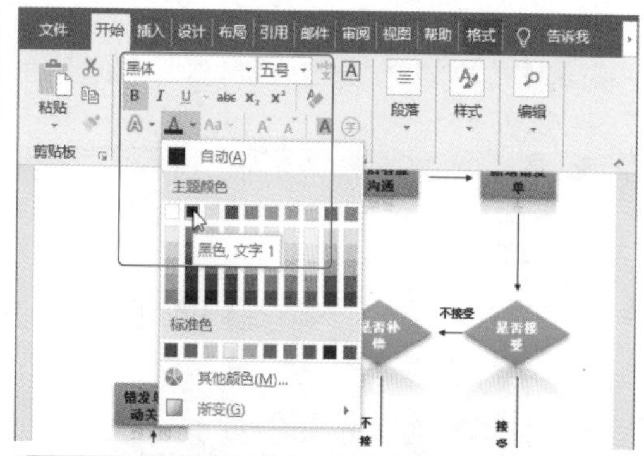

第4步：查看完成制作的流程图。此时流程图的设置便完成了，效果如下图所示。

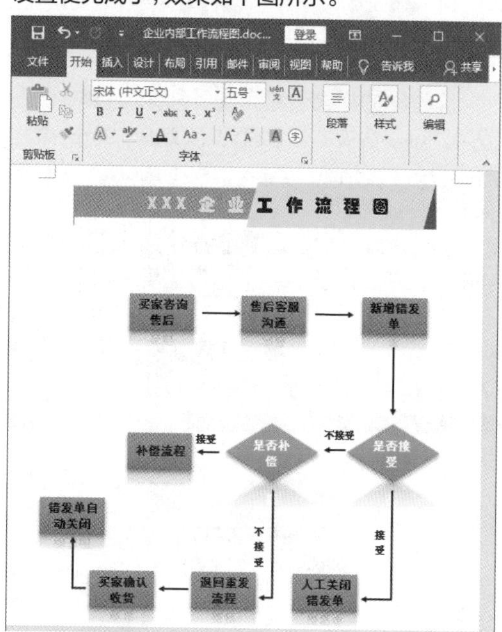

专家答疑

问：使用形状绘制SmartArt图时，形状的选择有否有相应的讲究？

答：有讲究。在绘制SmartArt图中的形状时，根据流程的不同，形状的选择也有不同。例如，矩形代表过程、菱形代表决策。在流程图中，有选择分支的地方通常会用菱形。打开“形状”下拉列表，将光标放到“流程图”中的形状上，可以看出该形状代表的含义。

第3章 Word中表格的创建与编辑

◆本章导读

Word 2016除了可以简单地对文档进行编辑和排版外，还可以自由地添加表格，从而实现各类办公文档中表格的制作。表格制作完成后，可以修改表格的布局、添加文字，还可以通过公式计算的方式快速而准确地计算出表格中数据的总和、平均数等，大大提高了办公效率。

◆知识要点

- 快速绘制或插入表格
- 表格布局的灵活更改
- 在表格中添加文字和数据
- 表格的样式、属性设置
- 调整表格中文字的格式
- 利用公式实现表格数据的计算

◆案例展示

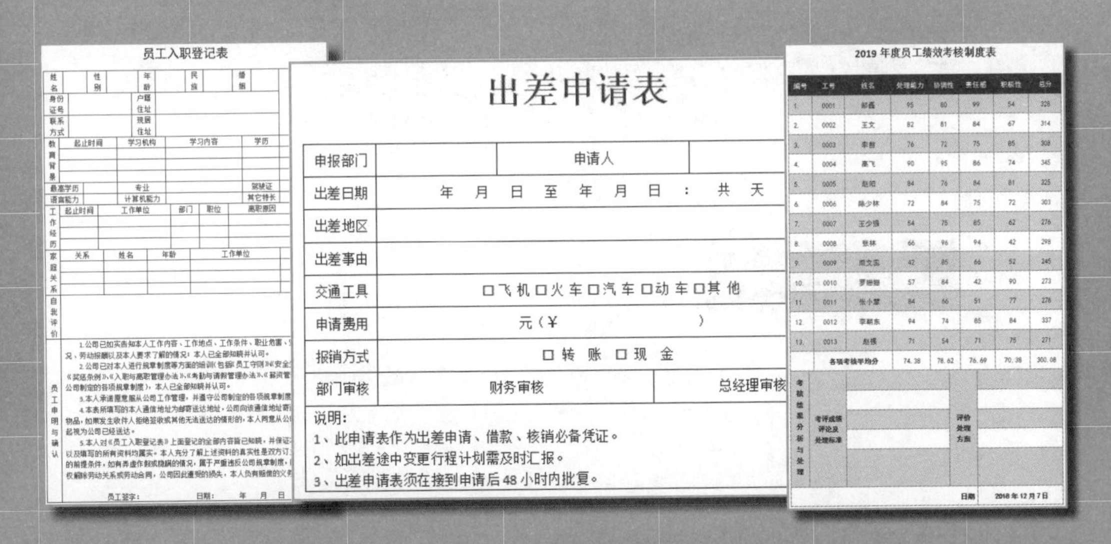

员工入职登记表

姓名		性别		年龄		民族		婚姻	
身份证号		户籍住址							
联系方式		现居住址							
教育背景	起止时间	学习机构	学习内容	学历					
最高学历		专业		驾驶证					
语言能力		计算机能力		其它特长					
工作经历	起止时间	工作单位	部门	职位	离职原因				
家庭关系	关系	姓名	年龄	工作单位					
自我评价									

员工申明与确认：

1.公司已如实告知本人工作内容、工作地点、工作条件、职业危害、……况、劳动报酬以及本人要求了解的情况；本人已全部知晓并认可。

2.公司已对本人进行规章制度等方面的培训(包括《员工守则》《安全……《奖惩条例》、《入职与离职管理办法》、《考勤与请假管理办法》、《薪资管……公司制定的各项规章制度)，本人已全部知晓并认可。

3.本人承诺愿意服从公司工作管理，并遵守公司制定的各项规章制度……

4.本表所填写的本人通信地址为邮寄送达地址，公司向该通信地址寄……物品，如果发生收件人拒绝签收或其他无法送达的情形的，本人同意从公……起视为公司已经送达。

5.本人对《员工入职登记表》上面登记的全部内容皆已知晓，并保证……以及填写的所有资料均属实。本人充分了解上述资料的真实性是双方订……的前提条件，如有弄虚作假或隐瞒的情况，属于严重违反公司规章制度，……权解除劳动关系或劳动合同，公司因此遭受的损失，本人负有赔偿的义务……

员工签字： 日期： 年 月 日

出差申请表

申报部门		申请人	
出差日期	年 月 日 至 年 月 日 ： 共 天		
出差地区			
出差事由			
交通工具	□飞机 □火车 □汽车 □动车 □其他		
申请费用	元（￥ ）		
报销方式	□转账 □现金		
部门审核	财务审核		总经理审核

说明：
1、此申请表作为出差申请、借款、核销必备凭证。
2、如出差途中变更行程计划需及时汇报。
3、出差申请表须在接到申请后48小时内批复。

2019年度员工绩效考核制度表

编号	工号	姓名	处理能力	协调性	责任感	积极性	总分
1.	0001	郝磊	95	80	99	54	328
2.	0002	王文	82	81	84	67	314
3.	0003	李哲	76	72	75	85	308
4.	0004	秦飞	90	95	86	74	345
5.	0005	赵阳	84	76	84	81	325
6.	0006	陈少林	72	84	75	72	303
7.	0007	王少强	54	75	85	62	276
8.	0008	张林	66	96	94	42	298
9.	0009	周文磊	42	85	66	52	245
10.	0010	罗珊珊	57	84	42	90	273
11.	0011	张小蒙	84	66	51	77	278
12.	0012	李朝东	94	74	85	84	337
13.	0013	赵强	71	54	71	75	271
	各项考核平均分		74.38	78.62	76.69	70.38	300.08

考核结果分析与处理	考评成绩评论及处理标准		评价处理方案	
			日期	2018年12月7日

扫一扫 看视频

3.1 制作“员工入职登记表”

※ 案例说明

企业在招聘新人时，往往会让新员工填一份“员工入职登记表”，新员工需要在表中填写个人主要信息，并贴上自己的照片。此外，员工入职登记表稍微改变一下文字内容，还可以变成“面试人员登记表”，让前来面试者填写自己的主要信息，以便面试官了解情况。

“员工入职登记表”文档制作完成后的效果如下图所示。

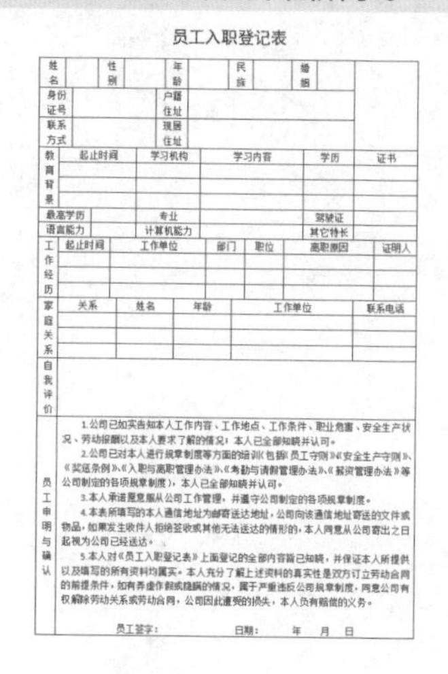

员工入职登记表

姓名		性别		年龄		民族		婚姻		
身份证号			户籍住址							
联系方式			现居住址							

教育背景	起止时间	学习机构	学习内容	学历	证书

最高学历		专业		驾驶证	
语言能力		计算机能力		其它特长	

工作经历	起止时间	工作单位	部门	职位	离职原因	证明人

家庭关系	关系	姓名	年龄	工作单位	联系电话

自我评价	

员工申明与确认

1.公司已如实告知本人工作内容、工作地点、工作条件、职业危害、安全生产状况、劳动报酬以及本人要求了解的情况；本人已全部知晓并认可。

2.公司已对本人进行规章制度等方面的培训(包括《员工守则》《安全生产守则》、《奖惩条例》、《入职与离职管理办法》、《考勤与请假管理办法》、《薪资管理办法》等公司制定的各项规章制度)，本人已全部知晓并认可。

3.本人承诺愿意服从公司工作管理，并遵守公司制定的各项规章制度。

4.本表所填写的本人通信地址为邮寄送达地址，公司向该通信地址寄送的文件或物品，如果发生收件人拒绝签收或其他无法送达的情形的，本人同意从公司寄出之日起视为公司已经送达。

5.本人对《员工入职登记表》上面登记的全部内容皆已知晓，并保证本人所提供以及填写的所有资料均属实。本人充分了解上述资料的真实性是双方订立劳动合同的前提条件，如有弄虚作假或隐瞒的情况，属于严重违反公司规章制度，同意公司有权解除劳动关系或劳动合同，公司因此遭受的损失，本人负有赔偿的义务。

员工签字：　　日期：　　年　月　日

※ 思路解析

企业行政人员在制作员工入职登记表时，可以先对表格的整体框架有个规划，再在录入文字的过程中进行细调，这样就不会出现多次调整都无法达到理想效果的情况，也不会耽误工作效率。其制作流程及思路如下图所示。

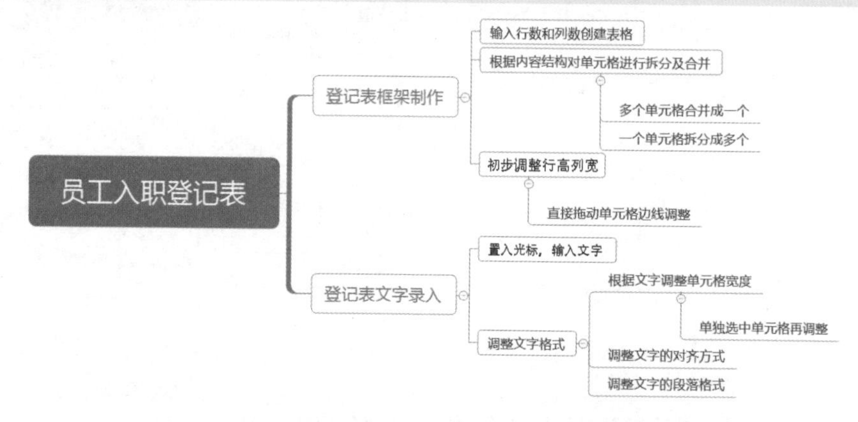

※ 步骤详解

3.1.1 设计员工入职登记表框架

在Word 2016中编排员工入职登记表，可以先根据内容需求，设计好表格框架，方便后续的文字内容输入。

>>>1. 快速创建表格

在Word 2016中创建表格，可以通过输入表格的行数和列数进行创建。

第1步：打开“插入表格”对话框。 创建一个Word文档，命名并保存文档。❶输入文档标题，将光标放到标题下方；❷单击“插入”选项卡下的“表格”组中的“表格”下拉按钮；❸在弹出的下拉列表中选择“插入表格”选项，如下图所示。

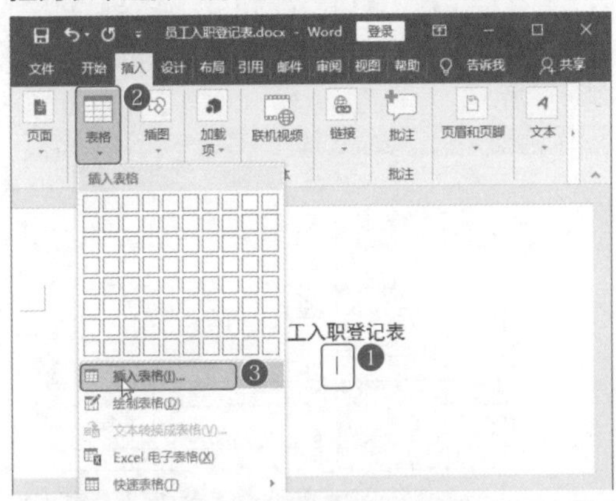

第2步：输入表格的列数和行数。 ❶在打开的“插入表格”对话框中，输入列数和行数；❷单击“确定”按钮，如下图所示。

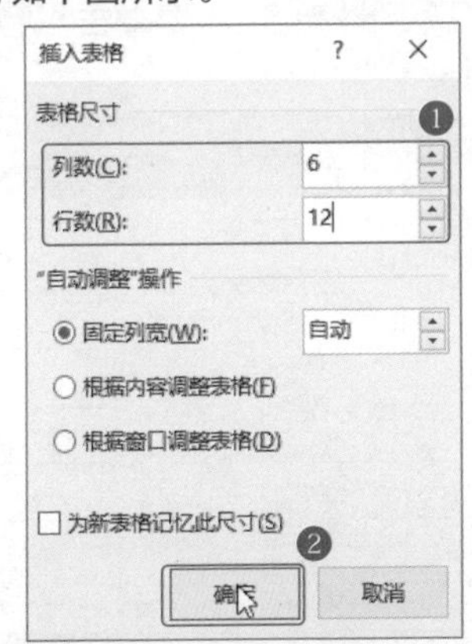

第3步：查看创建好的表格。 完成创建的表格如右上图所示，一共有6列12行。

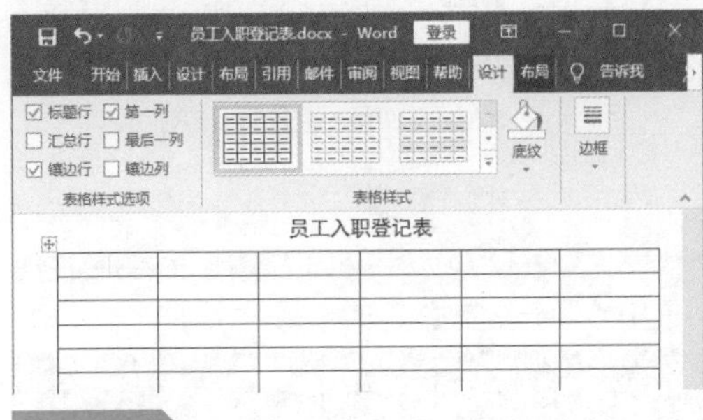

专家答疑

问：创建表格时应不应该选择“固定列宽”？

答：为了保证单元格的长宽一致，通常要选择“固定列宽”。在“插入表格”对话框中可以在“自动调整”操作组中选择表格宽度的调整方式，若选择“固定列宽”，则创建出的表格宽度固定；若选择“根据内容调整表格”选项，则创建出的表格宽度随单元格内容的多少变化；若选择“根据窗口调整表格”选项，则表格宽度与页面宽度一致，当页面纸张大小发生变化时，表格宽度也会随之变化，通常在Web版式视图中编辑用于屏幕显示的表格内容时应用。

>>>2. 灵活拆分、合并单元格

创建好的表格，其单元格大小和距离往往是平均分配的，根据员工入职需要登记的信息不同，要对单元格的数量进行调整，此时就需要用到“拆分单元格”和“合并单元格”功能。

第1步：拆分第一行单元格。 ❶选中第一行左边的5个单元格；❷单击“表格工具-布局”选项卡下的“布局”组中的“拆分单元格”按钮；❸在弹出的“拆分单元格”对话框中输入列数和行数，如下图所示。

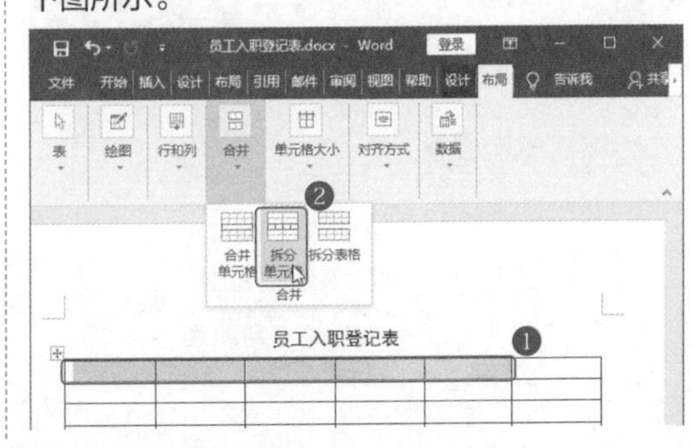

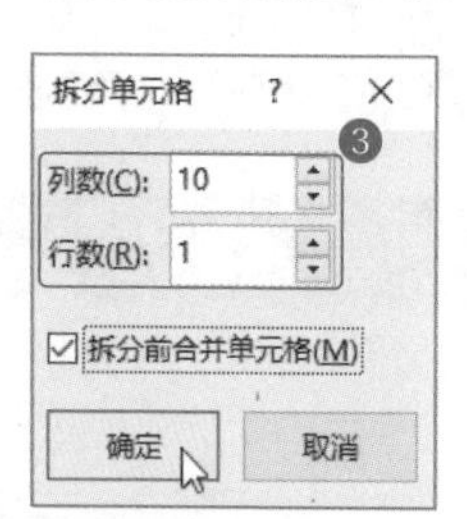

第2步：查看拆分结果。 如下图所示，第一行选中的5个单元格变成了10个。

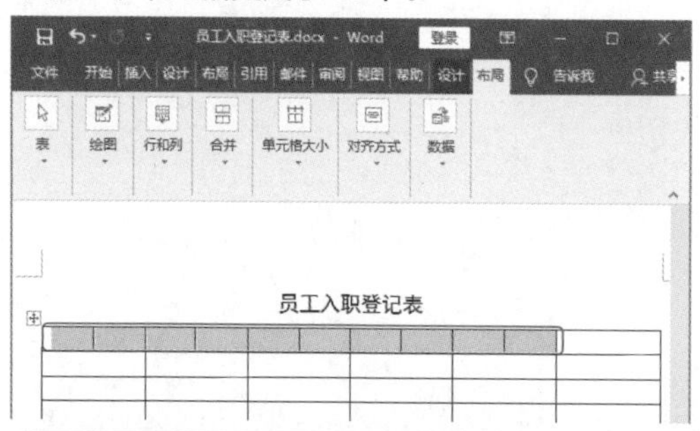

第3步：合并单元格。 ❶选中第二行和第三行最左边的单元格，❷单击“表格工具－布局”选项卡下的“合并”组中的“合并单元格”按钮，将这两个单元格合并为一个单元格，如下图所示。

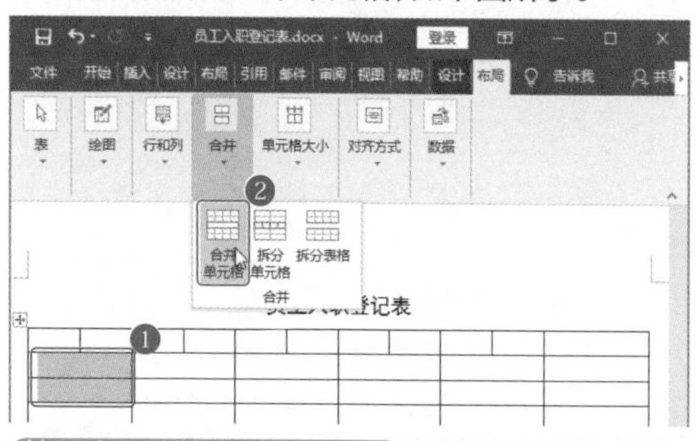

第4步：继续合并单元格。 ❶按照相同的方法，将第二行和第三行的单元格再进行合并；❷将4个单元格合并为1个，如下图所示。

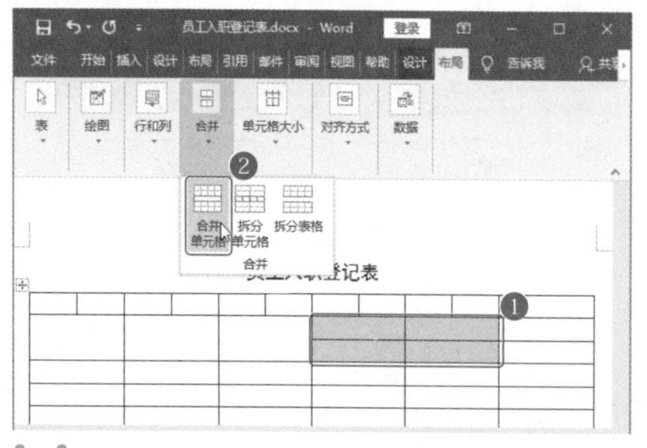

第5步：合并出粘贴照片的单元格。 ❶对第四行和第五行的单元格进行合并；❷选中最右边第1~5行的单元格；❸单击“合并单元格”按钮进行合并，如下图所示。

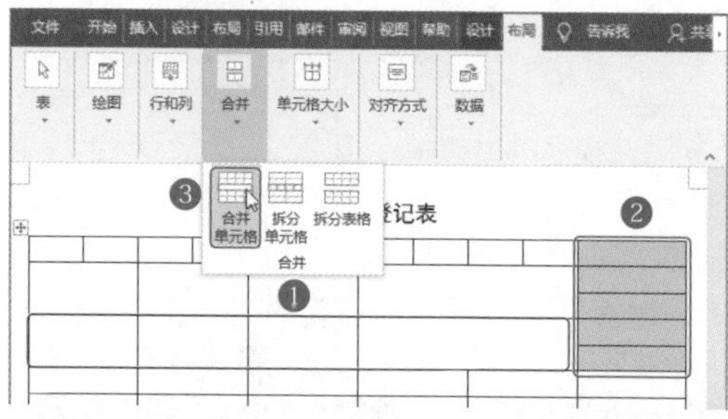

第6步：拆分填写“教育背景”内容的单元格。 ❶选中需要填写“教育背景”内容的单元格；❷单击“拆分单元格”按钮，在弹出的“拆分单选格”对话框中填写列数和行数；❸单击“确定”按钮，如下图所示。

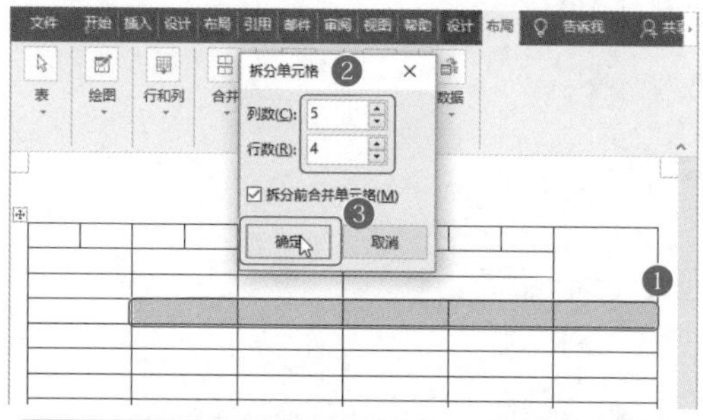

第7步：拆分填写“工作经历”内容的单元格。 ❶选中需要填写“工作经历”内容的单元格；❷单击“拆分单元格”按钮，在弹出的“拆分单选格”对话框中填写列数和行数；❸单击“确定”按钮，如下图所示。

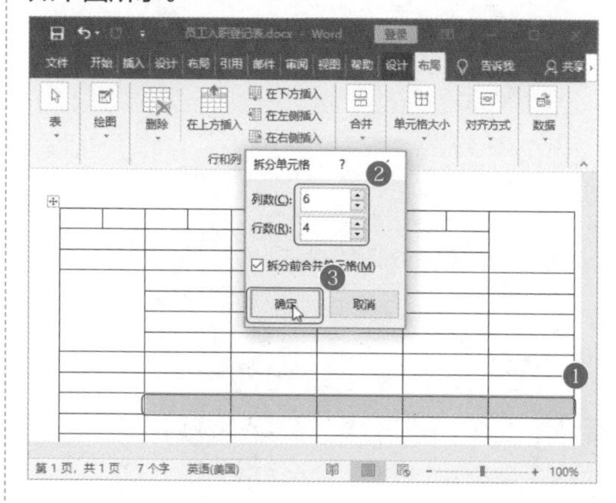

第8步：完成表格框架制作。继续利用单元格的拆分及合并功能完成表格制作，其框架如下图所示。

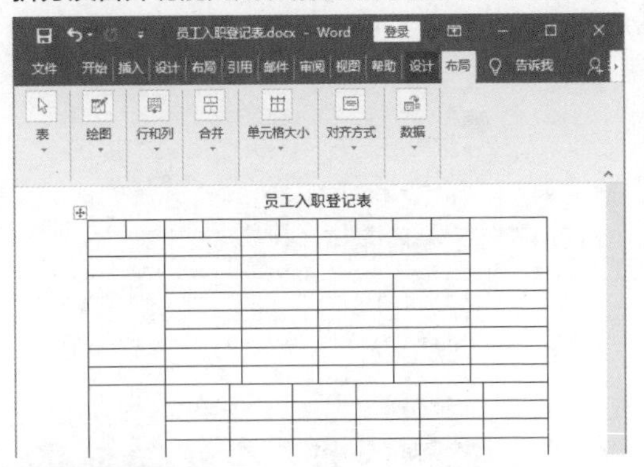

专家点拨

单元格的合并与拆分也可以通过单击鼠标右键打开快捷菜单进行命令选择。方法是：将光标放在单独的单元格中单击鼠标右键，可以从快捷菜单中选择"拆分单元格"命令。选中两个及两个以上的单元格，再单击鼠标右键，可以从快捷菜单中选择"合并单元格"命令。

>>>3. 调整单元格的行宽

员工入职登记表的框架完成后，需要对单元格的行宽进行微调，以便合理分配同一行单元格的宽度。调整依据是：文字内容较多的单元格需要预留较宽的距离。

第1步：让单元格变窄。在员工入职登记表的中下方，登记的是员工家庭情况。填写父母姓名的列可以较窄，填写父母工作单位的列可以较宽。选中要调整宽度的单元格边线，按住鼠标左键不放并往左拖动边线，如下图所示。

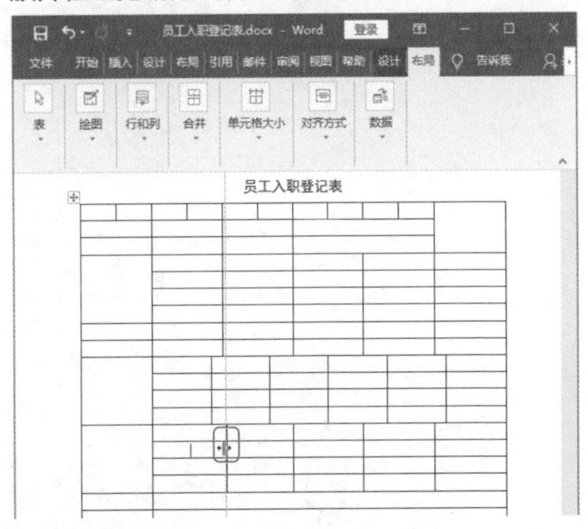

第2步：调整其他单元格。按照同样的方法，调整单元格的宽度，如下图所示。

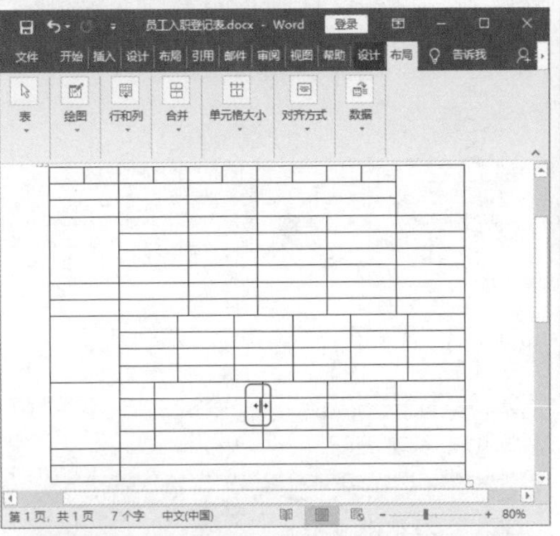

第3步：完成表格宽度调整。最后完成宽度调整的表格如下图所示。

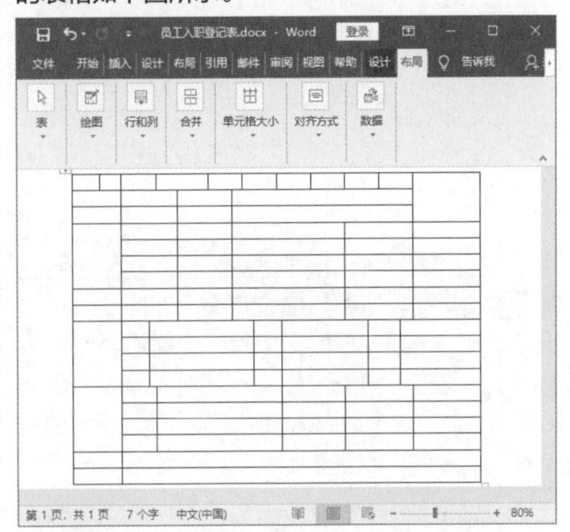

3.1.2 编辑员工入职登记表

完成员工入职登记表的框架制作后，就可以输入表格的文字内容了。在完成内容的输入后，要根据需求对文字格式进行调整，使其看起来美观大方。

>>>1. 输入表格文字内容

在输入表格文字内容时，需要根据内容的多少再次对单元格的宽度进行调整。调整单独单元格宽度的方法是选中这个单元格后拖动单元格的边线。

第1步：将光标置入单元格中。将光标置入表格左上角的单元格中，如下图所示。

第2步：在单元格中输入文字。在单元格中输入文字内容，如下图所示。

第3步：选中单独的单元格。❶完成前面3排单元格的文字输入，将鼠标指针移在需要调整宽度的单元格左边，直到光标变成黑色的箭头；❷单击鼠标，选中这个单元格，然后拖动单元格右边的边框线，调整单元格的大小，如下图所示。

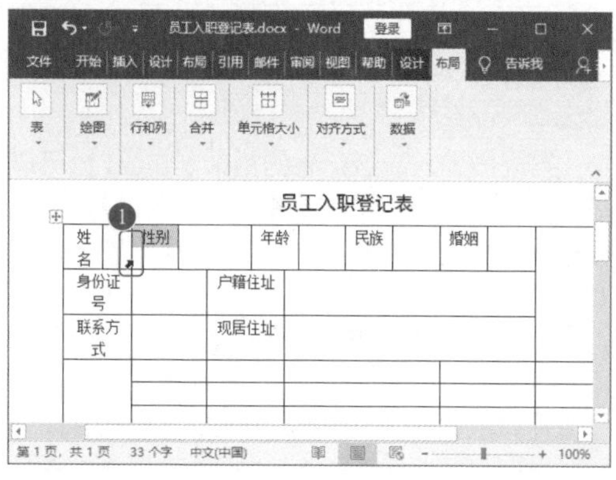

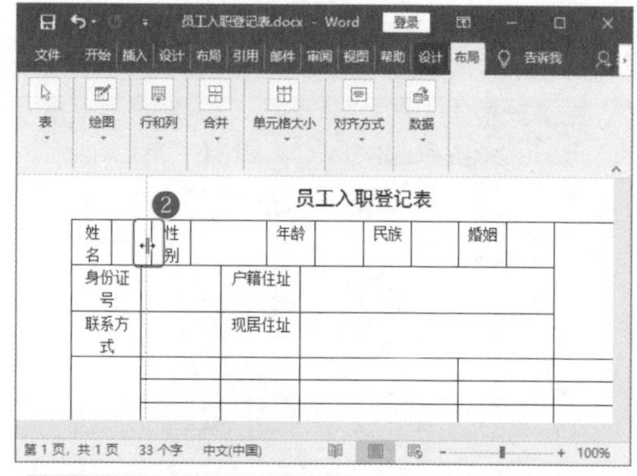

第4步：调整其他单元格宽度。用同样的方法调整其他单元格宽度，效果如下图所示。

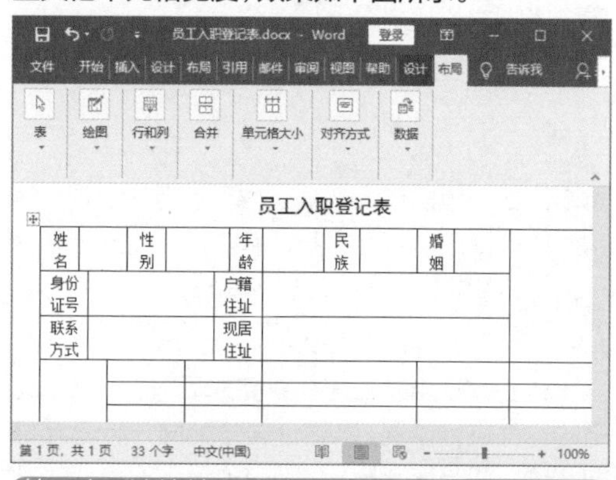

第5步：继续输入文字内容并调整单元格宽度。按照同样的方法，继续进行文字内容输入。在输入内容的同时，根据内容的多少调整单元格宽度，如下图所示。

员工入职登记表

姓名		性别		年龄		民族		婚姻		
身份证号		户籍住址								
联系方式		现居住址								
教育背景	起止时间	学习机构	学习内容	学历	证书					
最高学历		专业		驾驶证						
语言能力		计算机能力		其它特长						
工作经历	起止时间	工作单位	部门	职位	离职原因	证明人				
家庭关系	关系	姓名	年龄	工作单位	联系电话					
自我评价										
员工申明与确认										

第6步：输入员工申明内容。 打开文件“素材文件/第3章/员工申明与确认.txt”，将“记事本”中的内容复制并粘贴到表格右下方的单元格中，如下图所示。此时便完成了文字内容的输入。

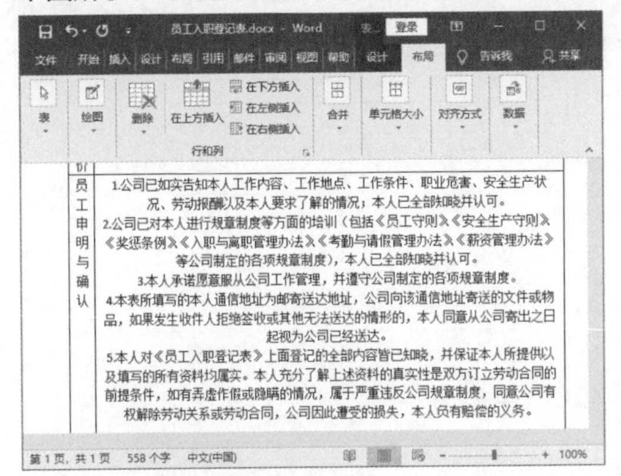

>>>2. 调整文字的格式

当完成表格的文字内容输入后，需要对文字内容的格式进行调整，使其保持对齐美观。

第1步：让表格上方的文字居中。 ❶选中表格上方的文字；❷单击“表格工具-布局”选项卡下的“对齐方式”组中的“水平居中”按钮☰，如下图所示。

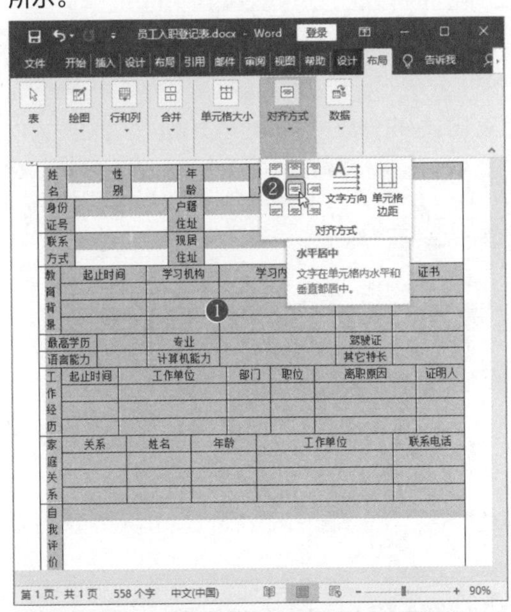

第2步：让表格左下方的文字水平居中。 ❶选中表格左下方的文字；❷单击“表格工具-布局”选项卡下的“对齐方式”组中的“水平居中”按钮☰，如下图所示。

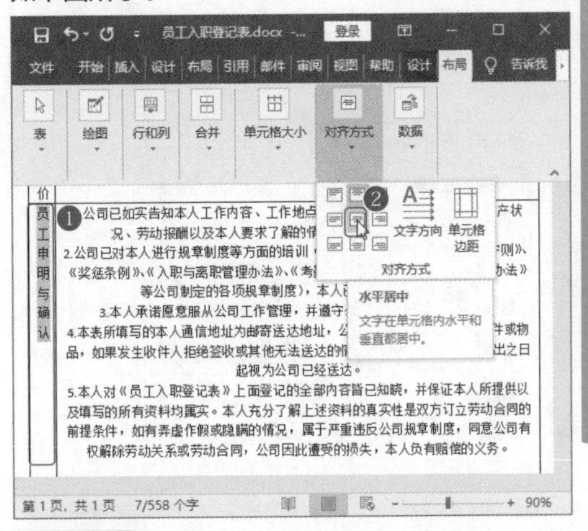

专家点拨

如果只想调整单元格文本的“左对齐”“居中对齐”“右对齐”“两端对齐”格式，可以直接选中文本，然后单击“开始”选项卡下“段落”组中的对齐按钮即可。

需要注意的是，“段落”组中的“居中对齐”和“表格工具-布局”选项卡下的“对齐方式”组中的“水平居中”是有区别的，“水平居中”包括垂直和水平方向的居中，“居中对齐”只包括水平方向上的居中。

第3步：打开“段落”对话框。 ❶选中员工申明与确认内容；❷单击“开始”选项卡下的“段落”组中的“对话框启动器”按钮⬊，如下图所示。

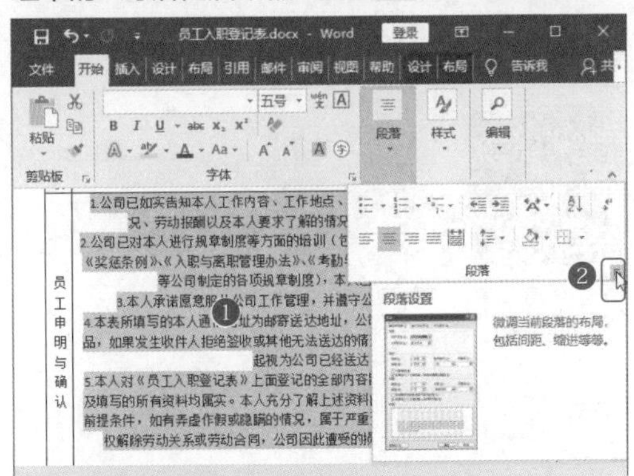

第4步：设置“段落”对话框。 ❶打开的“段落”对话框，设置“对齐方式”为“两端对齐”；❷设置缩进方式为“首行”“2字符”；❸单击“确定”按钮，如下图所示。

段落 ? ×

缩进和间距(I) 换行和分页(P) 中文版式(H)

常规

对齐方式(G): 两端对齐 ❶

大纲级别(O): 正文文本 默认情况下折叠(E)

缩进

左侧(L): 0 字符 特殊格式(S): 缩进值(Y): ❷

右侧(R): 0 字符 首行 2 字符

对称缩进(M)

☑ 如果定义了文档网格，则自动调整右缩进(D)

间距

段前(B): 0 行 行距(N): 设置值(A):

段后(F): 0 行 单倍行距

☐ 在相同样式的段落间不添加空格(C)

☑ 如果定义了文档网格，则对齐到网格(W)

预览

制表位(T)... 设为默认值(D) 确定 ❸ 取消

第5步：查看完成编辑的员工入职登记表。此时便完成了员工入职登记表，效果如右上图所示。

员工入职登记表

姓名		性别		年龄		民族		婚姻		
身份证号			户籍住址							
联系方式			现居住址							

教育背景	起止时间	学习机构	学习内容	学历	证书

最高学历		专业		驾驶证	
语言能力		计算机能力		其它特长	

工作经历	起止时间	工作单位	部门	职位	离职原因	证明人

家庭关系	关系	姓名	年龄	工作单位	联系电话

自我评价	

员工申明与确认

1.公司已如实告知本人工作内容、工作地点、工作条件、职业危害、安全生产状况、劳动报酬以及本人要求了解的情况；本人已全部知晓并认可。

2.公司已对本人进行规章制度等方面的培训（包括《员工守则》《安全生产守则》、《奖惩条例》、《入职与离职管理办法》、《考勤与请假管理办法》、《薪资管理办法》等公司制定的各项规章制度），本人已全部知晓并认可。

3.本人承诺愿意服从公司工作管理，并遵守公司制定的各项规章制度。

4.本表所填写的本人通信地址为邮寄送达地址，公司向该通信地址寄送的文件或物品，如果发生收件人拒绝签收或其他无法送达的情形的，本人同意从公司寄出之日起视为公司已经送达。

5.本人对《员工入职登记表》上面登记的全部内容皆已知晓，并保证本人所提供以及填写的所有资料均属实。本人充分了解上述资料的真实性是双方订立劳动合同的前提条件，如有弄虚作假或隐瞒的情况，属于严重违反公司规章制度，同意公司有权解除劳动关系或劳动合同，公司因此遭受的损失，本人负有赔偿的义务。

员工签字： 日期： 年 月 日

专家点拨

表格中的文字可以根据需要调整方向。方法是：将光标放在单元格中，单击鼠标右键，在弹出的快捷菜单中选择“文字方向”命令，在弹出的“文字方向－表格单元格”对话框中选择符合需求的文字方向即可。

扫一扫 看视频

3.2 制作“出差申请表”

※ 案例说明

出差申请表是企业、公司、单位的常用文档之一。其作用是让需要出差的员工填写，以便报销。出差申请单样式比较简单，企业行政人员只需要合理布局内容，调整文字格式即可。

“出差申请表”文档制作完成后的效果如下图所示。

出差申请表

申报部门		申请人	
出差日期	年 月 日 至 年 月 日 ： 共 天		
出差地区			
出差事由			
交通工具	□飞机□火车□汽车□动车□其他		
申请费用	元（¥ ）		
报销方式	□转账 □现金		
部门审核	财务审核	总经理审核	
说明： 1、此申请表作为出差申请、借款、核销必备凭证。 2、如出差途中变更行程计划需及时汇报。 3、出差申请表须在接到申请后48小时内批复。			

※ 思路解析

行政人员在制作出差申请表时，可以选择手动绘制表格的方式。这是因为出差申请表的表格框架比较简单，但是往往不是规则固定的表格布局，如果选用输入行数和列数的方式，往往不容易掌控恰当的行数和列数。使用手动绘制的方式绘制表格，再完善文字内容，其制作思路如下图所示。

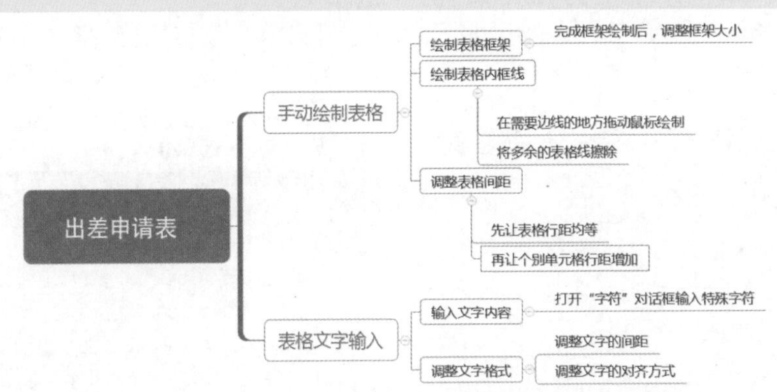

※ 步骤详解

3.2.1 手动绘制表格

在Word 2016中创建表格，还可以手动绘制表格，这种方式适合于结构不固定的表格。

>>>1. 绘制表格框架

手动绘制表格时，只需要在有表格线的地方进行绘制即可。

第1步：执行绘制表格命令。新建Word文档，命名并保存。输入文档标题；❶单击“插入”选项卡下的“表格”组中的“表格”下拉按钮；❷在弹出的下拉列表中选择“绘制表格”选项，如右图所示。

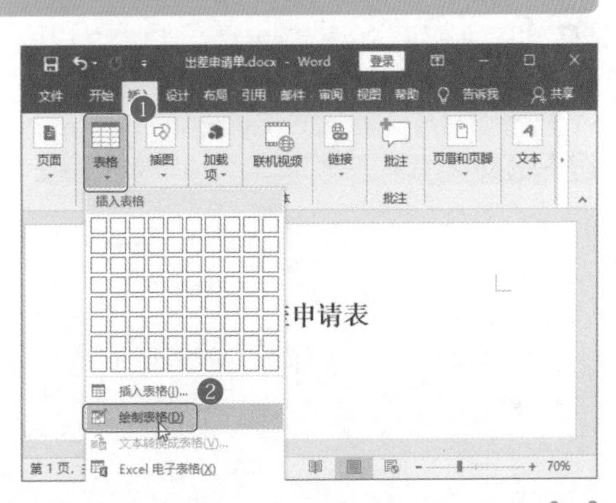

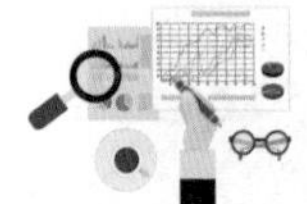

第2步：绘制表格外框。在页面中按住鼠标左键不放，绘制一个表格外框，如下图所示。

专家点拨

在绘制表格的过程中，若绘制的线条有误，需要将相应的线条擦除，则可以使用“表格擦除器”擦除表格边线。方法是：单击“表格工具-布局”选项卡下的“绘图”组中的“橡皮擦”按钮，然后单击表格中需要擦除的线，即可快速擦除这根不需要的边线。

第3步：调整外框大小。表格外框绘制完成后，可以将光标放在外框上进行大小的调整。如下图所示，将光标放在表格外框右下角，当它变成十字光标，按住鼠标左键不放拖动，以此来放大/缩小表格。

第4步：绘制表格内框线。继续绘制表格的内横线，方法是按住鼠标左键不放，在需要内框线的地方拖动鼠标进行绘制，如下图所示。

第5步：查看完成绘制的表格。当表格内框线完成绘制后，效果如下图所示。

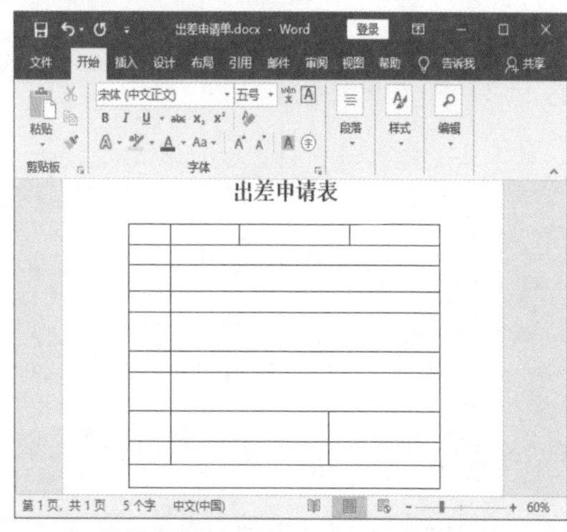

>>>2. 调整表格间距

手动绘制的表格往往存在表格间距不均等的问题。所以完成表格绘制后，需要对表格的距离进行调整。

第1步：让表格行距相等。❶单击表格左上角的⊞图标，以便选中整个表格；❷在表格中单击鼠标右键，在弹出的快捷菜单中选择“平均分布各行”命令，如下图所示。

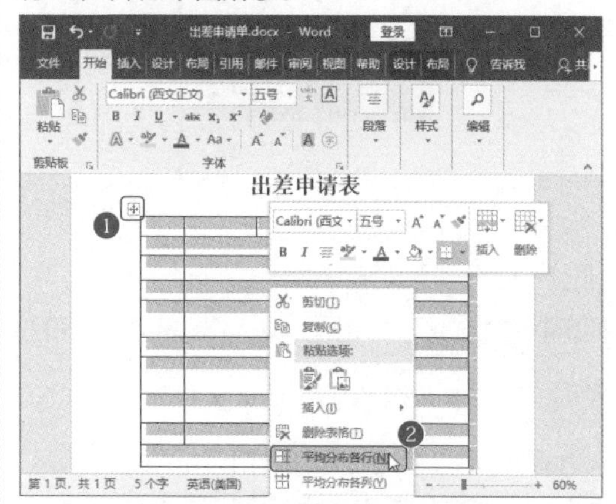

第2步：单独调整行距。在前面的操作中，表格单元格的所有行已经平均分布，现在可以单独调整某一行单元格的距离。将光标放在最后一行单元格下方的线上，当光标变成双向箭头时，按住鼠标左键不放并向下拖动，以增加最后一行的距离，如下图所示。

第3步：查看完成的表格。 此时便完成了表格的绘制，效果如下图所示。

3.2.2 设置表格中的对象格式

当表格框架绘制完成后，就可以在表格中输入内容了。输入内容时，需要注意特殊字符的输入方式，并且在输入内容后，要对文本格式进行调整。

>>>1.输入表格内容

表格内容输入包括文字输入和符号插入。符号插入需要打开“符号”对话框选择符号。

第1步：输入文字内容。 在表格中插入光标，然后输入文字内容，如下图所示。

第2步：打开“符号”对话框。 ❶将光标放到“飞机”文字前面；❷单击“插入”选项卡下的“符号”组中的“符号”下拉按钮；❸在弹出的下拉列表中选择“其他符号”选项，如下图所示。

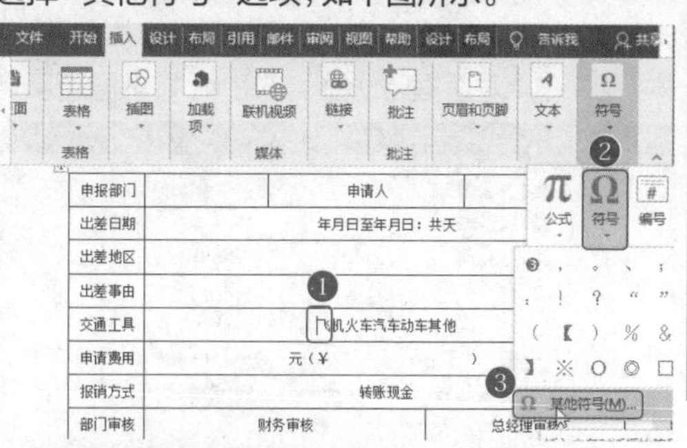

第3步：选择符号插入。 ❶在弹出的“符号”对话框中选择“符号”选项卡，设置“字体”为Wingdings；❷选择□符号；❸单击“插入”按钮，将此符号插入到相应的文字前，如下图所示。

第4步：查看完成文字输入的表格。 此时表格的文字便完成了输入，其效果如下图所示。

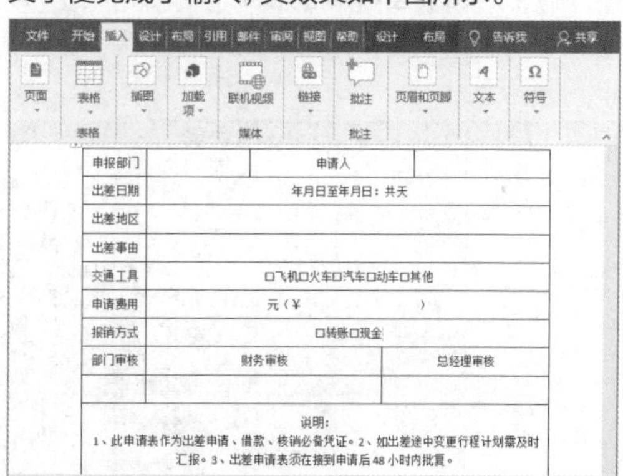

>>>2. 调整内容格式

出差申请单的文字内容不多，但是需要注意文字间距及格式的调整。

第1步：打开“字体”对话框。 ❶选中“年月日至年月日:共天”文字；❷单击“开始”选项卡下的“字体”组中的“对话框启动器”按钮，如下图所示。

第2步：设置字符间距。 ❶打开“字体”对话框，在“间距”下拉列表中选择“加宽”选项；❷在“磅值”数值框中输入“8磅”；❸单击“确定”按钮，如下图所示。

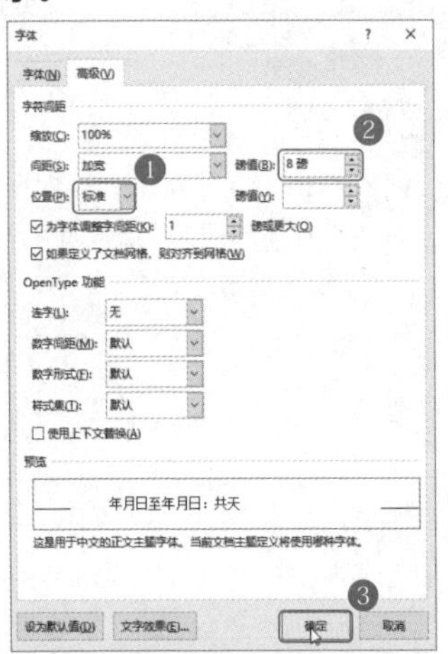

第3步：调整其他字符的间距。 ❶按照相同的方法，调整“飞机火车汽车动车其他”文字的间距为“2磅”；❷调整“转账现金”文字的间距为“5磅”，如下图所示。

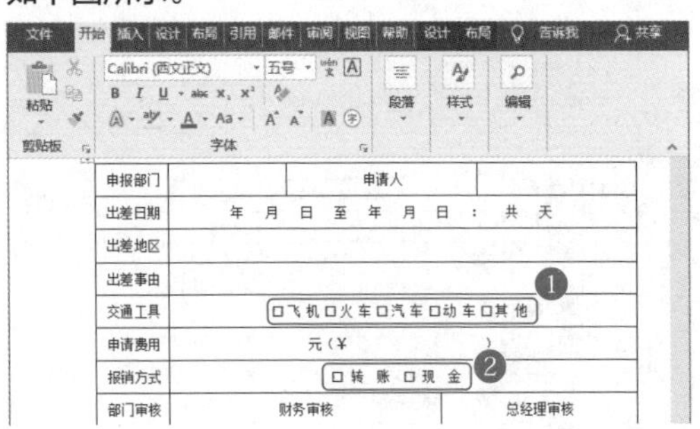

第4步：调整说明文字的格式。 ❶选中表格最下方说明文字；❷单击“表格工具-布局”选项卡下的“对齐方式”组中的“中部两端对齐”按钮，如下图所示。

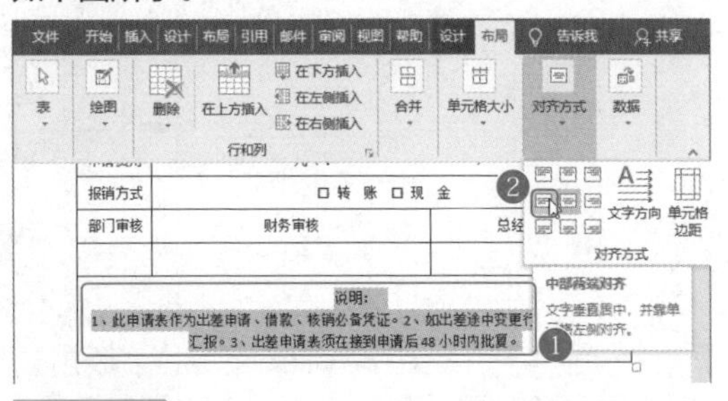

专家点拨

如果每段说明文字的内容都较多，可以设置文字的格式为“首行缩进”，保持正常的段落格式。

第5步：为说明文字换行并删除行。 ❶将光标放到说明文字需要换行的地方，按下Enter键，完成说明文字换行；❷选中倒数第二行单元格；❸单击“删除”下拉按钮，在弹出的下拉列表中选择“删除行”选项，如下图所示。

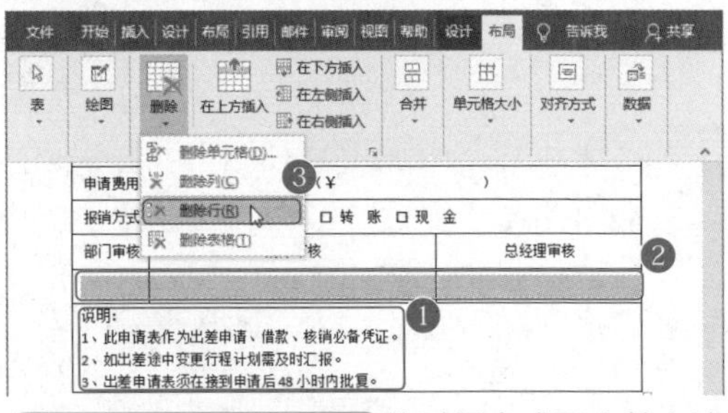

第6步：查看表格效果。 此时便完成了出差申请表的制作，效果如下图所示。

3.3 制作“员工考核制度表”

※ 案例说明

考核制度表是公司管理十分重要的工具，通过定期的考核，能对比出不同员工不同层面的工作情况。可以说员工考核制度表是科学管理的工具。

“员工考核制度表”制作完成后的效果如下图所示。

2019 年度员工绩效考核制度表

编号	工号	姓名	处理能力	协调性	责任感	积极性	总分
1.	0001	邹磊	95	80	99	54	328
2.	0002	王文	82	81	84	67	314
3.	0003	李苗	76	72	75	85	308
4.	0004	高飞	90	95	86	74	345
5.	0005	赵阳	84	76	84	81	325
6.	0006	陈少林	72	84	75	72	303
7.	0007	王少强	54	75	85	62	276
8.	0008	张林	66	96	94	42	298
9.	0009	周文蕊	42	85	66	52	245
10.	0010	罗姗姗	57	84	42	90	273
11.	0011	张小慧	84	66	51	77	278
12.	0012	李朝东	94	74	85	84	337
13.	0013	赵强	71	54	71	75	271
	各项考核平均分		74.38	78.62	76.69	70.38	300.08
考核结果分析与处理	考评成绩评论及处理标准			评价处理方案			
				日期	2018 年 12 月 7 日		

※ 思路解析

当公司领导安排行政人员、部门管理人员制作员工考核制度表时，需要根据当下员工的人数、工种、业绩分类等情况进行表格布局规划。在制作表格时，其制作流程及思路如下图所示。

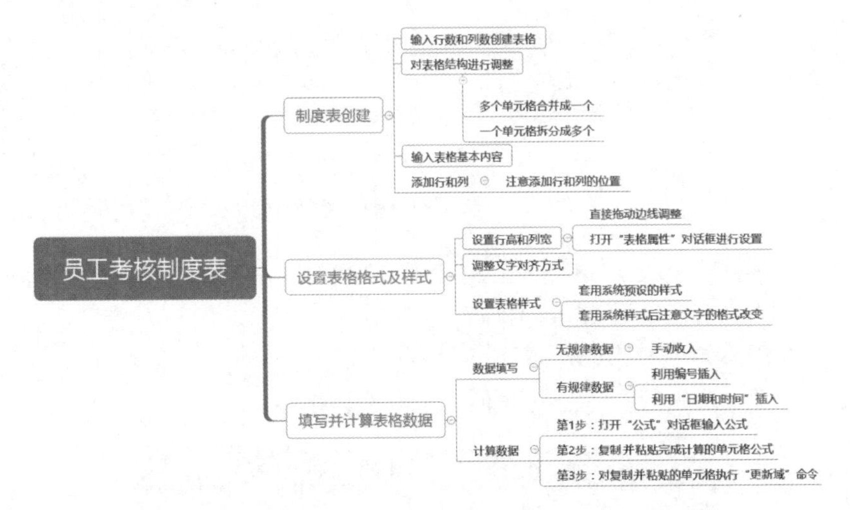

※ 步骤详解

3.3.1 创建员工考核制度表

在Word 2016中创建员工考核制度表，首先需要将表格框架创建完成，然后再输入基本的文字内容，以便进行下一步的格式调整及数据计算。

>>>1. 快速创建规范表格

员工考核制度表属于比较规范的表格，选用输入行列数的方式创建比较合理。

第1步：输入行列数创建表格。新建一个Word文件，命名并保存文件。在文档中输入标题文字；❶打开“插入表格”对话框，输入“行数”和“列数”；❷单击“确定”按钮，完成表格创建，如下图所示。

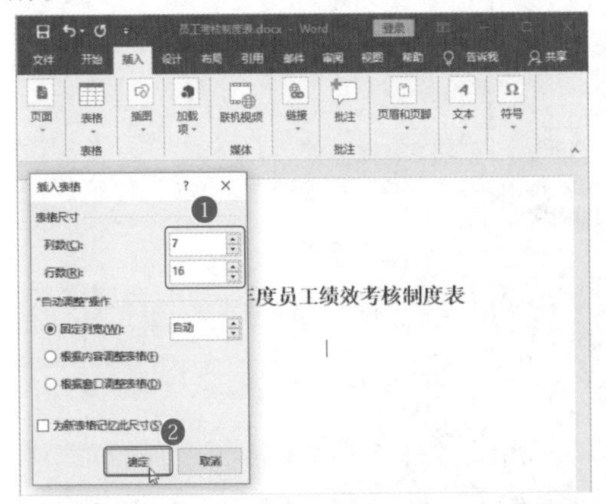

第2步：查看创建好的表格。完成创建的表格如右上图所示。

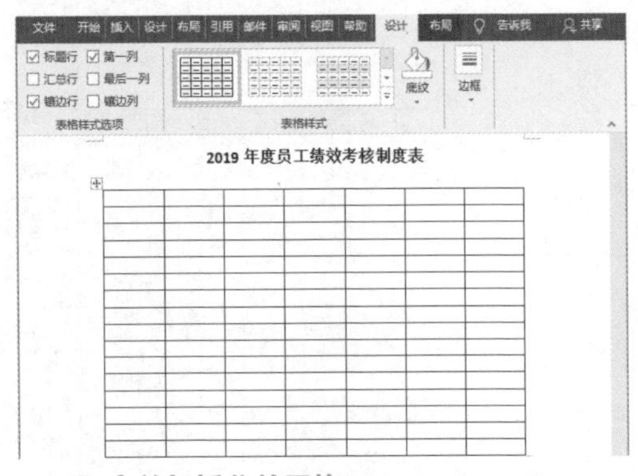

>>>2. 合并与拆分单元格

完成表格创建后，需要对表格的单元格进行合并、拆分调整，以符合内容需要。

第1步：合并单元格。❶将表格左下角单元格进行合并；❷再选中表格右下方单元格；❸单击“合并单元格”按钮，如下图所示。

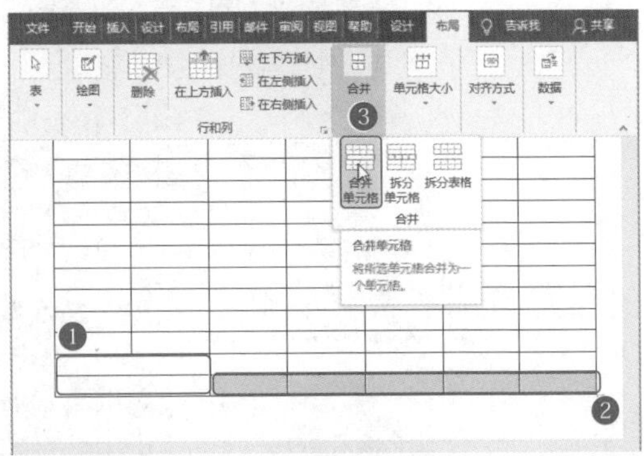

第2步：拆分单元格。❶选中右下角合并的单元格；❷单击"拆分单元格"按钮，打开"拆分单元格"对话框，输入"行数"和"列数"；❸单击"确定"按钮，如下图所示。

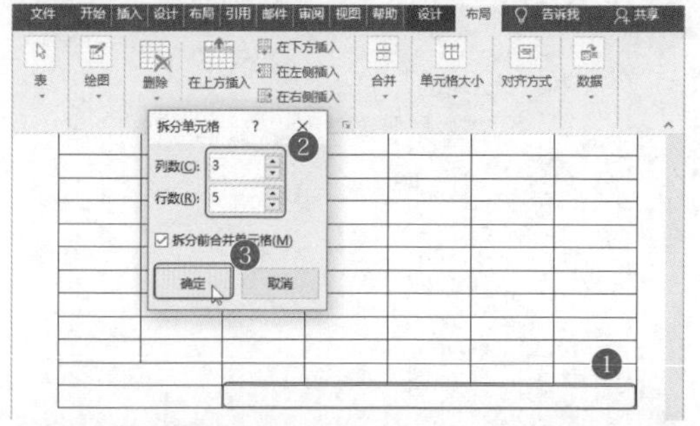

第3步：再次合并单元格。❶选中单元格；❷单击"合并单元格"按钮，此时便完成了表格框架的大致调整，如下图所示。

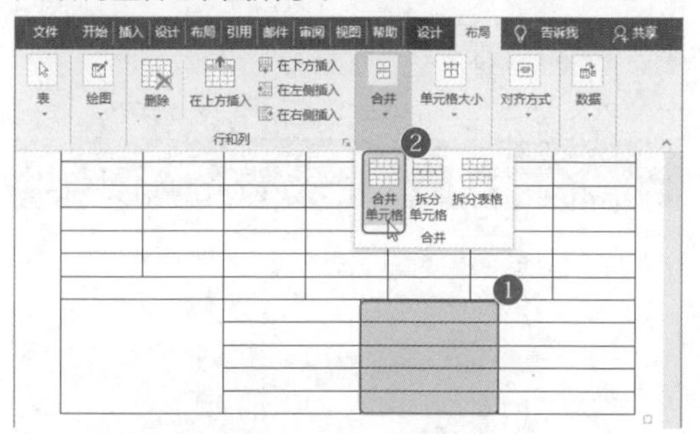

>>>3.输入表格基本内容

完成表格框架的大致调整后，可以为表格输入基本的文字内容。

在单元格中输入文字内容，如下图所示。

>>>4.添加行和列

使用Word制作表格时，事先设计好的框架可能会在文字输入的过程中，发现有不合理的地方，此时就需要用到行列的添加及删除功能。

第1步：在右侧插入列。❶选中表格最左边的一列；❷单击"表格工具－布局"选项卡下的"行和列"组中的"在右侧插入"按钮，如下图所示。

第2步：输入插入列的标题。为新插入的一列单元格输入标题"工号"二字，如下图所示。

第3步：在下方插入列。❶选中左下角单元格；❷单击"表格工具－布局"选项卡下的"行和列"组中的"在下方插入"按钮，如下图所示。

第4步：合并单元格并输入文字。❶合并左下方单元格，并输入文字；❷合并最后一行单元格，并输入文字，如下图所示。

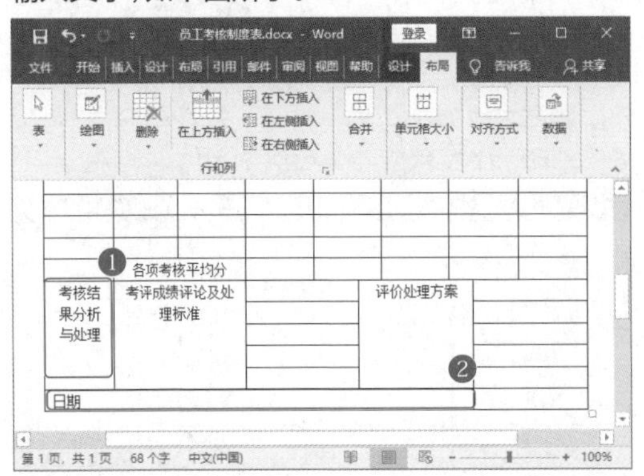

3.3.2 设置表格的格式和样式

员工考核制度表制作完成后，需要对表格格式进行调整，完成格式调整后还要对样式进行调整。两者的目的皆在保证表格的美观性。

>>>1.设置行高和列宽

员工考核制度表需要根据文字内容进行高和列宽的设置。设置方法有拖动表格线及输入指定高度两种。

第1步：打开“表格属性”对话框。❶单击表格左上方⊞按钮，表示选中整个表格；❷单击“表格工具-布局”选项卡下的“表”组中的“属性”按钮，如下图所示。

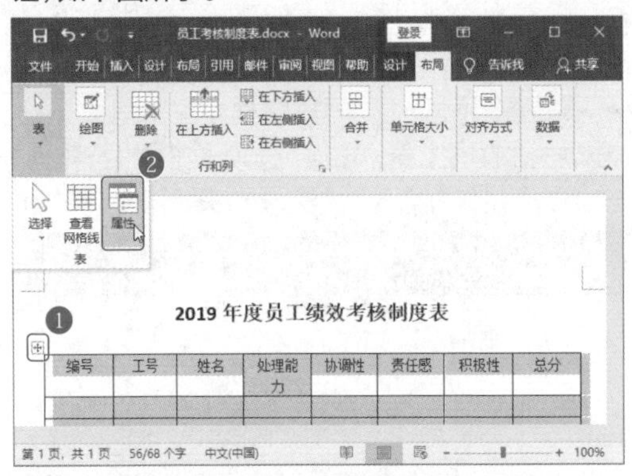

第2步：设置“表格属性”对话框。❶打开“表格属性”对话框，切换到“行”选项卡；❷在“尺寸”栏中进行设置；❸单击“确定”按钮，如右上图所示。

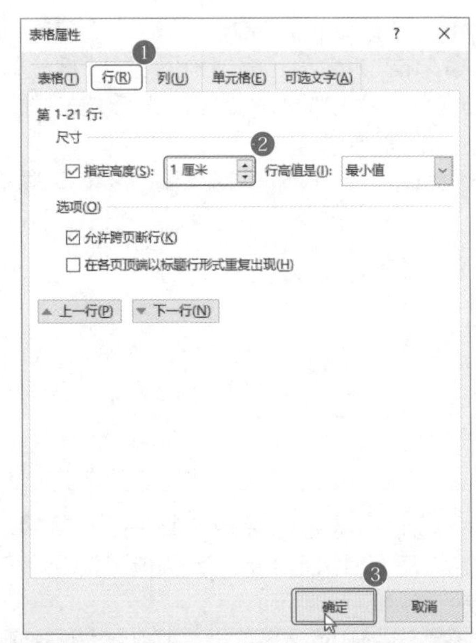

第3步：拖动单元格边框线调整列宽。拖动第一列单元格的边框线，缩小列宽，如下图所示。

第4步：单独调整单元格的列宽。单独选中单元格，调整列宽，如下图所示。

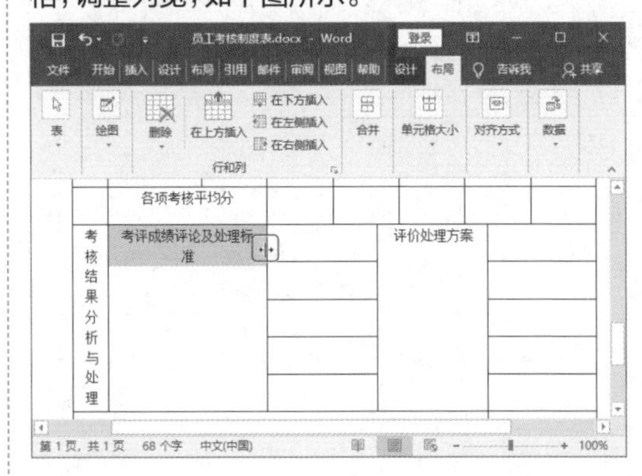

>>>2. 调整文字对齐方式

完成单元格调整后，需要调整文字的对齐方式。

第1步：让文字居中显示。选中整个表格，单击“表格工具-布局”选项卡下的“对齐方式”组中的“水平居中”按钮，如下图所示。

第2步：调整文字方向。❶选中左下角单元格文字；❷单击“表格工具-布局”选项卡下的“对齐方式”组中的“文字方向”按钮，让横向文字变成竖向，如下图所示。

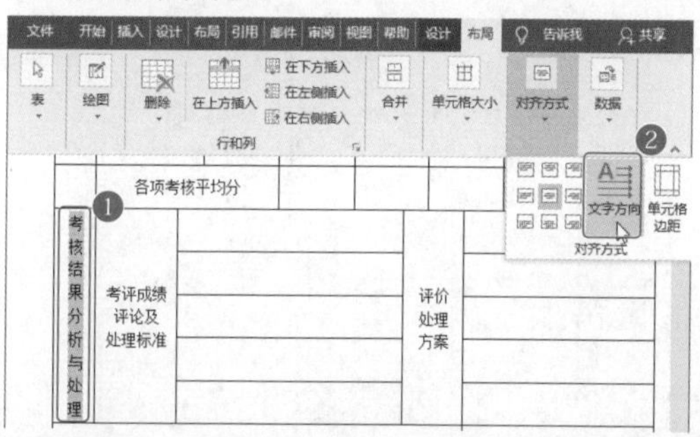

第3步：调整文字间距。❶保持选中“考核结果分析与处理”文字，打开“字体”对话框，设置“间距”为“加宽”，磅值为“3磅”；❷单击“确定”按钮，如下图所示。

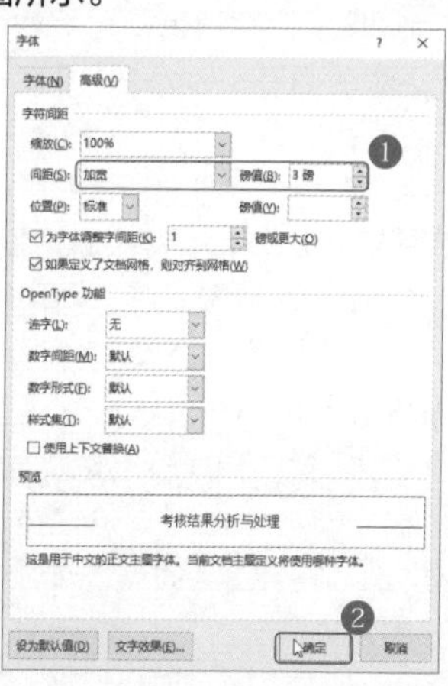

第4步：设置文字右对齐。❶将光标放在“日期”单元格中；❷单击“开始”选项卡下的“段落”组中的“右对齐”按钮，如下图所示。

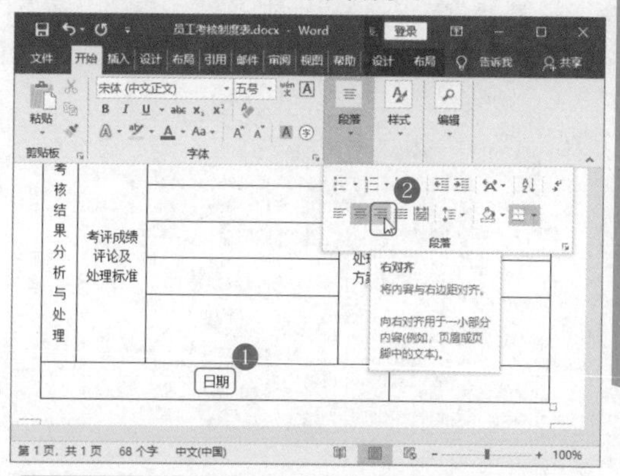

第5步：查看完成设置的表格。此时表格文字已完成设置，效果如下图所示。

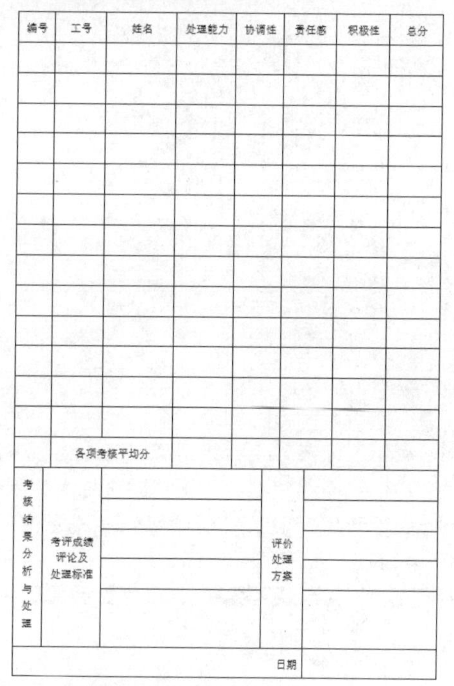

>>>3. 设置表格样式

在完成表格格式调整后，可以为其设置样式效果，使表格更加美观。

第1步：打开样式列表。❶单击表格左上角 ⊞ 图标，选中整个表格；❷单击“表格工具-设计”选项卡下的“表格样式”组中的 ▾ 按钮，如下图所示。

第2步：选择样式。在下拉列表中选择“网格表4”选项，如下图所示。

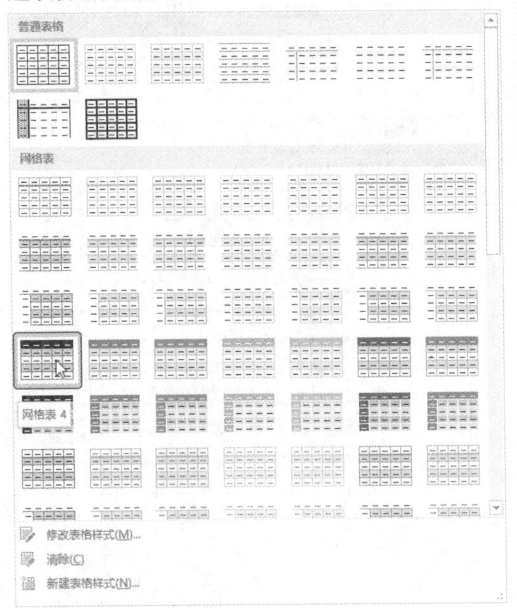

第3步：调整文字对齐方式。套用Word预设的表格样式后，字体格式会根据样式选择而有所改变，此时再微调一下即可。选中整个表格，单击“水平居中”按钮，如下图所示。

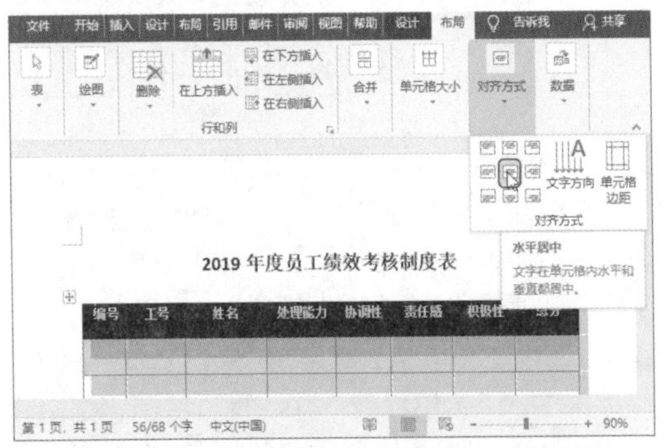

第4步：调整文字右对齐。将最下方“日期”文字设置为“右对齐”，此时便完成了员工考核制度表的样式调整，效果如下图所示。

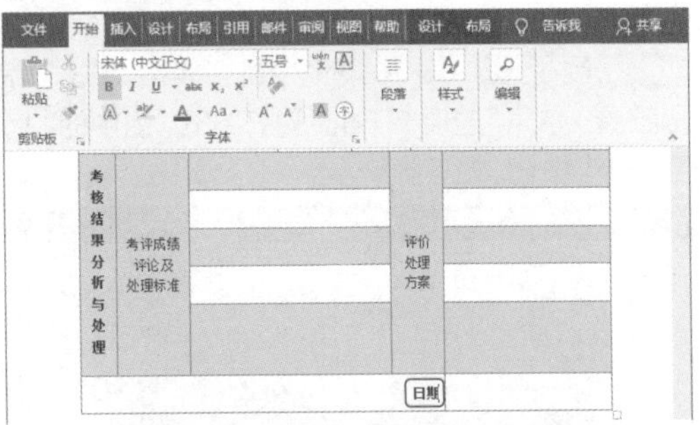

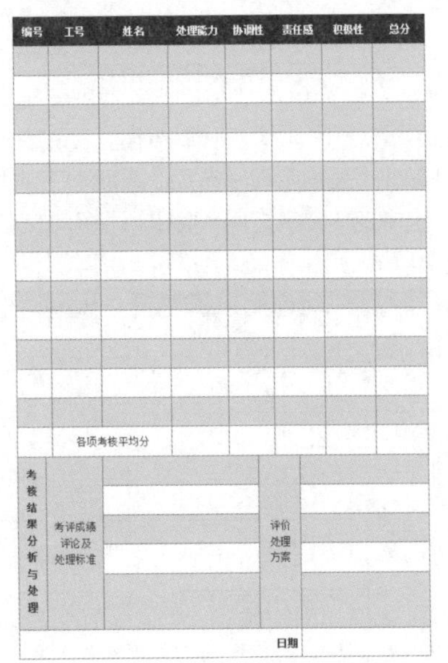

3.3.3 填写并计算表格数据

员工绩效考核表，常常需要输入员工编号等内容，这些有规律的内容都可以利用Word 2016功能智能输入。并且在Word 2016文档中，表格工具栏专门在“布局”选项卡的“数据”组中提供了插入公式功能，用户可以借助Word 2016提供的数学公式运算功能对表格中的数据进行数学运算，包括加、减、乘、除及求和、求平均值等常见运算。

>>>1. 填写表格数据

员工考核制度表格中，有的数据没有规律需要手动填写。

如下图所示，将需要手动填写的数据输入到表格中。

2019 年度员工绩效考核制度表

编号	工号	姓名	处理能力	协调性	责任感	积极性	总分
		邹磊	95	80	99	54	
		王文	82	81	84	67	
		李苗	76	72	75	85	
		高飞	90	95	86	74	
		赵阳	84	76	84	81	
		陈少林	72	84	75	72	
		王少强	54	75	85	62	

>>>2. 快速插入编号

表格中的员工编号及工号通常是有规律的数据，此时可以通过插入编号的方法自动填入。

第1步：为“编号”列插入编号。❶选中需要插入编号的单元格区域；❷单击“开始”选项卡下的“段落”组中的“编号”下拉按钮；❸从弹出的下拉列表中选择要使用的编号样式，如下图所示。此时便自动完成了这一列编号的填充。

编号	工号	姓名	处理能力	协调性
		邹磊	95	80
		王文	82	81
		李苗	76	72
		高飞	90	95
		赵阳	84	76
		陈少林	72	84
		王少强	54	75
		张林	66	96
		周文蕊	42	85
		罗姗姗	57	84
		张小慧	84	66
		李朝东	94	74
		赵强	71	54

第2步：打开“定义新编号格式”对话框。员工的工号往往比较长，需要重新定义编号样式。❶选中需要添加工号的单元格区域；❷单击“编号”下拉按钮；❸从弹出的下拉列表中选择“定义新编号格式”选项，如右上图所示。

编号	工号	姓名	处理能力	协调性
1.		邹磊	95	80
2.		王文	82	81
3.		李苗	76	72
4.		高飞	90	95
5.		赵阳	84	76
6.		陈少林	72	84
7.		王少强	54	75
8.		张林	66	96
9.		周文蕊	42	85
10.		罗姗姗	57	84
11.		张小慧	84	66
12.		李朝东	94	74
13.		赵强	71	54

专家点拨

利用“编号”只能添加从数字“1”开始递增的编号，类似于“12478”“12479”的编号则无法添加。

第3步：定义编号格式。❶在打开的“定义新编号格式”对话框中，选择编号样式；❷将编号后面的“，”删除；❸单击“确定”按钮，如下图所示。此时就完成了编号的自动输入。

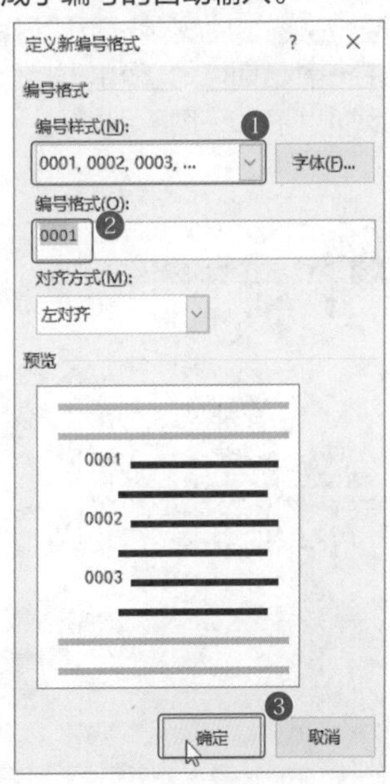

编号	工号	姓名	处理能力	协调性	责任感	积极性	总分
1.	0001	邹磊	95	80	99	54	
2.	0002	王文	82	81	84	67	
3.	0003	李苗	76	72	75	85	
4.	0004	高飞	90	95	86	74	
5.	0005	赵阳	84	76	84	81	
6.	0006	陈少林	72	84	75	72	
7.	0007	王少强	54	75	85	62	
8.	0008	张林	66	96	94	42	
9.	0009	周文蕊	42	85	66	52	
10.	0010	罗姗姗	57	84	42	90	
11.	0011	张小慧	84	66	51	77	
12.	0012	李朝东	94	74	85	84	
13.	0013	赵强	71	54	71	75	

>>>3. 插入当前日期

在员工考核绩效表中有日期栏，可以通过插入日期的方式来添加当前日期。

第1步：打开“日期和时间”对话框。 ❶将光标放到需要添加日期的单元格中；❷单击“插入”选项卡下的“文本”组中的“日期和时间”按钮，如下图所示。

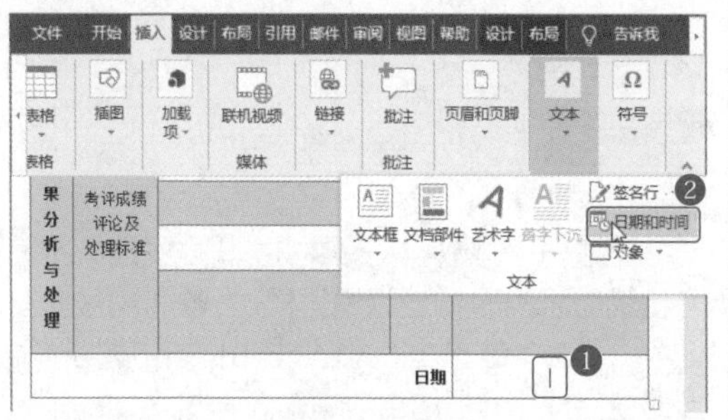

第2步：选择日期格式插入。 ❶打开“日期和时间”对话框，选择一种日期格式；❷单击“确定”按钮，便能成功添加日期，如下图所示。

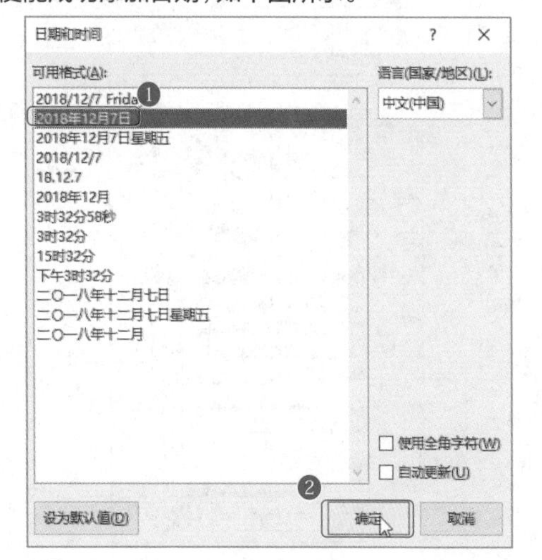

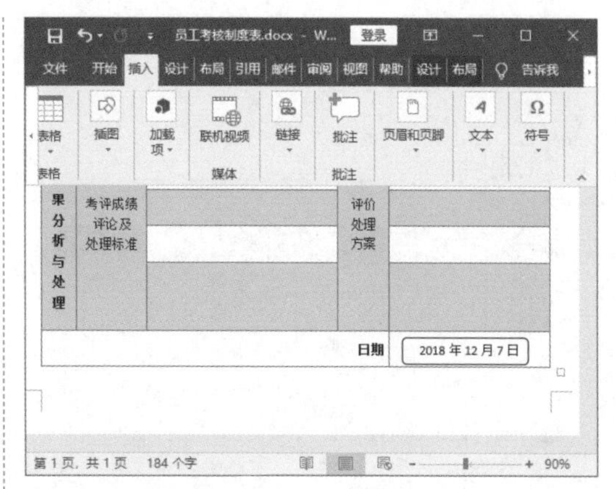

>>>4. 自动计算得分

员工考核绩效表中，往往需要计算员工各项表现的总分及平均分，此时可以利用Word中的公式进行计算。

第1步：打开“公式”对话框。 ❶将光标放在第一个需要计算“总分”的单元格中；❷单击“表格工具–布局”选项卡下的“数据”组中的“公式”按钮，如下图所示。

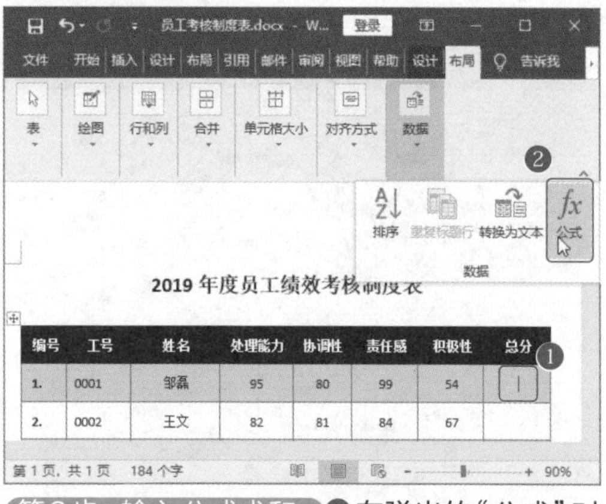

第2步：输入公式求和。 ❶在弹出的“公式”对话框中输入公式“=SUM(LEFT)”；❷单击“确定”按钮，如下图所示。

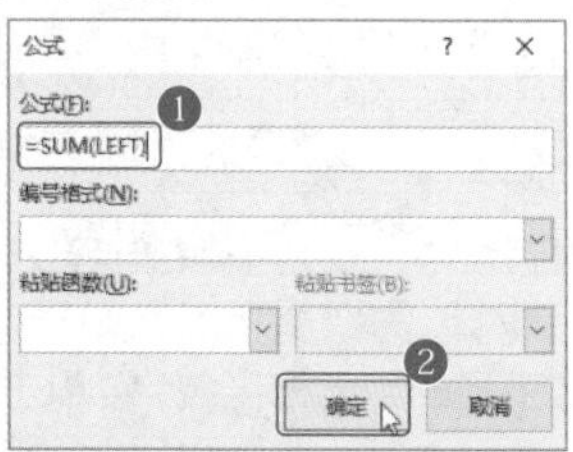

第3步：复制、粘贴公式。 选择“总分”列中第一个单元格中的公式结果，按Ctrl+C组合键复制该

公式，然后选择该列下方所有总分数据的单元格，按Ctrl+V组合键将复制的公式粘贴在这些单元格中，如下图所示。

编号	工号	姓名	处理能力	协调性	责任感	积极性	总分
1.	0001	邹磊	95	80	99	54	328
2.	0002	王文	82	81	84	67	328
3.	0003	李苗	76	72	75	85	328
4.	0004	高飞	90	95	86	74	328
5.	0005	赵阳	84	76	84	81	328
6.	0006	陈少林	72	84	75	72	328
7.	0007	王少强	54	75	85	62	328
8.	0008	张林	66	96	94	42	328
9.	0009	周文蕊	42	85	66	52	328
10.	0010	罗姗姗	57	84	42	90	328
11.	0011	张小慧	84	66	51	77	328
12.	0012	李朝东	94	74	85	84	328
13.	0013	赵强	71	54	71	75	328
各项考核平均分							(Ctrl)

第4步：更新公式。公式粘贴后，需要进行更新，才会重新计算新的单元格数值。方法是按F9键，执行“更新域”命令。此时就完成了“总分”列的计算，如下图所示。

编号	工号	姓名	处理能力	协调性	责任感	积极性	总分
1.	0001	邹磊	95	80	99	54	328
2.	0002	王文	82	81	84	67	314
3.	0003	李苗	76	72	75	85	308
4.	0004	高飞	90	95	86	74	345
5.	0005	赵阳	84	76	84	81	325
6.	0006	陈少林	72	84	75	72	303
7.	0007	王少强	54	75	85	62	276
8.	0008	张林	66	96	94	42	298
9.	0009	周文蕊	42	85	66	52	245
10.	0010	罗姗姗	57	84	42	90	273
11.	0011	张小慧	84	66	51	77	278
12.	0012	李朝东	94	74	85	84	337
13.	0013	赵强	71	54	71	75	271

第5步：计算平均分。❶将光标置入需要计算平均分的第一个单元格中；❷打开“公式”对话框，输入公式“=AVERAGE(ABOVE)”；❸单击“确定”按钮，如下图所示。

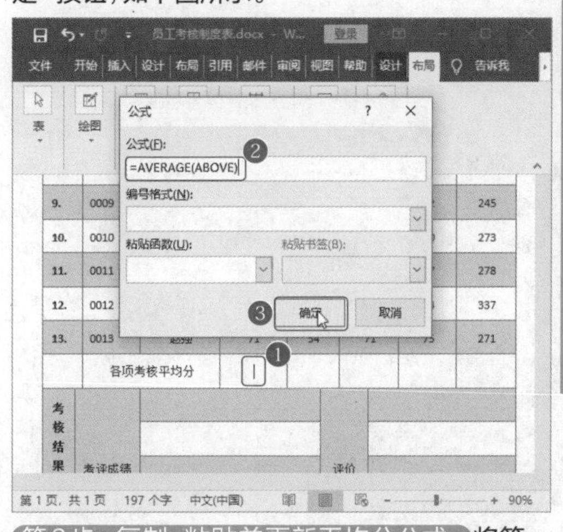

第6步：复制、粘贴并更新平均分公式。将第一个单元格中的平均分公式复制到后面的单元格中，按F9键更新公式，完成平均分计算，效果如下图所示。

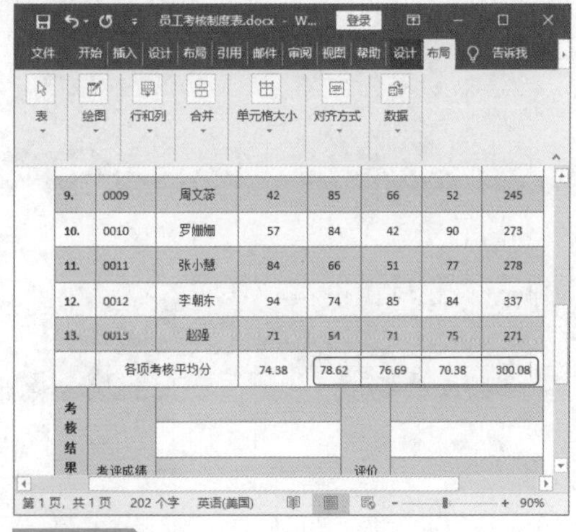

专家点拨

此外，还可以单击鼠标右键需要更新公式的单元格，从弹出的快捷菜单中选择“更新域”命令，即可实现复制公式更新的目的。

第4章 Word样式与模板的应用

◆本章导读

Word 2016提供了强大的模板及样式编辑功能。利用这些功能可以大大提高Word文档的编辑效率，并且能编辑出版式美观大方的文档。本章节内容将介绍如何下载、制作模板，以及如何应用、修改、编辑样式。

◆知识要点

- ■套用系统内置的样式
- ■利用“样式”窗格编辑样式
- ■为文档中不同的内容应用样式
- ■下载和编辑模板
- ■自定义设置模板
- ■利用模板快速编辑文档

◆案例展示

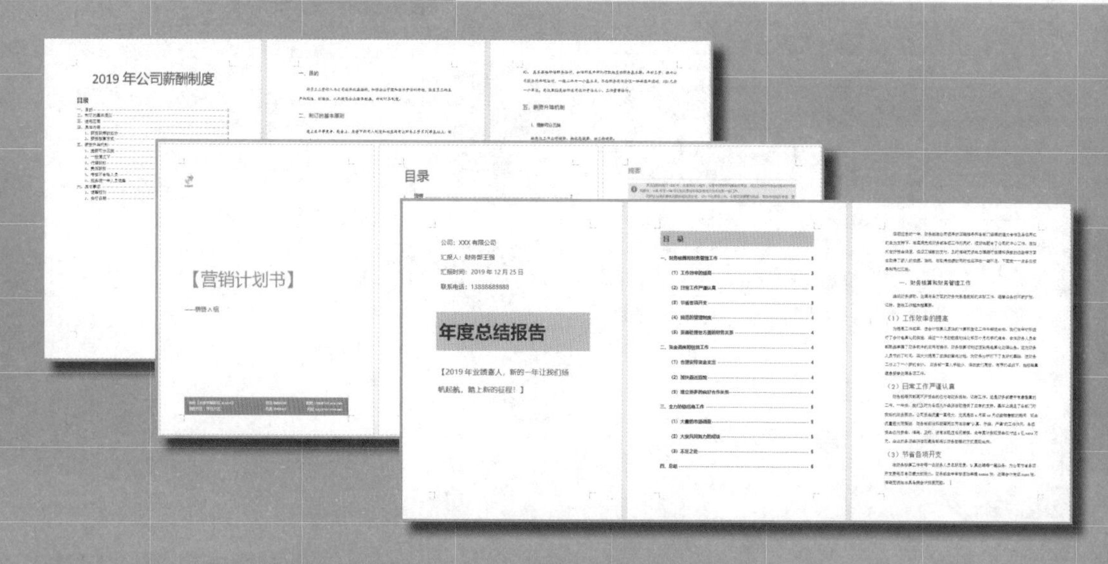

4.1 制作“年度总结报告”

扫一扫 看视频

※ 案例说明

年度总结报告是企业常用的文档之一，如果报告文字内容较多，通常选用 Word 制作而不是 PowerPoint。使用 Word 文档制作年度总结报告，制作者首先要注意报告的美观度，利用简单的修饰性元素进行装饰，其次要学会利用 Word 2016 的样式功能快速实现文档格式的调整。

“年度总结报告”文档制作完成后的效果如下图所示。

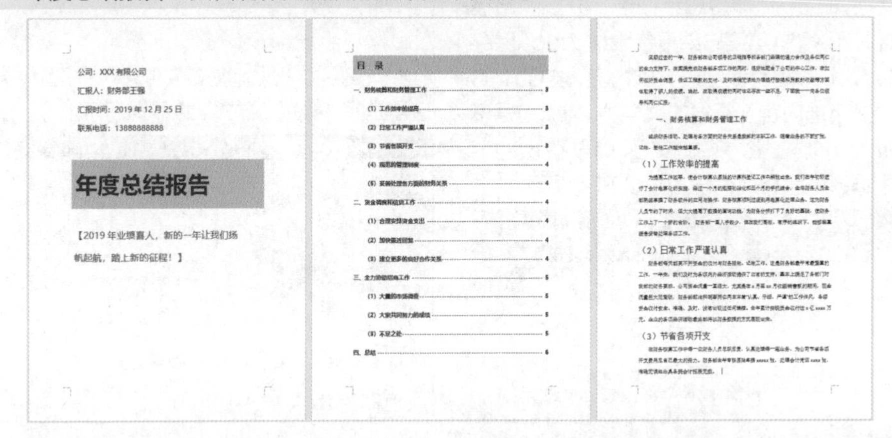

※ 思路解析

企业的行政人员、不同部门的工作人员都可能需要制作年度总结报告。使用 Word 制作的报告文字较多，如果不利用样式进行调整，文档页面的内容看起来就会十分杂乱。因此，制作者首先要使用系统预置样式进行初步调整，然后再灵活调整细节样式，最后再考虑报告整体的美观性，完成封面和目录的添加。整个制作流程及思路如下图所示。

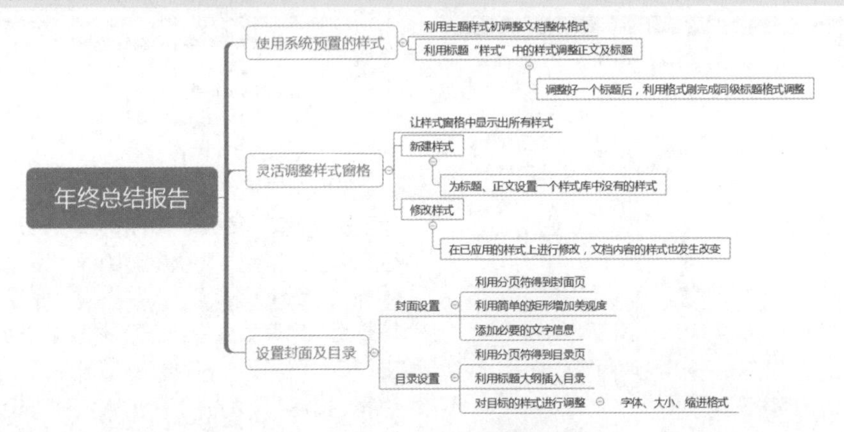

※ 步骤详解

4.1.1 套用系统内置样式

Word 2016系统自带了一个样式库，在制作年度总结报告时，可以快速应用样式库中的样式来设置段落、标题等格式。

>>>1. 应用主题样式

Word 2016 版本拥有自带的主题，主题包括字体、字体颜色和图形对象的效果设置。应用主题可以快速调整文档基本的样式。

第1步：新建文档，选择主题样式。新建一个Word文档，命名为“年度总结报告”，并按照路径“素材文件\第4章\年度总结报告素材.doc”保存文件。按Ctrl+A组合键全选文本内容，按Ctrl+C组合键复制所选内容到新建的文档中。❶单击“设计”选项卡下的“主题”下拉按钮；❷从弹出的下拉列表中选择主题样式“电路”，如下图所示。

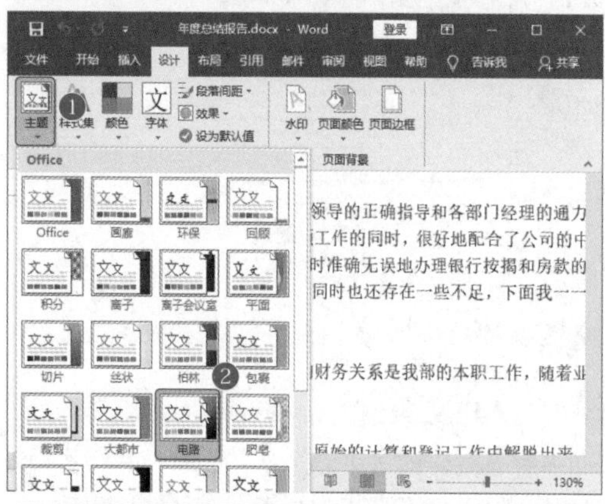

第2步：查看文档效果。此时文档就可以应用所选的主题样式了，效果如下图所示。

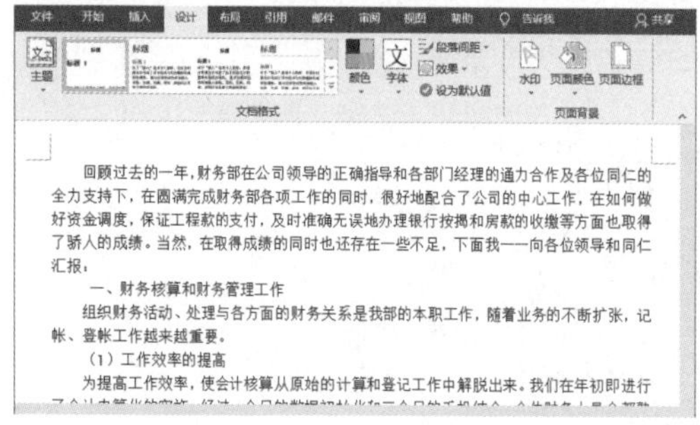

>>>2. 应用文档样式

除了主题，还可以使用系统内置的样式，快速调整文档的内容格式。

第1步：打开样式列表。单击“设计”选项卡下的“文档格式”组中的“其他”折叠按钮，如下图所示。

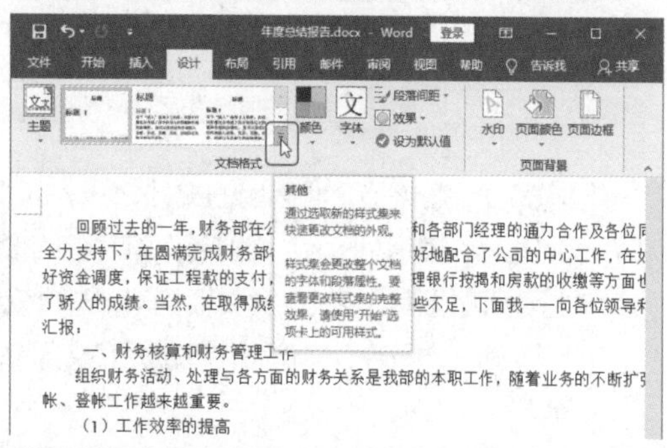

第2步：选择样式。在样式列表中选择样式，如这里选择“极简”样式，如下图所示。

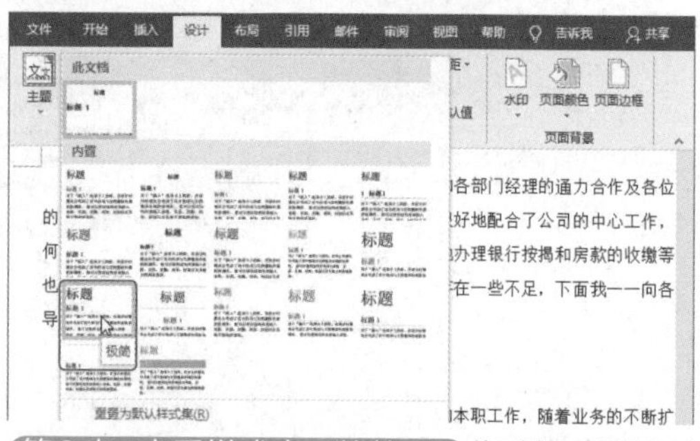

第3步：查看样式应用的效果。此时就可以看到样式应用的效果了，如下图所示。

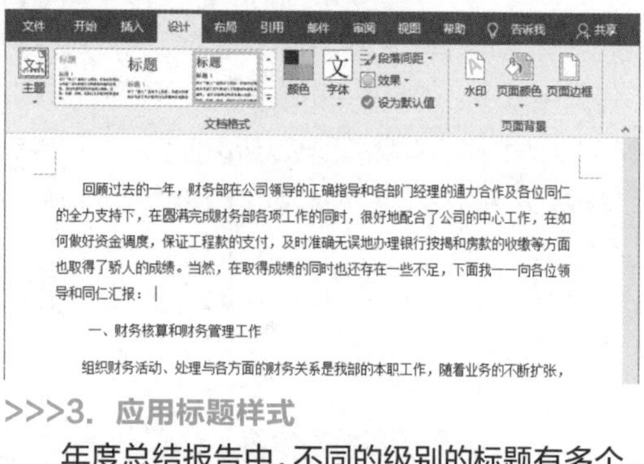

>>>3. 应用标题样式

年度总结报告中，不同的级别的标题有多个。为了提高效率，每级标题的样式可以设置一次，然后利用格式刷完成同级标题的样式设置。

第1步：设置1级标题的大纲级别。❶标题前面带有大写序号的是一级标题，选中这个标题；❷单击“开始”选项卡下的“段落”组中的“对话框启动器”按钮，打开“段落”对话框，设置其大纲

级别为“1级”，如下图所示。

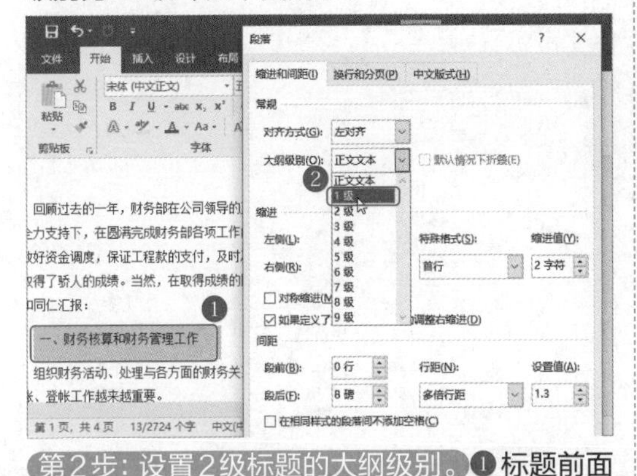

第2步：设置2级标题的大纲级别。❶标题前面带有括号序号的是二级标题，选中这个标题；❷单击“开始”选项卡下的“段落”组中的“对话框启动器”按钮，打开“段落”对话框，设置其大纲级别为“2级”，如下图所示。

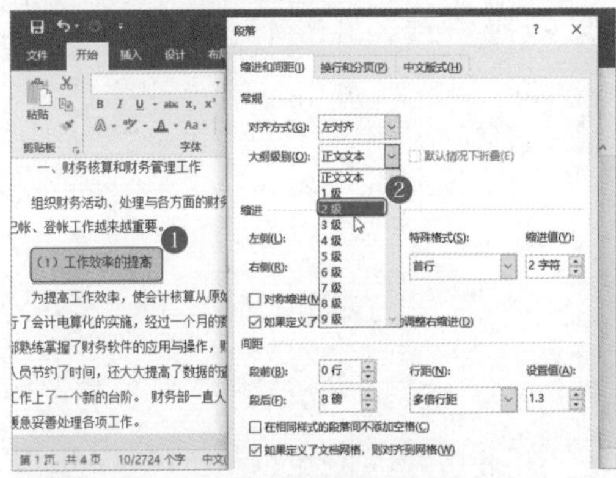

第3步：设置2级标题样式。保持选中2级标题，单击“开始”选项卡下“样式”组中的标题样式，如这里选择“标题2”，所选中的标题就会套用这种样式，如下图所示。

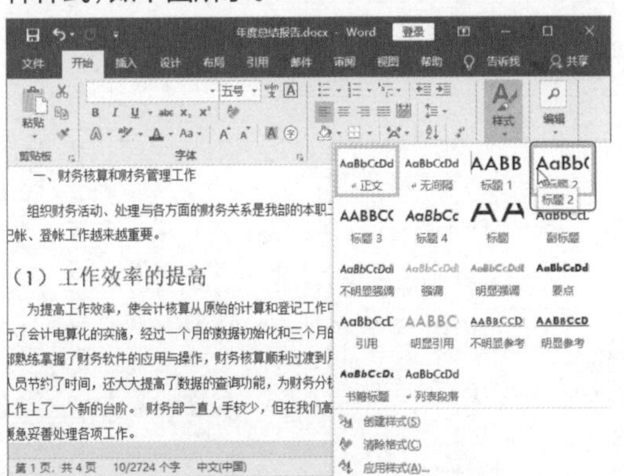

第4步：双击格式刷。双击“开始”选项卡下的“剪切板”组中的“格式刷”按钮，如下图所示。

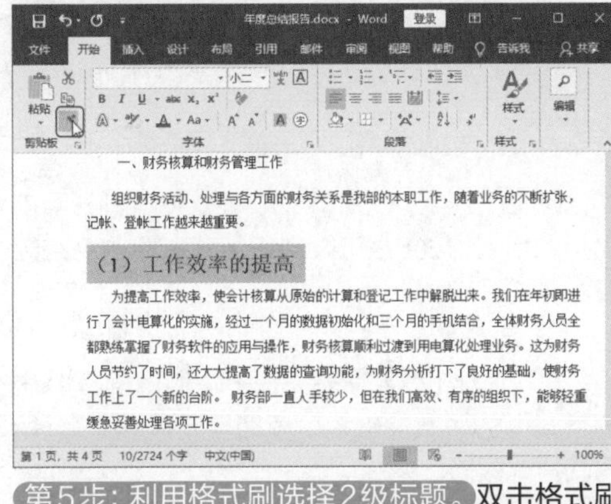

第5步：利用格式刷选择2级标题。双击格式刷后，光标变为刷子状，依次选择其他2级标题，如下图所示。

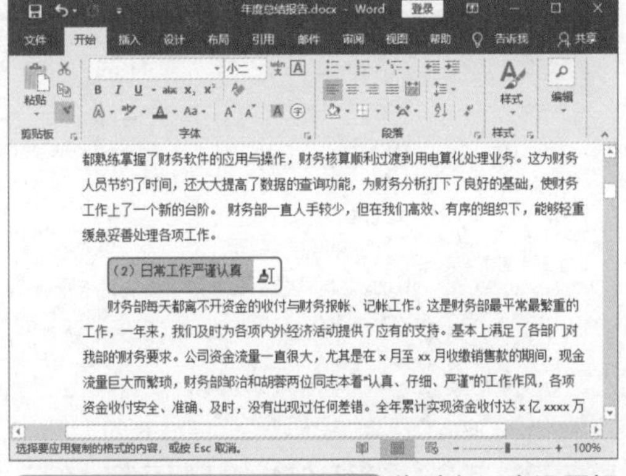

第6步：查看标题设置样式。此时上一步设置好的2级标题样式就应用到所有2级标题了，效果如下图所示。

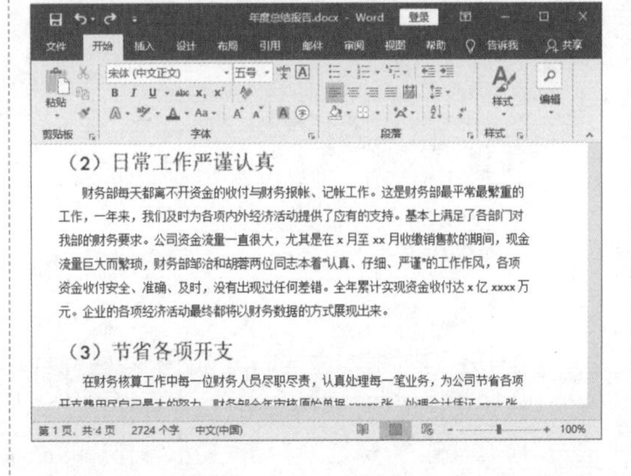

专家点拨

在设置标题样式时，如果不想后期使用格式刷统一样式，可以按住Ctrl键，选中所有相同级别的标题，再进行样式设置。

4.1.2 灵活使用“样式”窗格

Word 2016 样式窗格中可以设置打开当前文档的所有样式，也可以自行新建和修改系统预设的样式。

>>>1. 设置所显示的样式

默认情况下，样式窗格中只显示“当前文档中的样式”，为了方便查看所有的样式，可以打开所有的样式窗格。

第1步：打开“样式”窗格。 单击“开始”选项卡下的“样式”组中的”对话框启动器”按钮 ，如下图所示。

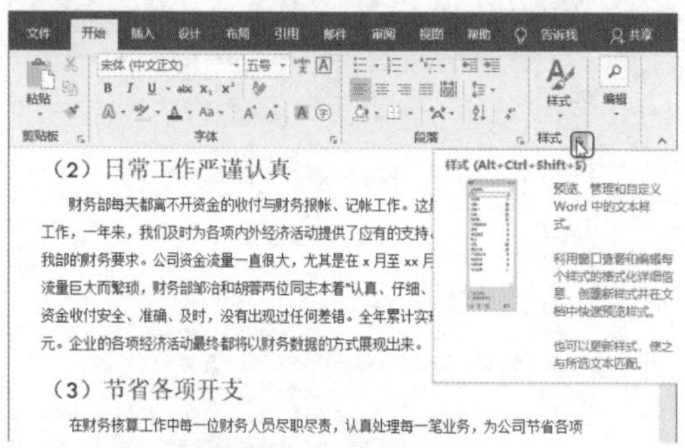

第2步：打开“样式窗格选项”。 在打开的“样式”窗格下方，单击“选项”按钮，如下图所示。

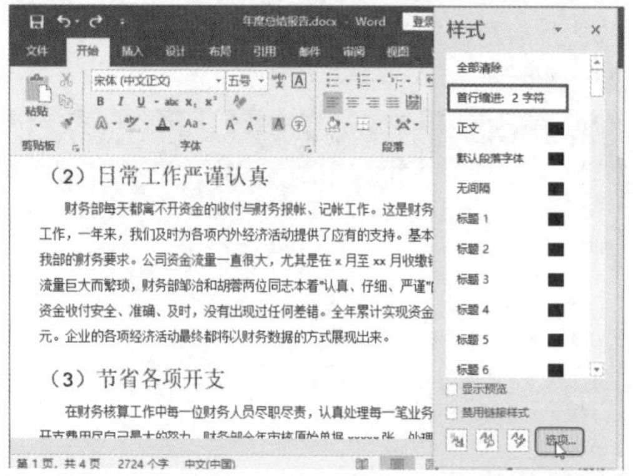

第3步：设置“样式窗格选项”对话框。 ❶在打开的“样式窗格选项”对话框中，选择要显示的样式为“所有样式”；❷选中“选择显示为样式的格式”栏中的所有复选框；❸单击“确定”按钮，如下图所示。

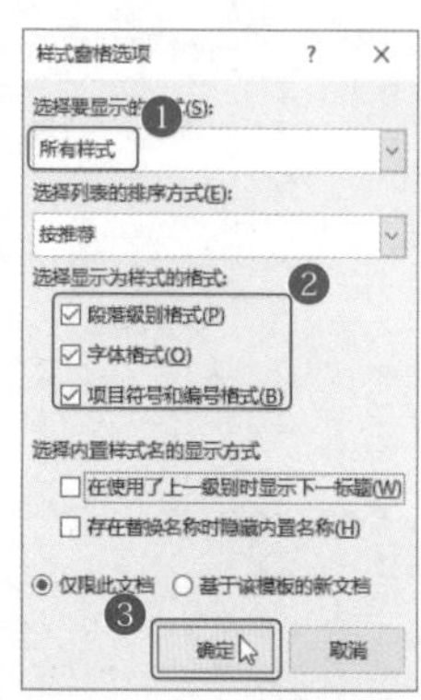

第4步：查看设置好的样式窗格。 此时可以看到“样式”窗格中显示了所有的样式，将光标放到任意的文字段落中，“样式”窗格中就会出现这段文字对应的样式，如下图所示。

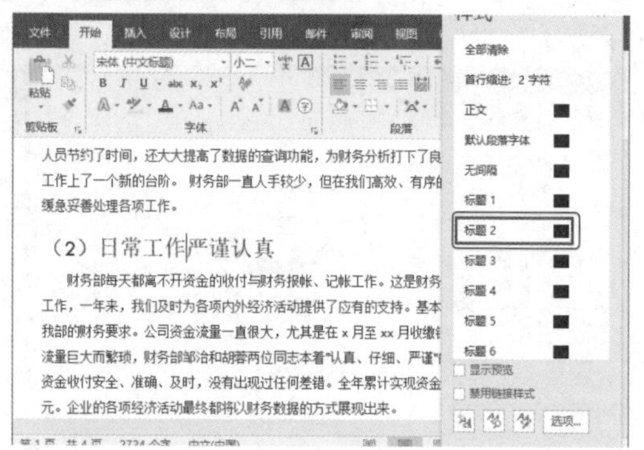

>>>2. 新建样式

“样式”窗格中的样式有限，并不能满足所有情况下的样式需求。此时用户可以创建新的样式。

第1步：打开“根据格式化创建新样式”对话框。 ❶选中1级标题；❷单击“样式”窗格下方的“新建样式”按钮 ，如下图所示。

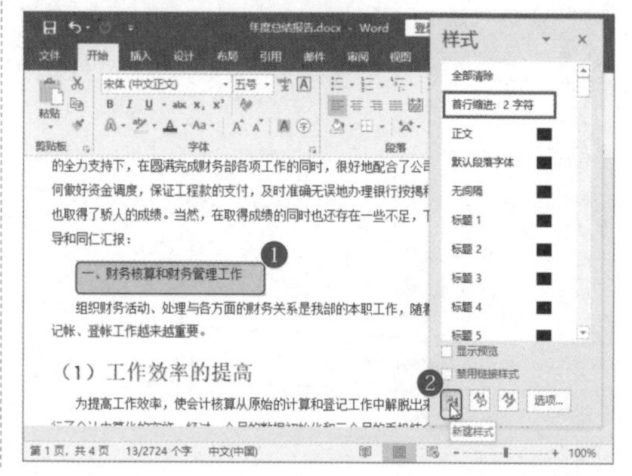

第2步：设置“根据格式化创建新样式”对话框。❶在弹出的“根据格式化创建样式”对话框中为新样式命名；❷设置样式的字体格式；❸设置样式的行距、段前/段后距离；❹单击“确定”按钮，如下图所示。

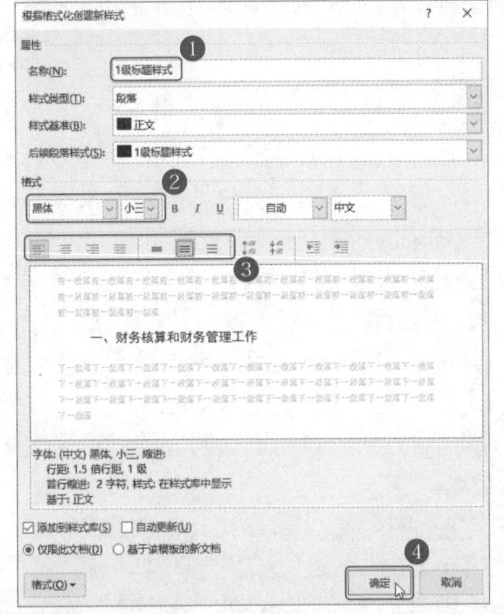

第3步：将1级标题的新样式用格式刷复制到所有的1级标题中。❶此时，1级标题成功应用了新样式；❷利用格式刷将此样式复制到所有的1级标题，即完成1级标题的样式设置，如下图所示。

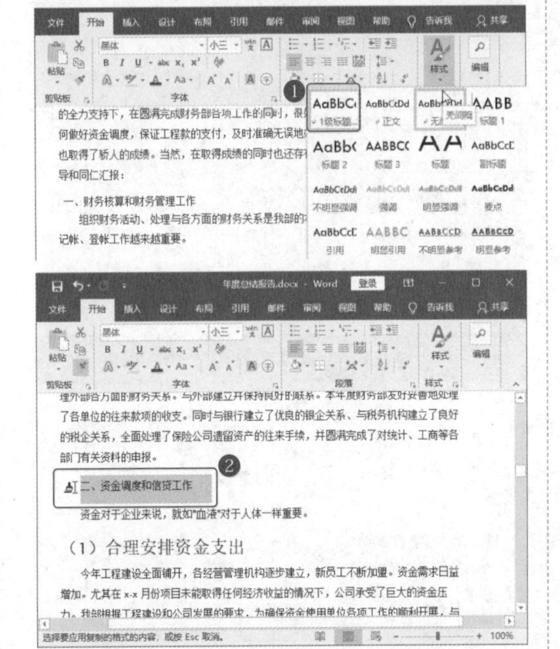

>>>3. 修改样式

当完成样式设置后，如果对样式不满意，可以进行调整。调整样式后，所有应用该样式的文本都会自动调整样式。

第1步：打开“修改样式”对话框。❶将光标放到正文中的任意位置，表示选中这个样式；❷单击鼠标右键选中的样式，选择快捷菜单中的“修改样式”命令，如下图所示。

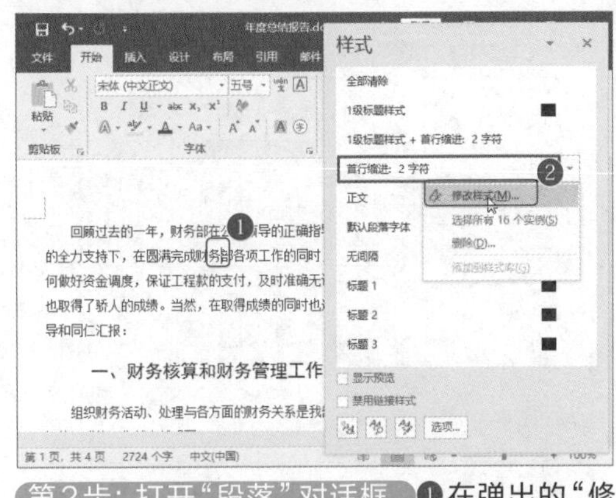

第2步：打开“段落”对话框。❶在弹出的“修改样式”对话框中，单击左下方的“格式”按钮；❷在弹出的菜单中选择“段落”命令，如下图所示。

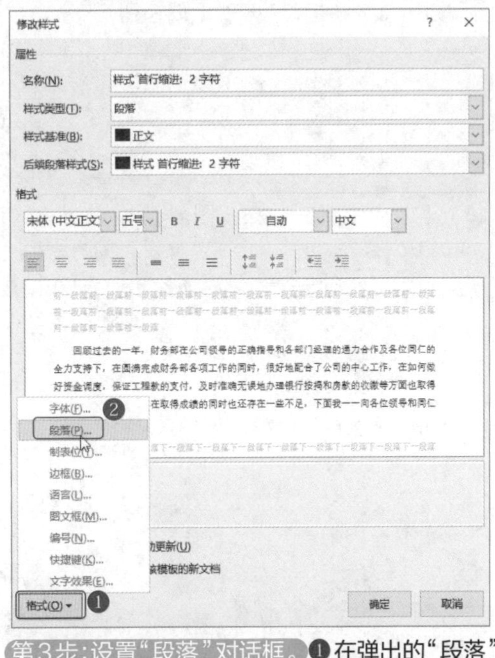

第3步：设置“段落”对话框。❶在弹出的“段落”对话框中设置段后间距为“8磅”；❷设置行距为“1.5倍行距”；❸单击“确定”按钮，如下图所示。

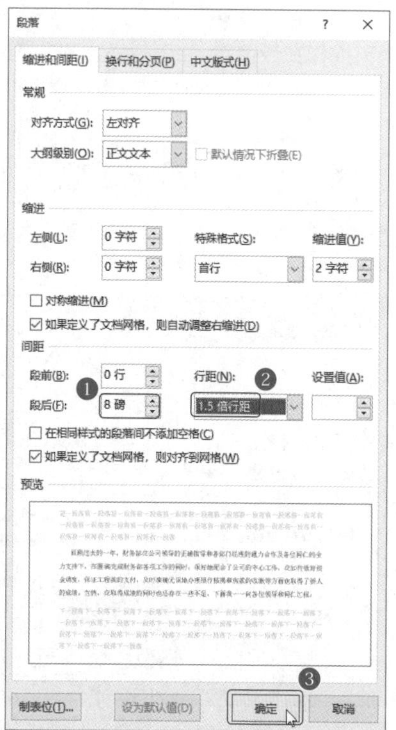

第4步：确定修改样式。完成样式修改后，单击"确定"按钮，表示确定修改样式，如下图所示。

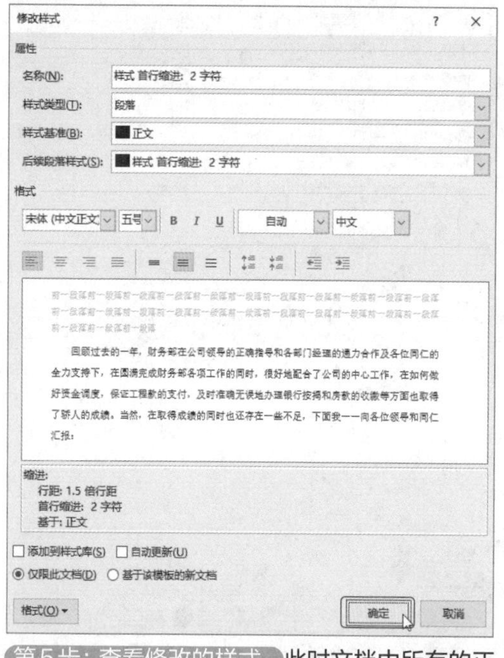

第5步：查看修改的样式。此时文档中所有的正文便已应用修改了的新样式，效果如右上图所示。

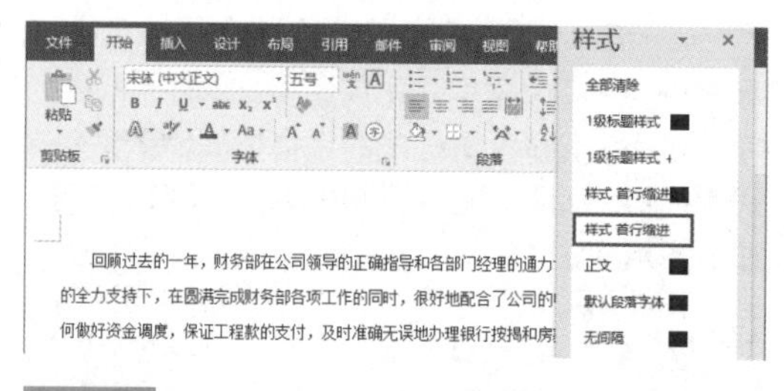

4.1.3 设置封面及目录样式

Word 2016 中系统自带的样式主要针对内容文本，但是企业的年度总结报告通常需要有一个大气美观的封面、一定样式的目录，这时就需要用户自己进行样式的设置。

>>>1. 封面样式设置

年终总结报告的封面显示了这是一份什么样的文档，以及文档的制作人等相关信息。只需要添加简单的矩形，就可以让封面的美观度提高一个档次。

第1步：插入分页符。❶将光标放到文档最开始的位置，单击"布局"选项卡下的"分隔符"下拉按钮；❷选择下拉列表中的"分页符"选项，如下图所示。

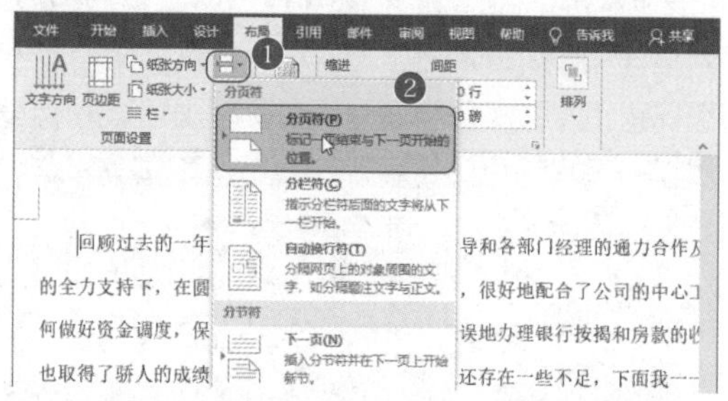

第2步：在新的页面中绘制矩形。❶在新的页面中绘制一个矩形，设置矩形的大小；❷单击"绘图工具-格式"选项卡下的"形状填充"下拉按钮；❸在弹出的下拉列表中选择形状填充色，如下图所示。

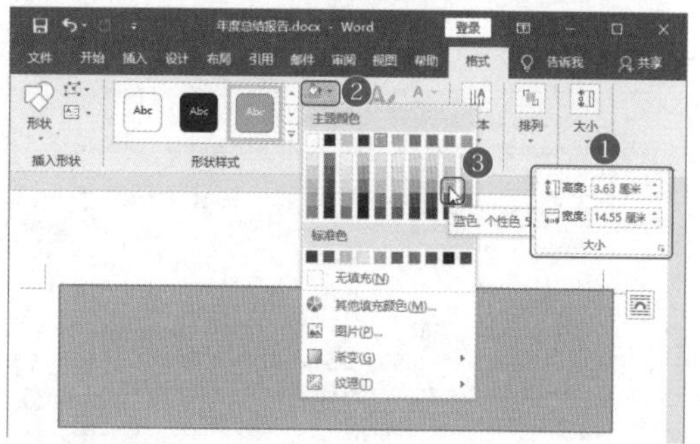

第3步：添加文字。 ❶在矩形中输入文字“年度总结报告”；❷设置文字的字体为“微软雅黑”，字号大小为“48号”并“加粗”；❸设置文字的对齐方式为“左对齐”，如下图所示。

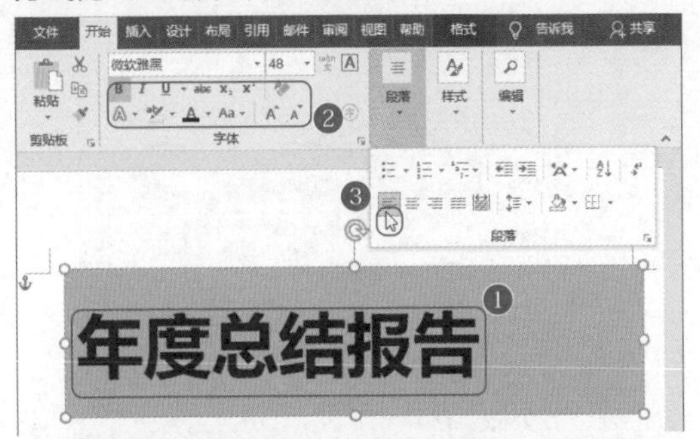

第4步：添加上方文字。 ❶在页面上方绘制一个文本框，设置文本框为“无轮廓”格式，再输入文字；❷设置文字的字体为“微软雅黑”，字号为“三号”；❸设置文字的对齐方式为“左对齐”，如下图所示。

第5步：添加下方文字。 ❶在页面下方绘制一个文本框；❷设置文字的字体为“微软雅黑”，字号大小为“20号”；❸设置文字的对齐方式为“左对齐”；❹单击“字体颜色”下拉按钮，在弹出的下拉列表中选择文字颜色，如下图所示。

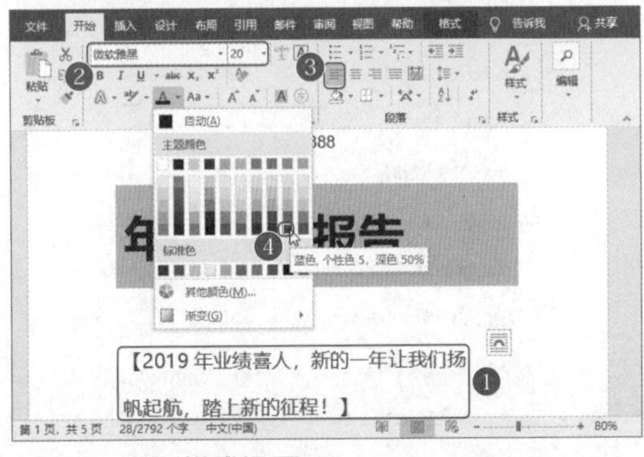

>>>2. 目录样式设置

根据文档中设置的标题大纲级别，可以添加目录，添加目录后，需要对目录样式进行调整，以符合人们的审美。

第1步：绘制矩形。 将光标放到封面页下方，插入一个“分页符”，这张空白页将是目录页。❶在目录页上方绘制一个矩形；❷设置矩形的颜色与封面页的矩形一致，并调整矩形的大小，如下图所示。

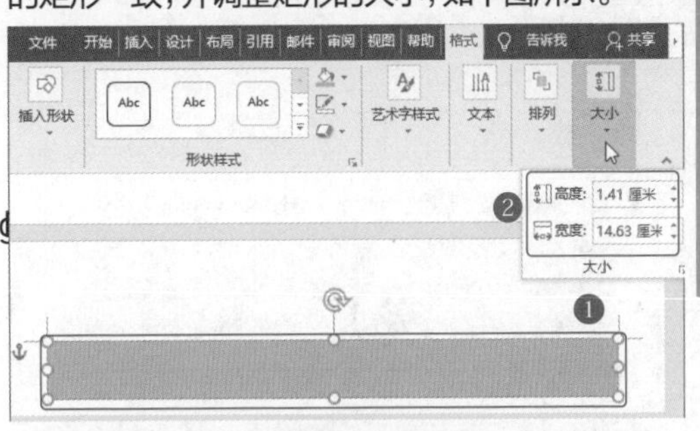

第2步：输入“目录”二字。 ❶在矩形中输入文字“目录”；❷设置文字的字体为“微软雅黑”，字号大小为“小二”并“加粗”，对齐方式为“左对齐”；❸打开“字体”对话框，设置文字的间距，如下图所示。

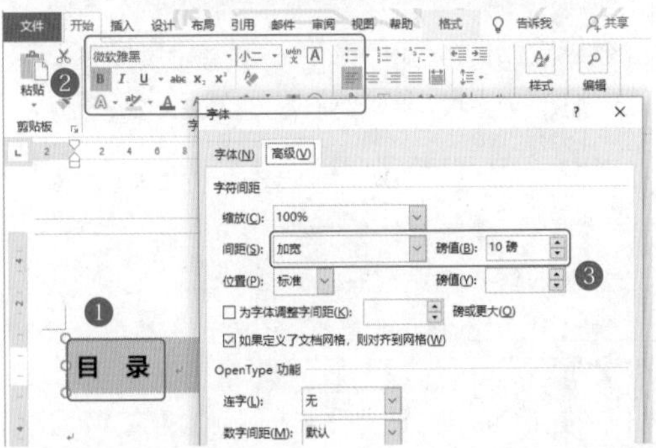

第3步：插入目录。 打开“目录”对话框，❶选择“制表符前导符”类型；❷单击“确定”按钮，如下图所示。

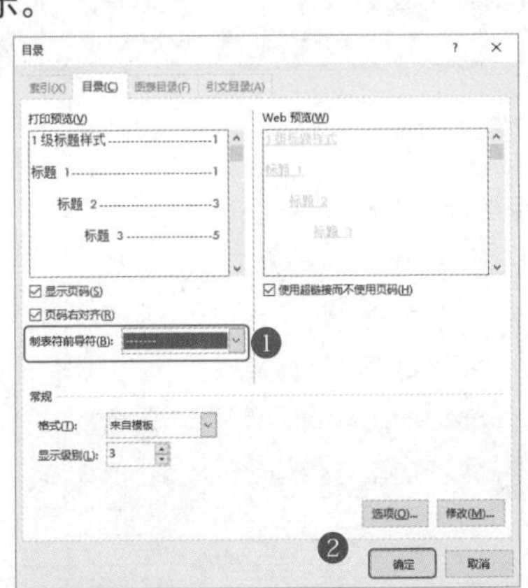

第4步：调整目录格式。❶按住鼠标左键不放，拖动选中所有目录内容；❷设置目录的字体为“微软雅黑”，字号大小为“小四”并“加粗”，如下图所示。

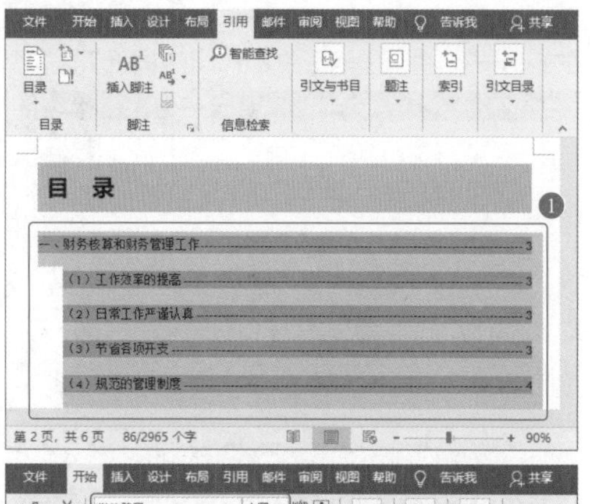

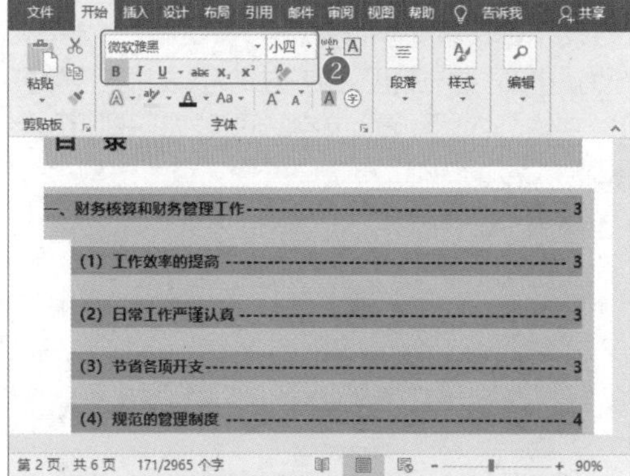

第5步：调整二级目录格式。❶用鼠标拖动，以从下往上的方式选中“一、”下方的二级目录；❷单击“段落”组中的“对话框启动器”按钮；❸设置二级目录的段落缩进，如下图和右上图所示。用同样的方法，设置其他二级目录的缩进方式。

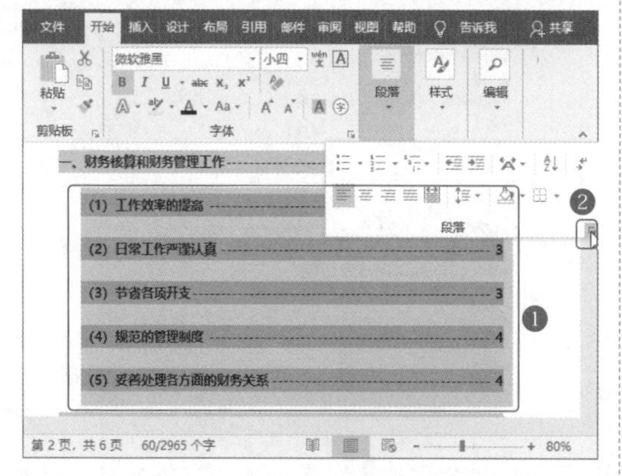

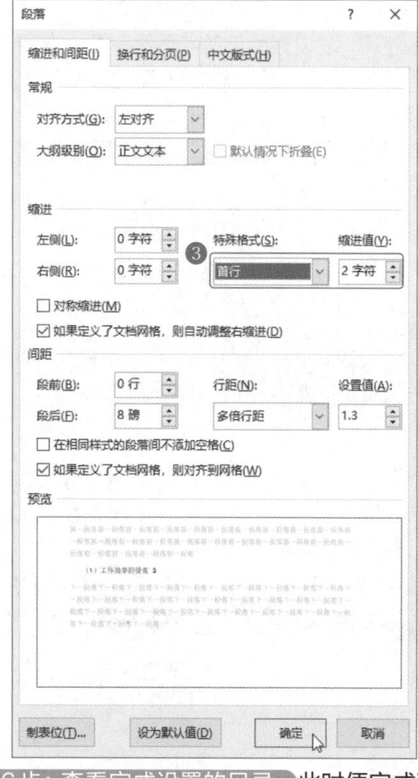

第6步：查看完成设置的目录。此时便完成了目录页的设置，效果如下图所示。

目 录

一、财务核算和财务管理工作 3
(1) 工作效率的提高 3
(2) 日常工作严谨认真 3
(3) 节省各项开支 3
(4) 规范的管理制度 4
(5) 妥善处理各方面的财务关系 4
二、资金调度和信贷工作 4
(1) 合理安排资金支出 4
(2) 加快最近回笼 4
(3) 建立更多的良好合作关系 4
三、全力协助招商工作 5
(1) 大量的市场调查 5
(2) 大家共同努力的成绩 5
(3) 不足之处 5
四、总结 6

4.2 制作和使用“公司薪酬制度”模板

※ 案例说明

公司人力资源管理部会根据市场情况、公司成本、人员数量等因素来制定公司薪酬制度。因此，公司薪酬制度会随着市场行情的波动而变化。那么企业人力资源部人员可以制作一份薪资文档模板，当需要制定新的薪资制度时，直接利用模板即可。

“公司薪酬制度”文档制作完成后的效果如下图所示。

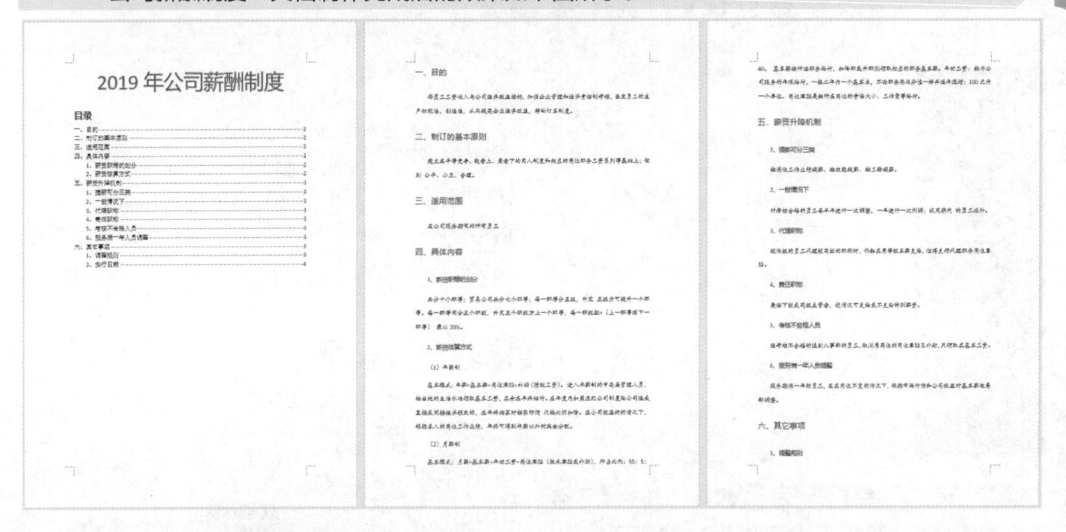

2019 年公司薪酬制度

目录

一、目的……2
二、制订的基本原则……2
三、适用范围……2
四、具体内容……2
1、薪资职等的划分……2
2、薪资核算方式……2
五、薪资升降机制……3
1、提薪可分三类……3
2、一般情况下……3
3、代理职称……3
4、兼任职称……3
5、考核不合格人员……3
6、服务满一年人员调薪……3
六、其它事项……3
1、调薪规则……3
2、执行日期……4

一、目的

二、制订的基本原则

三、适用范围

四、具体内容

1、薪资职等的划分

2、薪资核算方式

(1) 年薪制

(2) 月薪制

五、薪资升降机制

1、提薪可分三类

2、一般情况下

3、代理职称

4、兼任职称

5、考核不合格人员

6、服务满一年人员调薪

六、其它事项

1、调薪规则

※ 思路解析

新的一年到来了，企业人力资源部要制定新的薪资制度。为了避免在样式上反复修改，人力资源部同事决定制作一个模板，利用模板完成薪资制度文档制作。方法是：先在模板中设置好标题、正文及目录的样式，然后再利用模板生成新文档。其制作流程及思路如下图所示。

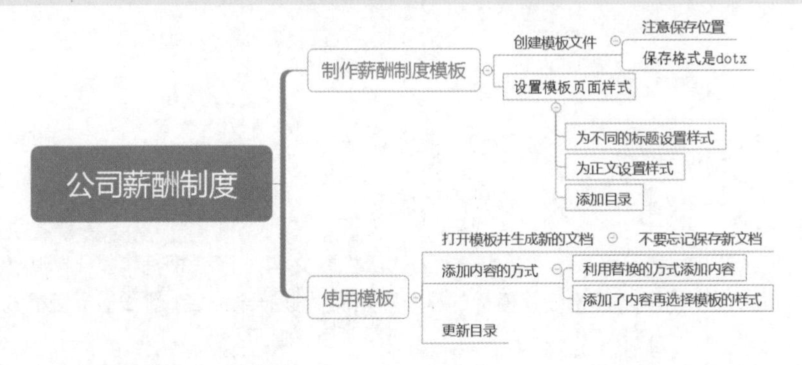

※ 步骤详解

4.2.1 制作薪酬制度模板

除了利用系统内置的样式，用户可以自己设计模板。在模板中主要需要设计标题、正文的样式，然后下一次直接打开模板输入内容即可，免去了调整样式的过程。

>>>1. 创建模板文件

Word 2016 创建的模板文件后缀名是“.dotx”，创建成功后需要以正确的文件格式保存。

第1步：打开“另存为”对话框。❶新建一个文件，选择“文件”→“另存为”命令；❷单击“浏览”按钮，如下图所示。

第2步：正确保存模板文件。❶在弹出的“另存为”对话框中，选择正确的模板文件保存位置；❷输入文件名，并选择将文件保存为“Word模板(*.dotx)”类型；❸单击“保存”按钮，如下图所示。

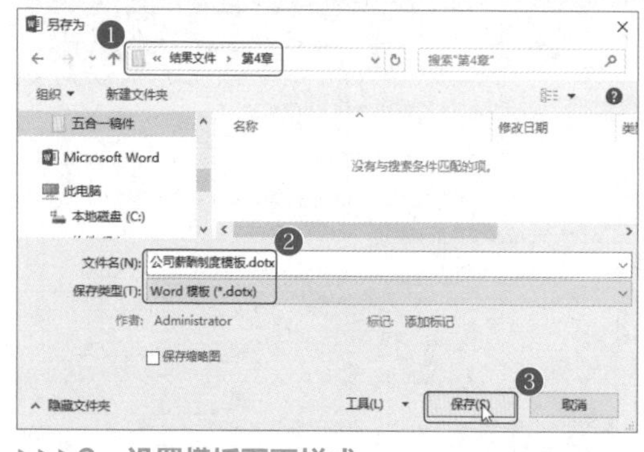

>>>2. 设置模板页面样式

模板创建成功后，就可以开始设置模板的样式了。

第1步：为文档标题新建样式。❶在模板页面中输入标题文字；❷单击“样式”窗格中的“新建样式”按钮，如下图所示。

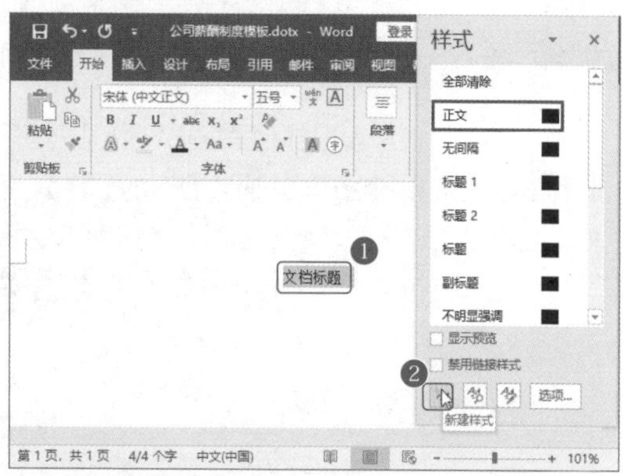

第2步：设置标题样式。❶在弹出的“根据格式化创建新样式”对话框中为标题样式命名；❷设置标题格式；❸设置标题颜色；❹单击“确定”按钮，如下图所示。

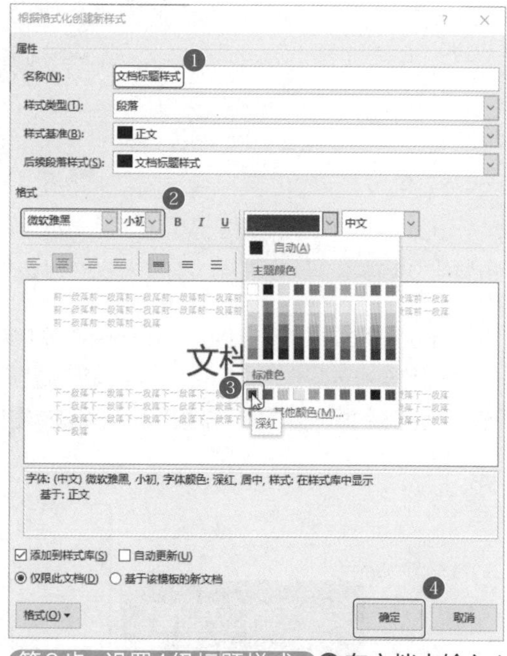

第3步：设置1级标题样式。❶在文档中输入1级标题文字，打开“根据格式化创建新样式”对话框，为标题样式命名；❷设置标题格式；❸设置标题颜色，如下图所示。

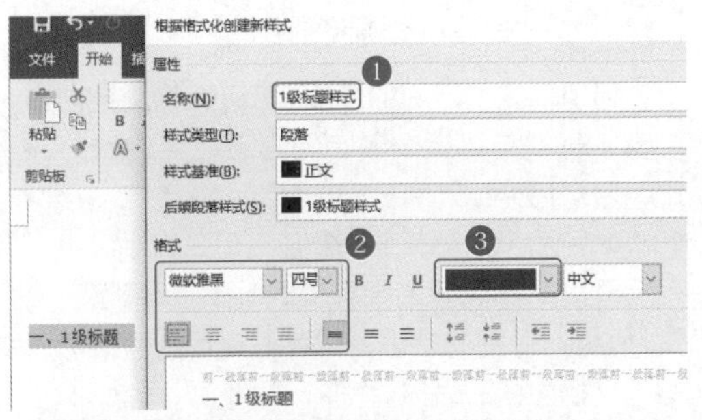

第4步：设置正文样式。❶在文档中输入正文，打开“根据格式化创建新样式”对话框，为正文样式命名；❷设置正文格式及颜色；❸单击“格式”下拉按钮，在弹出的菜单中选择“段落”命令，如下图所示。

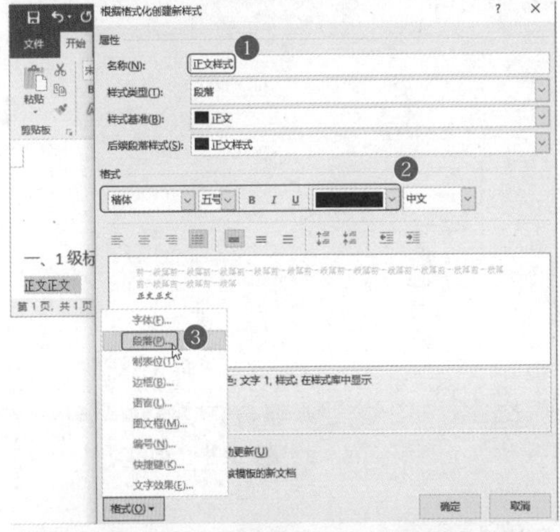

第5步：设置正文的“段落”对话框。❶在弹出的“段落”对话框中，设置正文的缩进格式；❷设置正文的间距；❸单击“确定”按钮，如下图所示。

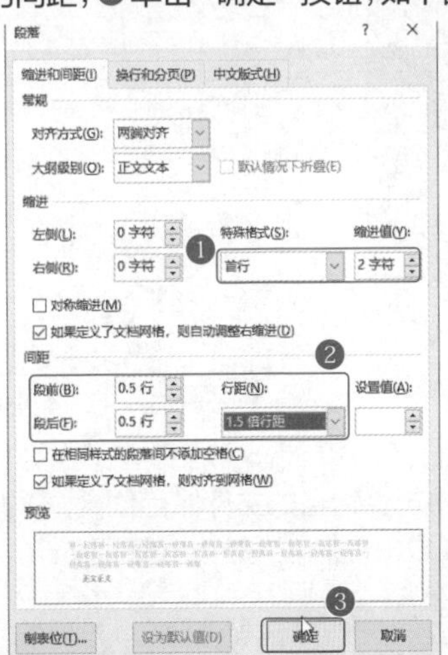

第6步：设置2级标题样式。❶在文档中输入2级标题文字，打开“根据格式化创建新样式”对话框，为标题样式命名；❷设置标题格式和颜色；❸单击“格式”下拉按钮，在弹出的菜单中选择“段落”命令，如下图所示。

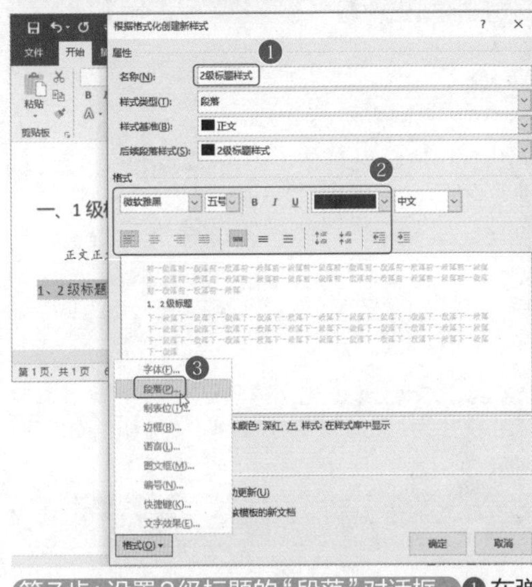

第7步：设置2级标题的“段落”对话框。❶在弹出的“段落”对话框中，设置标题的级别；❷设置标题缩进格式中的特殊格式及缩进值；❸设置标题的间距；❹单击“确定”按钮，如下图所示。

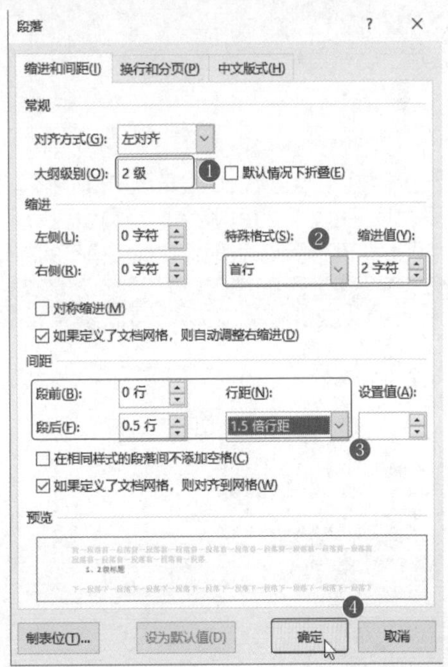

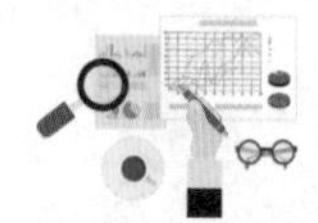

第8步：选择目录样式。❶单击"引用"选项卡下的"目录"下拉按钮，❷在弹出的下拉列表中选择目录样式，如这里选择"自动目录1"，如下图所示。

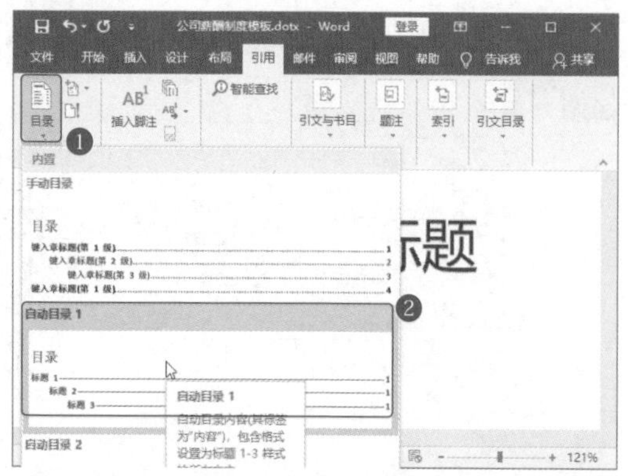

第9步：设置目录格式。❶选中目录；❷设置目录的格式为"微软雅黑""五号""加粗"，如下图所示。

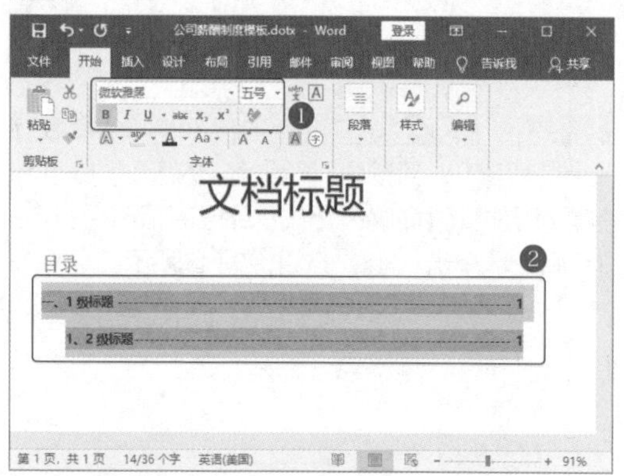

第10步：设置"目录"颜色。❶选中"目录"二字；❷设置其颜色为"黑色，文字1"；❸设置目录加粗格式，如下图所示。此时便完成了模板的制作。

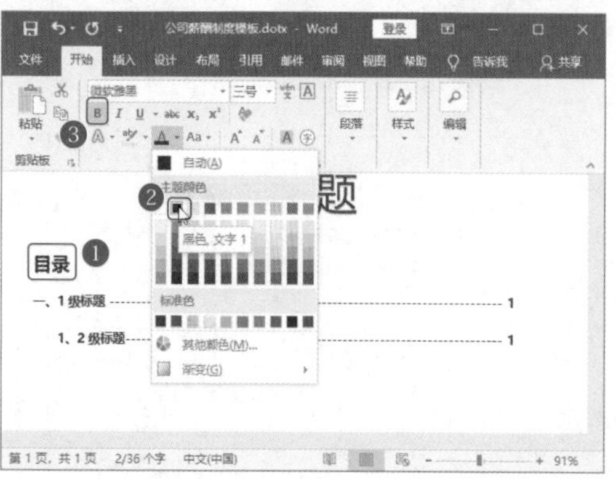

4.2.2 使用薪酬制度模板

利用事先创建好的模板，可以添加文档内容，内容的样式与模板一致。内容添加完成后，只需更新目录后便与现有文档一致了。

>>>1. 使用模板新建文件

直接打开保存的模板文件，会自动新建一份文档，此时要对文档进行保存再进行内容的输入，避免文档内容的丢失。

第1步：打开模板文件。打开模板文件所在的文件夹，双击该文件，便能利用模板文件新建一个文档，如下图所示。

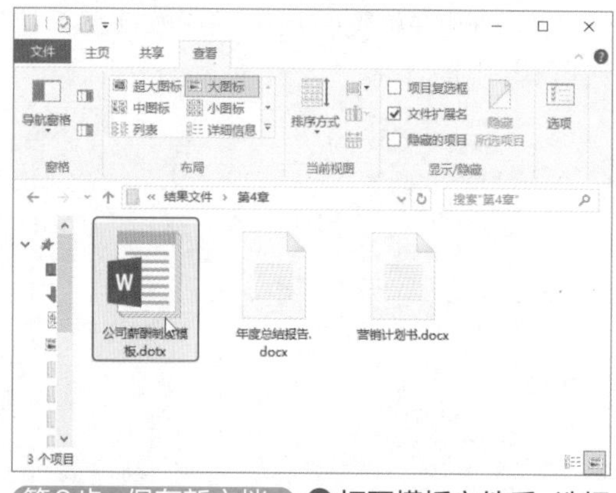

第2步：保存新文档。❶打开模板文件后，选择"文件"→"保存"命令。❷单击"浏览"按钮，如下图所示。

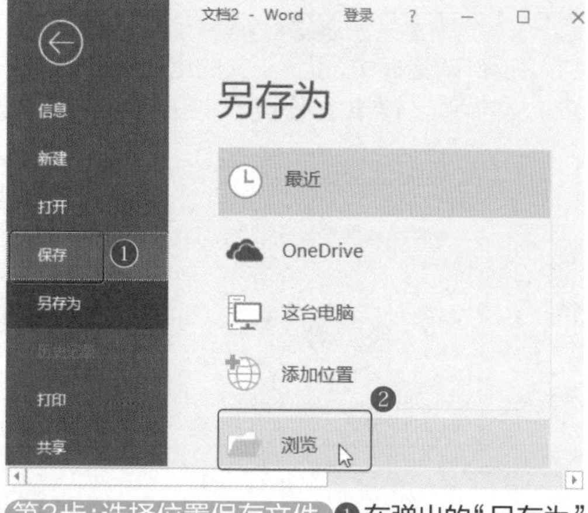

第3步：选择位置保存文件。❶在弹出的"另存为"对话框中选择恰当的文件保存位置；❷输入新文件名；❸单击"保存"按钮，如下图所示。

第4步：查看利用模板生成的文档。如下图所示是利用模板生成的文件，其样式与模板一致。

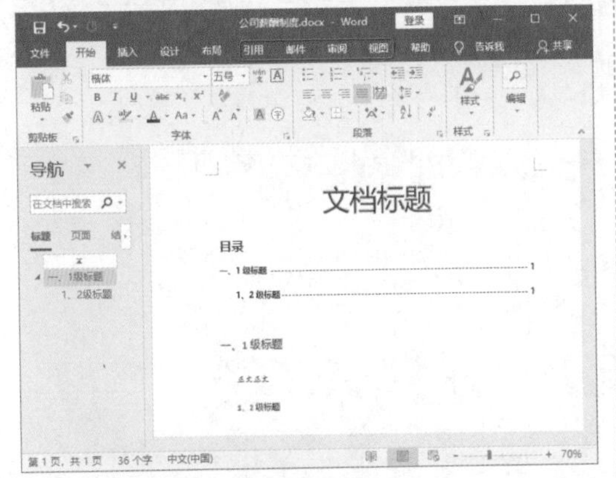

>>>2. 在新文档中使用样式

利用模板生成新文档后，可以在其中添加内容，并更新目录，快速形成新的文档。

第1步：复制1级目标。按照路径“素材文件\第4章\公司薪酬制度内容.txt”，打开“记事本”文件，选中第一个1级目标，按Ctrl+C组合键复制该内容，如下图所示。

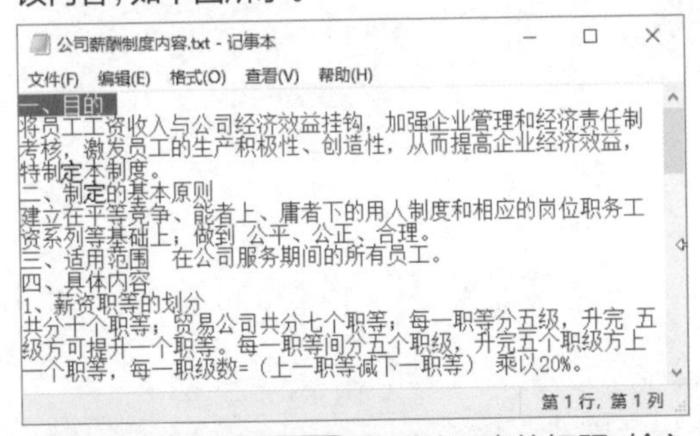

公司薪酬制度内容.txt - 记事本

文件(F)　编辑(E)　格式(O)　查看(V)　帮助(H)

一、目的
将员工工资收入与公司经济效益挂钩，加强企业管理和经济责任制考核，激发员工的生产积极性、创造性，从而提高企业经济效益，特制定本制度。
二、制定的基本原则
建立在平等竞争、能者上、庸者下的用人制度和相应的岗位职务工资系列等基础上，做到 公平、公正、合理。
三、适用范围　在公司服务期间的所有员工。
四、具体内容
1、薪资职等的划分
共分十个职等，贸易公司共分七个职等，每一职等分五级，升完 五级方可提升一个职等。每一职等间分五个职级，升完五个职级方上一个职等，每一职级数=（上一职等减下一职等） 乘以20%。

第1行，第1列

第2步：替换1级目标。❶删除原来的标题，输入新的文档标题；❷选中文档中的1级目标，按Ctrl+V组合键，替换1级目标的内容，如右上图所示。

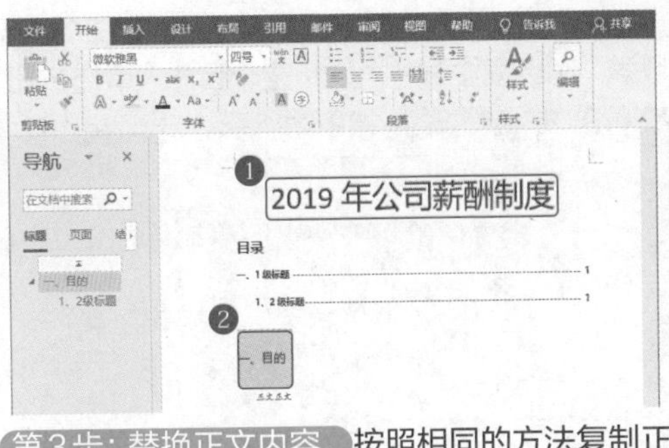

第3步：替换正文内容。按照相同的方法复制正文内容进行替换。接下来，同理完成文档中所有标题及正文的替换，如下图所示。

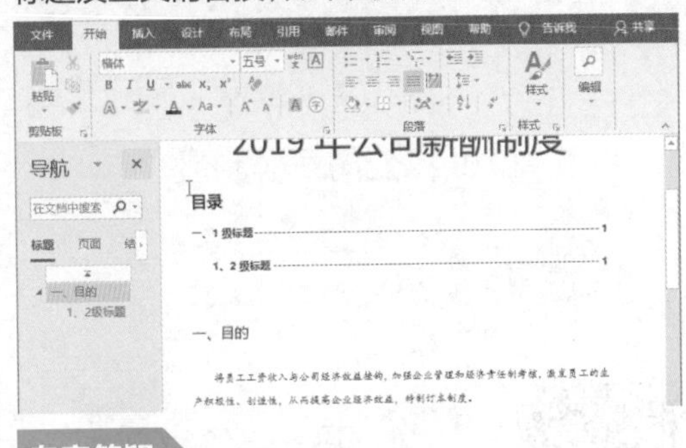

专家答疑

问：除了替换文字的方法，还有没有别的方法让输入的内容应用模板样式？

答：有。直接替换文字，可能因为选中的内容的不同导致替换效果不理想。此时可以将不需要的模板文字删除，直接将内容输入或粘贴进文档中，然后选中内容，再在“样式”窗格中选择事先在模板中设置好的标题样式、正文样式。

第4步：单击“更新目录”。❶选中目录；❷单击“引用”选项卡下的“目录”组中的“更新目录”按钮，如下图所示。

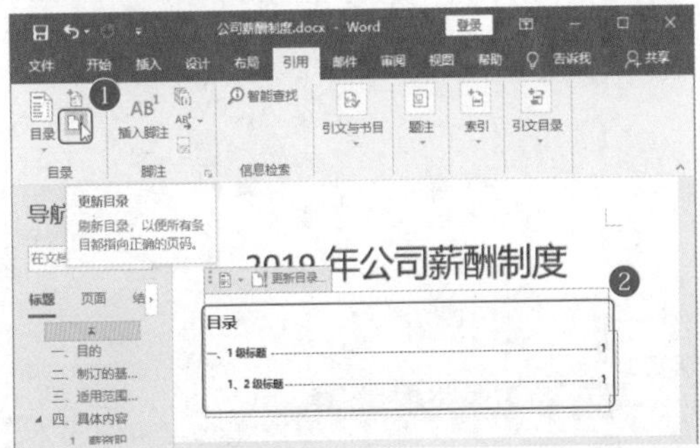

第5步：设置“更新目录”对话框。❶在“更新目录”对话框中选中“更新整个目录”单选按钮；❷单击“确定”按钮，如下图所示。

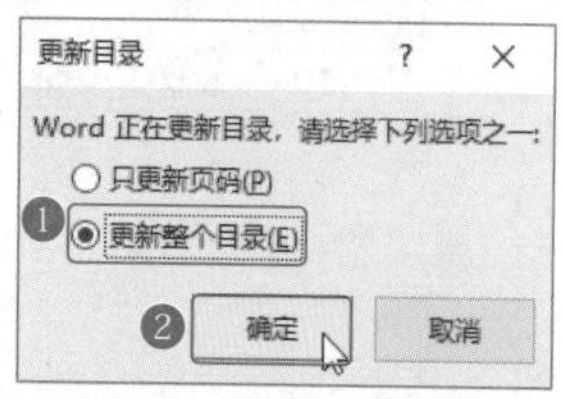

第6步：查看完成的文档。目录更新后便完成了文档的制作，效果如下图和右上图所示。

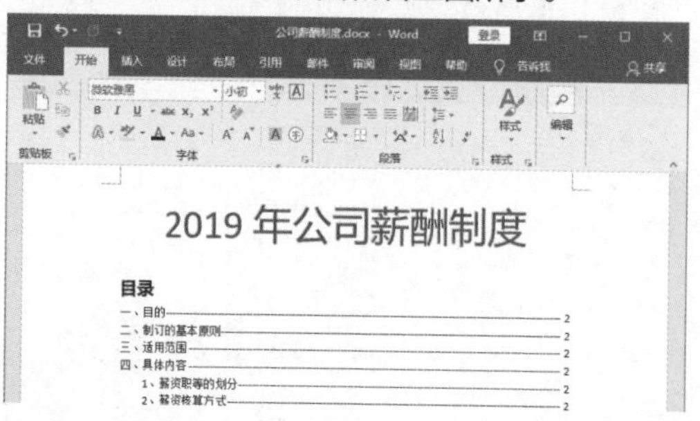

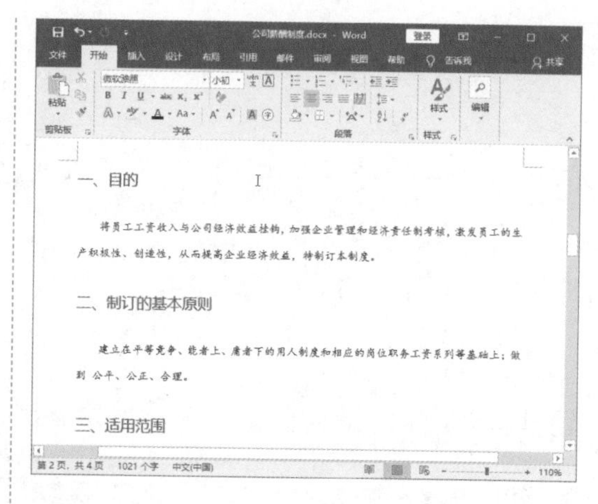

扫一扫 看视频

4.3 制作“营销计划书”

※ 案例说明

营销计划书是企业销售部门常用的一种文档，每当销售任务告一段落就要拟订新的计划书。营销计划书的内容，通常包括封面、目录、内容。内容至少要包括对市场的调查及营销计划。

“营销计划书”文档制作完成后的效果如下图所示。

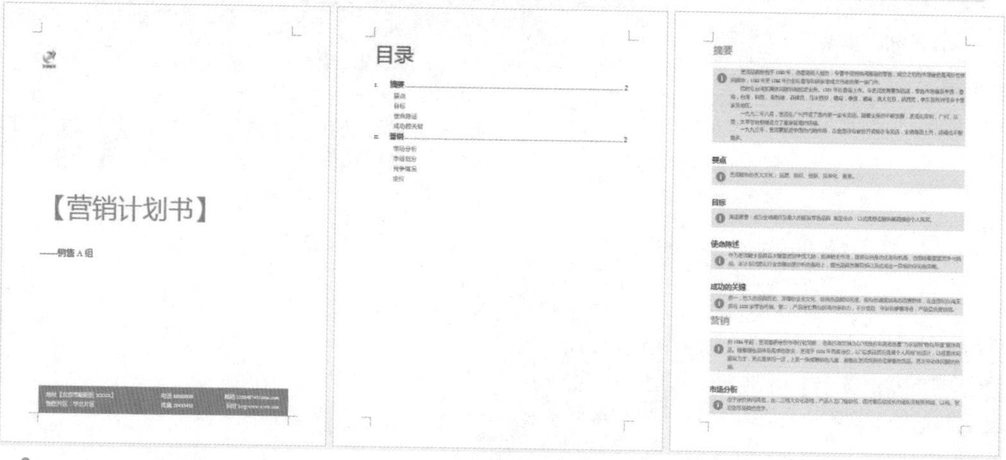

※ 思路解析

用 Word 做计划书，对于没有排版功底的人来说比较费力，这种情况下可以直接下载 Word 2016 的模板，利用这些漂亮模板可以快速完成计划书的制作。利用模板制作计划书，大体步骤是对模板的基本内容进行删减，然后添加自己需要的内容。其制作流程及思路如下图所示。

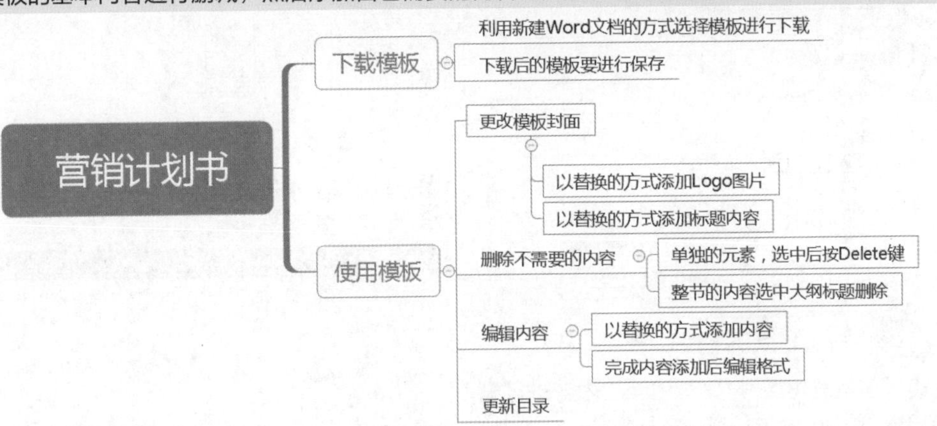

※ 步骤详解

4.3.1 下载系统模板

Word 2016提供了多种实用的Word文档模板，如商务报告、计划书、简历等类型的模板。用户可以直接下载这些模板创建自己的文档。

第1步：选择需要的模板。❶打开Word文档，选择“文件”→“新建”命令；❷在搜索文本框中输入搜索关键词；❸选择需要的模板，如下图所示。

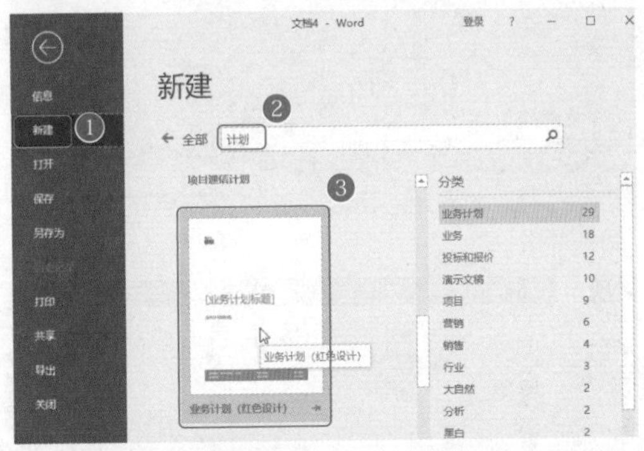

第2步：下载模板。选中需要的模板后，单击“创建”按钮，就能下载该模板了，如右上图所示。

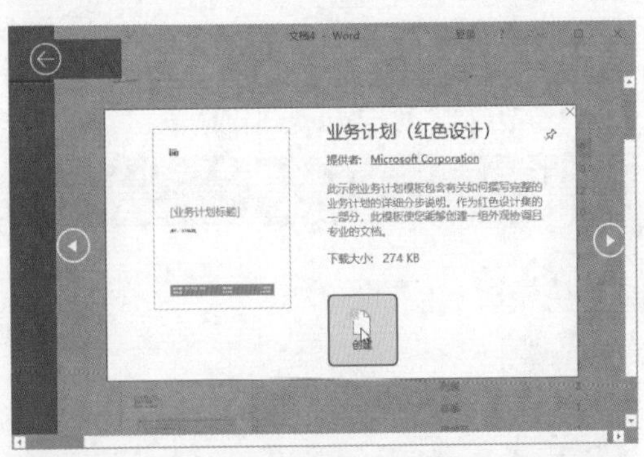

第3步：查看下载的模板。下图所示的是下载成功的模板，可以看到模板的样式及标题大纲都是设置好的。

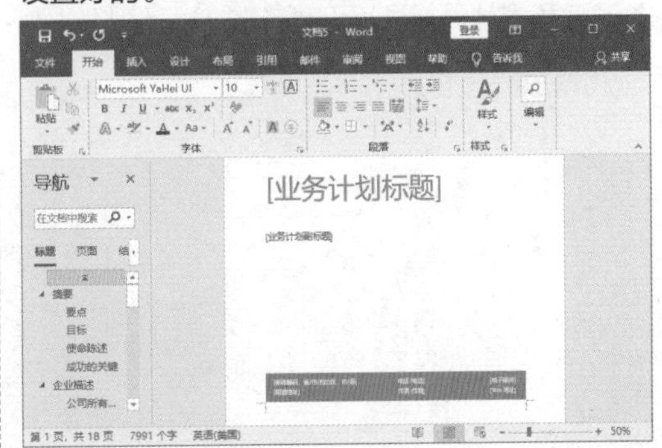

第4步：保存下载的模板。❶打开下载的模板后，按Ctrl+S组合键打开“另存为”对话框，选择文件保存的路径；❷输入文档名称；❸单击“保存”按钮，如下图所示。

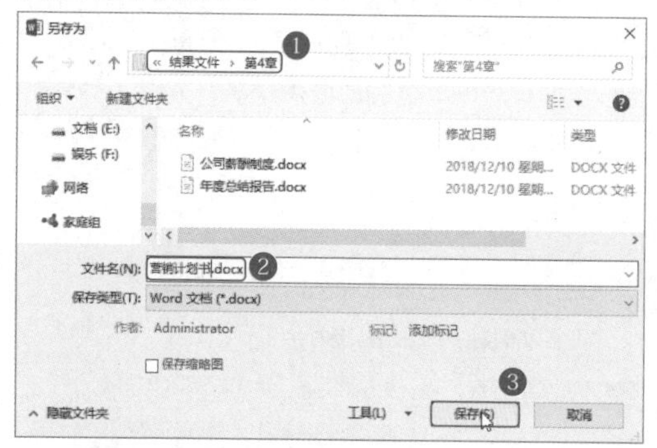

4.3.2 使用下载的模板

模板下载成功后，可以对里面的内容进行删减并录入新内容，让文档符合实际需求。

>>>1. 更改封面内容

通常下载的模板中，封面会涉及文档标题、Logo图片的替换等操作。

第1步：替换图片。选中“徽标”内容，单击右上方的“更改图片”按钮，如下图所示。

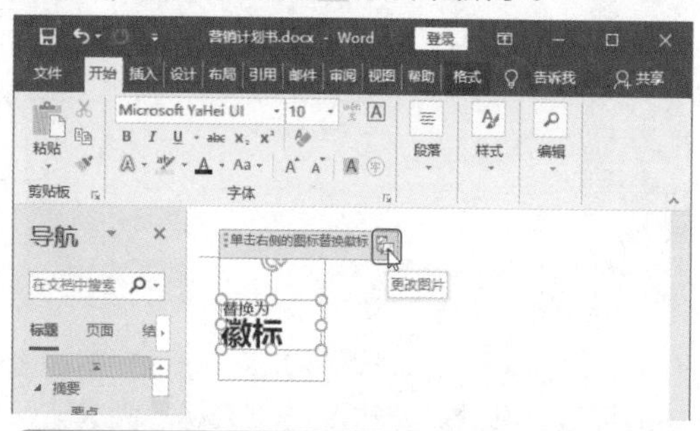

第2步：单击“浏览”按钮。由于替换的Logo图片来自于本地计算机，因此单击“从文件”的“浏览”按钮，如下图所示。

第3步：插入图片。❶按照路径“素材文件\第4章\LOGO.png”找到Logo图片；❷单击“插入”按钮，如下图所示。

第4步：替换标题内容。选中标题文本框，输入标题内容，如下图所示。

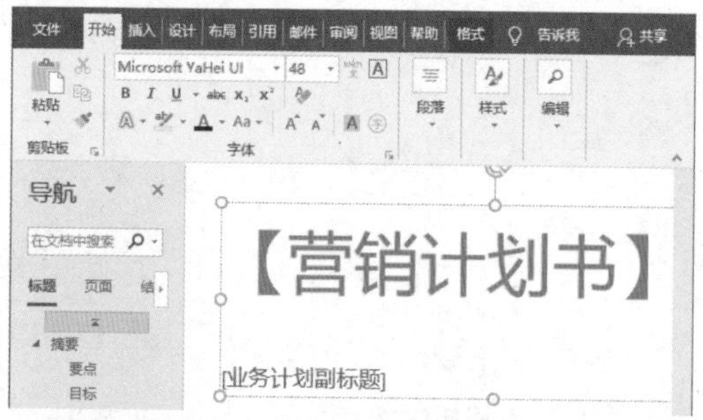

第5步：输入副标题内容。用同样的方法选中副标题，输入副标题内容，如下图所示。

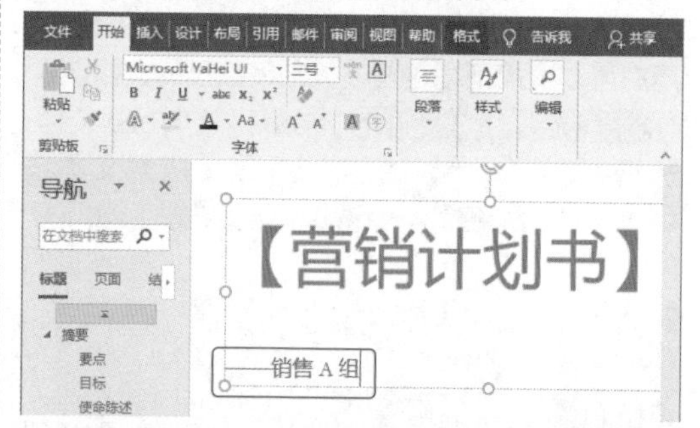

第6步：输入下方的信息。选中下方不同的信息，输入内容。此时便完成了封面页内容的编辑，如下图所示。

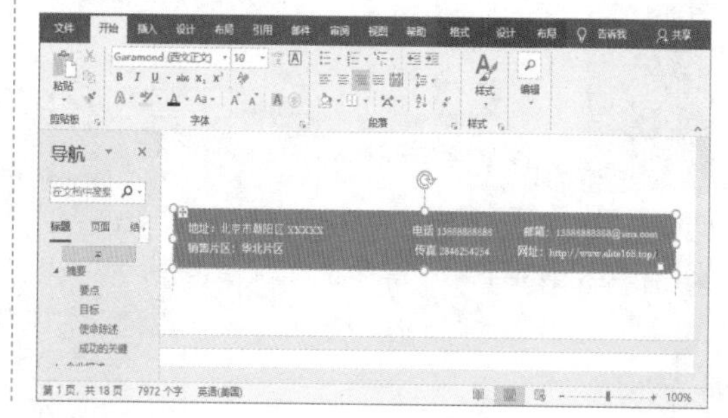

>>>2. 删除不需要的内容

下载的模板中，内容页与封面页不一样，常常会有不需要的内容，此时需要进行删除。不同的内容有不同的删除方式，总的来说是通过选中大纲级别，可以实现快速删除内容的目的。

第1步：删除表格内容。对于表格这种单独的元素，删除方式是选中表格，按下Delete键进行删除，如下图所示。

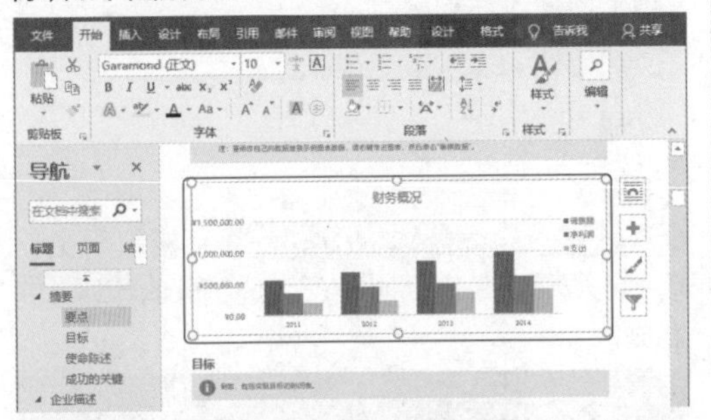

第2步：删除"企业描述"内容。❶在"导航"窗格中，右击"企业描述"标题；❷从弹出的快捷菜单中选择"删除"命令，如下图所示。

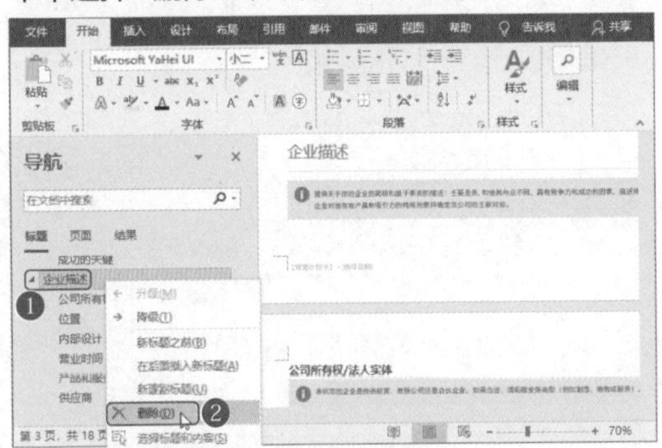

第3步：删除"附录"内容。❶在"导航"窗格中，右击"附录"标题；❷从弹出的快捷菜单中选择"删除"命令，如下图所示。

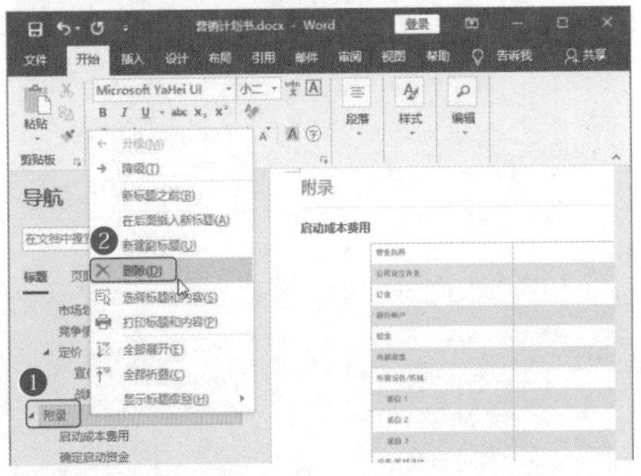

>>>3. 编辑替换内容

当不需要的内容删除完成后，就可以针对留下的内容进行编辑替换，以完成符合需求的营销计划书的制作。

第1步：复制"摘要"文本。按照路径打开"素材文件\第4章\营销计划书内容.docx"文件，选中"摘要"下方的文字，单击鼠标右键，选择快捷菜单中的"复制 "命令，如下图所示。

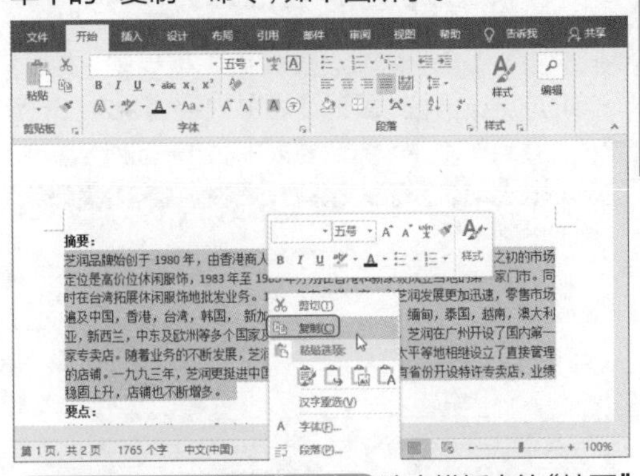

第2步：替换"摘要"文本。选中模板中的"摘要"内容，按Ctrl+V组合键粘贴替换内容，如下图所示。

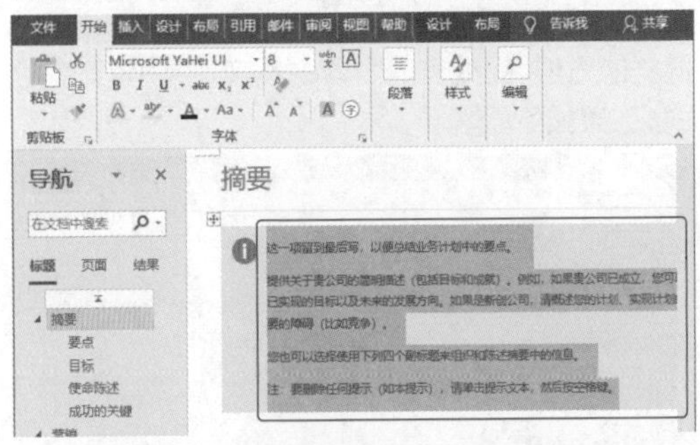

第3步：调整文本格式。❶选中替换成功的"摘要"文字，打开"段落"对话框，设置缩进值；❷为这段内容手动分段，查看完成设置的内容，如下图所示。

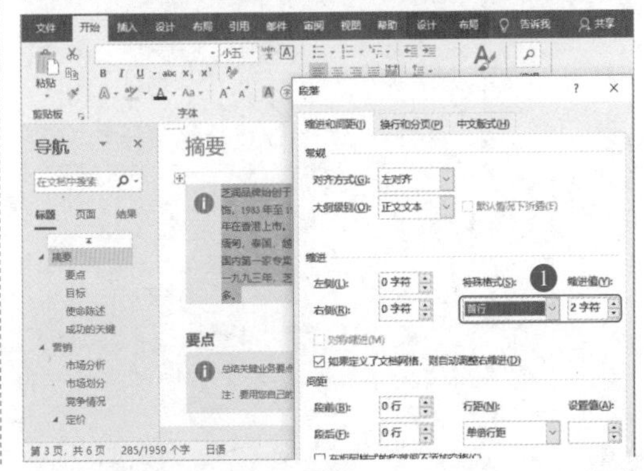

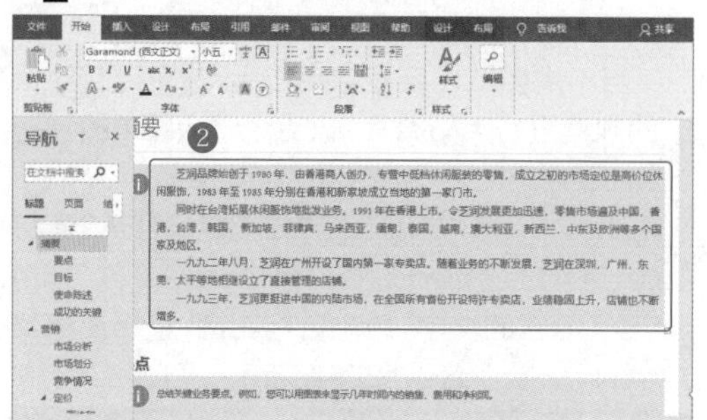

第4步：替换“要点”内容。删除模板中“要点”下方的表格，再将“营销计划书内容.docx”文档中的“要点”文字复制到模板中，如下图所示。

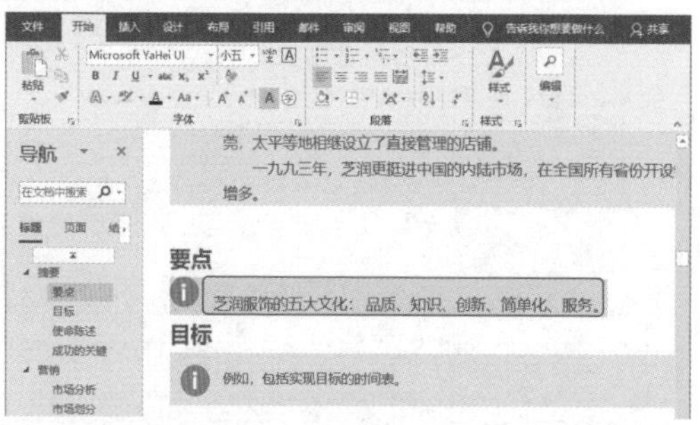

第5步：完成其他内容的替换及格式调整。按照同样的方法，完成其他内容的替换，并调整对齐格式，效果如下图所示。

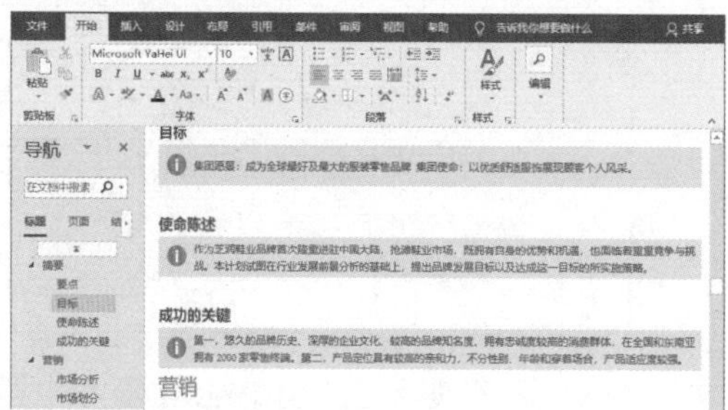

第6步：更新目录。完成内容替换后，单击“目录”上方的“更新目录”按钮，如下图所示。

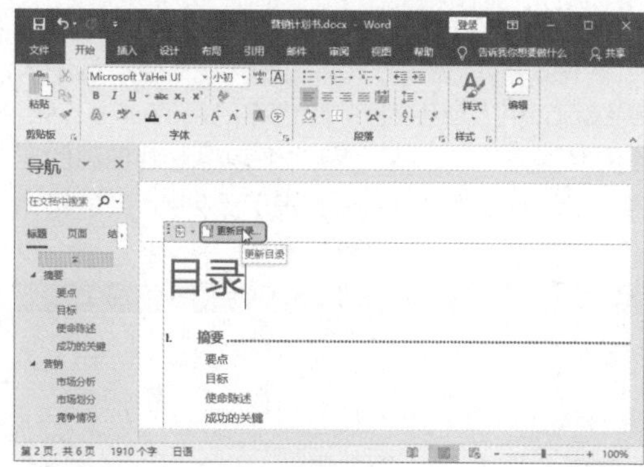

第7步：查看完成更新的目录。完成目录更新后，效果如下图所示，此时便完成了营销计划书的制作。

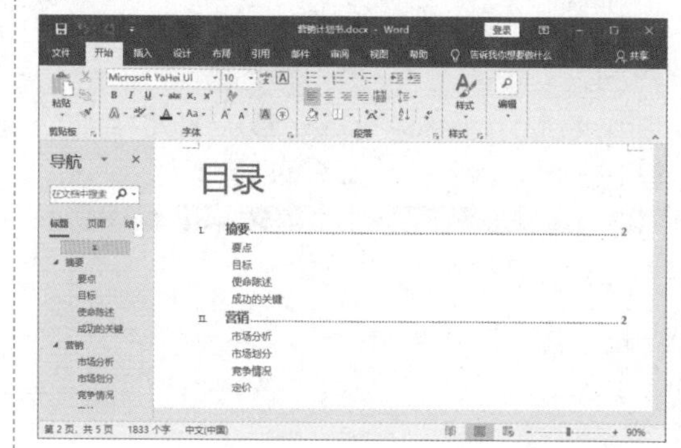

读书笔记

第5章 Word办公文档的修订、邮件合并及高级处理

◆本章导读

Word 2016除了简单的文档编辑功能，还可以利用审阅功能，对他人的文档进行修订、添加批注。如果公司或企业想要批量制作邀请函，也可以利用Word的“编写和插入域”功能来快速实现。不仅如此，Word还可以添加控件制作调查问卷。

◆知识要点

- ■修订文档功能
- ■为文档中添加批注
- ■插入合并域功能
- ■单选按钮/复选框控件的添加
- ■组合框及文本控件的添加
- ■控件属性的更改

◆案例展示

邀请函

——国际商务节

尊敬的 王强女士/先生：

兹定于二零一八年十月二十日上午九时于 北京极地 商贸中心 8 楼举办 2019 年 商贸创意 国际商务节，会期三天。届时将有商务与文化交流、投资与经济合作洽谈等活动。

您到会场后的联系人、座次如下：

联系人：小刘

联系电话：13888xx6127

座次：1大厅2排12号座位

诚意邀请单位：

北京机译科技有限公司

芝润科技

诚邀您

参与问卷调查

尊敬的顾客：

您好！为了进一步了解目前消费者对大润发超市产品和服务等的满意情况，我们的市场营销小组将在展开公众对大润发超市顾客满意度的抽样调查，以此为芝润提供相关资料，以便不断提高服务水平，为您提供更优质的服务。在此，我们将进行无记名调查，请您放心填写。希望能您在百忙之中如实填写此表，提出宝贵意见。

调查项目	调查填写 如无特别说明，填写时请在相应的选项上打“√”号即可，谢谢您的参与！
基本情况	
您的年龄是	○20岁以下 ○20~39岁 ○40~59岁 ○60岁及以上
您的月收入水平是	○1500元以下 ○1500~3000元 ◉3000~6000元 ○6000元以上
您的职业类型是	○工人 ○公务员 ○文教人员 ◉企业人员 ○退休人员 ○学生 ○其他
调查内容	
您对本公司产品的购买频率是	○一周一次 ○二周一次 ○一个月一次 ○更少频率
与同类产品相比，您对本公司产品满意吗	○很满意 ○满意 ○一般 ○不满意
您认为本公司产品的优点是哪些（可多选）	□外观好看□质量好□耐用□使用方便□智能化□适合送人
当您对服务提出投诉或建议时，公司客服的处理方式（下拉选择）	选择一项。
其他调查项目	
您对公司产品或服务有哪些建议或意见？（文字填写）	单击或点击此处输入文字。
请为本公司写一句宣传语（文字填写）	单击或点击此处输入文字。

5.1 审阅“员工绩效考核制度”

※ 案例说明

员工绩效考核制度是公司行政管理人员制作的一种文档。文档制作完成后，需要提交给上级领导，让领导确认内容是否无误。领导在查看员工绩效考核制度时，可以进入修订状态修改自己认为不对的地方，也可以添加批注，对不明白或者需要更改的地方进行注释。当文档制作人员收到反馈后，可以回复批注进行解释或修改。

进行修订和添加批注后的“员工绩效考核制度”文档如下图所示。

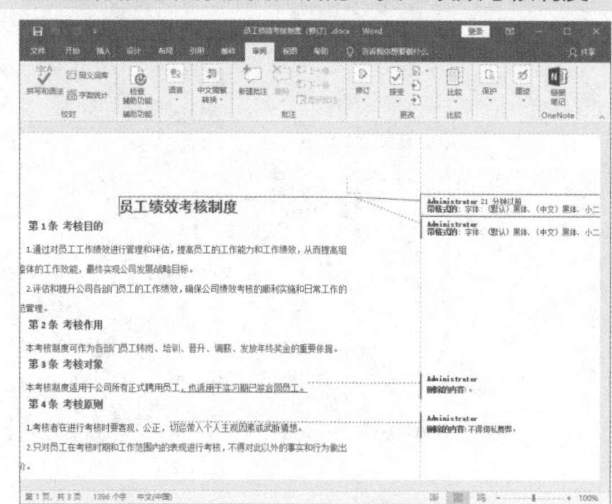

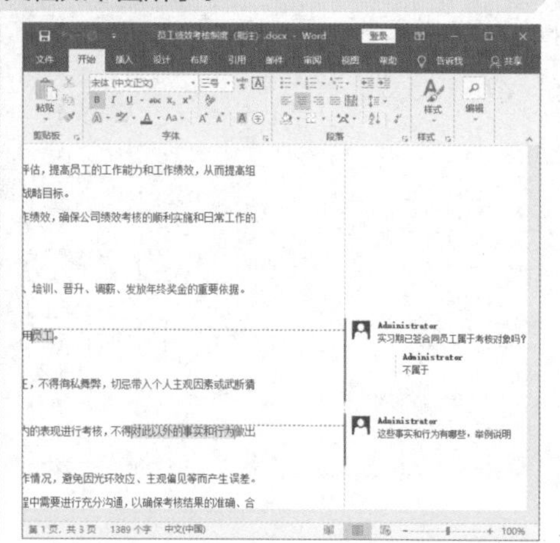

※ 思路解析

对员工绩效考核制度进行修订和批注的目的和方式是有所区别的。修订文档是直接在原内容上进行更改，只不过更改过的地方会添加标记，文档制作者可以选择接受或拒绝修订。而批注的目的相当于注释，对文档有误或有疑问的地方添加修改意见或疑问。具体思路如下图所示。

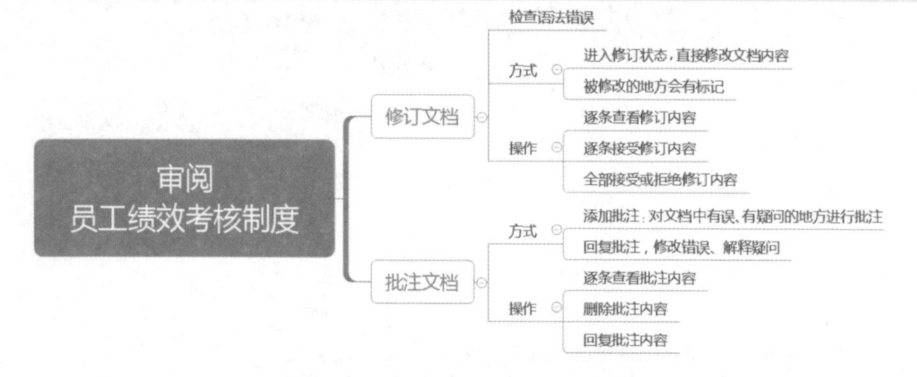

※ 步骤详解

5.1.1 检查和修订考核制度

文档完成后，通常需要提交给领导或相关人员审阅，领导在审阅文件时，可以使用Word 2016中的修订功能，在文档中根据自己的修改意见进行修订，同时将修改过的地方添加上标记，以便让文档原作者检查、改进。

>>>1. 拼写和语法检查

在编写文档时，偶尔可能会因为一时疏忽或误操作，导致文章中出现一些错别字或词语甚至语法错误，利用Word中的拼写和语法检查可以快速找出和解决这些错误。

第1步：执行拼写检查命令。按照路径“素材文件\第5章\员工绩效考核制度.docx”打开素材文件；❶切换到“审阅”选项卡；❷单击“校对”组中的“拼写和语法”按钮，如下图所示。

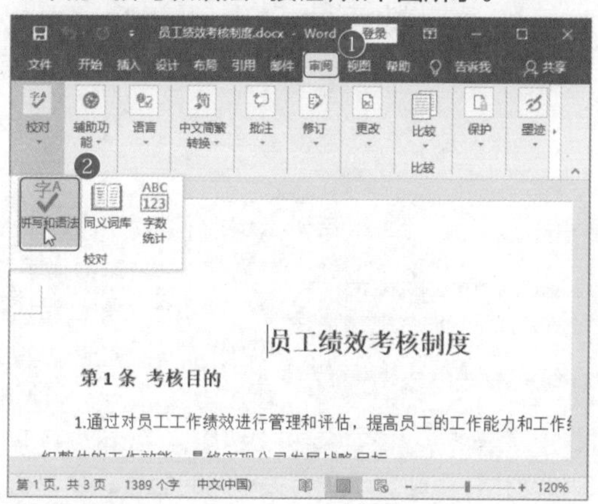

专家点拨

拼写和语法检查不仅可以在“审阅”选项卡下利用“拼写和语法”功能检查，还可以打开文档的语法检查功能。方法是单击“文件”菜单中的“选项”命令，在“Word选项”对话框的“校对”选项卡中选中“在Word中更正拼写和语法时”下面的选项即可。文档中有拼写和语法错误的内容下方会出现波浪线等标记。

第2步：忽略错误。此时在文档的右侧弹出“语法”窗格，并自动定位到第一个有语法问题的文字位置。如果有错误，直接进行更正即可；如果无错误，单击“忽略”按钮即可，如右上图所示。

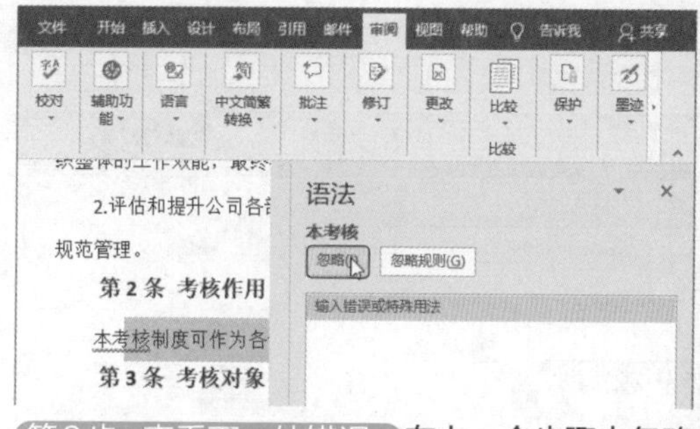

第3步：查看下一处错误。在上一个步骤中忽略了语法错误，会进行下一处错误的查找；如果没有错误，继续单击“忽略”按钮，直到完成文档所有内容的错误查找，如下图所示。

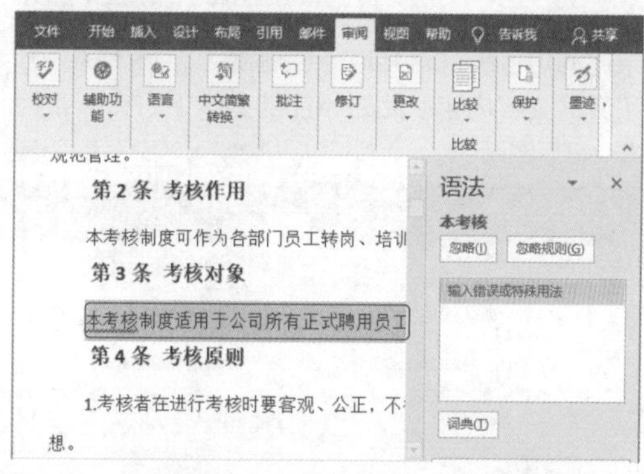

>>>2. 在修订状态下修改文档

在审阅文档时，审阅者可以进入修订状态，对文档进行格式修改、内容的删除或添加。所有进行过操作的地方都会被标记，文档原作者可以根据标记来决定接受或拒绝修订。

第1步：进入修订状态。❶单击“审阅”选项卡下“修订”组中的“修订”下拉按钮 ▾；❷选择下拉列表中的“修订”选项，如下图所示。

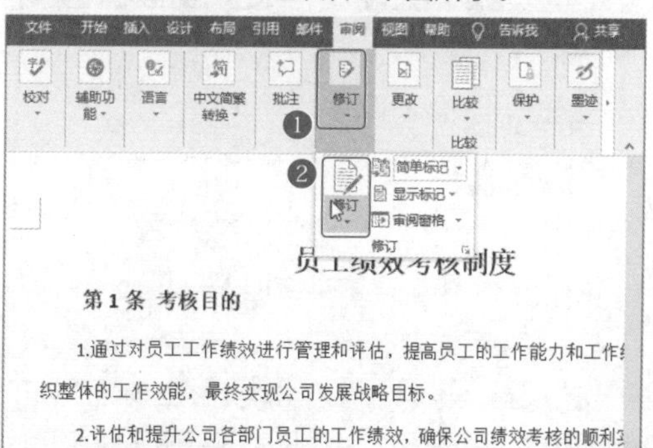

第2步：修改标题格式。❶进入修订状态后，直接选中标题；❷在“开始”选项卡下的“字体”组中调整标题的字体、字号和加粗格式，此时在页面右边的窗格中就出现了修订标记，如下图所示。

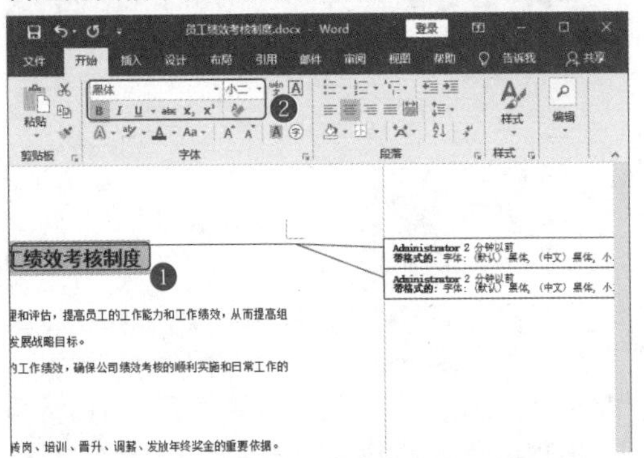

第3步：添加内容。将光标定位到“第3条”内容末尾的句号前，按Delete键删除“。”，再输入“，”和其他文字内容。此时添加的文字下方有一条横线，如下图所示。

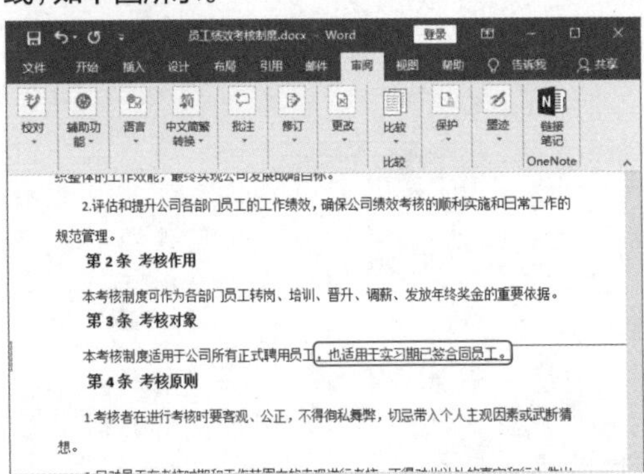

第4步：删除内容。将光标定位到“第4条”下“公正，”后面，按Delete键删除多余的内容。此时被删除的文字上被添加了一条横线，如下图所示。

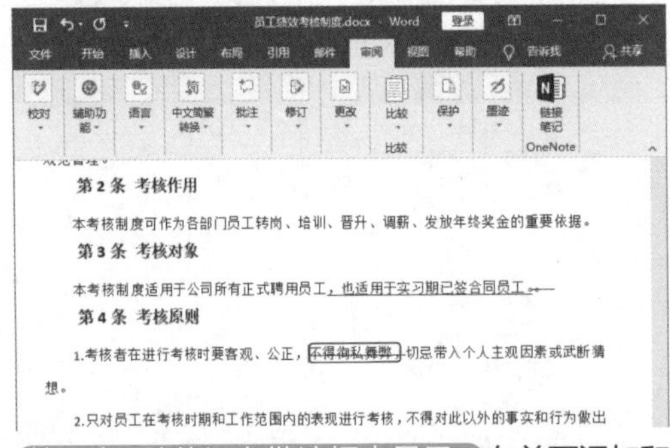

第5步：让修订在批注框中显示。在前面添加和删除内容的操作中，看不到批注框中的标记内容，可以通过设置批注框的显示来查看修订内容。❶单击“审阅”选项卡下“修订”组中的“显示标记”下拉按钮；❷选择下拉列表中的“批注框”选项；❸在级联列表中选择“在批注框中显示修订”选项，如下图所示。

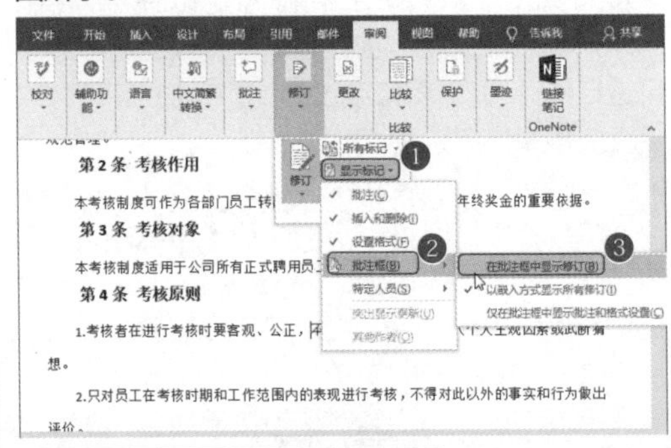

第6步：查看批注框中的内容。页面右边出现了批注框，里面显示了有关修订操作的批注，如下图所示。

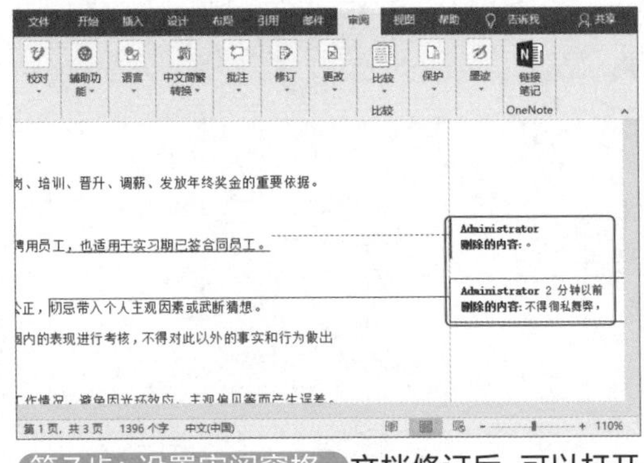

第7步：设置审阅窗格。文档修订后，可以打开审阅窗格，里面显示了有关审阅的信息。❶单击“审阅”选项卡下“修订”组中的“审阅窗格”下拉按钮；❷选择下拉列表中的“垂直审阅窗格”选项，如下图所示。

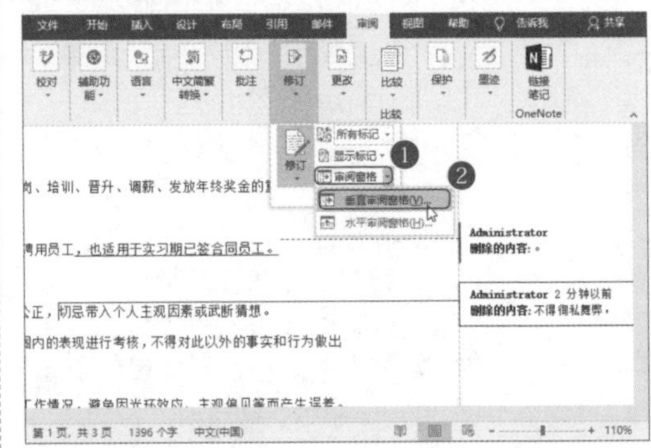

第8步：查看审阅窗格。此时在页面左边出现了垂直的审阅窗格，可以在这里看到有关修订的信息，如下图所示。

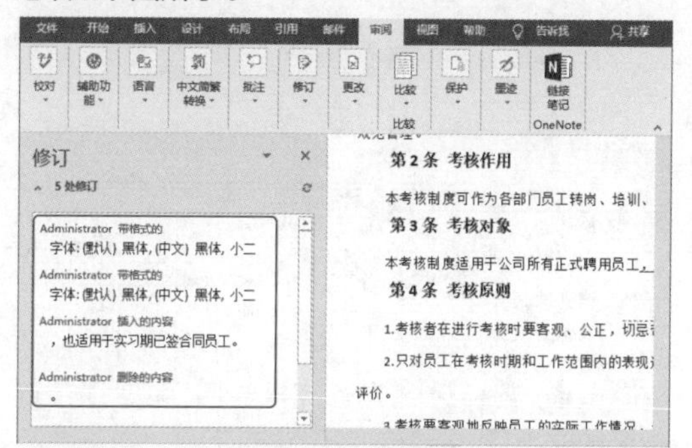

第9步：退出修订。单击“审阅”选项卡下“修订”组中的“修订”按钮，可以退出修订状态，如下图所示。

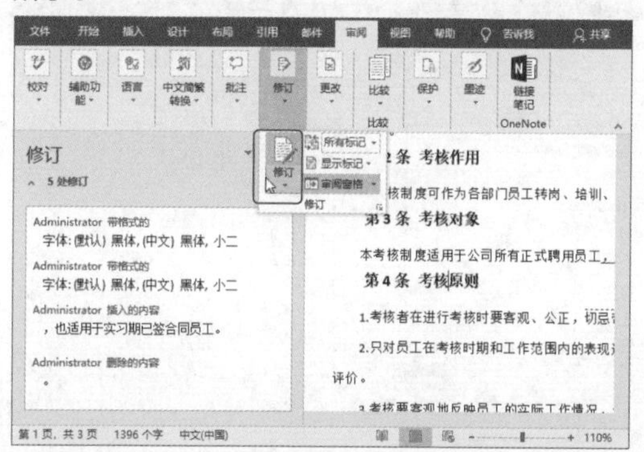

第10步：逐条查看修订。当完成文档修订并退出修订状态后，可以单击“审阅”选项卡下“更改”组中的“下一处”按钮，逐条查看有过修订的内容，如下图所示。

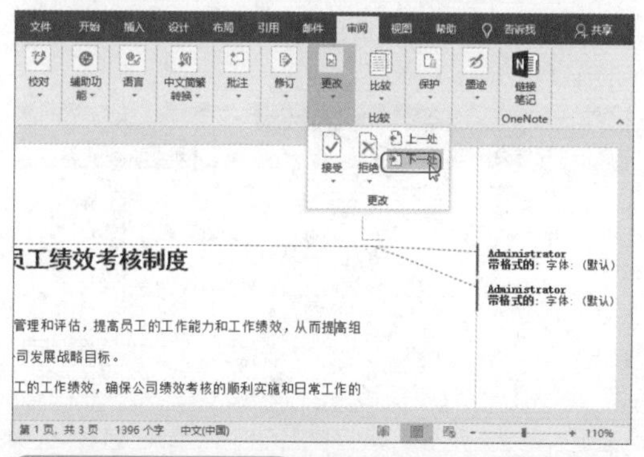

第11步：接受修订。如果认同别人对文档的修改，可以接受修订。❶单击“审阅”选项卡下“更改”组中的“接受”下拉按钮；❷选择下拉列表中的“接受所有修订”选项，如下图所示。

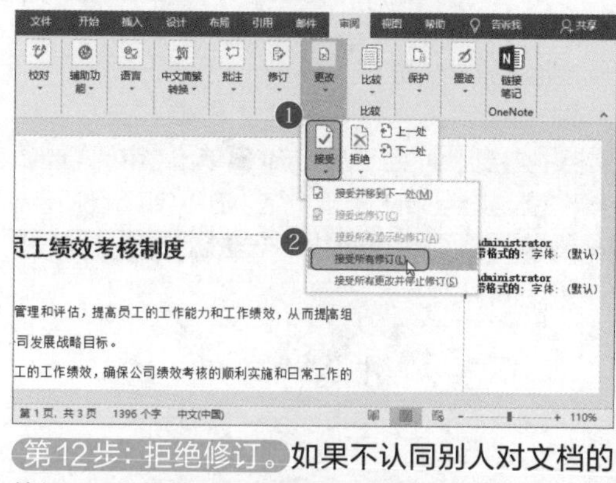

第12步：拒绝修订。如果不认同别人对文档的修订，可以拒绝修订。❶单击“审阅”选项卡下“更改”组中的“拒绝”下拉按钮；❷选择下拉列表中的“拒绝所有修订”选项，如下图所示。

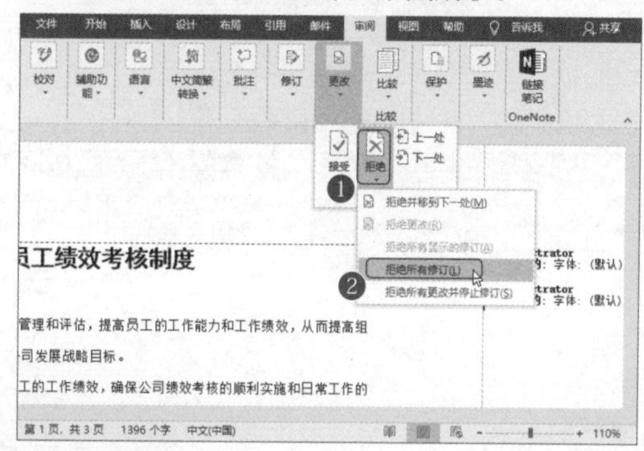

专家答疑

问：接受或拒绝修订可以逐条进行吗？

答：可以。接受和拒绝修订都可以逐条进行，根据每一条修订的情况，选择接受或拒绝这条修订。方法是单击“接受”下拉列表中的“接受并移到下一处”选项，或者是单击“拒绝”下拉列表中的“拒绝并移到下一处”选项。即可对内容逐条修改了。

5.1.2 批注考核制度

修订是进入修订状态在文档中对内容进行更改，而批注是为有问题的内容添加修改意见或提出疑问，而非直接修改内容。当别人对文档添加了批注后，文档的原作者可以浏览批注内容，对批注进行回复或删除批注。

>>>1. 添加批注

批注是在文档内容以外添加的一种注释，它

不属于文档内容，通常用于多个用户对文档内容进行修订和审阅时附加的一些说明性文字信息。添加批注的方法如下。

第1步：单击“新建批注”按钮。❶将光标放到文档中需要添加批注的地方；❷单击“审阅”选项卡下“批注”组中的“新建批注”按钮，如下图所示。

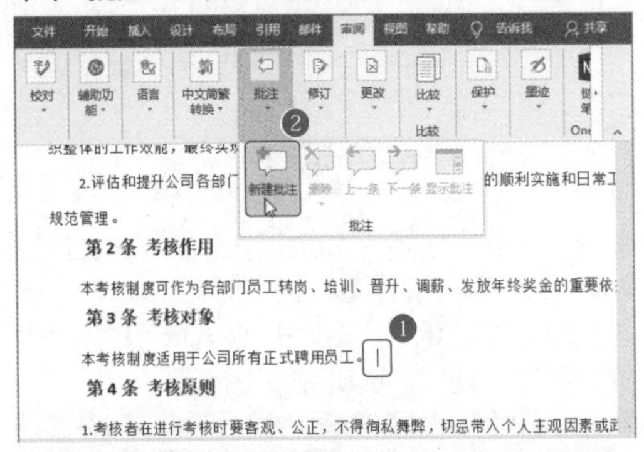

第2步：输入批注内容。此时会出现批注窗格，在窗格中输入批注内容，如下图所示。

第3步：为特定的内容添加批注。❶选中要添加批注的特定内容；❷单击“审阅”选项卡下“批注”组中的“新建批注”按钮，如下图所示。

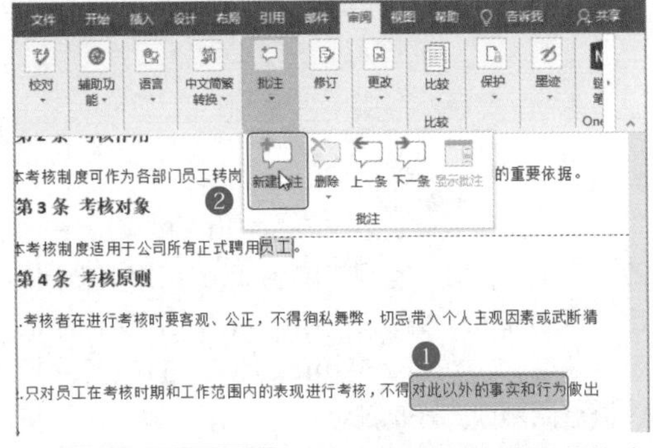

第4步：输入批注。在右边新出现的批注窗格中输入批注内容，如右上图所示。

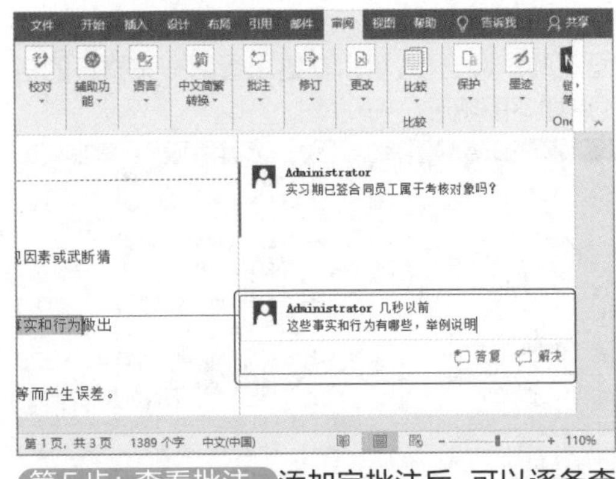

第5步：查看批注。添加完批注后，可以逐条查看添加的批注，看内容是否准确无误。如下图所示，单击“审阅”选项卡下“批注”组中的“下一条”按钮。

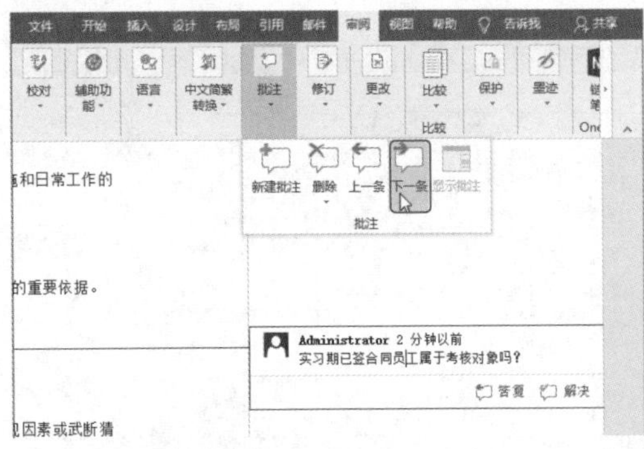

>>>2. 回复批注

当文档原作者看到别人对自己的文档添加的批注时，可以对批注进行回复。回复的内容是针对批注问题或修改意见做出的答复。

第1步：执行回复批注命令。将光标放到要回复的批注上，单击批注框中的“答复”按钮，如下图所示。

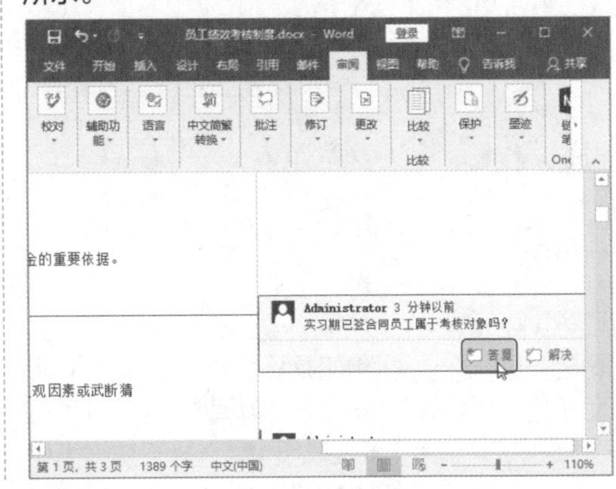

第2步：输入回复内容。此时会在批注下方出现回复窗格，输入回复内容即可，如下图所示。

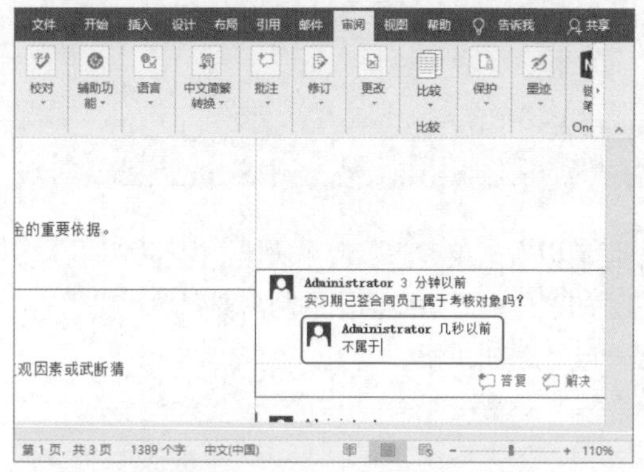

>>>3. 删除批注

作者在查看别人对自己的文档添加的批注时，如果不认同某条批注，或是因为某条批注是多余的，可以对其进行删除。方法是：❶将光标放到该批注上；❷单击“审阅”选项卡下“批注”组中的“删除”下拉按钮，在弹出的下拉列表中选择“删除”选项，如下图所示。

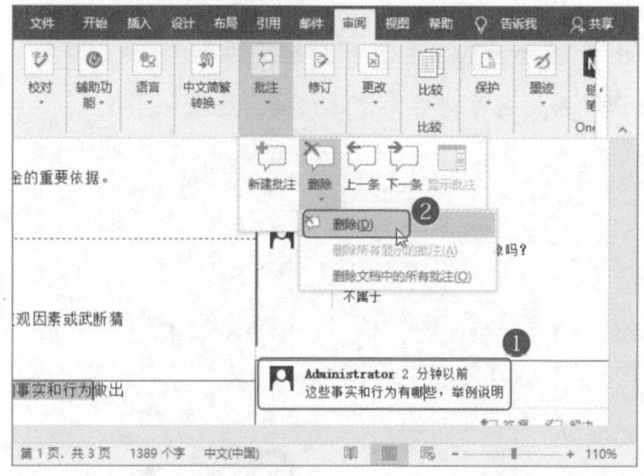

>>>4. 调整批注显示方式

Word 2016提供了三种批注显示方式，分别是在批注框中显示批注、以嵌入式方式显示所有修订和仅在批注框中显示批注和格式，用户可以根据需要进行修改。

第1步：更改批注显示方式。❶单击“审阅”选项卡下“修订”组中的“显示标记”下拉按钮；❷选择“批注框”级联列表中的“以嵌入方式显示所有修订”选项，如右上图所示。

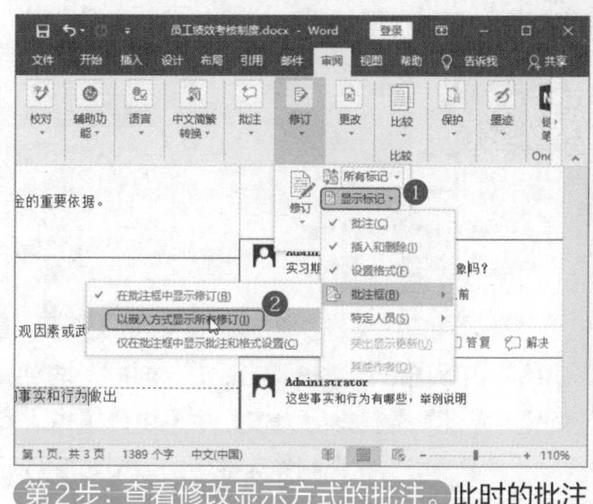

第2步：查看修改显示方式的批注。此时的批注显示方式就更改为如下图所示的方式。将光标放到批注上，会显示详细的批注信息。

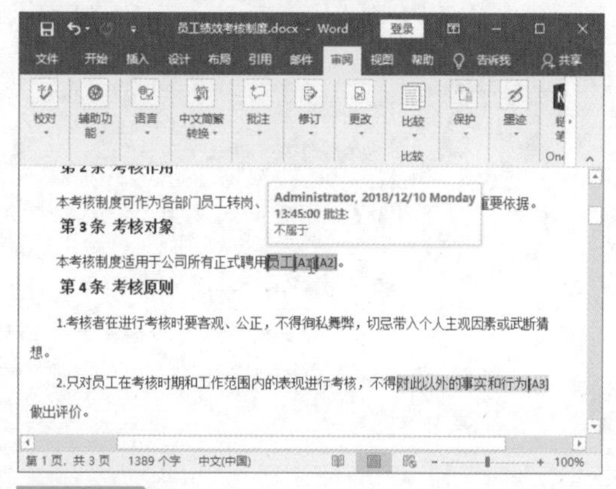

专家答疑

问：不同的批注显示方式有什么不同的作用？

答：不同的批注显示方式决定了批注和修订是否显示以及以何种方式显示。

(1)在批注框中显示修订：批注框中只会显示修订内容，而不显示批注内容。

(2)以嵌入式方式显示所有修订：批注框不显示任何内容，当把光标悬停在增加批注的原始文字的括号上方时，屏幕上才会显示批注的详细信息。

(3)仅在批注框中显示批注和格式：批注框中只会显示批注内容而不显示修订内容。

扫一扫 看视频

5.2 制作“邀请函”

※ 案例说明

在公司或企业中，邀请函是常用的文档。邀请函可以发送给客户、合作伙伴、内部员工。邀请函的内容通常包括邀请的目的、时间、地点及邀请的客户信息。邀请函的制需要考虑到美观的问题，不能随便在Word文档中不讲究格式地写上一句邀请的话语。

“邀请函”文档制作完成后的效果如下图所示。

邀请函

——国际商务节

尊敬的 王强女士/先生：

兹定于二零一八年十月二十日上午九时于 北京极地 商贸中心 8 楼举办 2019 年 商贸创意 国际商务节，会期三天。届时将有商务与文化交流、投资与经济合作洽谈等活动。

您到会场后的联系人、座次如下：

联系人：小刘

联系电话：13888xx6127

座次：1大厅2排12号座位

诚意邀请单位：

北京机评科技有限公司

※ 思路解析

公司人事或项目经理在制作邀请函时，为了提高效率，需要考虑数据导入问题。因为邀请函的背景及基本内容是一致的，不同的只是受邀客户的个人信息。所以邀请函制作，应当先制作一个模板，再将客户的信息放在Excel表中，批量将客户信息导入到Word文档中快速生成多张邀请函。其制作思路如下图所示。

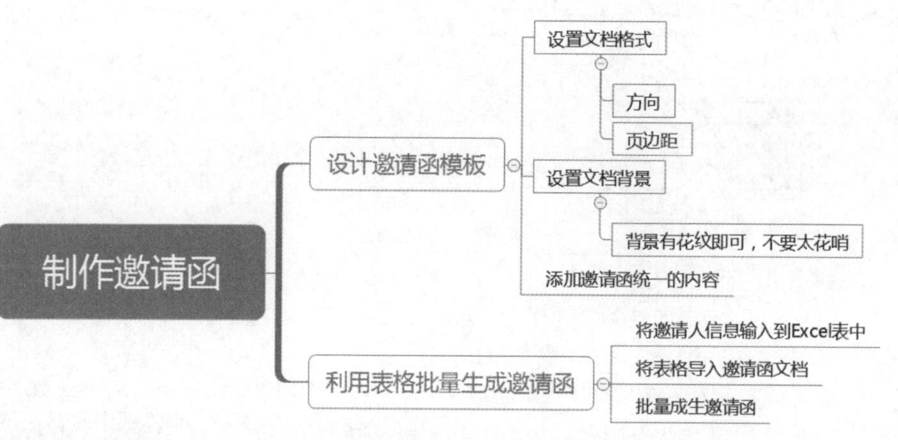

※ 步骤详解

5.2.1 设计制作邀请函模板

邀请函面向的是多位客户群体，除了客户的个人信息外，其他信息都是统一的，可以事先将这些统一的信息制作完成，方便后面导入客户的个人信息。

>>>1. 设计邀请函页面格式

邀请函的功能相当于请帖，既要保证内容的准确性又要保证页面的美观度。因此，在页面格式上，需要根据邀请函的内容调整页面方向。

第1步：调整页面方向。新建一个Word文档，命名并保存。单击“布局”选项卡下“页面设置”组中的“纸张方向”下拉按钮，在弹出的下拉列表中选择“横向”选项，如下图所示。

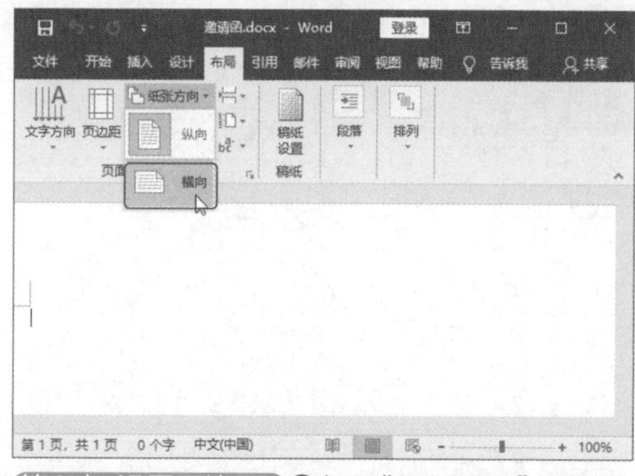

第2步：设置页边距。❶打开“页面设置”对话框，设置页边距的距离；❷单击“确定”按钮，如右上图所示。

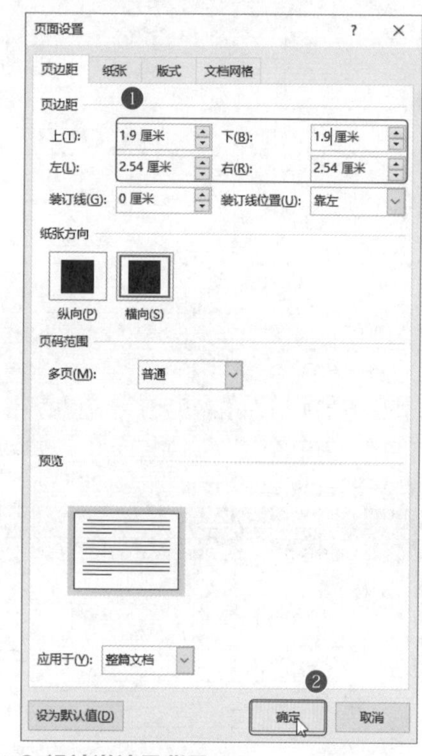

>>>2. 设计邀请函背景

完成邀请函的页面调整后，需要在页面中添加背景图案，以保证其美观度。

第1步：插入背景图片。❶按照路径“素材文件\第5章\图片1.png”找到所需图片，❷单击“插入”按钮，如下图所示。

第2步：调整图片大小。❶选中图片；❷在“图片工具-格式”选项卡下的“大小”组中设置图片大小，如下图所示。

第3步：复制图片并打开“布局”对话框。❶选中插入的图片，按Ctrl+D组合键，复制一张图片；❷选中复制的图片，单击“图片工具-格式”选项卡下“排列”组中的“旋转”下拉按钮；❸选择下拉列表中的“其他旋转选项”选项，如下图所示。

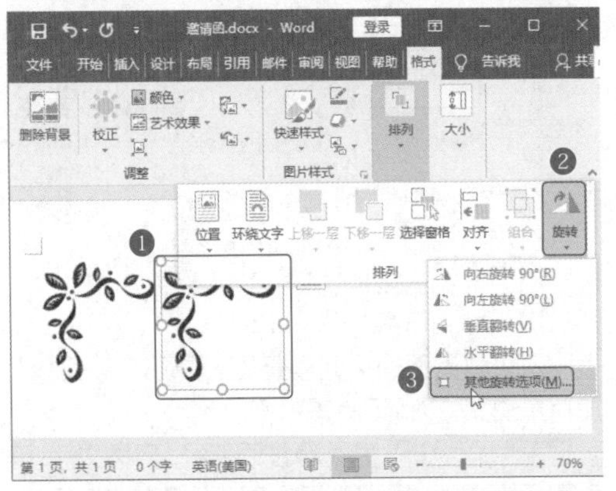

第4步：设置旋转参数。❶在打开的“布局”对话框中设置“旋转”为180°；❷单击“确定”按钮，如右上图所示。

第5步：设置图片位置。❶选中旋转后的图片，单击“图片工具-格式”选项卡下“排列”组中的“位置”下拉按钮；❷选择下拉列表中的“底端居右，四周型文字环绕”选项，如下图所示。

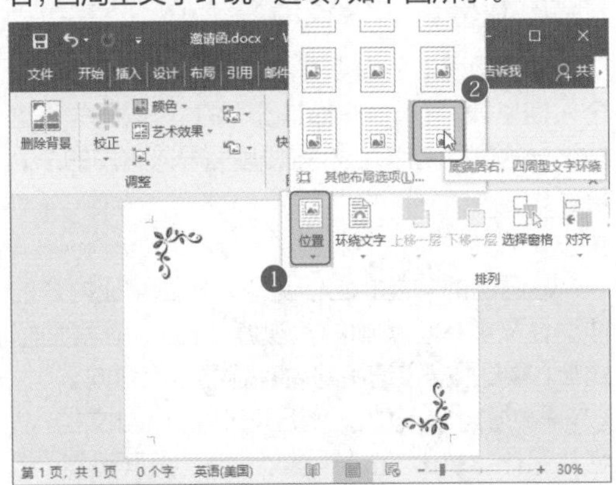

第6步：设置图片位置。❶选中之前插入的图片；❷将该图片的位置调整为“顶端居左，四周型文字环绕”，如下图所示。

>>>3. 设计邀请函内容格式

完成邀请函的页面及背景格式设置后，需要

添加统一的文字内容。❶输入文字内容，调整其字体为“华文新魏”；❷绘制文本框，在文本框中输入文字，如下图所示。

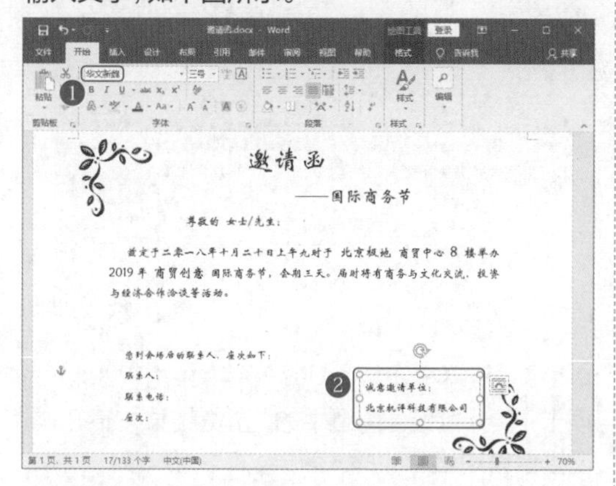

5.2.2 制作并导入数据表

当邀请函模板制作完成后，就可以将客户的信息数据录入到Excel表中，并利用导入功能，批量完成邀请函的制作。

>>>1. 制作表格

打开Excel表，录入客户信息及针对不同客户会有不同的信息，效果如下图所示。Excel表的数据录入方法会在本书第6章进行讲解，这里可以按照路径“素材文件\第5章\邀请客户信息表.xlsx”找到表格并使用。

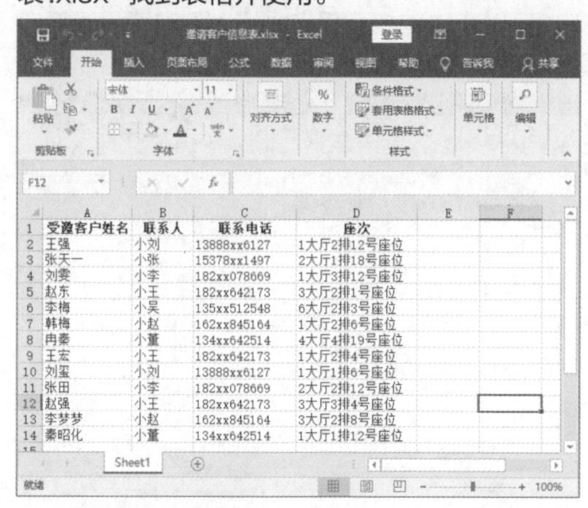

受邀客户姓名	联系人	联系电话	座次
王强	小刘	13888xx6127	1大厅2排12号座位
张天一	小张	15378xx1497	2大厅1排18号座位
刘雯	小李	182xx078669	1大厅3排12号座位
赵东	小王	182xx642173	3大厅2排1号座位
李梅	小吴	135xx512548	6大厅2排3号座位
韩梅	小赵	162xx845164	1大厅2排6号座位
冉秦	小董	134xx642514	4大厅4排19号座位
王宏	小王	182xx642173	1大厅2排4号座位
刘玺	小刘	13888xx6127	1大厅1排6号座位
张田	小李	182xx078669	2大厅2排12号座位
赵强	小王	182xx642173	3大厅3排4号座位
李梦梦	小赵	162xx845164	3大厅2排8号座位
秦昭化	小董	134xx642514	1大厅1排12号座位

>>>2. 导入表格数据

完成客户信息的录入后，就可以将表格导入到Word邀请函文档中了。

第1步：打开“选取数据源”对话框。❶单击“邮件”选项卡下“选择收件人”下拉按钮；❷选择下拉列表中的“使用现有列表”选项，如下图所示。

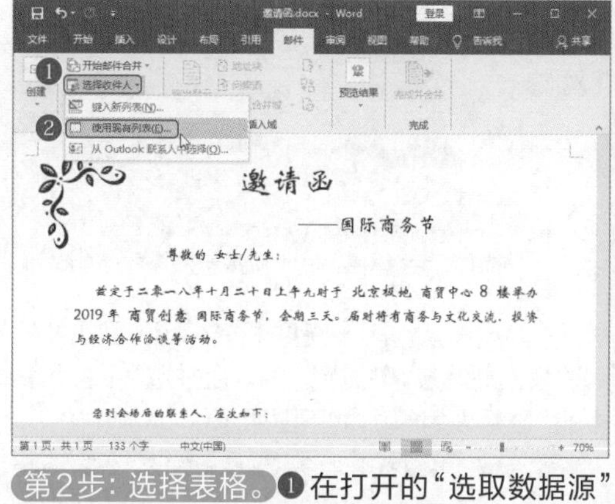

第2步：选择表格。❶在打开的“选取数据源”对话框中选择事先制作好的“邀请客户信息表”；❷单击“打开”按钮，如下图所示。

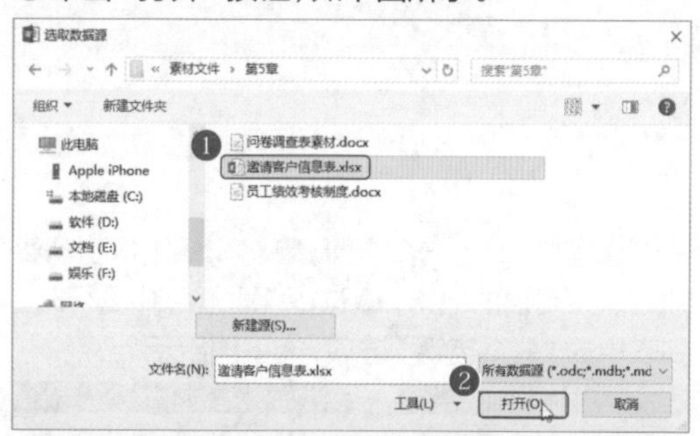

第3步：选择工作表。❶弹出“选择表格”对话框，从中选择工作表；❷单击“确定”按钮，即可完成表格中客户信息的导入，如下图所示。

>>>3. 插入合并域批量生成邀请函

当把数据表格导入到邀请函模板文档中后，需要将表格中各项数据插入到邀请函中相应的位置，之后再应用批量生成功能生成所有客户的邀请函。

第1步：插入“受邀客户姓名”。❶将光标定位在需要插入客户姓名的地方；❷单击“邮件”选项卡下“插入合并域”下拉按钮；❸选择下拉列表中的“受邀客户姓名”选项，如下图所示。

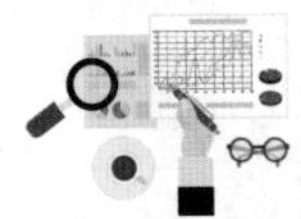

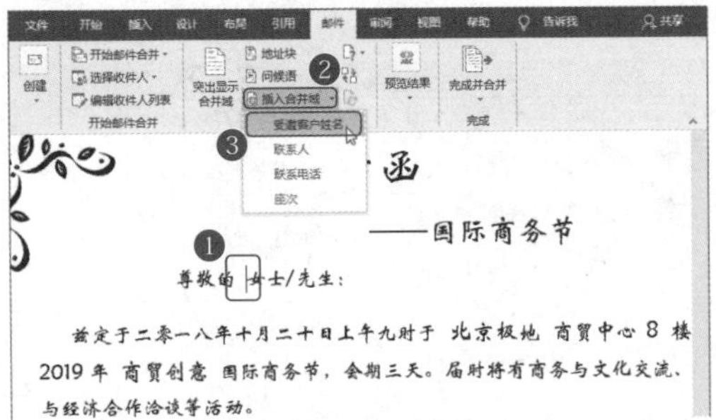

第2步：插入"联系人"。❶将光标定位到需要插入联系人的地方；❷选择"插入合并域"下拉列表中的"联系人"选项，如下图所示。

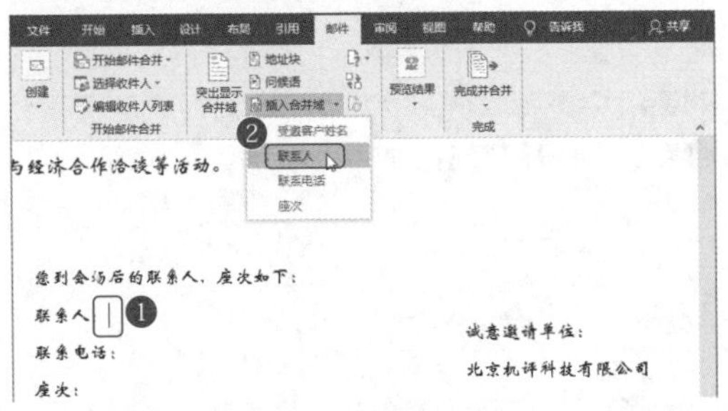

第3步：插入"联系电话"。❶将光标定位到需要插入联系电话的地方；❷选择"插入合并域"下拉列表中的"联系电话"选项，如下图所示。

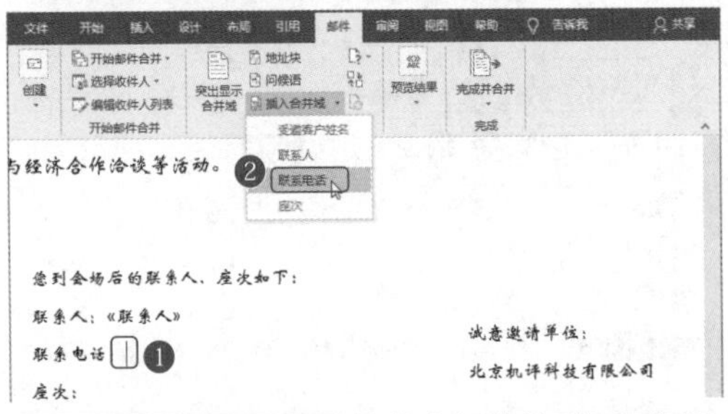

第4步：插入"座次"。❶将光标定位到需要插入座次的地方；❷选择"插入合并域"下拉列表中的"座次"选项，如下图所示。

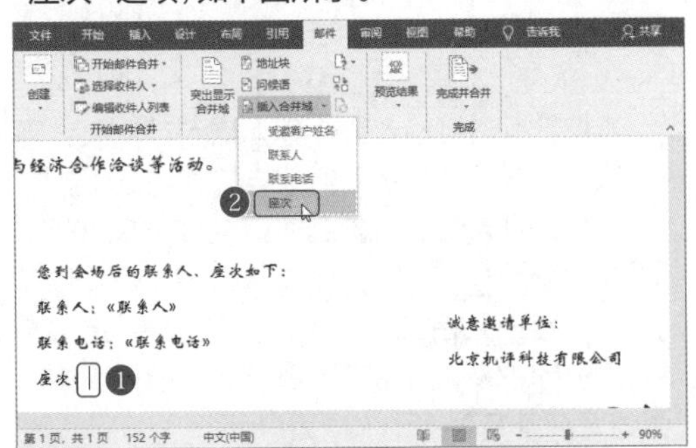

第5步：查看插入效果。此时便完成了邀请函中客户信息及其他个人信息的插入，效果如下图所示。

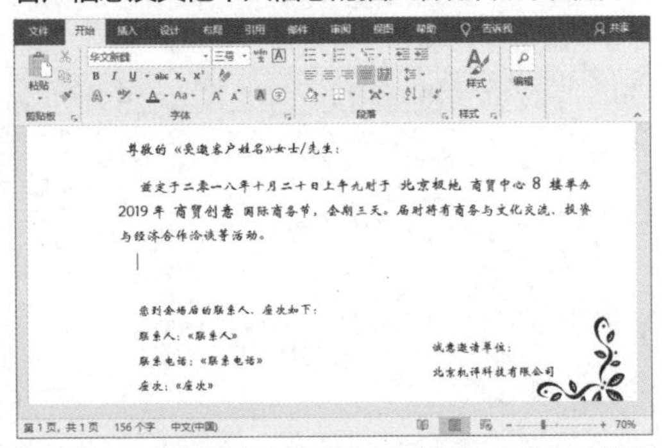

第6步：执行"预览结果"命令。单击"邮件"选项卡下"预览结果"组中的"预览结果"按钮，以便查看客户信息的插入效果，如下图所示。

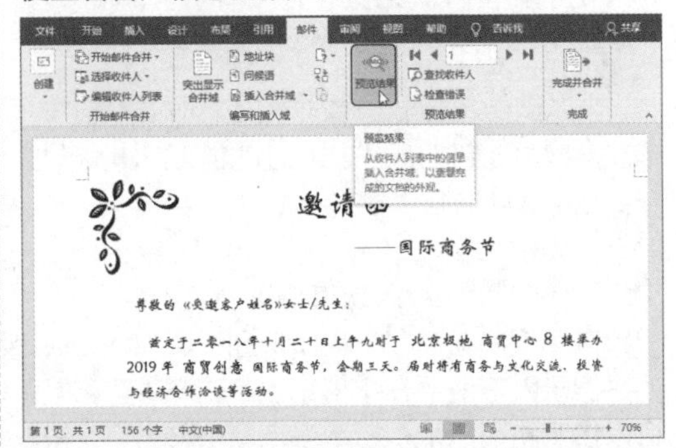

第7步：查看预览结果。此时可以看到"邀请客户信息表"中的内容已自动插入到邀请函的相应位置，效果如下图所示。

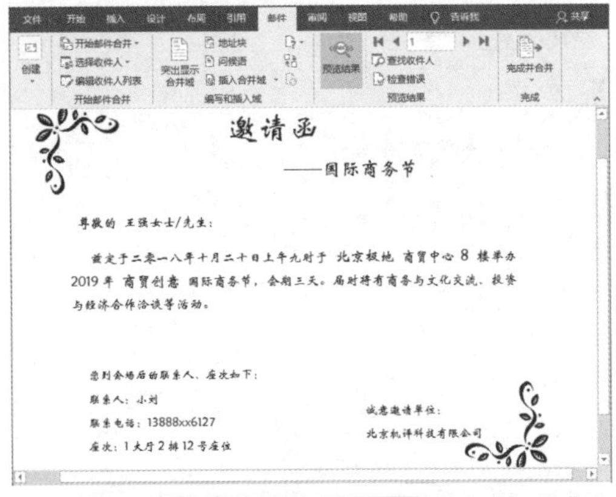

第8步：查看下一条邀请函信息。单击"邮件"选项卡下"预览结果"组中的"下一记录"按钮 ▶，可以继续浏览生成的其他邀请函结果，如下图所示。

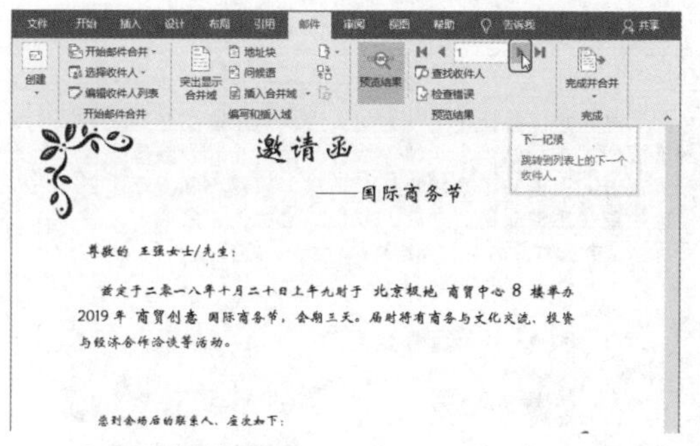

>>>4. 打印邀请函

完成邀请函设计后，需要将邀请函打印出来，邮寄给客户，方法如下。

第1步：执行“打印文档”命令。❶单击“邮件”选项卡下“完成并合并”下拉按钮；❷选择下拉列表中的“打印文档”选项，如下图所示。

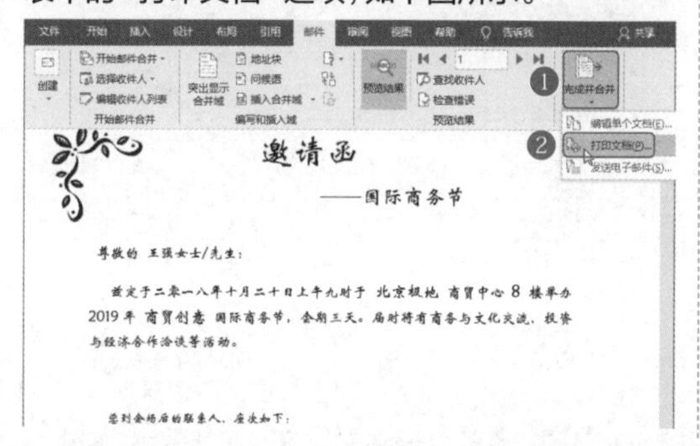

第2步：设置“合并到打印机”对话框。❶在弹出的“合并到打印机”对话框中选中“全部”单选按钮；❷单击“确定”按钮，如下图所示。

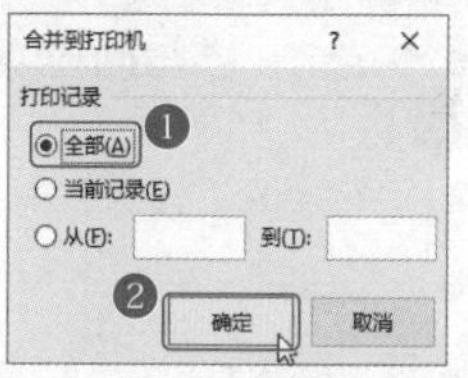

第3步：设置“打印”对话框。❶在弹出的“打印”对话框中，设置打印范围和份数；❷设置每页版数；❸单击“确定”按钮，即可打印邀请函，如下图所示。

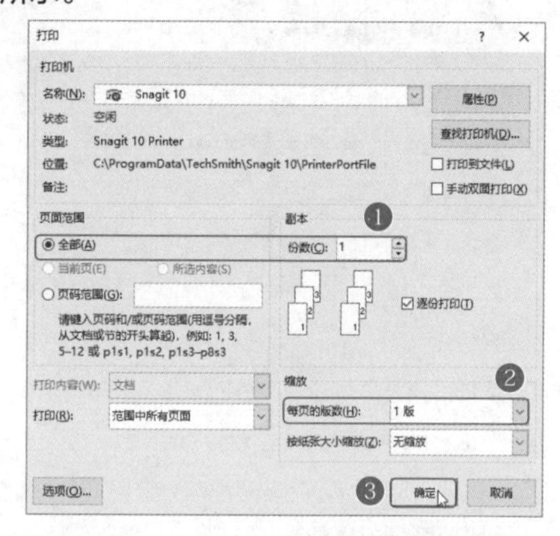

5.3 制作“问卷调查表”

扫一扫　看视频

※ 案例说明

调查问卷是一种以问题形式记录内容的一种文档，它需要有一个明确的调查主题，并从主题出发设计问题。被调查者可以通过填写文字或选择选项的方式来完成调查问卷。利用 Word 制作调查问卷时，需要用到控件功能。

“调查问卷”文档制作完成后的效果如下图所示。

诚邀您

参与问卷调查

尊敬的顾客：

您好！为了进一步了解目前消费者对大润发超市产品和服务等的满意情况，我们的市场营销小组将在展开公众对大润发超市顾客满意度的抽样调查，以此为芝润提供相关资料，以便不断提高服务水平，为您提供更优质的服务。在此，我们将进行无记名调查，请您放心填写。希望能您在百忙之中如实填写此表，提出宝贵意见。

调查项目	调查填写 如无特别说明，填写时请在相应的选项上打“√”号即可，谢谢您的参与！
基本情况	
您的年龄是	○ 20岁以下 ○ 20~39岁 ○ 40~59岁 ○ 60岁及以上
您的月收入水平是	○ 1500元以下 ○ 1500~3000元 ◉ 3000~6000元 ○ 6000元以上
您的职业类型是	○ 工人 ○ 公务员 ○ 文教人员 ◉ 企业人员 ○ 退休人员 ○ 学生 ○ 其他
调查内容	
您对本公司产品的购买频率是	○ 一周一次 ○ 二周一次 ○ 一个月一次 ○ 更少频率
与同类产品相比，您对本公司产品满意吗	○ 很满意 ○ 满意 ○ 一般 ○ 不满意
您认为本公司产品的优点是哪些（可多选）	□外观好看□质量好□耐用□使用方便□智能化□适合送人
当您对服务提出投诉或建议时，公司客服的处理方式（下拉选择）	选择一项。
其他调查项目	
您对公司产品或服务有哪些建议或意见？（文字填写）	单击或点击此处输入文字。
请为本公司写一句宣传语（文字填写）	单击或点击此处输入文字。

※ 思路解析

当企业需要通过调查问卷来发现问题，改进产品或服务时，就需要向消费者发送调查问卷。在制作调查问卷时，问卷的问题可以直接在Word中输入，但是问卷的选项及回答就需要利用控件功能。所以问卷制作者首先应该确定Word中有“开发工具”选项卡，然后再根据问卷的需求，按照一定的方法添加不同类型的控件。其具体制作思路如下图所示。

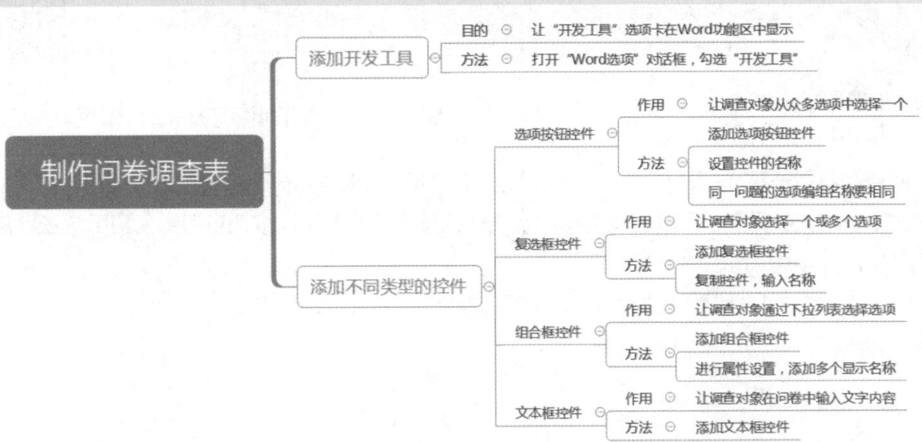

※ 步骤详解

5.3.1 添加"开发工具"

默认情况下，系统不显示"开发工具"选项卡。如果想要添加控件，需要将该选项卡添加到功能区中，方可使用其功能。

第1步：打开"Word选项"对话框。按照路径"素材文件\第5章\问卷调查表素材.docx"打开素材文件，选择"文件"→"选项"命令，如下图所示。

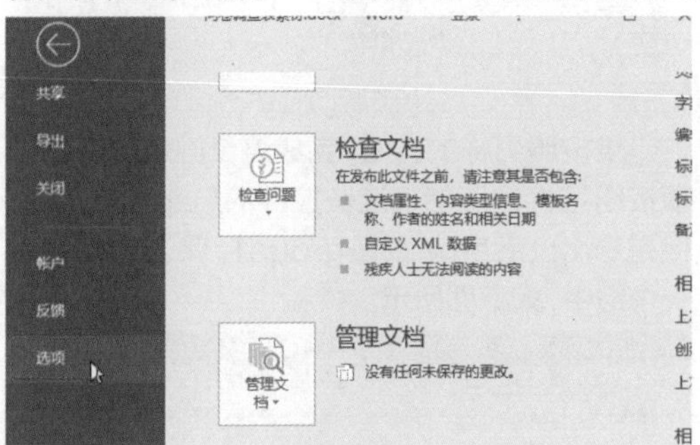

第2步：添加"开发工具"。❶在弹出的"Word选项"对话框中，切换到"自定义功能区"选项卡下；❷选中"开发工具"复选框；❸单击"确定"按钮，如下图所示。

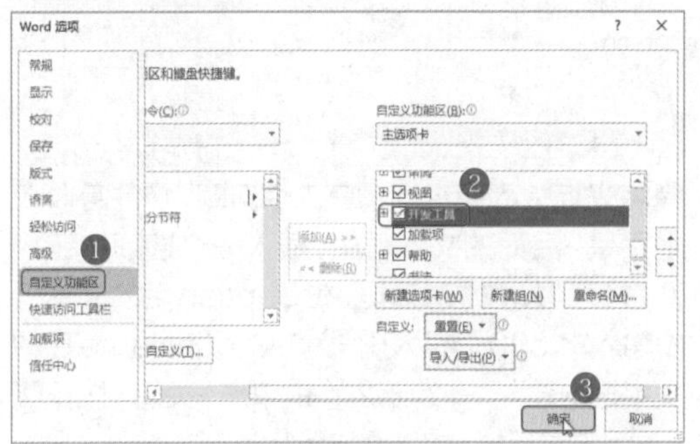

第3步：查看添加的"开发工具"。此时"开发工具"选项卡便被添加到Word中，随后可以使用该选项卡下的功能，如下图所示。

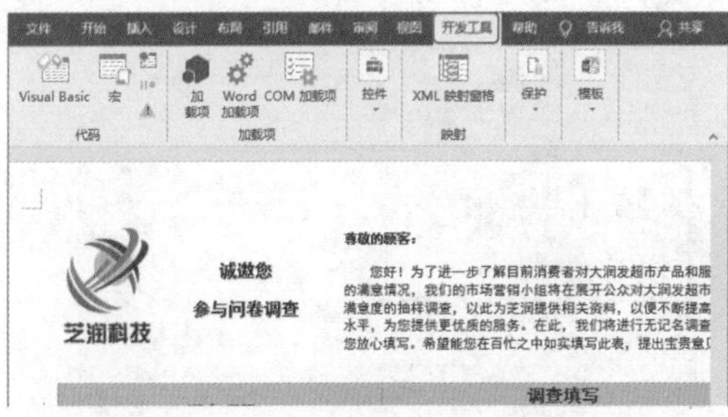

5.3.2 在调查表中添加控件

利用"开发工具"选项卡下的控件功能，可以为调查表添加不同功能的控件。常用的控件有选项按钮控件、复选框控件、组合框控件及文本控件，不同控件的添加和编辑方法不同。

>>>1. 添加选项按钮控件

选项按钮控件是调查表中最常用的控件之一，它的作用是让调查对象可以从多个选项中选择一个选项。设置技巧是，要将同一问题的多个选项编辑到一个组中。

第1步：添加第一个问题的第一个选项按钮。❶在调查表的第一个问题后面的文本框中插入光标；❷单击"开发工具"选项卡下"控件"组中的"旧式工具"下拉按钮；❸选择下拉列表中的"选项按钮(ActiveX控件)"，如下图所示。

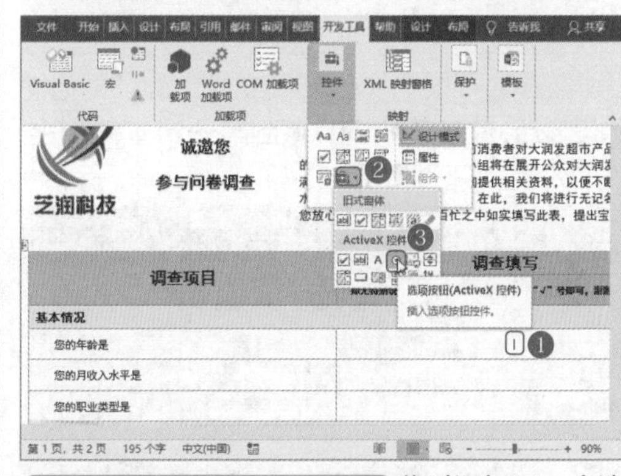

第2步：进入控件编辑状态。此时添加了一个选项按钮控件，右击该控件，从弹出的快捷菜单中选择"属性"命令，如下图所示。

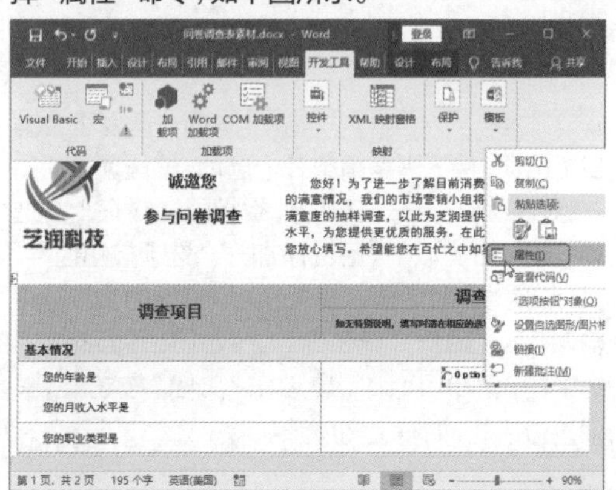

第3步：编辑控件属性。❶打开“属性”对话框，在Caption后面的文本框中输入“20岁以下”；❷在GroupName后面的文本框中输入“group1”；❸单击“关闭”按钮，关闭该对话框，如下图所示。

属性

OptionButton1 OptionButton

按字母序 按分类序

(名称)	OptionButton1
Accelerator	
Alignment	1 - fmAlignmentRight
AutoSize	False
BackColor	&H80000005&
BackStyle	1 - fmBackStyleOpaque
Caption	20岁以下 ❶
Enabled	True
Font	System
ForeColor	&H80000008&
GroupName	group1 ❷
Height	19.25
Locked	False
MouseIcon	(None)
MousePointer	0 - fmMousePointerDefault
Picture	(None)
PicturePosition	7 - fmPicturePositionAboveCenter
SpecialEffect	2 - fmButtonEffectSunken
TextAlign	1 - fmTextAlignLeft
TripleState	False
Value	False
Width	108
WordWrap	True

第4步：查看控件完成效果。完成“属性”对话框的设置后，返回界面，可以看到第一个选项按钮控件的效果，如下图所示。

第5步：添加第二个选项按钮。同一问题下会有多个选项，接下来编辑第二个选项，该选项按钮的分组要保持与上一选项的分组相同。❶在上一选项按钮“20岁以下”后面添加一个选项按钮控件，打开“属性”对话框，在Caption后面的文本框中输入“20~39岁”；❷在GroupName后面的文本框中输入“group1”；❸单击“关闭”按钮，关闭该对话框，如右上图所示。

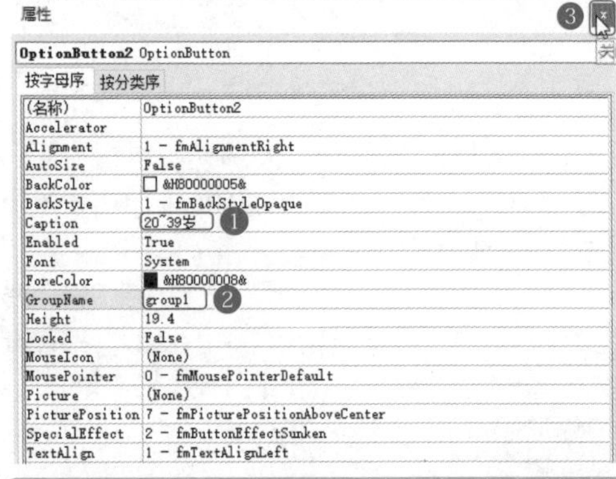

第6步：完成第一个问题的其他选项按钮控件的添加。按照同样的方法，完成这个问题的其他选项按钮控件的添加。这些控件的Caption不同，但是GroupName都是group1，保证它们在同一个组中，如下图所示。

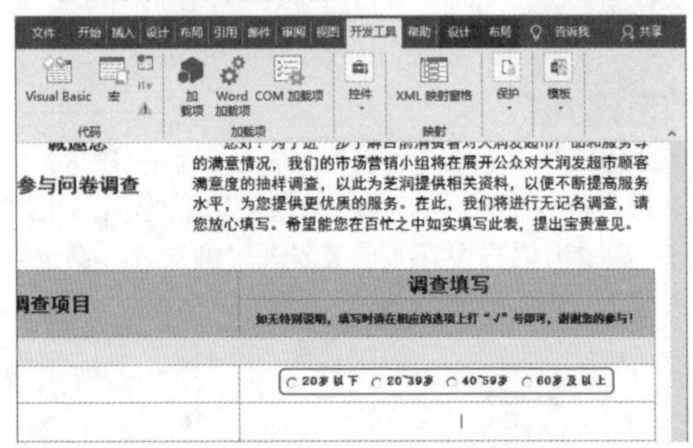

第7步：添加第二个问题的第一个选项按钮。❶将光标放到调查问卷第二个问题“您的月收入水平是”后面的文本框中，插入一个选项按钮控件，打开“属性”对话框，在Caption后的文本框中输入“1500”元以下；❷在GroupName后的文本框中输入“group2”；❸单击“关闭”按钮，关闭该对话框，如下图所示。

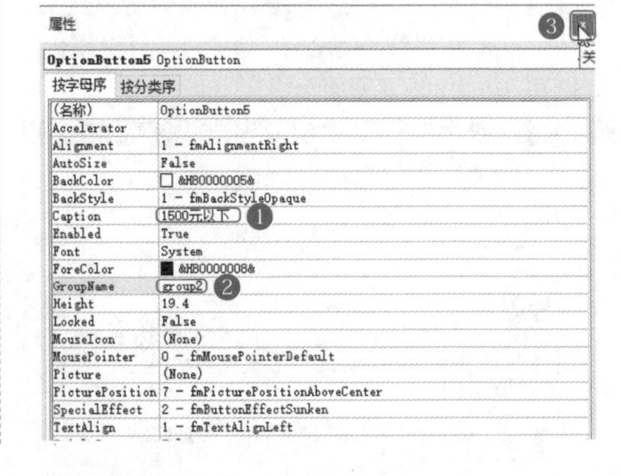

第8步：查看选项按钮效果。第二个问题的第一个选项按钮完成后，效果如下图所示。

文件 开始 插入 设计 布局 引用 邮件 审阅 视图 开发工具 帮助 设计 布局 告诉我 共享
Visual Basic 宏 加载项 Word 加载项 COM 加载项 控件 XML 映射窗格 保护 模板
代码 加载项 映射

调查项目	调查填写 如无特别说明，填写时请在相应的选项上打"√"号即可，谢谢
龄是	20岁以下 20~39岁 40~59岁 60岁及
收入水平是	1500元以下
业类型是	
公司产品的购买频率是	

第9步：完成第二个问题的选项按钮设置。按照同样的方法，为第二个问题添加选项按钮控件，注意GroupName内容都为group2，效果如下图所示。

文件 开始 插入 设计 布局 引用 邮件 审阅 视图 开发工具 帮助 格式 告诉我 共享
Visual Basic 宏 加载项 Word 加载项 COM 加载项 控件 XML 映射窗格 保护 模板
代码 加载项 映射

调查项目	调查填写 如无特别说明，填写时请在相应的选项上打"√"号即可，谢谢您的参与！
	20岁以下 20~39岁 40~59岁 60岁及以上
	1500元以下 1500~3000元 3000~6000元 6000元以上
购买频率是	
您对本公司产品满意吗	

第10步：完成调查问卷的所有选项按钮的添加。按照相同的方法完成第二个问题及其他问题的选项按钮的添加。不同问题的GroupName依次是"group3""group4""group5"，效果如下图所示。

文件 开始 插入 设计 布局 引用 邮件 审阅 视图 开发工具 帮助 设计 布局 告诉我 共享
Visual Basic 宏 加载项 Word 加载项 COM 加载项 XML 映射窗格 阻止作者 限制编辑 文档模板
代码 加载项 控件 映射 保护 模板

调查项目	调查填写 如无特别说明，填写时请在相应的选项上打"√"号即可，谢谢您的参与！
基本情况	
您的年龄是	20岁以下 20~39岁 40~59岁 60岁及以上
您的月收入水平是	1500元以下 1500~3000元 3000~6000元 6000元以上
您的职业类型是	工人 公务员 文教人员 企业人员 退休人员 学生 其他
调查内容	
您对本公司产品的购买频率是	一周一次 二周一次 一个月一次 更少频率
与同类产品相比，您对本公司产品满意吗	很满意 满意 一般 不满意
您认为本公司产品的优点是哪些（可多选）	

>>>2. 添加复选框控件

选项按钮控件只可以选择其中一项，而复选框控件可以选择多项，在调查问卷中还可以添加复选框控件，让调查对象可以针对同一问题选择多个选项。

第1步：添加复选框控件。❶将光标放在需要添加复选框的地方；❷单击"开发工具"选项卡下"控件"组中的"复选框内容控件"按钮☑，如下图所示。

文件 开始 插入 设计 布局 引用 邮件 审阅 视图 开发工具 帮助 设计 布局 告诉我 共享
Visual Basic 宏 加载项 Word 加载项 COM 加载项 XML 映射窗格 阻止作者 限制编辑 文档模板
代码 加载项 控件 映射 保护 模板
复选框内容控件
插入复选框内容控件。

基本情况	
您的年龄是	岁以下 20~39岁 40~59岁 60岁及以上
您的月收入水平是	1500元以下 1500~3000元 3000~6000元 6000元以上
您的职业类型是	工人 公务员 文教人员 企业人员 退休人员 学生 其他
调查内容	
您对本公司产品的购买频率是	一周一次 二周一次 一个月一次 更少频率
与同类产品相比，您对本公司产品满意吗	很满意 满意 一般 不满意
您认为本公司产品的优点是哪些（可多选）	❶
当您对服务提出投诉或建议时，公司客服的处理方式（下拉选择）	
其他调查项目	

专家点拨

属性即对象的某些特性。不同的控件具有不同的属性，各属性分别代表它的一种特性。当属性值不同时，控件的外观或功能会有所不同。例如，选项按钮控件的Caption属性，用于设置控件上显示的标签文字内容。

第2步：查看复选框控件添加效果。此时页面中添加了一个复选框控件，效果如下图所示。

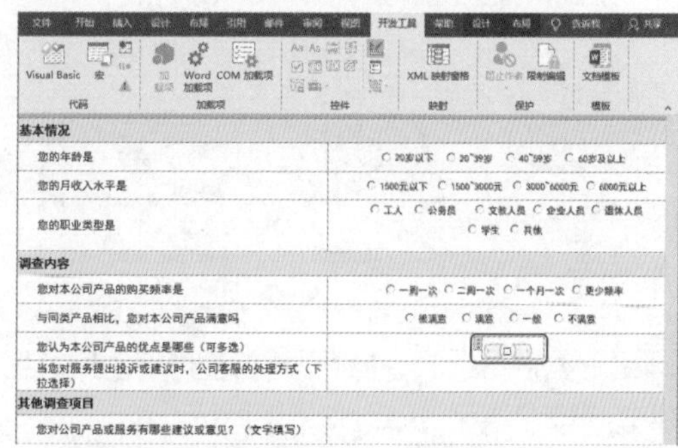

第3步：进入属性编辑状态。单击"开发工具"选项卡下"控件"组中的"控件属性"按钮，进入控件的属性编辑状态，如下图所示。

文件 开始 插入 设计 布局 引用 邮件 审阅 视图 开发工具 帮助 设计 布局 告诉我 共享
Visual Basic 宏 加载项 Word 加载项 COM 加载项 XML 映射窗格 保护 模板
代码 加载项 控件 映射
控件属性
查看或修改所选控件的属性。

年龄是	20岁 ~59岁 60岁及以上
月收入水平是	1500元以下 1500~3000元 3000~6000元 6000元以上
职业类型是	工人 公务员 文教人员 企业人员 退休人员 学生 其他
本公司产品的购买频率是	一周一次 二周一次 一个月一次 更少频率
类产品相比，您对本公司产品满意吗	很满意 满意 一般 不满意
为本公司产品的优点是哪些（可多选）	
对服务提出投诉或建议时，公司客服的处理方式（下择）	

第4步：更改属性。在弹出的“内容控件属性”对话框中单击“选中标记”后面的“更改”按钮，如下图所示。

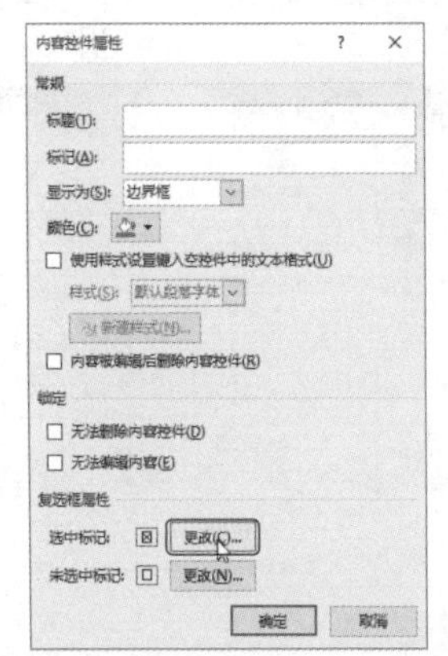

第5步：选择复选框选中标记。❶在打开的“符号”对话框中，选择复选框选中后的标记样式；❷单击“确定”按钮，如下图所示。

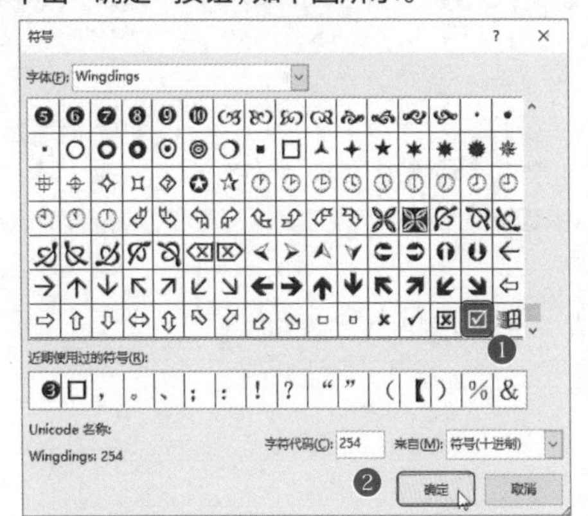

第6步：确定更改。返回到“内容控件属性”对话框中，单击“确定”按钮，如下图所示。

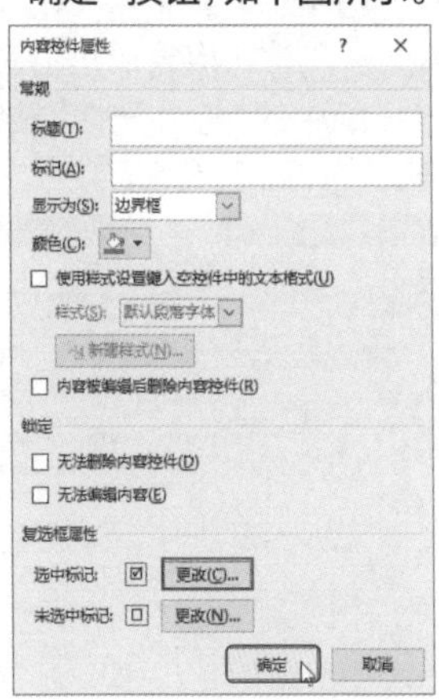

第7步：在复选框控件后面添加文字。使用键盘上的方向键，可将光标移动到复选框控件后面，输入描述这个选项的文字，效果如下图所示。

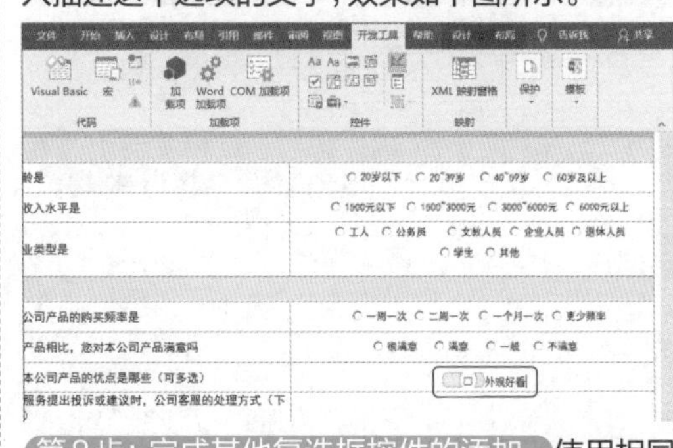

第8步：完成其他复选框控件的添加。使用相同的方法，继续添加其他的复选框控件及相应文字，效果如下图所示。

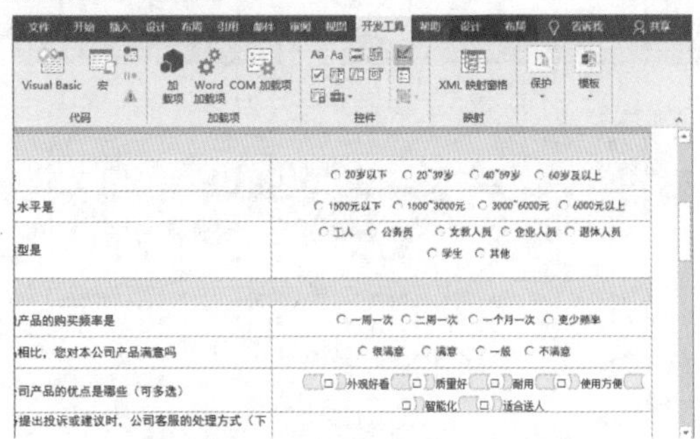

>>>3.添加组合框控件

在调查问卷中，如果页面空间不够，或者是选项文字内容过多时，可以选择组合框控件。将选项折叠起来放进组合框中，让调查对象通过选择来回答问卷。

第1步：添加组合框控件。❶将光标放到要添加控件的地方；❷单击“控件”组中的“组合框内容控件”按钮，如下图所示。

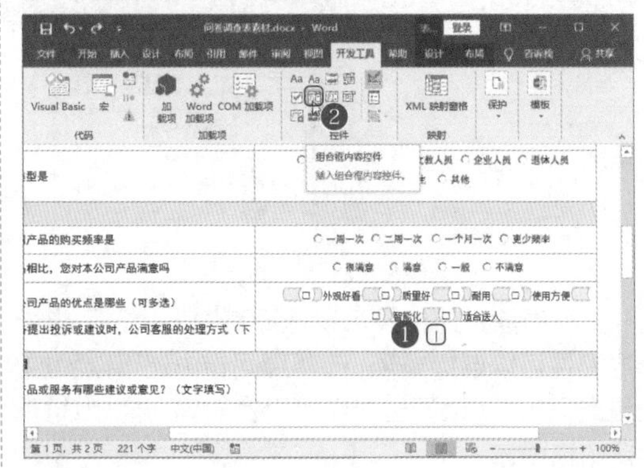

第2步：进入组合框控件属性编辑状态。右击组合框控件，选择快捷菜单中的"属性"命令，如下图所示。

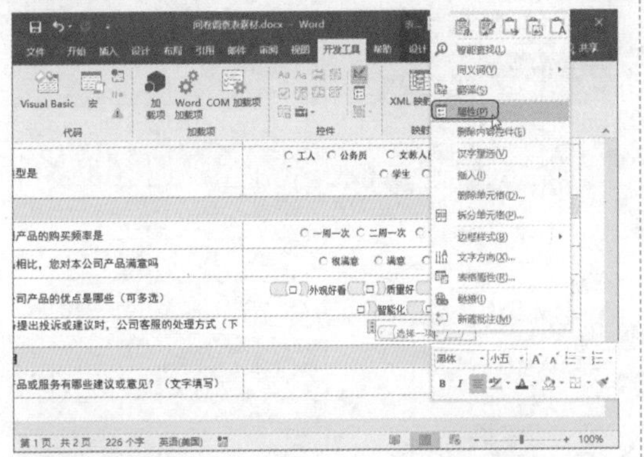

专家点拨

通常组合框用于在多个选项中选择一个选项，但它与选项按钮不同的是：它是由一个文本框和一个下拉列表框组成，下拉列表框在单击下拉按钮时出现，故占用面积小，提供的选项可以有很多；用户除了可以从下拉列表框中选择选项外，还可以直接在文本框中输入选项内容，但其列表内容需要通过程序进行添加。

第3步：修改名称。❶在弹出的"内容控件属性"对话框中选择"选择一项。"选项；❷单击"修改"按钮，如下图所示。

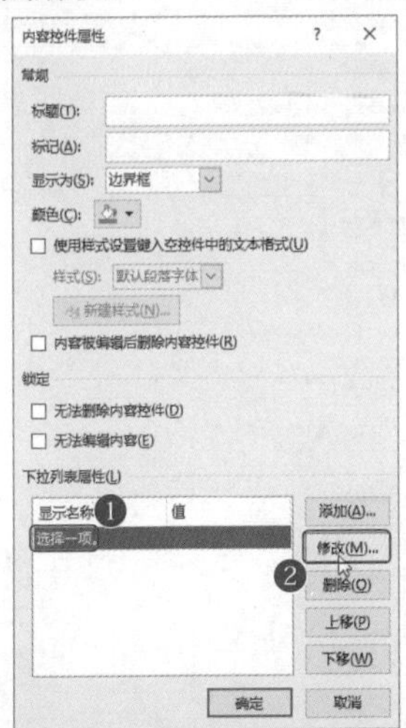

第4步：输入修改名称。❶在弹出的"修改选项"对话框中设置"显示名称"，在"值"文本框中输入"1"；❷单击"确定"按钮，如右上图所示。

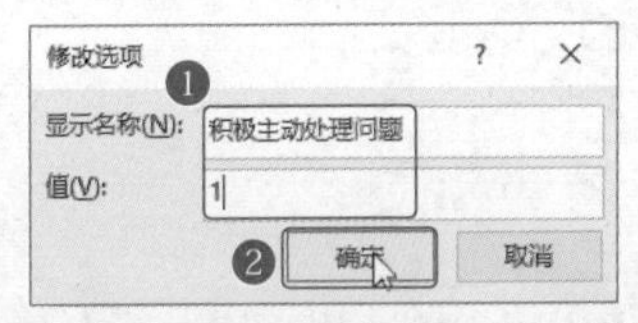

第5步：添加新选项内容。❶返回"内容控件属性"对话框，单击"添加"按钮；❷在弹出的"添加选项"对话框中输入新的"显示名称"及"值"；❸单击"确定"按钮，如下图所示。

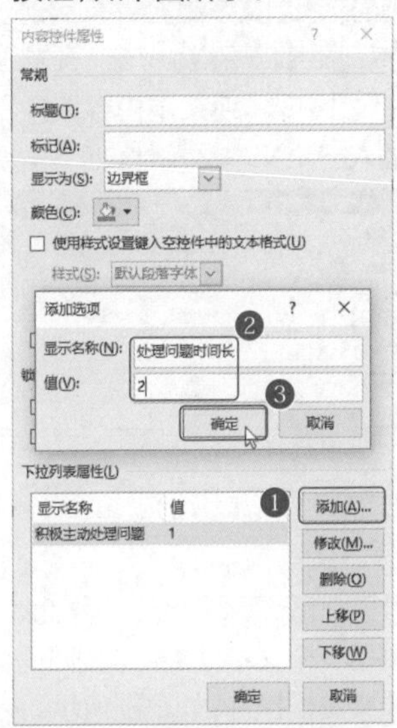

第6步：完成选项添加。❶按照同样的方法，完成这个组合框控件的其他选项内容的添加；❷单击"确定"按钮，如下图所示。

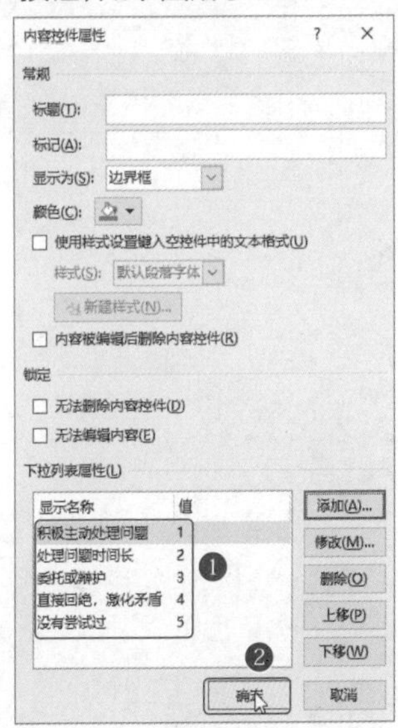

专家答疑

问：复选框控件的值一定要设置成1、2、3……吗？

答：不一定。复选框控件的值不能重复，所以只要值不重复就行，不一定是1、2、3……

>>>4. 添加文本框控件

在调查问卷中，如有需要让调查对象填写的内容，可以通过添加文本框控件来实现。

第1步：添加文本框控件。单击“开发工具”选项卡下“控件”组中的“纯文本内容控件”按钮 Aa ，在界面中插入一个文本框控件，如下图所示。

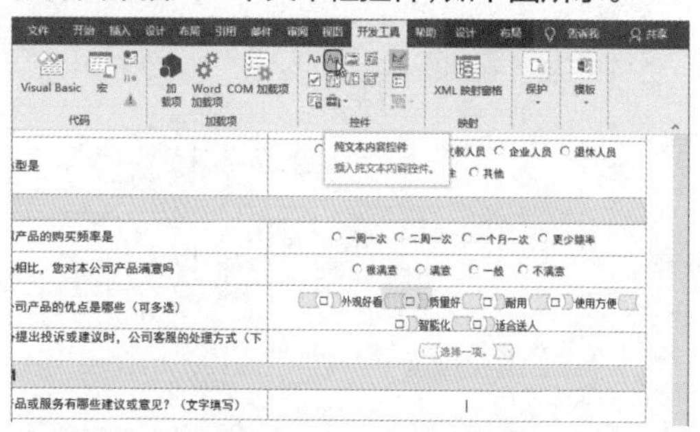

第2步：再添加一个文本框控件。此时可以查看添加成功的第一个文本框控件。按照同样的方法，再添加一个文本框控件，如下图所示。

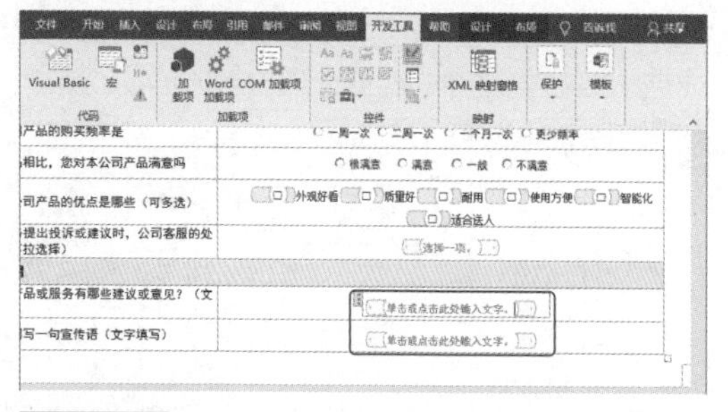

第3步：退出控件设计模式。到了这一步，便完成了调查问卷的控件添加。单击“开发工具”选项卡下“控件”组中的“设计模式”选项，退出控件的添加编辑状态，如下图所示。

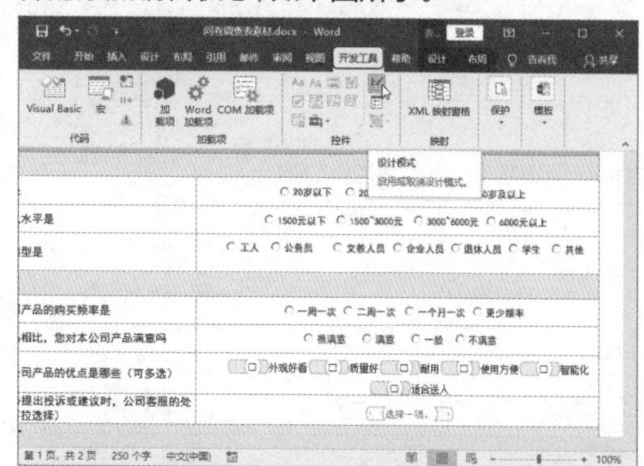

第4步：查看完成的调查问卷。退出控件添加编辑状态后，页面效果如下图所示。

诚邀您

参与问卷调查

尊敬的顾客：

您好！为了进一步了解目前消费者对大润发超市产品和服务等的满意情况，我们的市场营销小组将在展开公众对大润发超市顾客满意度的抽样调查，以此为芝润提供相关资料，以便不断提高服务水平，为您提供更优质的服务。在此，我们将进行无记名调查，请您放心填写。希望能您在百忙之中如实填写此表，提出宝贵意见。

调查项目	调查填写 如无特别说明，填写时请在相应的选项上打“√”号即可，谢谢您的参与！
基本情况	
您的年龄是	○ 20岁以下 ○ 20~39岁 ○ 40~59岁 ○ 60岁及以上
您的月收入水平是	○ 1500元以下 ○ 1500~3000元 ◉ 3000~6000元 ○ 6000元以上
您的职业类型是	○ 工人 ○ 公务员 ○ 文教人员 ◉ 企业人员 ○ 退休人员 ○ 学生 ○ 其他
调查内容	
您对本公司产品的购买频率是	○ 一周一次 ○ 二周一次 ○ 一个月一次 ○ 更少频率
与同类产品相比，您对本公司产品满意吗	○ 很满意 ○ 满意 ○ 一般 ○ 不满意
您认为本公司产品的优点是哪些（可多选）	□外观好看□质量好□耐用□使用方便□智能化□适合送人
当您对服务提出投诉或建议时，公司客服的处理方式（下拉选择）	选择一项。
其他调查项目	
您对公司产品或服务有哪些建议或意见？（文字填写）	单击或点击此处输入文字。
请为本公司写一句宣传语（文字填写）	单击或点击此处输入文字。

读书笔记

第2篇

用Excel高效制表格

第6章 Excel表格编辑与数据计算

◆本章导读

Excel 2016是一款功能强大的电子表格软件。不仅具有表格编辑功能，还可以在表格中进行公式计算。本章以创建员工档案表、制作员工考评成绩表和制作并打印员工工资表为例，介绍Excel表格编辑与公式计算的操作技巧。

◆案例展

- 工作簿和工作表的创建方法
- 数据录入方法
- 使用公式计算数据
- 表格的样式调整方法
- 表格中文字格式设置
- 表格打印设置方法

◆案例展示

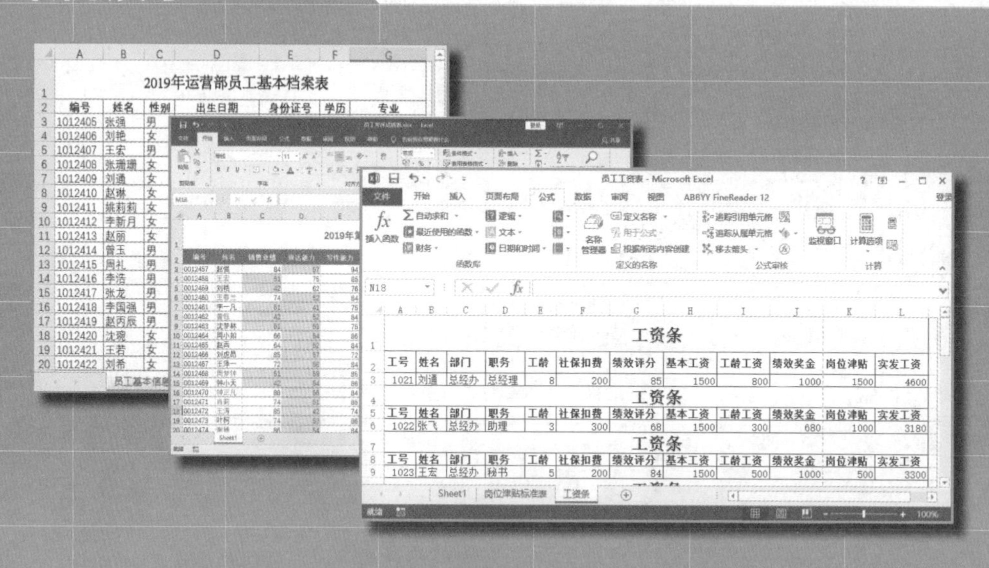

6.1 制作“公司员工档案表”

扫一扫 看视频

※ 案例说明

公司员工档案表是公司行政人事部常用的一种 Excel 文档。因为 Excel 文档可以存储很多数据类信息，因此在录入员工信息时通常会选择 Excel 工具而不是 Word。员工档案表中，包括员工的编号、姓名、性别、出生日期、身份证号码等一系列员工的基本个人信息。

“公司员工档案表”文档制作完成后的效果如下图所示。

2019年运营部员工基本档案表

编号	姓名	性别	出生日期	身份证号	学历	专业
1012405	张强	男	1988年2月24日	512451425	本科	汉语言文学
1012406	刘艳	女	1990年4月14日	512451525	本科	国际文化贸易
1012407	王宏	男	1972年3月4日	563253525	专科	科学技术哲学
1012408	张珊珊	女	1981年6月7日	635245758	硕士	言语视听科学
1012409	刘通	女	1984年4月5日	845758558	本科	国际文化贸易
1012410	赵琳	女	1987年6月15日	965248728	硕士	汉语言文学
1012411	姚莉莉	女	1987年3月27日	635842584	本科	国际文化贸易
1012412	李新月	女	1986年1月7日	654215425	专科	言语视听科学
1012413	赵丽	女	1991年2月17日	523644125	本科	国际文化贸易
1012414	曾玉	男	1983年4月27日	632541554	硕士	言语视听科学
1012415	周礼	男	1982年3月9日	214254544	本科	汉语言文学
1012416	李浩	男	1992年4月7日	854125452	硕士	言语视听科学
1012417	张龙	男	1984年7月1日	125426785	本科	汉语言文学
1012418	李国强	男	1985年4月8日	451246212	本科	言语视听科学
1012419	赵丙辰	男	1986年7月1日	741524151	本科	汉语言文学
1012420	沈琬	女	1988年4月7日	624154254	本科	汉语言文学
1012421	王若	女	1989年1月3日	845124242	专科	国际文化贸易
1012422	刘希	女	1985年7月15日	635142548	本科	国际文化贸易

员工基本信息

※ 思路解析

公司行政人员在制作员工档案表时，首先要正确创建 Excel 文件，并在文件中设置好工作表的名称，然后开始录入数据。在录入数据时要根据数据类型的不同，选择相应的录入方法。最后再对工作表的美观性进行调整。其具体制作思路如下图所示。

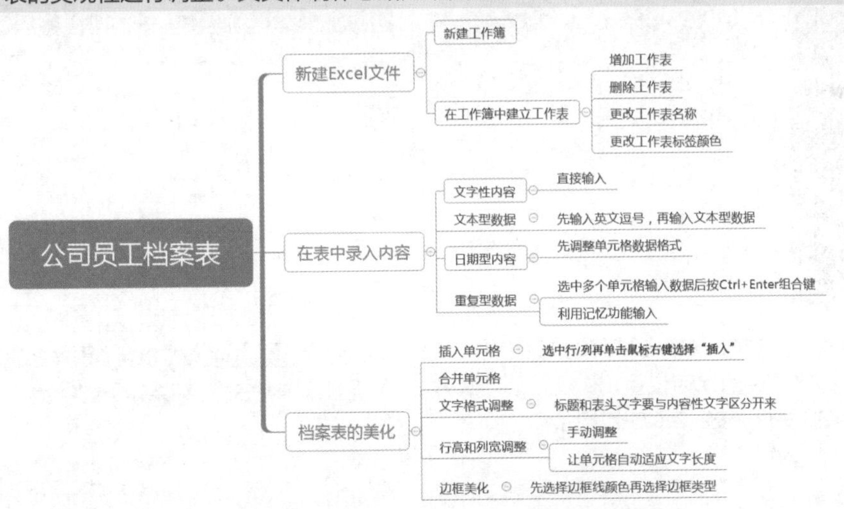

※ 步骤详解

6.1.1 新建公司员工信息表文件

在办公应用中，常常有大量的数据信息需要进行存储和处理，通常可以应用Excel表格进行数据存储，例如公司员工的资料信息，可以使用Excel表格进行存储。存储的第一步便是新建一个Excel文档。

>>>1. 新建Excel文件

Excel文件的创建步骤是，新建工作簿后选择恰当的位置和名称进行保存。

第1步：新建工作簿。❶打开Excel 2016软件，此时自动新建了一个Excel工作簿；❷单击左上方的"保存"按钮，如下图所示。

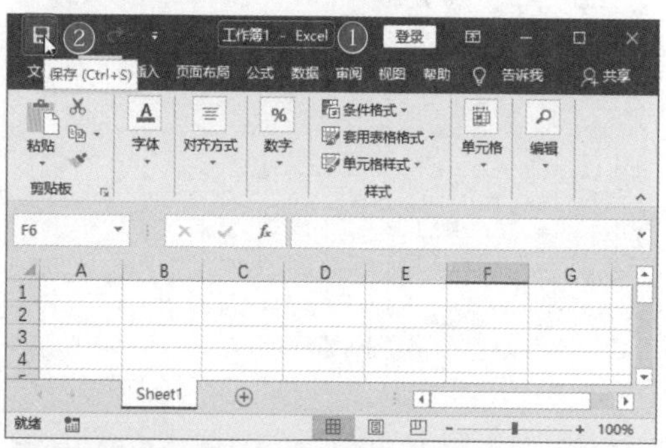

第2步：打开"另存为"对话框。❶选择"另存为"命令；❷单击"浏览"按钮，如下图所示。

第3步：保存工作簿。❶在打开的"另存为"对话框中，选择文件的保存位置；❷输入工作簿名称；❸单击"保存"按钮，如右上图所示。

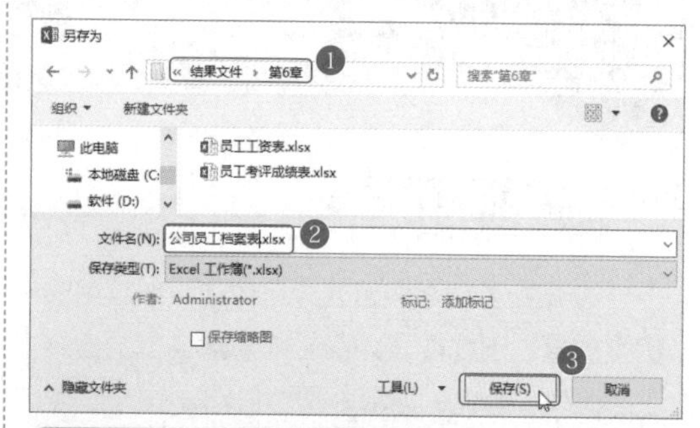

第4步：查看保存的工作簿。保存成功的工作簿如下图所示，文件名称已进行了更改。

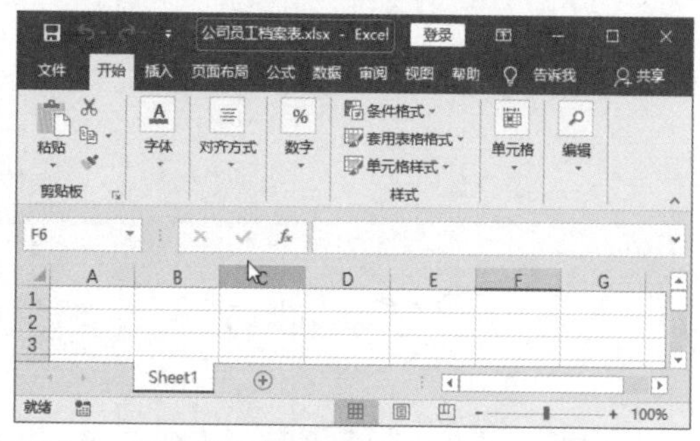

>>>2. 重命名工作表名称

一个Excel文件可以称之为"工作簿"，一个工作簿中可以有多张工作表，为了区分这些工作表，可以对其进行重命名。

第1步：执行"重命名"命令。右击工作表名称，选择快捷菜单中的"重命名"命令，如下图所示。

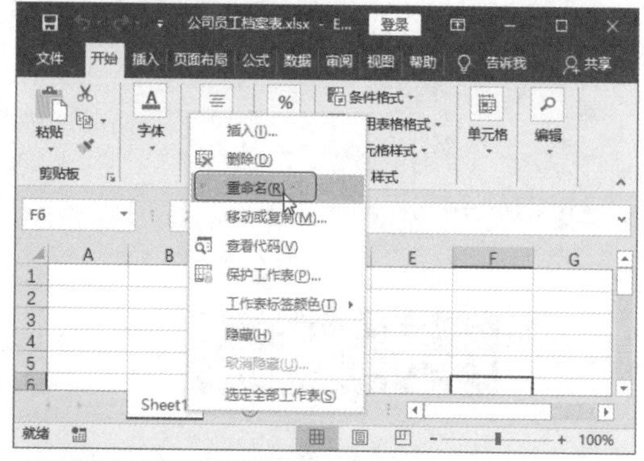

第2步：输入新名称。执行"重命名"命令后，输入新的工作表名称，结果如下图所示。

>>>3. 工作表的新建与删除

一个Excel工作簿中可以有多张工作表，用户可以自由添加需要的工作表，或者是将多余的工作表删除。

第1步：新建工作表。单击Excel界面下方的“新工作表”按钮⊕，就能新建一张工作表，如下图所示。

第2步：删除工作表。右击需要删除的工作表，选择快捷菜单中的“删除”命令，即可删除该工作表，如下图所示。

>>>4. 更改工作表标签颜色

当一个工作簿中的工作表太多时，可以更改工作表的标签颜色，以示区分。

第1步：选择颜色。❶右击需要更改标签颜色的工作表，选择快捷菜单中的“工作表标签颜色”命令；❷在级联菜单中选择一种标签颜色，如右上图所示。

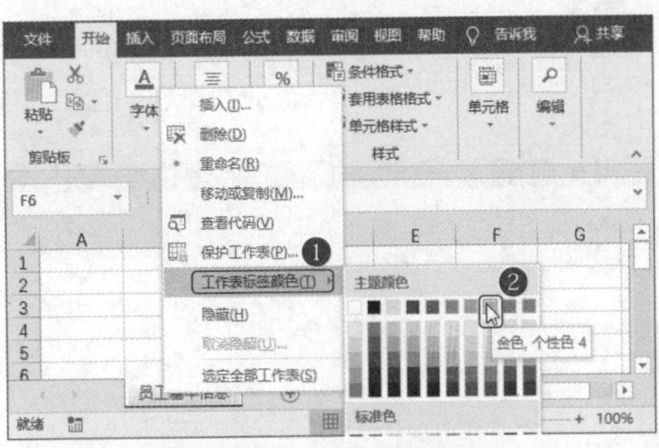

第2步：查看标签颜色设置效果。此时工作表的标签颜色便成功设置，效果如下图所示。

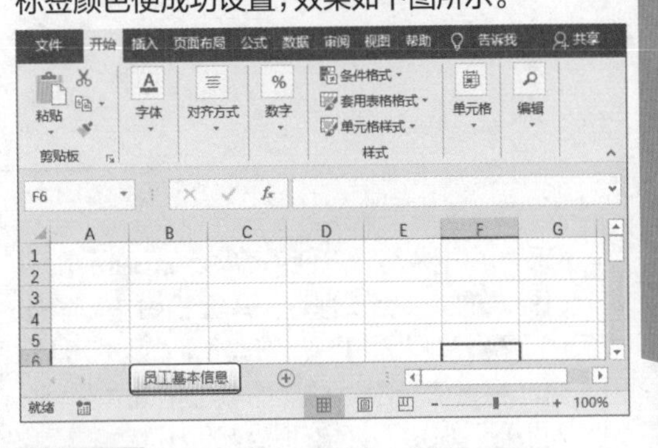

6.1.2 录入员工基本信息表内容

当Excel文件及里面的工作表创建完成后，就可以在工作表中录入需要的信息了。在录入信息时，需要注意区分信息的类型及规律，以科学正确的方式录入信息。

>>>1. 录入文本内容

文本型信息是Excel表中最常见的一种信息，不需要事先设置数据类型就能输入。

第1步：输入第一个单元格的文本内容。将鼠标指针移动到左上角的第一个单元格中，输入文字，如下图所示。

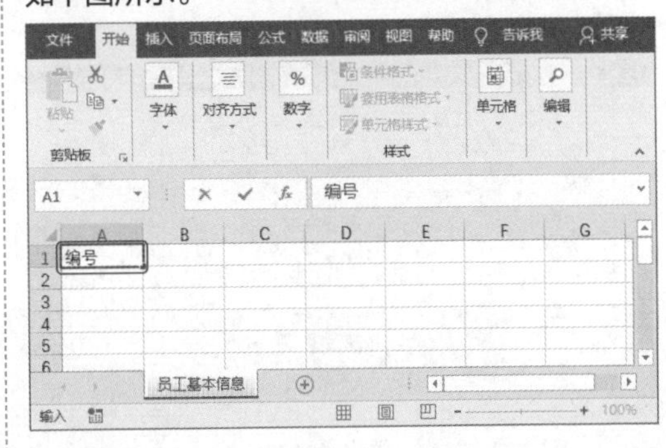

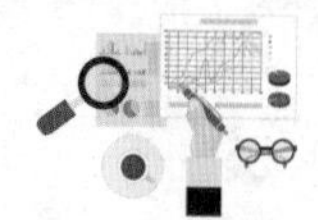

第2步：完成其他文本信息的输入。按照同样的方法，完成工作表中其他文本内容的输入，效果如下图所示。

	A	B	C	D	E	F
1	编号	姓名	性别	出生日期	学历	专业
2		张强				
3		刘艳				
4		王宏				
5		张珊珊				
6		刘通				
7		赵琳				
8		姚莉莉				
9		李新月				
10		赵丽				
11		曾玉				
12		周礼				
13		李浩				
14		张龙				
15		李国强				
16		赵丙辰				
17		沈琬				
18		王若				
19		刘希				

>>>2. 录入文本型数据

在Excel中要输入数值内容时，Excel会自动将其以标准的数值格式保存于单元格中。如果在数值的左侧输入“0”将被自动省略，如“001”，则会自动将该值转换为常规的数值格式“1”；再如输入小数“.009”，会自动转换为“0.009”。若数值位数达到或超过12位，第12位的数字将被自动四舍五入，并以科学计数法进行表示，如输入“9.9876543216”将显示为“9.987654322”，如输入“987654321775”将显示为“9.87654E+11”，即表示9.87654×1011。若要使数字保持输入时的格式，需要将数值转换为文本，即文本型数据。可在输入数值时先输入单引号（'），例如本例中要在“工号”列中输入的工号格式为“00*”。

第1步：输入英文逗号。在需要输入文本型数据的单元格中将输入法切换到英文状态，输入单引号“'”，如下图所示。

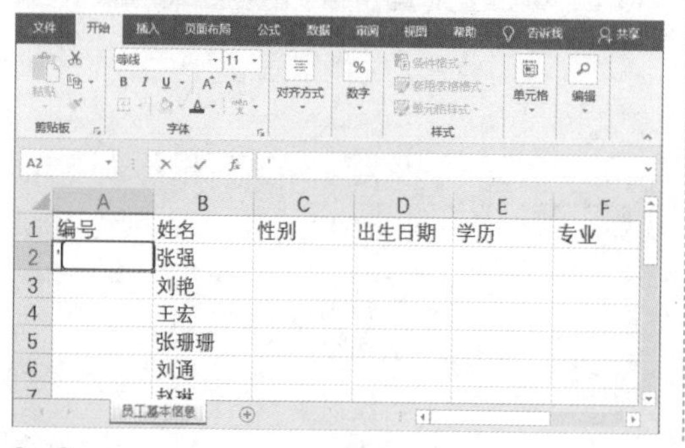

第2步：输入数据。在英文单引号后面紧接着输入员工的编号数据，如下图所示。

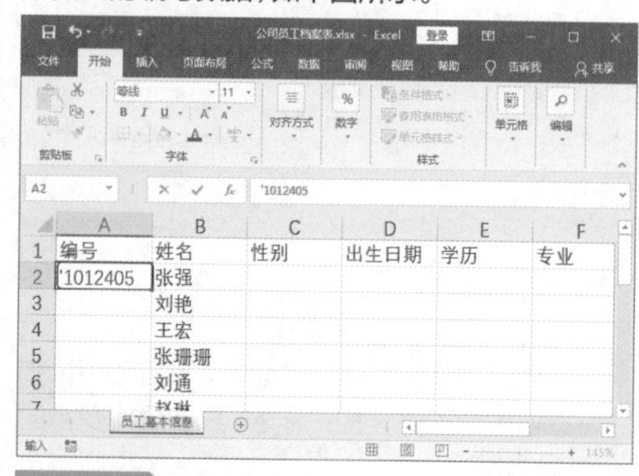

专家点拨

如果录入数据后，出现“#####”的显示状态，说明单元格需要增加列宽。

第3步：填充序列。因为员工编号是顺序递增的，所以可以利用“填充序列”功能完成其他编号内容的填充。❶将鼠标指针移动到第一个员工编号单元格右下方，当它变成黑色十字形时，按住鼠标左键不动往下拖动；❷直到拖动的区域覆盖住所有需要填充编号序列的单元格，如下图所示。

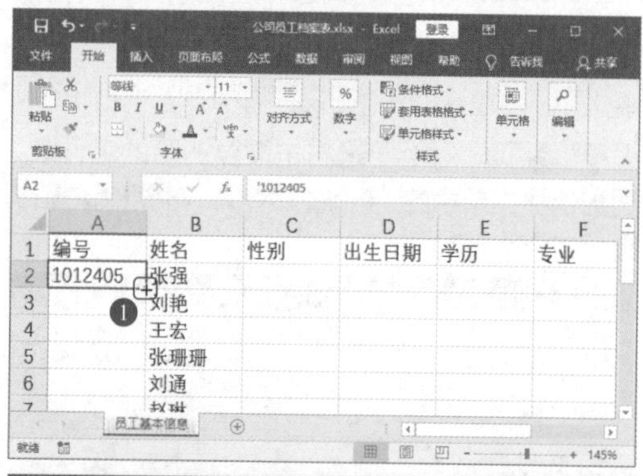

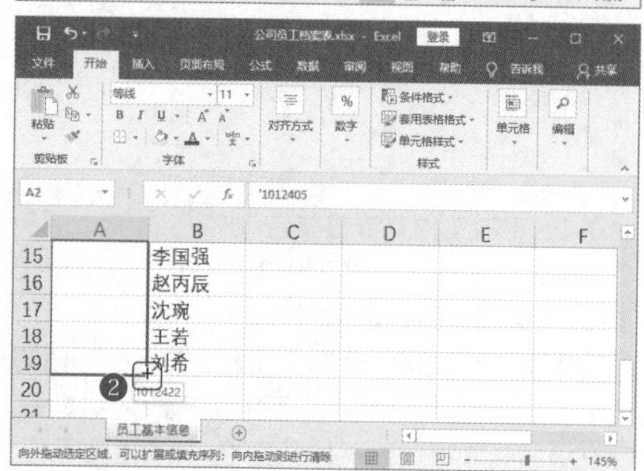

第4步：查看编号填充结果。此时编号列完成填充，效果如下图所示。

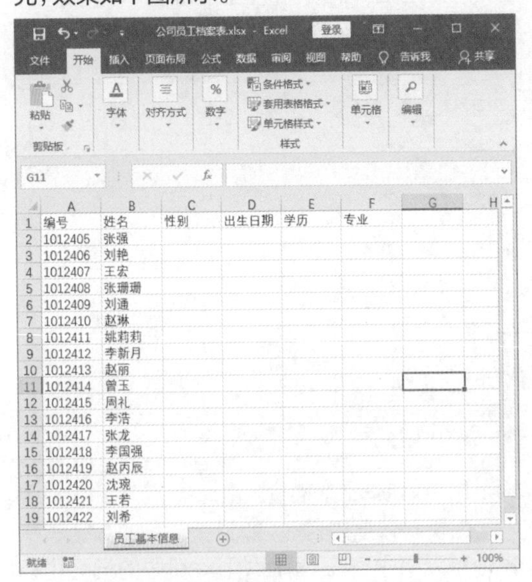

>>>3. 录入日期型数据

日期型数据有多种形式，如“2018年3月1日”的形式有：“2018/3/1”“18-Mar-1”等。为了保证正确的日期格式，可以事先选择单元格的数据类型再录入日期。

第1步：打开“设置单元格格式”对话框。❶选中D列要输入员工出生日期数据的单元格；❷单击“开始”选项卡下“数字”组中的“对话框启动器”按钮 ，如下图所示。

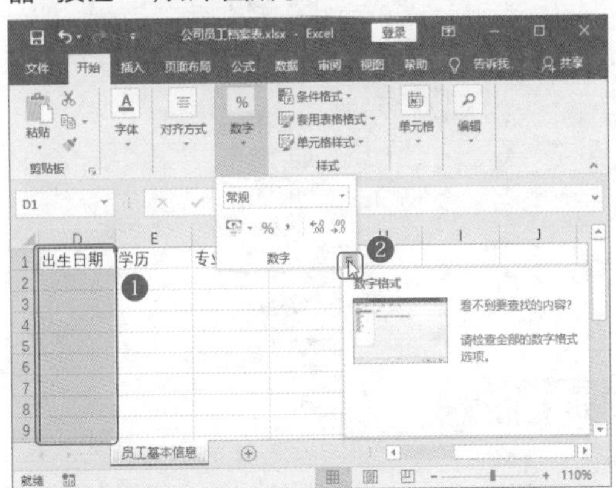

第2步：选择日期数据类型。❶打开“设置单元格格式”对话框，在“数字”选项卡下的“分类”列表框中选择“日期”选项；❷在“类型”列表框中选择日期数据的类型；❸单击“确定”按钮，如下图所示。

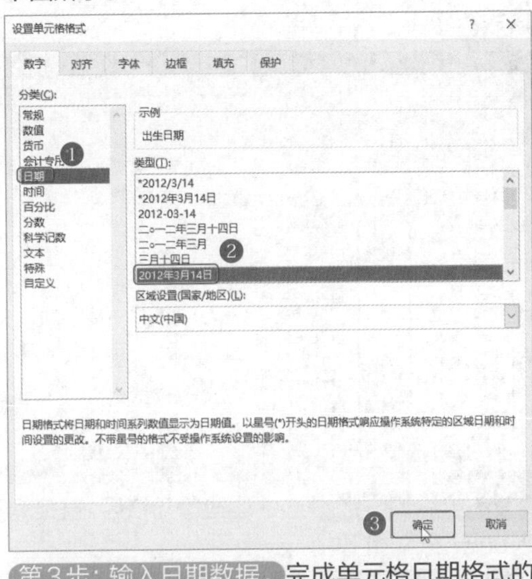

第3步：输入日期数据。完成单元格日期格式的设置后，输入日期数据即可，效果如下图所示。

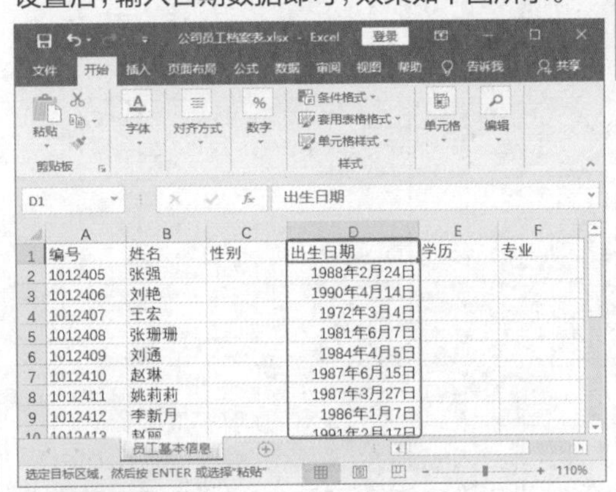

专家点拨

录入日期型数据不一定要事先设置好单元格的数据类型。默认情况下，Excel单元格数据类型是“常规”，这种类型输入文本及普通数据都没有问题。如果录入时间后，发现格式不对，可再选中单元格，打开“设置单元格格式”对话框调整数据类型，单元格中的数据就能正常显示了。

>>>4. 在多个单元格中同时输入数据

在输入表格数据时，若某些单元格中需要输入相同的数据，此时可同时输入。方法是：同时选择要输入相同数据的多个单元格，输入数据后按Ctrl+Enter组合键即可。

第1步：选中要输入相同数据的单元格。按住

Ctrl键，选中要输入数据“男”的单元格，如下图所示。

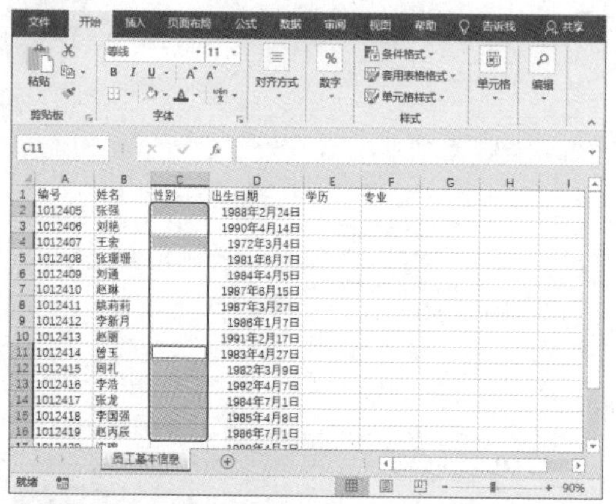

第2步：输入数据。选中这些单元格后，直接输入数据“男”，如下图所示。

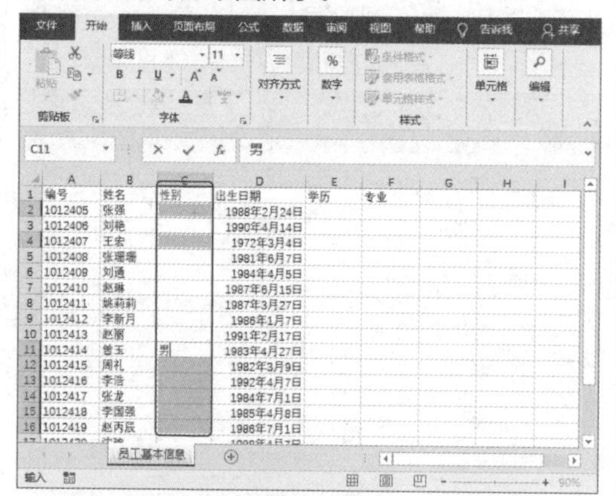

第3步：按Ctrl+Enter组合键。按Ctrl+Enter组合键，此时选中的单元格中自动填充输入的数据“男”，如下图所示。

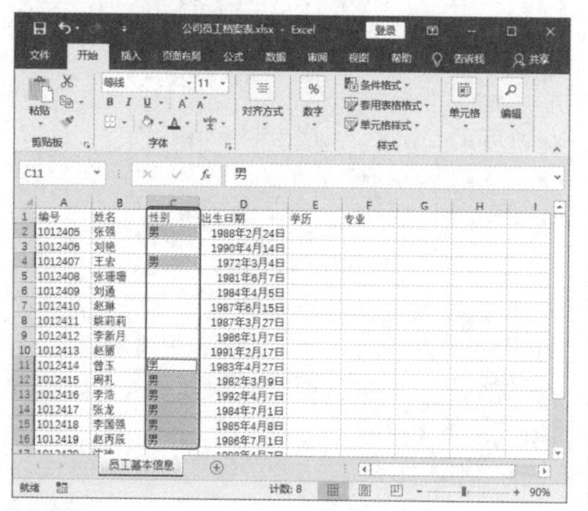

第4步：完成数据“女”的输入。按照相同的方法输入“女”数据内容，如下图所示。

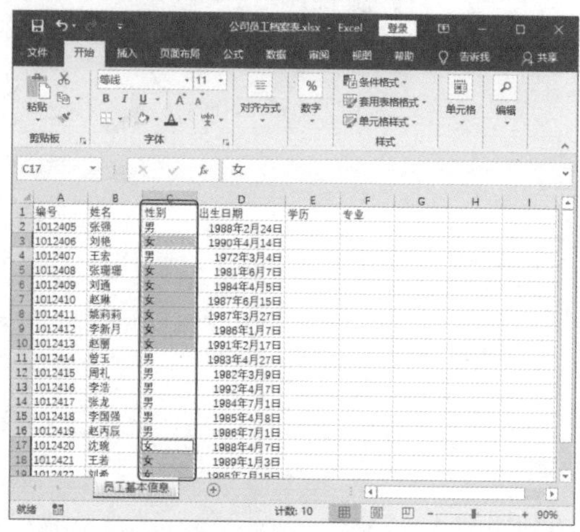

>>>5. 应用记忆功能输入数据

在录入数据内容时，如果要输入的数据已在其他单元格中存在，可借助Excel中的记忆功能快速输入数据。即输入该数据的开头部分，若该数据已在其他单元格中存在，此时将自动引用已有的数据，若需要引用该数据则按Enter键。如果不需要引用该数据，直接输入其后的内容即可。

第1步：输入数据。在“学历”下方输入第一个数据“本科”，如下图所示。

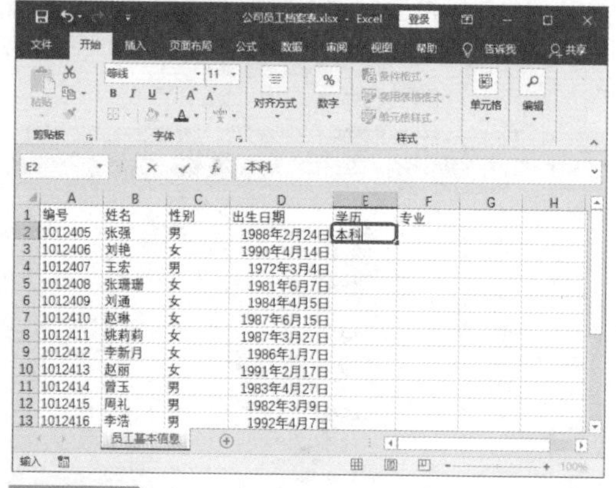

专家点拨

当输入的数据的前部分不能从已存在的数据中找出唯一的数据，则不会出现提示，例如：表中已有数据“电子商务”和“电子技术”，如果在新单元格中输入“电子”两字，仍无法确定将引用哪一个数据，故此时不会显示提示。

第2步：利用记忆功能输入相同数据。在第二个单元格中输入“本”字，此时单元格后面自动出现了“科”字，按Enter键即可完成这个单元格的输入，如下图所示。

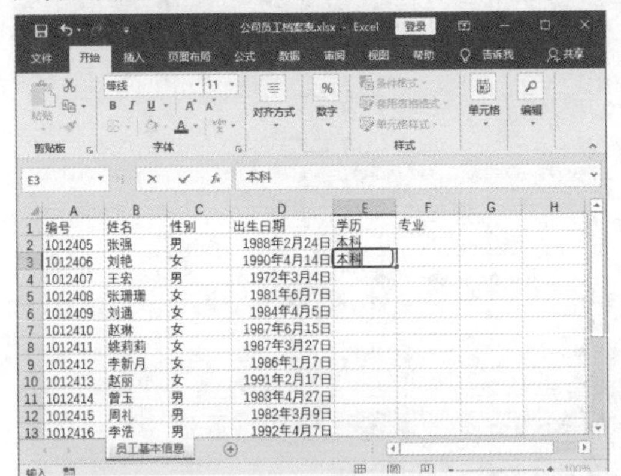

第3步：利用记忆功能输入其他数据内容。用相同的方法，完成“学历”和“专业”列数据的输入。相同的内容只输入一次就能使用记忆功能完成重复内容的输入，如下图所示。

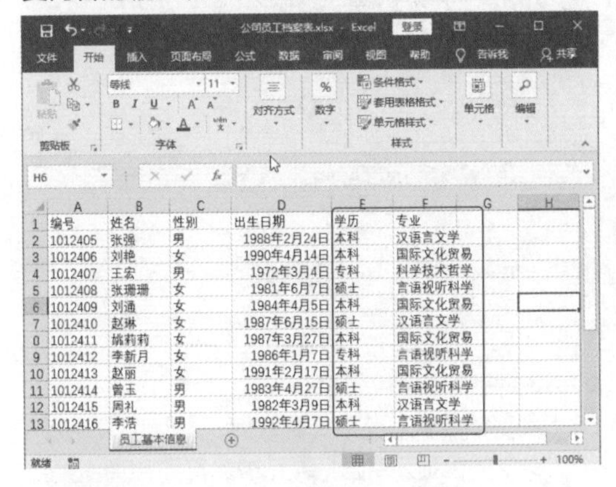

6.1.3 单元格的编辑与美化

在工作表中输入数据后，可能需要对单元格进行编辑，如插入新的单元格、合并单元格、更改单元格的行高和列宽。同时也需要一些美化功能，如设置单元格的边框线。

>>>1. 插入单元格

在工作表输入数据后，审视数据时，可能发现有遗漏的数据项，此时可以通过插入单元格功能来实现数据的新增。

第1步：选中数据列。将鼠标指针移动到数据列上方，当它变成黑色箭头时，单击鼠标左键，表示选中这一列数据，如下图所示。

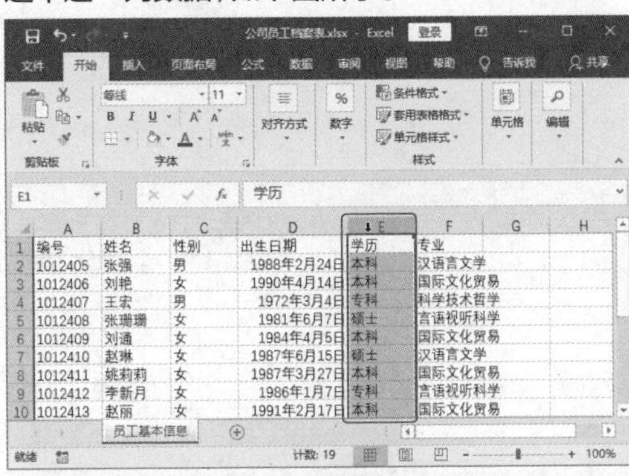

第2步：执行“插入”命令。❶选中数据列后，单击鼠标右键，选择快捷菜单中的“插入”命令；❷此时选中的数据列右边便新建了一列空白数据列，如下图所示。

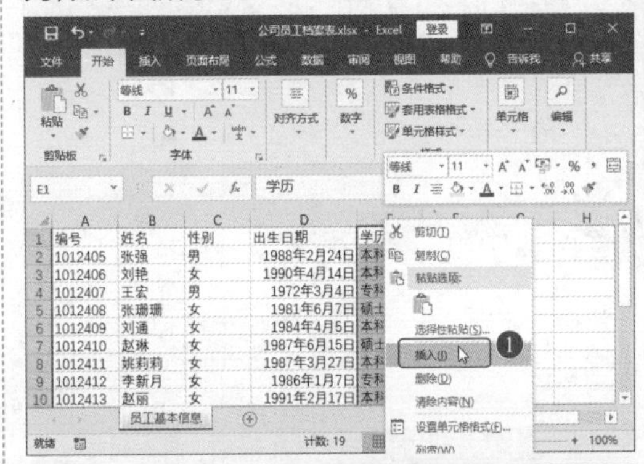

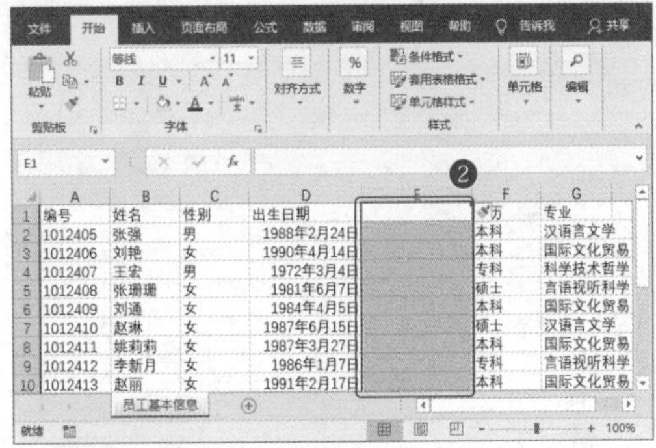

第3步：选中数据行。❶在上一步中新建的空白数据列中输入“身份证号”内容，并设置单元格格式为“常规”格式；❷将鼠标指针移动到第一行左边第一个单元格左边，当它变成黑色箭头时，单击鼠标左键，选中第一行数据行，然后单击鼠标右键，选择快捷菜单中的“插入”命令，表示在第一行上方新建一行数据行，这一行将作为标题行，如

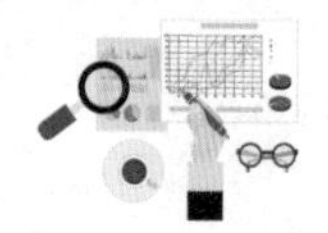

下图所示。

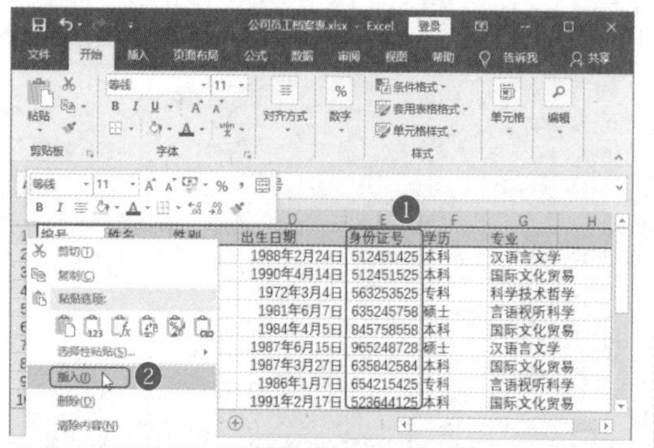

第4步：合并单元格。❶拖动鼠标，选中新建行的单元格，单击“开始”选项卡下“对齐方式”组中的“合并后居中”下拉按钮；❷选择下拉列表中的“合并后居中”选项，如下图所示。

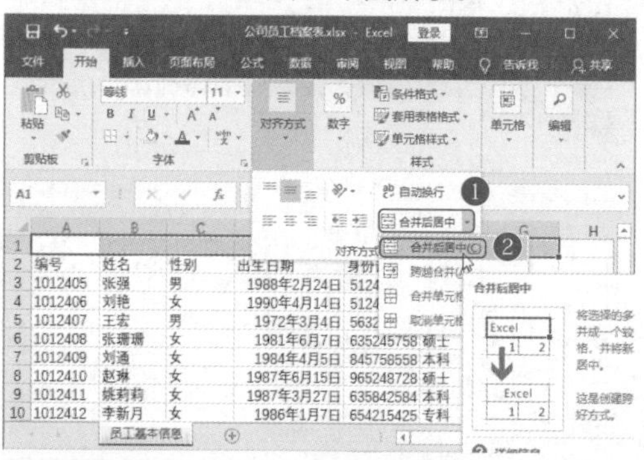

第5步：输入标题。合并单元格后，输入标题，效果如下图所示。

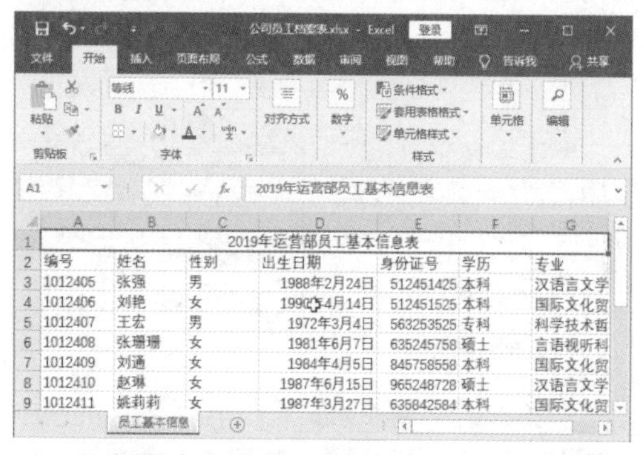

>>>2. 设置文字格式

完成单元格的调整及文字输入后，可以设置单元格的文字格式。通常情况下，工作表的文字格式不需要太复杂，只需要设置标题及表头文字的格式即可。

第1步：设置标题格式。❶选中标题单元格；❷在“开始”选项卡下的“字体”组中选择标题的字体、字号，如下图所示。

第2步：设置表头文字格式。❶选中表头文字；❷在“字体”组中设置表头文字的字体和字号；❸单击“对齐方式”组中的“居中”按钮，如下图所示。

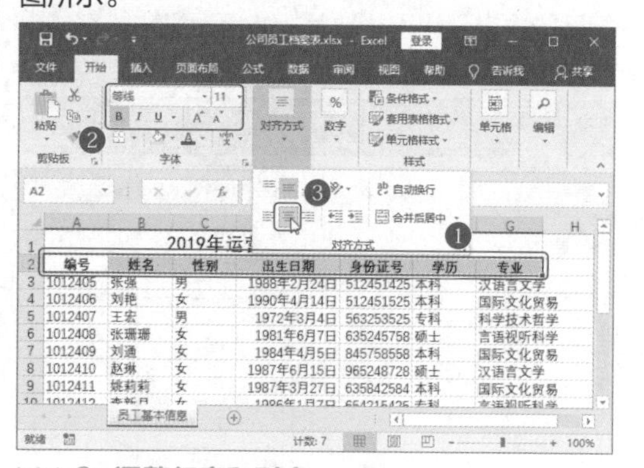

>>>3. 调整行高和列宽

完成文字输入及格式调整后，需要审视单元格中的文字是否显示完全，单元格的行高和列宽是否与文字匹配。可以通过拖动鼠标的方式调整单元格的大小，也可以让单元格自动匹配文字长度。

专家点拨

若要设置行高或列宽为具体的数据，可选中数据行或数据列，单击鼠标右键，在菜单中选择“行高”或“列宽”选项，然后在对话框中输入行高或列宽的具体数值，最后单击“确定”按钮即可。

第1步：用拖动鼠标的方式调整标题的行高。将鼠标指针移动到标题行下方的边框线上，当它变成黑色双向箭头时，按住鼠标左键不放向下拖动，

增加第一行的行高，如下图所示。

A1　2019年运营部员工基本信息表

	A	B	C	D	E	F	G
1	2019年运营部员工基本信息表						
2	编号	姓名	性别	出生日期	身份证号	学历	专业
3	1012405	张强	男	1988年2月24日	512451425	本科	汉语言文学
4	1012406	刘艳	女	1990年4月14日	512451525	本科	国际文化贸易
5	1012407	王宏	男	1972年3月4日	563253525	专科	科学技术哲学
6	1012408	张珊珊	女	1981年6月7日	635245758	硕士	言语视听科学
7	1012409	刘通	女	1984年4月5日	845758558	本科	国际文化贸易
8	1012410	赵琳	女	1987年6月15日	965248728	硕士	汉语言文学
9	1012411	姚莉莉	女	1987年3月27日	635842584	本科	国际文化贸易

员工基本信息

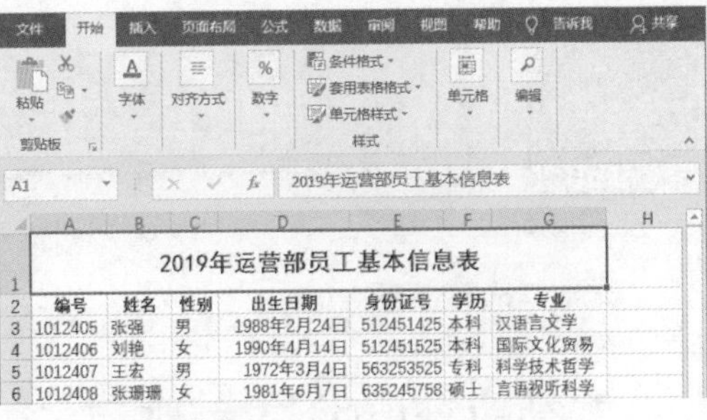

	A	B	C	D	E	F	G
1	2019年运营部员工基本信息表						
2	编号	姓名	性别	出生日期	身份证号	学历	专业
3	1012405	张强	男	1988年2月24日	512451425	本科	汉语言文学
4	1012406	刘艳	女	1990年4月14日	512451525	本科	国际文化贸易
5	1012407	王宏	男	1972年3月4日	563253525	专科	科学技术哲学
6	1012408	张珊珊	女	1981年6月7日	635245758	硕士	言语视听科学

第2步：选中第一列数据。将鼠标指针移动到第一列数据上方，当它变成黑色箭头时，单击鼠标左键，选中这一列数据，如下图所示。

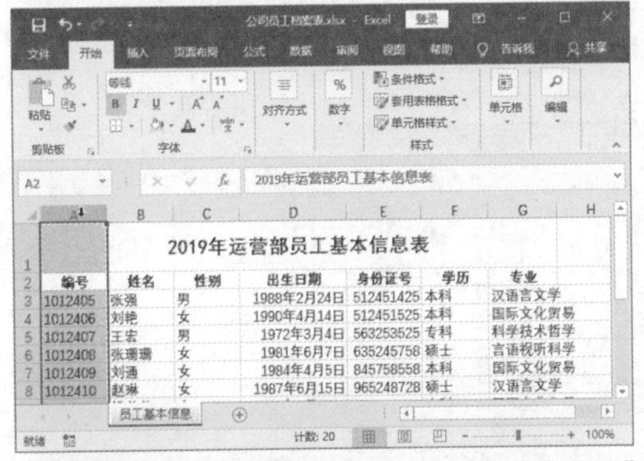

	A	B	C	D	E	F	G
1	2019年运营部员工基本信息表						
2	编号	姓名	性别	出生日期	身份证号	学历	专业
3	1012405	张强	男	1988年2月24日	512451425	本科	汉语言文学
4	1012406	刘艳	女	1990年4月14日	512451525	本科	国际文化贸易
5	1012407	王宏	男	1972年3月4日	563253525	专科	科学技术哲学
6	1012408	张珊珊	女	1981年6月7日	635245758	硕士	言语视听科学
7	1012409	刘通	女	1984年4月5日	845758558	本科	国际文化贸易
8	1012410	赵琳	女	1987年6月15日	965248728	硕士	汉语言文学

第3步：调整数据列宽。按住Shift键，选中"专业"列数据，此时从"编号"到"专业"列都被选中了。将鼠标指针移动到"专业"列右边框线上，当它变成黑色十字箭头时双击鼠标左键，数据列会根据文字宽度自动调整列宽，如下图所示。

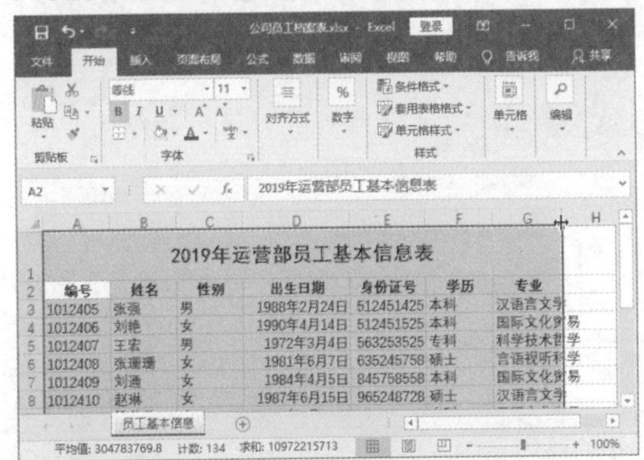

	A	B	C	D	E	F	G
1	2019年运营部员工基本信息表						
2	编号	姓名	性别	出生日期	身份证号	学历	专业
3	1012405	张强	男	1988年2月24日	512451425	本科	汉语言文学
4	1012406	刘艳	女	1990年4月14日	512451525	本科	国际文化贸易
5	1012407	王宏	男	1972年3月4日	563253525	专科	科学技术哲学
6	1012408	张珊珊	女	1981年6月7日	635245758	硕士	言语视听科学
7	1012409	刘通	女	1984年4月5日	845758558	本科	国际文化贸易
8	1012410	赵琳	女	1987年6月15日	965248728	硕士	汉语言文学

第4步：查看行高和列宽调整效果。完成行高和列宽调整的数据表如右上图所示。

>>>4．添加边框

工作表的数据区域只占据了工作表的一部分，为了突出或美化数据区域，可以为这个区域添加边框，操作步骤是选择边框颜色然后再选择边框类型。

第1步：选择边框颜色。❶选中表格有数据的区域，单击"开始"选项卡下"边框"下拉按钮 ⊞ ▾；❷选择下拉列表中的"线条颜色"选项；❸在级联列表中选择一种颜色，如下图所示。

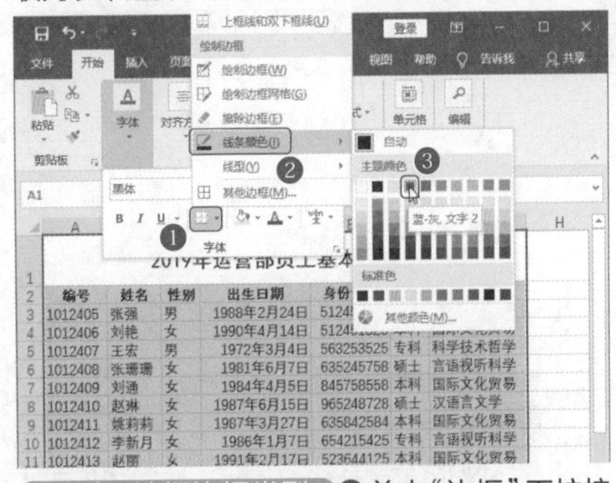

	A	B	C	D	E	F	G
2	编号	姓名	性别	出生日期	身份		
3	1012405	张强	男	1988年2月24日	5124		
4	1012406	刘艳	女	1990年4月14日	5124		
5	1012407	王宏	男	1972年3月4日	563253525	专科	科学技术哲学
6	1012408	张珊珊	女	1981年6月7日	635245758	硕士	言语视听科学
7	1012409	刘通	女	1984年4月5日	845758558	本科	国际文化贸易
8	1012410	赵琳	女	1987年6月15日	965248728	硕士	汉语言文学
9	1012411	姚莉莉	女	1987年3月27日	635842584	本科	国际文化贸易
10	1012412	李新月	女	1986年1月7日	654215425	专科	言语视听科学
11	1012413	赵丽	女	1991年2月17日	523644125	本科	国际文化贸易

第2步：选择边框类型。❶单击"边框"下拉按钮 ⊞ ▾；❷选择边框类型，如下图所示。

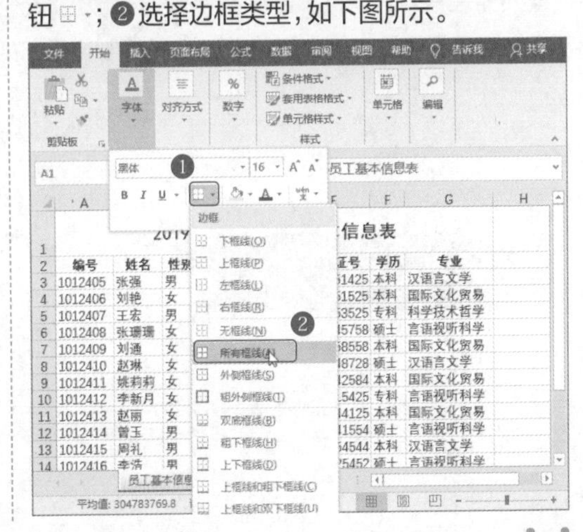

	A	B	C	E	F	G
2	编号	姓名	性别	证号	学历	专业
3	1012405	张强	男	51425	本科	汉语言文学
4	1012406	刘艳	女	51525	本科	国际文化贸易
5	1012407	王宏	男	53525	专科	科学技术哲学
6	1012408	张珊珊	女	45758	硕士	言语视听科学
7	1012409	刘通	女	58558	本科	国际文化贸易
8	1012410	赵琳	女	48728	硕士	汉语言文学
9	1012411	姚莉莉	女	42584	本科	国际文化贸易
10	1012412	李新月	女	15425	专科	言语视听科学
11	1012413	赵丽	女	44125	本科	国际文化贸易
12	1012414	曾玉	男	41554	硕士	言语视听科学
13	1012415	周礼	男	54544	本科	汉语言文学

扫一扫 看视频

6.2 制作“员工考评成绩表”

※ 案例说明

为了考察员工在岗位上各方面的能力，公司每隔一段时间便会制作员工考评成绩表。员工考评成绩表除了简单地录入员工成绩外，还需要利用公式计算出员工成绩的总分、平均分。此外为了一目了然地对比出不同员工的优秀程度，需要对员工成绩进行筛选、格式化显示。

“员工考评成绩表”文档制作完成后的效果如下图所示。

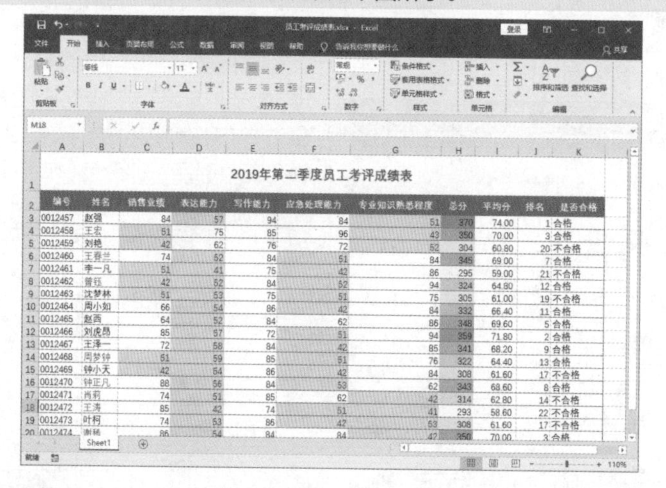

2019年第二季度员工考评成绩表

编号	姓名	销售业绩	表达能力	写作能力	应急处理能力	专业知识熟悉程度	总分	平均分	排名	是否合格
0012457	赵强	84	57	94	84	51	370	74.00	1	合格
0012458	王宏	51	75	85	96	43	350	70.00	3	合格
0012459	刘艳	42	62	76	72	52	304	60.80	20	不合格
0012460	王春兰	74	52	84	51	84	345	69.00	7	合格
0012461	李一凡	51	41	75	42	86	295	59.00	21	不合格
0012462	曾钰	42	52	84	52	94	324	64.80	12	合格
0012463	沈梦林	51	53	75	51	75	305	61.00	19	不合格
0012464	周小如	66	54	86	42	84	332	66.40	11	合格
0012465	赵西	64	52	84	62	86	348	69.60	5	合格
0012466	刘虎昂	85	57	72	51	94	359	71.80	2	合格
0012467	王泽一	72	58	84	42	85	341	68.20	9	合格
0012468	周梦钟	51	59	85	51	76	322	64.40	13	合格
0012469	钟小天	42	54	86	42	84	308	61.60	17	不合格
0012470	钟正凡	88	56	84	53	62	343	68.60	8	合格
0012471	尚莉	74	51	85	62	42	314	62.80	14	不合格
0012472	王涛	85	42	74	51	41	293	58.60	22	不合格
0012473	叶柯	74	53	86	42	53	308	61.60	17	不合格
0012474	[illegible]	86	54	84	84	42	350	70.00	3	合格

※ 思路解析

在制作员工考评成绩表时，首先需要获取到不同员工不同考核指标的具体分数，然后将分数录入到表格中，再选择不同的函数对分数进行计算、设置条件格式显示，让公司其他领导更加方便地查看不同员工的考评成绩。其具体制作思路如下图所示。

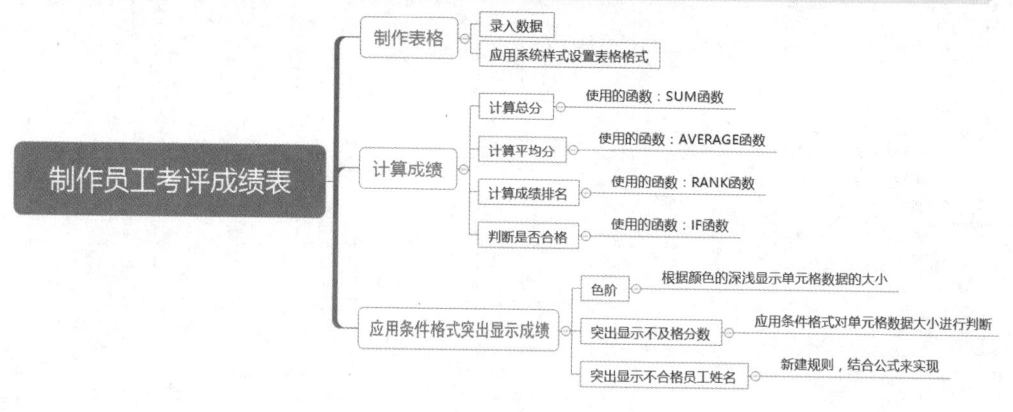

※ 步骤详解

6.2.1 员工考评成绩表的制作

制作员工考评成绩表，首先需要录入基本的数据并设置好表格格式，方便后期数据的计算与分析。

>>>1. 录入数据

新建表格并保存命名。在选中的单元格中录入员工编号、姓名等数据，并且合并第一行单元格输入标题，至于需要计算的数据暂且不用录入，后期利用公式功能计算即可。数据录入效果如下图所示。

>>>2. 设置表格样式

表格数据录入完成后，可以利用系统预设的标题格式、单元格样式快速美化表格。具体操作如下。

第1步：设置标题格式。 ❶选中标题单元格；❷单击“开始”选项卡下“样式”组中的“单元格样式”下拉按钮；❸选择一种标题样式，如下图所示。

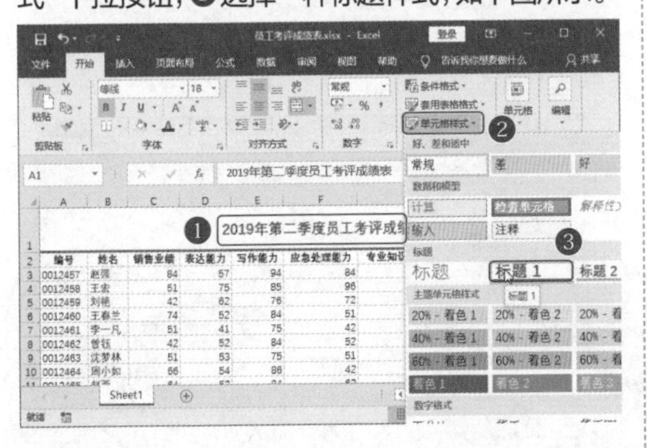

第2步：选择表格格式。 ❶选中任意员工数据单元格，单击“开始”选项卡下“样式”组中的“套用表格格式”下拉按钮；❷选择一种表格样式，如下图所示。

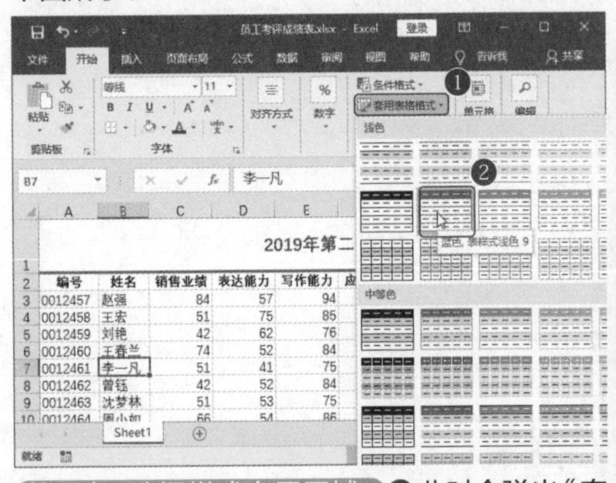

第3步：选择样式套用区域。 ❶此时会弹出“套用表格式”对话框，修改设置样式的表格区域范围；❷单击“确定”按钮，如下图所示。

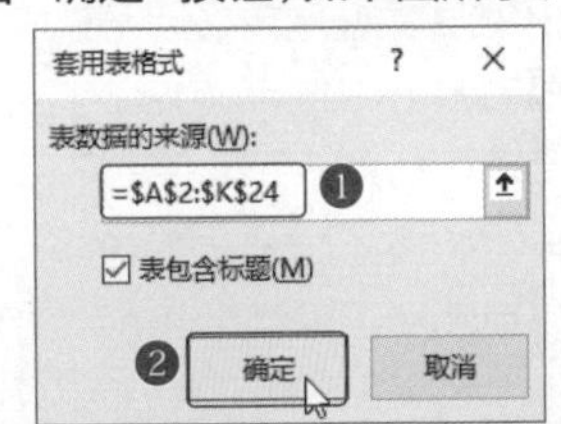

第4步：转换为区域。 为了更灵活地进行后续操作，这里将套用表格样式的表格区域转换为普通区域。单击“表格工具-设计”选项卡下“工具”组中的“转换为区域”按钮，如下图所示。

第5步：确定区域转换。 单击提示对话框中的“是”按钮，确定区域转换，如下图所示。

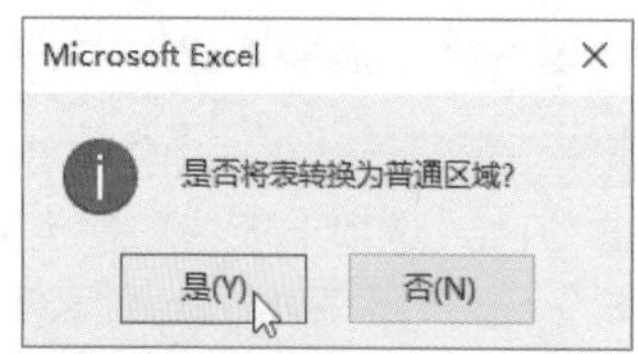

第6步：查看表格效果。此时就完成了表格样式设置，效果如下图所示。

2019年第二季度员工考评成绩表

编号	姓名	销售业绩	表达能力	写作能力	应急处理能力	专业知识熟悉程度	总分	平均分	排名	是否合格
0012457	赵强	84	57	94	84	51				
0012458	王宏	51	75	85	96	43				
0012459	刘艳	42	62	76	72	52				
0012460	王春兰	74	52	84	51	84				
0012461	李一凡	51	41	75	42	86				
0012462	曾钰	42	52	84	52	94				
0012463	沈梦林	51	53	75	51	75				
0012464	周小如	66	54	86	42	84				
0012465	赵西	64	52	84	62	86				
0012466	刘虎昂	85	57	72	51	94				
0012467	王泽一	72	58	84	42	85				
0012468	周梦钟	51	59	85	51	76				
0012469	钟小天	42	54	86	42	84				
0012470	钟正凡	88	56	84	53	62				
0012471	肖莉	74	51	85	62	42				
0012472	王涛	85	42	74	51	41				
0012473	叶柯	74	53	86	42	53				
0012474	谢楠	86	54	84	84	42				
0012475	黄磊	52	58	74	86	41				
0012476	王玉龙	42	95	74	84	52				
0012477	吴磊	61	75	77	72	54				

6.2.2 计算考评成绩

表格的基本数据录入完成后，涉及计算的数据内容可以通过Excel的公式功能自动计算录入，只需要知道常用公式的使用方法即可完成数据计算。

>>>1.计算总分

计算总分用到的是求和公式，这是Excel常用的公式之一。求和函数的语法是：SUM(number1,number2, ...)，如果将逗号“,”换成冒号“：”表示计算从A单元格到B单元格的数据之和。

第1步：选择“求和”函数。❶选中“总分”下面的第一个单元格，表示要将求和结果放在此处；❷单击“公式”选项卡下“自动求和”下拉按钮；❸选择下拉列表中的“求和”选项，如下图所示。

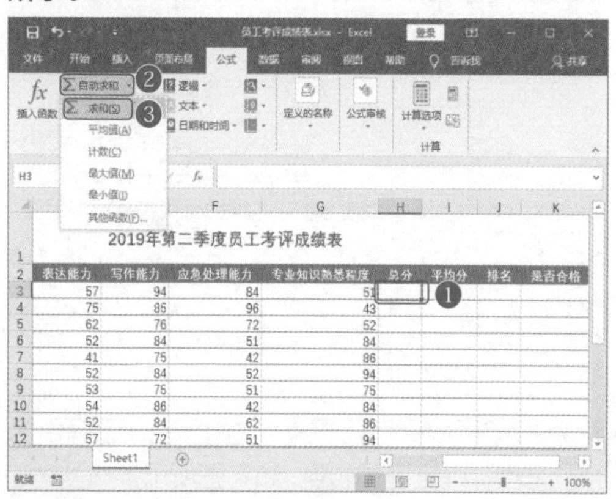

第2步：确定求和公式。执行求和命令后，会自动出现如下图所示的公式，只要确定虚线框中的数据是需要求和数据即可，按下Enter键，表示确定公式。

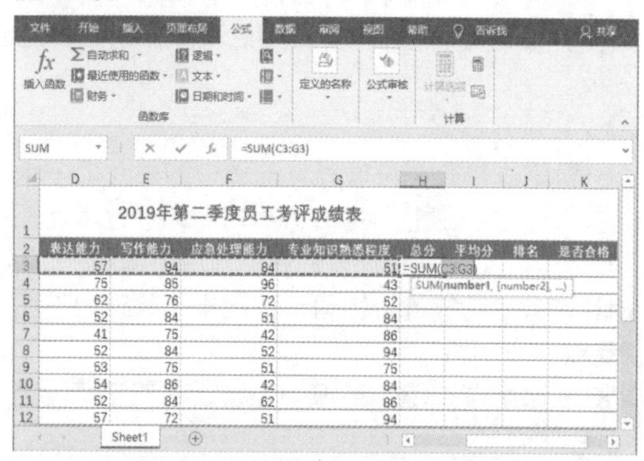

第3步：完成“总分”计算。❶完成第一个总分计算后，将鼠标指针移动到该单元格右下方，当它变成黑色十字形时双击鼠标左键；❷此时H列所有需要计算总分的单元格均完成了计算，如下图所示。

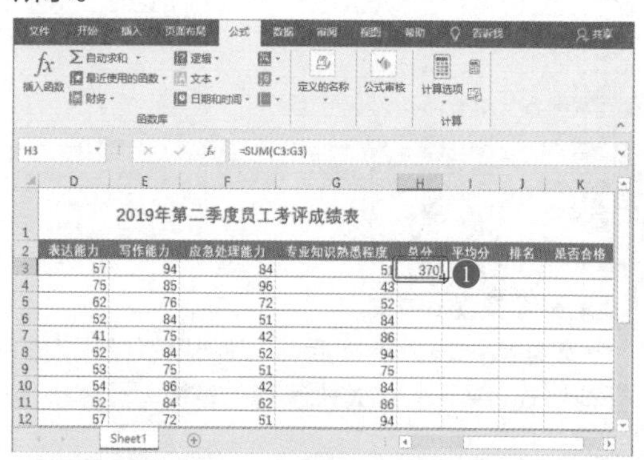

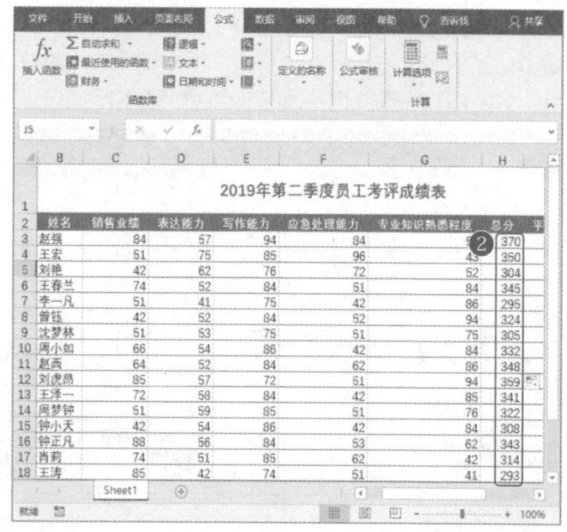

专家点拨

在使用Excel函数公式前，首先应该明白单元格的命名定位方法。在Excel表中，每一个单元格都有独一无二的编号，其编号是由横向的字母加纵向的数字组成，如“B5”表示B列5行的单元格。因此在进行函数计算时，只要通过单元格编号来说明需要计算的数据单元格范围即可。如“SUM(B5:M3)”表示计算B5单元格到M3单元格中所有的数据之和。而“SUM(B5,M3)”则表示计算B5单元格和M3单元格的数据之和。

>>>2. 计算平均分

平均值的计算公式语法是：AVERAGE(number1,number2......)。只需要选择平均值公式，确定数据范围即可。

第1步：选择“平均值”公式。❶选择“平均分”下面的第一个单元格；❷单击“自动求和”下拉按钮，在弹出的下拉列表中选择“平均值”选项，如下图所示。

2019年第二季度员工考评成绩表

销售业绩	表达能力	写作能力	应急处理能力	专业知识熟悉程度	总分	平均分	排名	是否合格
84	57	94	84	51	370			
51	75	85	96	43	350			
42	62	76	72	52	304			
74	52	84	51	84	345			
51	41	75	42	86	295			
42	52	84	52	94	324			

第2步：修改引用单元格。插入“平均值”函数后，函数会根据有数据的单元格，自动进行单元格引用。在本例中，函数引用了需要计算平均分单元格左边的单元格。将光标插入到函数中，修改单元格引用区域为“C3:G3”。因为H3单元格是总分数据，不应纳入平均分计算。完成单元格引用修改后，按下Enter键完成计算，并双击复制公式到下面的单元格中，如下图所示。

=AVERAGE(C3:G3)

2019年第二季度员工考评成绩表

销售业绩	表达能力	写作能力	应急处理能力	专业知识熟悉程度	总分	平均分	排名	是否合格
84	57	94	84	51	370	=AVERAGE(C3:G3)		
51	75	85	96	43	350			
42	62	76	72	52	304			
74	52	84	51	84	345			
51	41	75	42	86	295			
42	52	84	52	94	324			
51	53	75	51	75	305			
66	54	86	42	84	332			

第3步：设置平均分数值格式。完成平均分计算后，选中I列“平均分”列，单击“数字”组中的“对话框启动器”按钮，打开“设置单元格格式”对话框；❶在“分类”列表框中选择“数值”；❷设置小数位数为“2”位；❸单击“确定”按钮，如下图所示。

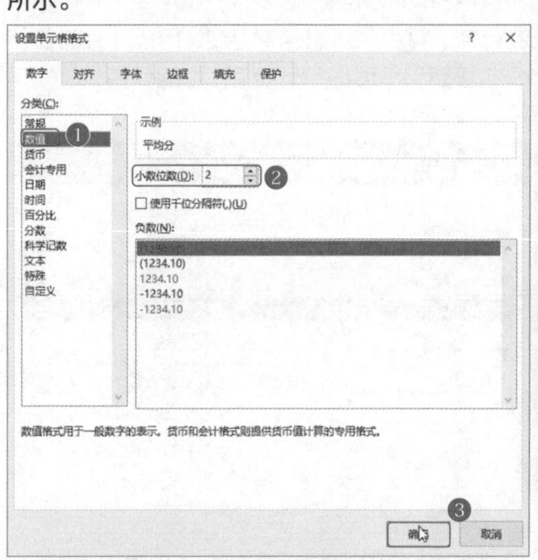

第4步：查看完成计算的平均分。此时表格中的员工平均分完成计算，并且保留2位小数，效果如下图所示。

2019年第二季度员工考评成绩表

销售业绩	表达能力	写作能力	应急处理能力	专业知识熟悉程度	总分	平均分	排名	是否合格
84	57	94	84	51	370	74.00		
51	75	85	96	43	350	70.00		
42	62	76	72	52	304	60.80		
74	52	84	51	84	345	69.00		
51	41	75	42	86	295	59.00		
42	52	84	52	94	324	64.80		
51	53	75	51	75	305	61.00		
66	54	86	42	84	332	66.40		
64	52	84	62	86	348	69.60		
85	57	72	51	94	359	71.80		
72	58	84	42	85	341	68.20		
51	59	85	51	76	322	64.40		
42	54	86	42	84	308	61.60		
88	56	84	53	62	343	68.60		
74	51	85	62	42	314	62.80		

>>>3. 计算成绩排名

员工考评成绩表中，可以统计出不同员工的成绩排名，需要用到的函数是RANK函数。该函数的使用语法是：rank(number,ref,order)，其中number表示为需要找到排位的数字；ref表示为数字列表数组或对数字列表的引用；oder表示为一数字，指明排位的方式，为零或者省略代表降序排列，order不为零则为升序排列。

第1步：输入函数。在本例中，员工是按照总分的大小进行排名的，因此RANK函数中会涉及总分单元格的定位。如下图所示，将输入法切换到英文输入状态下，在第一个"排名"单元格中输入函数"=RANK(H3,H$3:H$24)"。该公式表示，计算H3单元格数据在H3到H24单元格数据中的排名。其中"$"符号表示绝对引用，目的是将公式复制到下面的单元格后，也能保持H3:H24单元格引用区域不发生改变。

=RANK(H3,H$3:H$24)

	D	E	F	G	H	I	J	K
2	表达能力	写作能力	应急处理能力	专业知识熟悉程度	总分	平均分	排名	是否合格
3	57	94	84	51	370	74.00	=RANK(H3,H$3:H$24)	
4	75	85	96	43	350	70.00		
5	62	76	72	52	304	60.80		
6	52	84	51	84	345	69.00		
7	41	75	42	86	295	59.00		
8	52	84	52	94	324	64.80		
9	53	75	51	75	305	61.00		
10	54	86	42	84	332	66.40		
11	52	84	62	86	348	69.60		
12	57	72	51	94	359	71.80		
13	58	84	42	85	341	68.20		
14	59	85	51	76	322	64.40		
15	54	86	42	84	308	61.60		

第2步：完成排名计算。在上一步骤中，输入公式后按下Enter键完成公式计算，并双击复制公式到下面的单元格中，此时便完成了员工的总分成绩排名计算，如下图所示。

	D	E	F	G	H	I	J	K
2	表达能力	写作能力	应急处理能力	专业知识熟悉程度	总分	平均分	排名	是否合格
3	57	94	84	51	370	74.00	1	
4	75	85	96	43	350	70.00	3	
5	62	76	72	52	304	60.80	20	
6	52	84	51	84	345	69.00	7	
7	41	75	42	86	295	59.00	21	
8	52	84	52	94	324	64.80	12	
9	53	75	51	75	305	61.00	19	
10	54	86	42	84	332	66.40	11	
11	52	84	62	86	348	69.60	5	
12	57	72	51	94	359	71.80	2	
13	58	84	42	85	341	68.20	9	
14	59	85	51	76	322	64.40	13	
15	54	86	42	84	308	61.60	17	

平均值: 11.40909091　计数: 23　求和: 251

>>>4.判断是否合格

员工考评成绩中，常常会附上一列，用于显示该员工成绩是否合格。使用到的函数是"IF"函数，该函数的语法是：IF(logical_test,value_if_true,value_if_false)。其作用是判断数据的逻辑真假。在本例中，如果逻辑是真的，就返回"合格"文字，而逻辑是假的则返回"不合格"文字，以此来判断员工成绩的合格与否。

第1步：打开"插入函数"对话框。❶选中"是否合格"下面的第一个单元格；❷单击"自动求和"下拉按钮，在弹出的下拉列表中选择"其他函数"选项，如下图所示。

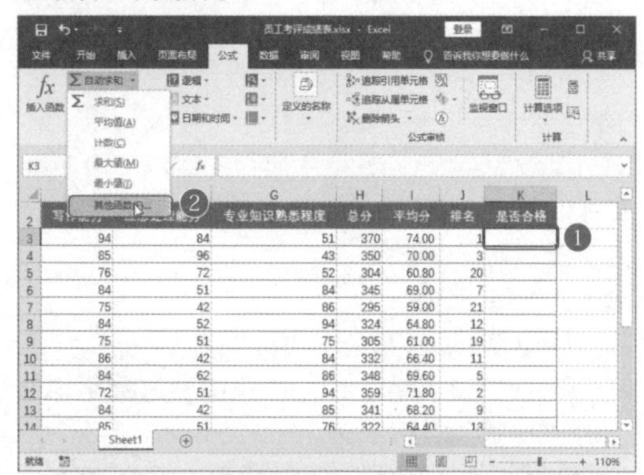

第2步：选择函数。❶在打开的"插入函数"对话框中，选择"常用函数"；❷在"选择函数"列表框中选择"IF"函数；❸单击"确定"按钮，如下图所示。

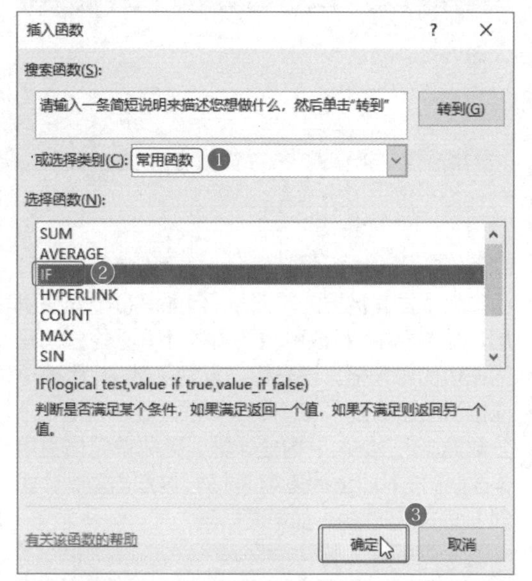

第3步：设置函数参数。❶在打开的"函数参数"对话框中，输入"h3>=320"，表示H3单元格中的总分数如果大于等于320分则逻辑为真，否则就是逻辑为假，并且输入逻辑真和逻辑假时返回的文字，分别为"合格"和"不合格"；❷单击"确定"按钮，如下图所示。

第4步：查看计算结果。完成函数参数设置后，再将函数复制到下面的单元格中，即可完成员工的合格情况判断，效果如下图所示。

6.2.3 应用条件格式突出显示数据

Excel 2016具备条件格式功能。所谓条件格式是指当指定条件为真时，Excel自动应用于单元格的格式，例如，应用单元格底纹或字体颜色。如果想为某些符合条件的单元格应用某种特殊格式，使用条件格式功能可以比较容易地实现。

>>>1. 应用色阶显示总分

条件格式中有色阶功能，其原理是应用颜色的深浅来显示数据的大小。颜色越深表示数据越大，颜色越浅表示数据最小，这样做的好处是，让数据更直观。

第1步：选择色阶颜色。❶选中“总分”数据列，单击“开始”选项卡下的“条件格式”下拉按钮；❷从下拉列表中选择“色阶”选项；❸从级联列表中选择一种色阶颜色，如下图所示。

第2步：查看色阶应用效果。如下图所示是为“总分”列应用色阶条件格式的效果，不用细看总分数据的大小，从颜色深浅就可以快速对比出不同的员工考评总成绩的高低。

>>>2. 突出显示不及格分数

如果想要突出显示考评不及格的分数，也可以通过条件设置简单地实现。在条件格式中，可以通过单元格的数据大小，突出显示大于某个数的单元格或小于某个数的单元格。

第1步：选择条件格式。❶选中表格中“销售业绩”到“专业知识熟悉程度”所有列的数据，单击“开始”选项卡下的“条件格式”下拉按钮，在弹出的下拉列表中选择“突出显示单元格规则”选项；❷在级联列表中选择“小于”选项，如下图所示。

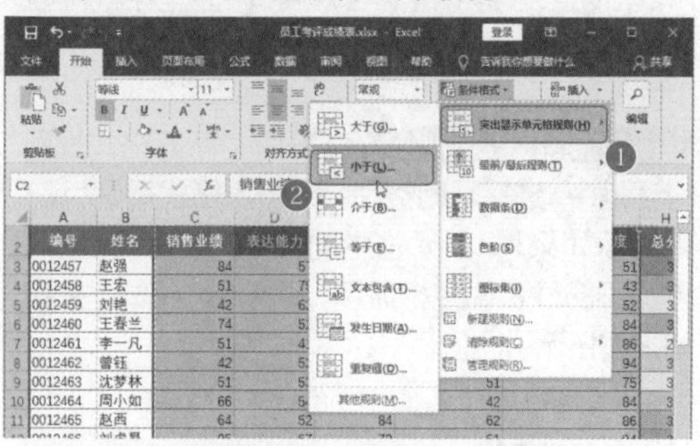

第2步：设置“小于”对话框。❶在打开的“小于”对话框中输入“60”表示突出显示小于60分的单元格；❷单击“确定”按钮，如下图所示。

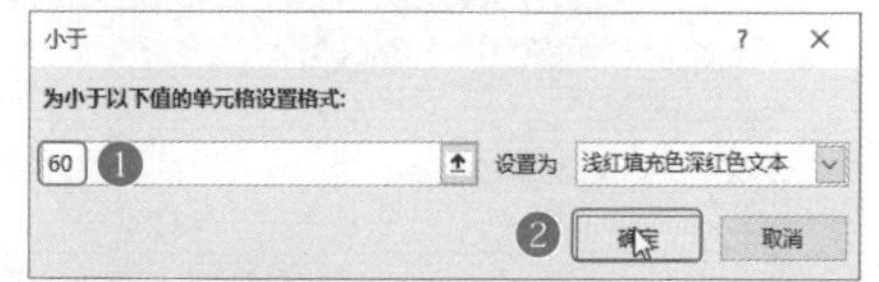

第3步：查看条件格式设置效果。此时选中的数据中，小于60分的单元格都被突出显示，单元格底色为浅红色，如下图所示。

编号	姓名	销售业绩	表达能力	写作能力	应急处理能力	专业知识熟悉程度
0012457	赵强	84	57	94	84	51
0012458	王宏	51	75	85	96	43
0012459	刘艳	42	62	76	72	52
0012460	王春兰	74	52	84	51	84
0012461	李一凡	51	41	75	42	86
0012462	曾钰	42	52	84	52	94
0012463	沈梦林	51	53	75	51	75
0012464	周小如	66	54	86	42	84
0012465	赵西	64	52	84	62	86
0012466	刘虎昂	85	57	72	51	94
0012467	王泽一	72	58	84	42	85
0012468	周梦钟	51	59	85	51	76
0012469	钟小天	42	54	86	42	84

>>>3.突出显示不合格员工姓名

条件格式可以结合公式，实现更多的设置效果。方法是通过新建格式规则公式完成规则的建立。

第1步：打开“新建格式规则”对话框。 ❶选中员工的姓名单元格；❷单击“条件格式”下拉按钮，在弹出的下拉列表中选择“新建规则”选项，如下图所示。

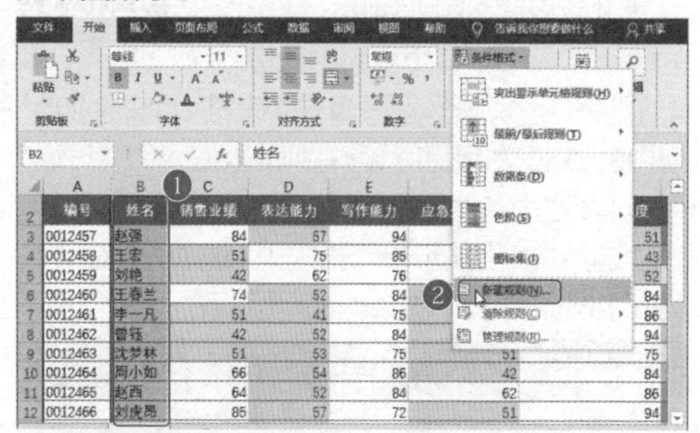

第2步：设置新规则。 ❶在打开的“新建格式规则”对话框中，选择规则类型；❷输入格式规则，该规则表示如果K3单元格中的值是“不合格”，那么该员工的姓名要突出显示；❸单击“格式”按钮，如下图所示。

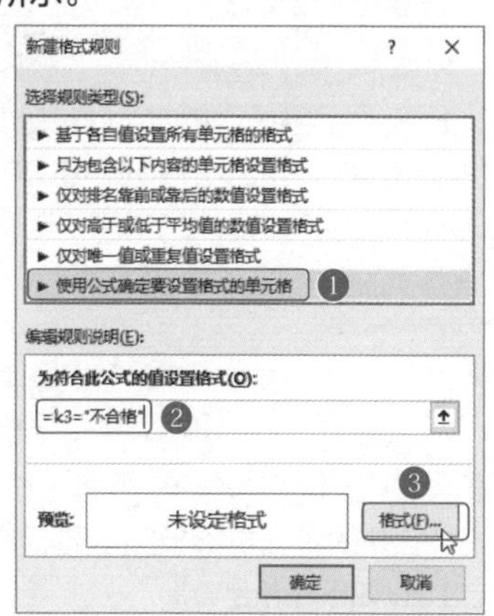

第3步：设置突出显示格式。 ❶在打开的“设置单元格格式”对话框中，选择文字颜色为红色；❷单击“确定”按钮，如下图所示。

第4步：确定新建的格式。 返回“新建格式规则”对话框中，确定设置的格式，单击“确定”按钮，如下图所示。

第5步：查看效果。 完成条件格式设置后，效果如下图所示，不合格的员工姓名被标成了红色。

编号	姓名	销售业绩	表达能力	写作能力	应急处理能力	专业知识熟悉程度
0012457	赵强	84	57	94	84	51
0012458	王宏	51	75	85	96	43
0012459	刘艳	42	62	76	72	52
0012460	王春兰	74	52	84	51	84
0012461	李一凡	51	41	75	42	86
0012462	曾钰	42	52	84	52	94
0012463	沈梦林	51	53	75	51	75
0012464	周小如	66	54	86	42	84
0012465	赵西	64	52	84	62	86
0012466	刘虎昂	85	57	72	51	94
0012467	王泽一	72	58	84	42	85
0012468	周梦钟	51	59	85	51	76
0012469	钟小天	42	54	86	42	84
0012470	钟正凡	88	56	84	53	62
0012471	肖莉	74	51	85	62	42
0012472	王涛	85	42	74	51	41
0012473	叶柯	74	53	86	42	53
0012474	谢稀	86	54	84	84	42
0012475	黄磊	52	58	74	86	41
0012476	王玉龙	42	95	74	84	52
0012477	吴磊	61	75	77	72	54

专家答疑

问：应用条件格式时，对于建立好的规则如果不满意，可以更改吗？

答：可以。应用条件格式对单元格数据更改显示状态后，如果不满意规则设置，可以更改规则。方法是选择“条件格式”下拉菜单中的“管理规则”选项，打开“条件格式管理规则器”，从中选择表格中建立的规则进行更改。可以更改规则所适用的单元格区域，也可以更改值在真和假状态下的显示方式。

6.3 计算并打印“员工工资表”

扫一扫 看视频

※ 案例说明

工资表是按单位、部门、员工工龄等考核指标制作的表格，每个月一张。通常情况下，工资表完成后，需要打印出来发放到员工手里。但是员工之间的工资信息是保密的，所以工资表需要制作成工资条形式，打印后进行裁剪发放。

“员工工资表”文档制作完成后的效果如下图所示。

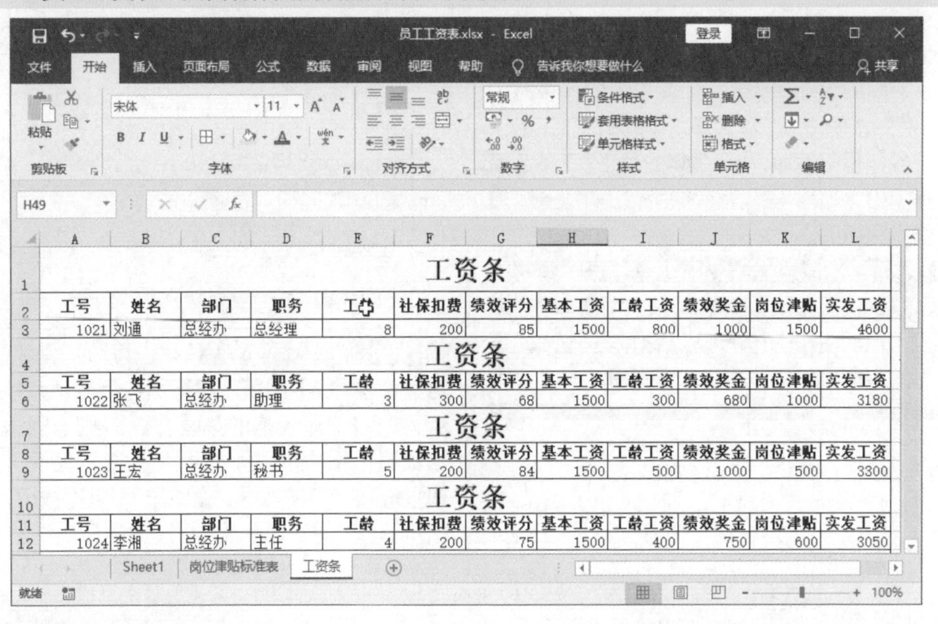

工资条

工号	姓名	部门	职务	工[illegible]	社保扣费	绩效评分	基本工资	工龄工资	绩效奖金	岗位津贴	实发工资
1021	刘通	总经办	总经理	8	200	85	1500	800	1000	1500	4600

工资条

工号	姓名	部门	职务	工龄	社保扣费	绩效评分	基本工资	工龄工资	绩效奖金	岗位津贴	实发工资
1022	张飞	总经办	助理	3	300	68	1500	300	680	1000	3180

工资条

工号	姓名	部门	职务	工龄	社保扣费	绩效评分	基本工资	工龄工资	绩效奖金	岗位津贴	实发工资
1023	王宏	总经办	秘书	5	200	84	1500	500	1000	500	3300

工资条

工号	姓名	部门	职务	工龄	社保扣费	绩效评分	基本工资	工龄工资	绩效奖金	岗位津贴	实发工资
1024	李湘	总经办	主任	4	200	75	1500	400	750	600	3050

※ 思路解析

员工工资表中，涉及工龄工资、绩效奖金等类型的数据都是可以通过公式进行计算。所以公司财务人员在制作工资表时，利用函数计算，既方便又避免出错。但是财务人员需要根据不同的计算数据使用不同的公式。在计算完成后，将工资表制作成工资条方便打印。其制作思路如下图所示。

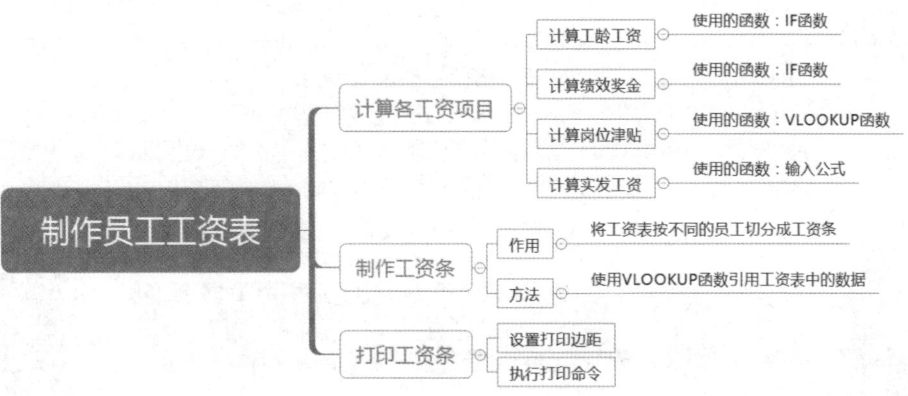

※ 步骤详解

6.3.1 应用公式计算员工工资

员工工资表中，除了基本工资、社保扣费这类费用外，例如绩效奖金、实发工资等都可以通过公式计算出来，利用公式计算各工资，既方便又不容易出错。

>>>1.计算员工工龄工资

在不同的企业中，员工工龄工资的计算方法不同，例如本例中，工龄大于3年的员工，工龄工资是工作年份×100，小于3年的员工，工龄工资是工作年份×50。需要用到的函数是IF函数，具体操作步骤如下。

第1步：打开"插入函数"对话框。打开"素材文件\第6章\员工工资表.xlsx"文件；❶单击"工龄工资"下面的第一个单元格；❷单击"公式"选项卡下的"插入函数"按钮，如下图所示。

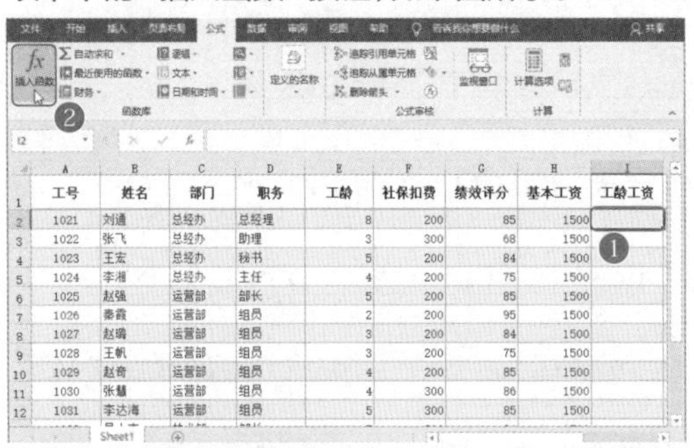

工号	姓名	部门	职务	工龄	社保扣费	绩效评分	基本工资	工龄工资
1021	刘通	总经办	总经理	8	200	85	1500	
1022	张飞	总经办	助理	3	300	68	1500	
1023	王宏	总经办	秘书	5	200	84	1500	
1024	李湘	总经办	主任	4	200	75	1500	
1025	赵强	运营部	部长	5	200	85	1500	
1026	秦霞	运营部	组员	2	200	95	1500	
1027	赵璐	运营部	组员	3	200	84	1500	
1028	王帆	运营部	组员	3	200	75	1500	
1029	赵奇	运营部	组员	4	200	85	1500	
1030	张慧	运营部	组员	4	300	86	1500	
1031	李达海	运营部	组员	5	300	85	1500	

第2步：选择函数。❶在打开的"插入函数"对话框中，选择函数类型为"常用函数"；❷在"选择函数"列表框中选在择IF函数；❸单击"确定"按钮，如右上图所示。

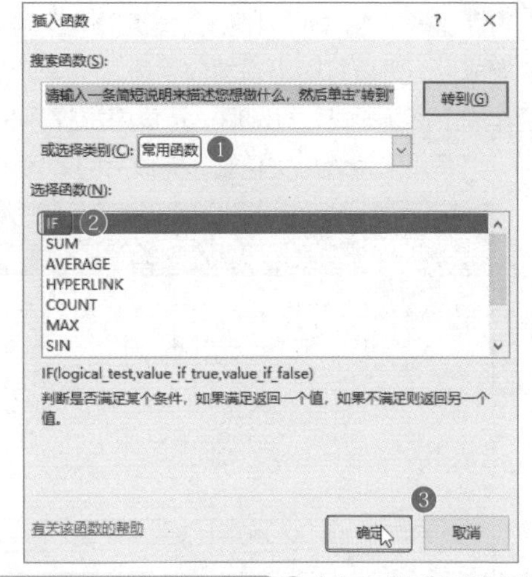

第3步：设置函数参数。❶在打开的"函数参数"对话框中，按下图所示设置函数参数。该参数表示，如果E2单元格的数值小于3，则返回该单元格数值×50的数据；如果大于3，则返回该单元格数值×100的数据；❷单击"确定"按钮，如下图所示。

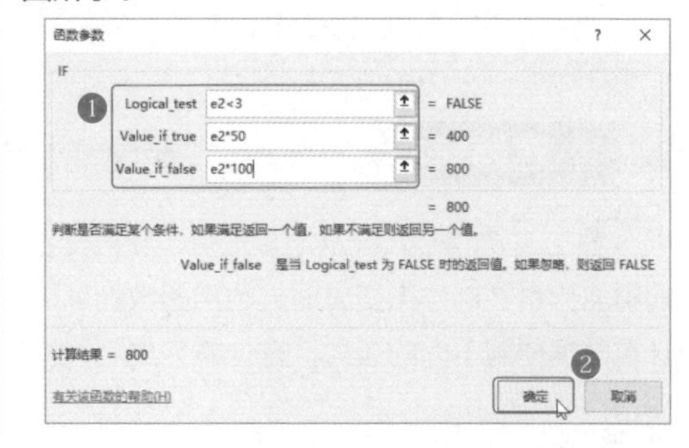

第4步：复制公式。在上一步中输入公式后，将鼠标指针移动到该单元格的右下方，当它变成黑色十字形时，双击鼠标左键，如下图所示。

=IF(E2<3,E2*50,E2*100)

工号	姓名	部门	职务	工龄	社保扣费	绩效评分	基本工资	工龄工资
1021	刘通	总经办	总经理	8	200	85	1500	800
1022	张飞	总经办	助理	3	300	68	1500	
1023	王宏	总经办	秘书	5	200	84	1500	
1024	李湘	总经办	主任	4	200	75	1500	
1025	赵强	运营部	部长	5	200	85	1500	
1026	秦霞	运营部	组员	2	200	95	1500	
1027	赵璃	运营部	组员	3	200	84	1500	
1028	王帆	运营部	组员	3	200	75	1500	
1029	赵奇	运营部	组员	4	200	85	1500	
1030	张慧	运营部	组员	4	300	86	1500	
1031	李达海	运营部	组员	5	300	85	1500	

第5步：查看工龄工资计算结果。复制完公式后，就完成了工龄工资的计算，效果如下图所示。

工号	姓名	部门	职务	工龄	社保扣费	绩效评分	基本工资	工龄工资
1021	刘通	总经办	总经理	8	200	85	1500	800
1022	张飞	总经办	助理	3	300	68	1500	300
1023	王宏	总经办	秘书	5	200	84	1500	500
1024	李湘	总经办	主任	4	200	75	1500	400
1025	赵强	运营部	部长	5	200	85	1500	500
1026	秦霞	运营部	组员	2	200	95	1500	100
1027	赵璃	运营部	组员	3	200	84	1500	300
1028	王帆	运营部	组员	3	200	75	1500	300
1029	赵奇	运营部	组员	4	200	85	1500	400
1030	张慧	运营部	组员	4	300	86	1500	400
1031	李达海	运营部	组员	5	300	85	1500	500

>>>2. 计算员工绩效奖金

通常，员工的绩效奖金将根据该月的绩效考核成绩或业务量等计算得出，例如本例中绩效奖金与绩效评分成绩相关，且其计算方式为：60分以下则无绩效奖金，60分到80分则以每分10元计算，80分以上者绩效资金为1000元。具体操作步骤如下。

第1步：选择函数。❶选中“绩效奖金”下面第一个单元格；❷打开“插入函数”对话框，选择IF函数；❸单击“确定”按钮，如下图所示。

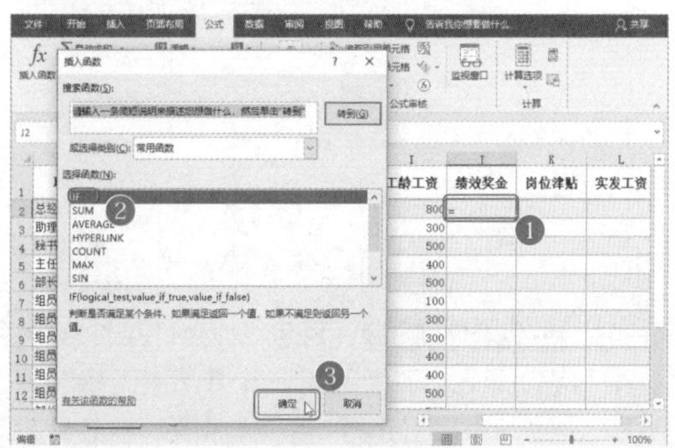

第2步：设置函数参数。❶在打开的“函数参数”对话框中，输入参数值。其中g2<60表示判断G2单元格的数据是否小于60。如果小于60，则返回0；如果大于60，则再判断是否大于80来决定返回值。if(g2<80,g2*10,1000)表示的是，如果G2单元格的值小于80，则返回G2单元格数值×10的结果，否则就返回1000这个数值。❷单击“确定”按钮，如下图所示。

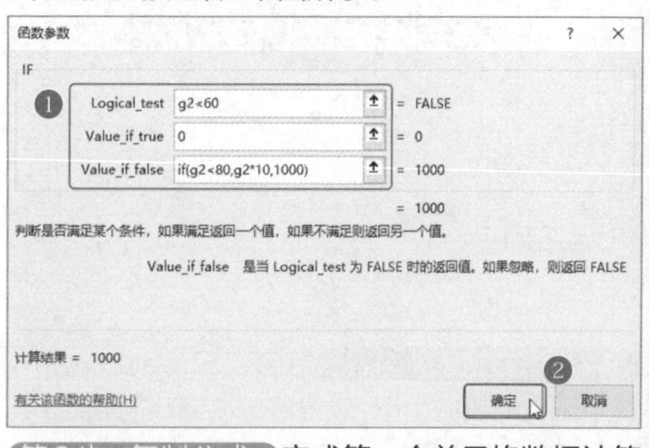

第3步：复制公式。完成第一个单元格数据计算后，拖动鼠标复制公式，如下图所示。

=IF(G2<60,0,IF(G2<80,G2*10,1000))

职务	工龄	社保扣费	绩效评分	基本工资	工龄工资	绩效奖金	岗位津贴	实发工资
总经理	8	200	85	1500	800	1000		
助理	3	300	68	1500	300			
秘书	5	200	84	1500	500			
主任	4	200	75	1500	400			
部长	5	200	85	1500	500			
组员	2	200	95	1500	100			
组员	3	200	84	1500	300			
组员	3	200	75	1500	300			
组员	4	200	85	1500	400			
组员	4	200	86	1500	400			
组员	5	300	85	1500	500			

第4步：查看绩效奖金计算结果。完成绩效奖金计算的结果如下图所示。

职务	工龄	社保扣费	绩效评分	基本工资	工龄工资	绩效奖金	岗位津贴	实发工资
总经理	8	200	85	1500	800	1000		
助理	3	300	68	1500	300	680		
秘书	5	200	84	1500	500	1000		
主任	4	200	75	1500	400	750		
部长	5	200	85	1500	500	1000		
组员	2	200	95	1500	100	1000		
组员	3	200	84	1500	300	1000		
组员	3	200	75	1500	300	750		
组员	4	200	85	1500	400	1000		
组员	4	300	86	1500	400	1000		
组员	5	300	85	1500	500	1000		

>>>3. 计算员工岗位津贴

企业中各员工所在岗位不同，其工资应有一定的差别，故许多企业中为不同的工作岗位设置了不同的岗位津贴。为方便、快速地计算出各员工的岗位津贴，可在新工作表中列举出各职务的岗位津贴标准，然后利用查询函数，以各条数据中的“职务”数据为查询条件，从岗位津贴标准表中查询出相应的数据。具体操作步骤如下。

第1步：新建工作表。❶新建一张“岗位津贴标准表”；❷在“岗位津贴标准表”中输入表头字段内容，如下图所示。

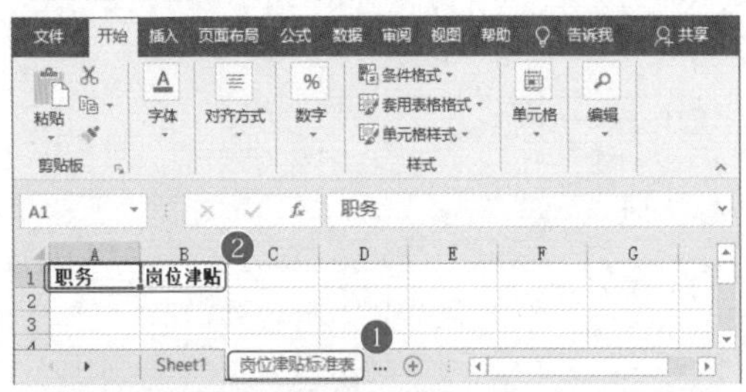

第2步：复制职务内容。返回到Sheet1表格中，选中所有的职务类型，单击鼠标右键，选择快捷菜单中的“复制”命令，如下图所示。

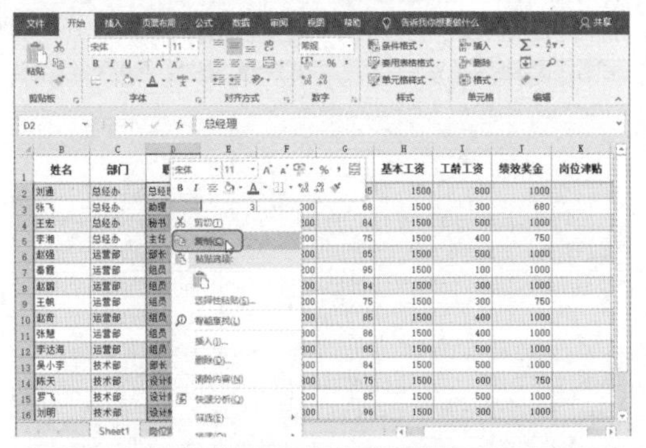

第3步：粘贴职务内容并执行“删除重复项”命令。❶将复制的职务信息粘贴到“职务”字段下面；❷选中A列内容，单击“数据”选项卡下“数据工具”组中的“删除重复项”按钮，如下图所示。

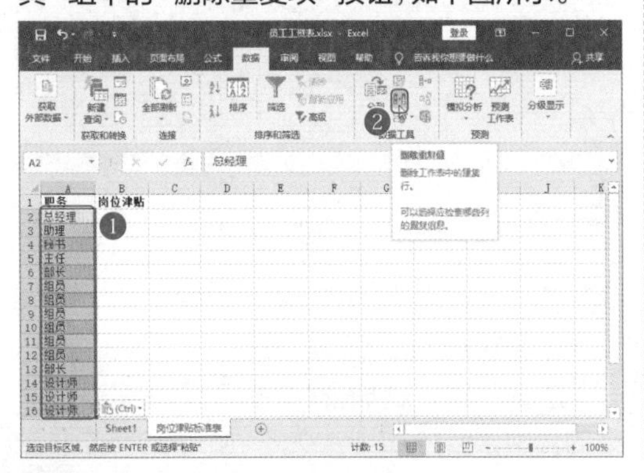

第4步：设置“删除重复项警告”对话框。❶在打开的“删除重复项警告”对话框中选中“以当前选定区域排序”单选按钮；❷单击“删除重复项”按钮，如下图所示。

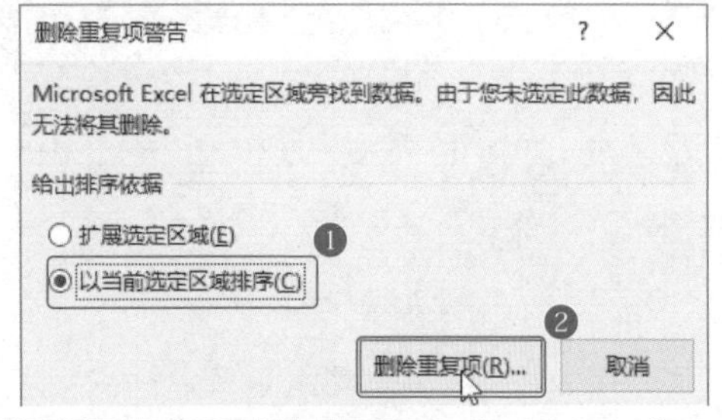

第5步：确定删除重复项。❶此时会打开“删除重复值”对话框，取消选中“数据包含标题”复选框；❷单击“确定”按钮，如下图所示。

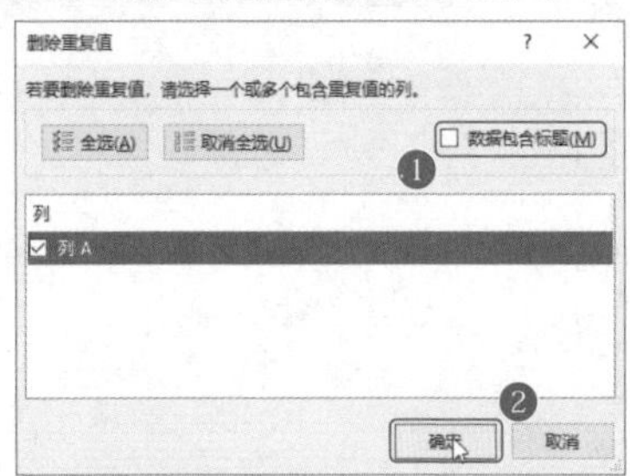

第6步：确定删除的重复项。在弹出的“Microsoft Excel”对话框中，单击“确定”按钮，如下图所示。

第7步：输入岗位津贴。此时表格中的职务重复项便被删除了，输入公司不同岗位的津贴数值，如下图所示。

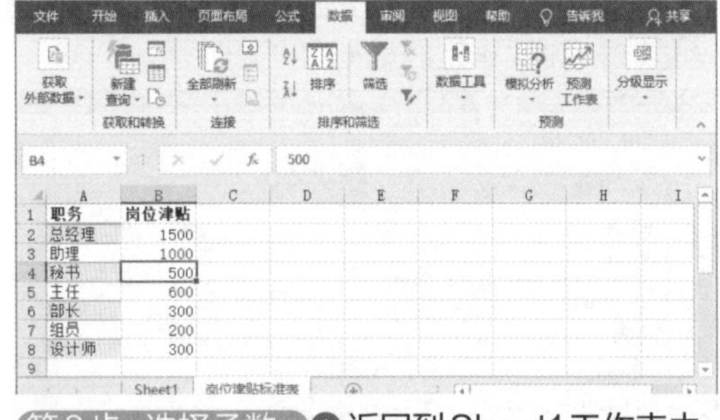

第8步：选择函数。❶返回到Sheet1工作表中，选中“岗位津贴”下面的第一个单元格；❷打开“插入函数”对话框，选择“查找与引用”函数类型；

❸选择VLOOKUP函数；❹单击“确定”按钮，如下图所示。

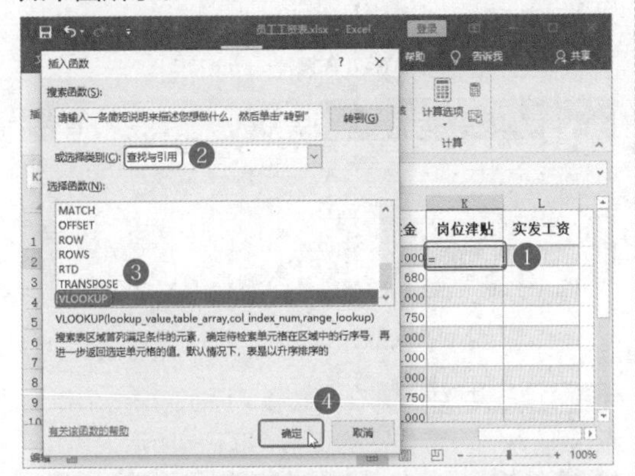

第9步：设置函数参数。❶在打开的“函数参数”对话框中，输入如下图所示的参数内容。其中D2表示要查找D2单元格中的内容；❷Table_array表示查看范围，现在需要在岗位津贴标准表中的A1:B8单元格区域内进行查找。单击Table_array右侧的按钮，进入区域选择状态，如下图所示。

第10步：选择区域。❶选择“岗位津贴标准表”的A1:B8单元格区域；❷完成区域选择后，单击按钮，如下图所示。

第11步：完成函数参数设置。❶回到“函数参数”对话框中，修改Table_arry的内容为“岗位津贴标准表!A$1:B$8”，添加“$”符号的目的是保证复制函数时引用区域不发生改变；❷在Col_index_num参数框中输入“2”，在Range_lookup参数框中输入“FALSE”；❸单击“确定”按钮，如下图所示。这样设置函数表示，要在A1:B8单元格区域中查找D2单元格中的值，找到后返回第2列单元格的值。

第12步：完成津贴计算。在K列复制公式，完成津贴计算，效果如下图所示。例如，K2单元格的数值计算原理是，在“岗位津贴标准表”的A1:B8单元格区域寻找D2单元格的值，D2单元格是“总经理”。在“岗位津贴标准表”的A1:B8单元格区域，“总经理”位于A2单元格中。找到后，返回A2单元格对应第2列的值，即“1500”，因此K2单元格的计算结果是“1500”。

专家点拨

使用VLOOKUP函数时，一定要确定查找范围，否则Excel工具并不能进行准确查找。给出查找范围后，第二个参数要符合查找范围才不会出错。例如本例中，要在“岗位津贴标准表”的A2到B8单元格中查找第2列内容，如果第二个参数是“3”，即查看第3列内容就会出错，因为超出了查找范围。

>>>4.计算员工实发工资

当其他类型的工资都计算完成后，可以计算实发工资数据。其方法是，用所有该发的工资减去该扣的工资，等于实发工资。

第1步：输入公式。在“实发工资”列第一个单元格中输入如下图所示的公式，该公式表示用H2单元格到K2单元格的数据之和减去F2单元格的数据。完成公式的输入后，按下Enter键表示确定输入公式。

=sum(H2:K2)-F2

工龄	社保扣费	绩效评分	基本工资	工龄工资	绩效奖金	岗位津贴	实发工资
8	200	85	1500	800	1000	1500	=sum(H2:K2)-F2
3	300	68	1500	300	680	1000	
5	200	84	1500	500	1000	500	
4	200	75	1500	400	750	600	
5	200	85	1500	500	1000	300	
2	200	95	1500	100	1000	200	
3	200	84	1500	300	1000	200	
3	200	75	1500	300	750	200	
4	200	85	1500	400	1000	200	
4	300	86	1500	400	1000	200	

第2步：完成实发工资计算。完成第一个单元格的工资计算后，复制公式，完成其他工资计算，效果如下图所示。

=SUM(H2:K2)-F2

工龄	社保扣费	绩效评分	基本工资	工龄工资	绩效奖金	岗位津贴	实发工资
8	200	85	1500	800	1000	1500	4600
3	300	68	1500	300	680	1000	3180
5	200	84	1500	500	1000	500	3300
4	200	75	1500	400	750	600	3050
5	200	85	1500	500	1000	300	3100
2	200	95	1500	100	1000	200	2600
3	200	84	1500	300	1000	200	2800
3	200	75	1500	300	750	200	2550
4	200	85	1500	400	1000	200	2900
4	300	86	1500	400	1000	200	2800

平均值: 3035.333333　计数: 15　求和: 45530

6.3.2 制作工资条

完成工资表的制作后，需要将其制作成工资条，方便后期打印。工资条的制作需要用到VLOOKUP函数，具体操作步骤如下。

第1步：新建工资条工作表。❶新建一张“工资条”工作表；❷在表中输入标题和工资条中该有的项目信息，并简单设置一下格式，如下图所示。

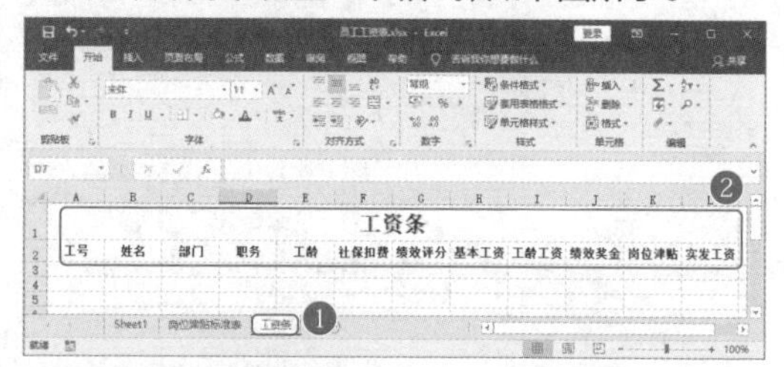

第2步：输入工号。在“工号”下面的第一个单元格中输入第一位员工的工号，如下图所示。

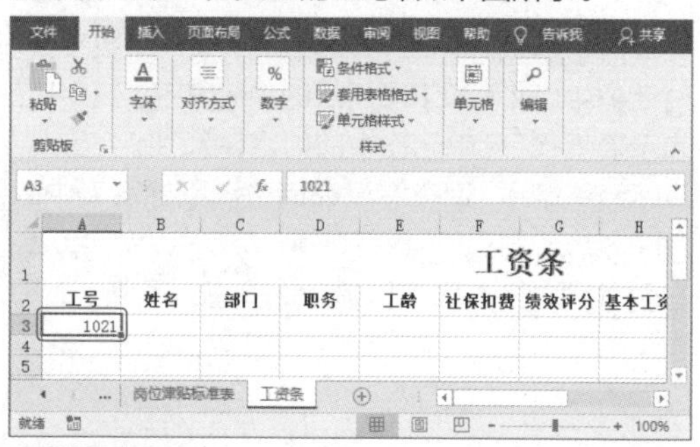

专家点拨

使用VLOOKUP函数时，最后的参数“0”表示精确查找，“1”表示模糊查找。精确查找表示一定要找到对应的数据，如果没找到返回错误值；而模糊查找如果没有找到对应的数据，则返回一个相似的数据。

第3步：选择函数。❶选中“姓名”下面的第一个单元格；❷打开“插入函数”对话框，选择VLOOKUP函数；❸单击“确定”按钮，如下图所示。

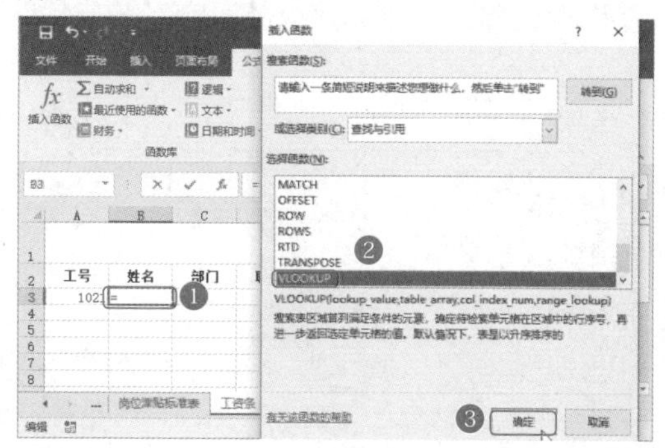

第4步：设置函数参数。❶在打开的“函数参数”对话框中按下图所示设置参数，该参数表示从Sheet1表格的A1:H16单元格区域内寻找A3单元格对应的第2列数据。注意A3单元格和引用区域单元格均添加了绝对引用符号“$”，目的是在后面复制函数的保持引用区域不变；❷单击“确定”按钮，如下图所示。

函数参数

VLOOKUP

Lookup_value $A3 = 1021

Table_array Sheet1!$A$1:$L$16 = {"工号","姓名","部门","职务","工龄",...

Col_index_num 2 = 2

Range_lookup FALSE = FALSE

= "刘通"

搜索表区域首列满足条件的元素，确定待检索单元格在区域中的行序号，再进一步返回选定单元格的值。默认情况下，表是以升序排序的

Lookup_value 需要在数据表首列进行搜索的值，可以是数值、引用或字符串

计算结果 = 刘通

有关该函数的帮助(H) 确定 取消

第5步：复制函数。完成B3单元格员工姓名的查找引用后，将鼠标指针移动到B3单元格右下角，当它变成黑色十字形时按住鼠标左键不放，往右拖动复制公式，如下图所示。

第6步：修改函数。复制函数后，需要修改一下函数引用时返回的序号。因为在Sheet1表格中，“部门”在第3列，而“工号”在第1列，所以要想根据工号查找部门，就需要返回第3列数据。选中C3单元格，在编辑栏中修改函数为“=VLOOKUP($A3,Sheet1!$A$1:$L$16,3,FALSE)”，将引用返回序号改为“3”，如下图所示。

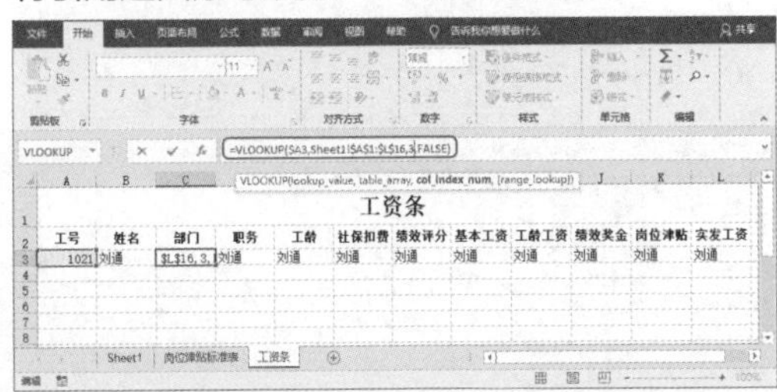

第7步：完成函数修改。用同样的方法，对C3到L3单元格中的函数进行修改，返回的列序号分别是“4”“5”“6”“7”“8”“9”“10”“11”“12”，如下图所示。

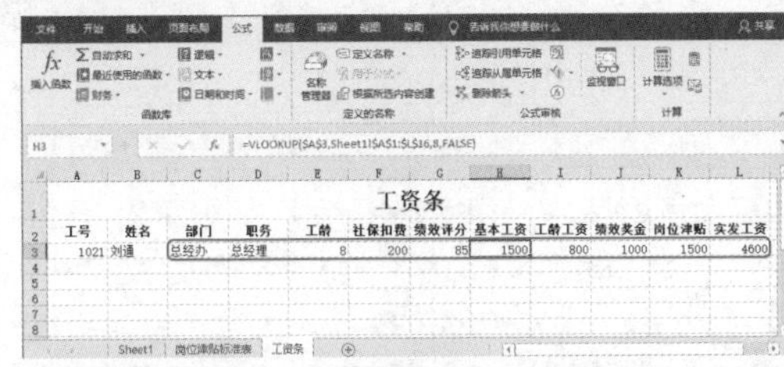

第8步：设置边框颜色。❶选中表格中的工资条内容，单击“开始”选项卡下“字体”组中的“边框”下拉按钮⊞ -；❷从弹出的下拉列表中选择“线条颜色”选项；❸选择“黑色，文字1”颜色，如下图所示。

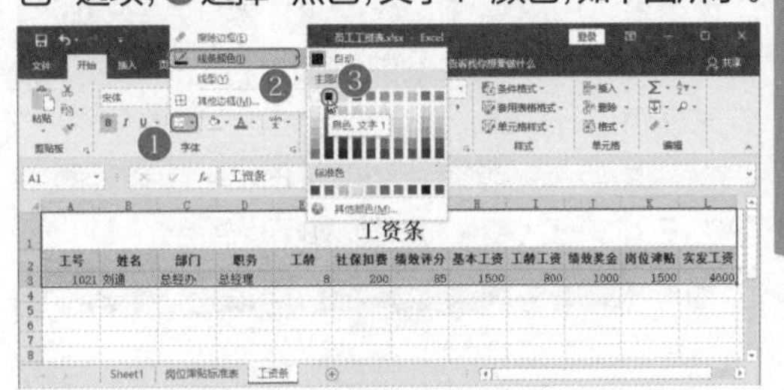

第9步：选择边框。❶再次单击“边框”下拉按钮⊞ -；❷从弹出的下拉列表中选择“所有框线”选项，如下图所示。

第10步：复制工资条。当工资条添加了边框线后，选中工资条内容，将鼠标指针移动到单元格右下角，当它变成黑色十字形时，按住鼠标不放往下拖动，进行工资条的复制，如下图所示。

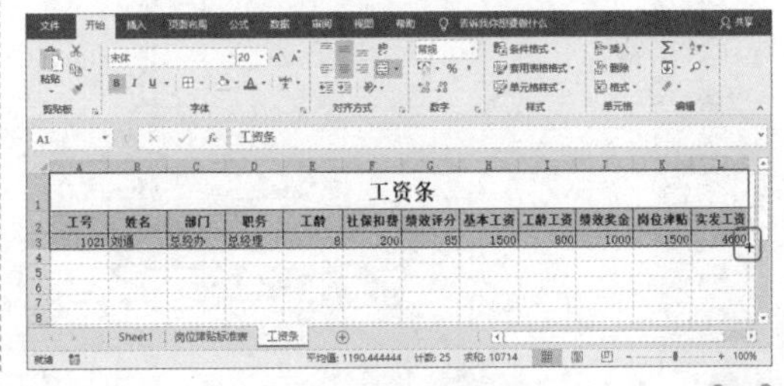

第11步：查看完成的工资条。完成复制的工资条如下图所示。

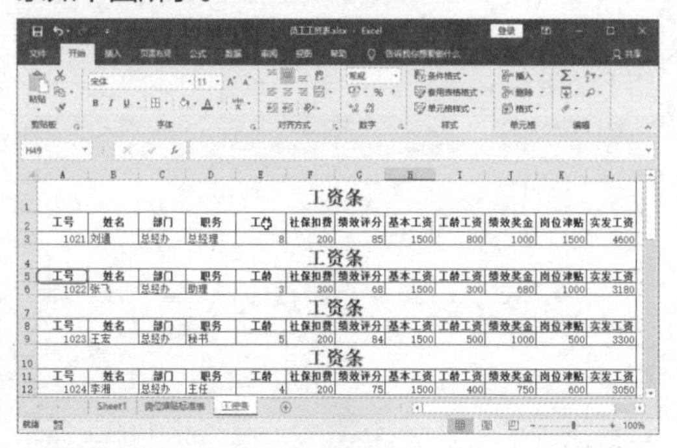

6.3.3 打印员工工资条

当完成工资条的制作后，公司财务人员需要将工资条打印出来，再进行裁剪，然后发给对应的公司同事。打印工资条前需要进行打印预览，确定无误再进行打印。

第1步：单击"文件"按钮。在Excel工作界面中单击左上方的"文件"选项，如下图所示。

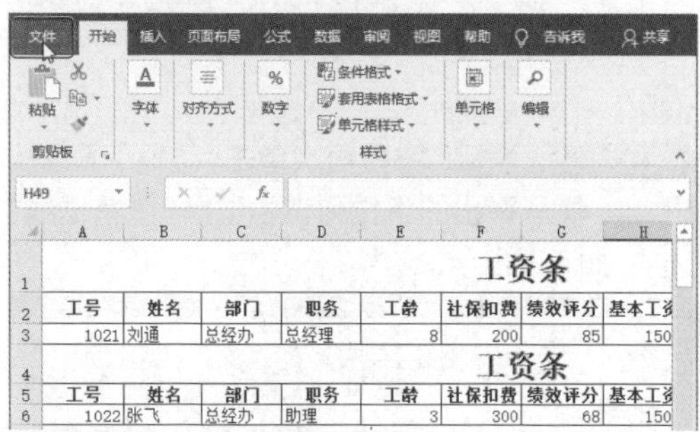

第2步：显示边距。❶在弹出的"文件"菜单中选择"打印"命令；❷单击右边打印预览下方的"显示边距"按钮，如下图所示。

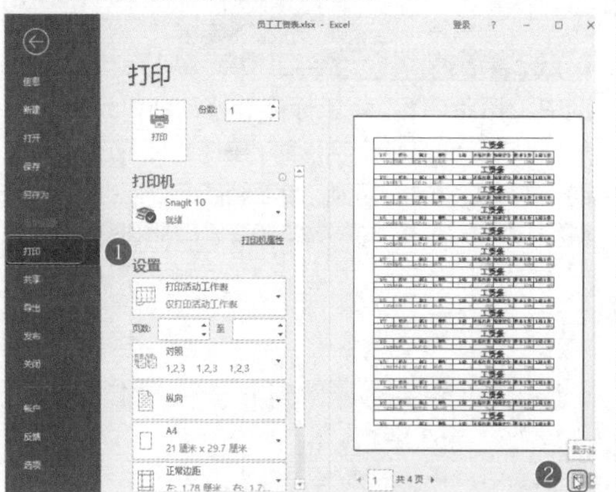

第3步：调整边距。将鼠标指针移动到边距上，按住鼠标不放拖动调整边距，如下图所示。

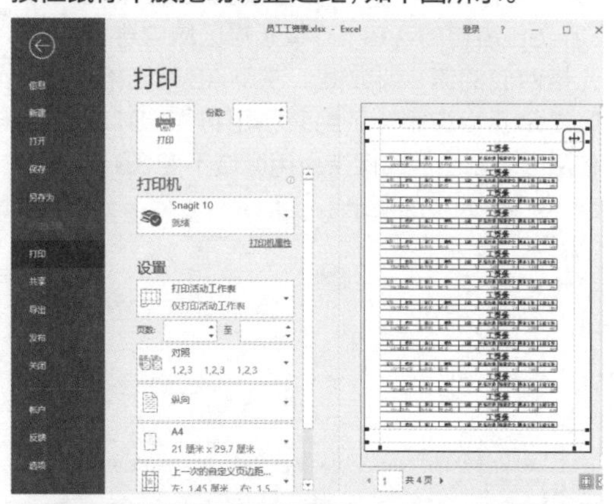

第4步：执行"打印"命令。完成打印边距的设置后，单击"打印"按钮，即可完成工资条打印，如下图所示。

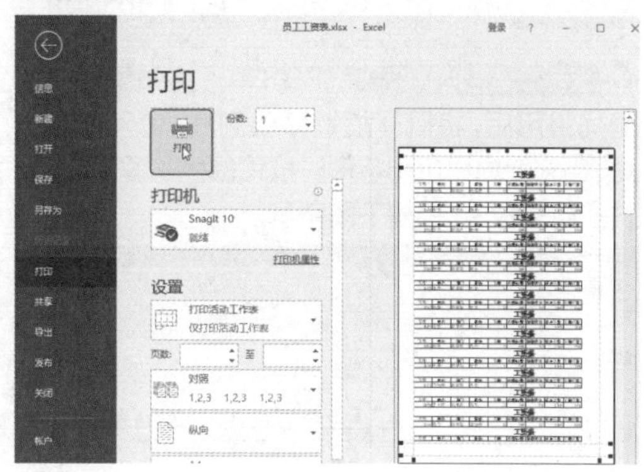

第7章 Excel数据的排序、筛选与汇总

◆本章导读

在对表格数据进行查看和分析时，常常需要对表格中的数据按一定顺序进行排列的，或列举出符合条件的数据，以及对数据进行分类，利用Excel可以轻松完成这些操作。本章将为读者介绍应用Excel对表格数据进行排序、筛选以及分类汇总。

◆知识要点

- Excel数据的排序操作
- 复杂排序的应用
- 简单的数据筛选功能
- 自定义筛选数据的操作
- 分类汇总的使用技巧
- 合并计算数据的方法

◆案例展示

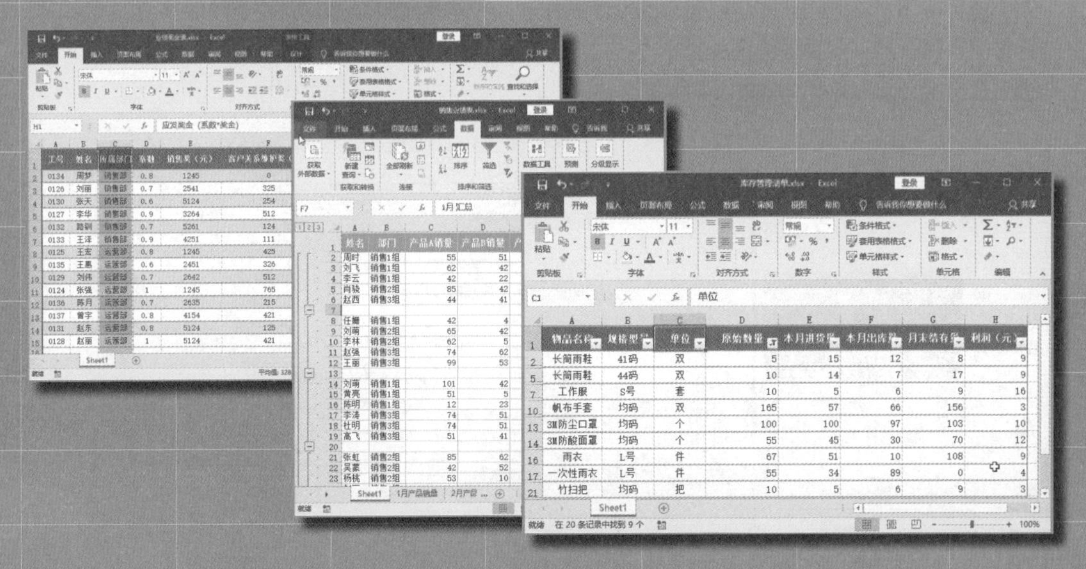

扫一扫 看视频

7.1 排序分析“业绩奖金表”

※ 案例说明

不同的公司有不同的奖励机制，每隔一定的时间，财务部就需要对公司发出的奖金进行统计。业绩奖金表应该包括领取奖金的员工姓名、奖金类型等相关信息。当业绩奖金表完成后，需要根据需求进行排序，方便领导查看。

“业绩奖金表”的排序效果如下图所示。

工号	姓名	所属部门	系数	销售奖（元）	客户关系维护奖（元）	工作效率奖（元）	应发奖金（系数*奖金）	领奖金日期
0134	周梦	销售部	0.8	1245	0	954	1759.2	2019/3/4
0126	刘丽	销售部	0.7	2541	325	610	2433.2	2019/1/3
0130	张天	销售部	0.6	5124	254	451	3497.4	2019/5/4
0127	李华	销售部	0.9	3264	512	241	3615.3	2019/12/4
0132	路钏	销售部	0.7	5261	124	425	4067	2019/1/1
0133	王泽	销售部	0.9	4251	111	845	4686.3	2019/2/4
0125	王宏	运营部	0.8	1245	425	450	1696	2019/3/19
0135	王惠	运营部	0.6	2451	326	657	2060.4	2019/4/3
0129	刘伟	运营部	0.7	2642	512	325	2435.3	2019/6/4
0124	张强	运营部	1	1245	765	500	2510	2019/3/14
0136	陈月	运营部	0.7	2635	215	845	2586.5	2019/3/5
0137	曾宇	运营部	0.8	4154	421	624	4159.2	2019/4/2
0131	赵东	运营部	0.8	5124	125	256	4404	2019/6/7
0128	赵丽	运营部	1	5124	421	521	6066	2019/6/1

※ 思路解析

排序业绩奖金表，需要根据实际需求来进行。如按照某类奖金金额的大小或按照应发奖金的大小进行排序，这时就需要用到简单的排序操作。如果排序比较复杂，如先要按照奖金的类型进行排序，再按照不同类型奖金的大小进行排序，就需要用到自定义排序功能。Excel 排序中简单排序及自定义排序的操作思路如下图所示。

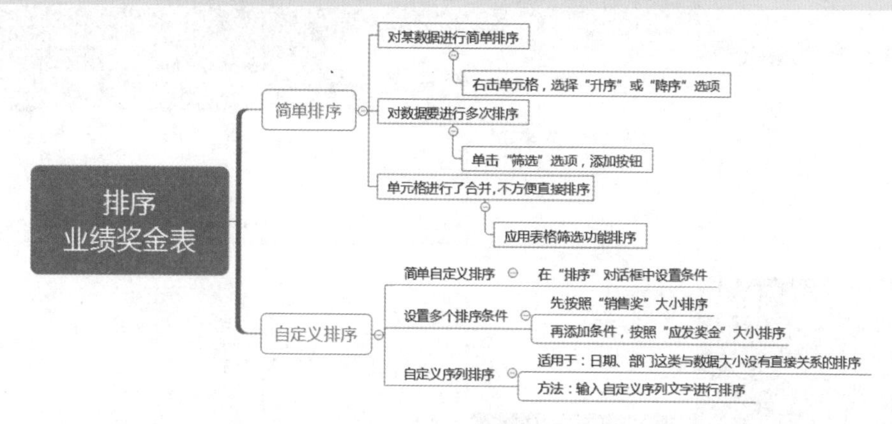

※ 步骤详解

7.1.1 对业绩进行简单排序

Excel最基本的功能就是对数据进行排序，方法是使用“升序”或“降序”功能，也可以为数据添加排序按钮。

>>>1. 对某列数据升序或降序排序

当需要对Excel数据清单的某列数据进行简单排序时，可以利用“升序”和“降序”功能来完成。

第1步：降序操作。 按照路径“素材文件\第7章\业绩奖金表.xlsx”打开素材文件；❶在“系数”单元格上右击；❷选择快捷菜单中的“排序”命令；❸选择“降序”命令，如下图所示。

工号	姓名	系数	销售奖（元）	客户关系维护奖（元）	工作效率奖（元）	应发奖金（系数
0124	张强	1			500	2510
0125	王宏	0.			450	1696
0126	刘丽	0.7	2541	325	610	2433.2
0127	李华	0.9	3264	512	241	3615.3
0128	赵丽	1	5124	421	521	6066
0129	刘伟	0.7	2642	512	325	2435.3
0130	张天	0.6	5124	254	451	3497.4
0131	赵东	0.8	5124	125	256	4404

第2步：查看排序结果。 此时“系数”列的数据就变为降序排序。如果需要对这列数据或其他列数据进行升序排序，选择“升序”即可，如下图所示。

工号	姓名	系数	销售奖（元）	客户关系维护奖（元）	工作效率奖（元）	应发奖金（系数*奖金）
0124	张强	1	1245	765	500	2510
0128	赵丽	1	5124	421	521	6066
0127	李华	0.9	3264	512	241	3615.3
0133	王泽	0.9	4251	111	845	4686.3
0125	王宏	0.8	1245	425	450	1696
0131	赵东	0.8	5124	125	256	4404
0134	周梦	0.8	1245	0	954	1759.2
0137	曾宇	0.8	4154	421	624	4159.2
0126	刘丽	0.7	2541	325	610	2433.2
0129	刘伟	0.7	2642	512	325	2435.3
0132	路驯	0.7	5261	124	425	4067
0136	陈月	0.7	2635	215	845	2586.5
0130	张天	0.6	5124	254	451	3497.4

>>>2. 添加按钮进行排序

如果需要对Excel表中的数据多次进行排序查看，为了方便操作可以添加按钮，通过按钮菜单来快速操作。

第1步：单击“筛选”命令。 ❶单击“开始”选项卡下的“排序和筛选”下拉按钮；❷选择下拉列表中的“筛选”选项，如下图所示。

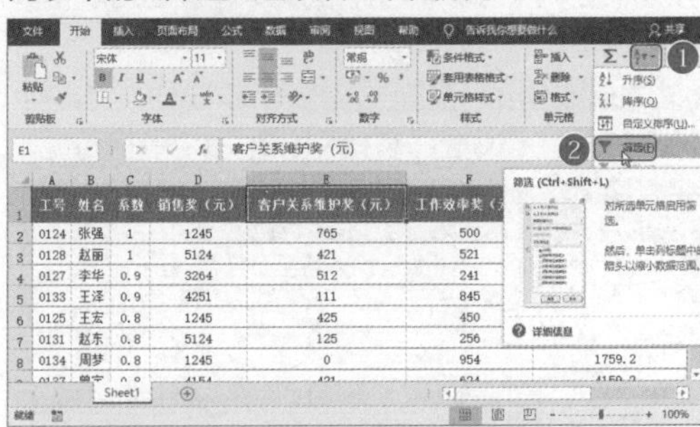

第2步：通过按钮执行排序操作。 ❶此时可以看到表格的第一行出现了按钮，单击“销售奖(元)”单元格右侧的按钮；❷选择下拉列表中的“升序”选项，如下图所示。

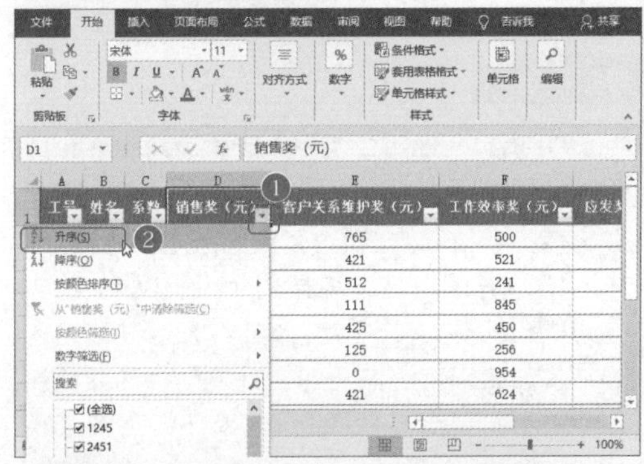

第3步：查看排序结果。 此时“销售奖(元)”列的数据就进行了升序排序。如果要对其他列的数据进行排序操作，也可以单击该列的按钮，如下图所示。

工号	姓名	系数	销售奖（元）	客户关系维护奖（元）	工作效率奖（元）
0124	张强	1	1245	765	500
0125	王宏	0.8	1245	425	450
0134	周梦	0.8	1245	0	954
0135	王惠	0.6	2451	326	657
0126	刘丽	0.7	2541	325	610
0136	陈月	0.7	2635	215	845
0129	刘伟	0.7	2642	512	325
0127	李华	0.9	3264	512	241
0137	曾宇	0.8	4154	421	624
0133	王泽	0.9	4251	111	845
0128	赵丽	1	5124	421	521
0131	赵东	0.8	5124	125	256
0130	张天	0.6	5124	254	451

第2篇 用Excel高效制表格

>>>3. 应用表格筛选功能快速排序

在表格对象中将自动启动筛选功能，此时利用列标题下拉列表中的排序命令可快速对表格数据进行排序。

第1步：单击“表格”按钮。单击“插入”选项卡下的“表格”组中的“表格”按钮，如下图所示。

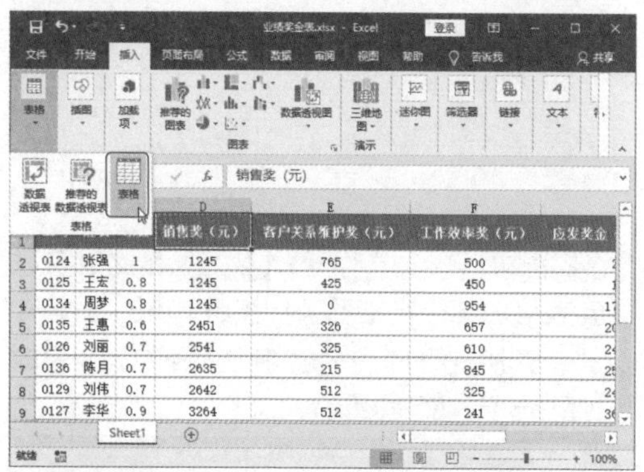

专家答疑

问：表格筛选功能排序与添加排序按钮排序有什么区别吗？

答：有区别。将数据插入表格再进行排序操作，并不是多此一举。如果Excel表格中，前面几行单元格进行了合并操作，如合并成为标题行，此时就无法再对合并单元格的数据列进行排序操作。此时只有单独将需要排序的数据插入到表格中，变成表格区域，才可以进行排序操作。

第2步：设定表格区域。❶在弹出的“创建表”对话框中设定表格数据区域，这里将表格中所有的数据都设定为需要排序的区域；❷单击“确定”按钮，如下图所示。

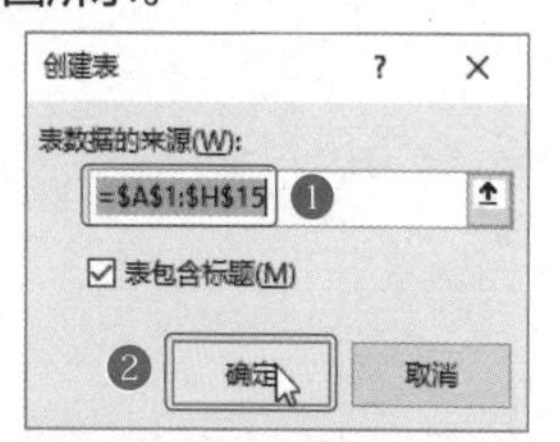

第3步：进行排序操作。❶此时表格第一行添加了筛选和排序按钮，单击表格中数据列的▾按钮；❷选择下拉列表中的“降序”选项，即可实现数据列的排序，如右上图所示。

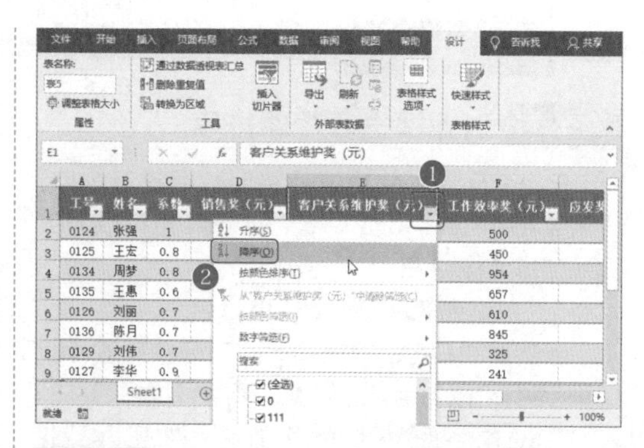

7.1.2 对业绩进行自定义排序

Excel表格数据排序除了简单的升序、降序排序外，还涉及更为复杂的排序。如需要对员工的业绩奖金按照“销售奖”的大小进行排序，当“销售奖”大小相同时，再按照“客户关系维护奖”的大小进行排序。又如排序的方式不是数据的大小，而是按照没有明显顺序关系的字段，如部门名称进行排序。这类操作都需要用到自定义排序功能。

>>>1. 简单的自定义排序

简单的自定义排序只需要打开“排序”对话框，设置其中的排序条件即可。

第1步：打开“排序”对话框。❶单击“编辑”组中的“排序和筛选”下拉按钮；❷选择下拉列表中的“自定义排序”选项，如下图所示。

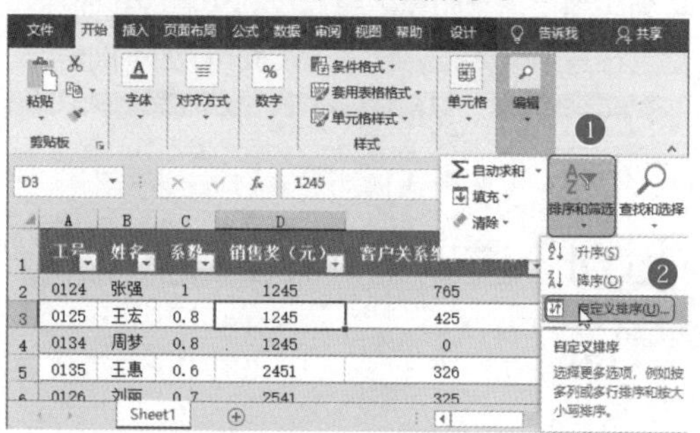

第2步：设置“排序”对话框。❶在打开的“排序”对话框中，设置排序条件；❷单击“确定”按钮，如下图所示。

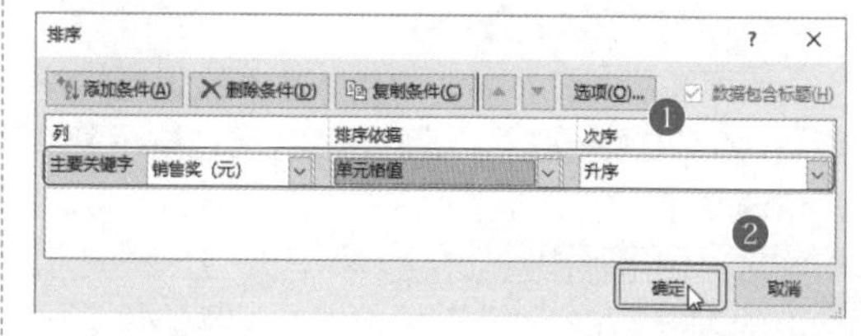

第3步：查看排序结果。 此时“销售奖(元)”列的数据就按升序排序了，效果如下图所示。

工号	姓名	系数	销售奖（元）	客户关系维护奖（元）	工作效率奖（
0124	张强	1	1245	765	500
0125	王宏	0.8	1245	425	450
0134	周梦	0.8	1245	0	954
0135	王惠	0.6	2451	326	657
0126	刘丽	0.7	2541	325	610
0136	陈月	0.7	2635	215	845
0129	刘伟	0.7	2642	512	325
0127	李华	0.9	3264	512	241
0137	曾宇	0.8	4154	421	624
0133	王泽	0.9	4251	111	845

专家点拨

在“排序”对话框中，设置“主要关键字”，即选择数据列的名称，如要对“销售奖(元)”数据列进行排序就选择这一列。“排序依据”除了选择以数据大小(数值)为依据，还可以选择“单元格颜色”“字体颜色”“单元格图标”为依据进行排序。

>>>2. 设置多个排序条件

自定义排序可以设置多个排序条件进行排序。只需要在“排序”对话框中添加排序条件即可。

第1步：添加条件。 打开“排序”对话框，单击“添加条件”按钮，如下图所示。

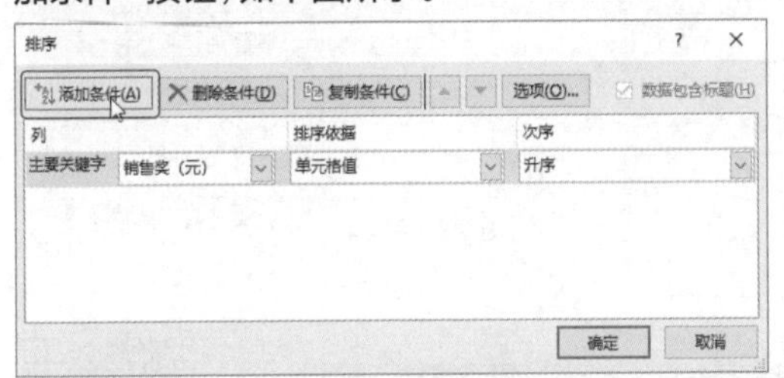

第2步：设置添加的条件。 ❶设置添加的排序条件；❷单击“确定”按钮，如下图所示。

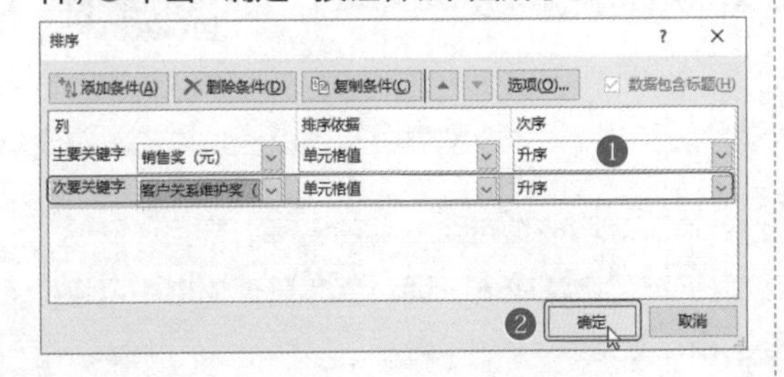

第3步：查看排序结果。 如下图所示，此时表格中的数据便按照“销售奖(元)”数据列的值进行升序排序；“销售奖(元)”数据列值相同的情况下，便按照“客户关系维护奖(元)”的数值大小进行升序排序。

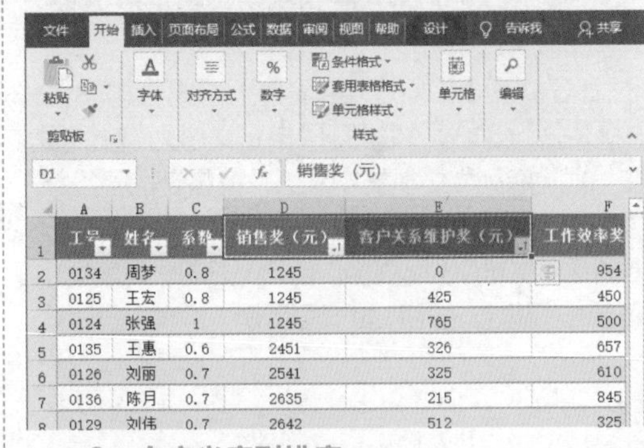

工号	姓名	系数	销售奖（元）	客户关系维护奖（元）	工作效率奖
0134	周梦	0.8	1245	0	954
0125	王宏	0.8	1245	425	450
0124	张强	1	1245	765	500
0135	王惠	0.6	2451	326	657
0126	刘丽	0.7	2541	325	610
0136	陈月	0.7	2635	215	845
0129	刘伟	0.7	2642	512	325

>>>3. 自定义序列排序

如果排序不是按照数据的大小，而是按照月份、部门这种与数据没有直接关系的序列，就需要重新定义序列进行排序。

第1步：打开“排序”对话框。 ❶在Excel表中添加一列“所属部门”；❷单击“自定义排序”按钮，打开“排序”对话框，如下图所示。

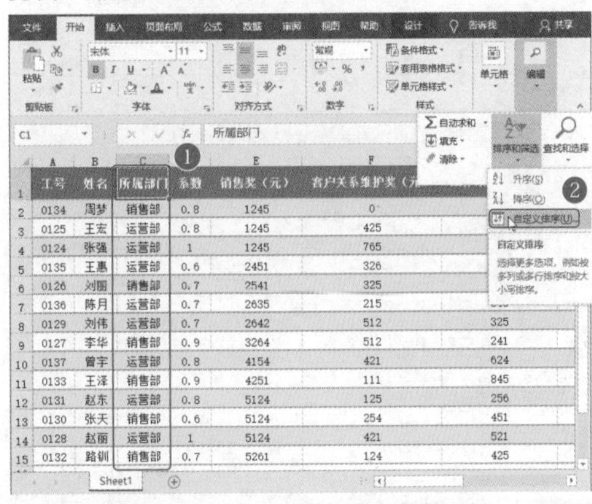

工号	姓名	所属部门	系数	销售奖（元）	客户关系维护奖（元
0134	周梦	销售部	0.8	1245	0
0125	王宏	运营部	0.8	1245	425
0124	张强	运营部	1	1245	765
0135	王惠	运营部	0.6	2451	326
0126	刘丽	销售部	0.7	2541	325
0136	陈月	运营部	0.7	2635	215
0129	刘伟	运营部	0.7	2642	512
0127	李华	销售部	0.9	3264	512
0137	曾宇	运营部	0.8	4154	421
0133	王泽	销售部	0.9	4251	111
0131	赵东	运营部	0.8	5124	125
0130	张天	销售部	0.6	5124	254
0128	赵丽	运营部	1	5124	421
0132	路钏	销售部	0.7	5261	124

第2步：打开“自定义序列”对话框。 ❶在“排序”对话框中，设置排序的关键字；❷打开“次序”下拉列表框；❸选择“自定义序列”选项，如下图所示。

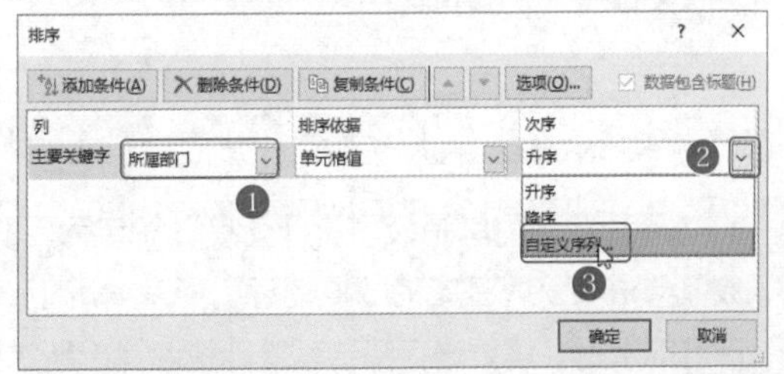

专家点拨

Excel数据排序不一定要按照“列”数据进行排序，还可以进行“行”数据的排序。方法是：单击“排序”对话框中的“选项”按钮，在“方向”下面选中“按行排序”选项。同样的，在“选项”对话框中还可以选择“字母排序”“笔画排序”。

第3步：输入序列。❶打开“自定义序列”对话框，在“输入序列”文本框中输入“销售部，运营部”中间用英文逗号隔开；❷单击“添加”按钮，如下图所示。将新序列添加到“自定义序列”列表框中；❸单击“确定”按钮，如下图所示。

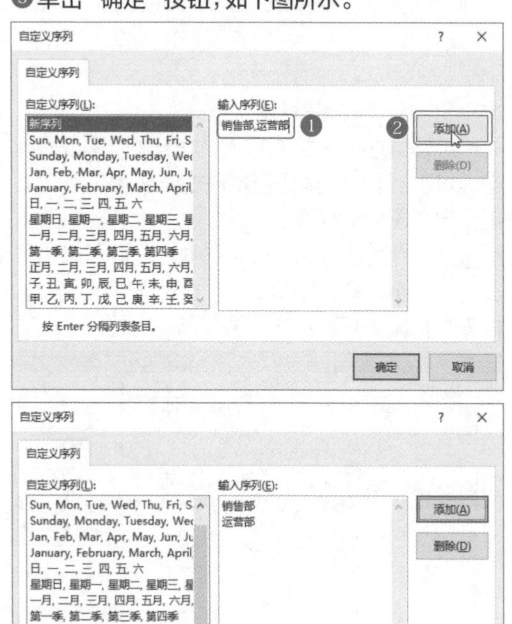

第4步：添加条件。返回“排序”对话框中，单击“添加条件”按钮，如下图所示。

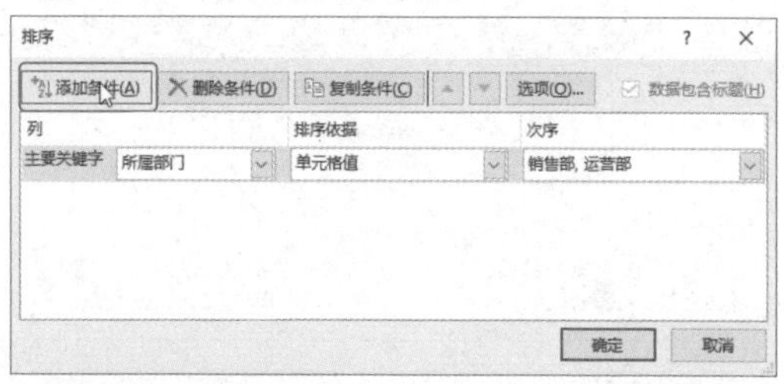

第5步：设置条件。❶设置新条件；❷单击“确定”按钮，如下图所示。

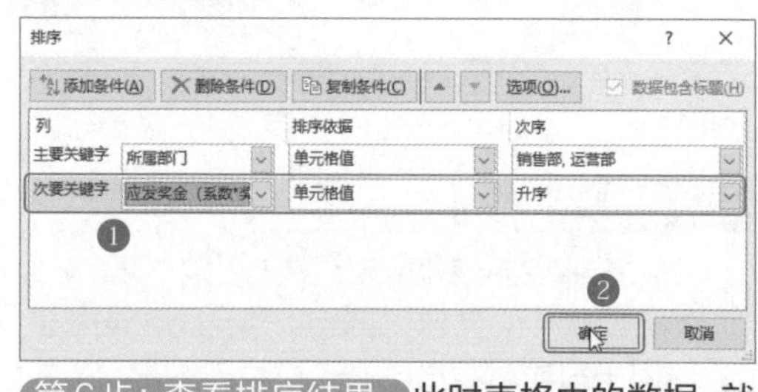

第6步：查看排序结果。此时表格中的数据，就按照“销售部”“运营部”两个部门的“应发奖金(系数*奖金)”数据大小进行升序排序，效果如下图所示。

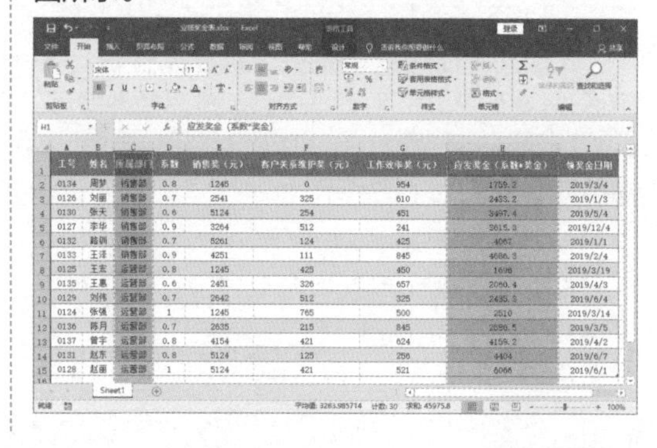

工号	姓名	所属部门	系数	销售奖（元）	客户关系维护奖（元）	工作效率奖（元）	应发奖金（系数*奖金）	领奖金日期
0134	周梦	销售部	0.8	1245	0	954	1759.2	2019/3/4
0126	刘丽	销售部	0.7	2541	325	610	2433.2	2019/1/3
0130	张天	销售部	0.6	5124	254	451	3497.4	2019/5/4
0127	李华	销售部	0.9	3264	512	241	3615.3	2019/12/4
0132	路钢	销售部	0.7	5261	124	425	4067	2019/1/1
0133	王泽	销售部	0.9	4251	111	845	4686.3	2019/2/4
0125	王宏	运营部	0.8	1245	425	450	1696	2019/3/19
0135	王惠	运营部	0.6	2451	326	657	2060.4	2019/4/3
0129	刘伟	运营部	0.7	2642	512	325	2435.3	2019/6/4
0124	张强	运营部	1	1245	765	500	2510	2019/3/14
0136	陈月	运营部	0.7	2635	215	845	2586.5	2019/3/5
0137	曾宇	运营部	0.8	4154	421	624	4159.2	2019/4/2
0131	赵东	运营部	0.8	5124	125	256	4404	2019/6/7
0128	赵丽	运营部	1	5124	421	521	6066	2019/6/1

7.2 筛选分析“库存管理清单”

扫一扫 看视频

※ 案例说明

库存管理清单是公司管理商品进货与销售的统计表，表中应该包含商品的名称、规格、原始数量与进货量等基本的数据信息。通常情况下，公司的商品数量较多，面对库存管理清单中密密麻麻的数据，需要进行筛选，才能快速找出所需要的商品数据。

“库存管理清单”筛选后的效果如下图所示。

	物品名称	规格型号	单位	原始数量	本月进货量	本月出库量	月末结存量	利润（元）
2	长筒雨鞋	41码	双	5	15	12	8	9
5	长筒雨鞋	44码	双	10	14	7	17	9
7	工作服	S号	套	10	5	6	9	16
10	帆布手套	均码	双	165	57	66	156	3
13	3M防尘口罩	均码	个	100	100	97	103	10
14	3M防酸面罩	均码	个	55	45	30	70	12
16	雨衣	L号	件	67	51	10	108	9
17	一次性雨衣	L号	件	55	34	89	0	4
21	竹扫把	均码	把	10	5	6	9	3

就绪　在 20 条记录中找到 9 个

※ 思路解析

面对库存管理清单中众多数据，要根据需求进行筛选以快速找到需要的数据。此时就要掌握 Excel 表的筛选功能。如果只是进行简单的筛选，如筛选出大于某个数或小于某个数的数据，那么使用简单筛选功能即可；如果要筛选出符合某条件的数据，就需要用到自定义筛选或高级筛选功能了。其思路如下图所示。

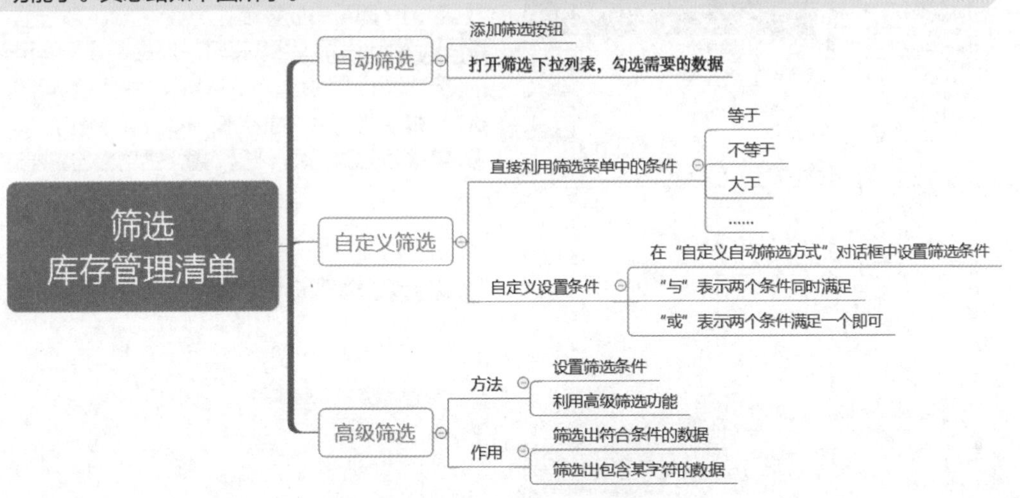

※ 步骤详解

7.2.1 自动筛选

自动筛选是Excel中一个易于操作且经常使用的实用技巧，通常是按简单的条件进行筛选，筛选时将不满足条件的数据暂时隐藏起来，只显示符合条件的数据。

第1步：添加筛选按钮。按照路径“素材文件\第7章\库存管理清单.xlsx”打开素材文件；❶单击“开始”选项卡下的“编辑”组中的“排序和筛选”下拉按钮；❷选择下拉列表中的“筛选”选项，如下图所示。

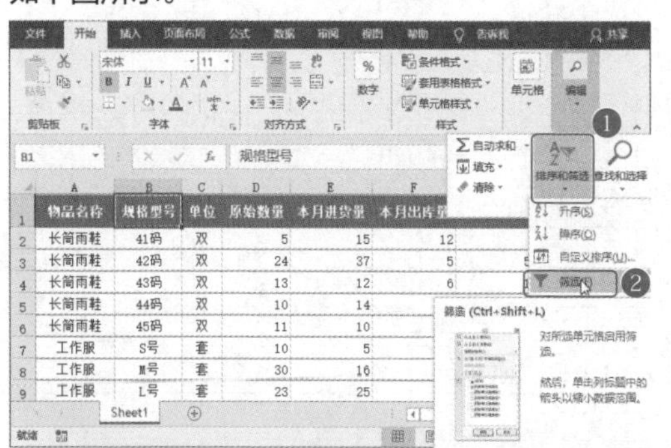

第2步：设置筛选条件。此时工作表进入筛选状态，各标题字段的右侧出现一个下拉按钮；❶单击“物品名称”旁边的筛选按钮；❷在弹出的下拉列表中，取消选中“全选”复选框；❸选中“工作服”复选框；❹单击“确定”按钮，如下图所示。

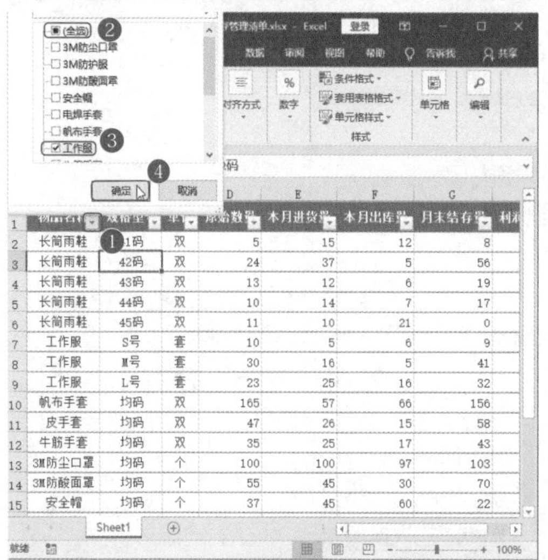

第3步：查看筛选结果。此时所有与“工作服”相关的数据便被筛选出来，效果如下图所示。

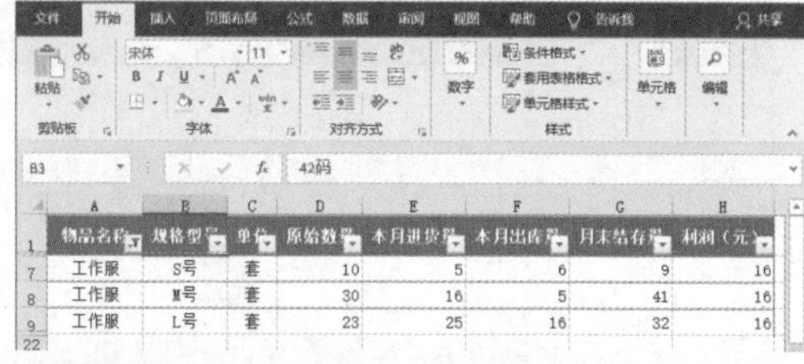

第4步：清除筛选。❶完成筛选后，选择“数据”选项卡；❷单击“排序和筛选”组中的“清除”按钮，即可清除当前数据区域的筛选和排序状态，如下图所示。

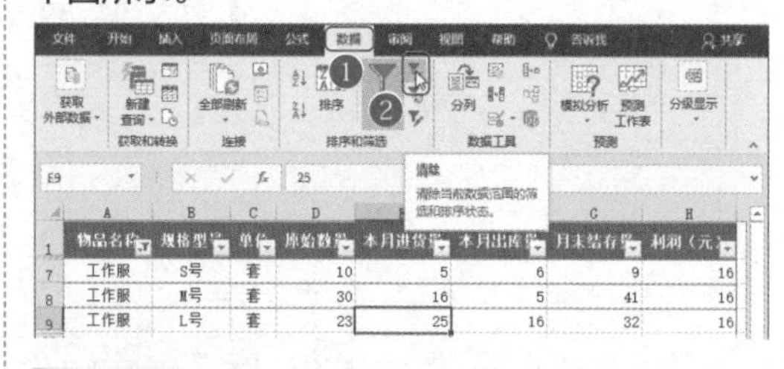

7.2.2 自定义筛选

自定义筛选是指通过定义筛选条件，查询符合条件的数据记录。在Excel 2016中，自定义筛选可以筛选出等于、大于、小于某个数的数据，还可以通过“或”“与”这样的逻辑用语筛选数据。

>>>1. 筛选小于或等于某个数的数据

筛选小于或等于某个数的数据只需要设置好数据大小，即可完成筛选。

第1步：选择条件。❶单击“原始数量”单元格的筛选按钮；❷选择下拉列表中的“数字筛选”选项；❸选择“小于或等于”选项，如下图所示。

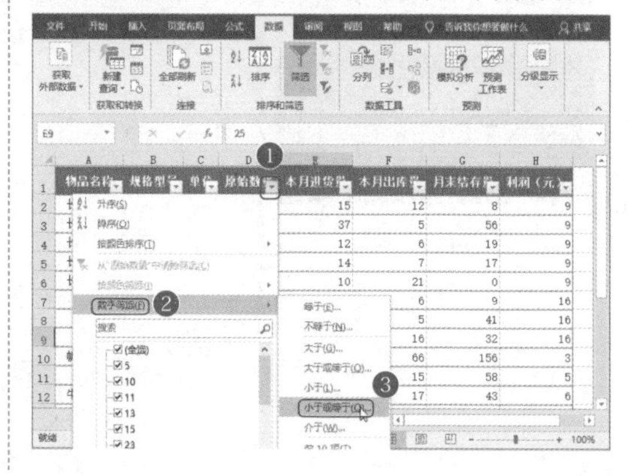

第2步：设置“自定义自动筛选方式”对话框。❶在打开的“自定义自动筛选方式”对话框中输入数量“10”；❷单击“确定”按钮，如下图所示。

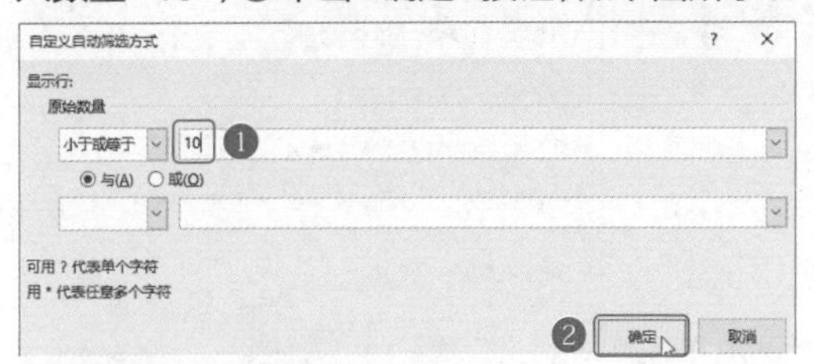

第3步：查看筛选结果。此时在Excel表中，所有原始数量小于或等于10的物品便被筛选出来，效果如下图所示。

	物品名称	规格型号	单位	原始数量	本月进货量	本月出库量	月末结存量	利润（元）
2	长筒雨鞋	41码	双	5	15	12	8	9
5	长筒雨鞋	44码	双	10	14	7	17	9
7	工作服	S号	套	10	5	6	9	16
21	竹扫把	均码	把	10	5	6	9	3

>>>2. 自定义筛选条件

Excel筛选除了直接选择“等于”“不等于”这类条件外，还可以自行定义筛选条件。

第1步：打开“自定义自动筛选方式”对话框。❶单击“原始数量”单元格的筛选按钮▼；❷选择下拉列表中的“数字筛选”选项；❸选择“自定义筛选”选项，如下图所示。

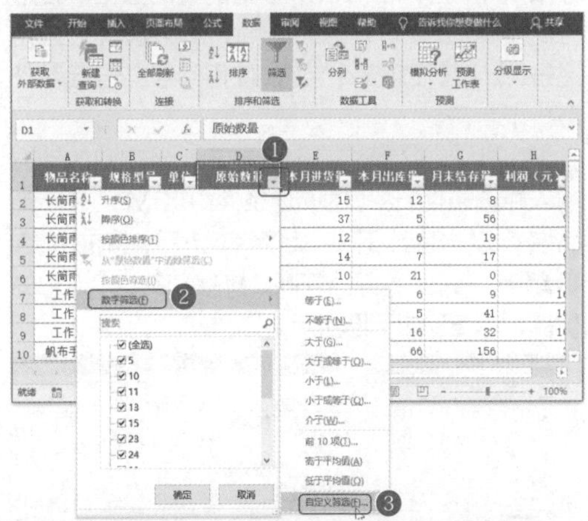

第2步：设置“自定义自动筛选方式”对话框。❶在打开的“自定义自动筛选方式”对话框中，设置“小于或等于”数量为“10”，选中“或”单选按钮，设置“大于或等于”数量为“50”，表示筛选出小于或等于10以及大于或等于50的数据；❷单击“确定”按钮，如下图所示。

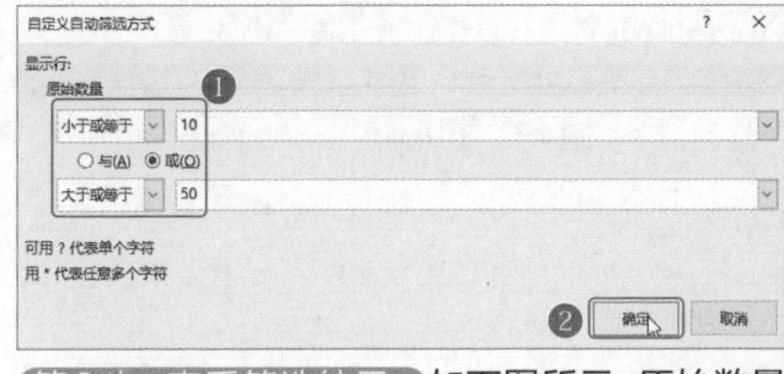

第3步：查看筛选结果。如下图所示，原始数量小于或等于10以及大于或等于50的数据便被筛选出来。这样的筛选可以快速查看某类数据中，较小值以及较大值数据分别是哪些。

	物品名称	规格型号	单位	原始数量	本月进货量	本月出库量	月末结存量	利润（元）
2	长筒雨鞋	41码	双	5	15	12	8	9
5	长筒雨鞋	44码	双	10	14	7	17	9
7	工作服	S号	套	10	5	6	9	16
10	帆布手套	均码	双	165	57	66	156	3
13	3M防尘口罩	均码	个	100	100	97	103	10
14	3M防酸面罩	均码	个	55	45	30	70	12
16	雨衣	L号	件	67	51	10	108	9
17	一次性雨衣	L号	件	55	34	89	0	4
21	竹扫把	均码	把	10	5	6	9	3

7.2.3 高级筛选

在数据筛选过程中，可能会遇到许多复杂的筛选条件，此时可以利用Excel的高级筛选功能。使用高级筛选功能，其筛选的结果可显示在原数据表格中，也可以在新的位置显示筛选结果。

>>>1. 将符合条件的物品筛选出来

事先在Excel中设置筛选条件，然后再利用高级筛选功能筛选出符合条件的数据。

第1步：输入筛选条件。在Excel空白的地方输入筛选条件，如下图所示的筛选条件表示需要筛选出月末结存量小于20的长筒雨鞋和月末结存量小于10的工作服，如下图所示。

	A	B	C	D	E	F	G
19	水桶	均码	个	45	0	33	12
20	3M防护服	M号	件	15	23	6	32
21	竹扫把	均码	把	10	5	6	9
22							
23			物品名称	月末结存量			
24			长筒雨鞋	<20			
25			工作服	<10			
26							

第2步：打开“高级筛选”对话框。单击“数据”选项卡下的“排序和筛选”组中的“高级”按钮，如下图所示。

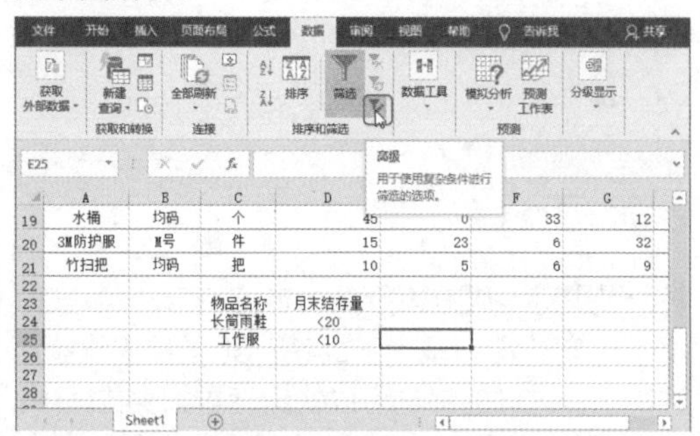

第3步：单击折叠按钮。❶打开“高级筛选”对话框后，确定“列表区域”选中了表中的所有数据区域；❷单击“条件区域”的折叠按钮，如下图所示。

高级筛选
方式
◉ 在原有区域显示筛选结果(F)
○ 将筛选结果复制到其他位置(O)
列表区域(L): $A$1:$H$21 ❶
条件区域(C): ❷
复制到(T):
☐ 选择不重复的记录(R)
确定 取消

第4步：选择条件区域范围。❶按住鼠标左键不放，拖动选择事先输入的条件区域；❷单击展开按钮，如下图所示。

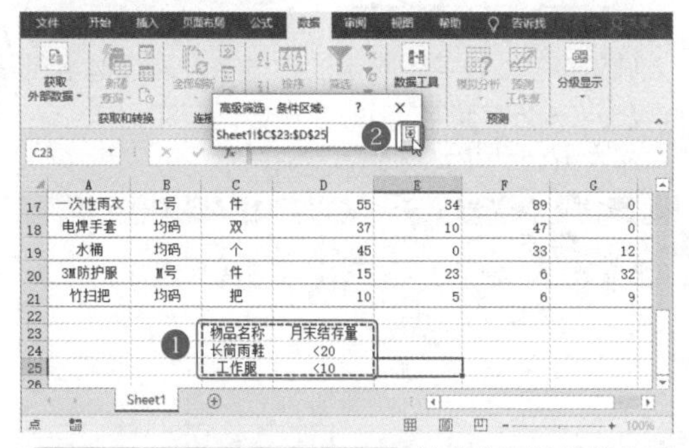

第5步：确定高级筛选设置。单击“高级筛选”对话框中的“确定”按钮，如右上图所示。

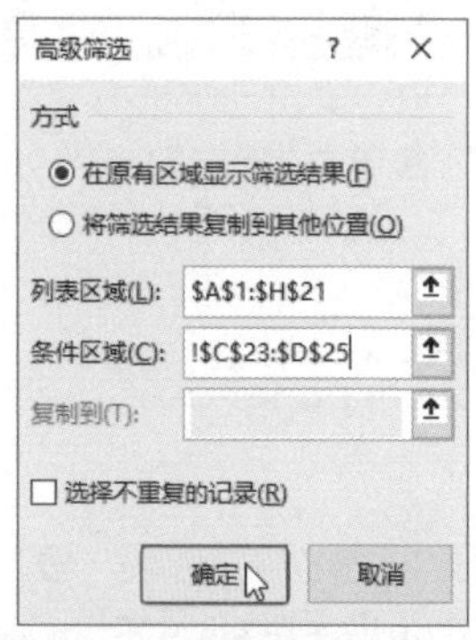

第6步：查看筛选结果。此时表格中，月末结存量小于20的长筒雨鞋及月末结存量小于10的工作服数据便被筛选出来了，如下图所示。

物品名称	规格型号	单位	原始数量	本月进货量	本月出库量	月末结存量	利润（元）
长筒雨鞋	41码	双	5	15	12	8	9
长筒雨鞋	43码	双	13	12	6	19	9
长筒雨鞋	44码	双	10	14	7	17	9
长筒雨鞋	45码	双	11	10	21	0	9
工作服	S号	套	10	5	6	9	16

>>>2. 根据不完整数据筛选

在对表格数据进行筛选时，若筛选条件为某一类数据值中的一部分，即需要筛选出数据值中包含某个或某一组字符的数据，例如要筛选出库存清单中，名称带“3M”字样的商品数据。在进行此类筛选时，可在筛选条件中应用通配符，应用星号(*)代替任意多个字符，使用问号(？)代替任意一个字符。

第1步：设置筛选条件。❶在Excel空白的地方输入筛选条件，这里的筛选条件中“3M*”表示商品名称以“3M”开头，后面有若干字符的商品；❷单击“数据”选项卡下的“排序和筛选”组中的“高级”按钮，如下图所示。

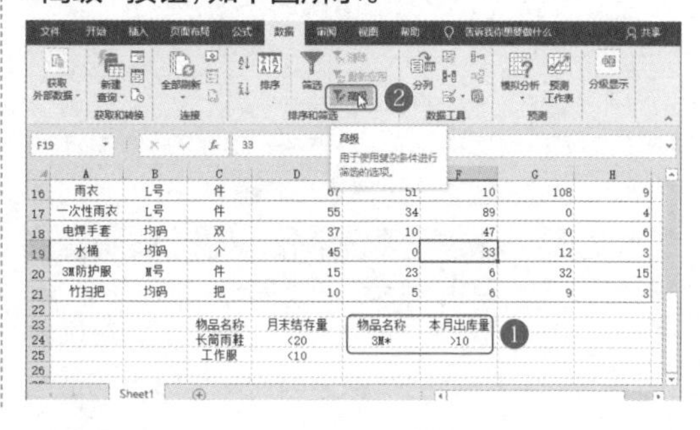

第2步：选择条件区域。按住鼠标左键不放，拖动选择条件区域，如下图所示。

专家点拨

条件由字段名称和条件表达式组成，首先在空白单元格中输入要作为筛选条件的字段名称，该字段名必须与进行筛选的列表区中的列标题名称完全相同，然后在其下方的单元格中输入条件表达式，即以比较运算符开头，若要以完全匹配的数值或字符串为筛选条件，则可省略“=”。若有多个筛选条件，可将多个筛选条件并排。

第3步：确定高级筛选条件。单击“高级筛选”对话框中的“确定”按钮，如右上图所示。

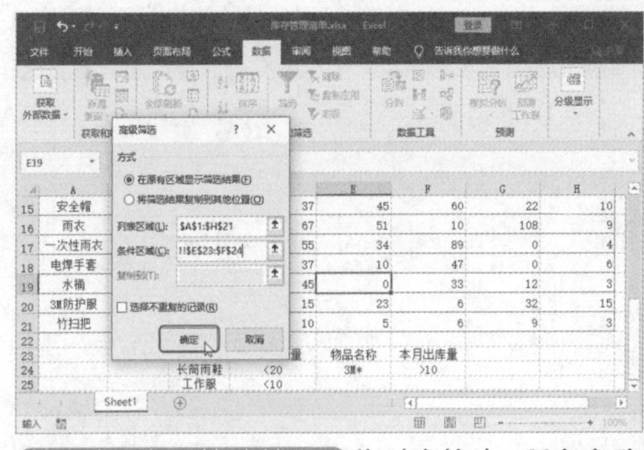

第4步：查看筛选结果。此时表格中，所有名称带“3M”且本月出库量大于10的商品数据便被筛选出来了，效果如下图所示。

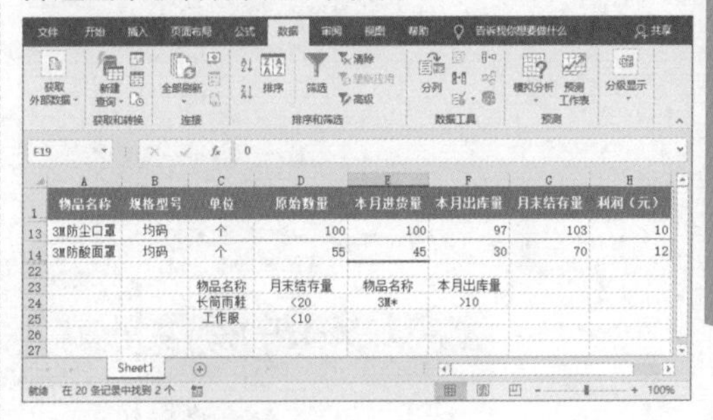

7.3 汇总分析“销售业绩表”

扫一扫 看视频

※ 案例说明

销售业绩表是企业销售部门为了方便统计不同销售组、不同销售人员在不同日期下销售不同商品的业绩数据表。在统计数据时，企业往往按照部门、日期、销售员为分类依据进行数据统计。到月底、年终等时间节点时，可以将数据统计表根据新的标准进行分类并汇总数据，方便分析。如本案例中的销售业绩表，可以按照部门进行业绩汇总，也可以按照销售日期进行汇总。

“销售业绩表”汇总分析后的效果如右图和下图所示。

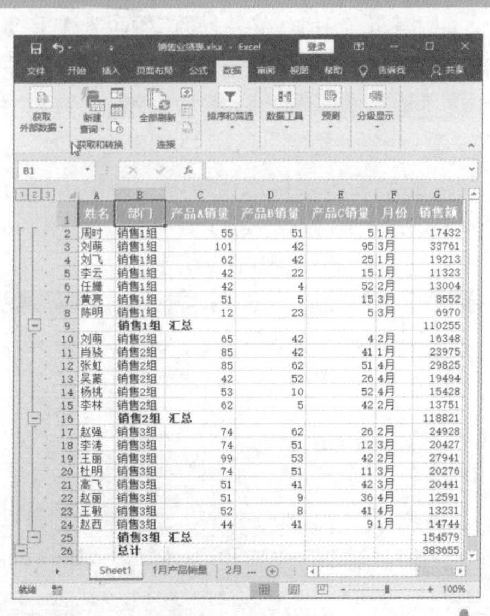

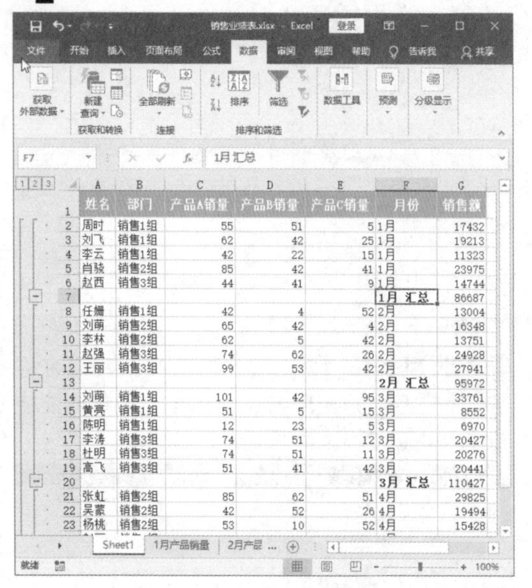

※ 思路解析

面对销售业绩统计表，需要进行正确的分类汇总，才能进行有效的数据分析。在分析汇总数据前，应当根据分析的目的选择汇总方式。如分析的目的是对比不同部门的销售业绩，那么汇总依据自然是“部门”。又如分析的目的是，将不同工作表中不同月份的产品销量工作表进行数据统计，此时就要利用“合并计算”功能。其具体思路如下图所示。

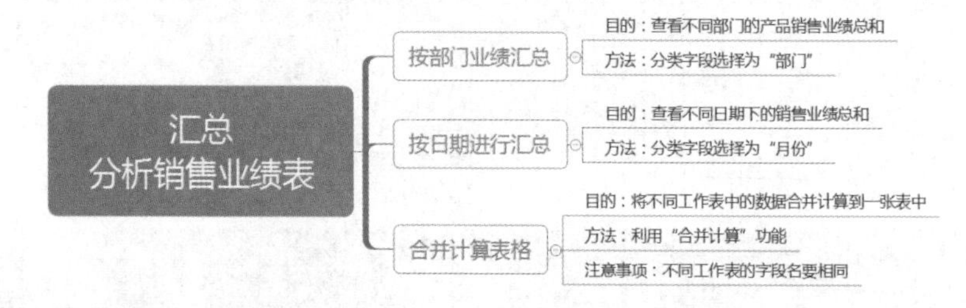

※ 步骤详解

7.3.1 按部门业绩进行汇总

在销售业绩表中，有多个部门的业绩统计，为了方便对比各部门的销售业绩，可以按部门进行汇总。

第1步：对部门进行排序。 按照路径“素材文件\第7章\销售业绩表.xlsx”打开素材文件。在汇总前需要对汇总项目进行排序。❶单击“部门”单元格；❷单击“数据”选项卡下的“排序和筛选”组中的“排序”按钮，如下图所示。

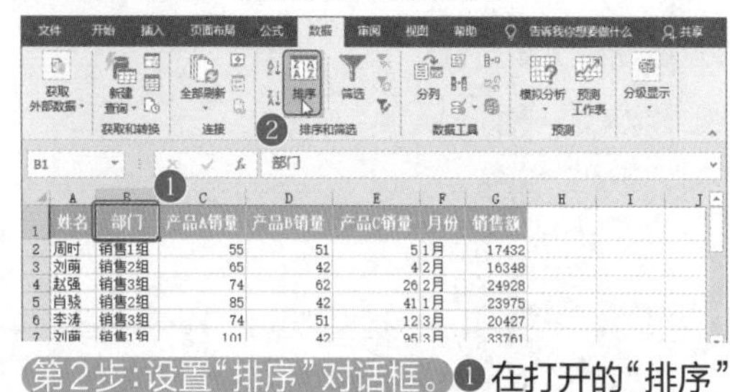

第2步：设置“排序”对话框。 ❶在打开的“排序”对话框中，设置排序条件；❷单击“确定”按钮，如下图所示。

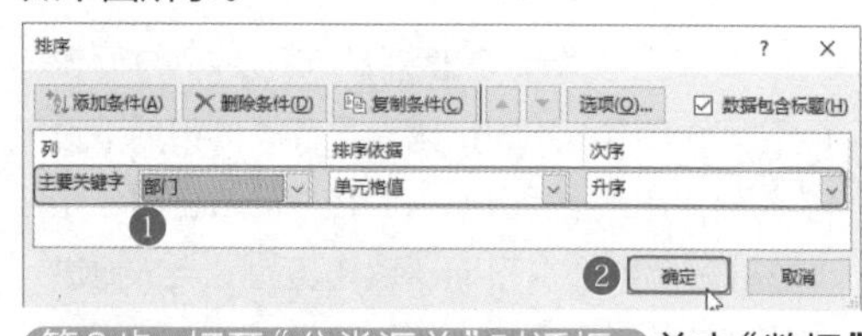

第3步：打开“分类汇总”对话框。 单击“数据”选项卡下的“分类汇总”按钮，如下图所示。

第4步：设置“分类汇总”对话框。❶在打开的“分类汇总”对话框中设置“分类字段”为“部门”，设置“汇总方式”为“求和”；❷选择汇总项为“销售额”；❸单击“确定”按钮，如下图所示。

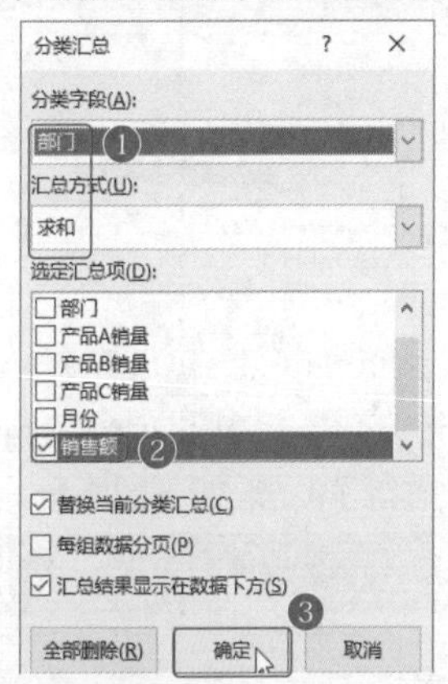

第5步：查看汇总效果。此时表格中的数据就按照不同部门的销售额进行了汇总，如下图所示。

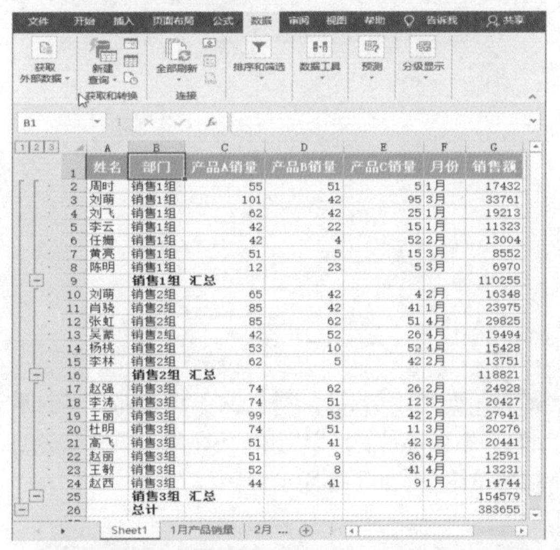

	姓名	部门	产品A销量	产品B销量	产品C销量	月份	销售额
2	周时	销售1组	55	51	5	1月	17432
3	刘萌	销售1组	101	42	95	3月	33761
4	刘飞	销售1组	62	42	25	1月	19213
5	李云	销售1组	42	22	15	1月	11323
6	任姗	销售1组	42	4	52	2月	13004
7	黄亮	销售1组	51	5	15	3月	8552
8	陈明	销售1组	12	23	5	3月	6970
9		销售1组 汇总					110255
10	刘萌	销售2组	65	42	4	2月	16348
11	肖骁	销售2组	85	42	41	1月	23975
12	张虹	销售2组	85	62	51	4月	29825
13	吴蕙	销售2组	42	52	26	4月	19494
14	杨桃	销售2组	53	10	52	4月	15428
15	李林	销售2组	62	5	42	2月	13751
16		销售2组 汇总					118821
17	赵强	销售3组	74	62	26	2月	24928
18	李涛	销售3组	74	51	12	3月	20427
19	王丽	销售3组	99	53	42	2月	27941
20	杜明	销售3组	74	51	11	3月	20276
21	高飞	销售3组	51	41	42	3月	20441
22	赵丽	销售3组	51	9	36	4月	12591
23	王毅	销售3组	52	8	41	4月	13231
24	赵西	销售3组	44	41	9	1月	14744
25		销售3组 汇总					154579
26		总计					383655

第6步：查看二级汇总。单击汇总区域左上角的数字按钮“2”，此时即可查看第2级汇总结果，如下图所示。

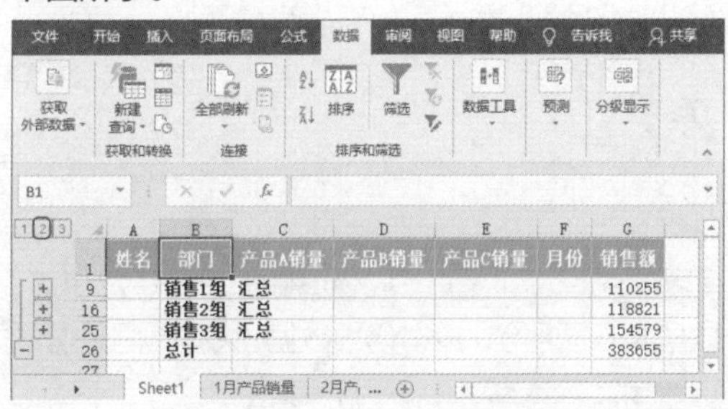

	姓名	部门	产品A销量	产品B销量	产品C销量	月份	销售额
9		销售1组 汇总					110255
16		销售2组 汇总					118821
25		销售3组 汇总					154579
26		总计					383655

第7步：再次执行分类汇总命令。完成部门的销售额汇总查看后，可以退出分类汇总状态，查看原始数据或者进行其他类别的汇总。如下图所示，单击“数据”选项卡下的“分类汇总”按钮，如下图所示。

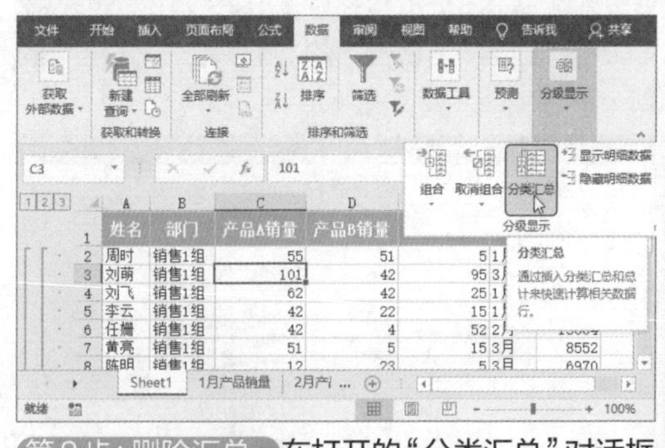

第8步：删除汇总。在打开的“分类汇总”对话框中，单击“全部删除”按钮，即可删除之前的汇总统计，如下图所示。

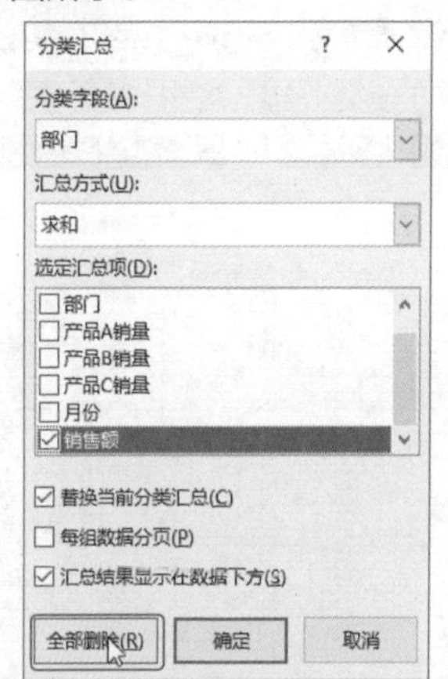

第9步：查看原始数据。删除分类汇总后，表格恢复原始数据的样子，如下图所示。

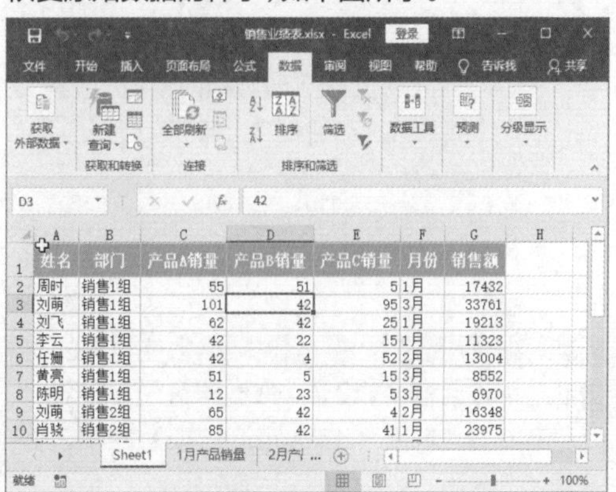

	姓名	部门	产品A销量	产品B销量	产品C销量	月份	销售额
2	周时	销售1组	55	51	5	1月	17432
3	刘萌	销售1组	101	42	95	3月	33761
4	刘飞	销售1组	62	42	25	1月	19213
5	李云	销售1组	42	22	15	1月	11323
6	任姗	销售1组	42	4	52	2月	13004
7	黄亮	销售1组	51	5	15	3月	8552
8	陈明	销售1组	12	23	5	3月	6970
9	刘萌	销售2组	65	42	4	2月	16348
10	肖骁	销售2组	85	42	41	1月	23975

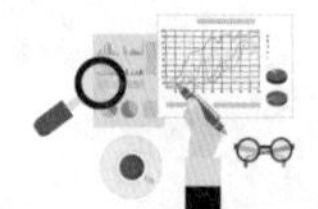

7.3.2 按销售日期进行汇总

对销售业绩按照部门进行汇总是一种汇总方式，还可以按照销售月份进行汇总，查看不同月份下的销售额大小。

第1步：对月份进行排序。❶单击“月份”单元格；❷单击“数据”选项卡下的“排序和筛选”组中的“升序”按钮，如下图所示。

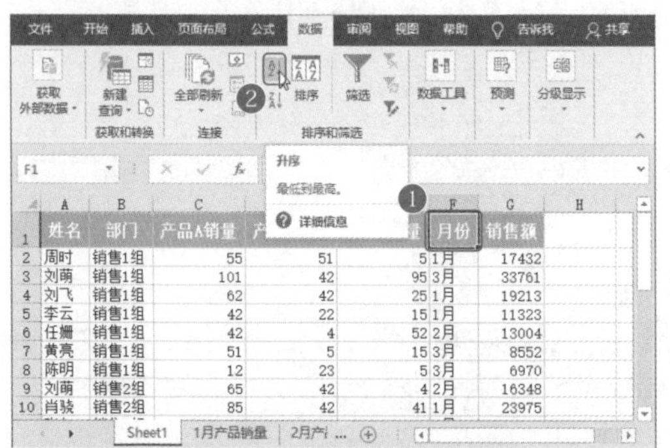

第2步：打开“分类汇总”对话框。单击“数据”选项卡下的“分类汇总”按钮，如下图所示。

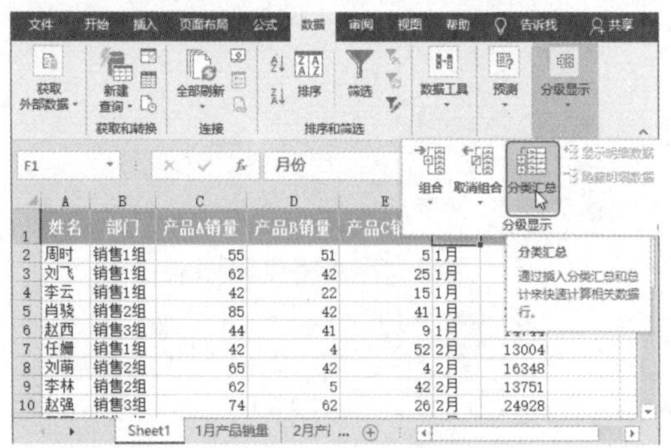

专家答疑

问：可以对销售业绩表中的产品A、产品B、产品C销量进行汇总吗？

答：可以。如果要汇总不同产品的销量，只需要在“分类汇总”对话框中，在“选定汇总项”选中“产品A销量”或“产品B销量”“产品C销量”即可。汇总方式不一定是求和，还可以选择“平均值”“最大值”“最小值”等方式汇总。

第3步：设置“分类汇总”对话框。❶在打开的“分类汇总”对话框中，设置“分类字段”为“月份”，汇总方式为“求和”；❷选定汇总项为“销售额”；❸单击“确定”按钮，如右上图所示。

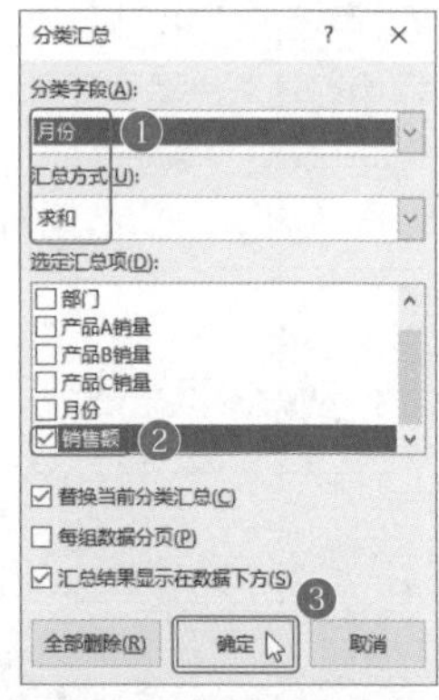

第4步：查看汇总结果。此时表格中按照不同月份的销售额进行了汇总，如下图所示。

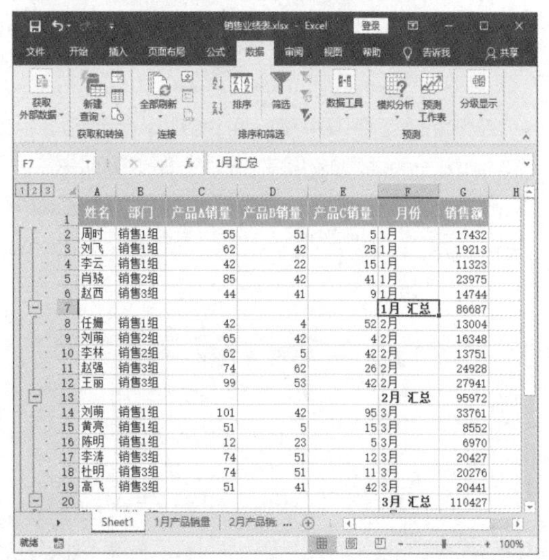

第5步：单击折叠按钮。如果不想看那么多的明细，只想直接看到汇总结果，可以单击页面左边的减号按钮，如下图所示。

第6步：查看明细折叠效果。单击减号按钮后，效果如下图所示，没有明细数据，只有不同月份的销售额汇总数据。

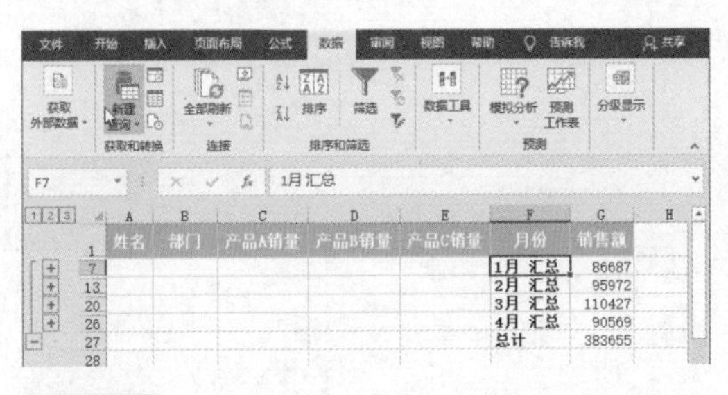

7.3.3 合并计算多张表格的销售业绩

要按某一个分类将数据结果进行汇总计算，可以应用Excel中的合并计算功能，它可以将一个或多个工作表中具有相同标签的数据进行汇总运算。

第1步：新建表。现在需要将表格中1—3月份的销售数据汇总到一张表中，单击表格下方的加号按钮⊕，新建一张表来放置合并计算的结果，如下图所示。

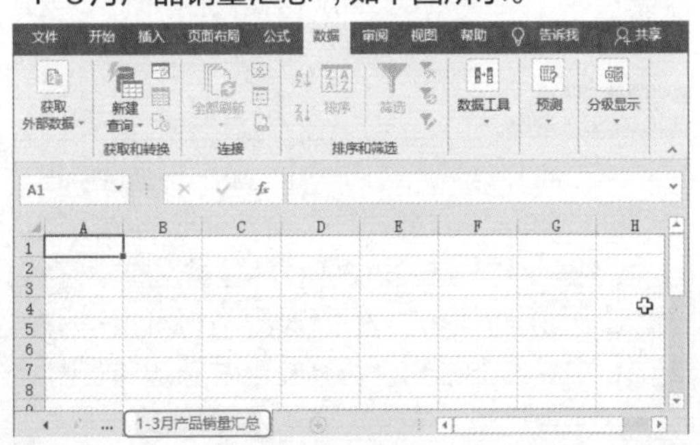

专家点拨

对不同表格的数据进行合并计算，要注意表格中的字段名相同。如本例中，"1月产品销量""2月产品销量""3月产品销量"中都是由"姓名""产品A销量"等相同字段组成，并且"姓名"下的人名相同。

第2步：重命名表。完成表格新建后，右击表格名称，选择"重命名"命令，输入新的表格名称"1-3月产品销量汇总"，如下图所示。

第3步：执行合并计算命令。❶选中左上角单元格，表示合并计算的结果从这个单元格位置开始放置；❷单击"数据"选项卡下的"数据工具"组中的"合并计算"按钮，如下图所示。

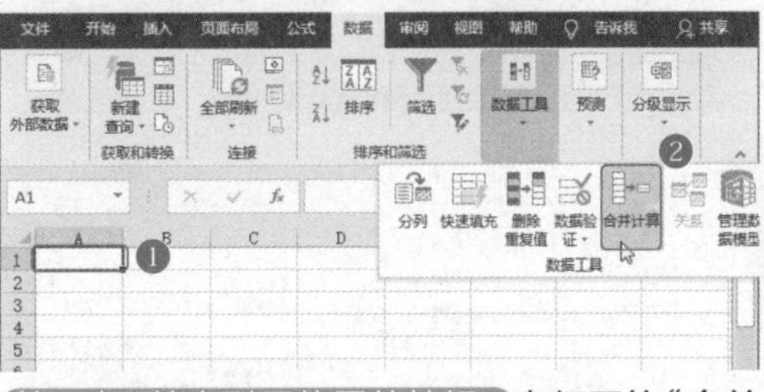

第4步：单击引用位置的按钮。在打开的"合并计算"对话框中，单击"引用位置"参数值右侧的按钮，如下图所示。

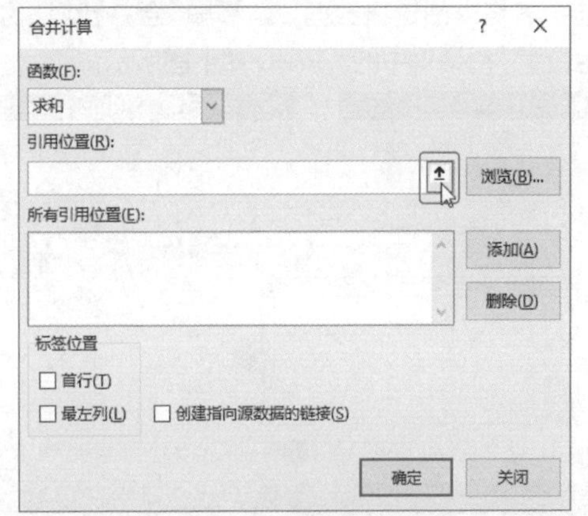

第5步：选择1月数据引用位置。❶切换到"1月产品销量"表格中；❷按住鼠标左键不放，拖动选中表格中的销售数据；❸单击"合并计算-引用位置"对话框中的按钮，如下图所示。

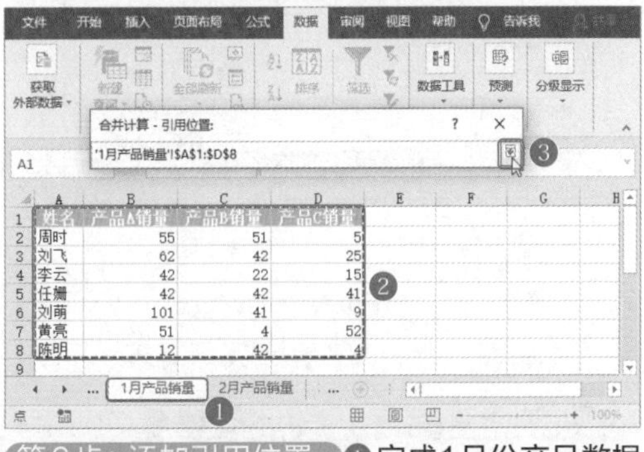

第6步：添加引用位置。❶完成1月份产品数据的选择后，单击"添加"按钮，将数据添加到"引用位置"参数值中；❷单击按钮，如下图所示。

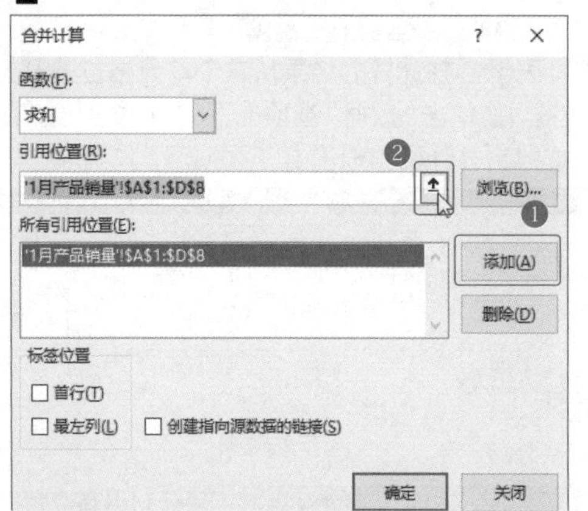

第7步：选择2月份数据引用位置。❶切换到“2月产品销量”表格中；❷按住鼠标左键不放，拖动选中表格中的销售数据；❸单击“合并计算－引用位置”对话框中的按钮，如下图所示。

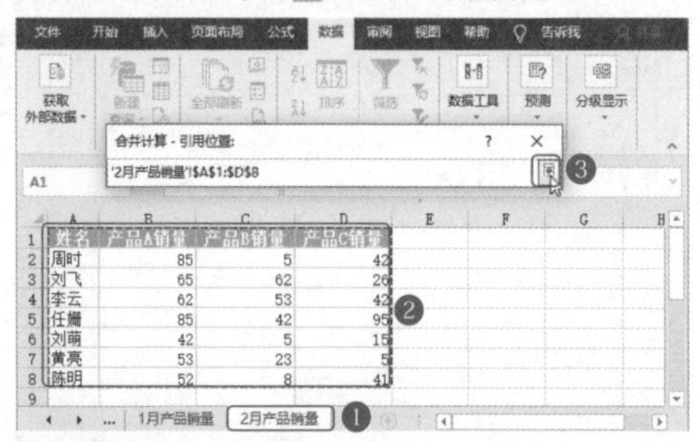

姓名	产品A销量	产品B销量	产品C销量
周时	85	5	42
刘飞	65	62	26
李云	62	53	42
任姗	85	42	95
刘萌	42	5	15
黄亮	53	23	5
陈明	52	8	41

第8步：添加引用位置。❶完成2月份产品数据的选择后，单击“添加”按钮，将数据添加到“引用位置”参数框中；❷单击按钮，如下图所示。

第9步：选择3月份数据引用位置。❶切换到“3月产品销量”表格中；❷按住鼠标左键不放，拖动选中表格中的销售数据；❸单击“合并计算－引用位置”对话框中的按钮，如右上图所示。

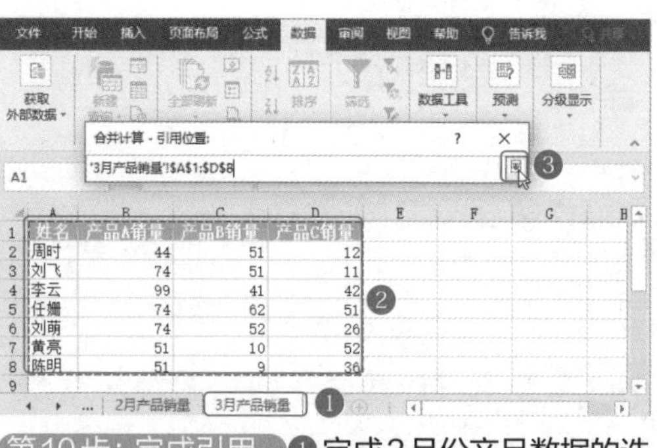

姓名	产品A销量	产品B销量	产品C销量
周时	44	51	12
刘飞	74	51	11
李云	99	41	42
任姗	74	62	51
刘萌	74	52	26
黄亮	51	10	52
陈明	51	9	36

第10步：完成引用。❶完成3月份产品数据的选择后，单击“添加”按钮，将数据添加到“引用位置”参数框中；❷选中“标签位置”栏中的“首行”和“最左列”复选框；❸单击“确定”按钮，如下图所示。

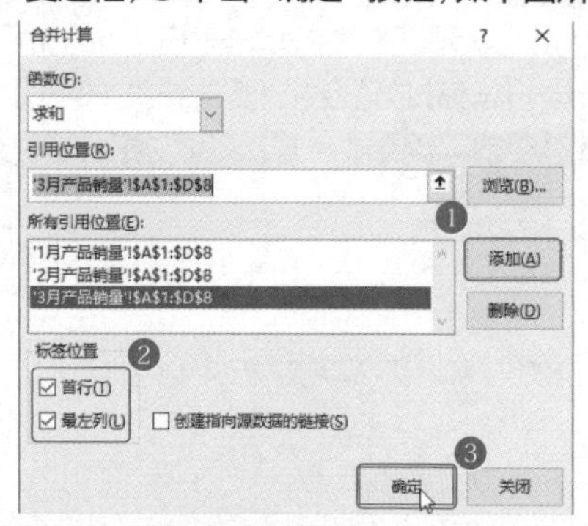

第11步：查看合并计算结果。此时表格中就完成了合并计算，结果如下图所示，三张表格中的销售数据自动求和汇总到一张表格中。

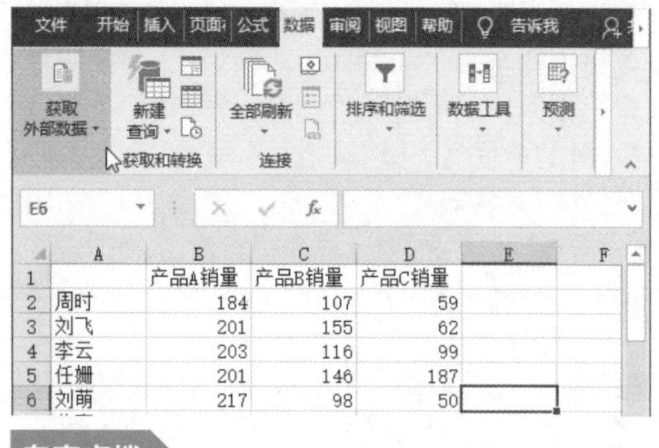

	产品A销量	产品B销量	产品C销量
周时	184	107	59
刘飞	201	155	62
李云	203	116	99
任姗	201	146	187
刘萌	217	98	50

专家点拨

在“合并计算”对话框中，如果不选中标签位置的“首行”和“最左列”，合并计算的结果是，汇总数据没有首行和最左列，即数据没有字段名称。这也是为什么要求进行合并计算的不同表格中，字段名要相同。否则在合并计算时，无法计算出相同字段下的数据总和。

第8章 Excel图表与透视表的应用

◆本章导读

Excel 2016可以将表格中数据转换成不同类型的图表，帮助数据更加直观地展现。为了增强数据表现力，可以添加迷你图。当数据量大、数量项目较多时，可以创建数据透视表，利用透视表快速分析不同数据项目的情况。

◆知识要点

■各类图表的创建方法

■图表的格式的编辑技巧

■迷你图的应用

■数据透视表的应用技巧

■切片器和日程表的应用

■利用数据透视表分析数据

◆案例展示

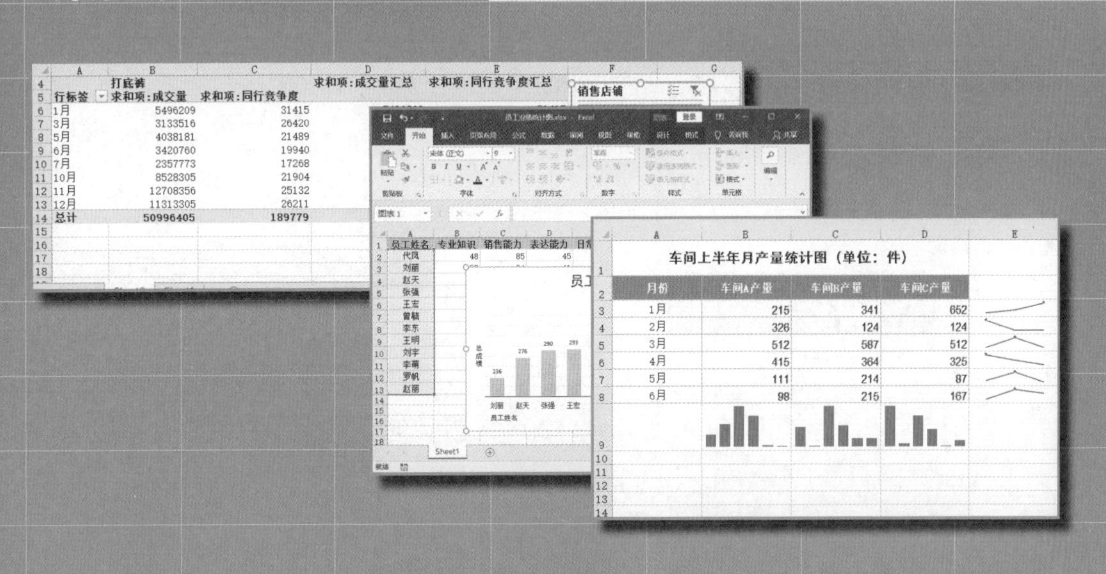

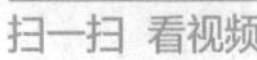

8.1 制作“员工业绩统计图”

※ 案例说明

为了督促员工发现问题所在，提高业绩，形成良性竞争，企业常常会在固定时间段内对员工不同的能力进行考察，以观察不同员工的表现。业绩数据表格中，通常包括员工的姓名和不同考察方向的得分。完成表格制作后，可以将不同的得分制作成柱形图，以便更直观地分析数据。

“员工业绩统计图”文档制作完成后的效果如下图所示。

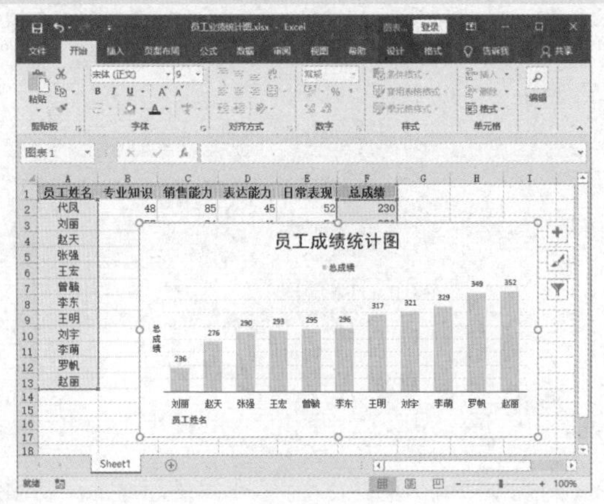

※ 思路解析

当公司主管人员或行政人员需要向领导汇报部门员工的业绩时，纯数据表格不够直观，不能让领导一目了然地了解到不同员工的表现情况。如果将表格数据转换成图表数据，领导便能一眼看出不同员工的表现情况。因此制作图表时，首先要正确创建图表，再根据需要选择布局、设置布局格式。其具体的制作流程及思路如下图所示。

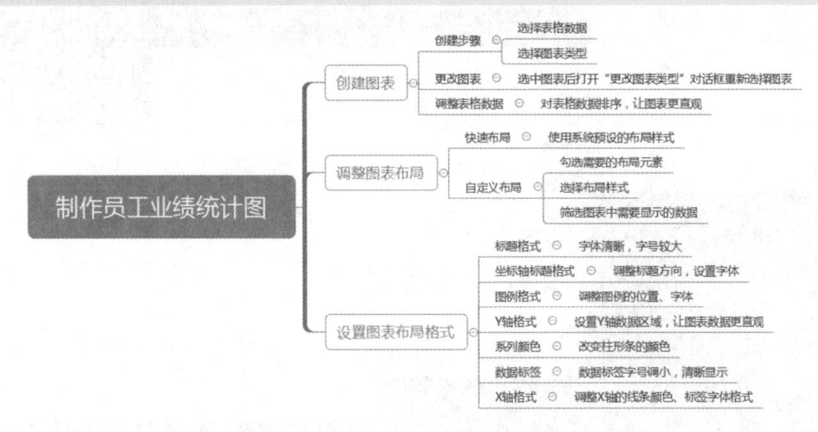

※ 步骤详解

8.1.1 创建图表

Excel创建图表的基本方法是，选中表格中的数据，再选择需要创建的图表类型。选择好图表类型后如果不满意，可以更改图表类型，并且调整图表的原始数据。

>>>1. 创建三维柱形图

创建图表需要选择好数据区域，再选择图表类型。具体操作方法如下。

第1步：选择数据区域。 按照路径“素材文件\第8章\员工业绩统计图.xlsx”打开素材文件；❶按住鼠标左键不放，拖动选中第一列数据；❷按住Ctrl键，继续选中最后一列数据，如下图所示。

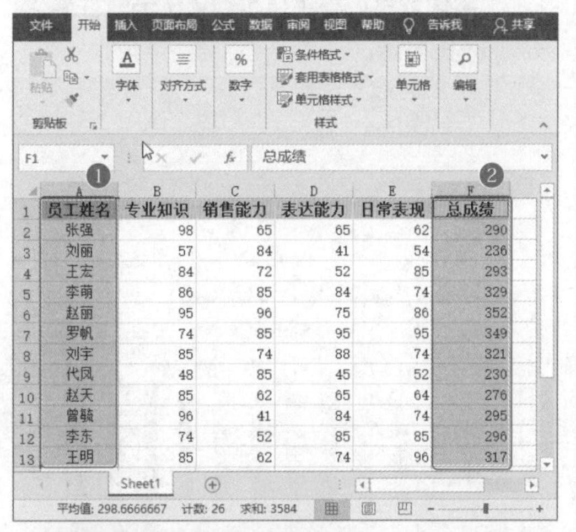

员工姓名	专业知识	销售能力	表达能力	日常表现	总成绩
张强	98	65	65	62	290
刘丽	57	84	41	54	236
王宏	84	72	52	85	293
李萌	86	85	84	74	329
赵丽	95	96	75	86	352
罗帆	74	85	95	95	349
刘宇	85	74	88	74	321
代凤	48	85	45	52	230
赵天	85	62	65	64	276
曾骁	96	41	84	74	295
李东	74	52	85	85	296
王明	85	62	74	96	317

第2步：选择图表类型。 ❶单击“插入”选项卡下的“图表”组中的“插入柱形图”下拉按钮；❷选择“三维簇状柱形图”选项，如下图所示。

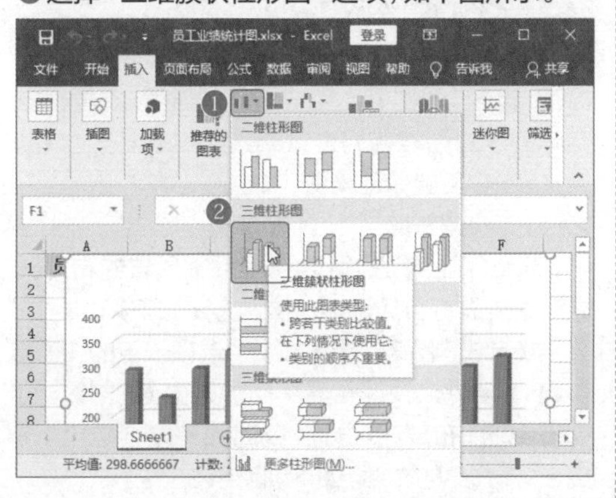

第3步：查看图表创建效果。 此时根据选中的数据便创建出了一个三维柱形图，效果如下图所示。

>>>2. 更改图表类型

当发现图表类型不理想时，不用删除图表重新插入，只需要打开“更改图表类型”对话框重新选择图表即可。

第1步：打开“更改图表类型”对话框。 选中图表，单击“图表工具-设计”选项卡下的“类型”组中的“更改图表类型”按钮，如下图所示。

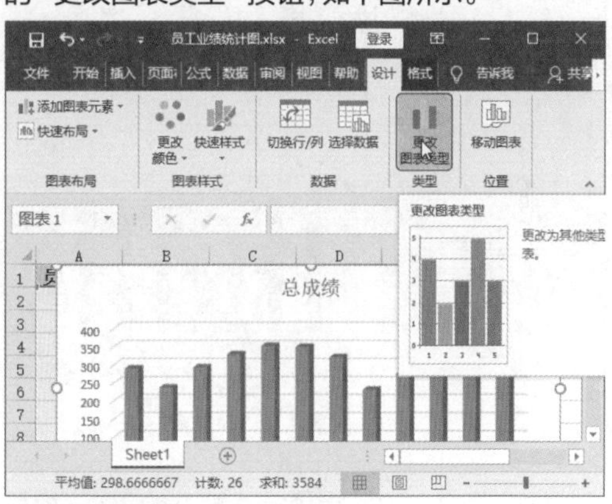

专家答疑

问：通常情况下，图表是选择三维的还是二维的？

答：二维。图表讲究简洁美观，三维图表因为阴影等格式让图表显得信息过多，不够简洁。如果不是特殊需求，通常选择二维图表即可。

第2步：选择图表。❶在“更改图表类型”对话框中，选择“簇状柱形图”；❷单击“确定”按钮，如下图所示。

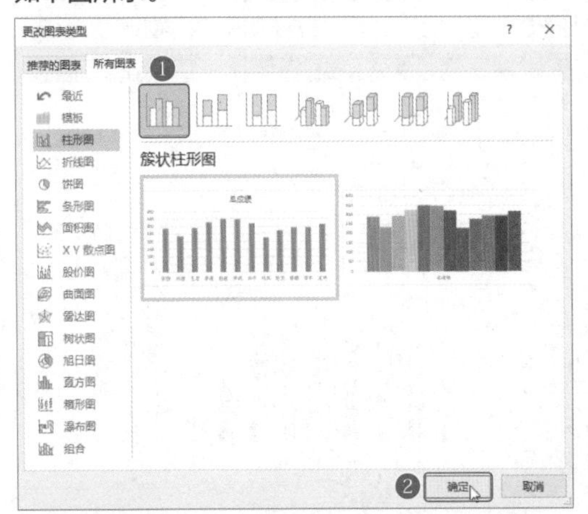

第3步：查看图表更改效果。此时工作界面中的图表从三维柱形图变成了平面的柱形图，效果如下图所示。

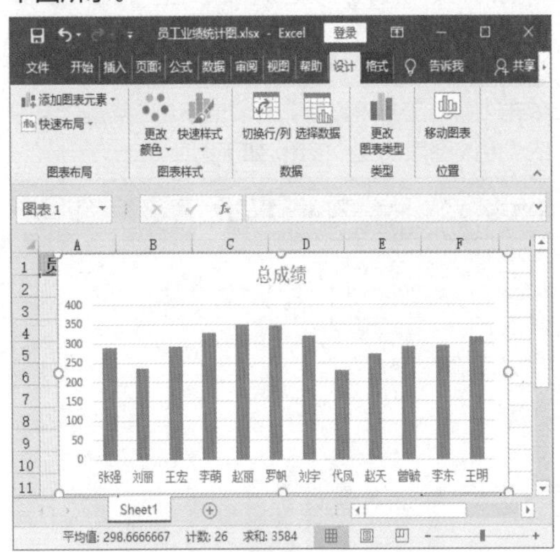

>>>3. 调整图表数据排序

柱形图的作用是比较各项数据的大小，如果能调整数据排序，让柱形图按照从小到大或从大到小的序列显示，图表信息将更容易被人理解，实现一目了然的效果。图表创建完成后，调整表格中创建图表时选中的数据，图表将根据数据的变化而变化。

第1步：排序表格数据。❶选中“总成绩”单元格；❷单击“数据”选项卡下的“排序和筛选”组中的“升序”按钮，如右上图所示。

第2步：查看排序效果。当表格原始数据进行排序更改后，柱形图中代表“总成绩”的柱形条高矮也发生了变化，按照从小到大的顺序进行了排列，让他人一眼就可以看出员工总成绩的高低情况，效果如下图所示。

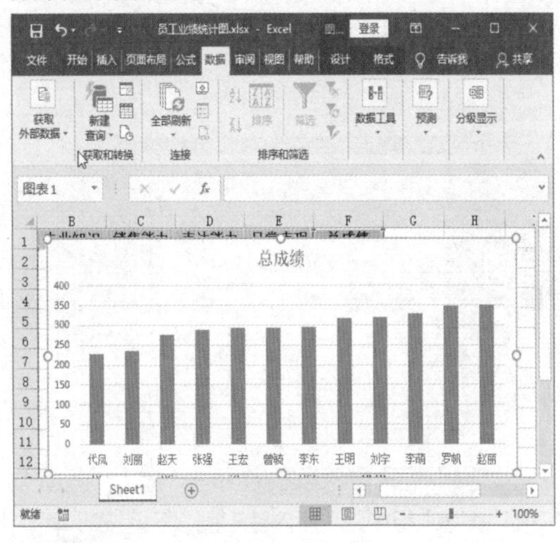

8.1.2 调整图表布局

组成Excel图表的布局元素有很多种，有坐标轴、标题、图例等。完成图表创建后，需要根据实际需求对图表布局进行调整，使其既满足数据意义表达，又能保证美观。

>>>1. 快速布局

从效率上考虑，可以利用系统预置的布局样式对图表进行布局调整。操作方法如下。

❶单击“图表工具-设计”选项卡下的“图表布局”组中的“快速布局”下拉按钮；❷选择下拉列表中的“布局3”选项，此时图表便会应用“布局3”样式中的布局，如下图所示。

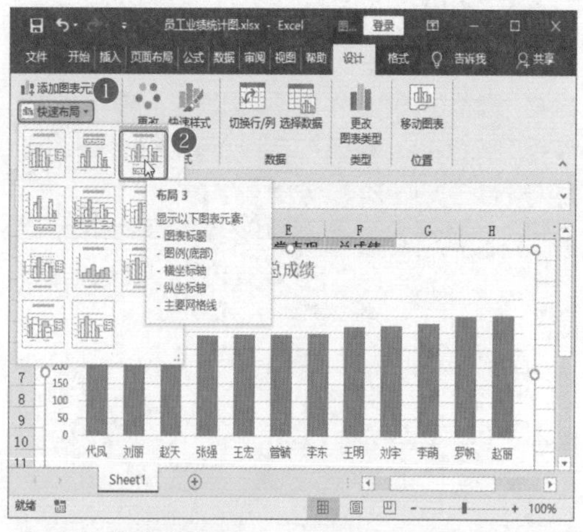

>>>2. 自定义布局

如果快速布局样式不能满足要求，还可以自定义布局。通过手动更改图表元素、图表样式和使用图表筛选器来自定义图表布局或样式。

第1步：选择图表需要的元素。❶单击图表右上方的"图表元素"按钮[+]；❷从弹出的"图表元素"窗格中选中需要的图表布局，同时将不需要的布局元素取消选中，如下图所示。

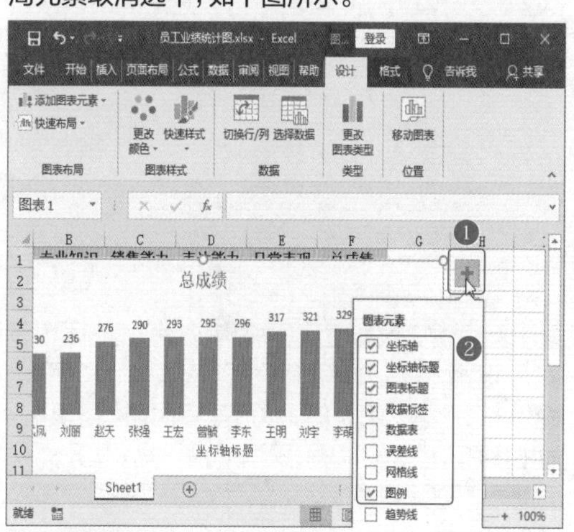

专家点拨

选择图表布局元素的原则是，只选择必要的元素，否则图表会显得杂乱。如果去除某布局元素，图表能正常表达含义，那么该布局元素最好不要添加。

第2步：选择图表样式。❶单击图表右上方的"图表样式"按钮；❷在打开的样式列表中选择"样式15"，如右上图所示。

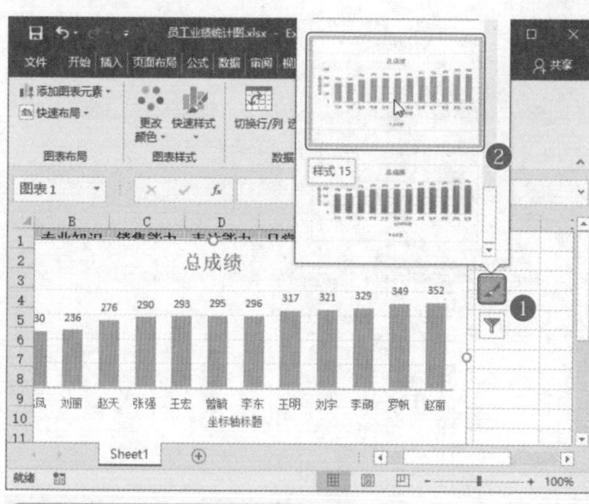

第3步：筛选图表数据。图表并不一定要全部显示选中的表格数据，根据实际需求，可以选择隐藏部分数据，如这里可以将总成绩太低的员工进行隐藏。❶单击图表右上方的"图表筛选器"按钮，❷取消选中总成绩最低的员工"代凤"；❸单击"应用"按钮，如下图所示。

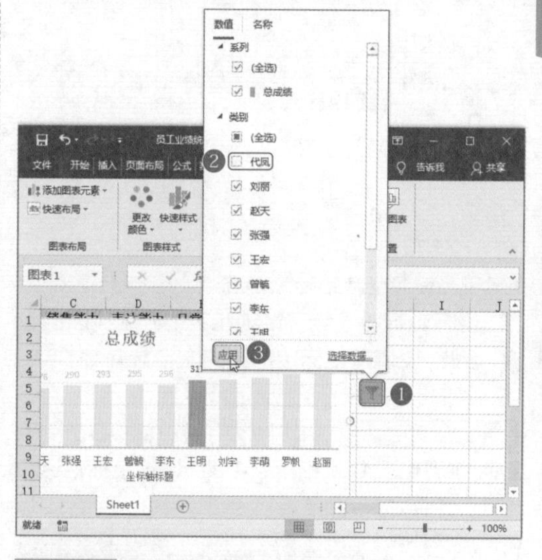

8.1.3 设置图表布局格式

当完成图表布局元素的调整后，需要对不同的布局元素进行格式设置，让不同的布局元素格式保持一致，且最大限度地帮助图表表达数据意义。

>>>1. 设置标题格式

默认情况下，标题与表格中的数据字段名保持一致。完整的图表应该有一个完整的标题名，且标题的格式美观清晰。

第1步：删除原标题内容。将鼠标指针移动到标题中，按Delete键，将原标题内容删除，如下图所示。

第2步：输入新标题并更改格式。❶输入新标题内容；❷在“字体”组中设置标题的格式为“黑体”“18”“黑色、文字1”，如下图所示。

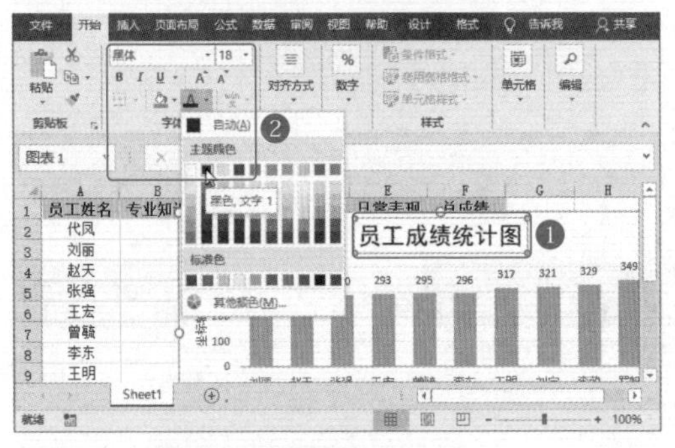

>>>2. 设置坐标轴标题格式

坐标轴标题显示了Y轴和X轴分别代表的数据，因此，要调整坐标轴标题的文字方向、文字格式，让其传达的意义更加明确。

第1步：打开“设置坐标轴格式”窗格。右击图表Y轴的标题，选择快捷菜单中的“设置坐标轴标题格式”命令，如下图所示。

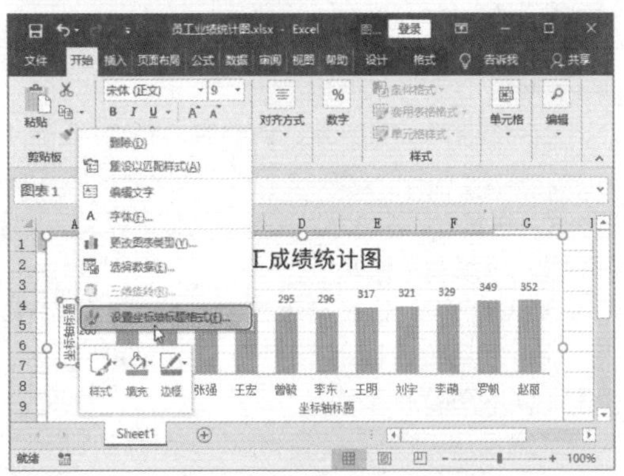

第2步：调整标题文字方向。默认情况下的Y轴标题文字不方便辨认。❶切换到“设置坐标轴标题格”窗格中的“文本选项”选项卡。❷单击“文本框”按钮。❸在“文字方向”下拉列表中选择“竖排”选项，如下图所示。

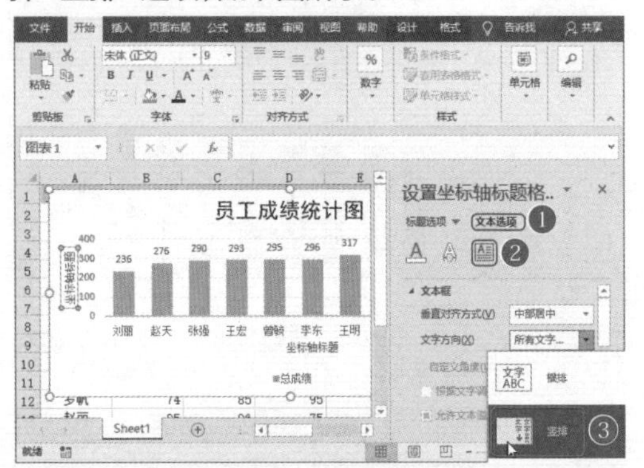

第3步：关闭格式设置窗格。完成文字方向调整后，单击窗格右上方的“关闭”按钮×，关闭窗格，如下图所示。

第4步：调整文字格式。❶输入坐标轴标题文字并设置格式为“黑体”“9”“黑色，文字1”；❷单击“字体”组中的“对话框启动器”按钮，如下图所示。

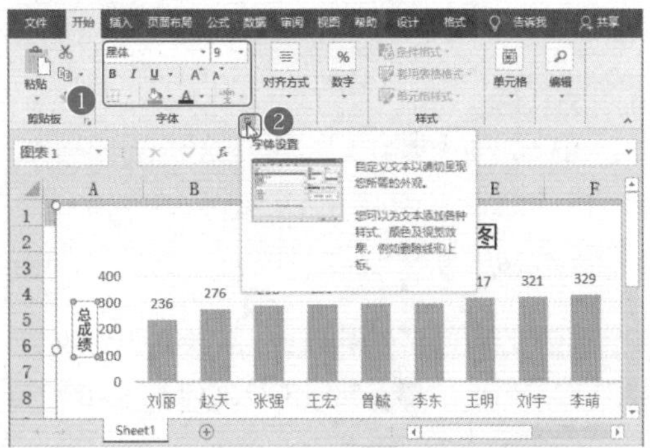

第5步：设置标题字符间距。❶在打开的“字体”对话框中，设置间距为“加宽”“1”磅；❷单击“确定”按钮，如下图所示。

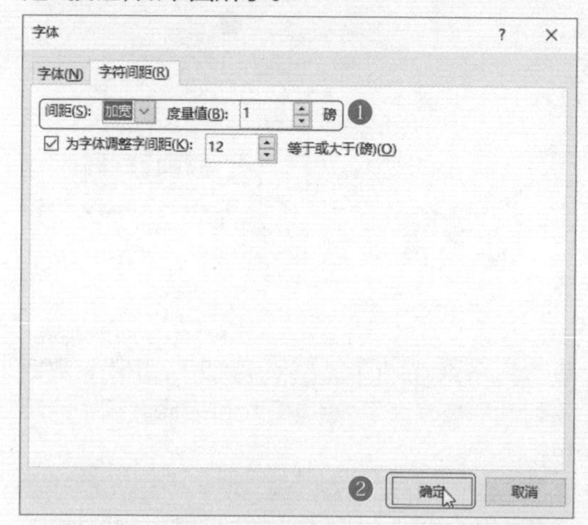

第6步：设置X轴标题格式。❶设置X轴标题格式为“黑体”“9”“黑色，文字1”；❷将鼠标指针移动到标题上，当它变成黑色箭头时，按住鼠标左键不放拖动，将X轴标题的位置移到图表的左下方，如下图所示。此时便完成了图表坐标轴标题的格式调整。

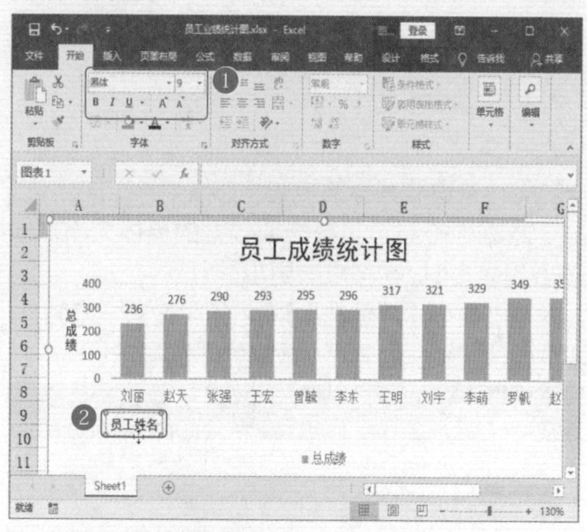

>>>3．设置图例格式

图表图例说明了图表中的数据系列代表了什么。默认情况下图例显示在图表下方，可以更改图表的位置及图例文字格式。

第1步：打开“设置图例格式”对话框。❶选中图例，设置其字体格式为“黑体”“9”号“黑色、文字1”；❷右击图表下方的图例，选择快捷菜单中的“设置图例格式”命令，如右上图所示。

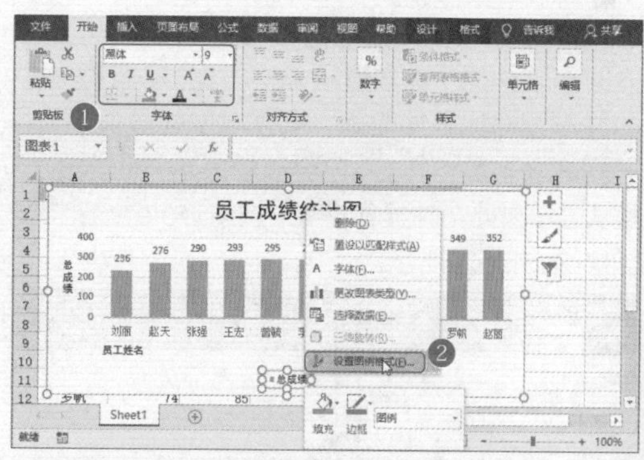

第2步：调整图例位置。打开“设置图例格式”窗格，在“图例选项”选项卡下“图例位置”框中选中“靠上”单选按钮，如下图所示。

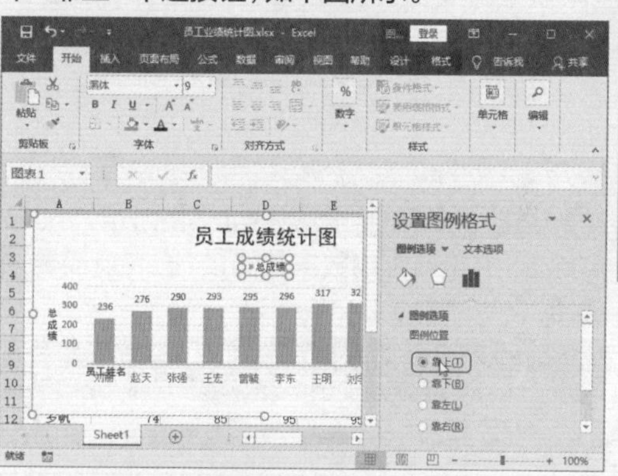

>>>4．设置Y轴格式

图表的作用是将数据具象化、直观化，因此调整坐标轴的数值范围，可以让图表数据的对比更明显。

第1步：设置Y轴的“最小值”。❶双击Y轴，打开“设置坐标轴格式”窗格，单击“坐标轴选项”选项卡下的📊按钮；❷在“最小值”文本框中输入数值“200”，如下图所示。

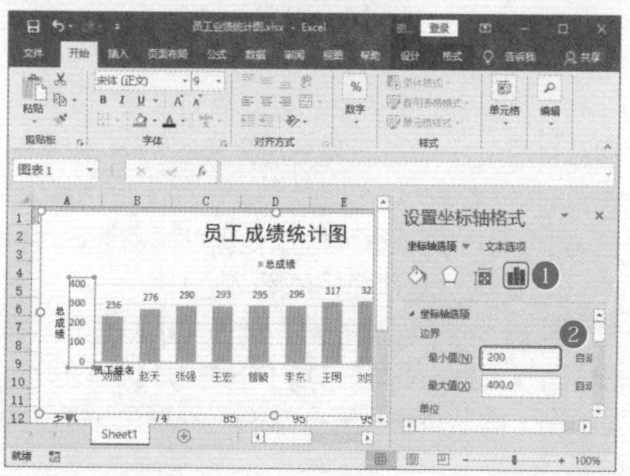

第2步：查看坐标轴数值设置效果并删除Y轴。此时图表中的Y轴数值从200开始，并且图表中的柱形图对比更加明确。调整完Y轴数值后，由于图表中有数据标签，已经能够表示柱形条的数据大小，因此Y轴显得多余，按下Delete键将Y轴删除，如下图所示。

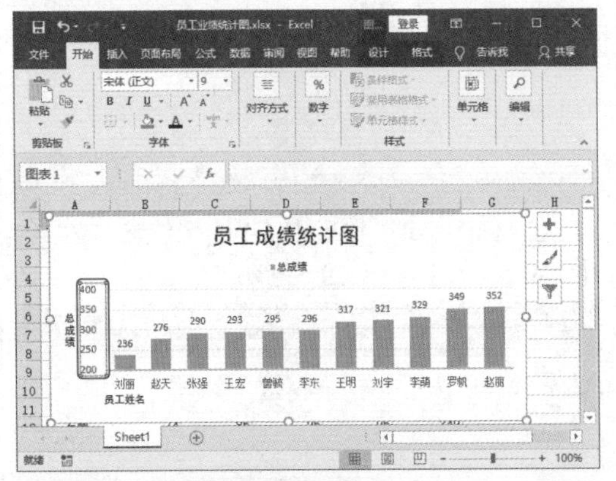

第3步：查看Y轴删除效果。如下图所示，Y轴被删除后，并没有影响数据的阅读，图表反而更加简洁。

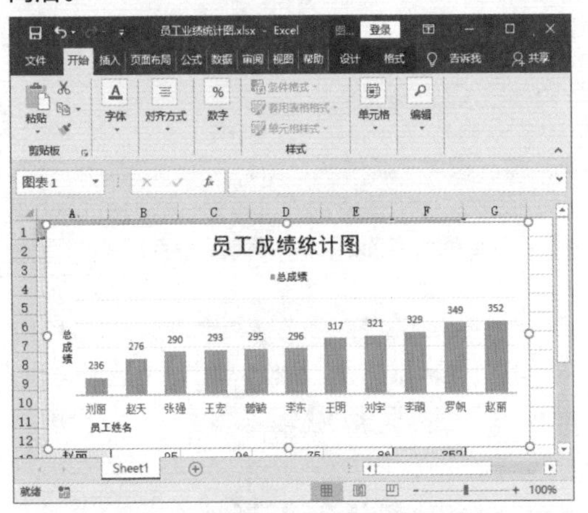

>>>5. 设置系列颜色

柱形图表的系列颜色可以重新设置，设置的原则有两个：一是保证颜色意义表达无误，如本例中，柱形图都表示“总成绩”数据，它们的意义相同，因此颜色也应该相同；二是保证颜色与Excel表、图表其他元素颜色相搭配。

第1步：选择颜色。❶选中图表中的柱形图，单击“图表工具-格式”选项卡下的“形状填充”下拉按钮；❷从下拉列表中选择一种颜色，如右上图所示。

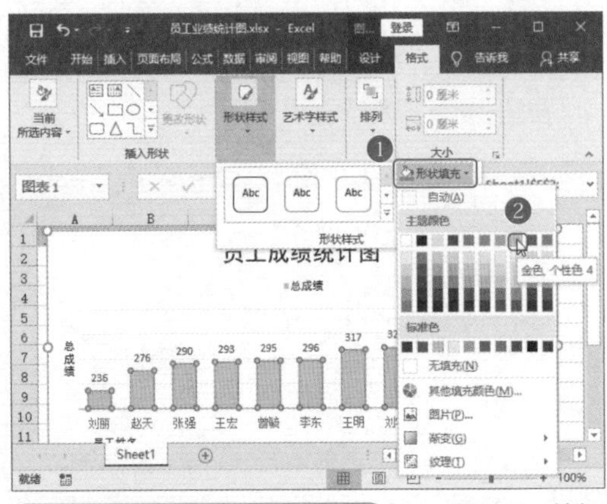

第2步：查看颜色设置效果。如下图所示，数据系列颜色被改变了，且与Excel表原数据中的颜色相搭配。

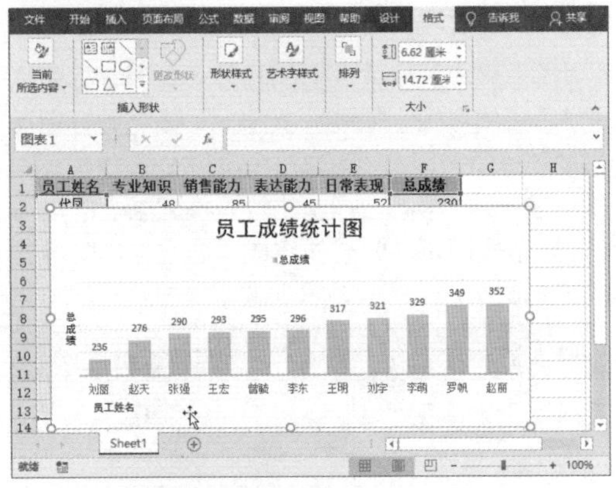

>>>6. 设置数据标签格式

数据标签显示了每一项数据的具体大小。标签数量较多时，字号应该更小。

❶选中标签；❷在“字体”组中设置字号为8，颜色为“黑色，文字1”，效果如下图所示。

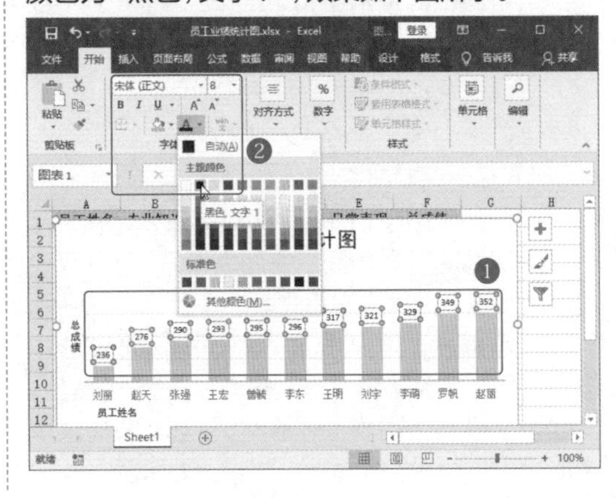

>>>7. 设置X轴格式

可以设置X轴线条格式，使其更加明显；还可以设置x轴标签的格式，让其更方便辨认。

第1步：设置坐标轴线条格式。❶双击X轴，打开"设置坐标轴格式"窗格，切换到"坐标轴选项"选项卡；❷选择"线条"为"实线"；❸设置颜色为"黑色，文字1"，宽度为"1磅"，如下图所示。

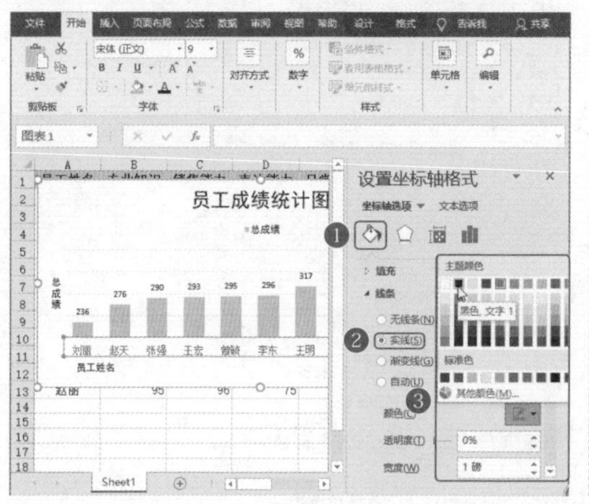

第2步：设置轴标签文字格式。❶选中X轴的标签文字；❷在"字体"组中设置其字体为"宋体(正文)"，9号，"黑色，文字1"，如下图所示。

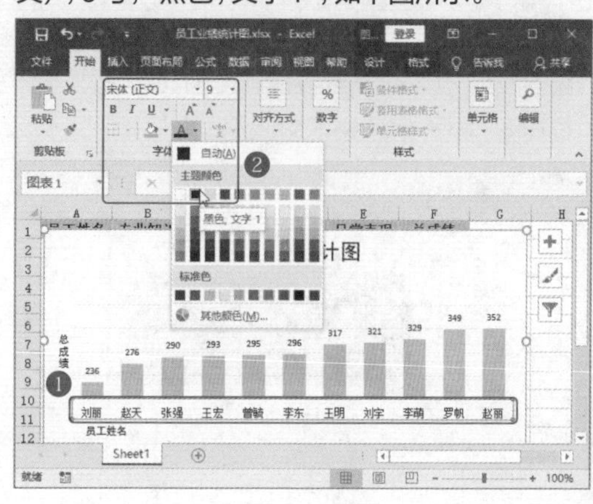

8.2 制作"车间月产量统计图"

扫一扫　看视频

※ 案例说明

车间月产量是企业需要定期统计的数据，由于统计出来的数据量往往比较大，如果直接给领导呈现原始的纯数据信息，会让领导看不到重点，降低信息获取效果。如果能贴心地在数据中添加迷你图，或是有侧重点地将数据转换成图表，领导就能一目了然地看懂汇报数据。将车间月产量数据转换成统计图，效果如下图所示。

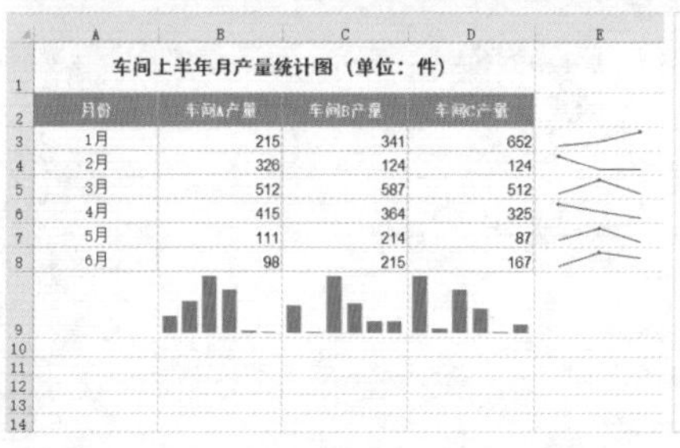

车间上半年月产量统计图（单位：件）

月份	车间A产量	车间B产量	车间C产量
1月	215	341	652
2月	326	124	124
3月	512	587	512
4月	415	364	325
5月	111	214	87
6月	98	215	167

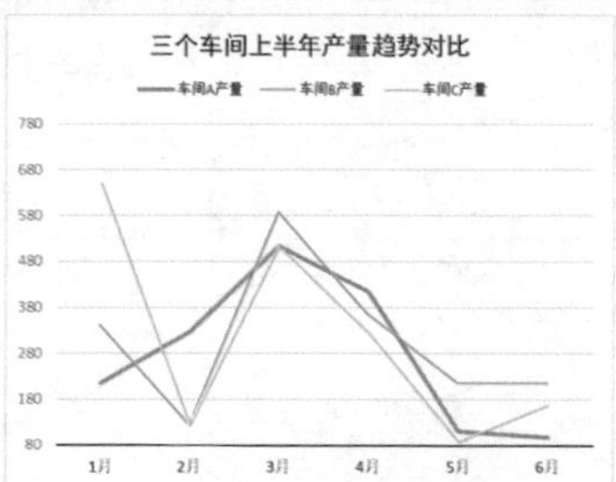

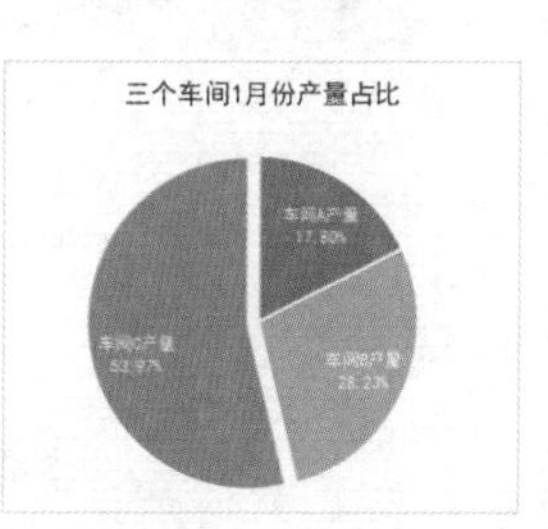

※ 思路解析

当项目主管需要向领导汇报项目进度或产量时，要根据汇报重点选择性地将数据转换成不同类型的图表。例如领导看重的是实际数据，那么为数据加上迷你图即可；如果想要向领导表现产量的趋势，那么可以选择折线图；如果想汇报不同车间的产量占比大小，那么可以选择饼图。3种统计图的制作思路如下图所示。

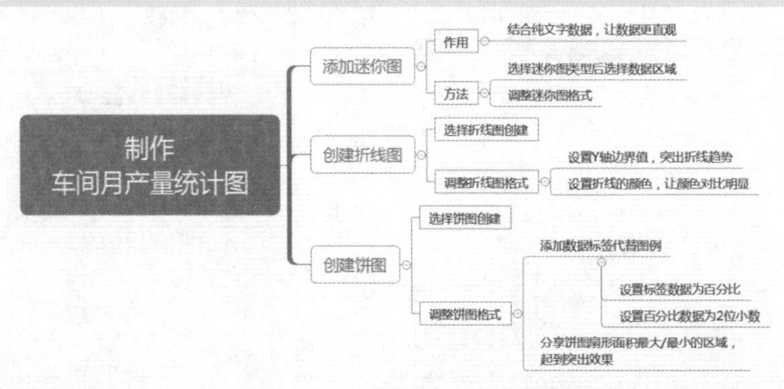

※ 步骤详解

8.2.1 使用迷你图呈现产量的变化

迷你图是Excel表格的一个微型图表，可提供数据的直观表现。使用迷你图可以显示一系列数值的变化趋势，例如，不同车间的产量变化。

>>>1. 为数据创建折线迷你图

折线迷你图体现的是数据的变化趋势，添加方法如下。

第1步：选择折线迷你图。 按照路径“素材文件\第8章\车间月产量统计图.xlsx”打开素材文件，单击“插入”选项卡下的“迷你图”组中的“折线”按钮，如下图所示。

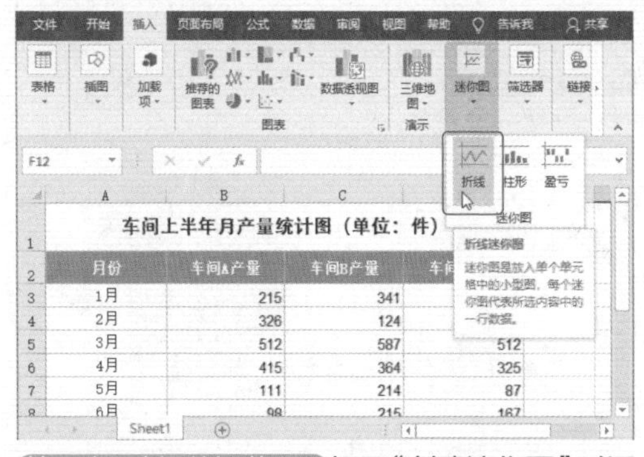

第2步：选择数据范围。 打开“创建迷你图”对话框，单击“数据范围”参数框，按住鼠标左键不放，拖动选择B3:D8数据范围，如下图所示。

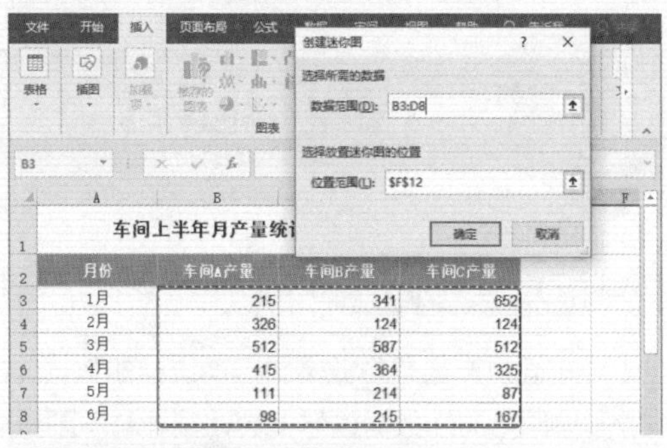

第3步：选择位置范围。 ❶单击“位置范围”参数框，按住鼠标左键不放，拖动选择B3:D8数据范围；❷单击“确定”按钮，如下图所示。

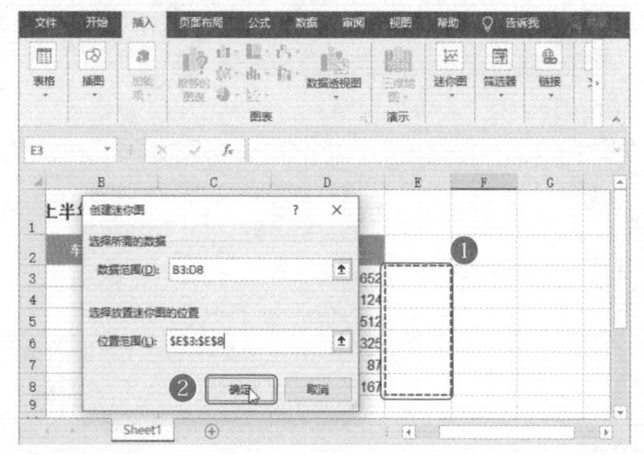

第4步：调整迷你图高点格式。 ❶单击“迷你图工具-设计”选项卡下“样式”组中的“标记颜色”下拉按钮；❷选择“高点”选项；❸颜色选择“红色”，从而将折线迷你图的最高点设置成红色的点，如下图所示。

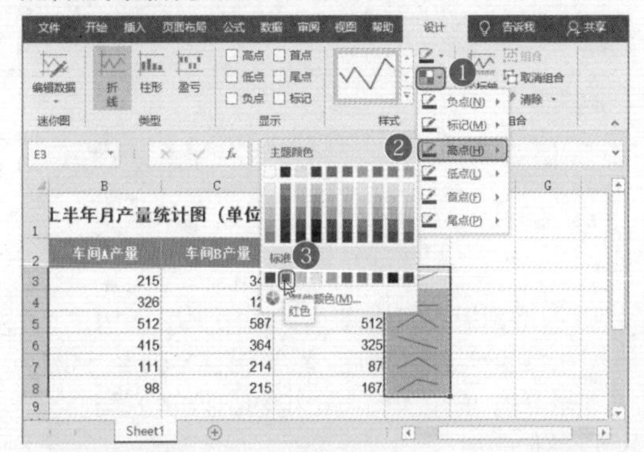

第5步：设置迷你图颜色。 ❶单击“迷你图颜色”下拉按钮；❷在“主题颜色”框中选择黑色，如下图所示。

第6步：加宽单元格。 选中E列单元格，将鼠标指针移动到单元格右边框线上，按住鼠标左键不放拖动边线，加宽单元格距离，如下图所示。

第7步：查看迷你图效果。 此时便完成了迷你图设置，效果如右上图所示，可以根据折线迷你图快速判断出不同月份下，3个车间的产量对比趋势。

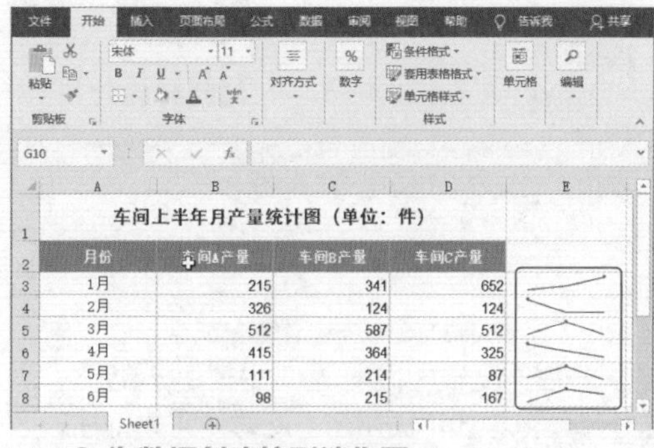

>>>2.为数据创建柱形迷你图

折线迷你图表现的是趋势对比，柱形迷你图则能表现数据大小对比。为表格数据增加柱形迷你图，可以使数据表现得更直观。

第1步：单击“柱形图”选项。 单击“插入”选项卡下的“迷你图”组中的“柱形”按钮，如下图所示。

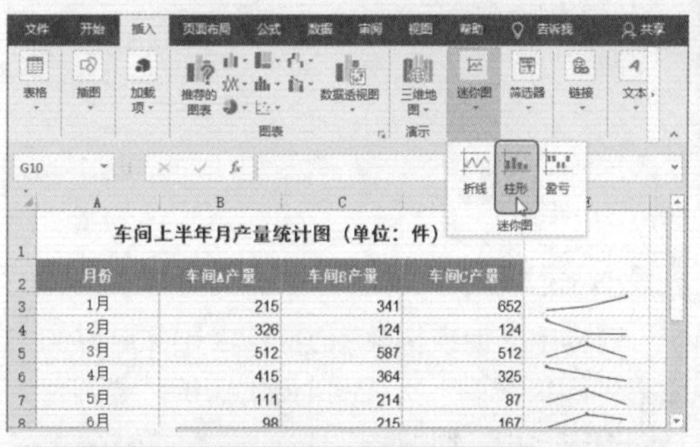

第2步：设置“创建迷你图”对话框。 ❶在打开的“创建迷你图”对话框中，在“数据范围”参数框中输入B3:D8；❷单击“位置范围”参数框，按住鼠标左键不放，拖动选择B9:D9单元格区域；❸单击“确定”按钮，如下图所示。

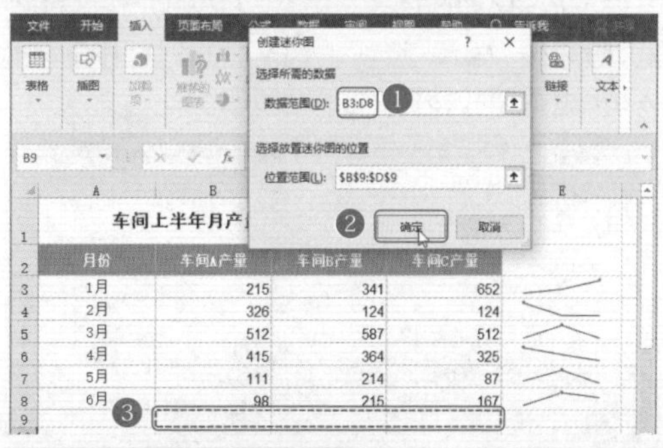

第3步：设置迷你图颜色。 ❶单击“迷你图工具-设计”选项卡下的“迷你图颜色”下拉按钮；❷选择浅蓝颜色，如下图所示。

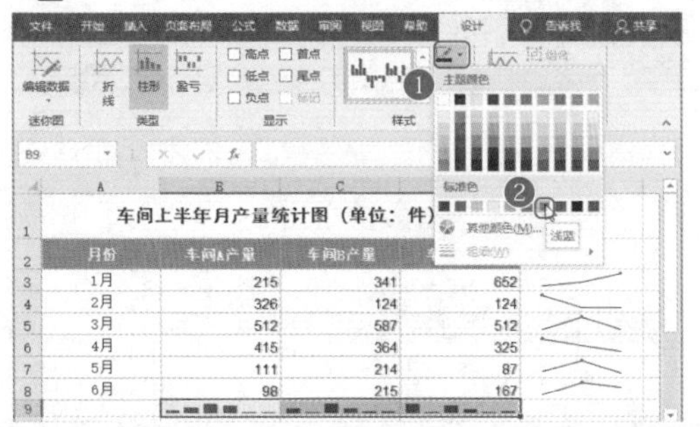

第4步：加宽单元格行距。选中第9行单元格，增加行距，效果如下图所示。此时便完成了柱形迷你图的添加。

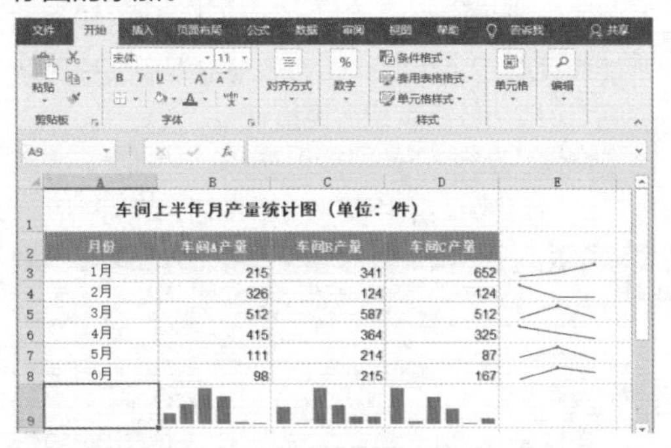

8.2.2 创建产量趋势对比图

要突出表现表格数据的趋势对比，最好的方法是创建折线图。折线图创建成功后，要调整折线图格式，让趋势明显化。

>>>1. 创建折线图

创建折线图的方法是，选中数据，再选择折线图。具体操作方法如下。

第1步：单击“插入折线图”按钮。❶按住鼠标左键不放，拖动选择表格中A2:D8单元格区域数据；❷单击“插入”选项卡下的“图表”组中的“插入折线图”下拉按钮，如下图所示。

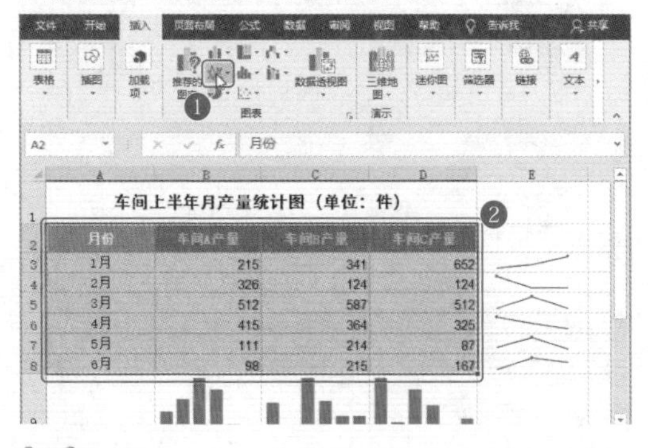

第2步：插入折线图。在弹出的下拉列表中选择“折线图”选项，便能成功创建折线图，如下图所示。

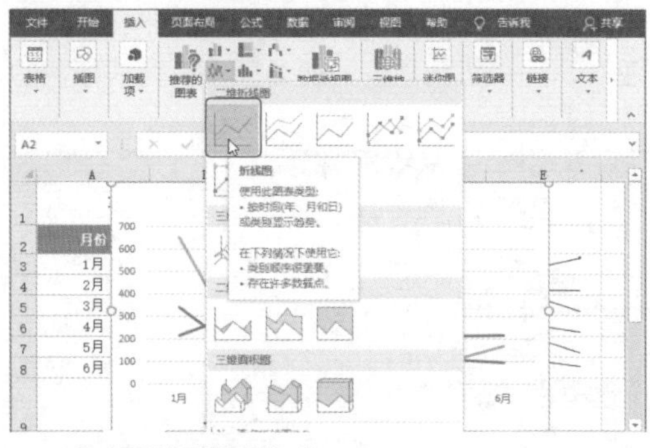

>>>2. 设置折线图格式

折线图创建成功后，需要调整Y轴坐标值以及折线图中折线的颜色和粗细，让折线图的趋势对比更加明显。

第1步：设置标题。❶将鼠标指针移动到折线图标题中，删除原来的标题，输入新的标题；❷设置标题的文字格式为“黑体”，14号，“黑色，文字1”，如下图所示。

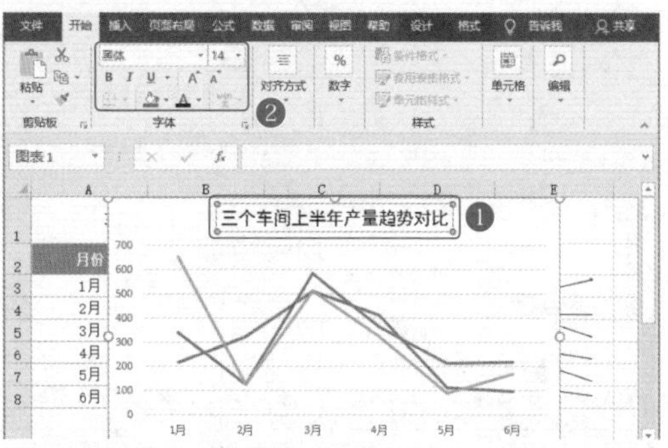

第2步：设置Y轴边界值。❶双击Y轴，打开“设置坐标轴格式”窗格，切换到“坐标轴选项”选项卡，单击“坐标轴选项”按钮；❷设置坐标轴的边界值，如下图所示。

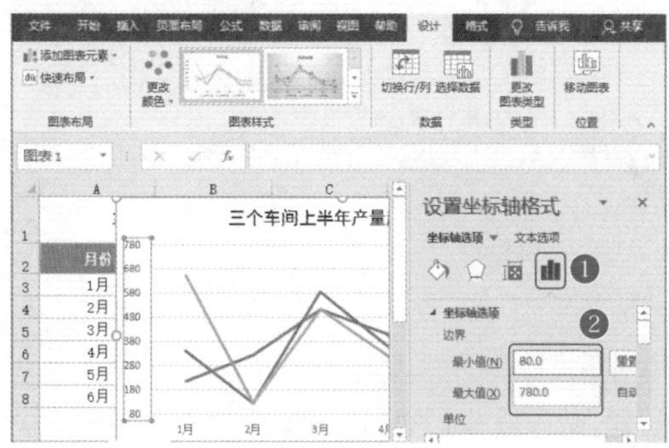

第3步：查看Y轴边界值设置效果。此时Y轴的最大值和最小值均被改变，折线的起伏度更加明显，如下图所示。

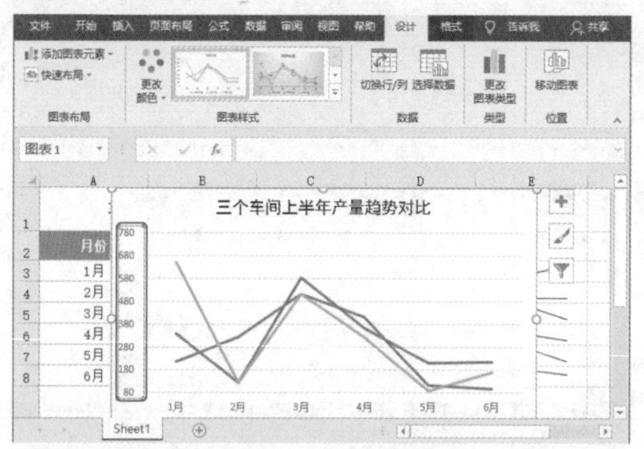

第4步：设置图例格式。❶双击图例，打开“设置图例格式”窗格，在“图例位置”栏中选中“靠上”单选按钮；❷设置图例的字号为8号，颜色为“黑色，文字1”，如下图所示。

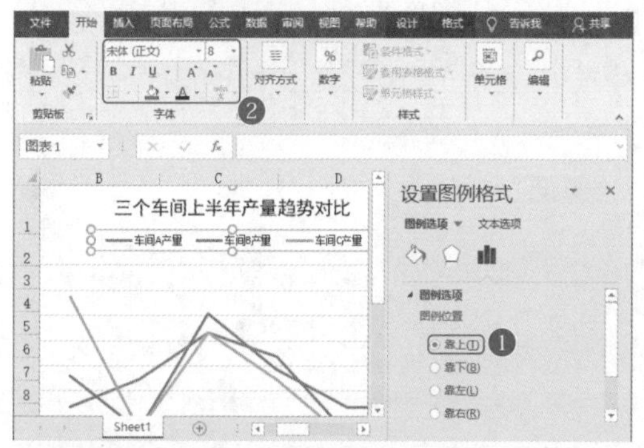

第5步：设置X轴线条颜色。❶双击X轴，打开“设置坐标轴格式”窗格，在“线条”栏中选中“实线”单选按钮；❷设置颜色为“黑色，文字1”，如下图所示。

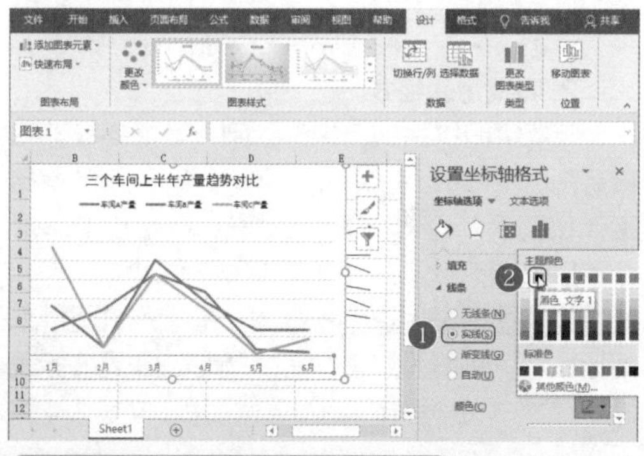

第6步：设置X轴文字标签颜色。❶选中X轴文字标签；❷设置颜色为“黑色，文字1”，如下图所示。

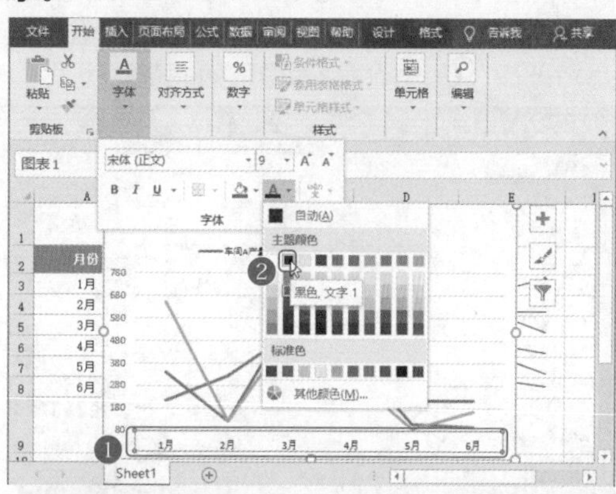

第7步：设置“车间C产量”折线颜色。❶双击代表车间C的折线，在“设置数据系列格式”窗格中，设置“线条”类型为“实线”；❷设置线条宽度为“1.5磅”；❸选择颜色为浅蓝，如下图所示。

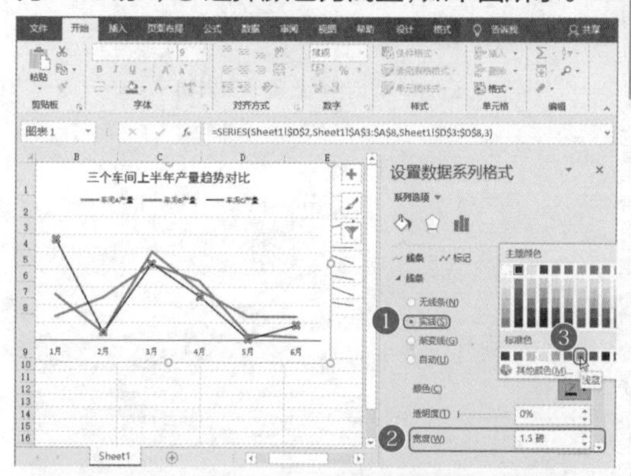

第8步：设置“车间B产量”折线颜色。❶双击代表车间B的折线，在“设置数据系列格式”窗格中，设置“线条”类型为“实线”；❷设置线条宽度为“1.5磅”；❸选择颜色为“绿色”，如下图所示。

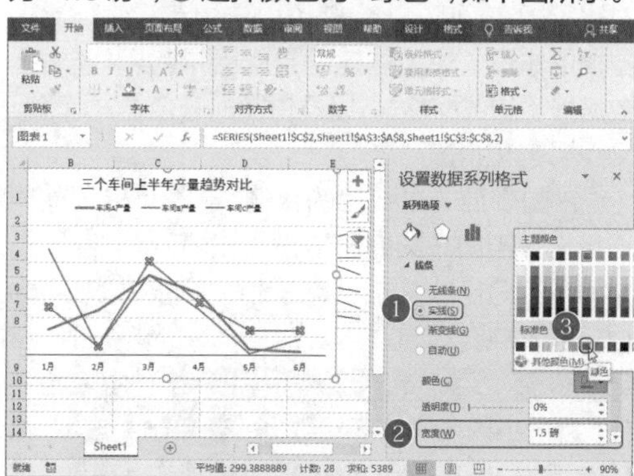

第9步：设置"车间A产量"折线颜色。❶双击代表车间A的折线，在"设置数据系列格式"窗格中，设置"线条"类型为"实线"；❷设置线条宽度为"1.5磅"；❸选择颜色为橙色，如下图所示。

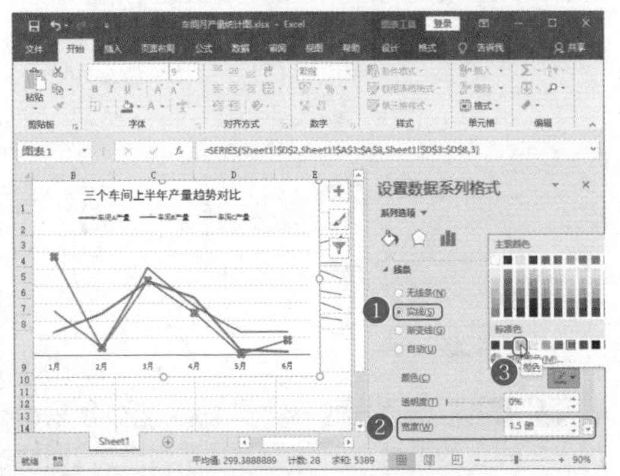

第10步：查看完成设置的折线图。此时折线图完成设置，效果如下图所示。可以看到，折线的颜色对比明显，且趋势突出。

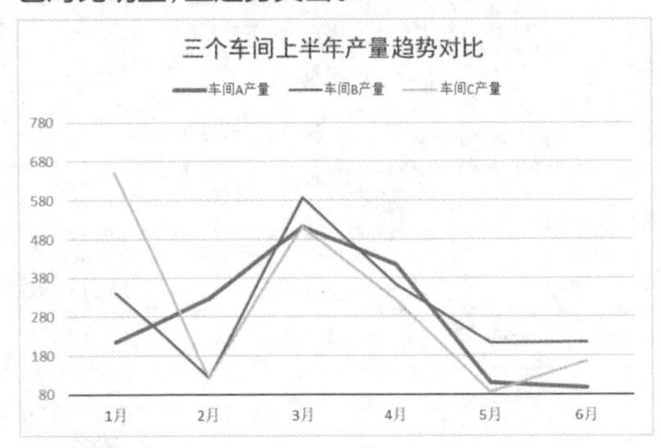

8.2.3 创建车间产量占比图

根据数据分析目标的不同，可以将表格中的数据制作成不同类型的图表。如果分析的目标是对比不同车间的占比，则可以选用专门表现比例数据的饼图。饼图的建立完成后，需要调整饼图数据标签的数据格式，以及饼图的颜色样式等。

>>>1. 创建饼图

饼图表现的是数据的比例，这里可以创建同一月份下不同车间的产量占比，也可以创建同一车间在不同月份下的产量占比。下面将以前者为例，进行讲解。

第1步：单击"插入饼图"按钮。❶选中表格中的1月份不同车间的产量数据；❷单击"插入"选项卡下的"图表"组中的"插入饼图或圆环图"下拉按钮，如下图所示。

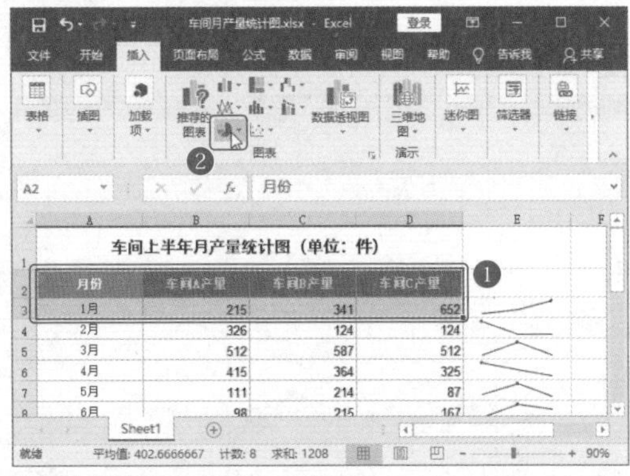

第2步：完成饼图创建。❶选择下拉列表中的"饼图"选项；❷此时便完成了饼图创建，如下图所示。

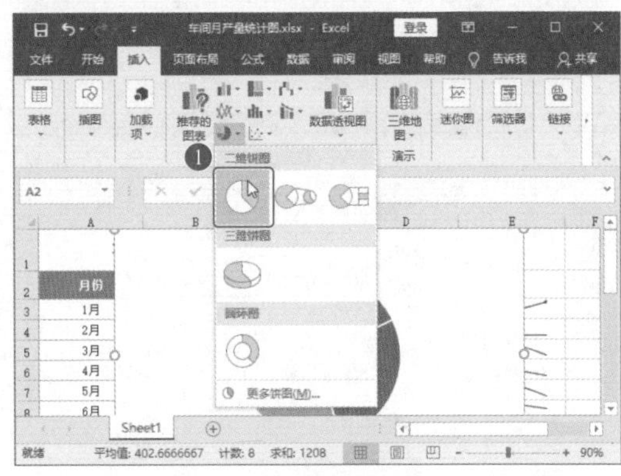

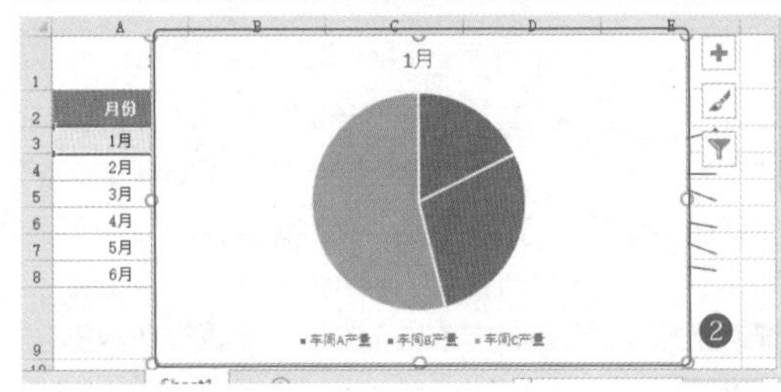

>>>2. 调整饼图格式

调整饼图格式的目的是让别人更加便捷地看懂饼图，所以可以将饼图的图例去掉，改用数据标签代替图例。再将饼图中数据最大/最小的扇形分离出来，起到重点突出的作用。

第1步：调整标题格式。❶将光标置入饼图原来的标题中，删除标题，输入新的标题；❷更改标题的字体格式为"黑体"，14号，"黑色，文字1"，如下图所示。

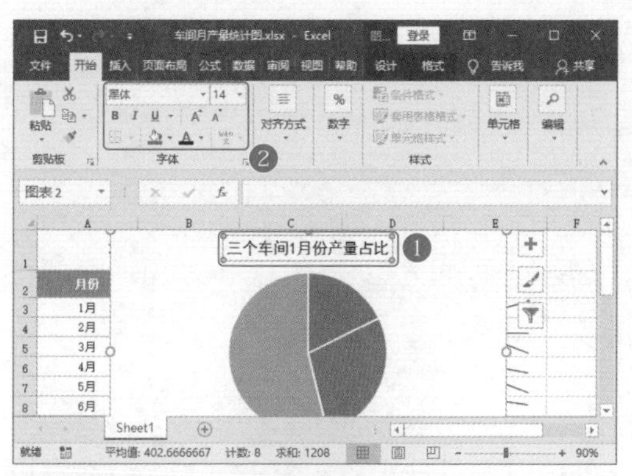

第2步：调整饼图颜色。❶单击“图表工具-设计”选项卡下的“更改颜色”下拉按钮；❷从弹出的下拉列表中选择“彩色调色板2”作为饼图配色，如下图所示。

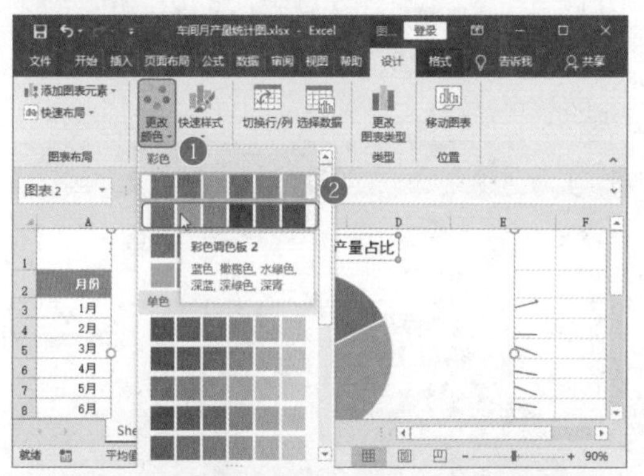

第3步：删除饼图图例。单击鼠标右键饼图图例，选择快捷菜单中的“删除”命令，如下图所示。

第4步：添加数据标签。❶单击“图表工具-设计”选项卡下的“添加图表元素”下拉按钮；❷从弹出的下拉列表中选择“数据标签”选项，再选择级联列表中的“最佳匹配”选项，如右上图所示。

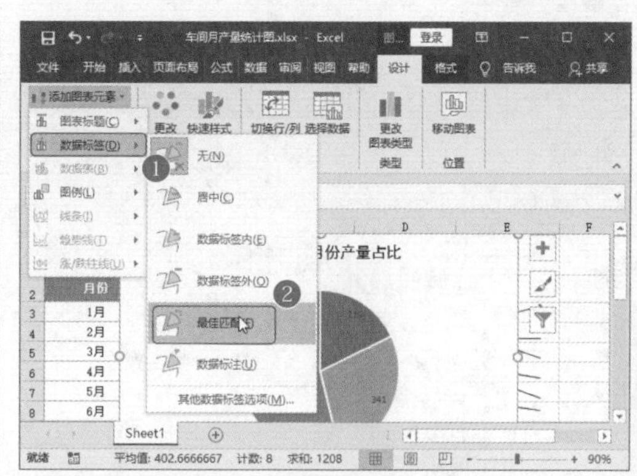

第5步：设置标签选项。双击数据标签，打开“设置数据标签格式”窗格，在“标签选项”选项卡中选中“类别名称”等3个复选框，如下图所示。

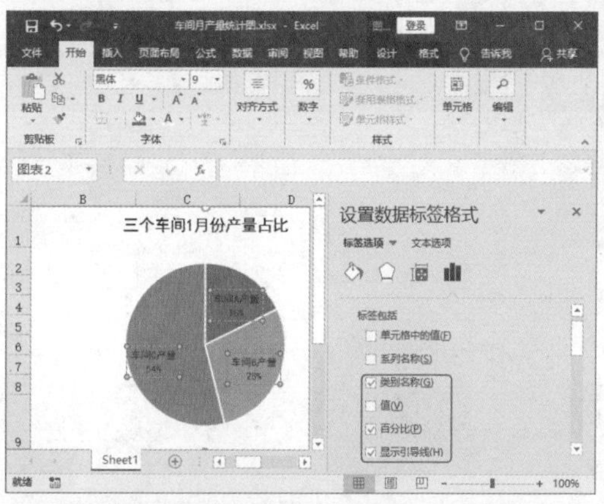

第6步：设置标签的数字格式。在“数字”栏中将类别设置为“百分比”，并设置小数位数为“2”，如下图所示。

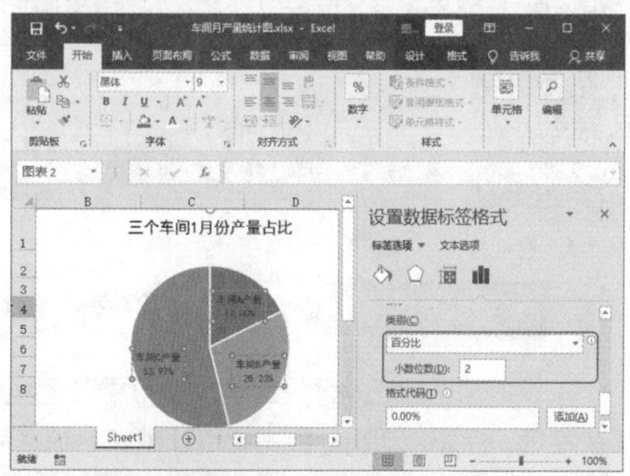

第7步：设置标签字体格式。此时饼图数据标签从原来的十进制数变为带2个小数点的百分数，❶选中标签，更改字体为“黑体”，字号为9号；❷

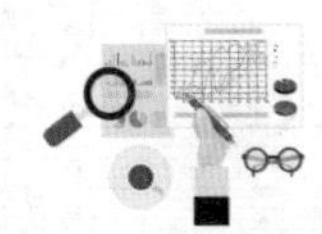

设置标签字体颜色，如下图所示。

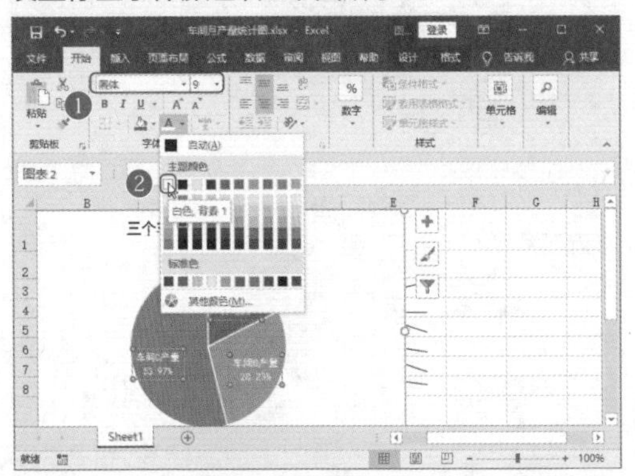

第8步：增加饼图的面积。将鼠标指针移动到绘图区右下方，按住鼠标左键不放拖动，将绘图区调整得大一点，如下图所示。

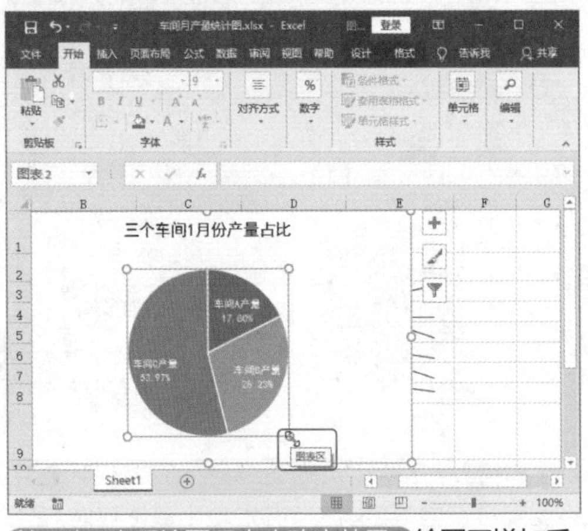

第9步：查看绘图区大小改变效果。绘图区增加后，效果如右上图所示，让饼图尽量充满整个图表区域。

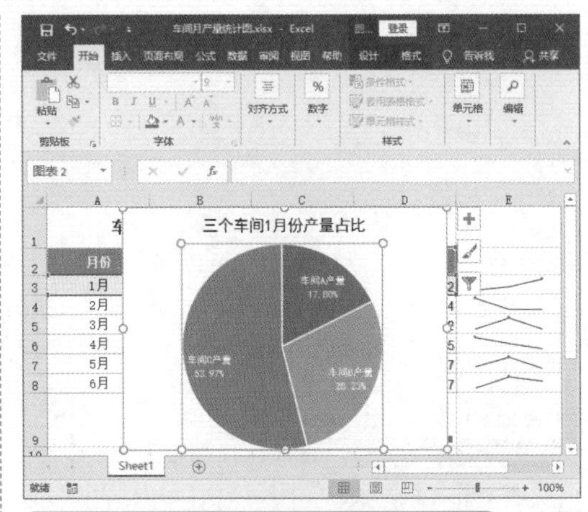

第10步：分离饼图中占比较大的扇形。双击饼图中较大的扇形区域，打开"设置数据点格式"窗格，设置"点分离"为"7%"，将该区域分离出来，以起到强调的作用，如下图所示。此时便完成了饼图的创建与格式调整。

扫一扫 看视频

8.3 制作"网店销售数据透视表"

※ 案例说明

不论是网店还是其他企业，都需要进行产品销售，为了衡量销量状态是否良好，哪些地方存在不足，需要定期统计数据。统计出来的数据往往包含时间、商品种类销量、销售店铺、销售人员等信息。由于信息比较杂，不方便分析，如果将表格制作成透视表，就可以提高数据分析效率。网店销售数据透视表制作完成的效果之一如下图所示。

网店销售数据透视表.xlsx - Excel　数据...　登录

文件　开始　插入　页面布局　公式　数据　审阅　视图　帮助　分析　设计　告诉我　共享

粘贴　宋体　11　B　I　U　A　A　wén　常规　%　条件格式　套用表格格式　单元格样式　插入　删除　格式　编辑

剪贴板　字体　对齐方式　数字　样式　单元格

C11 | 5088.3

	A	B	C	D	E	F
3	平均值项：销售额	列标签				
4	行标签	打底裤	棉裤/羽绒裤	西装裤/正装裤	休闲裤	总计
5	⊟A店	104790.75	24795.24	1769	96876.33333	69803.84444
6	杜涛	25333	47760.5			40284.66667
7	李梦	254913	13383.6			93893.4
8	刘璐	23731.5	1688		110719	39967.5
9	王强	111481				111481
10	张非	143827.5		1769	89955	78517.16667
11	⊟B店	72487	5088.3	1204.342857	130044.8571	55916.46111
12	杜涛		14713	1389	101584	44131.8
13	李梦		361.1	1422	124797	32000.525
14	刘璐		190.8		165626	82908.4
15	王强	72487		936.1333333	176097	50278.48
16	张非				120313	120313
17	⊟C店	23037.66667	1928.3725	2086.666667	143939.5	30913.79083
18	杜涛	20550	82.19			10316.095
19	李梦		3507	2042	156109	41291.25
20	刘璐	24281.5				24281.5
21	王强			2196	131770	66983
22	张非		617.3	2022		1319.65
23	总计	81660.5	12246.21583	1519.033333	124068.5	54873.56229

Sheet3　Sheet1

就绪　100%

※ 思路解析

当网店的销售主管需要汇报业绩或者是统计销售情况时，不仅需要将数据录入表格，还要利用表格生成数据透视表。在透视表中，可以通过求和、求平均数、为数据创建图表等方式更加灵活地分析展现数据。在利用透视表分析数据时，要根据数据分析的目的，选择条件格式、建立图表、切片器分析等不同的功能。其具体思路如下图所示。

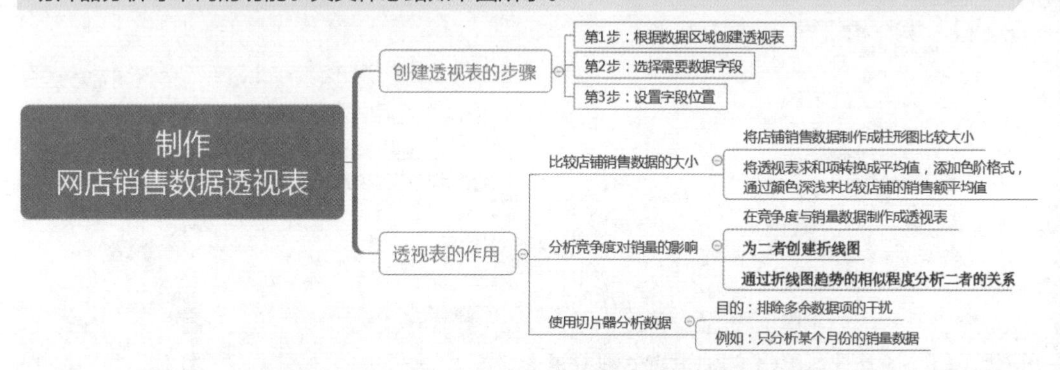

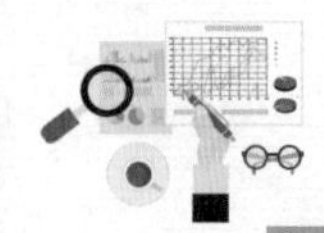

※ 步骤详解

8.3.1 按销售店铺分析商品销售情况

数据透视表可以将表格中的数据整合到一张透视表中。在透视表中，通过设置字段，可以对比查看不同店铺的商品销售情况。

>>>1. 创建数据透视表

要利用数据透视表对数据进行分析，首先需要根据数据区域创建数据透视表。

第1步：单击“数据透视表”按钮。按照路径“素材文件\第8章\网店销售数据透视表.xlsx”打开素材文件，单击“插入”选项卡下的“表格”组中的“数据透视表”按钮，如下图所示。

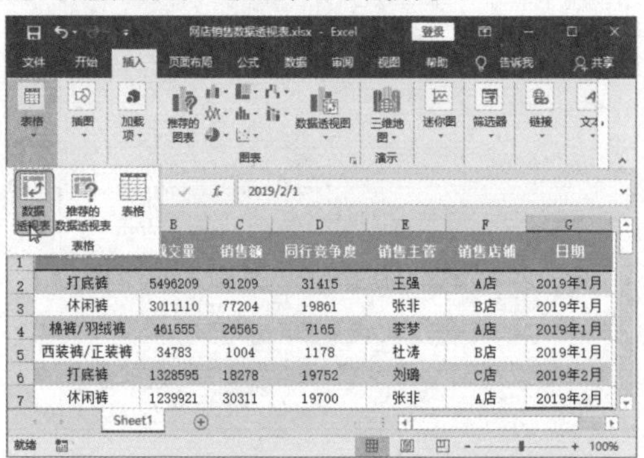

第2步：设置“创建数据透视表”对话框。❶在打开的“创建数据透视表”对话框中确定“表/区域”是表格中的所有数据区域；❷选中“新工作表”单选按钮；❸单击“确定”按钮，如下图所示。

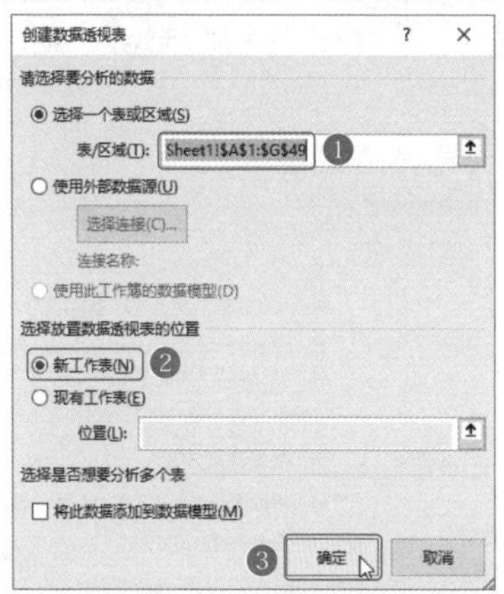

第3步：查看创建的透视表。完成数据透视表创建后，效果如右上图所示，需要设置字段方能显示所需要的透视表。

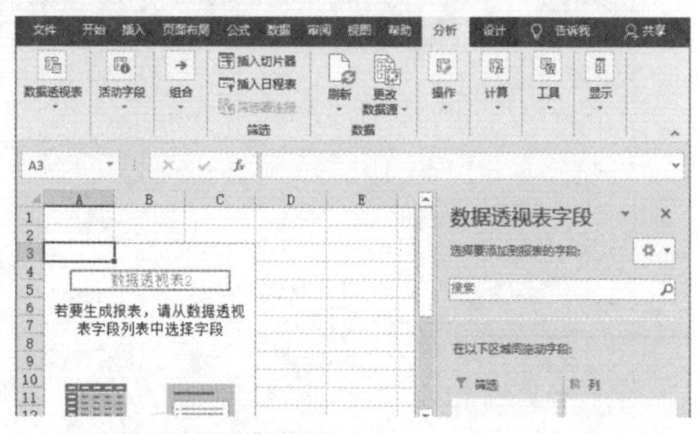

>>>2. 设置透视表字段

刚创建出的数据透视表或透视图中并没有任何的数据，需要在透视表中添加进行分析和统计的字段才可以得到相应的数据透视表或数据透视图。例如本例中，需要分析不同店铺的销量，那么就要添加“销售店铺”“商品名称”“成交量”来分析商品数据。

第1步：设置透视表字段。❶在“数据透视表字段”窗格中选中需要的字段；❷使用拖动的方法，将字段拖动到相应的位置，如下图所示。

第2步：查看完成设置的透视表。完成字段选择与位置调整后，透视表效果如下图所示，从中可以清晰地看到不同商品的销量情况。

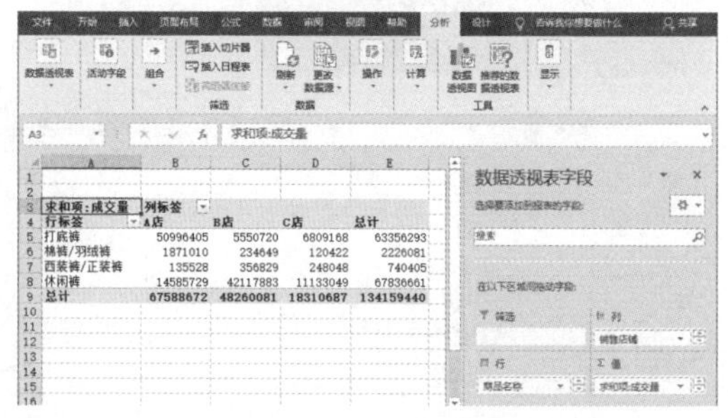

>>>3. 创建销售对比柱形图

利用数据透视表中的数据，可以创建各种图表，将数据可视化，方便进一步分析。

第1步：选择图表。 选中透视表中任意数据的单元格，单击“插入”选项卡下“二维柱形图”按钮，将店铺的销售数据制作成图表，如下图所示。

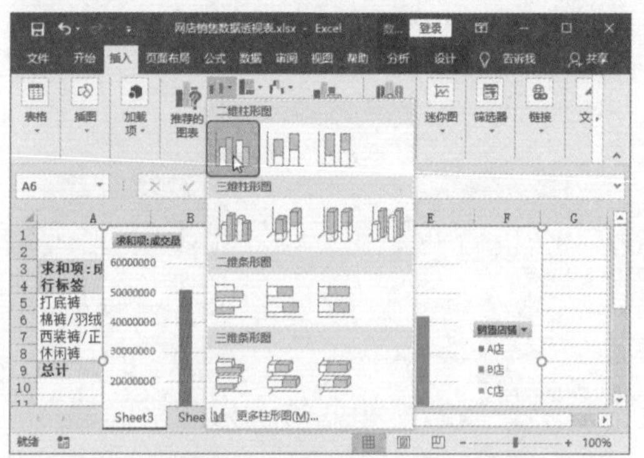

第2步：查看创建的图表。 完成创建的柱形图，将鼠标指针移动到柱形条上会显示相应的数值大小，如下图所示。

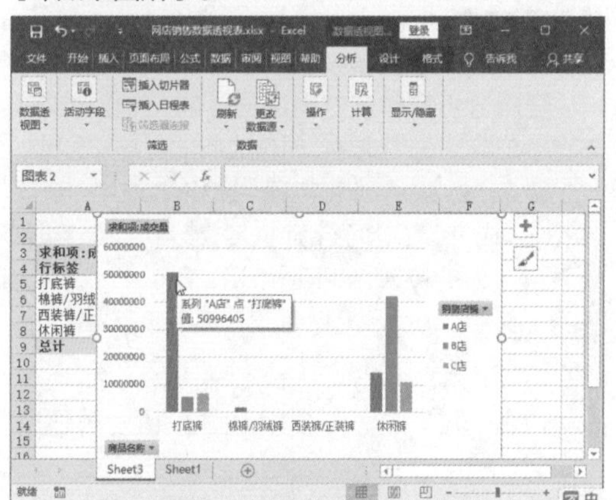

>>>4. 计算不同店铺的销售额平均值

在数据透视表中，默认情况下统计的是数据的和，例如前面的步骤中，透视表自动计算出了不同店铺中不同商品的销量之和。接下来就要通过设置，将求和改成平均值，对比不同店铺的销售平均数大小。

第1步：选择字段。 ❶在“数据透视表字段”窗格中选中“商品名称”“销售额”“销售主管”“销售店铺”4个字段；❷设置字段的位置，此时销售额默认的是“求和项”，如右上图所示。

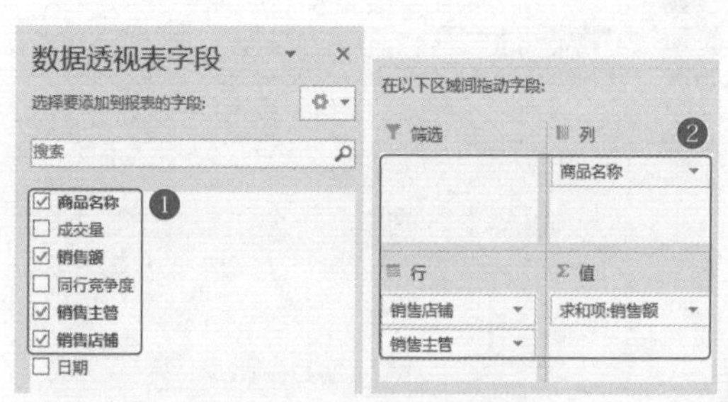

第2步：打开“值字段设置”对话框。 在透视表任意单元格中单击鼠标右键，从弹出的快捷菜单中选择“值字段设置”命令，如下图所示。

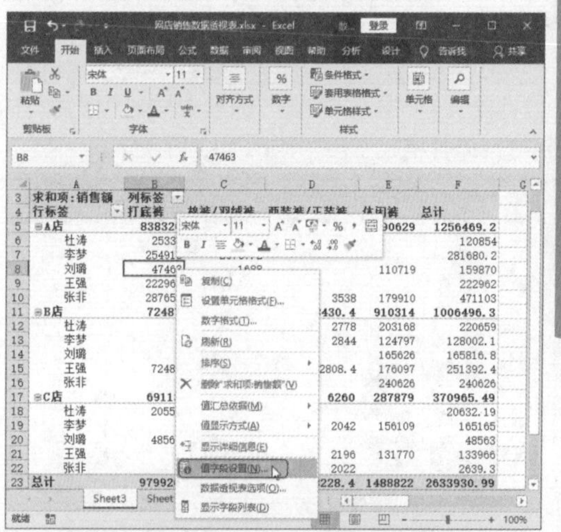

第3步：设置“值字段设置”对话框。 ❶在打开的“值字段设置”对话框中，选择计算类型为“平均值”；❷单击“确定”按钮，如下图所示。

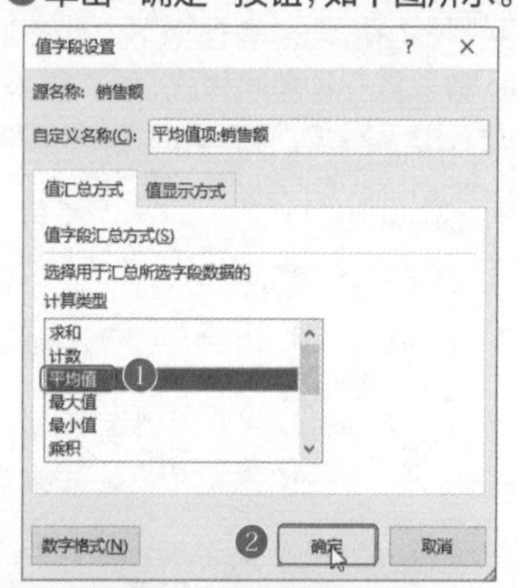

第4步：查看完成设置的透视表。 当值字段设置为“平均值”后，透视表效果如下图所示。在表中可以清楚地看到不同店铺中不同商品的销售额平均值、不同销售主管的销售额平均值。

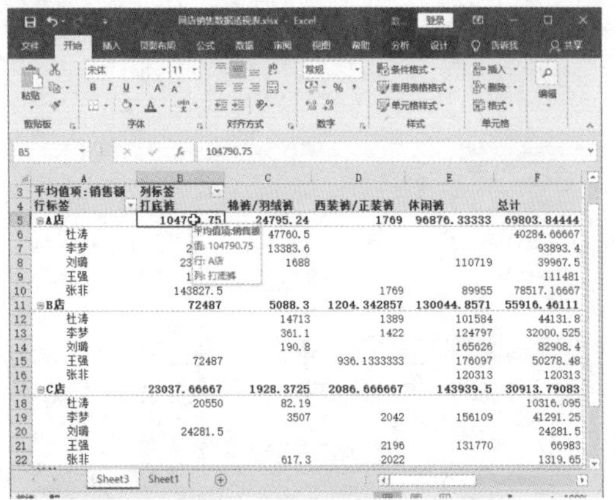

第5步：单击“条件格式”按钮。选中透视表中的数据单元格，单击“开始”选项卡下的“样式”组中的“条件格式”下拉按钮，如下图所示。

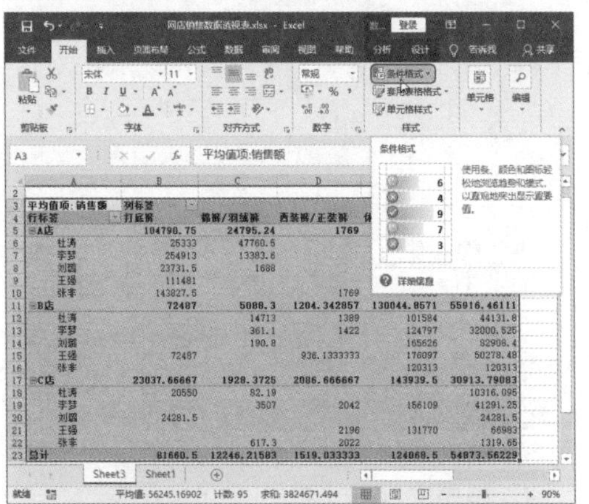

第6步：设置色阶格式。❶选择下拉列表中的“色阶”选项；❷选择一种色阶样式，如下图所示。

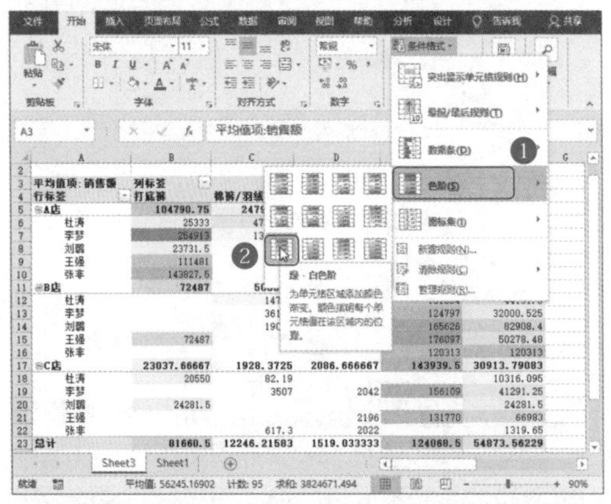

第7步：查看透视表效果。此时数据透视表就按照表格中的数据填充上深浅不一的颜色。通过颜色对比，可以很快分析出哪个店铺的销售额平均值最高、哪种商品的销售额平均值最高，哪位销售主管的业绩平均值最高，如下图所示。

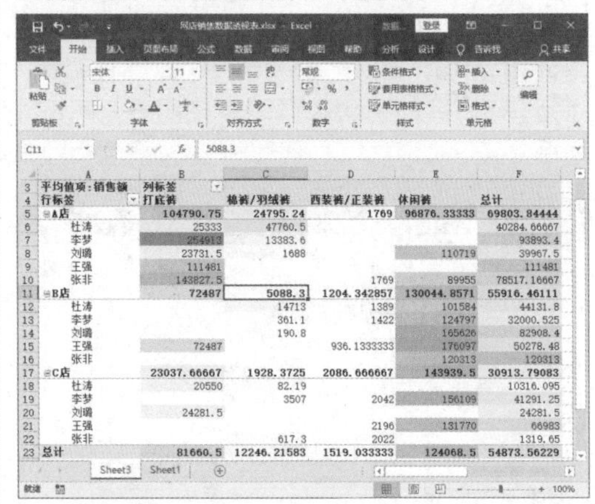

8.3.2 按销量和竞争度来分析商品

网店是一个竞争激烈的行业，为了分析出是什么原因影响了商品的销量，可以在透视表中，将销售与影响因素创建成折线图，通过对比两者的趋势来进行分析。

>>>1. 调整透视表字段

要想分析竞争度对销量的影响，就要将销量与竞争度字段一同选中，创建成新的数据透视表。

❶在“数据透视表字段”窗格中选中“商品名称”“成交量”“同行竞争度”“月”4个字段；❷调整字段的位置，如下图所示。

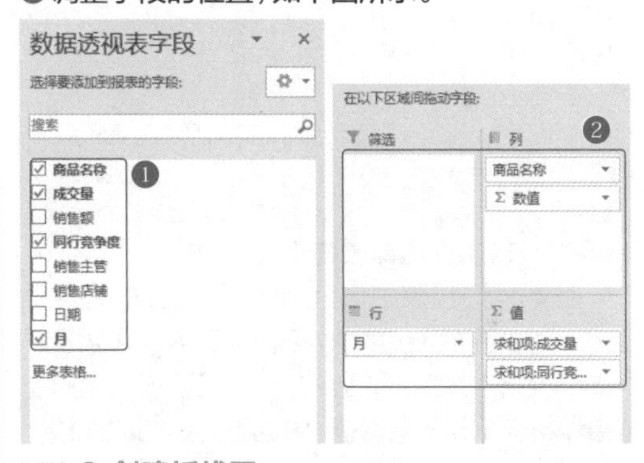

>>>2. 创建折线图

当完成透视表创建后，需要将销量与竞争度创建成折线图，对比两者的趋势是否相似，如果是，则说明销量的起伏确实跟竞争度有关系。

第1步：选择图表。❶单击“插入”选项卡下的“图

表”组中的“插入折线图”下拉按钮 ；❷选择“折线图”选项，如下图所示。

第2步：单击“商品名称”下拉按钮。为了更加清晰地分析数据趋势，这里将暂时不需要分析的数据折线隐藏，只选择需要分析的数据。单击图表中的“商品名称”下拉按钮，如下图所示。

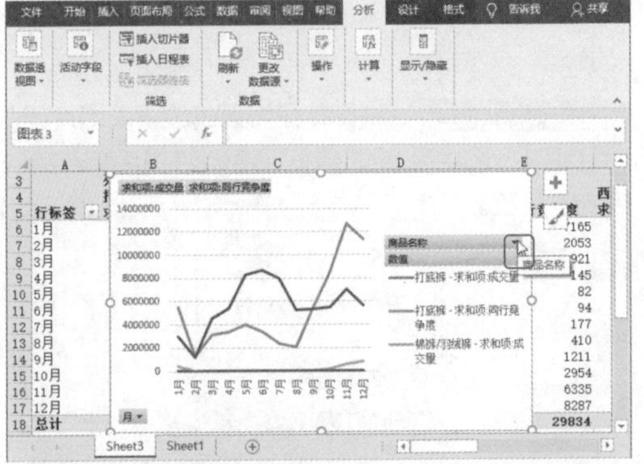

第3步：选择商品名称。❶从弹出的下拉列表中取消选中“全选”，然后选中“打底裤”；❷单击“确定”按钮，如下图所示。

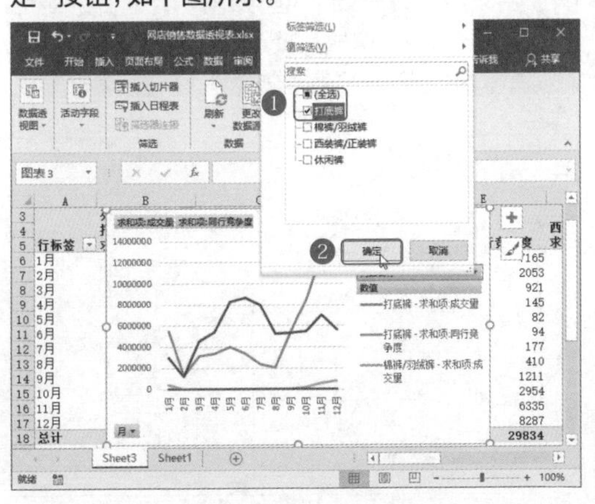

第4步：打开“设置数据系列格式”窗格。选中代表打底裤竞争度的折线，单击鼠标右键，从弹出的快捷菜单中选择“设置数据系列格式”命令，如下图所示。

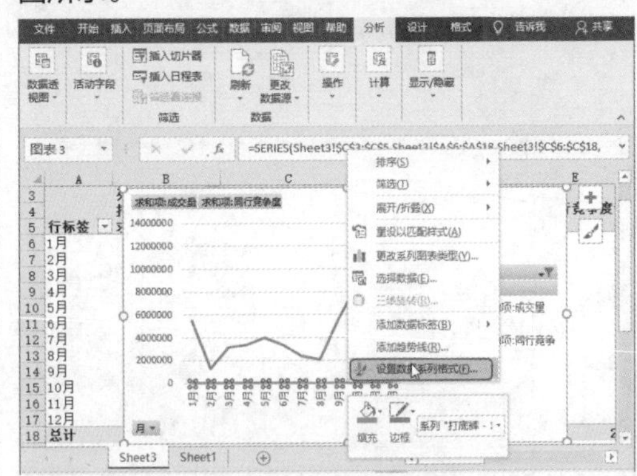

第5步：设置数据系列的坐标轴。在打开的“设置数据系列格式”窗格中选择“次坐标轴”单选按钮，如下图所示。

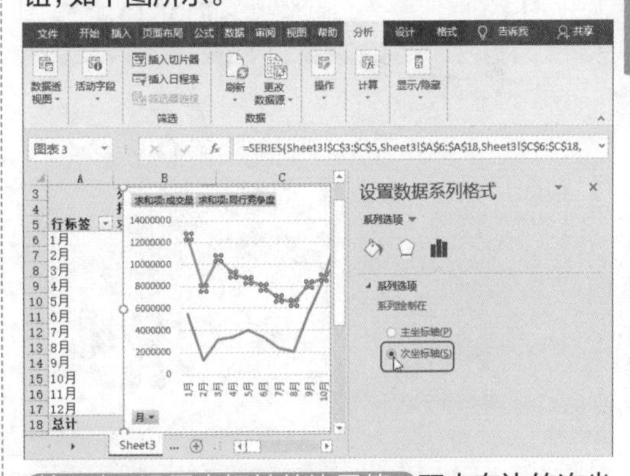

第6步：设置坐标轴的边界值。双击右边的次坐标轴，在打开的“设置坐标轴格式”窗格中设置坐标轴的边界值，如下图所示。

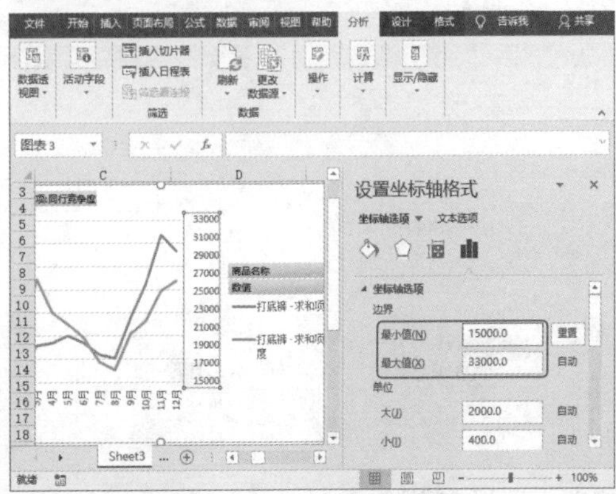

第7步：设置竞争度折线格式。❶双击代表打底裤竞争度的折线，在打开的“设置数据系列格式”窗格中设置其宽度为“1.5磅”；❷选择颜色为“橙色”，如下图所示。

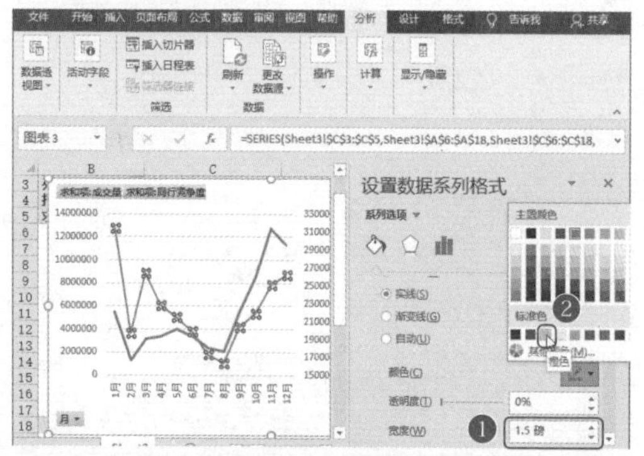

第8步：设置销量折线格式。❶双击代表打底裤销量的折线，在打开的“设置数据系列格式”窗格中设置其宽度为“1.5磅”；❷单击“短划线类型”下拉按钮，从弹出的下拉列表中选择“短划线”选项，如下图所示。

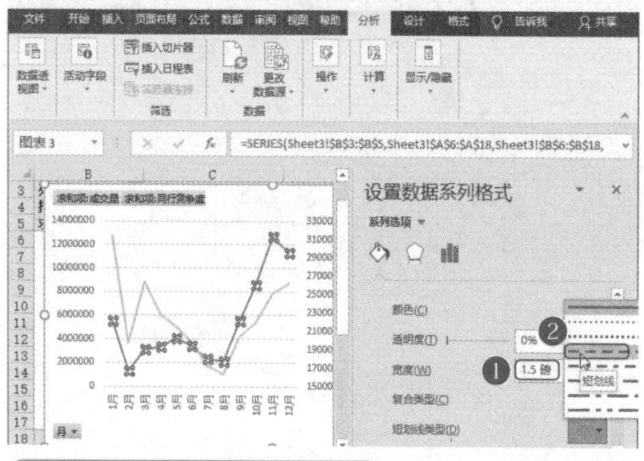

第9步：利用折线分析数据。此时代表销售和竞争度的两条线不论是在颜色上还是在线型上都明确地区分开，分析二者的趋势，发现它们起伏度非常类似，说明竞争度确实影响到了销量大小，如下图所示。

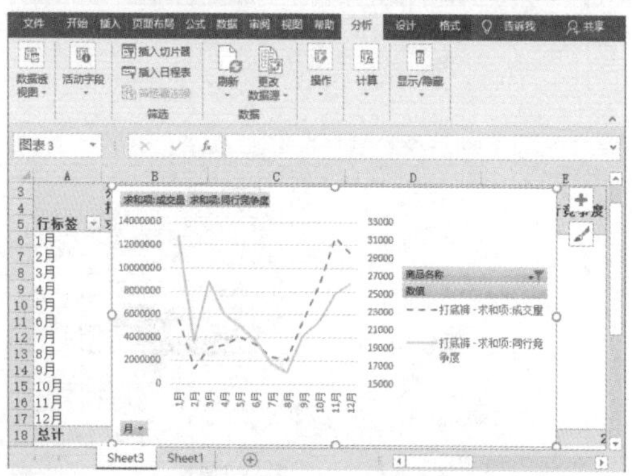

8.3.3 使用切片器分析数据透视表

制作出来的数据透视表数据项目往往比较多，如店铺的商品销售透视表，有各个店铺的数据。此时可以通过Excel 2016的切片功能，来筛选特定的项目，让数据更加直观地呈现。具体操作方法如下。

第1步：单击“插入切片器”按钮。❶在透视表中，选择“数据透视表工具-分析”选项卡；❷单击“筛选”组中的“插入切片器”按钮，如下图所示。

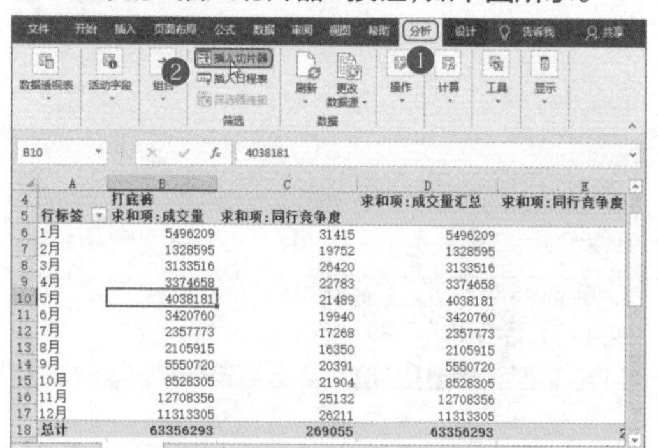

第2步：选择数据项目。❶在打开的“插入切片器”对话框中，选中需要的数据项目，如“销售店铺”；❷单击“确定”按钮，如下图所示。

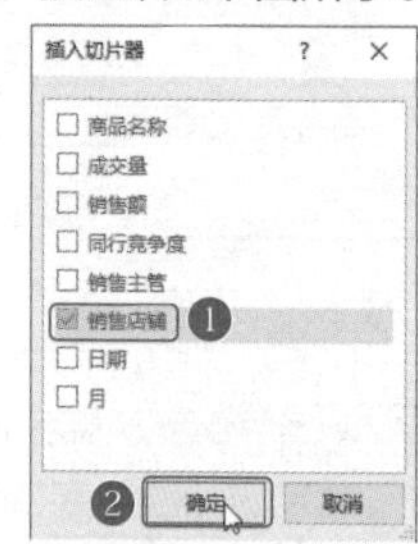

第3步：选择店铺。此时会弹出切片器筛选对话框，选中其中一个店铺选项，如下图所示。

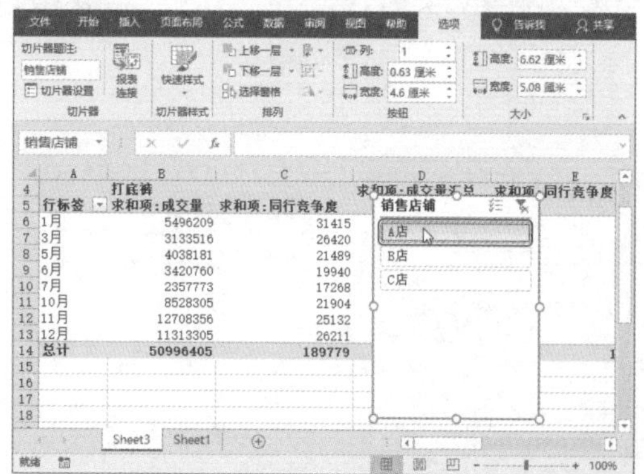

第4步：查看数据筛选结果。选中单独的店铺选项后，效果如下图所示，透视表中仅显示该店铺在不同时间下的不同商品销量。

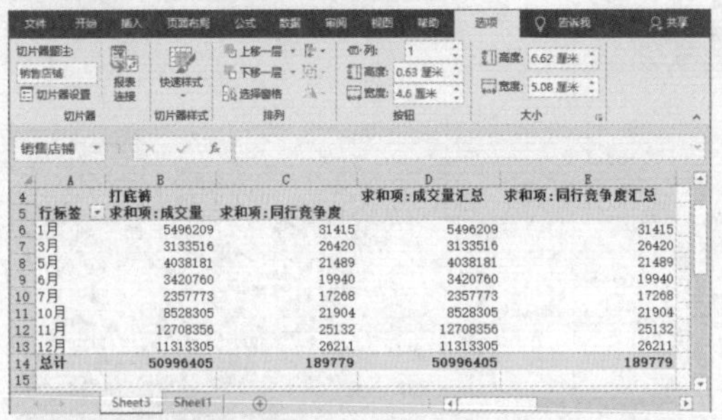

第5步：清除筛选。单击切片器上方的"清除筛选器"按钮可以清除筛选，如下图所示。

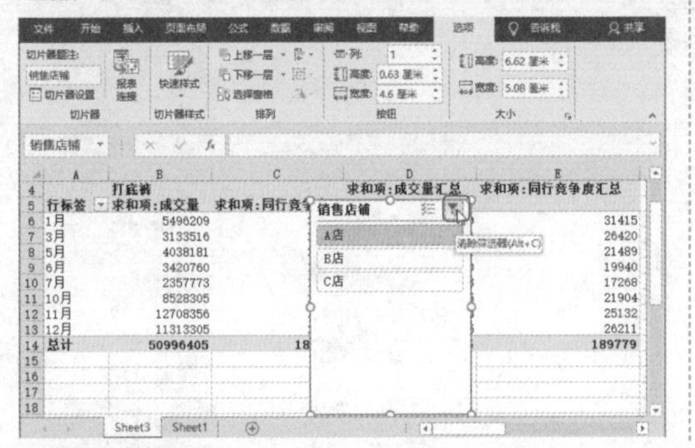

第6步：根据时间进行筛选。清除筛选后，删除切片器，然后再重新插入切片器，可以选择"日期"筛选方式。如下图所示，选择查看4月的销售数据。

读书笔记

第9章 Excel数据预算与分析

◆本章导读

在对表格中的数据进行分析时，常常需要对数据的变化情况进行模拟，并分析和查看该数据变化之后所导致的其他数据变化的结果，或对表格中某些数据进行假设，给出多个可能性，以分析应用不同的数据时可以达到的结果。本章将介绍Excel中对数据进行模拟分析的方法。

◆知识要点

- ■如何分析运算中的变量
- ■单变量运算求解方法
- ■双变量运算求解方法
- ■不同因素的影响程度计算
- ■模拟分析并创建多个解决方案
- ■生成方案报表找出最优方案

◆案例展示

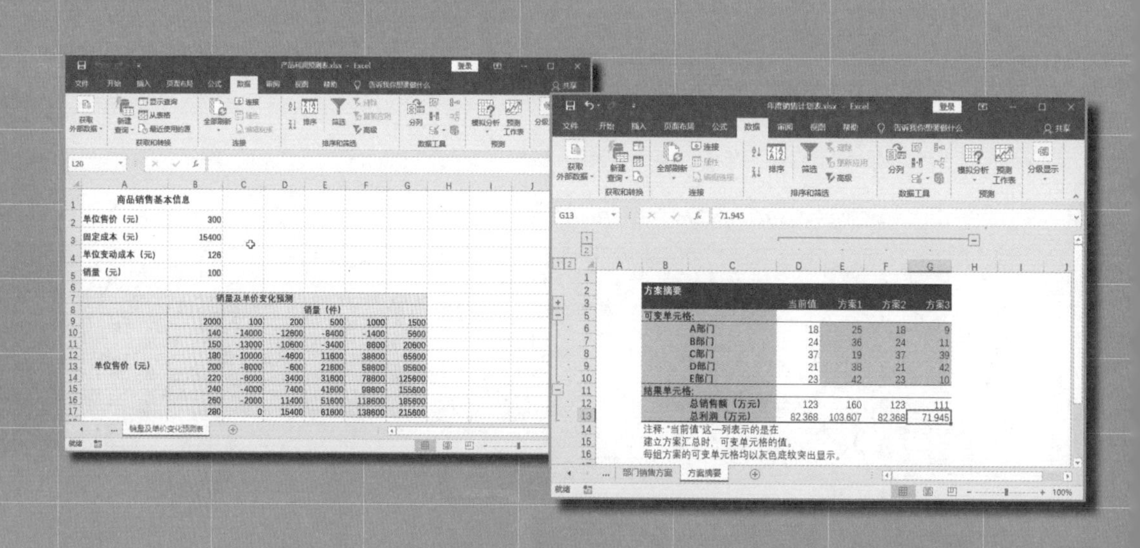

9.1 制作“产品利润预测表”

※ 案例说明

制作产品利润预测表以分析产品销量和利润，是让企业产品获得良好销售表现的必要分析手段。在产品利润预测表中，要列出产品的固定成本价、变动成本价、售价，以及一个假设的销量。再利用这些基础数据进行模拟运算。完成模拟运算后，可以将利润预测表提交到上级领导处，让领导及时作出销售方案的调整。

“产品利润预测表”文档制作完成后的效果如下图所示。

商品销售基本信息	
单位售价（元）	300
固定成本（元）	15400
单位变动成本（元）	126
销量（元）	100

销量及单价变化预测						
		销量（件）				
	2000	100	200	500	1000	1500
单位售价（元）	140	-14000	-12600	-8400	-1400	5600
	150	-13000	-10600	-3400	8600	20600
	180	-10000	-4600	11600	38600	65600
	200	-8000	-600	21600	58600	95600
	220	-6000	3400	31600	78600	125600
	240	-4000	7400	41600	98600	155600
	260	-2000	11400	51600	118600	185600
	280	0	15400	61600	138600	215600

※ 思路解析

为了让利润最大化，企业通常会在将商品正式投入市场前比较分析商品在不同销量、售价下的利润大小，找出让利润最大化的方案。此时就需要用到 Excel 的模拟运算功能。不仅如此，在产品投入市场后，还需要及时分析不同因素对销量的影响，找出影响销量的不利因素，及时调整才能保证利润，这就需要用到 Excel 的相关系数分析功能。其具体的分析思路如下图所示。

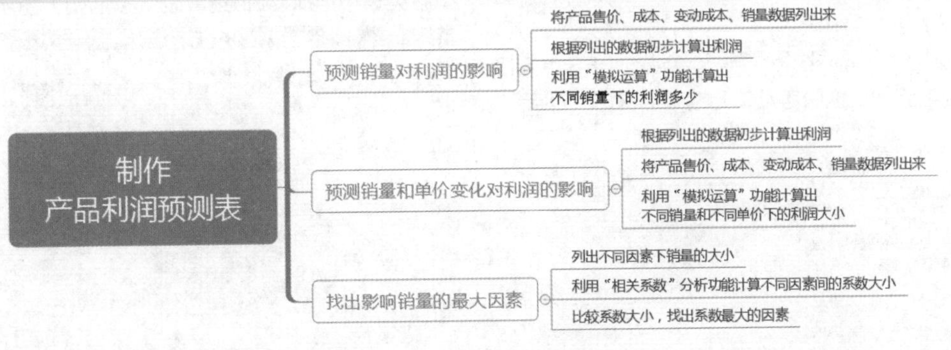

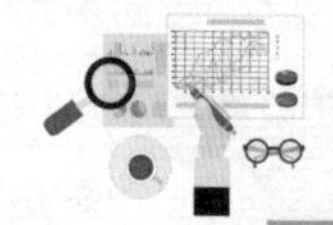

※ 步骤详解

9.1.1 预测销量变化时的利润

本例将应用模拟运算表对产品销量不同时的销售利润进行预测分析，已知产品的单价、销量、固定成本、单位变动成本，要得到产品销量达到100、200、500、1000、1500件时的利润的变化。

>>>1. 制作利润预测表

要应用模拟运算表对数据变化结果进行计算，首先应列举出已知数据及变化数据的初始值，并在行或列中列举出要进行模拟分析的变化的数据，然后在列举的数据前输入计算公式，公式利用已知数据计算出目标结果。具体步骤如下。

第1步：制作已知数据列表。❶新建文件，更改工作表名称Sheet1为“利润变化预测表”；❷在表格A1:B5单元格区域中输入已知数据标签及数据，添加单元格修饰，如下图所示。

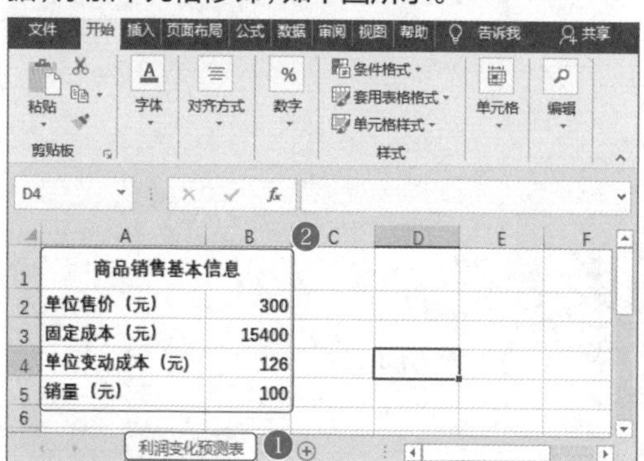

专家点拨

在创建单变量模拟运算表区域时，可将变化的数据放置于一列或一行中，若变化的数据在一列中，应将计算公式创建于其右侧列的首行，若变化的数据创建于一行中，则应将公式创建于该行下方的首列中。

第2步：创建模拟运算表区域。在D1:E8单元格区域中添加数据内容及单元格修饰，如下图所示。

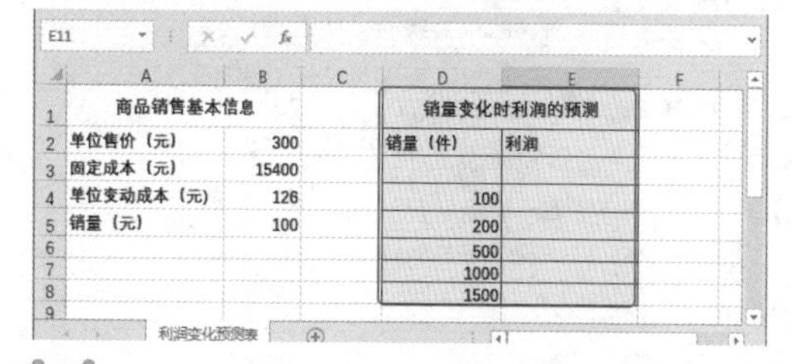

第3步：添加运算公式。❶选中E3单元格，在编辑栏中输入公式“=(B2-B4)*B5-B3”；❷按下Enter键，计算出由已知数据得到的利润，如下图所示。

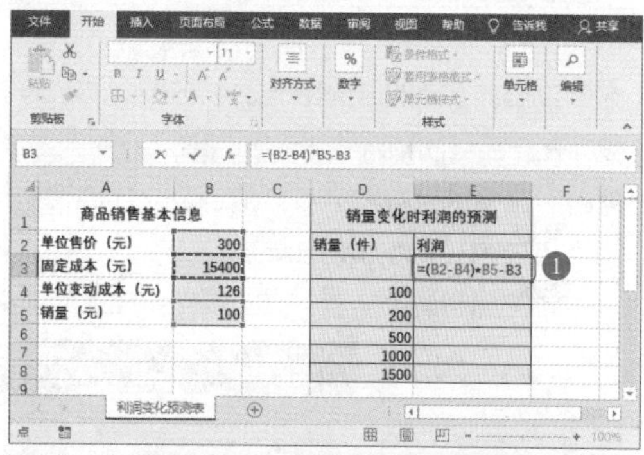

>>>2. 利用模拟运算预测利润

创建好用于模拟运算的数据区域和计算公式后，则可应用模拟运算表功能计算出公式中变量变化后所得到的不同结果，具体步骤如下。

第1步：执行“模拟运算表”命令。❶选择D3:E8单元格区域；❷单击“数据”选项卡的“预测”组中的“模拟分析”下拉按钮；❸在弹出的下拉列表中选择“模拟运算表”选项，如下图所示。

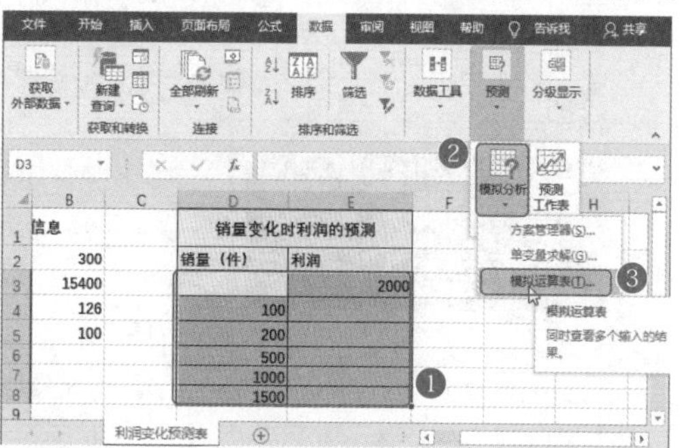

第2步：单击引用按钮。在弹出的“模拟运算表”对话框中，单击“输入引用列的单元格”参数框右侧的按钮，如下图所示。

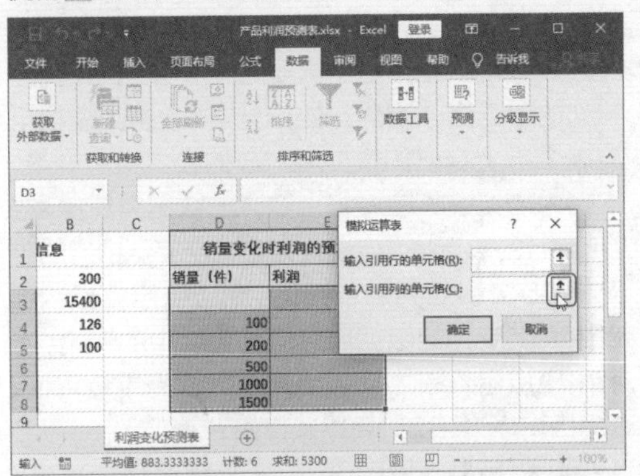

第3步：选择引用单元格。❶弹出“模拟运算表–输入引用列的单元格”对话框；在工作表中选中要引用的B5单元格；❷单击参数框右侧的“折叠”按钮，如下图所示。

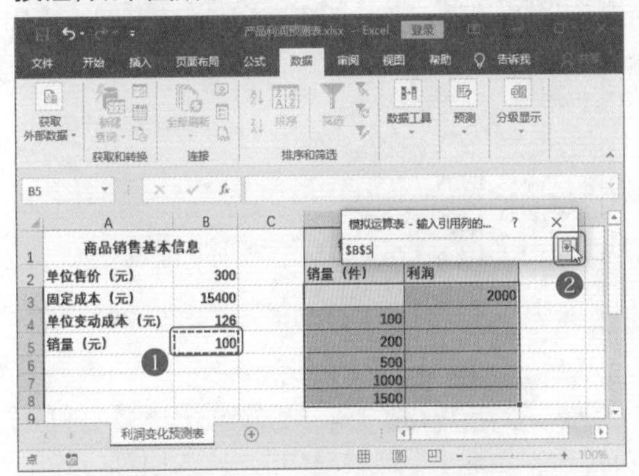

第4步：确定引用。返回到“模拟运算表”对话框中，单击“确定”按钮确认引用，如下图所示。

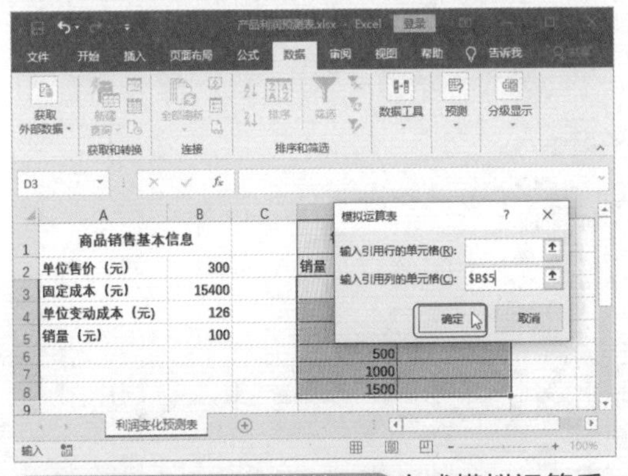

第5步：查看模拟运算结果。完成模拟运算后，效果如下图所示，根据产品不同的销量，预测出不同销量的利润大小。

9.1.2 预测销量及单价变化时的利润

为分析出产品的销量和单价均发生变化时所得到的利润，可应用双变量模拟运算表对两组数据的变化进行分析，计算出两组数据分别为不同值时的公式结果。例如本例中，要求得到销量分别为100、200、500、1000、1500，单价分别为140、150、180、200、220、240、260、280时的利润，具体操作如下。

>>>1. 制作利润预测表

本例将计算公式中两个变量变化后得到的不同结果，首先在表格中列举出已知数据，并分别于行和列列举出两个变量变化的值，将这两组变量变化值作为模拟运算表区域的行标题和列标题，将在该表格区域的左上角中添加要得到计算结果的公式，具体步骤如下。

第1步：制作已知数据列表。❶将工作表名称Sheet2更改为“销量及单价变化预测表”；❷在表格A1:B5单元格区域中输入已知数据字段及数据，并添加单元格修饰，如下图所示。

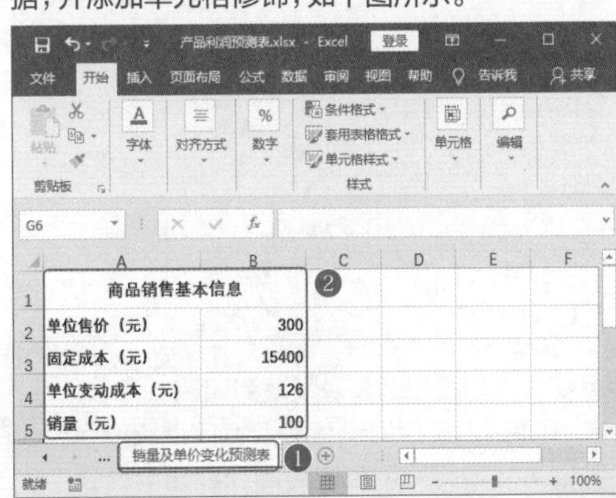

第2篇 用Excel高效制表格

第2步：创建模拟运算表区域。 在A7:G17单元格区域中添加数据内容及单元格修饰，构成一个双变量模拟运算表的表格区域，如下图所示。

第3步：添加运算公式。 在B9单元格中输入公式“=(B2-B4)*B5-B3”，计算由已知数据得到的利润，如下图所示。

第4步：查看数据运算结果。 在B9单元格中输入公式后，计算出来的数据结果，如下图所示。

>>>2. 应用模拟运算表预测利润

创建好用于模拟运算的数据区域和计算公式后，则可利用模拟运算表功能计算出当公式中变量发生变化后的不同结果。当需要计算一个公式中两个变量变化为不同值时公式的不同结果，此时应创建双变量模拟运算表。其创建方法与单变量模拟运算表的创建方法基本相同，不同的是在“模拟运算表”对话框中需要同时引用行的单元格和列的单元格，“引用行的单元格”设置为模拟运算表中行上变化的数据所对应的公式中的变量，本例中模拟运算表中行上变化的数据为销量，故“引用行的单元格”应设置为公式中表示销量的单元格B5；“引用列的单元格”则应引用模拟运算表中列上变化的数据所对应的公式中的变量，本例中模拟运算表中列上变化的数据为单位售价，故引用单元格B2。具体操作如下。

第1步：执行模拟运算表命令。 ❶选择B9:G17单元格区域；❷单击“数据”选项卡下的“预测”组中的“模拟分析”下拉按钮；❸在弹出的下拉列表中“模拟运算表”选项，如下图所示。

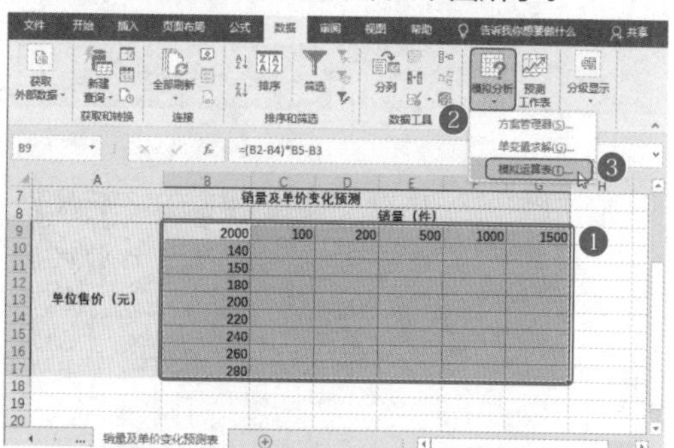

第2步：设置模拟运算表引用单元格。 ❶在打开的“模拟运算表”对话框中的“输入引用行的单元格”参数框中引用单元格B5，在“输入引用列的单元”参数框中引用单元格B2；❷单击“确定”按钮，如下图所示。

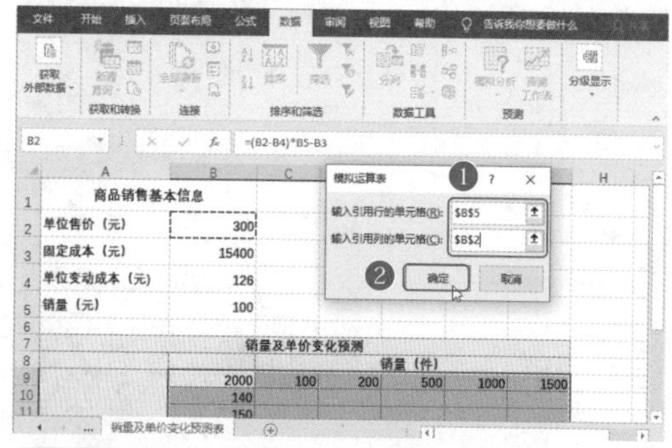

第3步：查看模拟运算结果。 即可得到模拟运算

结果，如下图所示。

销量及单价变化预测						
		销量（件）				
单位售价（元）	2000	100	200	500	1000	1500
	140	-14000	-12600	-8400	-1400	5600
	150	-13000	-10600	-3400	8600	20600
	180	-10000	-4600	11600	38600	65600
	200	-8000	-600	21600	58600	95600
	220	-6000	3400	31600	78600	125600
	240	-4000	7400	41600	98600	155600
	260	-2000	11400	51600	118600	185600
	280	0	15400	61600	138600	215600

9.1.3 找出影响产品销售的最大因素

Excel 2016的数据工具中，可以通过“相关系数”功能来分析不同因素对产品销售的影响。其操作步骤是，将影响产品的因素项列出来，再列出对应的产品销量。通过执行“相关系数”命令，计算出不同因素的相关系数大小。具体操作如下。

第1步：列出因素项目。 新建“影响产品的销售因素分析”工作表，并将产品不同因素项目下对应的产品销量列出，如下图所示。

售价（元）	店铺编号	促销人员编号	销量（件）
51	1	1	55
51.5	1	2	412
52	1	3	325
52.5	2	1	12
53	2	2	425
53.5	2	3	521
54	2	2	625
54.5	3	1	34
55	3	2	325
55.5	3	3	621
56	1	2	425
56.5	3	1	624
57	2	2	521
57.5	1	1	125
58	1	1	126
58.5	2	2	425
59	3	1	97
59.5	2	1	125
60	1	1	126

专家答疑

问：“店铺编号”因素下可不可以写店铺名称？

答：不可以。每一项相关系数必须是数字，所以类似于“A店”“B店”这样的非数字名字是无法计算相关系数的。可以灵活地用数字“1”“2”…来代表因素项目。

第2步：单击“数据分析”按钮。 单击“数据”选项卡下“分析”组中的“数据分析”按钮，如下图所示。

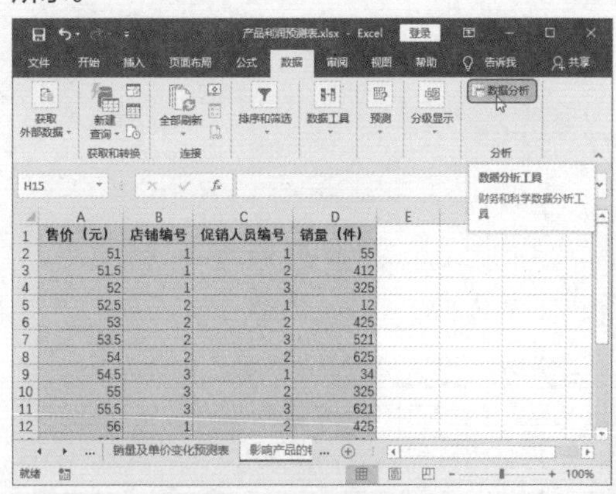

第3步：选择“相关系数”分析。 ❶在打开的“数据分析”对话框中，选择“相关系数”选项；❷单击“确定”按钮，如下图所示。

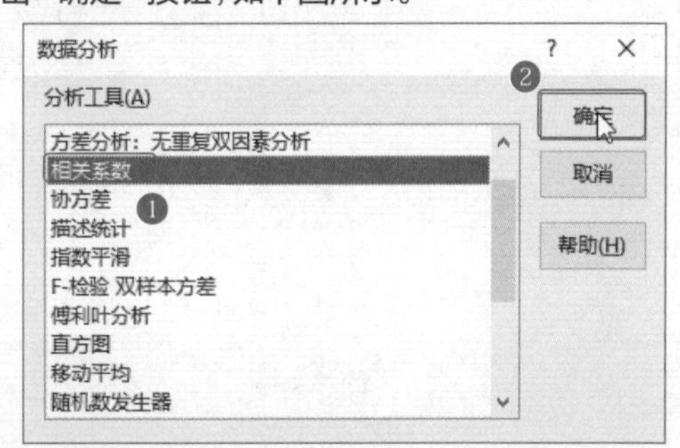

第4步：单击区域选择按钮。 在“相关系数”对话框中，单击“输入区域”参数框右侧的区域选择按钮，如下图所示。

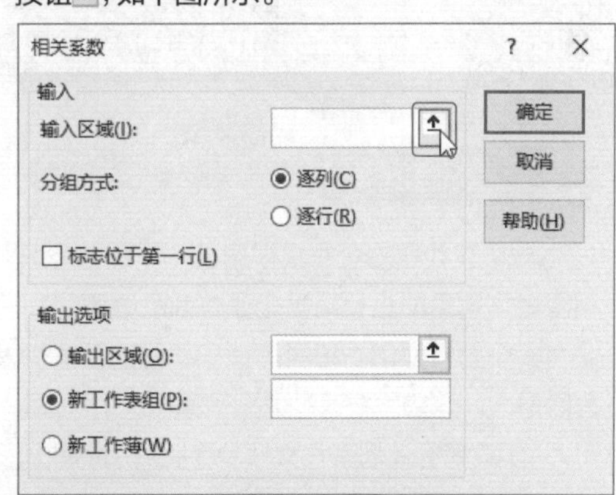

第5步：选择区域。 ❶选择表格中的数据区域；❷单击“展开”按钮，如下图所示。

第6步：完成参数设置。❶将鼠标指针移动到“输出区域”参数框中，在表格中需要放置输出结果的地方单击鼠标右键；❷弹出“相关系数”对话框，其中分组方式选择“逐列”；❸单击“确定”按钮，如下图所示。

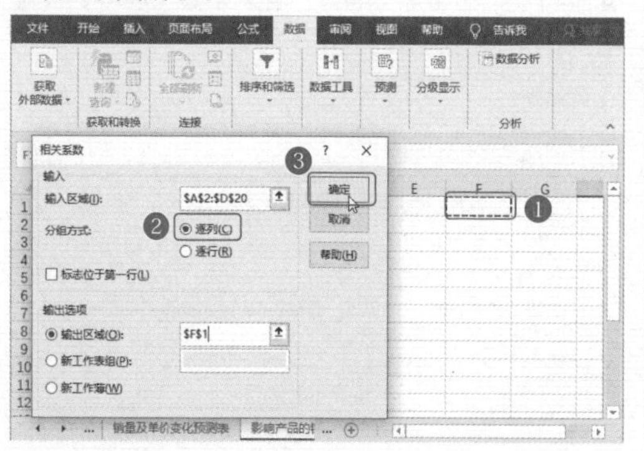

第7步：分析结果。此时系数分析的结果便出现在表格右边，如下图所示。该结果中，“列1”代表的是“售价(元)”这列影响因素；以此类推，“列2”代表的是“店铺编号”这列影响因素。这里需要分析的是哪一列因素与“列4”即销量的影响系数最大。对应分析结果来看，“列1”与“列4”的相关系数是−0.13147，不是最大的系数。最大的系数是“列3”与“列4”的系数0.69164，说明在这些因素中，促销人员是哪位，直接影响到了销量的多少。要想提高销量，就有必要选择正确的促销人员。

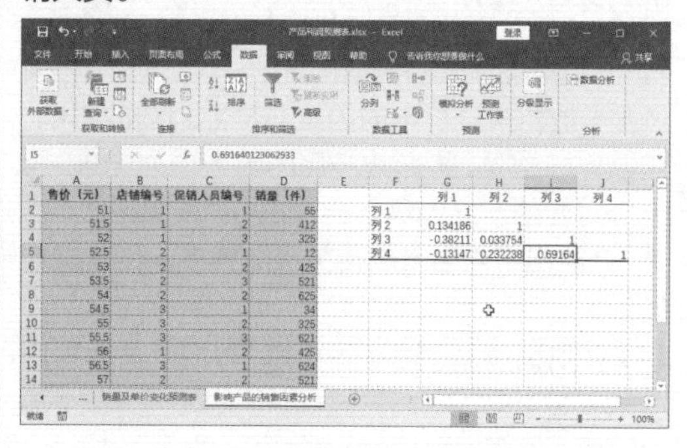

扫一扫 看视频

9.2 制作“年度销售计划表”

※ 案例说明

一个有计划的企业会根据前一年销售情况对来年公司的销售进行规划。规划时会考虑到定量和变量。常见的企业销售定量有商品的固定利润率，常见的变量有人工成本变动。大型企业往往会有多个销售部门，不同的销售部门配备多少人工，销售多少商品，才能使公司的总利润、总销售额最大，这是需要通过数据运算完成的问题。

“年度销售计划表”文档制作完成后的效果如下图所示。

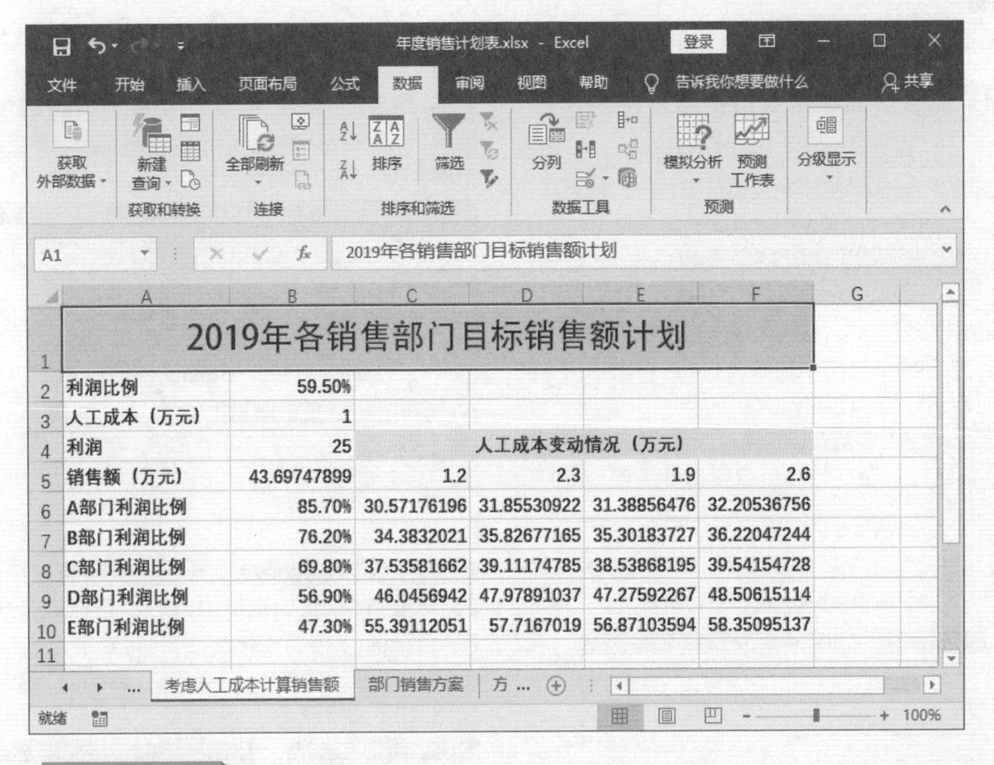

	A	B	C	D	E	F
1	2019年各销售部门目标销售额计划					
2	利润比例	59.50%				
3	人工成本（万元）	1				
4	利润	25	人工成本变动情况（万元）			
5	销售额（万元）	43.69747899	1.2	2.3	1.9	2.6
6	A部门利润比例	85.70%	30.57176196	31.85530922	31.38856476	32.20536756
7	B部门利润比例	76.20%	34.3832021	35.82677165	35.30183727	36.22047244
8	C部门利润比例	69.80%	37.53581662	39.11174785	38.53868195	39.54154728
9	D部门利润比例	56.90%	46.0456942	47.97891037	47.27592267	48.50615114
10	E部门利润比例	47.30%	55.39112051	57.7167019	56.87103594	58.35095137

※ 思路解析

在利用 Excel 表的模拟分析功能进行数据运算时，首先需要明白当下计算的问题是什么，有哪些定量和哪些变量。有一个变量则选择“单变量求解”或者“模拟运算表”功能，有两个变量则选择“模拟运算表”功能。如果领导需要对比不同的销售计划方案，还需要用到 Excel 的方案管理器。其具体的制作流程及思路如下图所示。

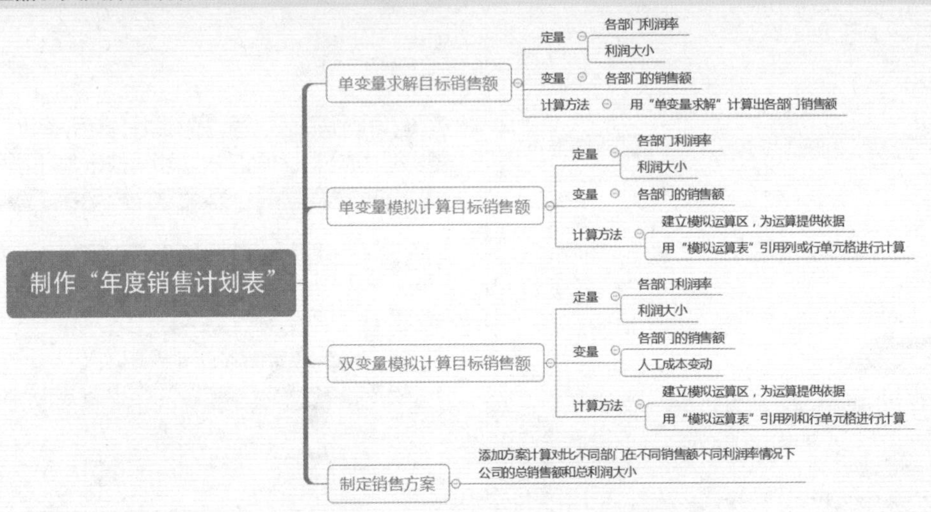

※ 步骤详解

9.2.1 用单变量求解计算目标销售额

在计划各部门的年度销售目标时，可以根据已知的利润比例和利润大小计算出部门的目标销售额。所用到的运算方法是单变量求解方法。

第1步：输入公式计算利润。❶新建“年度销售计划表”文件，在该工作簿中新建一张“各部门目标销售额”工作表，在表中输入基本数据；❷在“利润”下面的单元格中输入公式，计算出部门A的利润大小，如下图所示。

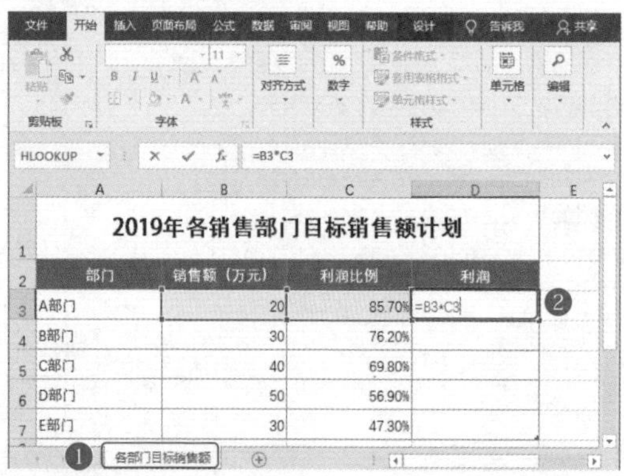

第2步：复制公式。将第一个单元格的利润计算公式复制到下面的单元格中，完成所有部门的利润计算，如下图所示。

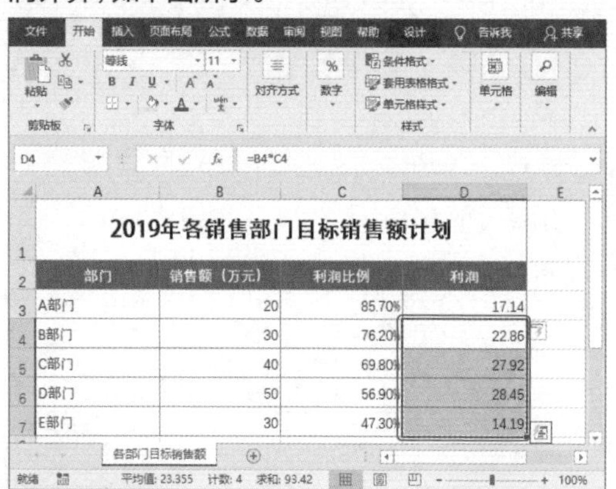

> **专家点拨**
>
> 在利用单变量求解分析数据时，需要输入公式引用数据，不能直接输入数值，而是需要选择数据单元格，否则不能分析出数据的变动情况。

第3步：执行“单变量求解”命令。❶选中D3单元格；❷单击“数据”选项卡下“预测”组中的“模拟分析”按钮，从弹出的下拉列表中选择“单变量求解”选项，如下图所示。

第4步：设置“单变量求解”对话框。❶在打开的“单变量求解”对话框中，输入“目标单元格”和“目标值”；❷将光标定位到“可变单元格”参数框中，在表格中单击B3单元格；❸单击“确定”按钮，如下图所示。

第5步：确定求解结果。经过计算后，弹出“单变量求解状态”对话框，单击“确定”按钮，如下图所示。

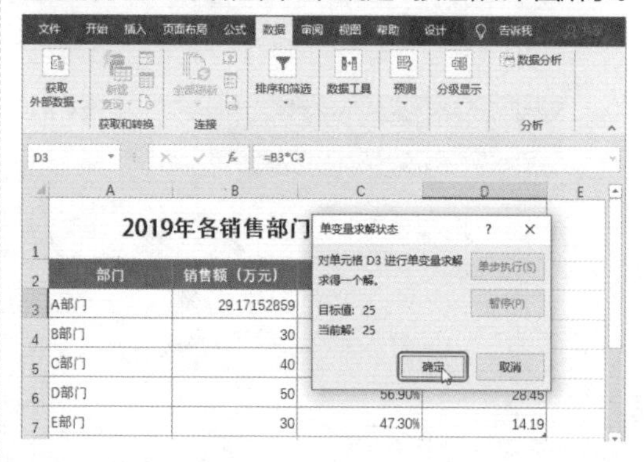

第6步：计算B部门的目标销售额。❶按照同样的方法，选中D4单元格，打开"单变量求解"对话框，计算B部门的目标销售额；❷设置好"单变量求解"对话框；❸单击"确定"按钮，如下图所示。

单变量求解
目标单元格(E): D4
目标值(V): 30
可变单元格(C): $B$4
确定 取消

部门	销售额（万元）	利润比例	利润
A部门	29.17152859	85.70%	25
B部门	30	76.20%	22.86
C部门	40	69.80%	27.92
D部门	50	56.90%	28.45
E部门	30	47.30%	14.19

第7步：完成计算结果。按照同样的方法，完成余下几个部门的目标销售额计算，结果如下图所示，即每个部门要达到D列的固定利润，需要完成的销售额是多少。

2019年各销售部门目标销售额计划

部门	销售额（万元）	利润比例	利润
A部门	29.17152859	85.70%	25
B部门	39.37007874	76.20%	30
C部门	50.14326648	69.80%	35
D部门	68.54130053	56.90%	39
E部门	42.2832981	47.30%	20

9.2.2 用单变量模拟计算目标销售额

单变量模拟运算指的是计算公式中只有一个变量时，可以通过模拟运算表功能快速计算出结果。接下来，同样以各部门利润率有变化的前提下，计算要达到固定的利润时，各部门的目标销售额应该是多少为例进行单变量模拟运算讲解。

第1步：录入基础数据和公式进行计算。❶新建一张"各部门销售额计划"表，在表中输入基础数据，其中"模拟区域"的数据为后面的模拟运算提供了计算方法；❷在E4单元格中输入公式"=21.425/B4"，计算出当利润是21.425，利润率是B4单元格的值时，A部门的目标销售额应该是多少，如右上图所示。

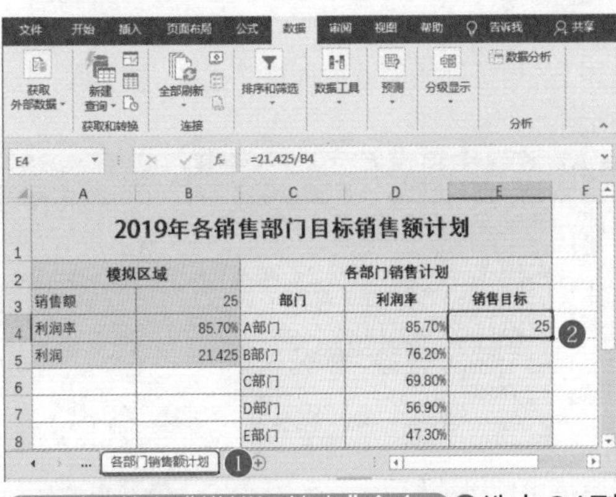

2019年各销售部门目标销售额计划

模拟区域		各部门销售计划		
销售额	25	部门	利润率	销售目标
利润率	85.70%	A部门	85.70%	25
利润	21.425	B部门	76.20%	
		C部门	69.80%	
		D部门	56.90%	
		E部门	47.30%	

第2步：执行"模拟运算表"命令。❶选中C4到E8单元格区域；❷单击"预测"组中的"模拟分析"下拉按钮，在弹出的下拉列表中选择"模拟运算表"选项，如下图所示。

第3步：设置"模拟运算表"对话框。由于是单变量运算，所以这里只需引用一个单元格数据即可。在此例中，变量是利润率，所以引用利润率单元格。❶将鼠标指针移动到"输入引用列的单元格"参数框中，在表格中单击B4单元格；❷单击"确定"按钮，如下图所示。

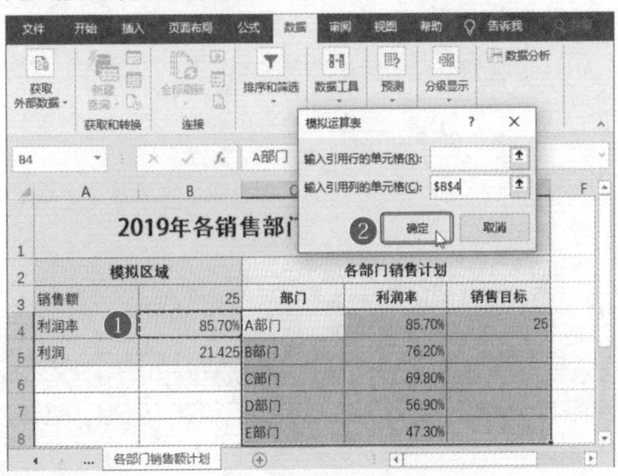

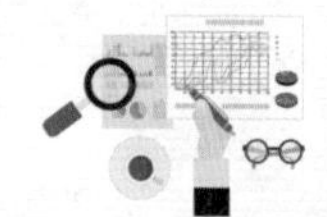

第4步：查看计算结果。此时选中区域中，其他部门的目标销售额就被计算了出来，结果如下图所示。

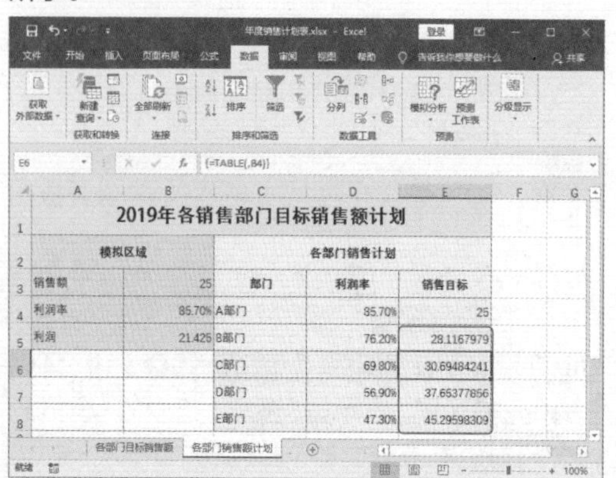

9.2.3 考虑人工成本计算目标销售额

计划各部门的销售额目标时，有时可能不止利润率一个变量，还可能有人工方面的变动成本。如有的部门人员较多，有的部门需要更多的兼职人员，此时就会存在两个变量。下面就将部门的人工成本考虑在内计算部门的销售额大小。

第1步：新建表格输入计算公式。❶新建一张“考虑人工成本计算销售额”工作表，在表中录入基础数据；❷在B5单元格中输入公式，计算在已知利润比例、人工成本、利润大小的前提下销售额的大小，该公式将为后面的模拟运算提供运算依据，如下图所示。

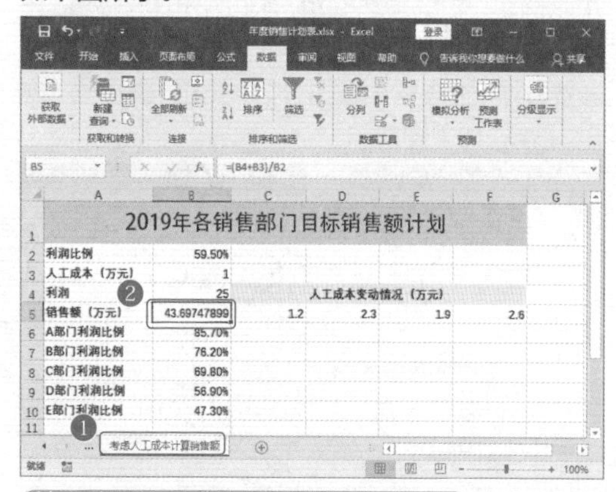

第2步：执行“模拟运算表”命令。选中B5到F10单元格区域，单击“模拟运算表”按钮，如右上图所示。

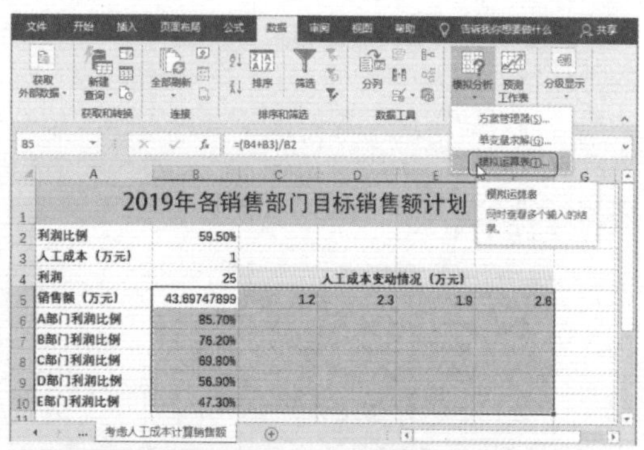

第3步：设置“模拟运算表”对话框。❶在打开的“模拟运算表”对话框中，选择引用行和列的单元格。在选中区域里，行代表的是人工成本，所以引用行选择人工成本单元格B3，而列则是代表利润率的单元格B2；❷单击“确定”按钮，如下图所示。

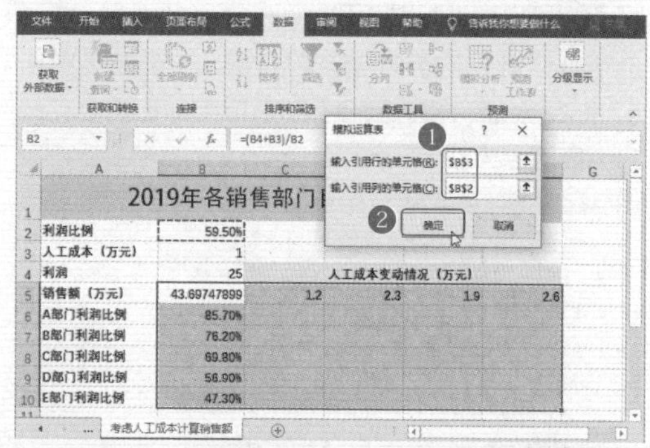

第4步：查看计算结果。完成双变量模拟运算后，结果如下图所示，计算出不同部门在人工成本变动的前提下，目标销售额是多少才能达到25万元的利润。

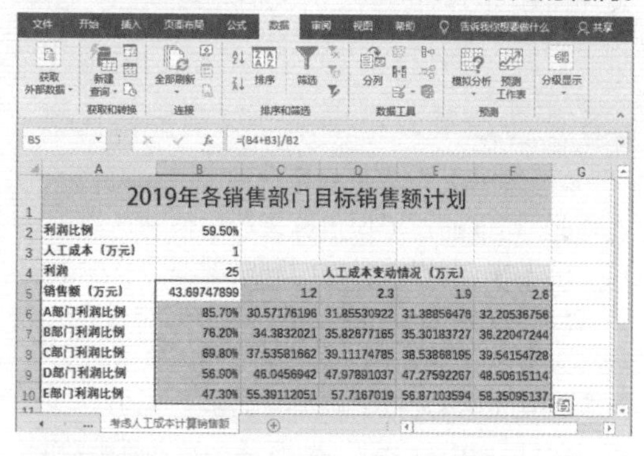

9.2.4 使用方案制订销售计划

Excel的假设分析功能提供了“方案管理器”功能，可以利用它来对不同的方案进行假设，从而选择最优方案。下面将为各部门建立不同的销售额目标

方案，从而比较每种方案下的利润及总销售额大小。

>>>1. 输入公式

在建立方案前，要输入公式进行基本计算，让方案在生成时有一个运算依据。

第1步：计算利润。 在D7单元格中输入公式，计算A部门的利润大小，如下图所示。

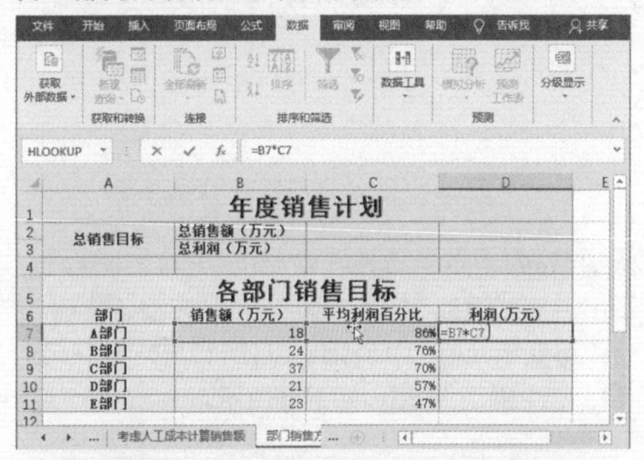

第2步：完成其他部门的利润大小计算。 复制公式，完成其他部门的利润大小计算，如下图所示。

D8 =B8*C8

	A	B	C	D
1	年度销售计划			
2	总销售目标	总销售额（万元）		
3		总利润（万元）		
4				
5	各部门销售目标			
6	部门	销售额（万元）	平均利润百分比	利润（万元）
7	A部门	18	86%	15.426
8	B部门	24	76%	18.288
9	C部门	37	70%	25.826
10	D部门	21	57%	11.949
11	E部门	23	47%	10.879

第3步：计算总销售额。 在C2单元格中输入公式，计算所有部门的销售额之和，如下图所示。

HLOOKUP =SUM(B7:B11)

	A	B	C	D
1	年度销售计划			
2	总销售目标	总销售额（万元）	=SUM(B7:B11)	
3		总利润（万元）		
4				
5	各部门销售目标			
6	部门	销售额（万元）	平均利润百分比	利润（万元）
7	A部门	18	86%	15.426
8	B部门	24	76%	18.288
9	C部门	37	70%	25.826
10	D部门	21	57%	11.949
11	E部门	23	47%	10.879

第4步：计算总利润。 在C3单元格中输入公式，计算所有部门的总利润大小，如右上图所示。

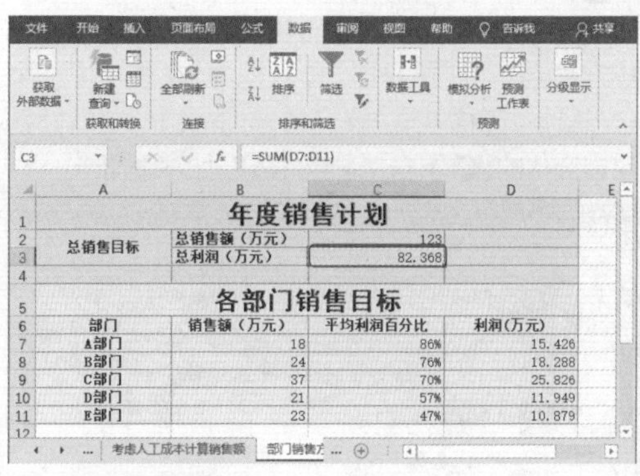

>>>2. 添加方案

完成公式计算后，就可以为部门的不同目标销售额建立方案。

第1步：打开"方案管理器"对话框。 单击"数据"选项卡下"预测"组中的"模拟分析"下拉按钮，在弹出的下拉列表中选择"方案管理器"选项，如下图所示。

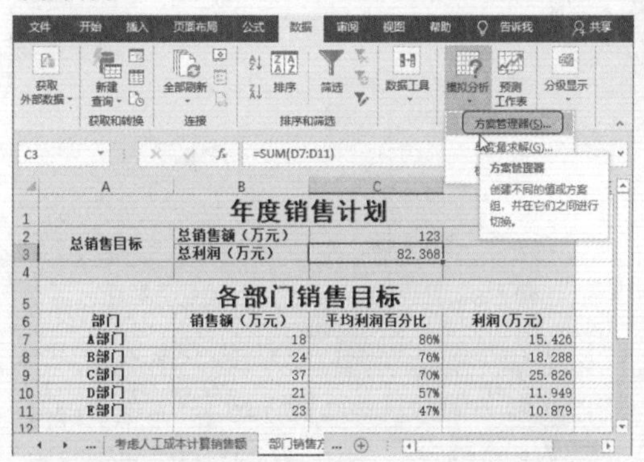

第2步：添加方案。 弹出的"方案管理器"对话框中没有方案，单击"添加"按钮，设置第一个方案，如下图所示。

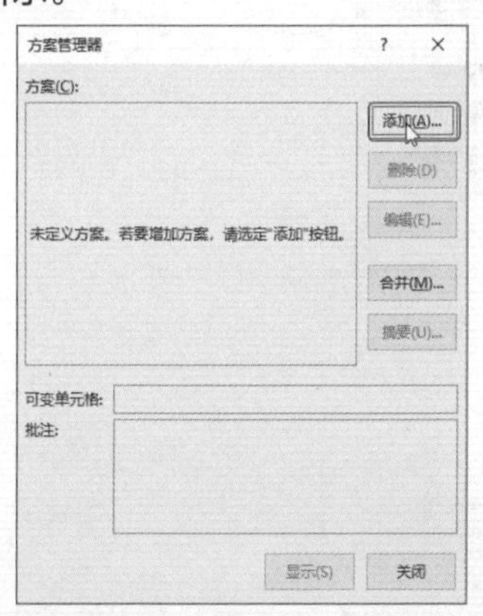

第3步：输入第一个方案名。 ❶在打开的"编辑方案"

对话框中，输入第一个方案的名称“方案1”；❷将光标定位到“可变单元格”参数框中，在表格中选中B7:B11单元格区域，表示各部门的目标销售额是可以变化的；❸单击“确定”按钮，如下图所示。

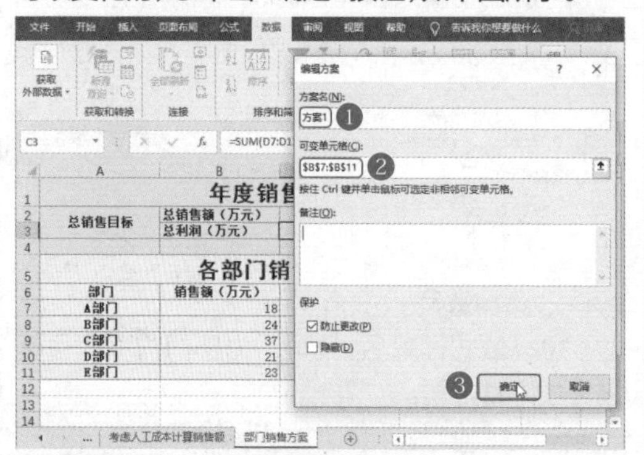

第4步：设置方案1变量值。❶在打开的“方案变量值”对话框中，输入5个部门不同的目标销售额；❷单击“确定”按钮，如下图所示。

方案变量值
请输入每个可变单元格的值
1: $B$7 25
2: $B$8 36
3: $B$9 19
4: $B$10 38
5: $B$11 42
添加(A) 确定 取消

第5步：编辑方案2。❶再次单击“方案管理器”对话框中的“添加”按钮，在弹出的“编辑方案”对话框中，输入名称“方案2”；❷设置可变单元格为$B$7:$B$11，与方案1一致；❸单击“确定”按钮，如下图所示。

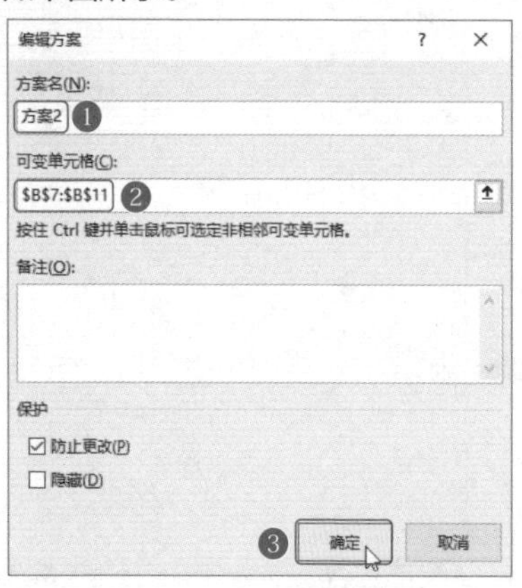

第6步：设置方案2变量值。❶在弹出的“方案变量值”对话框中，输入不同部门的目标销售额；❷单击“确定”按钮，如下图所示。

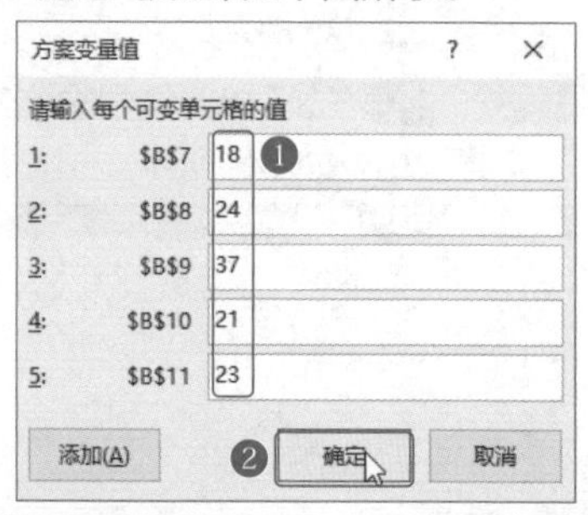

第7步：添加方案3。再次单击“方案管理器”对话框中的“添加”按钮，添加一个“方案3”；❷设置“可变单元格”为$B$7:$B$11，与方案1一致；❸单击“确定”按钮，如下图所示。

编辑方案
方案名(N): 方案3
可变单元格(C): $B$7:$B$11
按住 Ctrl 键并单击鼠标可选定非相邻可变单元格。
备注(O):
保护
防止更改(P)
隐藏(D)
确定 取消

第8步：设置方案3的变量值。❶在弹出的“方案变量值”对话框中，输入不同部门的目标销售额；❷单击“确定”按钮，如下图所示。

方案变量值
请输入每个可变单元格的值
1: $B$7 9
2: $B$8 11
3: $B$9 39
4: $B$10 42
5: $B$11 10
添加(A) 确定 取消

>>>3.查看方案求解结果

完成方案的添加设置后，可以选中不同的方案查看该方案的求解结果。

第1步：显示方案1的求解结果。❶打开“方案管理器”对话框，选中“方案1”；❷单击“显示”

按钮，如下图所示。

第2步：查看方案1结果。此时表格中便显示出要实现方案1中各部门的目标销售额时，其利润、总销售额、总利润大小各是多少，如下图所示。

	A	B	C	D
1	年度销售计划			
2	总销售目标	总销售额（万元）	160	
3		总利润（万元）	103.607	
5	各部门销售目标			
6	部门	销售额（万元）	平均利润百分比	利润（万元）
7	A部门	25	86%	21.425
8	B部门	36	76%	27.432
9	C部门	19	70%	13.262
10	D部门	38	57%	21.622
11	E部门	42	47%	19.866

专家点拨

在"方案管理器"对话框的"可变单元格"文本框中，可以输入相邻或不相邻的单元格。相邻单元格用英文冒号(:)分隔，不相邻单元格用英文逗号(,)分隔。

第3步：显示方案2的求解结果。❶打开"方案管理器"对话框，选中"方案2"；❷单击"显示"按钮，如右上图所示。

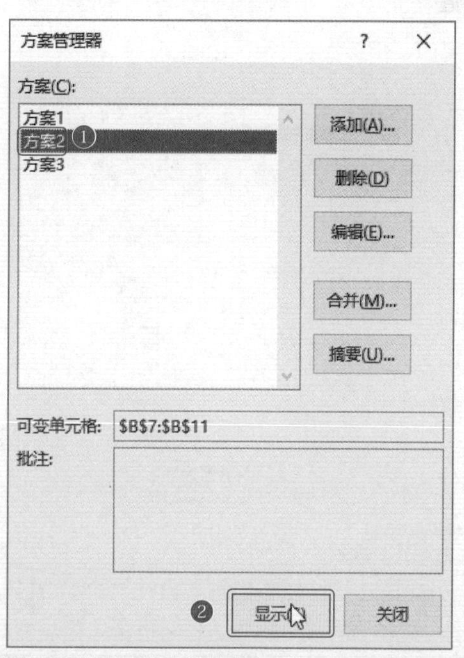

第4步：查看方案2结果。此时表格中便显示出要实现方案2中各部门的目标销售额时，其利润、总销售额、总利润大小各是多少，如下图所示。

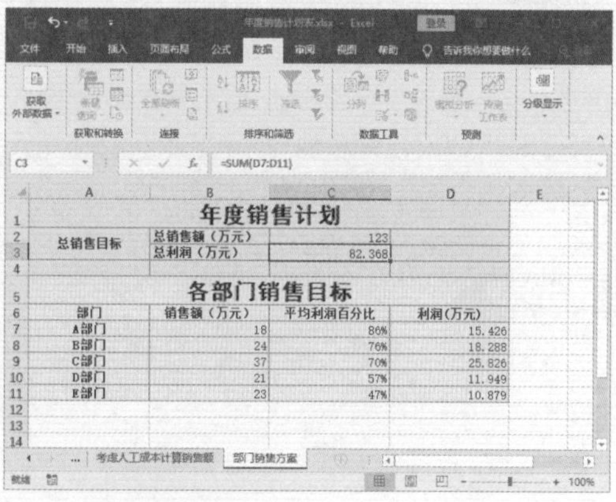

	A	B	C	D
1	年度销售计划			
2	总销售目标	总销售额（万元）	123	
3		总利润（万元）	82.368	
5	各部门销售目标			
6	部门	销售额（万元）	平均利润百分比	利润（万元）
7	A部门	18	86%	15.426
8	B部门	24	76%	18.288
9	C部门	37	70%	25.826
10	D部门	21	57%	11.949
11	E部门	23	47%	10.879

>>>4.生成方案摘要

显示方案只能显示一种方案的结果，如果要同时对比不同方案的结果，可以应用方案摘要，将多个方案结果在表格中同时显示出来，方便对比选择，具体操作步骤如下。

第1步：单击"摘要"按钮。单击"数据"选项卡下"预测"组中的"模拟分析"下拉按钮，从下拉列表中选择"方案管理器"选项，在弹出的"方案管理器"对话框中单击"摘要"按钮，如下图所示。

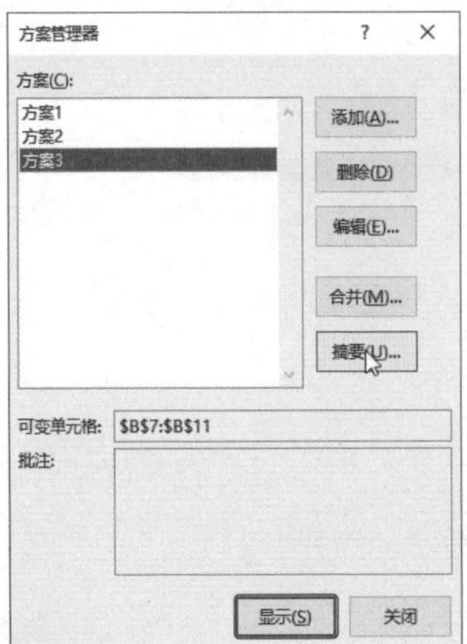

专家点拨

完成方案添加编辑后，可以在“方案管理器”中再次选中方案，单击“编辑”按钮，对方案进行再次编辑调整。如果不满意此方案，可以单击“删除”按钮，删除该方案，再重新添加新的方案即可。

第2步：设置方案摘要。❶打开“方案摘要”对话框，在“报表类型”栏中选中“方案摘要”单选按钮；❷在“结果单元格”参数框中输入“=$C$2:$C$3”，即总销售额和总利润结果单元格；❸单击“确定”按钮，如右上图所示。

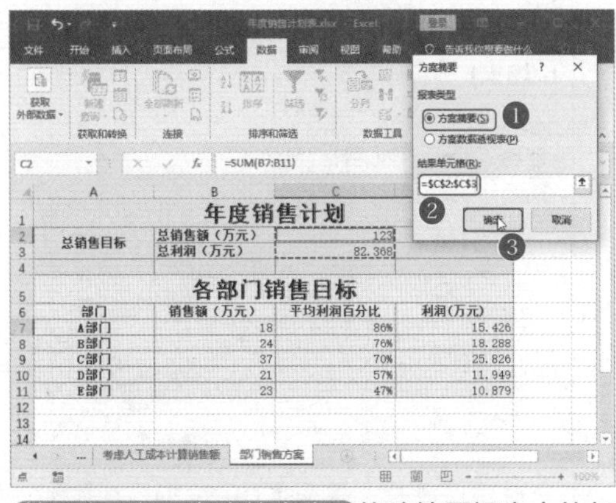

第3步：查看生成的方案。修改摘要报表中的部分单元格内容，将原本为引用单元格地址的文本内容更改为对应的标题文字，并调整表格的格式，最终效果如下图所示。

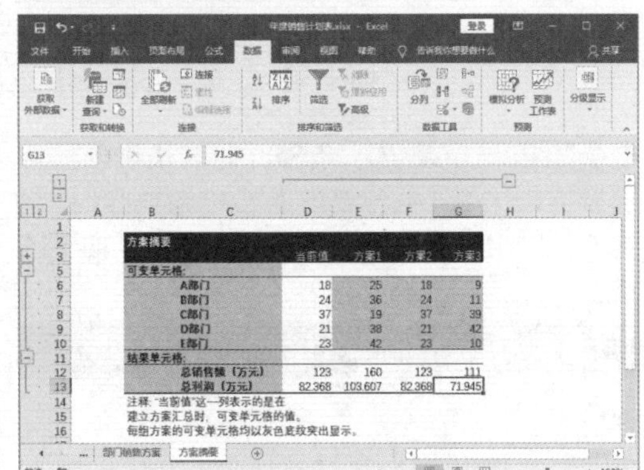

读书笔记

第10章 Excel数据共享与高级应用

◆本章导读

在对大量数据进行存储和计算分析时，利用Excel中的一些高级功能可以有效地提高工作效率。例如，在Excel表格中导入其他文件中的数据；将工作簿进行保护并共享实现多个用户同时编辑一个工作簿；运用宏命令及其功能实现高级交互等。

◆知识要点

- 录制宏的操作步骤
- 查看和启用宏的方法
- 登录窗口的设置
- 设置表格可编辑区域的方法
- 共享工作簿的操作流程
- 保护工作簿及查看修订的方法

◆案例展示

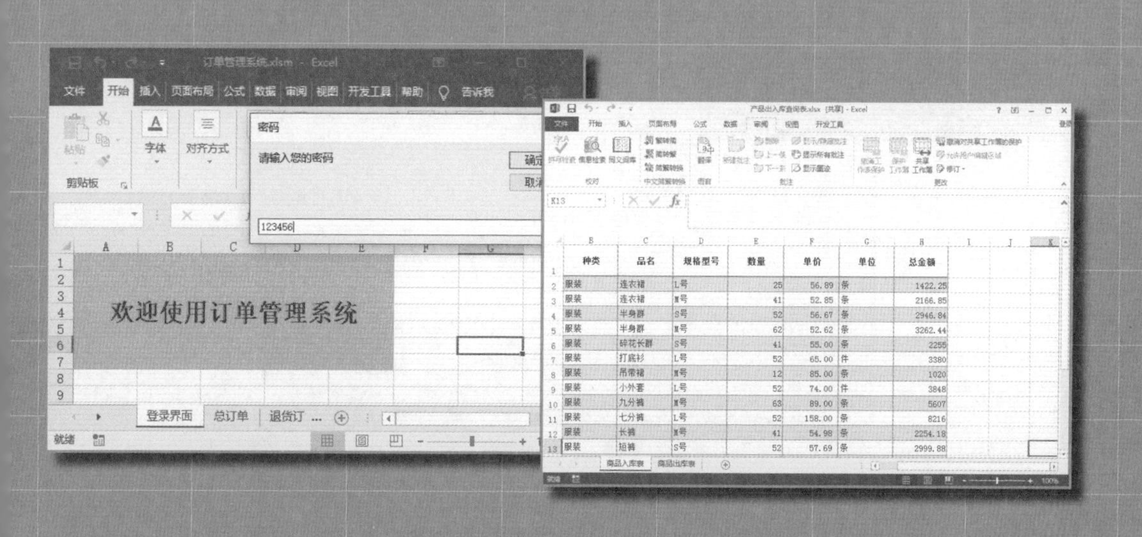

扫一扫 看视频

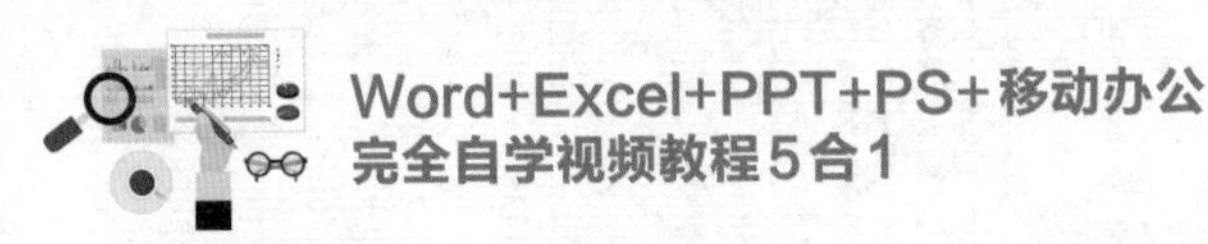

10.1 制作“订单管理系统”

※ 案例说明

为了合理地统计销售数据，需要将公司的订单制作成订单管理系统，其中包含了各类订单的信息，也可以单独制退货订单、待发货订单、已发货订单工作表。订单管理系统制作完成后，相关人员通过输入用户名和密码可成功打开文件，然后再利用宏命令快速了解各类订单项目的总和数据。

“订单管理系统”文档制作完成后的效果如下图所示。

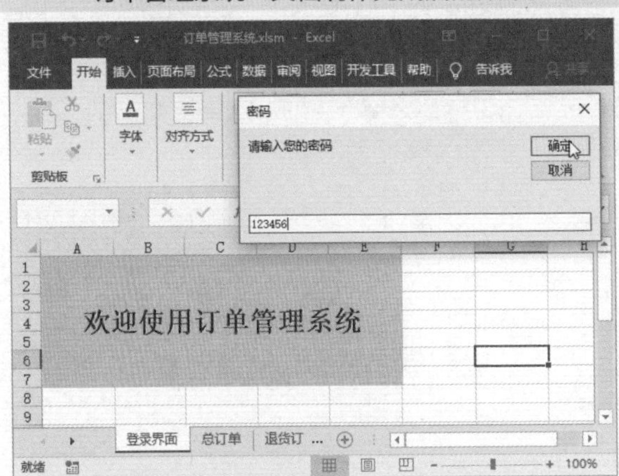

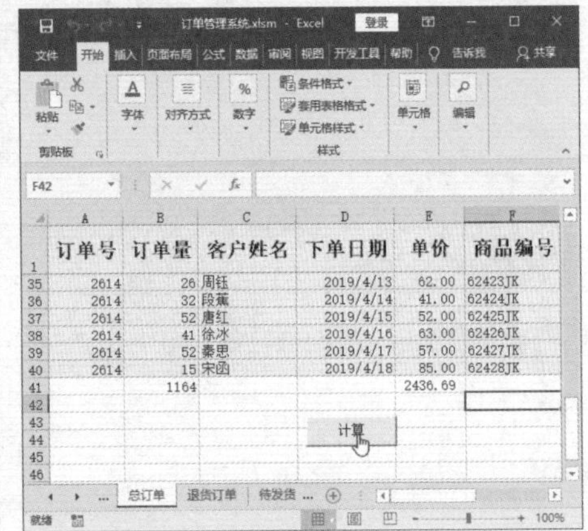

※ 思路解析

在制作订单管理系统时，首先要将Excel文件保存成启用宏的文件，方便后期的宏命令操作。然后再根据订单查询的需求，将需要重复操作的步骤录制成宏命令。完成宏命令录制后，可以设置登录密码，保证订单管理系统的安全，其具体的制作流程及思路如下图所示。

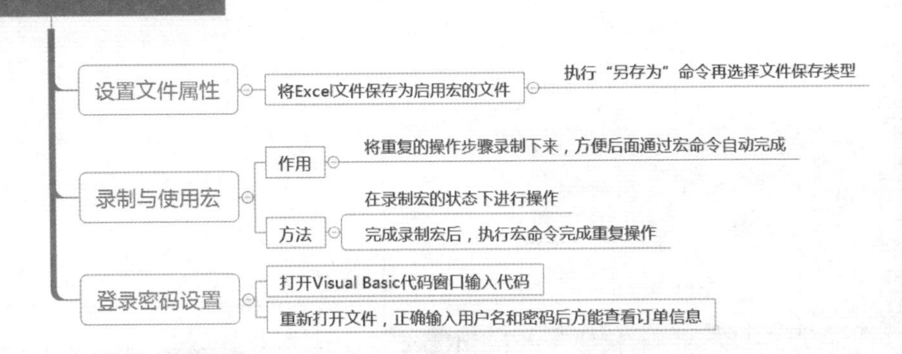

※ 步骤详解

10.1.1 设置订单管理系统的文件格式

订单管理系统需要用到宏命令，因此Excel文件要保存成启用宏的文件。具体操作方法如下。

第1步：单击“文件”菜单项。按照路径“素材文件\第10章\订单管理系统.xslx”，打开素材文件，单击界面左上方的“文件”菜单项，如下图所示。

订单号	订单量	客户姓名	下单日期	单价	商品编号	订单总价	订单
1254	51	王强	2019/3/1	87.25	51249MN	4449.75	已发货
1255	52	李梦	2019/3/2	154.36	51250MN	8026.72	退货
1256	42	六路	2019/3/3	52.98	51251MN	2225.16	已发货
1257	63	赵奇	2019/3/4	56.88	51252MN	3583.44	待发货
2614	26	顾晶	2019/4/5	95.00	62415JK	2470	已发货
2614	51	刘田	2019/4/1	56.00	62411JK	2856	已发货
1258	52	刘东	2019/3/5	64.87	51253MN	3373.24	待发货
1259	52	王宏	2019/3/6	53.00	51254MN	2756	待发货
1260	11	李凡	2019/3/7	26.47	51255MN	291.17	已发货
1261	2	张泽	2019/3/8	84.69	51256MN	169.38	待发货

第2步：打开“另存为”对话框。❶在下拉菜单中选择“另存为”命令；❷单击“浏览”按钮，如下图所示。

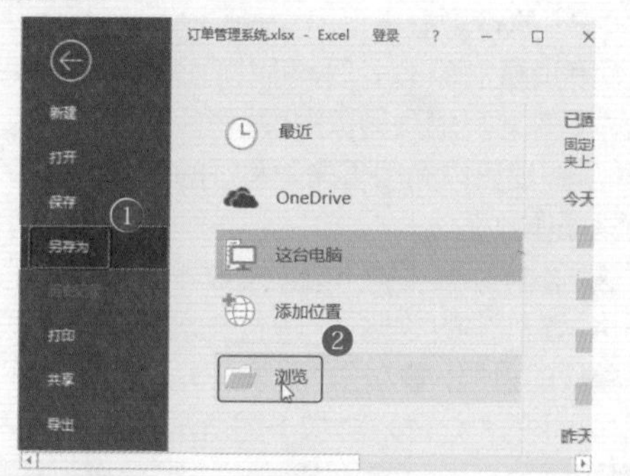

第3步：保存文件。❶在打开的“另存为”对话框中，选择保存位置；❷输入文件名，并选择文件类型为“Excel启用宏的工作簿.xlsm”；❸单击“保存”按钮，如下图所示。

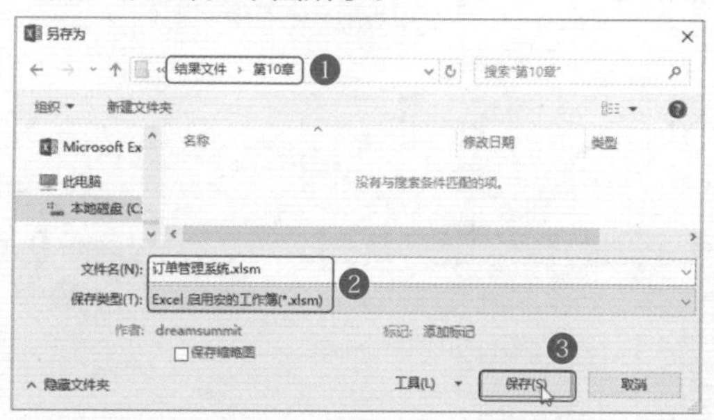

第4步：查看保存成功的文件。更改文件的保存类型后，打开文件夹，可以看到该文件的类型已经发生改变，如下图所示。

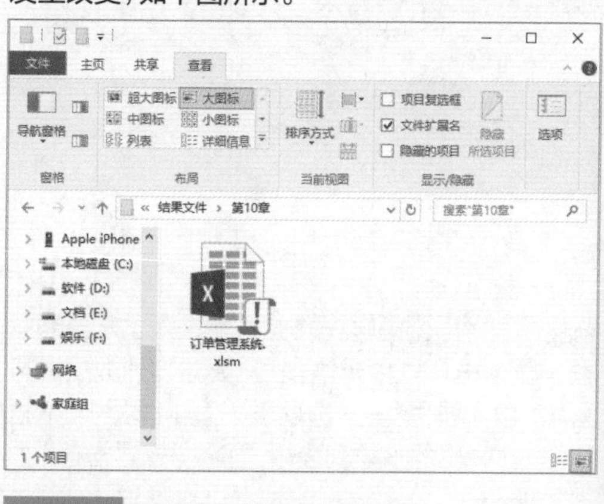

10.1.2 录制与使用宏命令

在利用Excel制作订单时，常常会遇到一些重复性操作。为了提高效率，可以利用Excel录制宏的功能，将需要重复操作的步骤录制下来，当需要再次重复此操作时，只需执行宏命令即可。

>>>1．录制自动计数的宏

在订单管理系统中，常常需要重复统计不同类型数据的总和，此时可以将求和操作录制成宏命令。方法是，在录制宏的状态下进行求和操作。

第1步：执行“录制宏”命令。❶打开上一小节保存成功的启用宏的Excel文件，进入“总订单”工作表中；❷单击“开发工具”选项卡下“代码”组中的“录制宏”按钮，如下图所示。

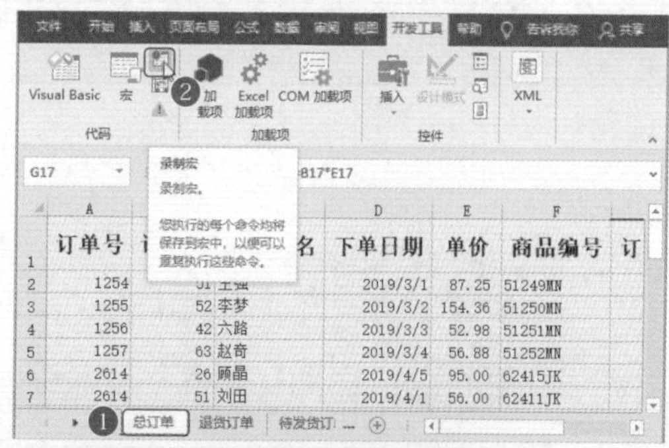

第2步：设置“录制宏”对话框。❶在弹出的“录制宏”对话框中，输入宏的名称“自动计数”；❷输入一个快捷键(Ctrl+Shift+B)，❸单击“确定”按

钮，如下图所示。

第3步：选择求和函数。此时就进入了宏录制状态。❶单击B41单元格，表示要对B列数据进行求和；❷单击“公式”选项卡下“自动求和”下拉按钮，在弹出的下拉列表中选择“求和”选项，如下图所示。

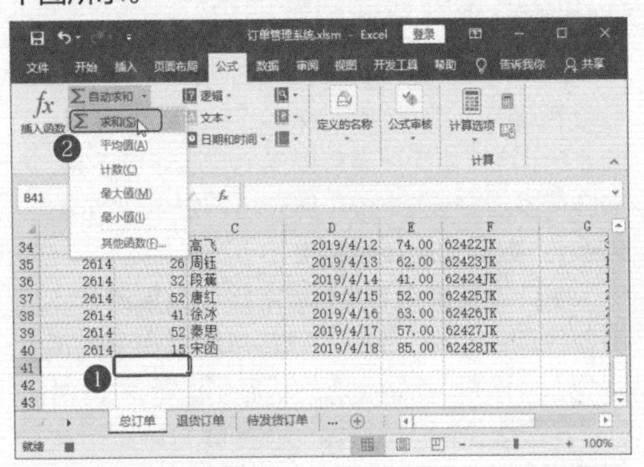

第4步：查看公式。执行“求和”命令后，查看数据范围是否包含了该列所有数据。如果确定公式无误，按下Enter键完成计算，如下图所示。

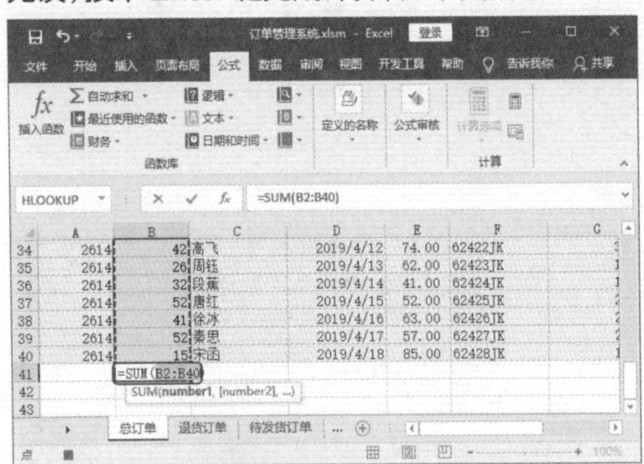

第5步：查看计算结果。如右上图所示，B列的“订单量”总数便被计算了出来。

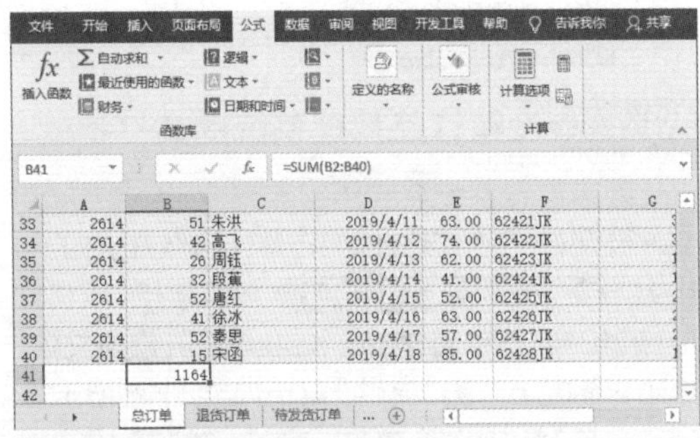

第6步：停止录制宏。完成求和计算后，单击“开发工具”选项卡下“代码”组中的“停止录制”按钮，完成宏录制，如下图所示。

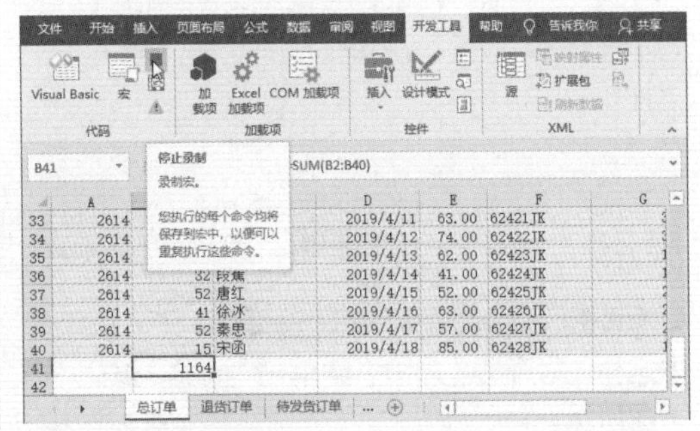

>>>2. 执行宏命令

完成录制宏命令后，可以通过执行录制好的宏命令来对其他列的数据项目进行求和操作。在操作时，还可以利用事先设置好的宏命令快捷键，提高操作效率。

第1步：打开“宏”对话框。❶单击选中E41单元格，该列中的数据是“单价”，现在需要计算所有单价的总和；❷单击“开发工具”选项卡下“代码”组中的“宏”按钮，如下图所示。

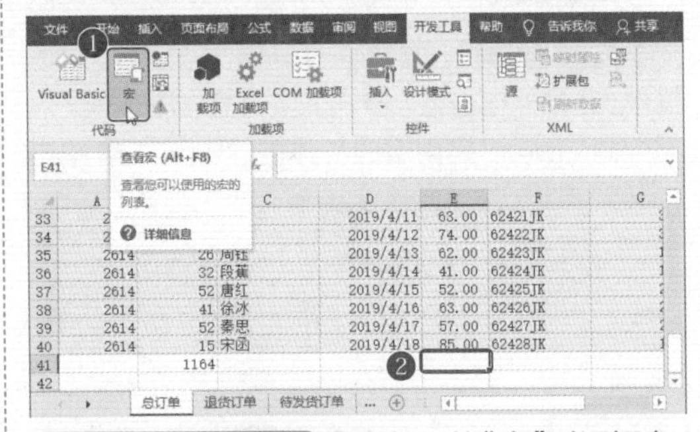

第2步：选择宏命令。❶在打开的“宏”对话框中，选择上一步录制完成的宏命令“自动计数”；❷单击“执行”按钮，如下图所示。

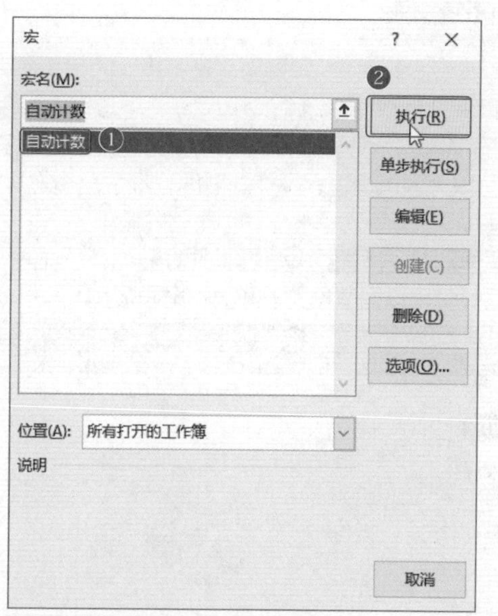

第3步：查看宏命令执行效果。宏命令执行后，效果如下图所示，E41单元格中自动进行“单价”列数据的求和计算。

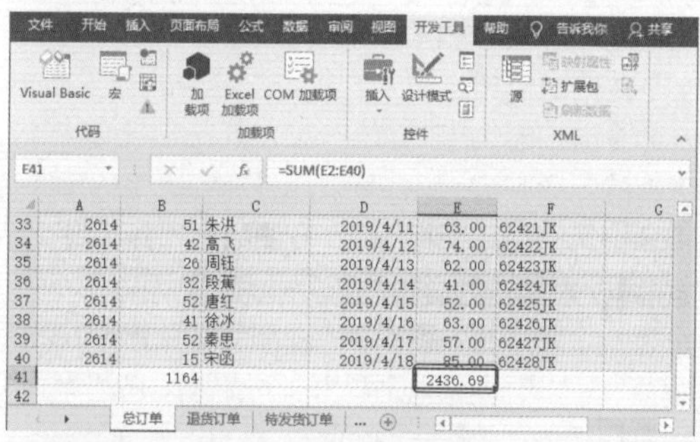

第4步：利用快捷键执行宏命令。选中G41即“订单总价”列最下面的单元格，表示需要计算这列所有订单总价数据的总和。按下事先设置好的宏快捷键Ctrl+Shift+B，此时该单元格自动进行了“订单总和”列数据的求和计算，效果如下图所示。

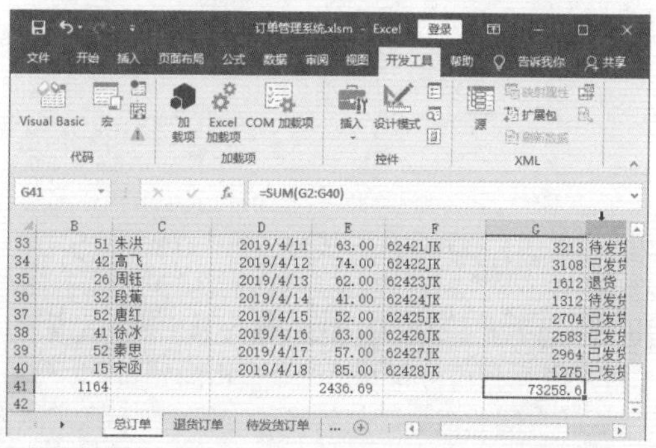

10.1.3 为订单管理系统添加宏命令执行按钮

订单管理系统的查询者不止订单管理系统制作者一位，其他查询者在查看订单时，可能不知道如何操作宏命令，也不知道宏命令的操作快捷键。这时可以在订单管理系统下方添加宏命令按钮，该按钮被单击后便会执行宏命令，以方便他人对订单管理系统地查看。

>>>1. 添加宏命令按钮

添加宏命令按钮的方法是，在表格中添加按钮控件，再将该控件指定在录制好的宏命令上。具体操作如下。

第1步：选择按钮控件。❶单击“开发工具”选项卡下“表单控件”组中的“插入”下拉按钮；❷选择“按钮(窗体控件)”选项，如下图所示。

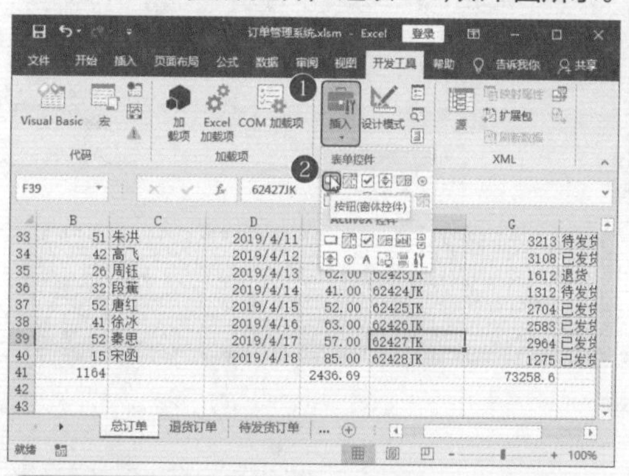

第2步：绘制按钮控件。在表格下方绘制按钮控件，如下图所示。

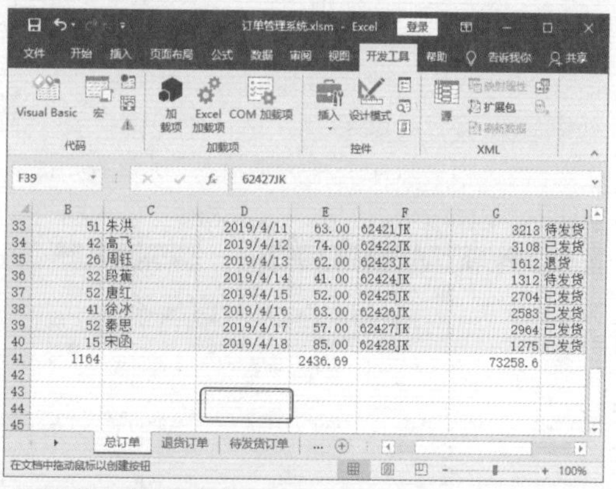

第3步：指定宏。❶按钮控件绘制完成后，在弹出的“指定宏”对话框中选择事先录制好的宏命令“自动计数”；❷单击“确定”按钮，如下图所示。

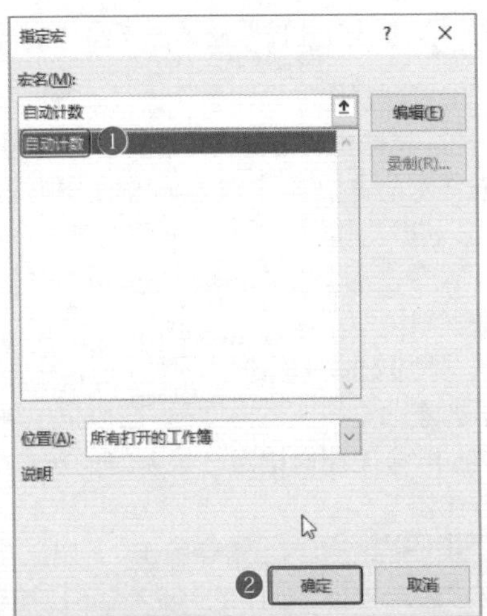

第4步：更改按钮显示文字。在按钮文字中插入光标，输入新的按钮名称“计算”，表示该按钮有计算功能，如下图所示。

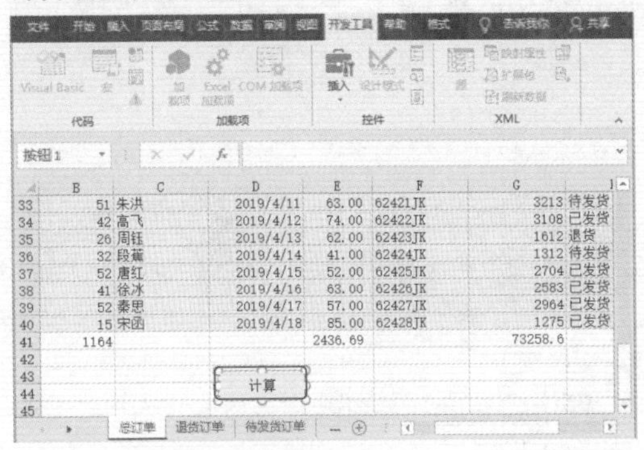

>>>2. 使用宏命令按钮

完成宏命令按钮的添加后，可以通过单击宏命令按钮完成订单不同项目的求和操作。

第1步：单击按钮。❶删除B41单元格中的计算结果，再选中B41单元格；❷单击“计算”宏命令按钮，如下图所示。

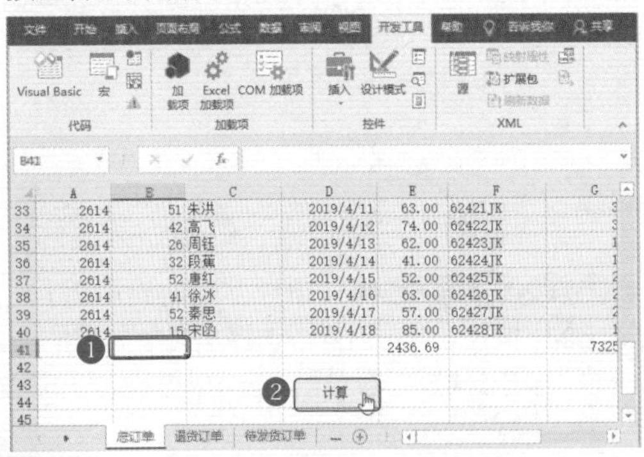

专家点拨

在Excel中，需要重复进行操作的步骤都可以考虑通过录制宏命令来完成。通过单击控件按钮或按下快捷键，运行事先录制好的宏，这样可以大大减少重复操作的时间，从而提高办公效率。

第2步：查看计算结果。此时在B41单元格中自动计算出该列数据的总和，如下图所示。

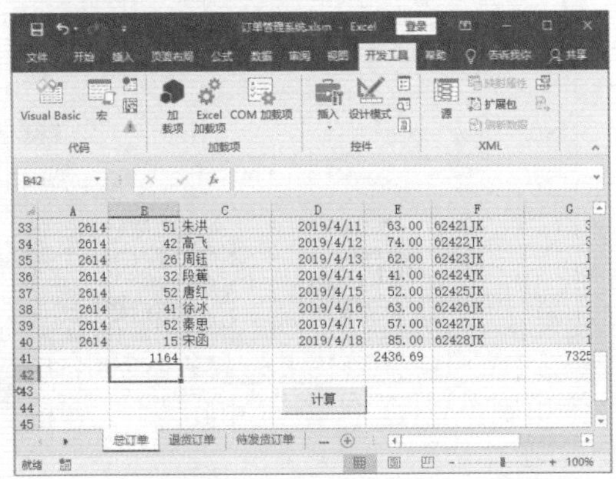

>>>3. 冻结单元格方便执行宏命令

在订单管理系统下方执行宏命令或者是单击宏命令按钮时，由于订单行数太多，看不到这一行数据的字段名称，那么可以通过冻结窗格的操作，将表格第一行单元格冻结，方便数据项目查看。

第1步：执行“冻结”首行命令。❶选中第一行任意一个单元格；❷单击“视图”选项卡下“冻结窗格”下拉按钮，在弹出的下拉列表中选择“冻结首行”选项，如下图所示。

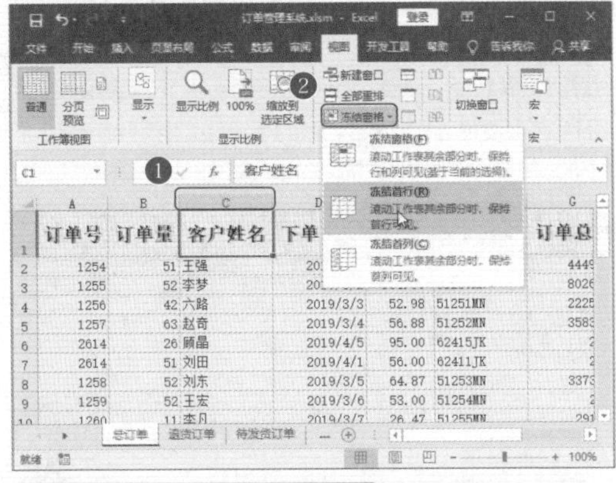

第2步：查看窗格冻结效果。将表格拖动到最下面，可以看到首行单元格也不会被隐藏，如此一来就更加方便地查看订单信息了，如下图所示。

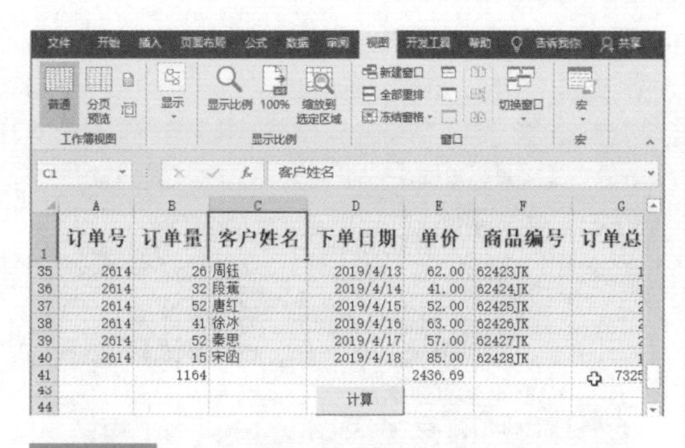

10.1.4 设置订单查看密码登录窗口

完成订单管理系统的表格制作后，为了保证订单系统的安全，可以设置登录界面，让只有知道用户名和密码的公司管理人员才有资格查看订单管理系统中的数据。实现这一操作需要用到Visual Basic代码命令。

>>>1. 设置登录代码

实现登录操作的核心在于设置登录操作的代码，具体操作方法如下。

第1步：新建“登录界面”工作表。 在用户打开订单管理系统并正确输入用户名和密码前，不能显示订单数据信息，因此需要一个登录界面。❶新建“登录界面”工作表；❷在表中合并单元格，并输入文字，且设置单元格填充色及文字格式，如下图所示。

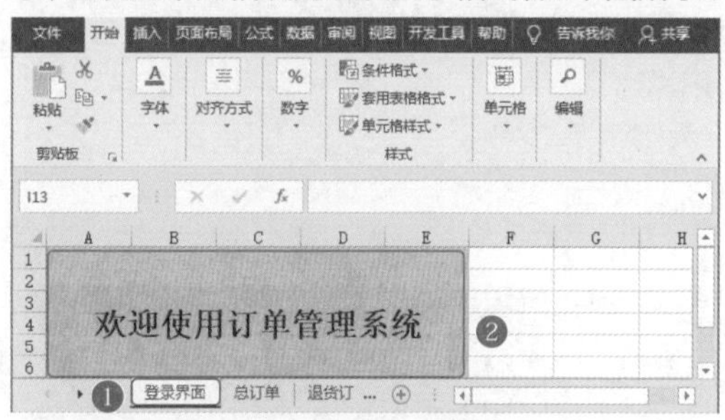

第2步：执行Visual Basic命令。 ❶选择“开发工具”选项卡；❷在“代码”组中单击Visual Basic按钮，如下图所示。

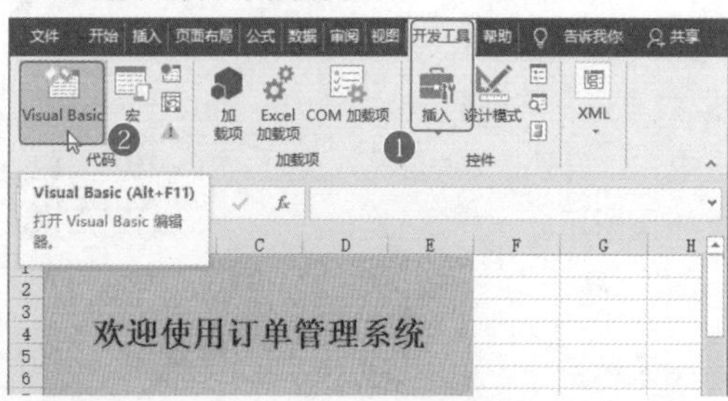

第3步：设置代码。 在本例中打开代码窗口输入代码时，需要将用户名设置成“王强”，密码为“123456”。操作方法如下：❶在打开的代码窗口中左侧的“工程 - VBA Project”窗格中双击This Workbook选项；❷输入以下代码：

```
Private Sub Workbook_Open()
Dim m As String
Dim n As String
Do Until m = "王强"
    m = InputBox("欢迎您使用订单管理系统，请输入您的用户名", "登录", "")
  If m = "王强" Then
    Do Until n = "123456"
        n = InputBox("请输入您的密码", "密码", "")
      If n = "123456" Then
        Sheets("登录界面").Select
      Else
        MsgBox "密码错误！请重新输入！ ", vbOKOnly, "登录错误"
      End If
    Loop
  Else
    MsgBox "用户名错误！请重新输入！ ", vbOKOnly, "登录错误"
  End If
Loop
End Sub
```

❸单击左上角的“保存”按钮，如下图所示。

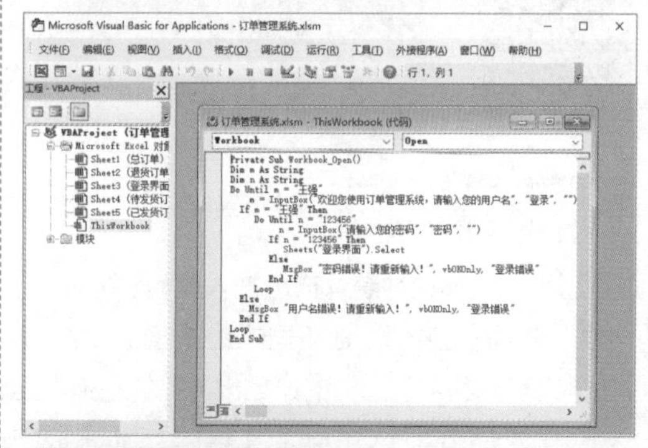

第4步：关闭代码窗口。 单击右上角的“关闭”按钮×，关闭代码窗口，如下图所示。然后按下Ctrl+S组合键，保存订单管理系统文件，如下图所示。

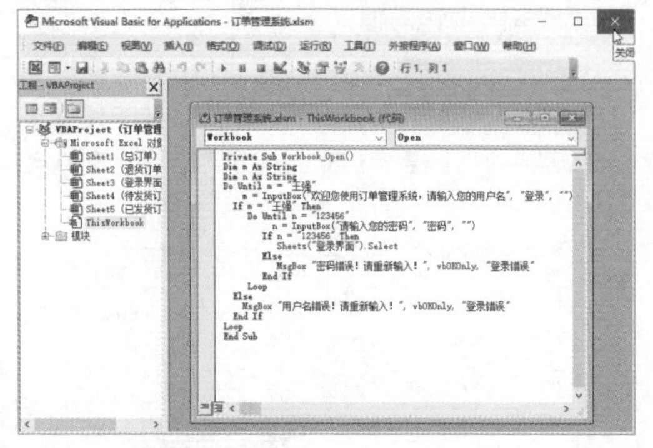

>>>2. 使用密码登录

设置了登录密码的文件在打开时需要正确输入用户名和密码，才能成功查看订单信息。具体操作如下。

第1步：输入用户名。 ❶重新打开"订单管理系统.xlsm"文件，在弹出的"登录"对话框中输入用户名"王强"；❷单击"确定"按钮，如下图所示。

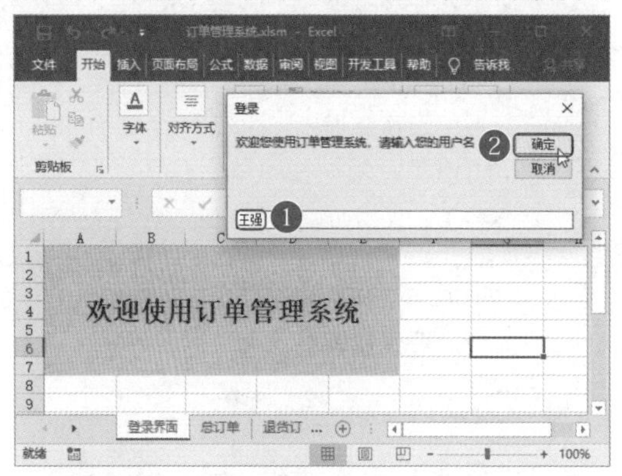

第2步：输入密码。 ❶输入密码"123456"；❷单击"确定"按钮，如下图所示。

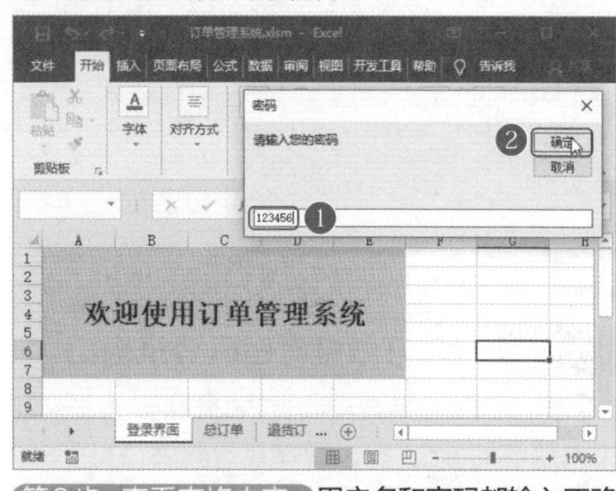

第3步：查看表格内容。 用户名和密码都输入正确后，即可进入表格查看订单信息，效果如下图所示。

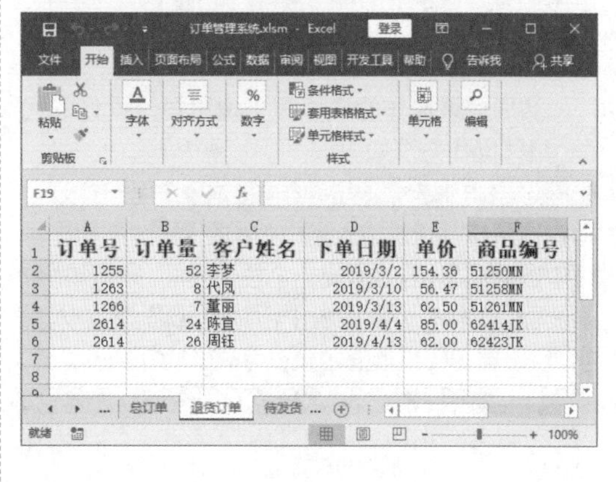

订单号	订单量	客户姓名	下单日期	单价	商品编号
1255	52	李梦	2019/3/2	154.36	51250MN
1263	8	代凤	2019/3/10	56.47	51258MN
1266	7	董丽	2019/3/13	62.50	51261MN
2614	24	陈宜	2019/4/4	85.00	62414JK
2614	26	周钰	2019/4/13	62.00	62423JK

扫一扫 看视频

10.2 共享和保护"产品出入库查询表"

※ 案例说明

为了更高效地统计产品的入库和出库数据，现在公司常常会制作"产品出入库查询表"，并且将表格进行共享，让不同的销售部门人员之间可以共享查看产品的出入库信息，而且不同的销售部门可以将自己部门的产品出入库信息共享到表格中，让信息的传递更高效及时。

"产品出入库查询表"文档制作完成后的效果如下图所示。

产品出入库查询表.xlsx [共享] - Excel

种类	品名	规格型号	数量	单价	单位	总金额
服装	连衣裙	L号	25	56.89	条	1422.25
服装	连衣裙	M号	41	52.85	条	2166.85
服装	半身群	S号	52	56.67	条	2946.84
服装	半身群	M号	62	52.62	条	3262.44
服装	碎花长群	S号	41	55.00	条	2255
服装	打底衫	L号	52	65.00	件	3380
服装	吊带裙	M号	12	85.00	条	1020
服装	小外套	L号	52	74.00	件	3848
服装	九分裤	M号	63	89.00	条	5607
服装	七分裤	L号	52	158.00	条	8216
服装	长裤	M号	41	54.98	条	2254.18
服装	短裤	S号	52	57.69	条	2999.88

商品入库表 商品出库表

※ 思路解析

在保护和共享“产品出入库查询表”时，首先应该在信任中心对文件进行设置，避免后期共享失败。然后设置可编辑区域，对工作表添加保护密码，避免共享后重要信息被修改。最后设置工作簿的共享命令。当工作簿成功共享后，可以通过保护工作簿显示修订的方法查看他人对工作簿的修改。其具体的制作流程及思路如下图所示。

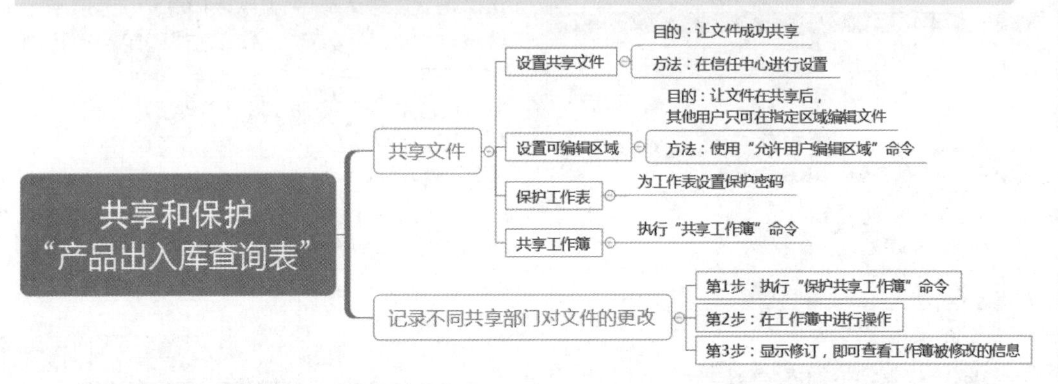

※ 步骤详解

10.2.1 保护“产品出入库查询表”

在应用Excel编辑完成产品出入库查询表后，往往需要将表格共享出去，让相关人员进行查看。在共享之前可以将表格中重要的数据进行保护，防止他人进行修改。

>>>1. 设置可编辑区域

默认情况下表格中的所有单元格都处于受保护状态。要想单独设置可编辑区域，需要对单元格的保护状态进行设置，然后再设置编辑区域。

第1步：选中单元格。 打开“素材文件\第10章\产品出入库查询表.xlsx”文件，选中任意一个空白单元格，如下图所示。

第2步：打开“设置单元格格式”对话框。 选中空白单元格后，按下Ctrl+A组合键，选中表格中的所有单元格。单击“开始”选项卡下“数字”组中的“对话框启动器”按钮，如下图所示。

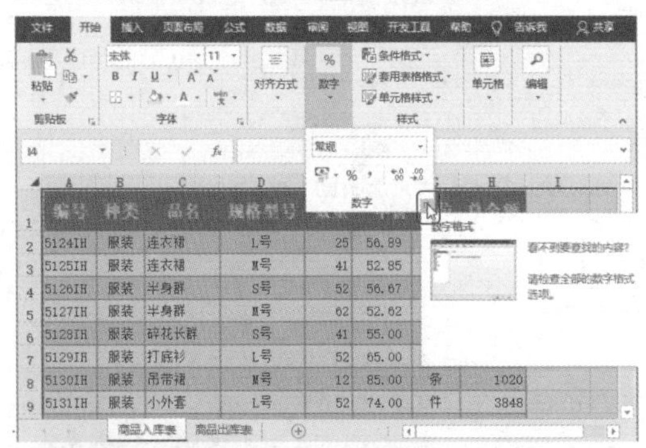

第3步：设置单元格保护状态。 ❶在弹出的“设置单元格格式”对话框中，切换到“保护”选项卡下；❷取消选中“锁定”复选框；❸单击“确定”按钮，如右上图所示。

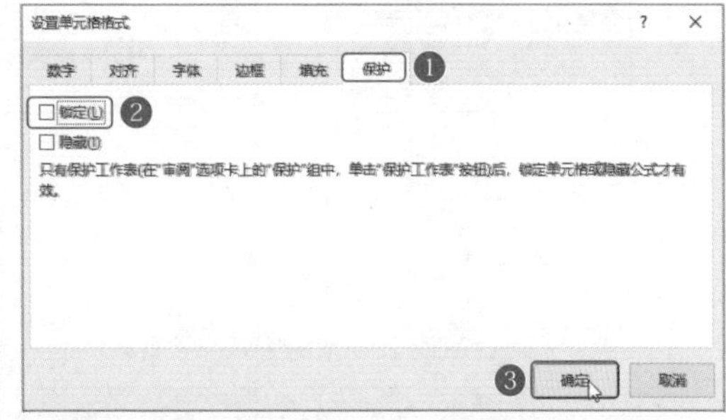

第4步：再次打开“设置单元格格式”对话框。 ❶单独选中A1:H22单元格区域；❷单击“开始”选项卡下“数字”组中的“对话框启动器”按钮，如下图所示。

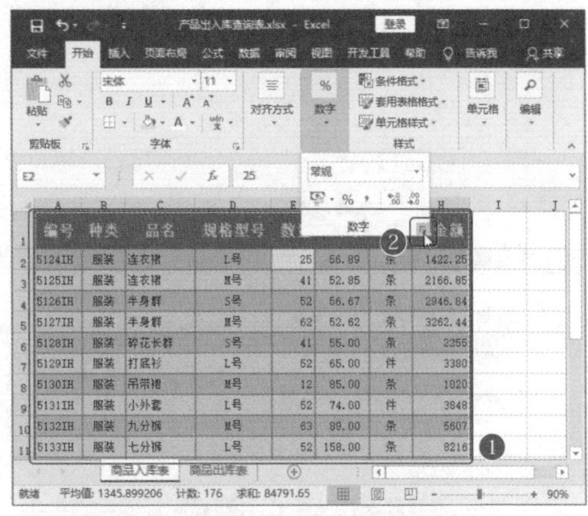

第5步：设置单元格保护状态。 ❶在“设置单元格格式”对话框中，切换到“保护”选项卡下；❷选中“锁定”复选框；❸单击“确定”按钮，如下图所示。

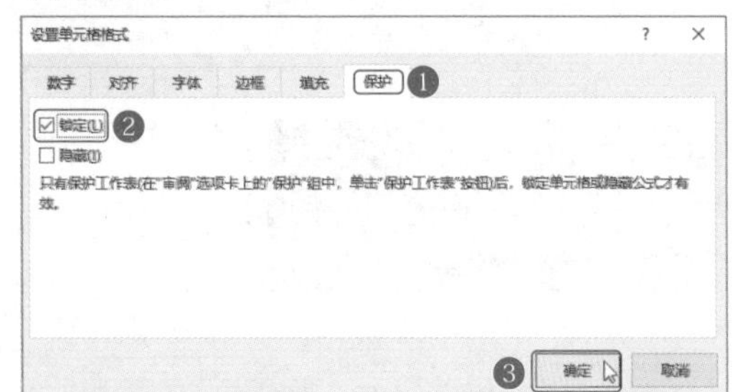

第6步：打开“允许用户编辑区域”对话框。 单击“审阅”选项卡下“保护”组中的“允许用户编辑区域”按钮，如下图所示。

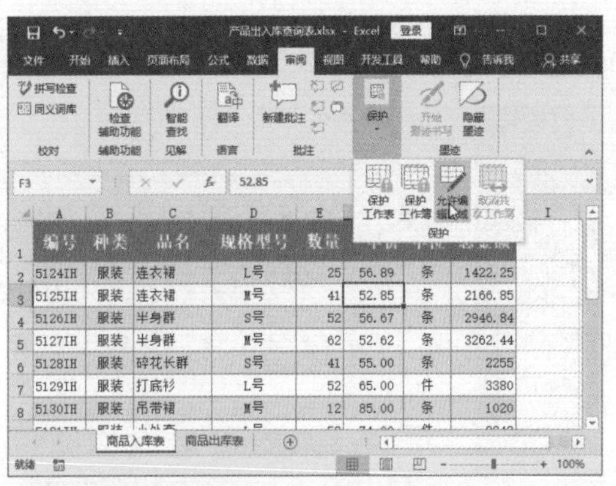

第7步：新建区域。 在弹出的“允许用户编辑区域”对话框中单击“新建”按钮，如下图所示。

允许用户编辑区域
工作表受保护时使用密码取消锁定的区域(R):
标题　引用单元格
新建(N)...　修改(M)...　删除(D)
指定不需要密码就可以编辑该区域的用户:
权限(P)...
将权限信息粘贴到一个新的工作薄中(S)
保护工作表(O)...　确定　取消　应用(A)

第8步：设置区域。 ❶在弹出的“新区域”对话框中，输入区域标题；❷设置“引用单元格”为需要限制编辑的区域；❸单击“确定”按钮，如下图所示。

新区域
标题(T):
编辑权限设置 ❶
引用单元格(R):
=A1:H11 ❷
区域密码(P):
权限(E)...　❸ 确定　取消

第9步：完成区域设置。 ❶单击“应用”按钮；❷单击右上角的“关闭”按钮，关闭“允许用户编辑区域”对话框，完成设置，如下图所示。

允许用户编辑区域
工作表受保护时使用密码取消锁定的区域(R):
标题　引用单元格
编辑权限设置　$A$1:$H$22
新建(N)...　修改(M)...　删除(D)
指定不需要密码就可以编辑该区域的用户:
权限(P)...
将权限信息粘贴到一个新的工作薄中(S)
保护工作表(O)...　确定　取消　应用(A)

>>>2. 保护工作表

限制工作表中部分区域的编辑，需要结合“保护工作表”功能才能生效。下面进行保护工作表设置。

第1步：单击“保护工作表”按钮。 单击“审阅”选项卡下“保护”组中的“允许编辑区域”按钮，在弹出的“允许用户编辑区域”对话框内单击“保护工作表”按钮，如下图所示。

允许用户编辑区域
工作表受保护时使用密码取消锁定的区域(R):
标题　引用单元格
编辑权限设置　$A$1:$H$22
新建(N)...　修改(M)...　删除(D)
指定不需要密码就可以编辑该区域的用户:
权限(P)...
将权限信息粘贴到一个新的工作薄中(S)
保护工作表(O)...　确定　取消　应用(A)

第2步：设置“保护工作表”对话框。 ❶在弹出的“保护工作表”对话框中输入工作表的保护密码“123”；❷取消选中“选定锁定单元格”复选框；❸单击“确定”按钮，如下图所示。

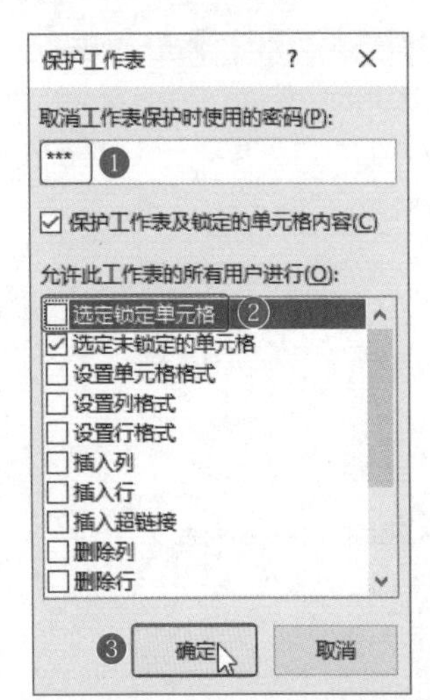

第3步：再次输入密码，完成工作表的保护设置。❶在弹出的"确认密码"对话框中再次输入密码"123"；❷单击"确定"按钮，完成对工作表的保护设置，如下图所示。

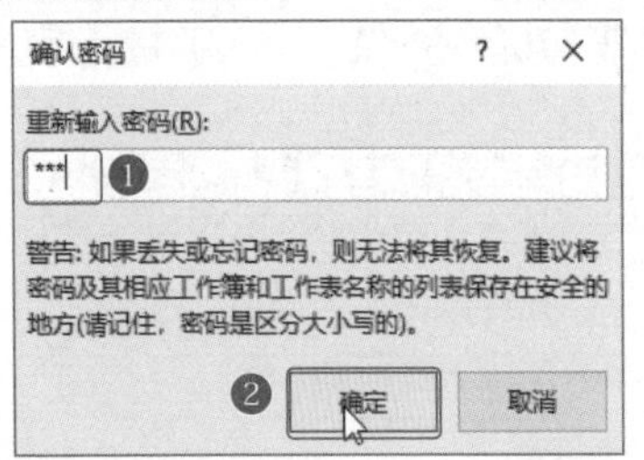

第4步：查看区域保护效果。此时就完成了编辑权限设置。效果如下图所示，A1:H22单元格区域是锁定单元格区域，无法选择，从而防止他人编辑这个区域的数据，起到了保护数据的作用。

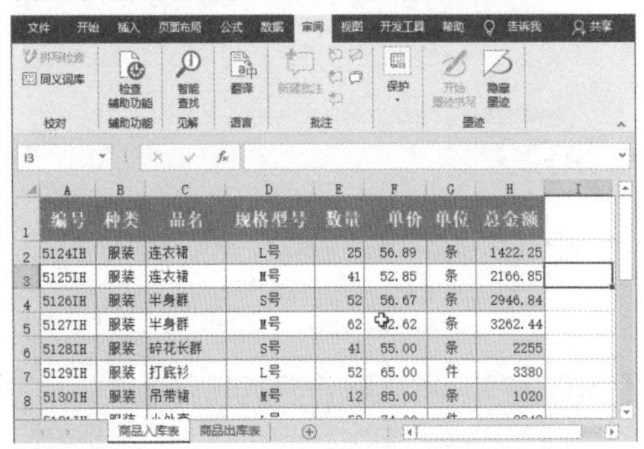

10.2.2 共享"产品出入库查询表"

完成文档的编辑权限设置后，就可以开始进行文档共享了。具体的操作步骤如下。

第1步：进入选项设置。选择"文件"→"选项"命令，如下图所示。

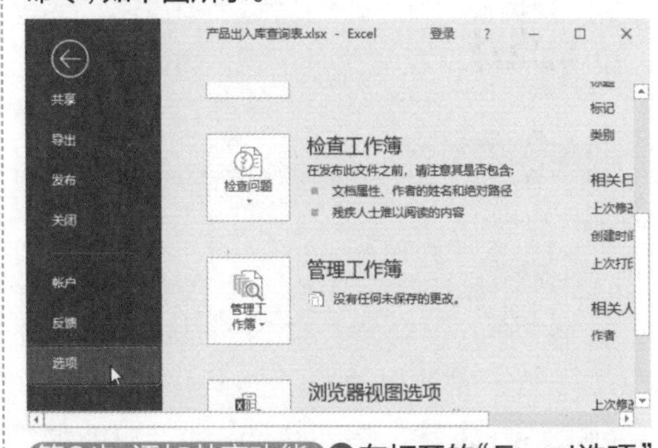

第2步：添加共享功能。❶在打开的"Excel选项"对话框中，在"审阅"选项卡下新建一个组；❷在"所有命令"列表中找到"共享工作簿(旧版)"功能；❸单击"添加"按钮，将功能添加到新建的组中；❹单击"确定"按钮，完成功能添加，如下图所示。

第3步：单击"共享工作簿(旧版)"按钮。单击添加到"审阅"选项卡下的"共享工作簿(旧版)"按钮，如下图所示。

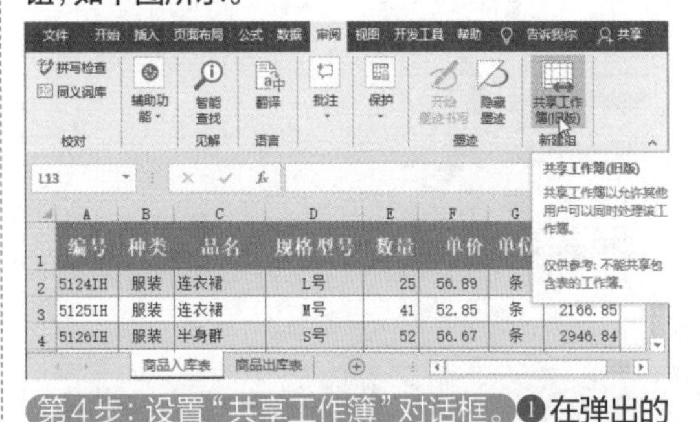

第4步：设置"共享工作簿"对话框。❶在弹出的"共享工作簿"对话框中选择"编辑"选项卡；❷选中"使用旧的共享工作簿功能，而不是新的共同创

作体验”复选框；❸单击“确定”按钮，如下图所示。

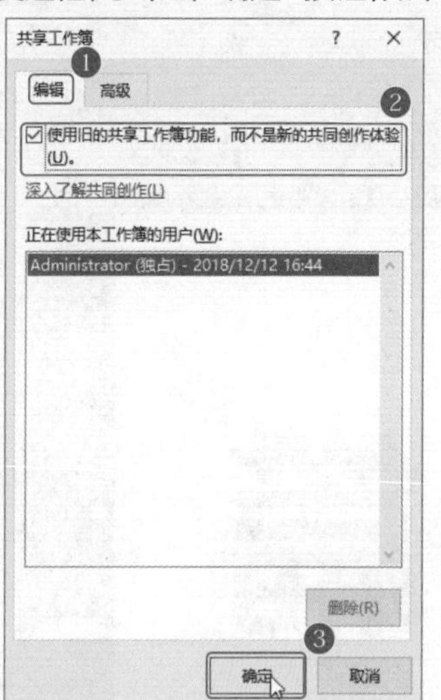

第5步：实现工作簿共享。此时文档便成功实现共享，文件名中带有“已共享”字样，如下图所示。

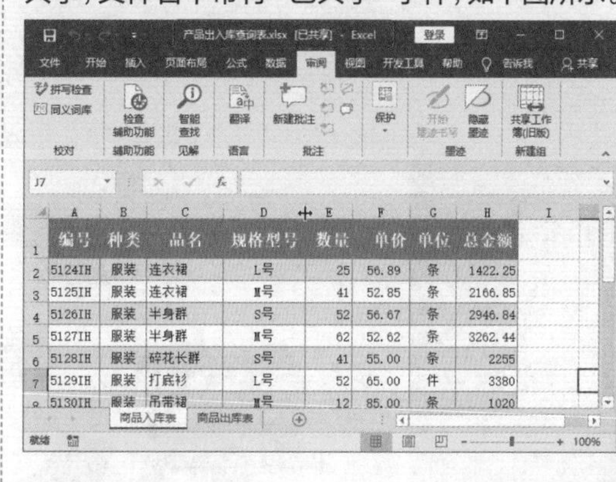

读书笔记

第3篇

用PowerPoint高效做幻灯片

第11章 PowerPoint幻灯片的编辑与设计

◆本章导读

PowerPoint是微软公司开发的演示文稿程序，可以用于商务汇报、公司培训、产品发布、广告宣传、商业演示以及远程会议等。本章以制作产品宣传文稿和培训演示文稿为例，介绍演示文稿和幻灯片的基本操作。

◆知识要点

■演示文稿的创建方法
■演示文稿内容的制作方法
■运用模板快速制作演示文稿
■设计母版以提高效率
■图片的插入技巧
■幻灯片内容的对齐方法

◆案例展示

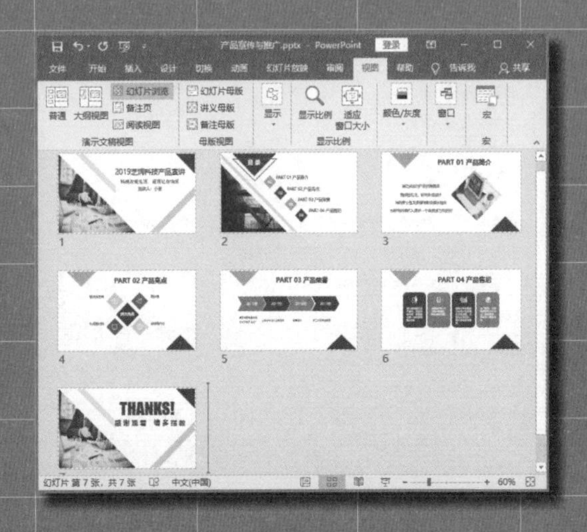

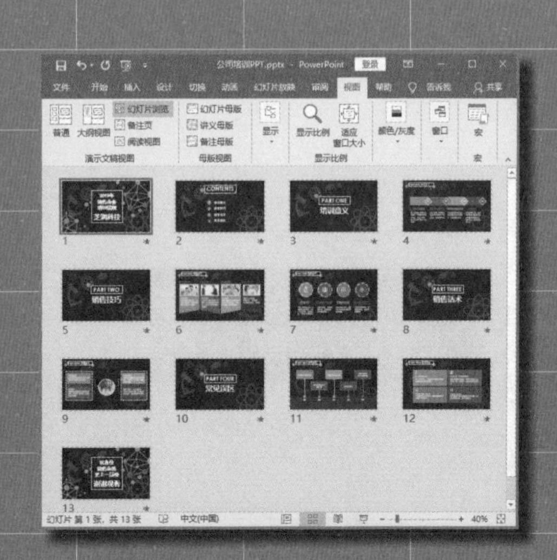

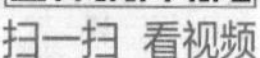

扫一扫 看视频

11.1 制作“产品宣传与推广 PPT”

※ 案例说明

当公司有新品上市，或者是需要向客户介绍公司产品时，就需要用到产品宣传与推广 PPT。这种演示文稿包含了产品简介、产品亮点、产品荣誉等内容信息，力图向观众展示出产品好的一面。

“产品宣传与推广 PPT”文档制作完成后的效果如下图所示。

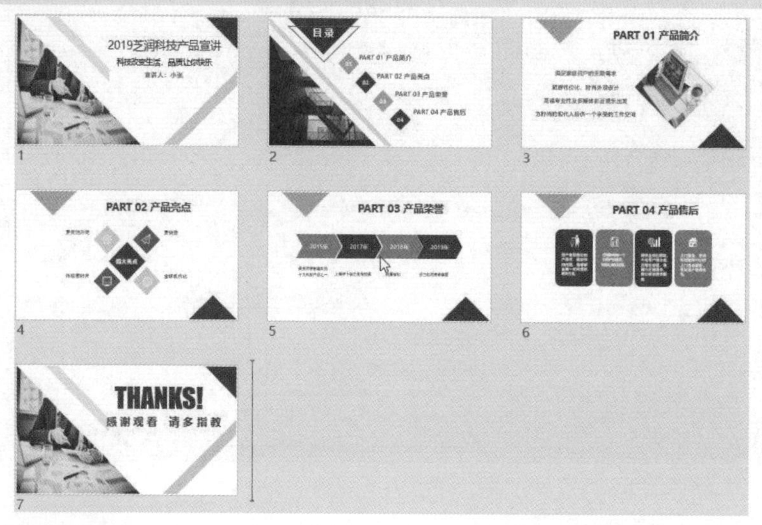

※ 思路解析

当公司的销售人员或客户经理需要向消费者介绍公司产品时，需要制作一份产品宣传与推广的 PPT 文件。首先应该正确创建一份 PPT 文件，再将文件的框架，即封面、底页、目录制作完成，最后将内容的通用元素提取出来制作成版式，方便后面的内容制作。其制作流程及思路如下图所示。

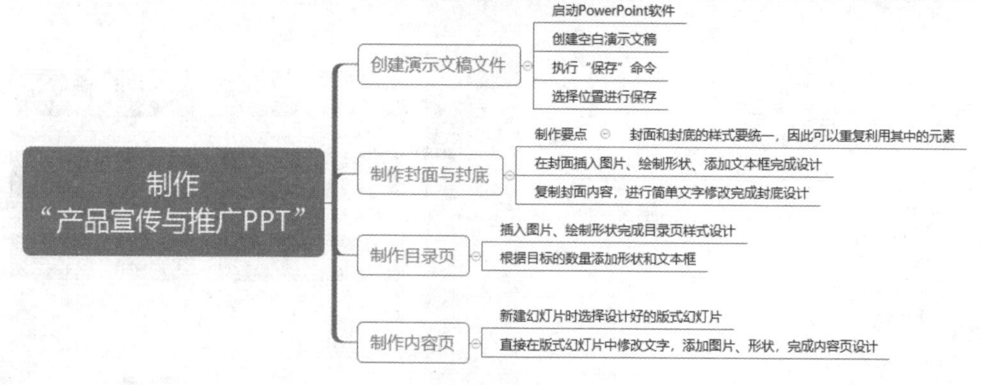

※ 步骤详解

11.1.1 创建产品推广演示文稿

在制作产品宣传与推广演示文稿前，首先要用PowerPoint 2016软件正确创建文档，并保存文档。

>>>1. 新建演示文稿

打开PowerPoint 2016软件，选择创建文档类型，即可成功创建一份PPT文档。操作步骤如下。

第1步：打开软件。在计算机的软件菜单中找到PowerPoint 2016，单击进行启动，如下图所示。

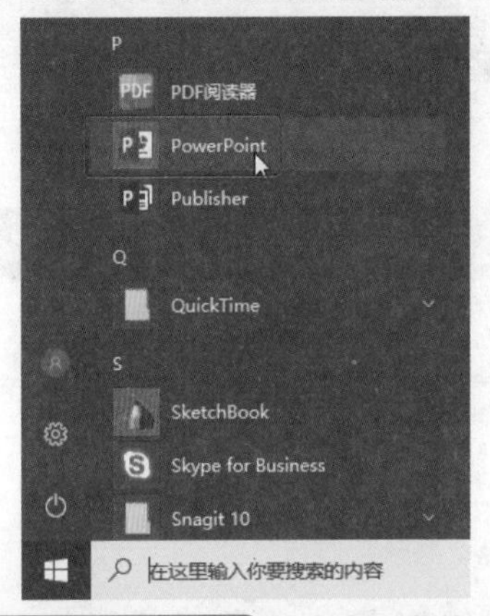

第2步：选择文件类型。创建演示文稿可以创建空白文稿，也可以选择模板进行创建。这里选择“空白演示文稿”，双击进行创建。此时便能完成新文档的创建，如下图所示。

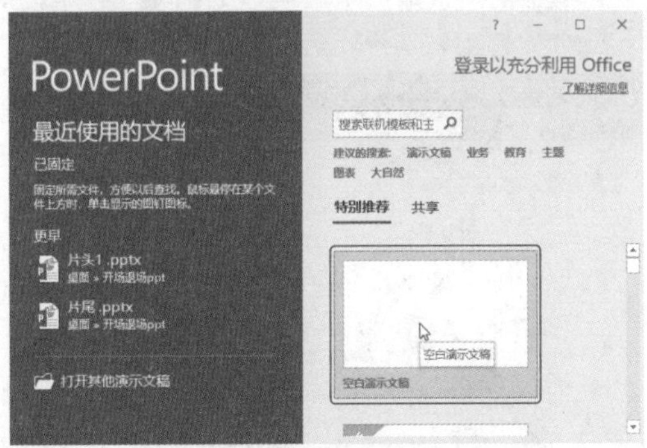

>>>2. 保存演示文稿

创建新文档后，先不要急着制作幻灯片，先正确保存再进行内容编排，以防止内容丢失。

第1步：单击“保存”按钮。右上图所示是新创建的文档，单击左上方的“保存”按钮 。

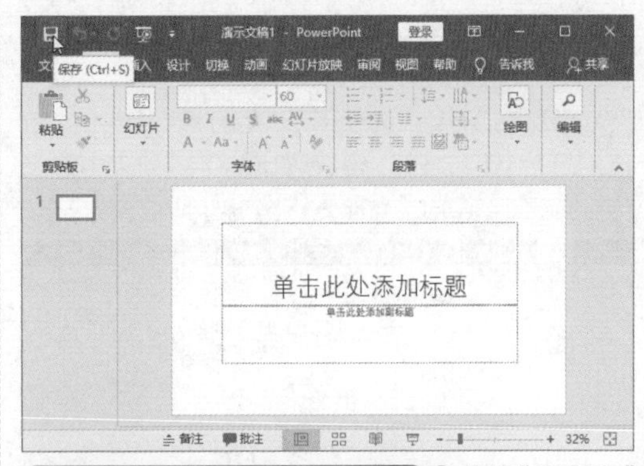

第2步：打开“另存为”对话框。❶选择“另存为”命令；❷单击“浏览”按钮，如下图所示。

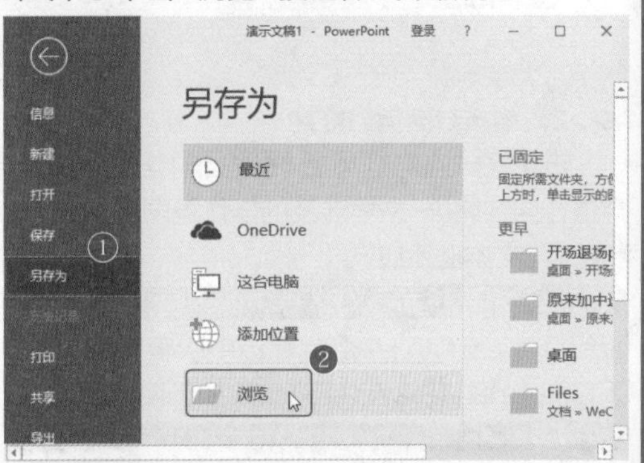

第3步：保存文档。❶在打开的“另存为”对话框中，选择文件保存位置；❷输入文件名；❸单击“保存”按钮，如下图所示。

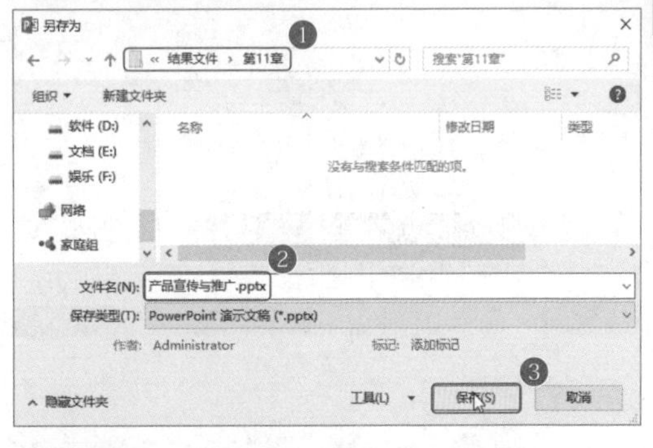

11.1.2 为文稿设计封面页与封底页

完成文档创建并保存后，就可以开始制作封面页与封底页了。这两页之所以一起制作，是因为一份完整的演示文稿，其风格是统一的，其中就包含了封面页与封底页的风格统一。

>>>1. 新建幻灯片

封面页与封底页需要两张幻灯片，而新创建的演示文稿中，默认只有一张幻灯片，所以需要进行幻灯片创建操作。

❶单击“开始”选项卡下“幻灯片”组中的“新建幻灯片”下拉按钮；❷在弹出的下拉列表中选择“空白”选项，便能成功创建一张幻灯片，如下图所示。

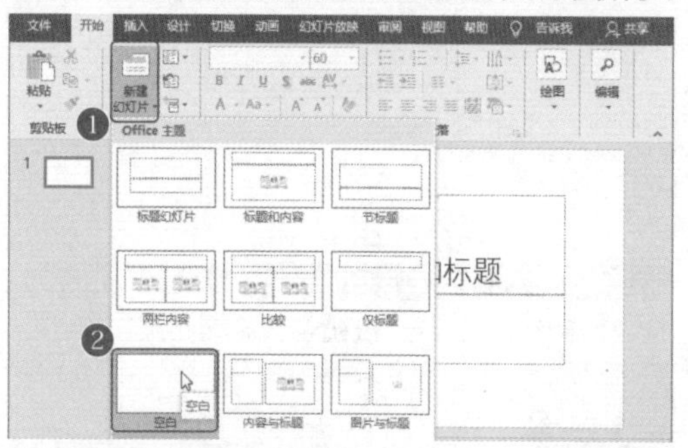

>>>2. 编辑封面页幻灯片

新建好封底幻灯片后，首先选中封面页幻灯片进行内容编排，主要涉及的操作是图片插入、形状绘制、文本框添加。

第1步：删除封面页幻灯片中的内容。选中封面页幻灯片，按Ctrl+A组合键选中所有内容，再按下Delete键，将这些内容删除，如下图所示。

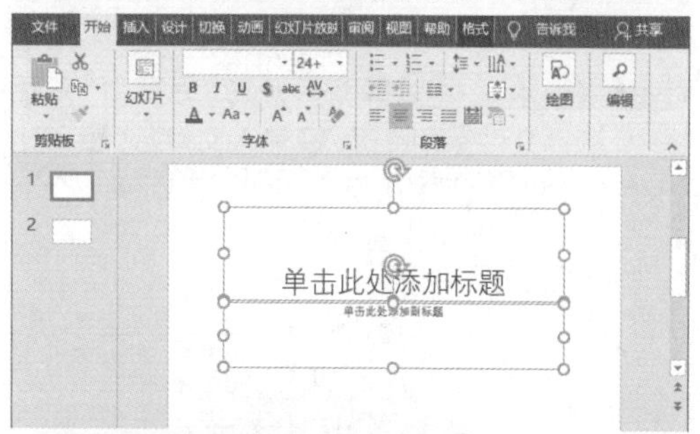

第2步：打开“插入图片”对话框。单击“插入”选项卡下“图像”组中的“图片”按钮，如下图所示。

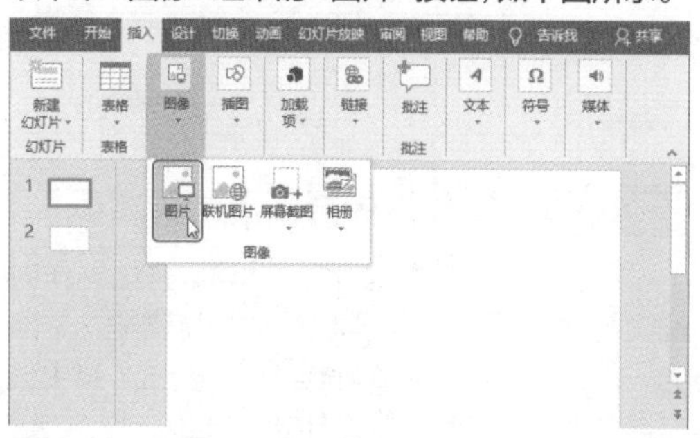

第3步：选择图片插入。❶打开“插入图片”对话框，按照路径“素材文件\第11章\图片1.png”选中素材图片；❷单击“插入”按钮，如下图所示。

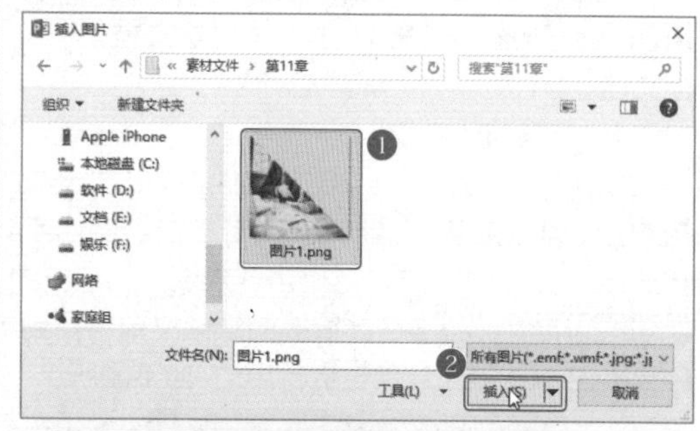

第4步：调整图片位置。选中图片，按住鼠标左键不放，将图片拖动到幻灯片左下角的位置，如下图所示。

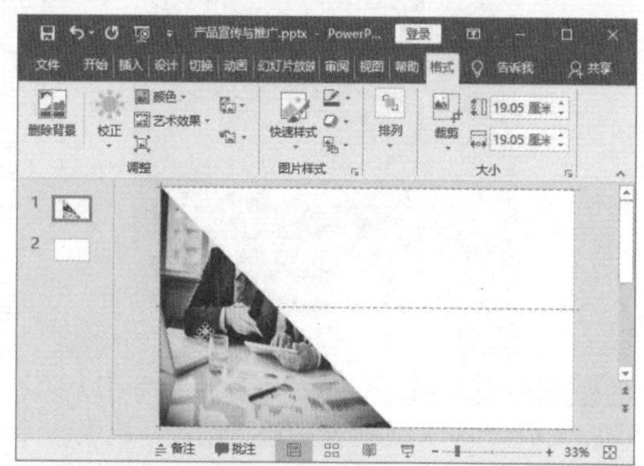

第5步：选择矩形形状。❶单击“插入”选项卡下“插图”组中的“形状”下拉按钮；❷从弹出的下拉列表中选择“矩形”选项，如下图所示。

第6步：绘制长条矩形。按住鼠标左键不放，在图中绘制一个长条矩形，如下图所示。

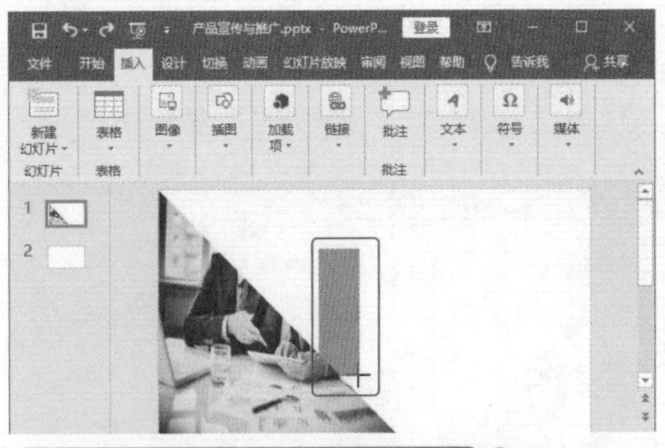

第7步:打开"设置形状格式"窗格。❶选中矩形，单击"绘图工具-格式"选项卡下"排列"组中的"旋转"下拉按钮；❷在弹出的下拉列表中选择"其他旋转选项"选项，如下图所示。

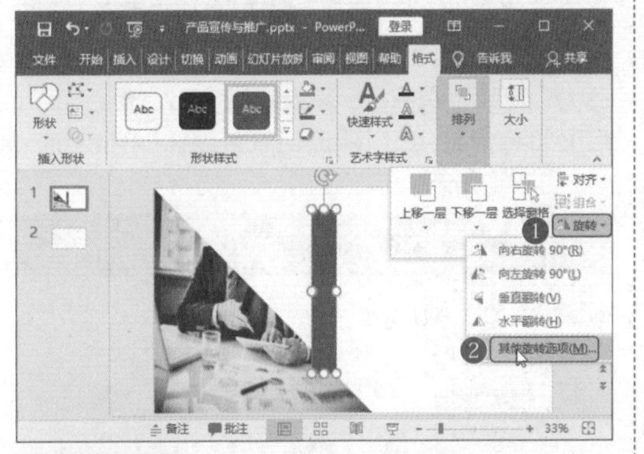

专家点拨

如果不需要精确旋转图形，直接按住图形上方的旋转按钮，左右拖动，也可以调整图形的旋转角度。

第8步：设置矩形旋转角度。在打开的"设置形状格式"窗格中，在"旋转"数值框中输入"135°"，如下图所示。

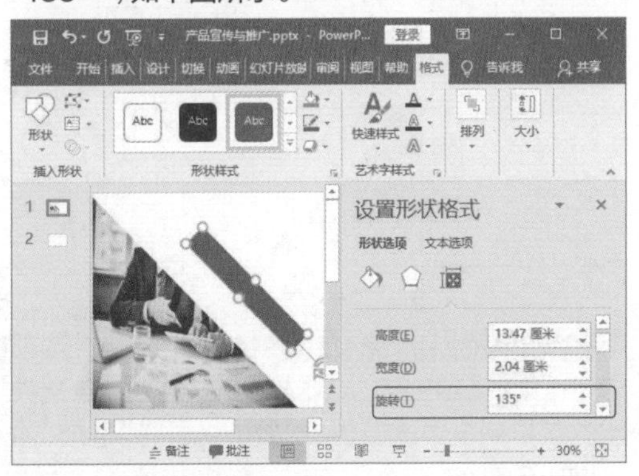

第9步：剪除形状。❶完成矩形旋转后，再绘制两个矩形，调整3个形状的位置如下图所示；❷首先选中旋转的矩形，再选中其他两个矩形，单击"绘图工具-格式"选项卡下"插入形状"组中的"合并形状"下拉按钮；❸从弹出的下拉列表中选择"剪除"选项，如下图所示。

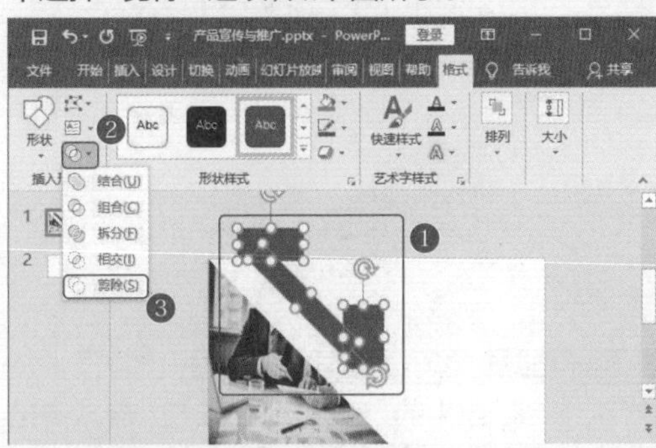

第10步：调整形状的颜色。❶完成形状裁剪后，单击"绘图工具-格式"选项卡下"形状样式"组中的"形状填充"下拉按钮；❷从弹出的下拉列表中选择一种颜色，如下图所示。

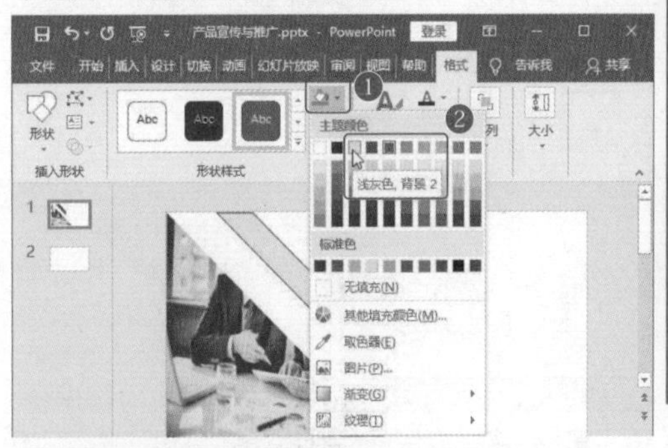

第11步：调整形状轮廓。❶单击"绘图工具-格式"选项卡下"形状样式"组中的"形状轮廓"下拉按钮；❷从弹出的下拉列表中选择"无轮廓"选项，如下图所示。

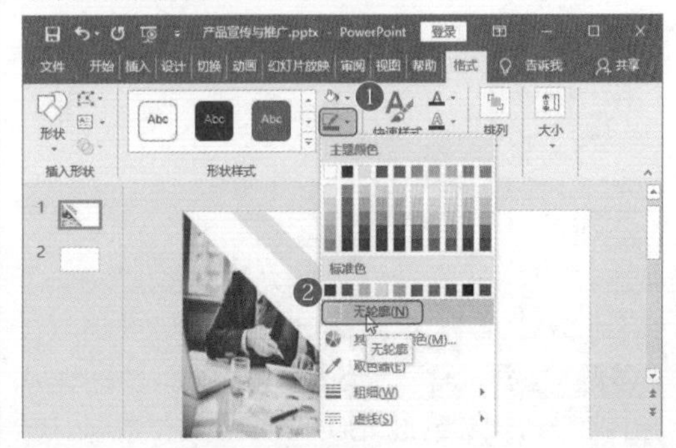

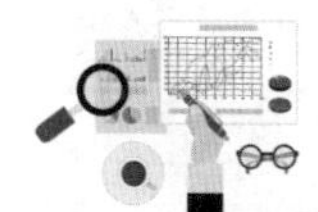

第12步：再绘制另外一个形状。 此时左上方的旋转长条矩形完成绘制，按照同样的方法，再绘制右下方的旋转长条矩形，如下图所示。

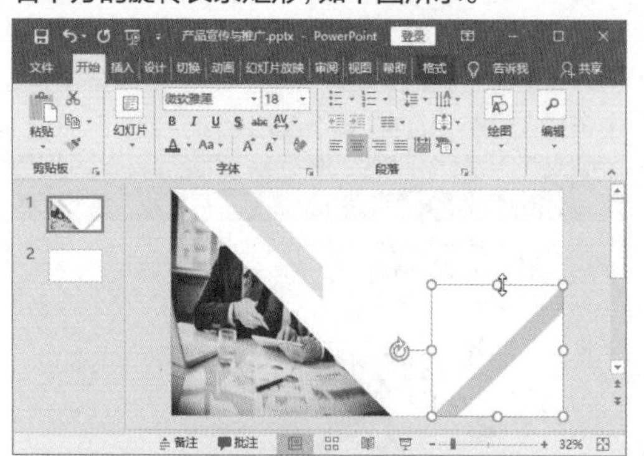

第13步：绘制直角三角形。 ❶单击“插入”选项卡下“插图”组中的“形状”下拉按钮；❷从弹出的下拉列表中选择“直角三角形”选项，如下图所示。

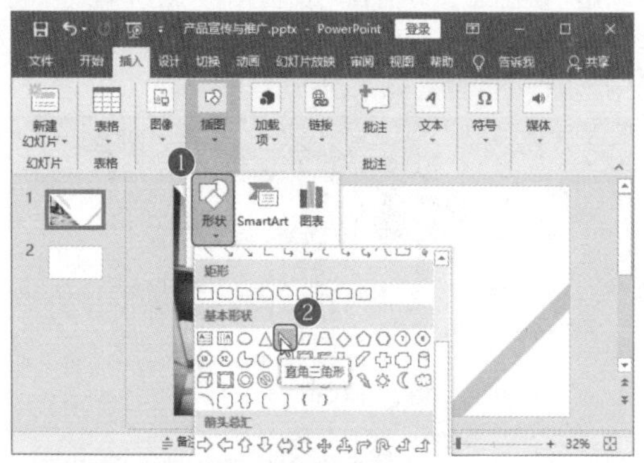

第14步：绘制直角三角形。 按住Shift键绘制直角三角形，这样能保证绘制出等腰直角三角形，如下图所示。

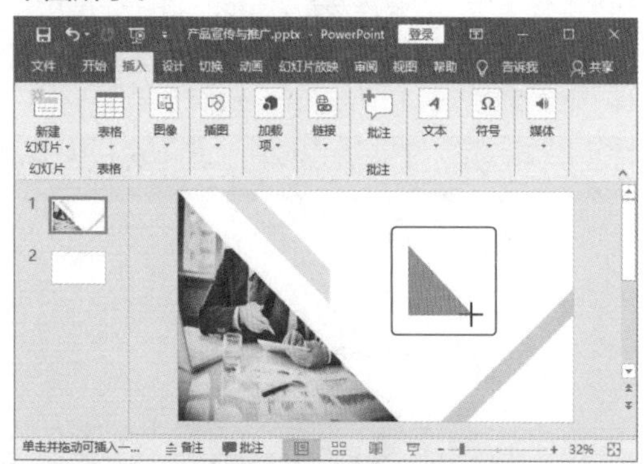

第15步：设置三角形轮廓。 ❶三角形绘制完成后，将“旋转”设置成180° 并调整其位置到幻灯片右上角；❷在“形状轮廓”下拉列表中选择“无轮廓”选项，如下图所示。

第16步：使用取色器。 ❶在“形状填充”下拉列表中选择“取色器”选项；❷在图片中取色，所取到的颜色将作为三角形的填充色。这里吸取的颜色为“靛蓝”，具RGB参数值是“46, 65, 115”，后面将重复使用，以保证幻灯片整体颜色的统一性，如下图所示。

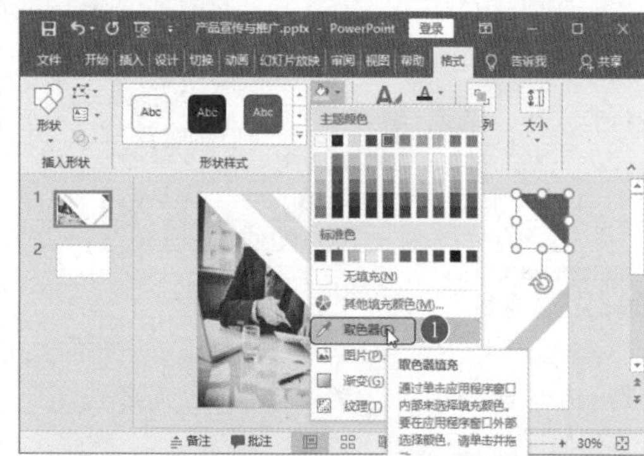

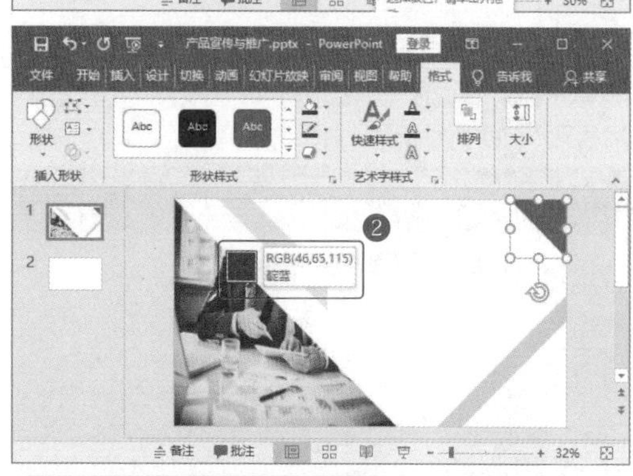

第17步：选择横排文本框。 ❶单击“插入”选项卡下“文本”组中的“文本框”下拉按钮；❷从弹出的下拉列表中选择“绘制横排文本框”选项，如下图所示。

第18步：绘制文本框，输入文字并设置字体。 ❶在页面中绘制一个文本框，并输入文字；❷选中文本框，在“开始”选项下“字体”下拉列表框中选择“微软雅黑”字体，如下图所示。

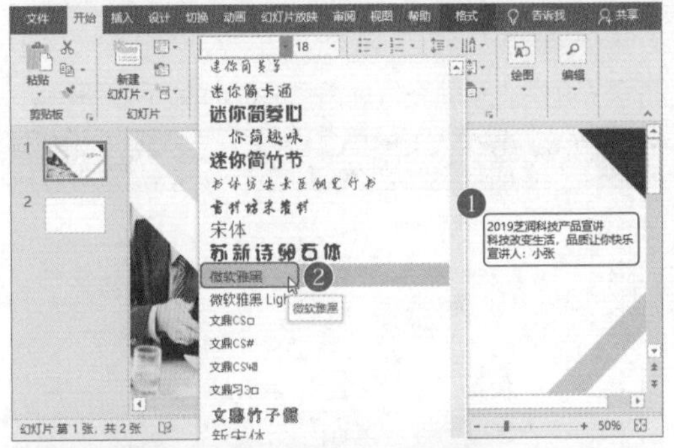

第19步：设置字体其他格式。 ❶设置文字的不同字号大小，这3排文字的字号大小依次为48、32、28；设置文字的颜色，第一排文字为“靛蓝”，后面两排为“黑色，文字1”；❷单击“开始”选项卡下“段落”组中的“居中”按钮 ≡；❸单击“段落”组中的“行距”下拉按钮 ‡≡ ，从弹出的下拉列表中选择“1.5”倍行距，如下图所示。此时便完成了封面页的内容制作，如下图所示。

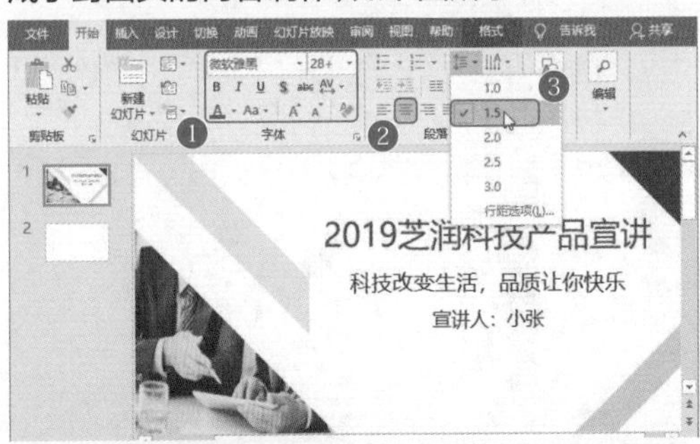

>>>2. 编辑封底页幻灯片

幻灯片的封底页完全可以使用与封面页一样的内容排版，只不过文字部分有所不同，这样既能提高效率，又能保证统一性。

第1步：复制封面页内容。 按下Ctrl+A组合键，选中封面页中的所有内容，右击，从弹出的快捷菜单中选择“复制”命令，如下图所示。

第2步：粘贴内容。 ❶进入封底页幻灯片；❷单击“开始”选项卡下“剪贴板”组中的“粘贴”下拉按钮，选择下拉列表中的“使用目标主题”选项，如下图所示。

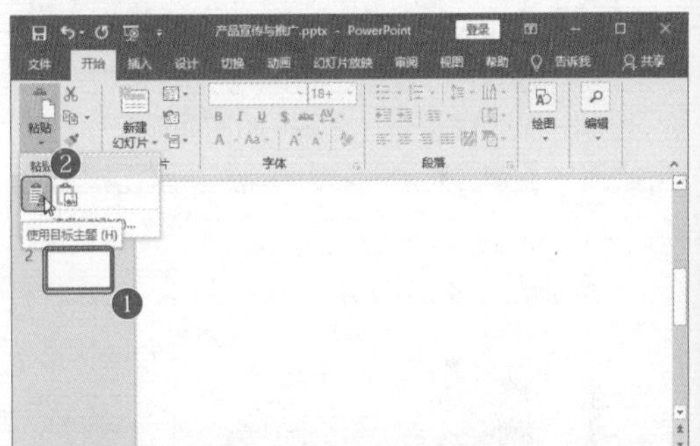

第3步：更改首行文字。 ❶将原来文本框中的内容删除，输入新的文字；❷设置文字颜色为“靛蓝”，字体为Impact，字号为115号，如下图所示。

第4步：更改第二条文字。 ❶新绘制一个文本框，输入文字；❷设置文字的格式，如下图所示。此时便完成了封底页的内容制作。

11.1.3 制作目录页幻灯片

完成封面页和封底页内容制作后，可以开始制作目录页，目录页制作根据幻灯片中的目录数量来安排内容项目数量，并且要充分运用幻灯片中的对齐功能，让各元素排列整齐。

第1步：插入图片绘制图形。❶新建一页“空白”幻灯片作为目录页，然后按照路径“素材文件\第11章\图片2.png”选中素材图片，将其插入幻灯片中，接着按照前面讲过的方法，绘制一个倾斜的长条矩形；❷选择“直角三角形”形状，按住Shift键，绘制一个等腰直角三角形，如下图所示。

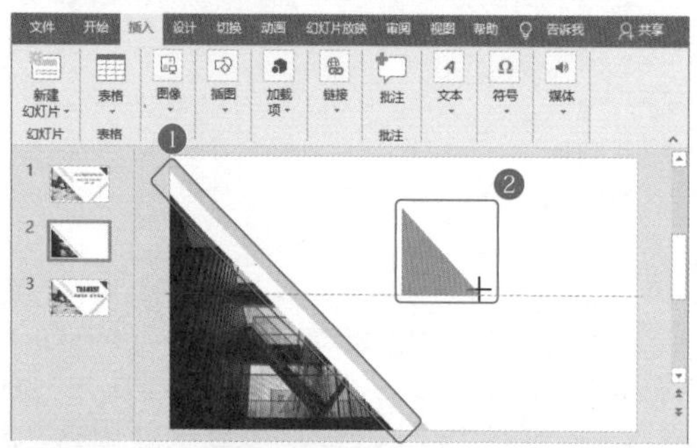

第2步：调整三角形格式。调整三角形的旋转角度为315°，移动位置到页面左上方，设置颜色为“靛蓝”，设置轮廓为“无轮廓”，如下图所示。

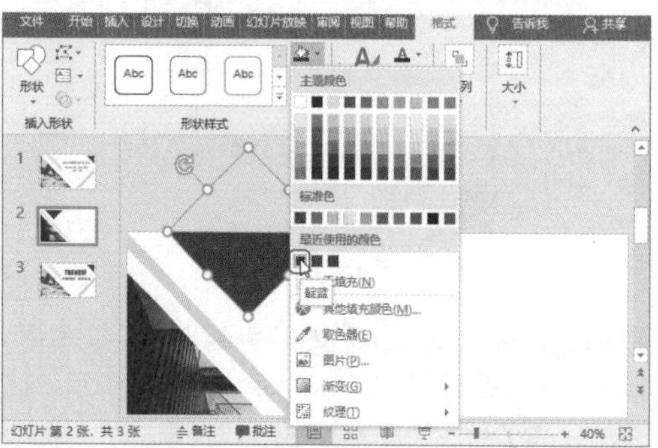

第3步：复制三角形。选中上一步绘制完成的三角形，按Ctrl+D组合键，复制一个三角形，并调整两个三角形的位置关系，如下图所示。

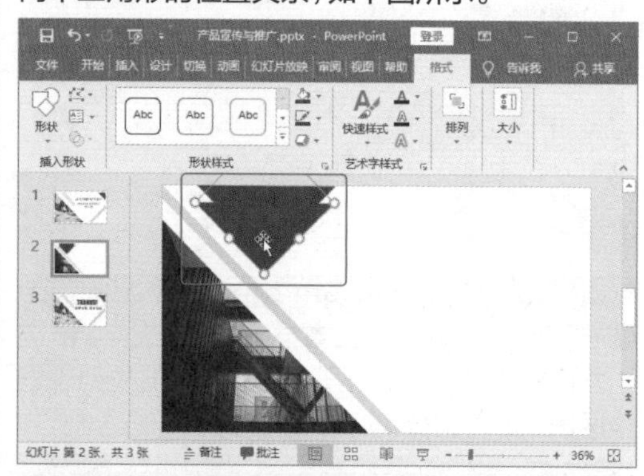

第4步：设置复制的三角形格式。设置复制的三角形填充色为“无填充”，轮廓颜色选择如下图所示。

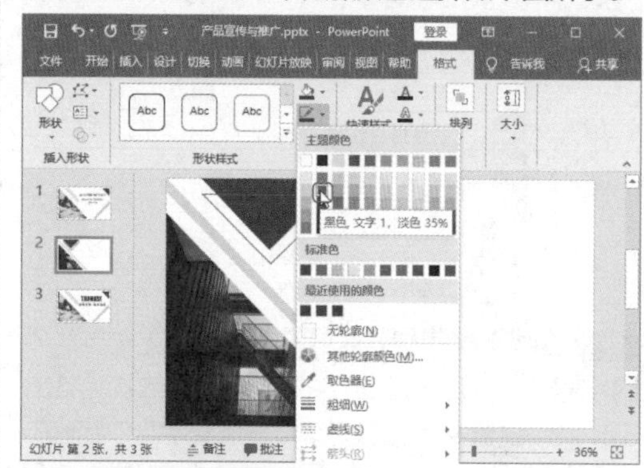

第5步：绘制菱形。❶单击“插入”选项卡下“插图”组中的“形状”下拉按钮；❷从弹出的下拉列表中选择“菱形”选项，如下图所示。

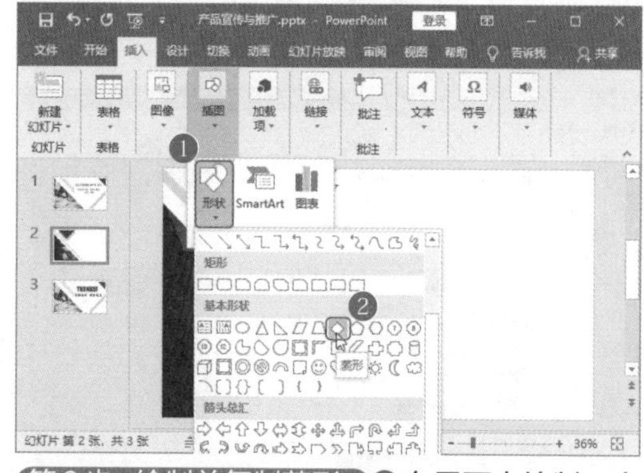

第6步：绘制并复制菱形。❶在界面中绘制一个菱形，并连续按下Ctrl+D组合键，复制出3个菱形，如下图所示；❷将4个菱形调整为大致倾斜的

排列方式，然后按住Ctrl键，同时选中4个菱形，单击“绘图工具-格式”选项卡下“排列”组中的“对齐”下拉按钮；❸选择下拉列表中的“纵向分布”选项，如下图所示。

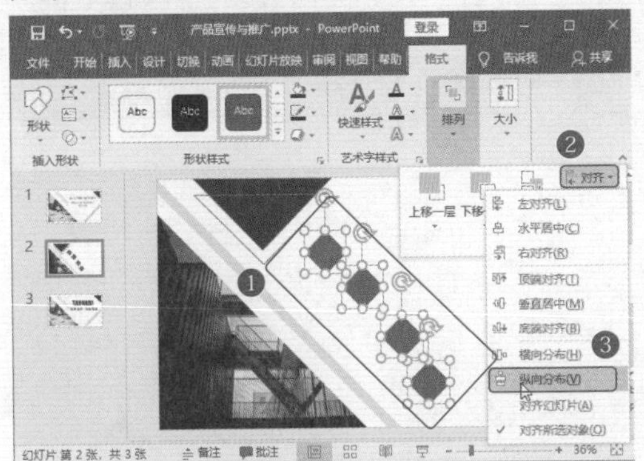

第7步：设置横向对齐。❶完成纵向对齐后，再次单击“对齐”下拉按钮；❷在弹出的下拉列表中的选择“横向分布”选项，如下图所示。

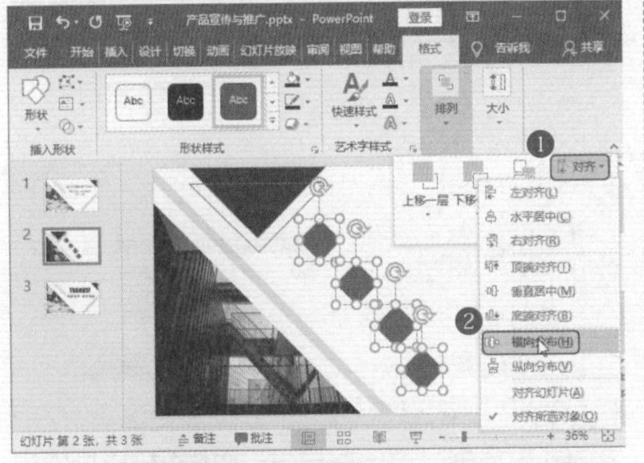

第8步：在菱形中输入文字。❶完成菱形对齐后，输入4个编号，因为有4个目录，调整菱形的颜色为“靛蓝”和“白色，背景1，深色35%”；❷调整编号的文字格式，如下图所示。

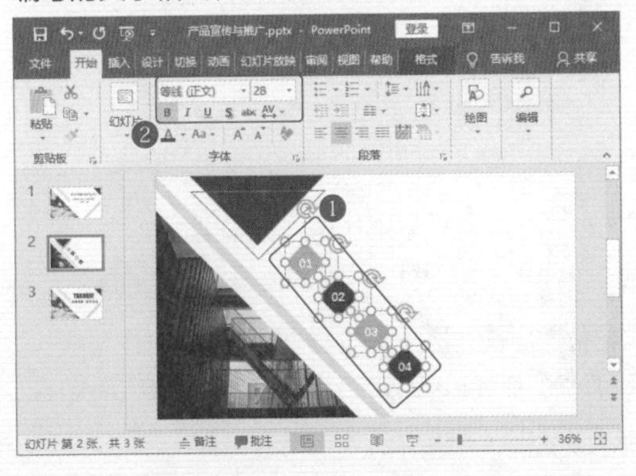

第9步：输入目录。❶添加文本框，输入目录文字；❷调整目录文字的格式，如下图所示。

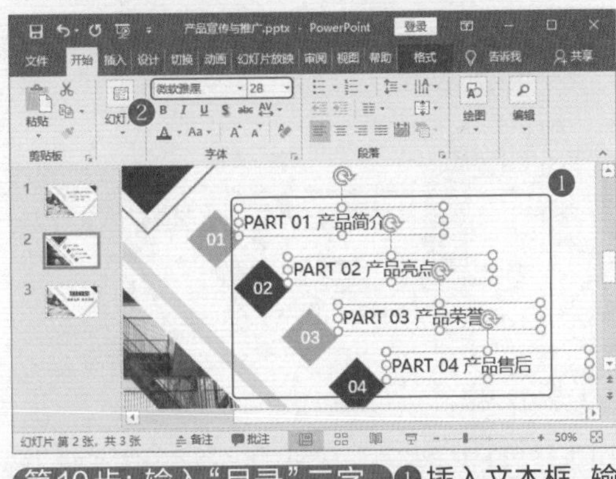

第10步：输入“目录”二字。❶插入文本框，输入“目录”二字，调整其位置；❷设置“目录”二字的字体格式，如下图所示。此时便完成了目录页幻灯片的制作。

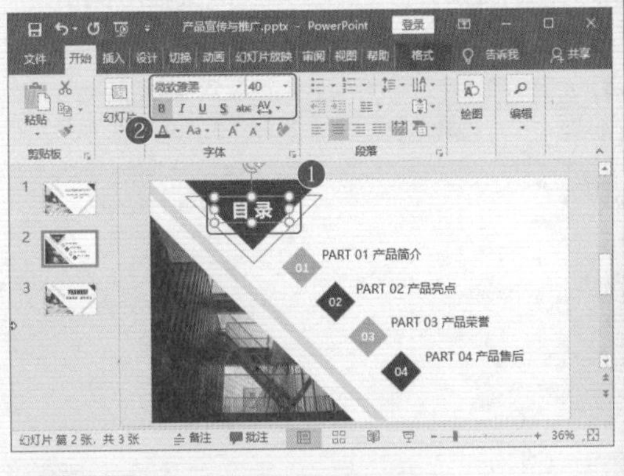

11.1.4 制作内容页幻灯片

在制作完目录页幻灯片后，就可以开始制作内容了。内容页是幻灯片中页数占比较大的幻灯片类型，因此可以将内容页幻灯片中相同的元素提取出来，制作成母版，方便后期提高制作效果以及保证幻灯片的统一性。

>>>1. 制作内容页母版

母版相当于模版，可以对母版进行设计，设计后，在新建幻灯片时，直接选中设计好的版式，就可以添加幻灯片内容，同时运用版式的样式设计。

第1步：进入母版视图。单击“视图”选项卡下“母版视图”组中的“幻灯片母版”按钮，进入母版视图，如下图所示。

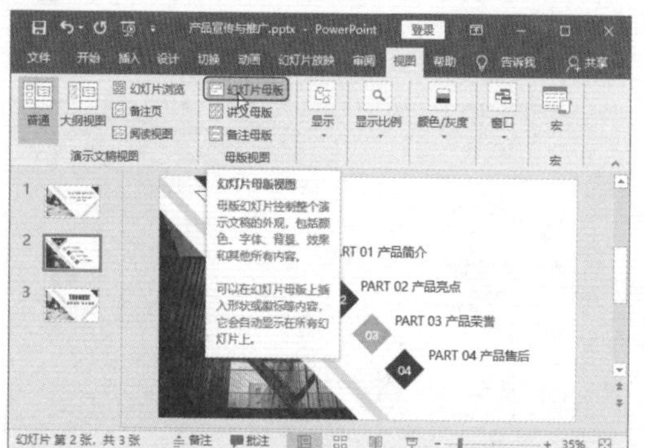

专家点拨

在母版视图中编辑版式时，不仅可以添加标题元素，还可以单击“插入占位符”按钮，从中选择更多种类的元素添加到版式中。

第2步：选择版式。将光标放到版式上，选择一种任何幻灯片都没有使用的版式，否则更改版式设计会影响到应用了该版式的幻灯片，如下图所示。

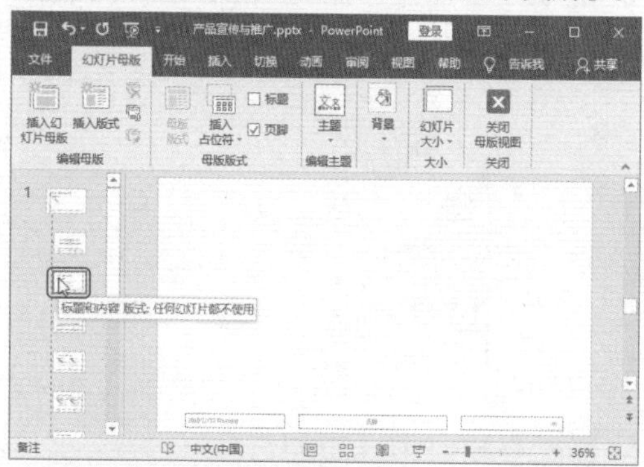

第3步：删除版式中的内容。在版式中，按下Ctrl+A组合键，选中页面中的所有内容元素，再按下Delete键，删除所有内容，如下图所示。

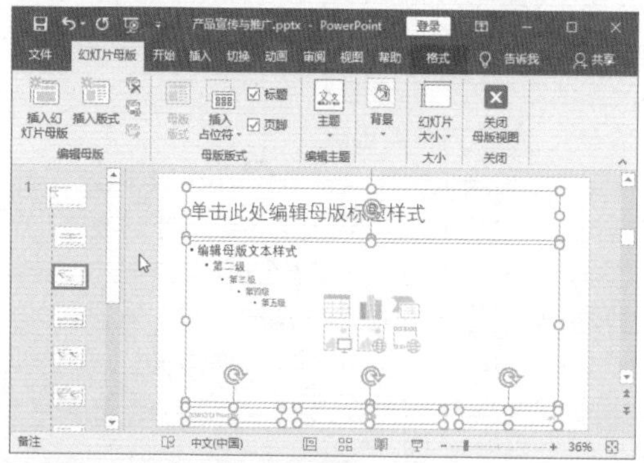

第4步：添加版式内容。❶在页面中绘制两个三角形，其中一个的颜色为“靛蓝”，另一个颜色为“灰色-25%，背景2，深色25%”，调整三角形的位置；❷在“幻灯片母版”选项卡下“母版版式”组中选中“标题”复选框。在页面中添加一个标题文本框，如下图所示。

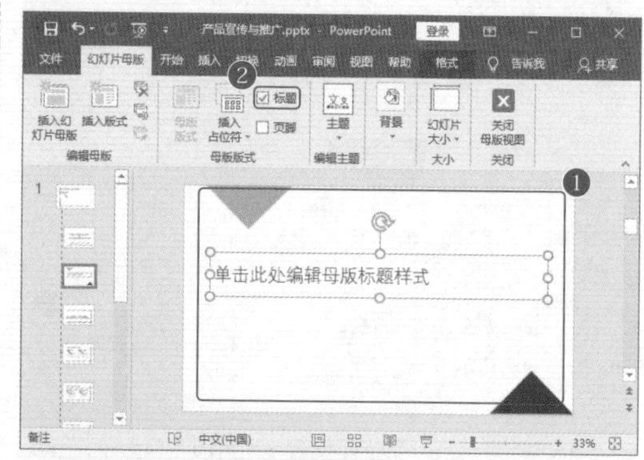

第5步：设置标题格式。设置标题的文字格式，其中颜色为“靛蓝”，如下图所示。

第6步：重命名版式。为了避免版式混淆，这里为版式重命名。右击版式，在弹出的快捷菜单中选择“重命名版式”命令，如下图所示。

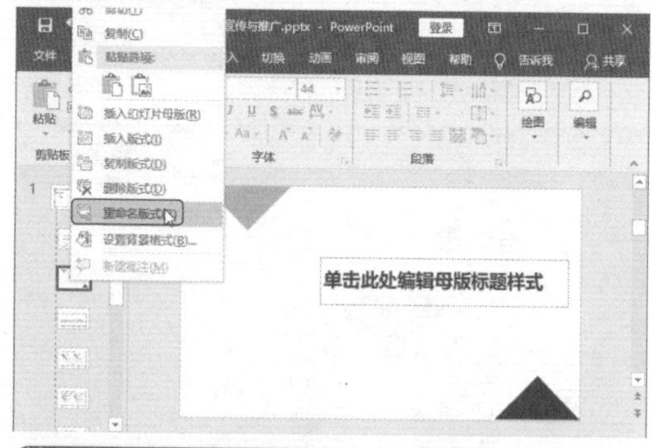

第7步：输入版式名称。❶在打开的“重命名版式”对话框中，输入版式的新名称；❷单击“重命名”按钮，如下图所示。

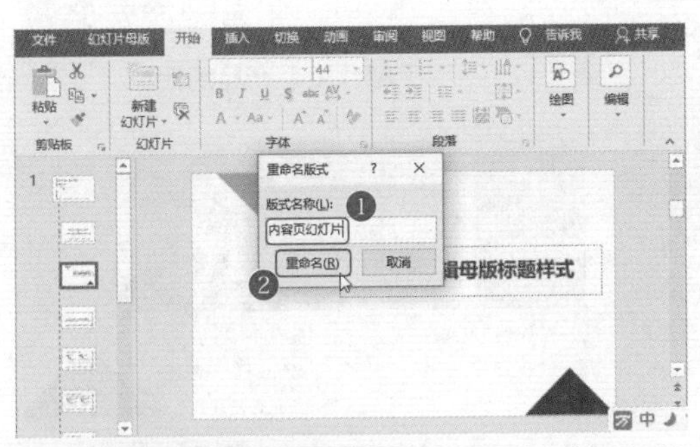

第8步：切换回普通视图。 完成版式设计后，就可以切换回普通视图，继续制作幻灯片内容了。如下图所示，单击“视图”选项卡下“演示文稿视图”组中的“普通”按钮，如下图所示。

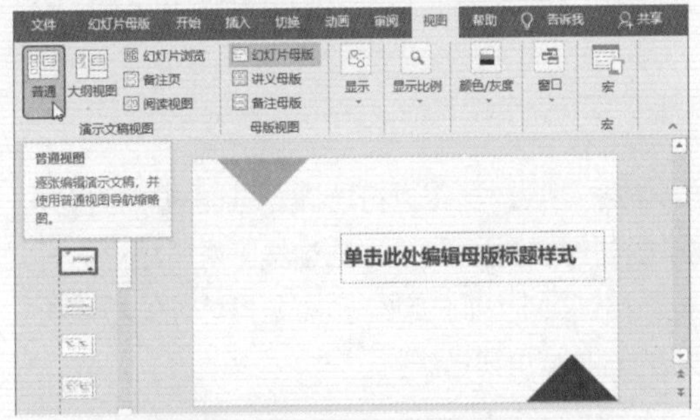

>>>2. 应用母版制作内容页幻灯片

当完成版式设计后，可以直接新建版式幻灯片，进行幻灯片内容页制作。

第1步：选择版式新建幻灯片。 ❶将光标定位在第2张幻灯片后面，表示要在这里新建幻灯片；❷单击“开始”选项卡下“幻灯片”组中的“新建幻灯片”下拉按钮，在弹出的下拉列表中选择“内容页幻灯片”选项，即上面设计好的版式，如下图所示。

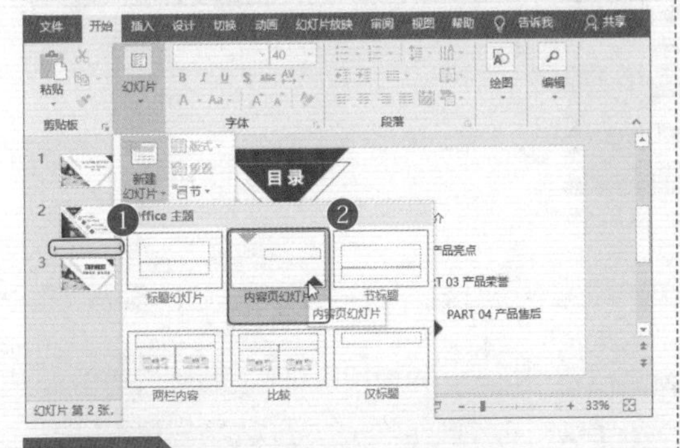

专家答疑

问：除了设置内容页版式，还可以设置、节标题页版式吗？

答：可以。版式设计的目的就是为了提高幻灯片制作效率。如果一份演示文稿中有多张节标题页，那么也可以为节标题页设计版式。

第2步：插入图片输入标题。 ❶利用版式新建幻灯片后，页面中会自动出现版式中所有的设计内容，直接单击标题文本框，输入内容；❷单击“插入”选项卡“图像”组中的“图片”按钮，在弹出的对话框中按照路径“素材文件\第11章\图片3.png”选中素材图片，将其插入页面右边，如下图所示。

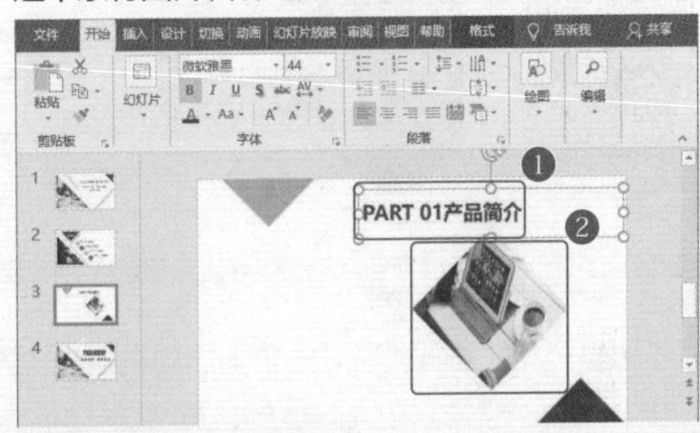

第3步：添加文本框。 ❶添加文本框，输入文字，调整文字格式；❷单击“段落”组中的“居中”按钮≡；❸单击“行距”下拉按钮，从弹出的下拉列表中选择2.0行距，如下图所示。

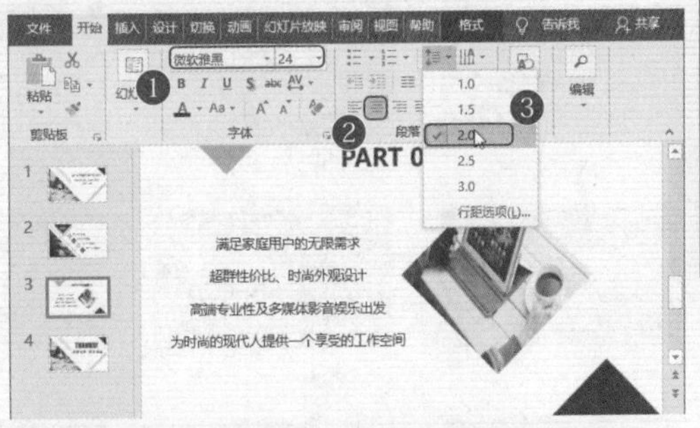

第4步：完成其他内容页设计。 按照同样的方法，完成其他内容页设计，效果如下图所示，其中所需要的图标素材文件路径为“素材文件\第11章\图片4.png~图片11.png”。

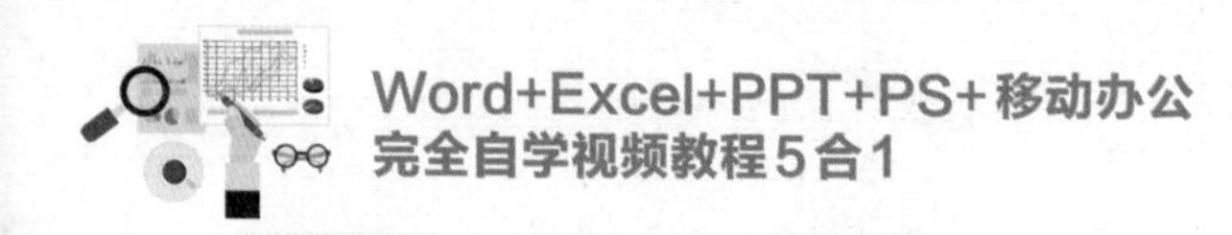

扫一扫 看视频

11.2 制作“公司培训 PPT”

※ 案例说明

当公司有新人入职，或者是接到新项目任务时，往往需要对员工进行培训。培训的内容多种多样，包括礼仪培训、销售培训等。此时培训师就需要制作培训类 PPT，在给员工进行培训时，配合上 PPT 的展示，方能起到事半功倍的培训效果。培训类 PPT 的制作，需要将培训的重点内容放在页面中，必要时要添加图片，在引起员工注意的同时减少视觉疲劳。

“公司培训 PPT”文档制作完成后的效果如下图所示。

※ 思路解析

培训师在接到培训任务时，要思考这是一个什么内容的培训，再根据培训内容找到风格相当的模板，利用模板进行简单修改完成培训课件制作，是提高课件制作效率的好方法。在修改模板时要掌握不同内容的修改方法。具体的制作流程及思路如下图所示。

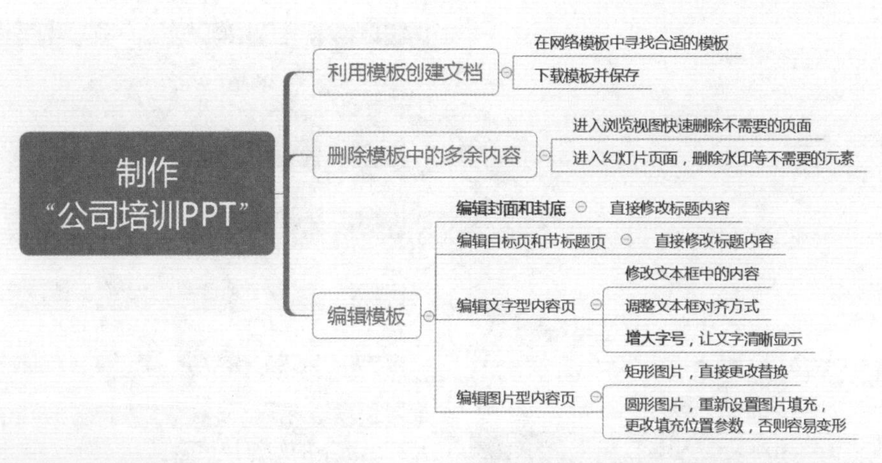

※ 步骤详解

11.2.1 利用模板创建文稿

PowrPoint 2016在打开软件时，可以选择创建模板类文件，利用这些在线的模板，可以大大方便后期的幻灯片制作效率。具体操作方法如下。

第1步：选择模板类型。❶启动PowrPoint 2016软件，选择"新建"命令；❷选择"教育"类模板，如下图所示。

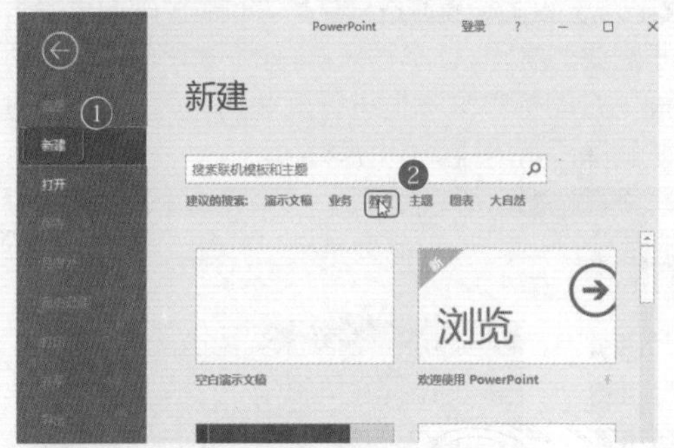

第2步：选择模板。在"教育"类模板中，选择所需要的模板，如下图所示。

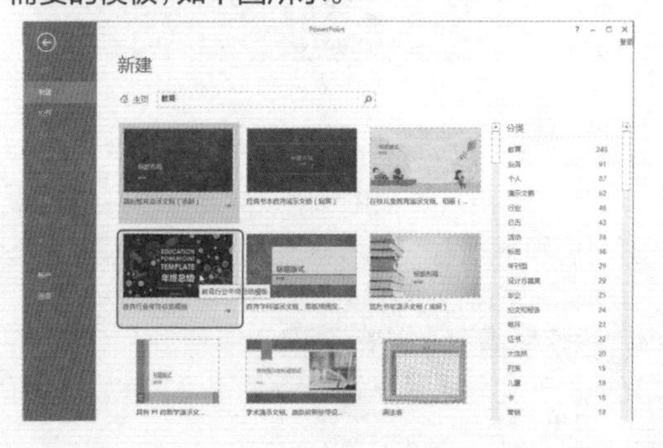

第3步：创建模板。选择好模板后，单击"创建"按钮，下载模板，如下图所示。

第4步：查看下载的模板。模板下载完成后，会自动打开，大致浏览模板内容，确定是否符合需求，如下图所示。

第5步：保存模板。❶按下Ctrl+S组合键，打开"另存为"对话框，选择模板的保存位置；❷输入模板的保存名称；❸单击"保存"按钮，如下图所示。

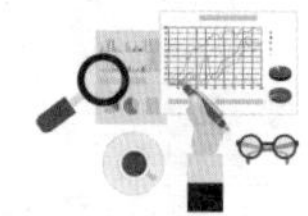

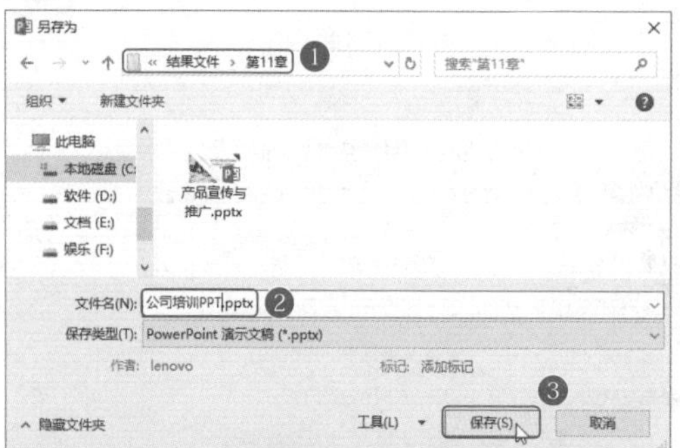

第6步：完成文档创建。完成模板下载和保存后，效果如下图所示，文件名已进行了更改。

11.2.2 将不需要的内容删除

面对下载的模板，首先要将不需要的页面和内容删除，方便后期编排。

第1步：进入“幻灯片浏览视图”。单击“视图”选项卡下“演示文稿视图”组中的“幻灯片浏览”按钮，如下图所示。

第2步：选择不需要的幻灯片页面。按住Ctrl键，选中不需要的幻灯片页面，这里选择4、5、7、10、13、15、18、21编号的幻灯片，然后按Delete键，删除这些页面，如右上图所示。

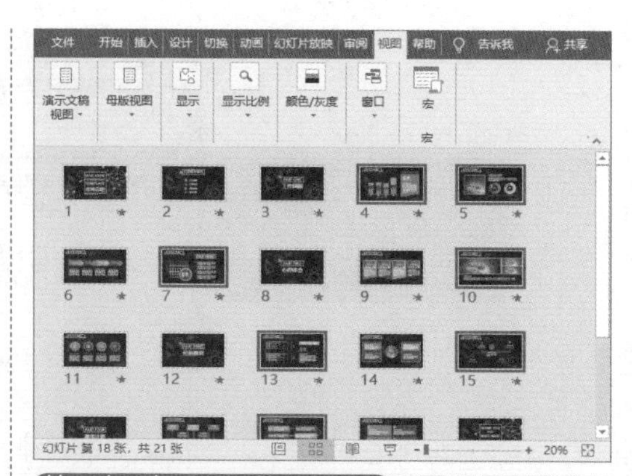

第3步：查看留下的幻灯片。下图所示是删除幻灯片后留下的幻灯片页面。

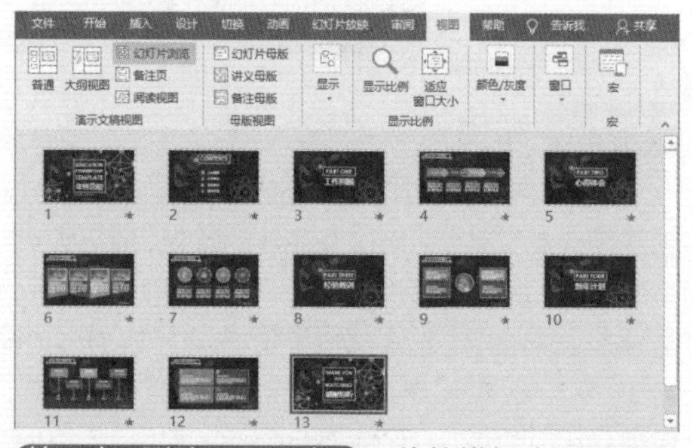

第4步：删除页面元素。下载的模板中通常会有不需要的水印、标志等元素，如下图所示。选中页面下方的标志文本框进行删除，并按照同样的方法删除所有内容页中相同的标志。

11.2.3 替换封面页和封底页内容

完成幻灯片页面的调整后，就可以开始制作封面页和封底页的内容。方法很简单，只需要进行标题文字替换即可。

第1步：制作封面页内容。切换到封面页中，将光标置于文本框中，删除原来的标题文字，输入新

的标题文字，并设置文字的字体为"黑体"，其他格式不用调整，如下图所示。

第2步：制作封底页内容。按照同样的方法，进入封底页，删除原来的标题文字，输入新的文字，并设置文字为"黑体"，如下图所示。

11.2.4 替换目录页和节标题页内容

完成封面页和封底页后，就可以开始制作目录页和节标题页了，方法也是将标题文字进行更换即可。

第1步：修改目录页标题。进入目录页，直接在原来的标题文本框中，删除原来的内容，输入新的标题文字即可，效果如下图所示。

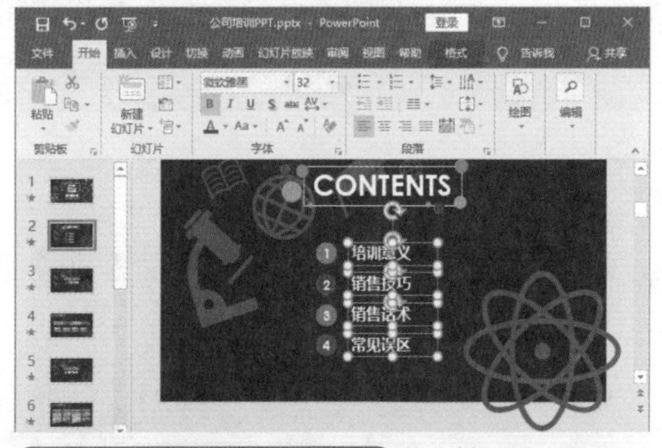

第2步：制作第一页标题页。进入第一页标题页，输入新的节标题文字即可，其他的格式不用改变，直接使用模板中的格式，如右上图所示。

第3步：制作第二页标题页。进入第二页标题页，输入新的节标题文字即可，如下图所示。

第4步：制作第三页标题页。进入第三页标题页，输入新的节标题文字即可，如下图所示。

第5步：制作第四页标题页。进入第四页标题页，输入新的节标题文字即可，如下图所示。

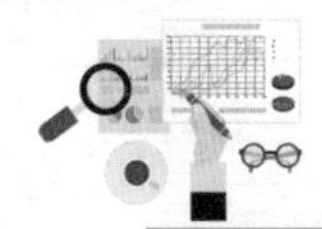

11.2.5 编排文字型幻灯片内容

模板中有只需要更改文字内容即可的幻灯片，这类幻灯片比较容易制作，只需要注意文字的对齐方式和字号大小即可。

第1步：输入标题删除文本框。❶进入第四页幻灯片，在左上方输入新的标题；❷选中TITLE HERE文本框，按下Delete键删除，然后用同样的方法删除后面3个同样内容的文本框，如下图所示。

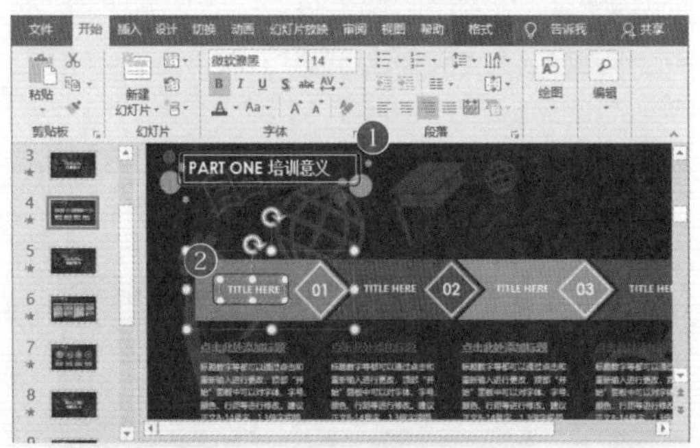

第2步：输入小标题文字。将光标定位到左边第一个标题文本框中，按下Delete键，删除里面的文字内容，输入新的文字内容。按照同样的方法完成所有小标题内容的更改，如下图所示。

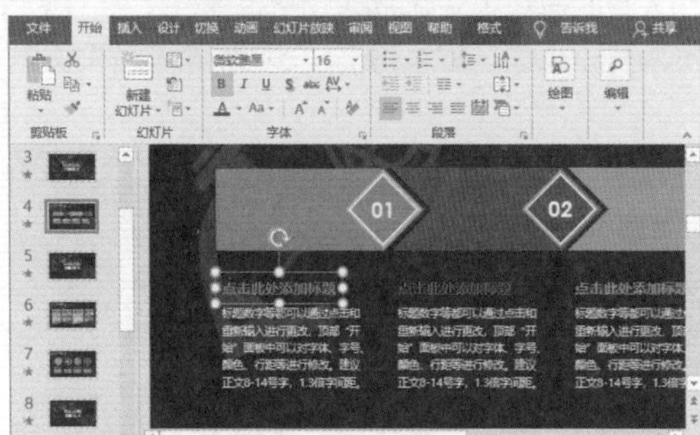

第3步：调整小标题格式。❶按住Ctrl键，选中4个小标题，❷单击"开始"选项卡下"段落"组中的"居中"按钮≡，如下图所示。

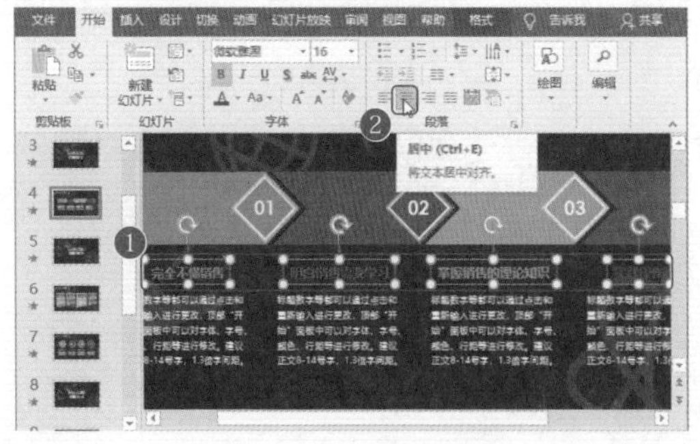

第4步：输入其他内容并调整居中格式。用同样的方法，删除小标题下面文本框的内容，单击"两端对齐"按钮≡，如下图所示。

第5步：对齐文本框。选中左边第一个小标题文本框，左右拖动这个文本框，让它与下面的文本框居中对齐，标志是出现一条红色的虚线。按照同样的方法，完成后面3个小标题与下面文本框的对齐，如下图所示。

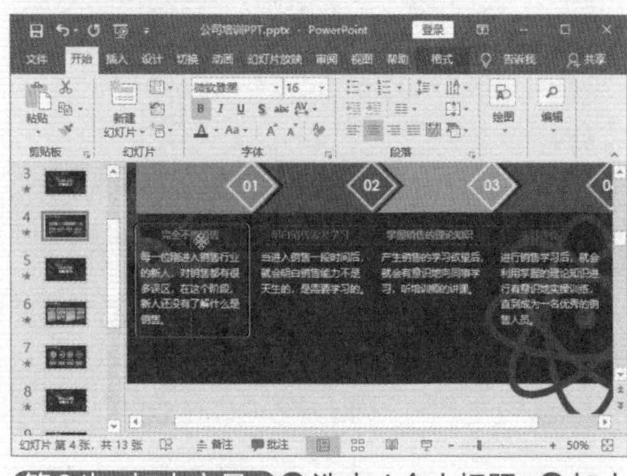

第6步：加大字号。❶选中4个小标题；❷加大字号为"20"号，如下图所示。

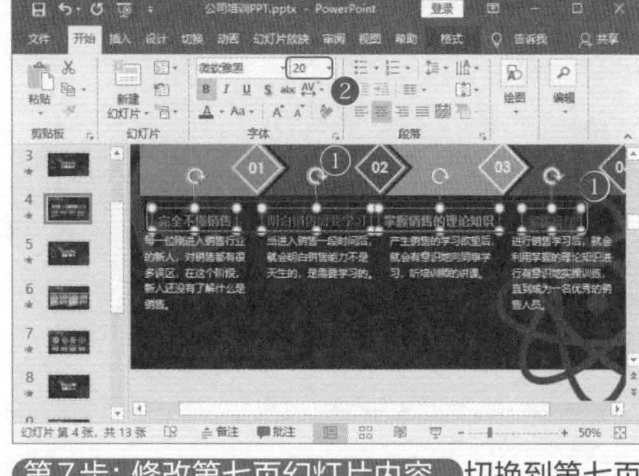

第7步：修改第七页幻灯片内容。切换到第七页

幻灯片中，该幻灯片也是文字型幻灯片，将里面的文字进行更改，如下图所示。

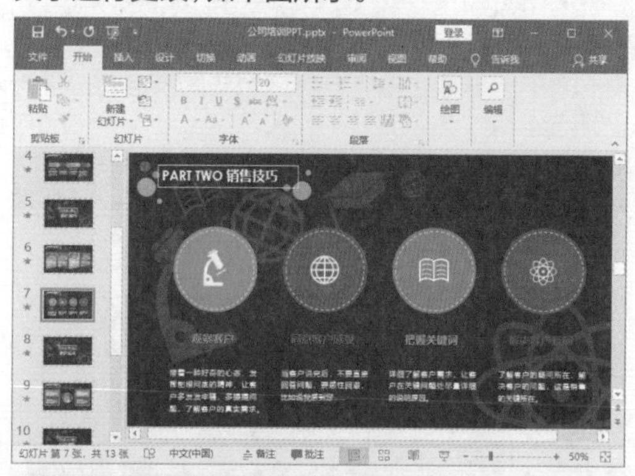

第8步：加大字号。将幻灯片中的小标题文字字号调整为28号，标题下面文本框中的文字字号调整为14号，如下图所示。

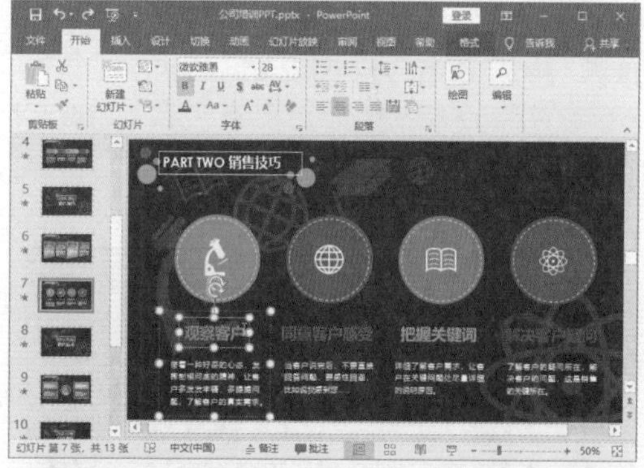

第9步：移动文本框。加大文字的字号后，文本框之间变得有些拥挤。选中左下角的文本框，往下拖动，增加距离。用同样的方法调整其他文本框的位置，如下图所示。

第10步：查看完成制作的幻灯片。此时便完成了第七页幻灯片的设计，效果如右上图所示。

第11步：制作第十一页幻灯片。用同样的方法，替换模板幻灯片中的文本框文字内容，完成第十一页幻灯片的制作，效果如下图所示。

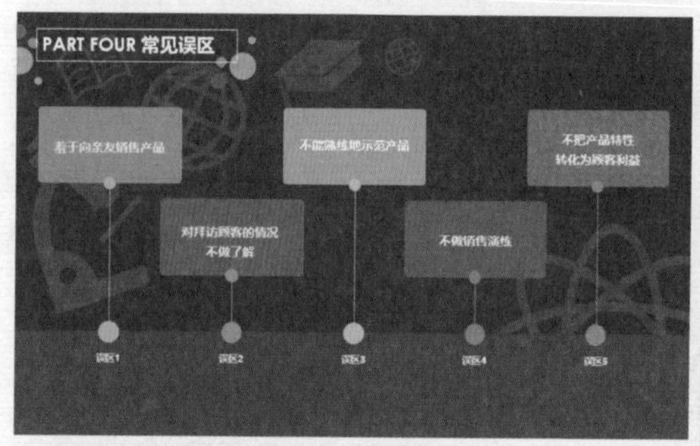

第12步：制作第十二页幻灯片。用同样的方法，替换模板幻灯片中的文本框文字内容，完成第十二页幻灯片的制作，效果如下图所示。

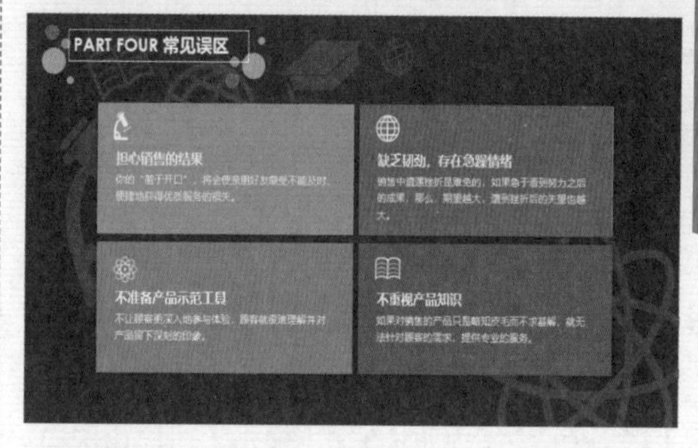

11.2.6 编排图片型幻灯片内容

当需要制作模板中的图片内容时，可以使用更改图片的方式替换图片，如果图片的形状与素材图片相差太大，则可以重新绘制形状，再填充图片完成内容替换。

第1步：执行"更改图片"命令。❶切换到第六页幻灯片中；❷右击左边的图片，选择快捷菜单中的"更改图片"命令；❸选择级联菜单中的"来自文件"命令，如下图所示。

第2步：插入图片。❶在“插入图片”对话框中，按照路径“素材文件\第11章\图片12.png”选中素材图片；❷单击“插入”按钮，如下图所示。

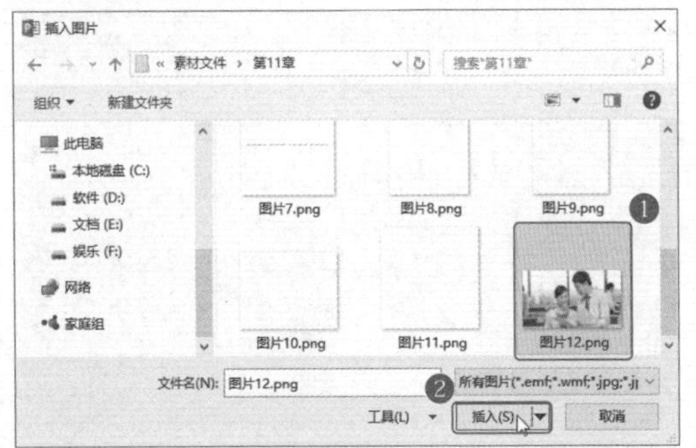

第3步：完成图片更改。用同样的方法，将后面的3张图片进行替换，图片路径为“素材文件\第11章\图片13.png~图片15.png”，效果如下图所示。

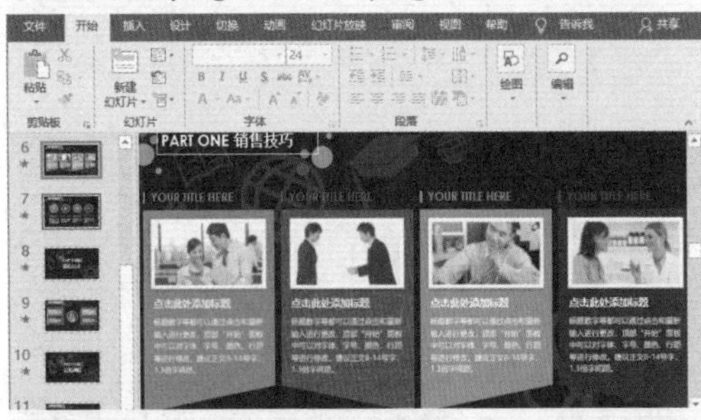

第4步：完成页面文字替换。完成图片替换后，再将页面中的文字内容进行更改，即可完成这一页幻灯片的制作，如下图所示。

第5步：观察模板幻灯片。切换到第九页幻灯片，观察幻灯片中的图片形状。这是一个圆形，大小为6.32厘米×6.32厘米，如下图所示；而准备的素材图片是矩形，直接更改会引起图片变形，如下图所示。

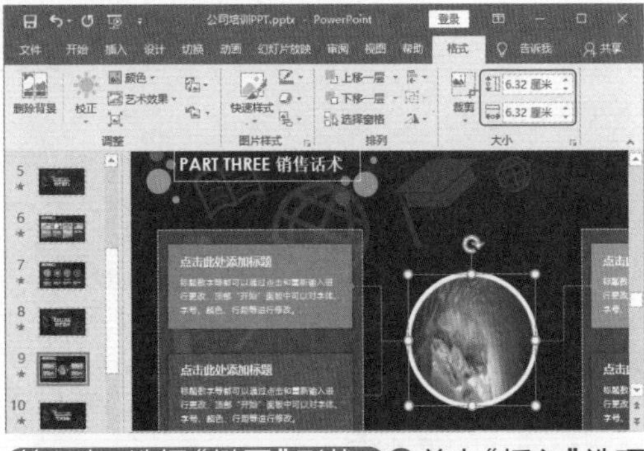

第6步：选择“椭圆”形状。❶单击“插入”选项卡下的“形状”下拉按钮；❷在弹出的下拉列表中选择“椭圆”选项，如下图所示。

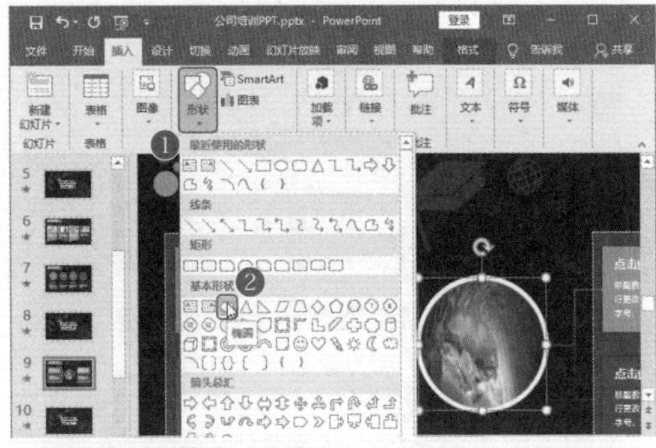

第7步：绘制椭圆。在幻灯片页面中，按住鼠标左键拖动绘制椭圆，如下图所示。

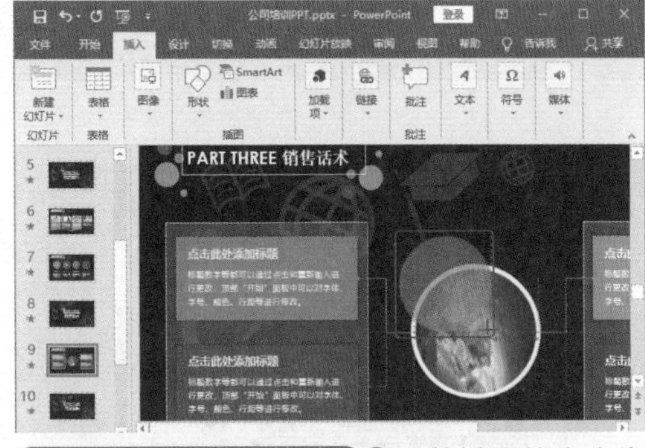

第8步：设置椭圆格式。❶调整椭圆的大小为“6.32厘米×6.32厘米”；❷在“形状填充”下拉列表中选择“图片”选项，如下图所示。

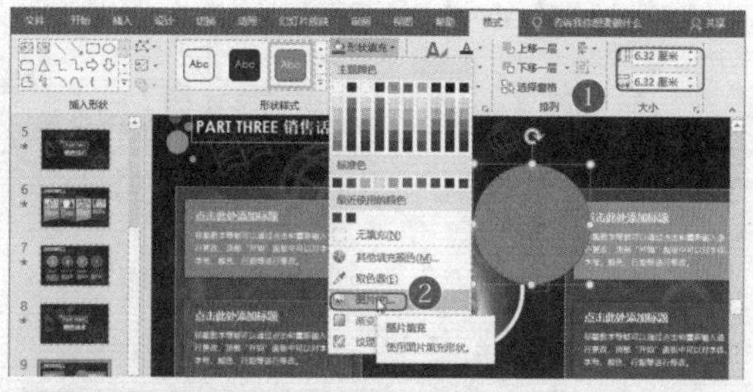

第9步：选择从文件插入图片。在“插入图片”对话框中单击“从文件”右侧的“浏览”按钮，如下图所示。

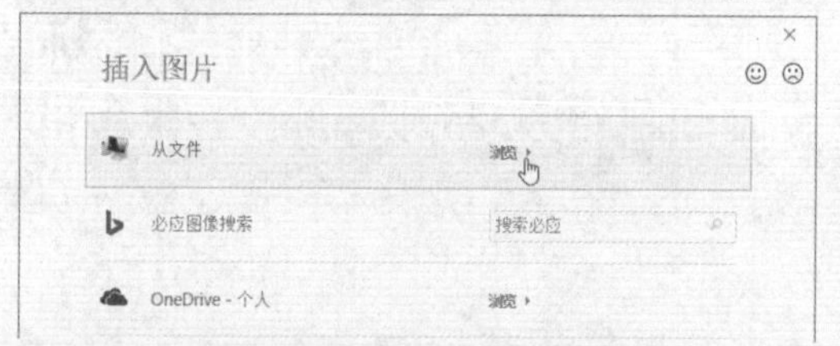

第10步：选择填充图片。❶按照路径“素材文件\第11章\图片16.png”选中素材图片；❷单击“插入”按钮，如下图所示。

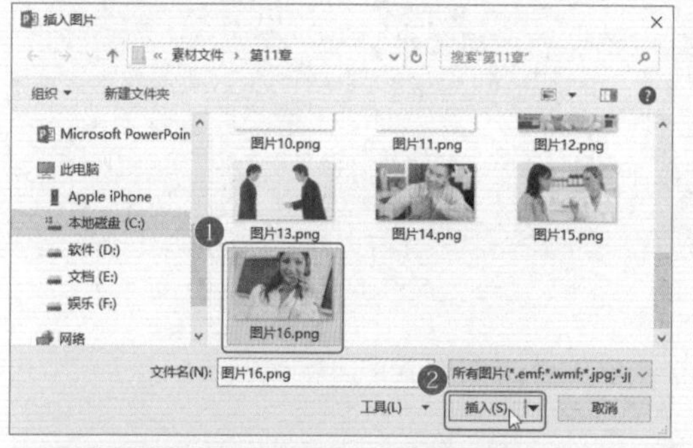

第11步：打开“设置图片格式”窗格。右击填充了图片的圆形，选择快捷菜单中的“设置图片格式”命令，如下图所示。

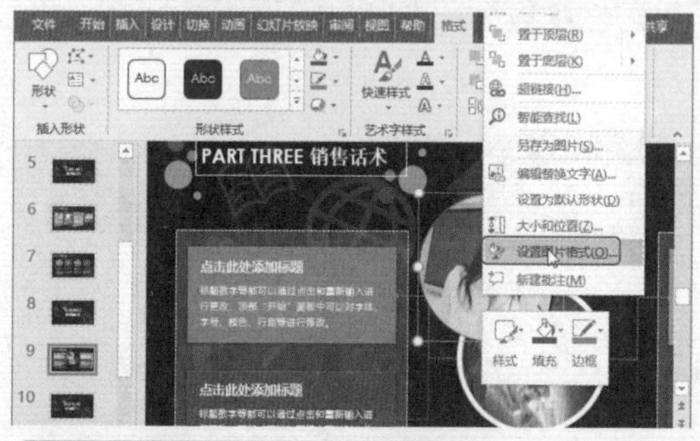

第12步：设置图片填充格式。❶在打开的“设置图片格式”窗格中选中“将图片平铺为纹理”复选框；❷设置其填充参数，如右上图所示。

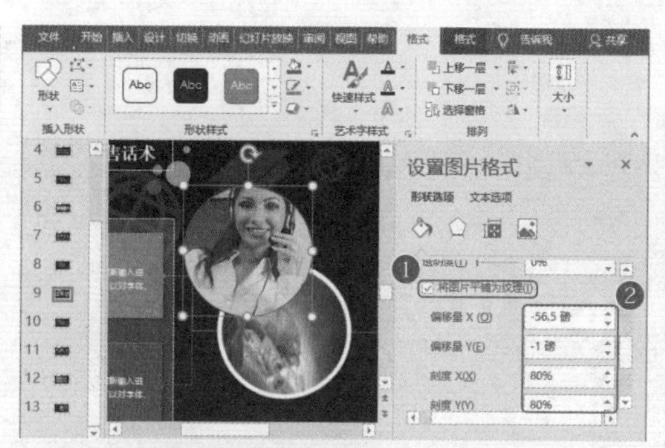

第13步：设置圆形边框。❶单击“绘图工具-格式”选项卡下的“形状轮廓”下拉按钮；❷选择“白色，背景1”为轮廓颜色，如下图所示。

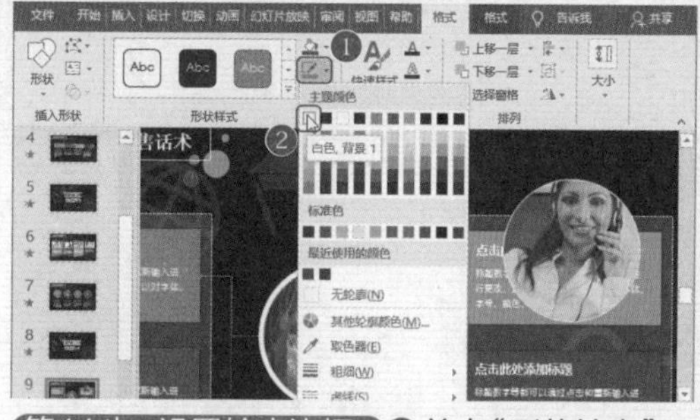

第14步：设置轮廓边框。❶单击“形状轮廓”下拉按钮；❷选择下拉列表中的“粗细”选项；❸选择“6磅”粗细，如下图所示。

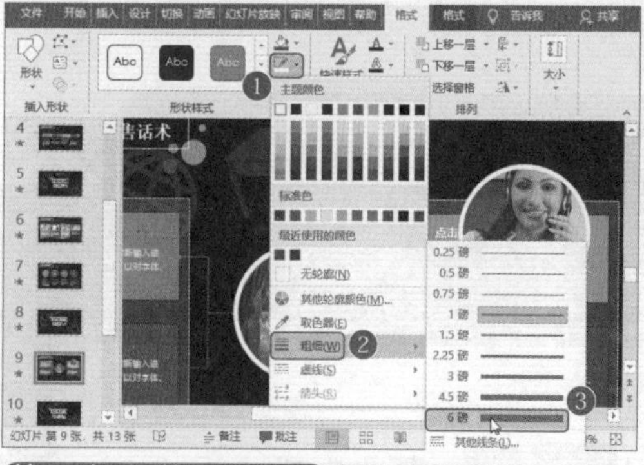

第15步：调整圆形位置。移动圆形位置到之前中心处，删除模板中原有的图片，更改模式中的文字内容，完成这一页幻灯片的内容编排，效果如下图所示。

第3篇 用PowerPoint高效做幻灯片

第12章 PowerPoint 幻灯片的动画设计与放映

◆本章导读

在应用幻灯片对企业进行宣传、对产品进行展示以及各类会议或演讲过程中的演示时，为使幻灯片内容更具吸引力和效果更加丰富，常常需要在幻灯片中添加各类动画效果。本章将为读者介绍幻灯片中动画的制作以及放映时的设置技巧。

◆知识要点

- ■幻灯片页面切换动画设置
- ■幻灯片内容进入动画设置
- ■幻灯片内容强调动画设置
- ■幻灯片内容路径动画设置
- ■放映幻灯片的设置方法
- ■排练预演演讲稿

◆案例展示

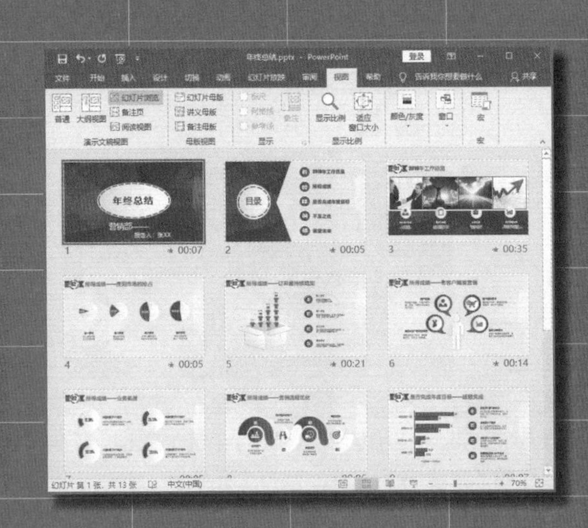

12.1 为“企业文化宣传 PPT”设计动画

扫一扫 看视频

※ 案例说明

当企业需要向内部新员工或者是外部来访者讲解企业文化时，需要制作企业文化宣传 PPT 做展示之用。为了增强展示效果，通常要为演示文稿设置动画效果，包括切换动画和内容动画，设置完动画的幻灯片下方会带有星形符号。

“企业文化宣传 PPT”文档制作完成后的效果如下图所示。

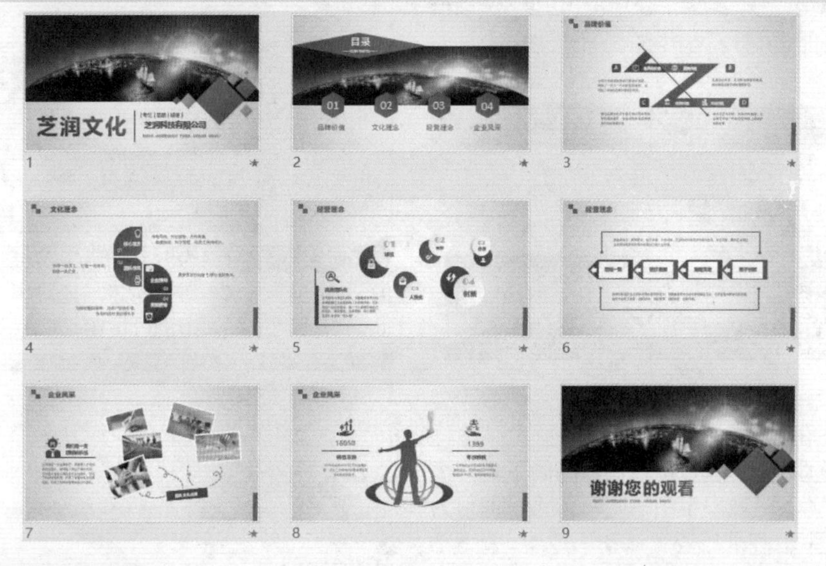

※ 思路解析

为企业文化宣传 PPT 设计动画时，首先要为幻灯片设计切换动画，再为内容元素设计动画。内容元素的动画以进入动画为主，可以添加路径动画和强调动画作辅助。还可以添加超链接交互动画。具体的制作流程及思路如下图所示。

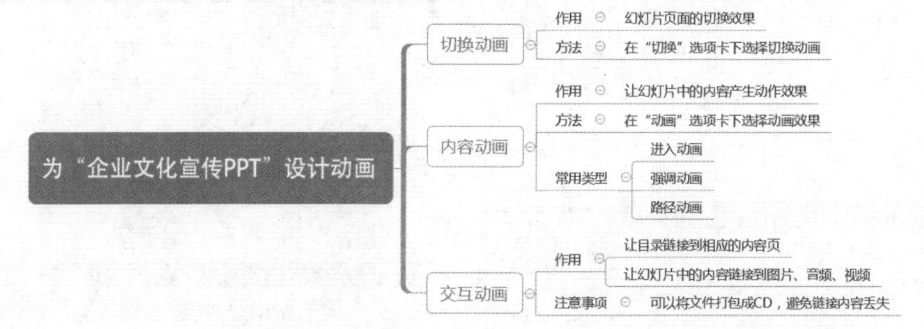

※ 步骤详解

12.1.1 设置宣传文稿的切换动画

在演示文稿中对幻灯片添加动画时，可针对各幻灯片添加切换动画效果及音效，该类动画为各幻灯片整体的切换过程动画。例如，本例将针对整个演示文稿中所有幻灯片应用相同的一种幻灯片切换动画及音效，然后针对于个别幻灯片应用不同的切换动画。

第1步：打开切换动画下拉列表。 ❶按照路径“素材文件\第12章\企业文化宣传.pptx”打开素材文件，选择第二张幻灯片；❷单击“切换”选项卡下“切换到此幻灯片”组中的“其他”按钮，如下图所示。

第2步：选择切换动画。 在切换动画下拉列表中，选择“华丽”效果组中的“库”动画，即可为选择第二张幻灯片应用上该动画效果，如下图所示。

第3步：预览切换动画效果。 ❶单击“切换”选项卡下“预览”组中的“预览”按钮；❷此时就会播放该幻灯片的切换效果，如右上图所示。

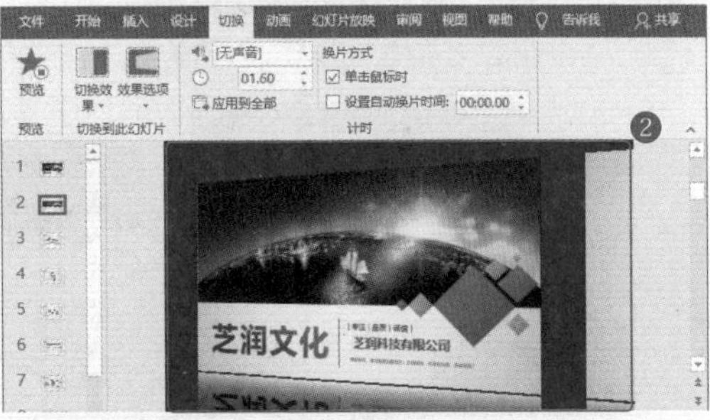

第4步：为第三张幻灯片设置切换动画。 ❶选中第三张幻灯片；❷单击“切换”选项卡下“切换到此幻灯片”组中的“切换”按钮，如下图所示。

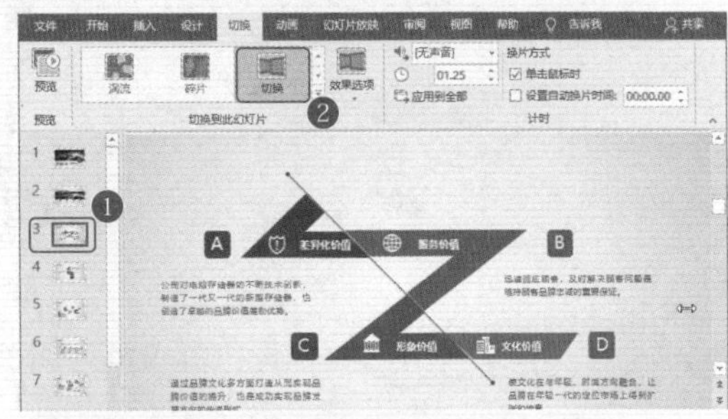

第5步：为第四张幻灯片设置切换动画。 ❶选中第四张幻灯片；❷单击“切换”选项卡下“切换到此幻灯片”组中的“立方体”按钮，如下图所示。

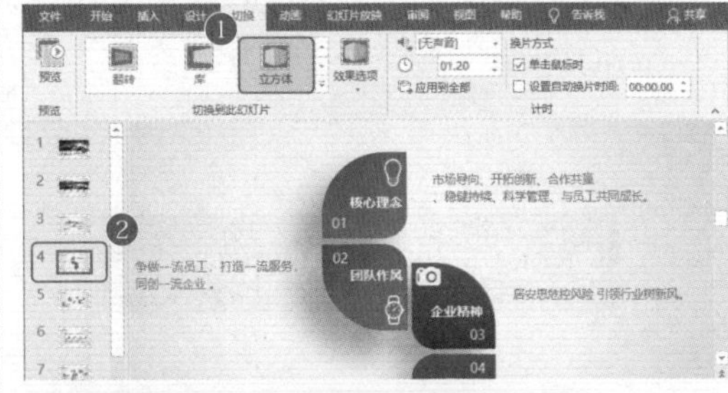

第6步：为其余幻灯片设置切换动画。 按照同样的方法，为第五张幻灯片设置“摩天轮”切换动画，

为第六张和第八张幻灯片设置“立方体”切换动画，为第七张幻灯片设置“库”切换动画，为第九张幻灯片设置“涡流”切换动画，如下图所示。

12.1.2 设置宣传文稿的进入动画

在制作幻灯片时，除设置幻灯切换的动画效果外，常常需要对幻灯片中的内容添加上不同的动画效果，如内容显示出来的进入动画效果。进入动画是幻灯片内容最常用的动画，甚至很多演示文稿就只有进入动画一种效果即可满足演讲需求。

第1步：打开进入动画列表。 切换到一张幻灯片，选中页面的背景图片，单击“动画”选项卡下“动画”组中的“其他”按钮，打开动画列表，如下图所示。

第2步：查看更多动画。 打开动画列表后，这里只显示了部分动画，选择“更多进入效果”选项，查看更多的进入动画效果，如下图所示。

第3步：选择进入动画。 ❶在弹出的“更改进入效果”对话框中单击“温和”进入动画组中的“基本缩放”动画；❷单击“确定”按钮，如下图所示。

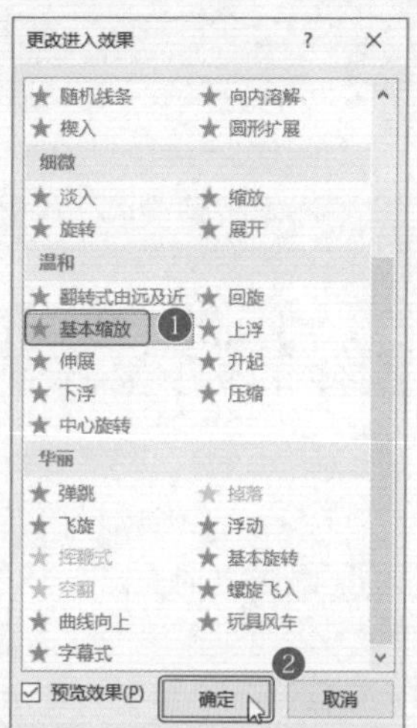

第4步：设置“基本缩放”动画的效果。 ❶单击“效果选项”下拉按钮，从弹出的下拉列表中选择“轻微缩小”选项；❷设置动画的开始方式为“上一动画之后”，并且调整“持续时间”参数，如下图所示。此时就完成了页面背景图片的进入动画设置。

第5步：设置最大菱形的动画。 ❶选中页面右下角最大的菱形，为其设置“基本缩放”进入动画；❷调整“计时”组中的参数，如下图所示。

第6步：使用动画刷功能。保持选中最大的菱形，单击“动画”选项卡下“高级动画”组中的“动画刷”按钮，如下图所示。

第7步：使用动画刷。此时光标变成了刷子形状，将光标移动到最右边的蓝色菱形上，单击，将最大菱形设置好的动画复制给该菱形，如下图所示。

第8步：调整“计时”参数。完成动画复制后，该菱形也被复制上了“基本缩放”动画，但是需要调整“计时”参数，如下图所示。

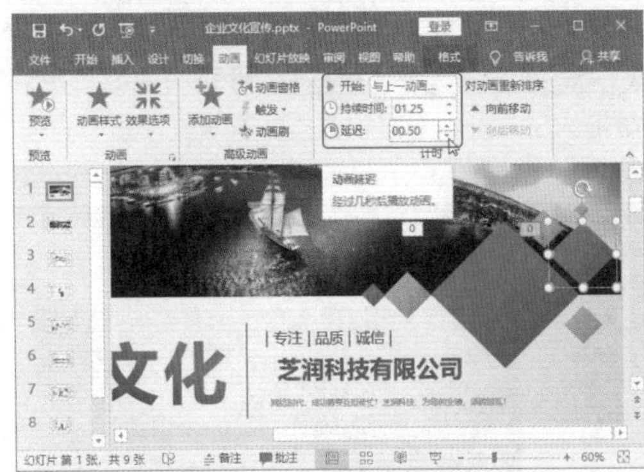

第9步：为其他菱形设置进入动画。在该页幻灯片中，右边有多个大小不一的菱形，用同样的方法为这些菱形设置“基本缩放”进入动画，如下图所示。

第10步：设置“浮入”进入动画。选中页面左边的“芝润文化”文本框，单击“动画”组中的“浮入”动画，让文本框以浮入的方式进入观众视线，如下图所示。

第11步：调整动画“计时”参数。在“计时”组中设置“浮入”动画的参数，如下图所示。

第12步：设置“劈裂”动画。❶选中页面下方的蓝色直线，为其设置“劈裂”动画；❷单击“效果选项”下拉按钮，选择下拉列表中的“中央向上下展开”选项；❸在“计时”组中设置参数，如下图所示。

第13步：设置“切入”进入动画。❶选中“｜专注｜品质｜诚信”字样的文本框，为其设置“切入”的进入动画；❷单击“效果选项”下拉按钮，从下拉列表中选择“自右侧”选项；❸在“计时”组中设置参数，如下图所示。

第14步：设置“飞入”进入动画。❶选中“芝润科技有限公司”文本框，设置“飞入”动画效果；❷在“计时”组中设置参数，如下图所示。

第15步：设置“浮入”进入动画。❶选中最下方的灰色字文本框，为其设置“浮入”的进入动画；❷单击“效果选项”按钮，从下拉列表中选择“下浮”选项；❸在“计时”组中设置参数，如右上图所示。

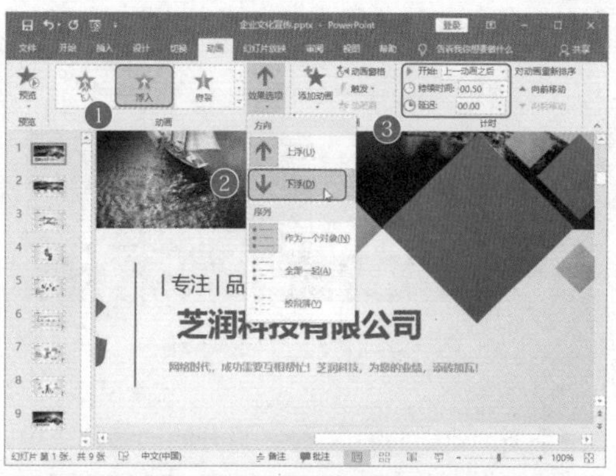

第16步：查看完成进入动画设置的效果。❶单击“动画”选项卡下“高级动画”组中的“动画窗格”按钮；❷在打开的“动画窗格”窗格中查看设置好的动画，可以看到动画按照先后顺序排列，绿色的长条代表动画持续的时间长短，如下图所示。

12.1.3 设置宣传文稿的强调动画

强调动画是通过放大、缩小、闪烁、陀螺旋等方式突出显示对象和组合的一种动画。在12.1.2小节中为幻灯片内容设置了进入动画，这一小节来讲解如何在进入动画的基础上添加强调动画及声音效果。

>>>1. 添加强调动画

如果内容元素没有设置动画，则可以直接打开动画列表选择一种动画即可。但是如果内容元素本身已有动画，可以为其添加动画，让一个内容有两种动画效果。

第1步：单击“添加动画”按钮。选中第一页幻灯片中最大的菱形，单击“添加动画”下拉按钮，如下图所示。

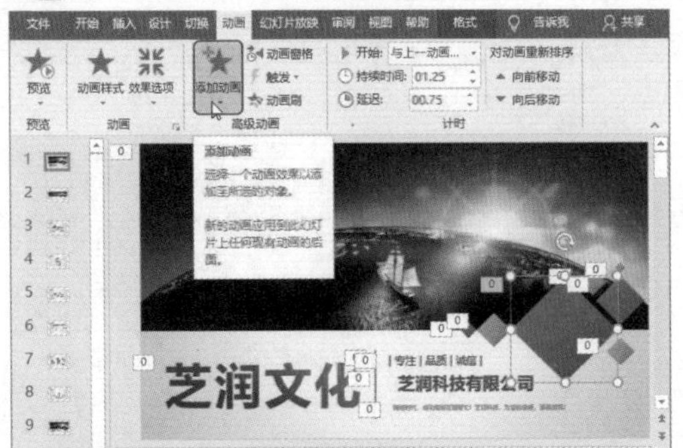

第2步：选择强调动画。 在打开的动画列表中，选择“强调”动画组中的“彩色脉冲”动画效果，如下图所示。

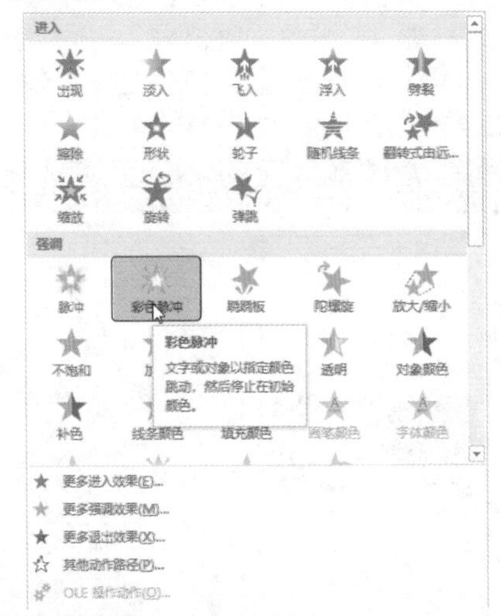

第3步：查看动画设置。 ❶在“计时”组中设置强调动画的参数；❷单击“动画窗格”按钮，查看设置好的动画列表，可以看到强调动画已设置成功，标志是黄色的星形和黄色的长条，如下图所示。

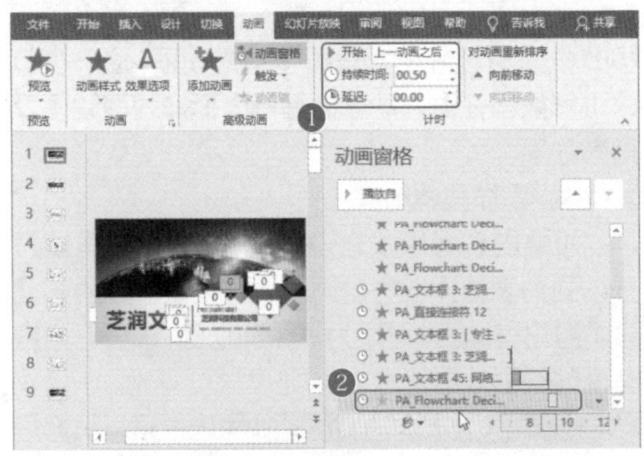

>>>2. 设置强调动画声音

强调动画的作用就是为了引起观众注意，那么可以为强调动画添加声音，增加强调效果。

第1步：打开动画的效果设置对话框。 在“动画窗格”窗格中，选择上一步设置好的强调动画，右击，在弹出的快捷菜单中选择“效果选项”命令，如下图所示。

第2步：设置声音效果。 ❶在打开的“彩色脉冲”对话框中，设置“声音”为“风铃”；❷将音量调整到最大；❸单击“确定”按钮，如下图所示。

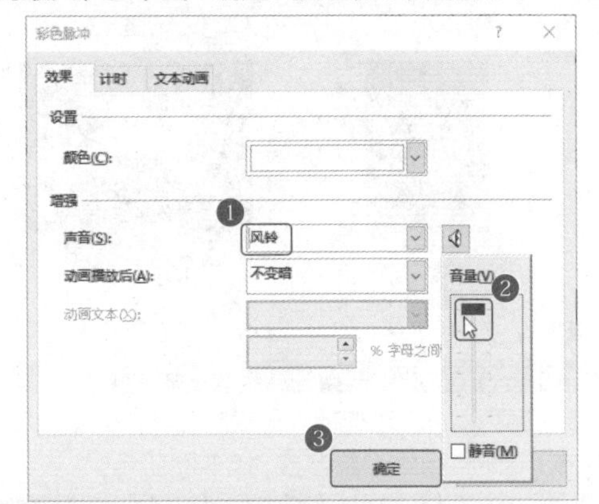

第3步：设置其他菱形的强调动画。 完成第1个菱形的强调动画添加及声音添加后，为其他菱形也添加“彩色脉冲”强调动画，只不过其他菱形可以不用设置声音。效果如下图所示。

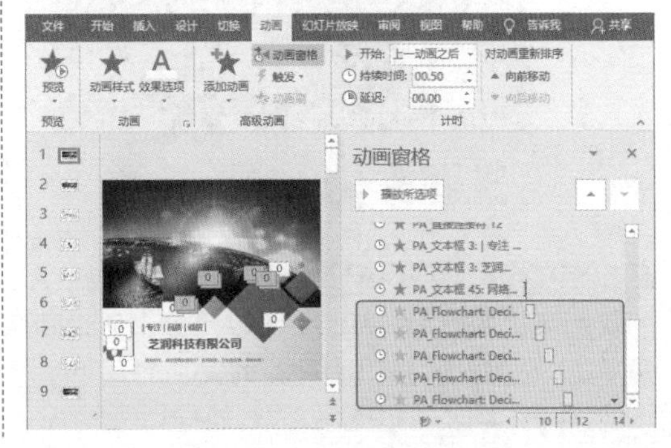

12.1.4 设置宣传文稿的路径动画

路径动画是让对象按照绘制的路径运动的一种高级动画效果，可以实现幻灯片中内容元素的运动效果。

>>>1. 添加路径动画

路径动画的添加与进入动画和强调动画一样，只需要选择路径动画进行添加即可。

第1步：打开动画列表。❶切换到第七页幻灯片，可以看到素材文件中已经事先设置好了部分内容的动画，接下来要为照片添加路径动画；❷选中左下角的照片，单击"动画"选项卡下"动画"组中的"其他"按钮，如下图所示。

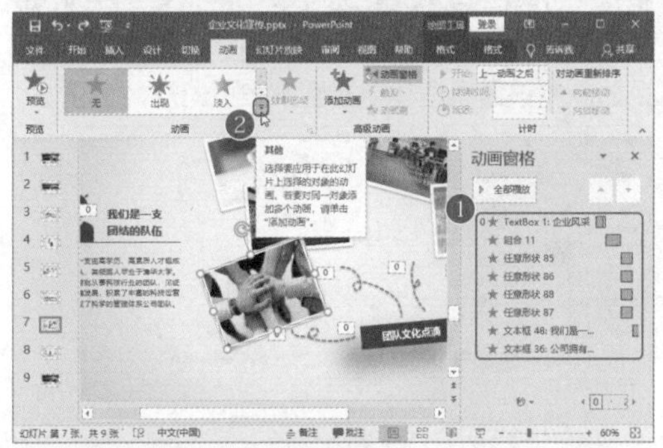

第2步：选择路径动画。在打开的动画列表中，选择"动作路径"组中的"循环"路径动画，如下图所示。

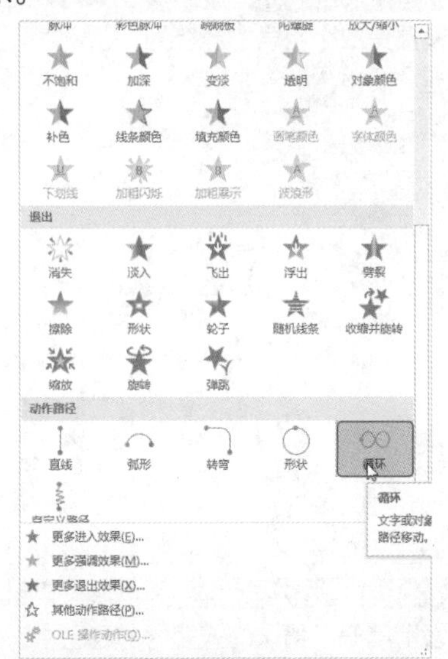

第3步：设置"计时"参数。在"计时"组中设置路径动画的计时参数，此时便成功为这张照片添加了循环的路径效果，如下图所示。

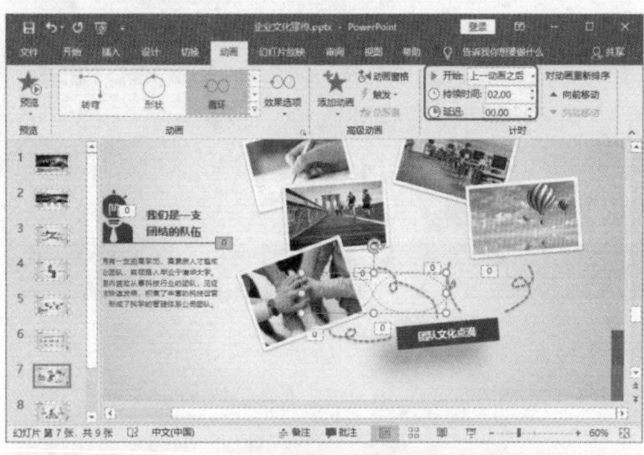

第4步：设置第二张照片的路径动画。❶按照同样的方法，选中左边中间的照片，为其添加"循环"的路径动画；❷在"计时"组中设置参数，如下图所示。

第5步：完成所有照片的路径动画设置。按照相同的方法，完成所有照片的路径动画设置，可以看到在"动画窗格"窗格中，路径动画是蓝色的长条，如下图所示。

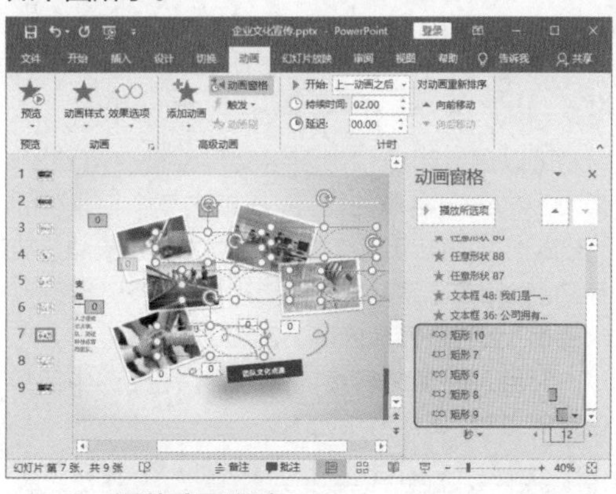

>>>2. 调整动画顺序

完成动画设置后，可以根据需要调整动画的顺序，而不用将顺序设置错误的动画删除。

第1步：单击"向前移动"按钮。❶打开第七页幻灯片的"动画窗格"窗格，选择"矩形10"的动画，按住Shift键，单击"矩形9"的动画，此时它们之间的动画就被全部选中了；❷单击"计时"组中的"向前移动"按钮，将选中的动画顺序向前移动，如下图所示。

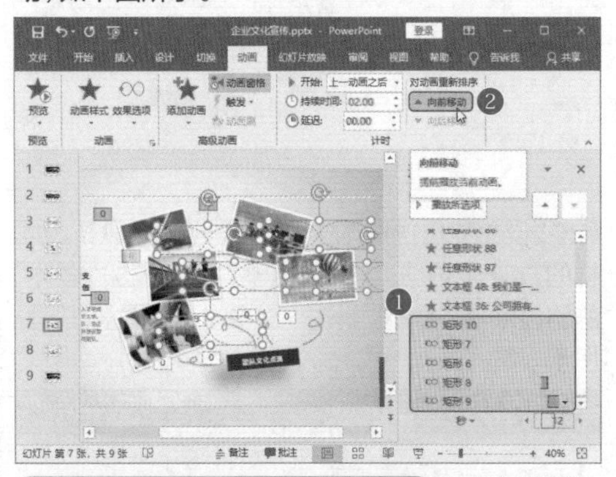

第2步：查看动画顺序调整效果。动画向前移动后，顺序已发生了改变，效果如下图所示。

12.1.5 设置宣传文稿的交互动画

可以通过超链接为演示文稿设置交互动画，最常见的就是目录的交互，即单击某个目录便跳转到相应的内容页面。也可以为内容元素添加交互动画，如单击某行文字便出现相应的图片展示。

>>>1. 为目录添加内容页链接

为目录添加内容页链接的方法是，选中目录设置超链接，具体方法如下。

第1步：执行"超链接"命令。❶进入到第二页——目录页中；❷右击第一个目录文本框"品牌价值"，在弹出的快捷菜单中选择"超链接"命令，如右上图所示。

第2步：选择链接的幻灯片。❶在打开的"插入超链接"对话框中，选择"本文档中的位置"选项；❷选择"幻灯片3"；❸单击"确定"按钮，如下图所示。此时就将该目录成功链接到第三页幻灯片上了。

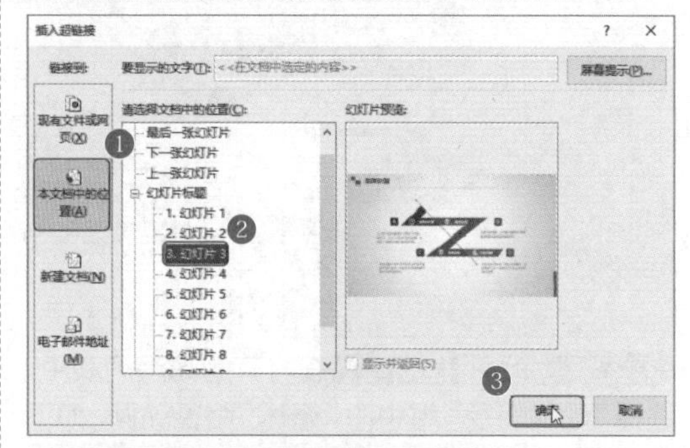

第3步：设置第二个目录的链接。❶按照同样的方法，设置第二个目录的链接为"幻灯片4"；❷单击"确定"按钮，如下图所示。

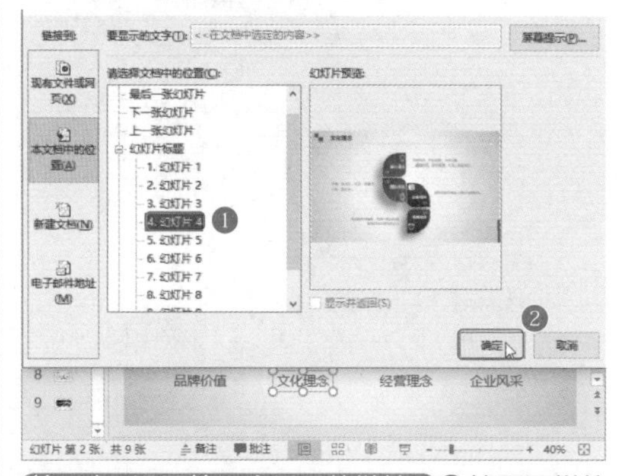

第4步：设置第三个目录的链接。❶按照同样的方法，设置第三个目录的链接为"幻灯片5"；❷单击"确定"按钮，如下图所示。

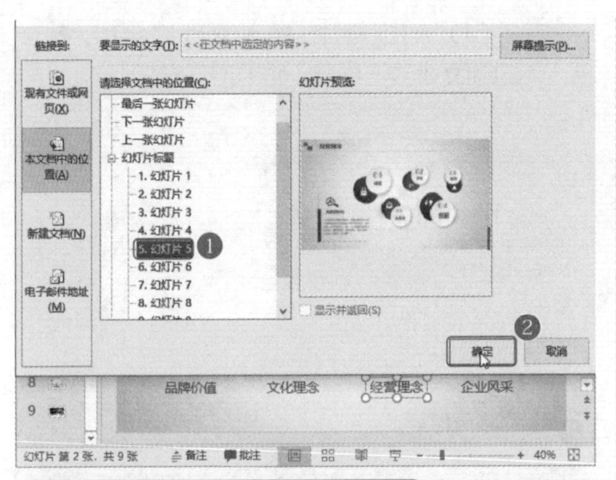

第5步：设置第四个目录的链接。❶按照同样的方法，设置第四个目录的链接为"幻灯片7"；❷单击"确定"按钮，如下图所示。

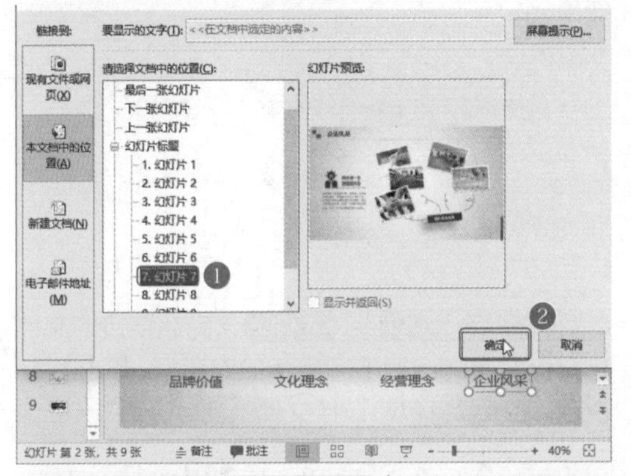

第6步：查看目录链接设置。完成目录链接设置后，按下F5键进入放映设置。在目录页放映时，将光标放到设置了超链接的文本框上，会变成手指形状，单击这个目录就会切换到相应的幻灯片页面，如下图所示。

>>>2. 为内容添加交互动画

除了可以为目录页设置交互动画外，还可以为幻灯片中的文本框、图像、图形等元素设置交互动画，让这些元素在被单击时出现链接内容。

第1步：执行"超链接"命令。切换到企业文化宣传PPT的第八页幻灯片，右击页面中的人形图形，在弹出的快捷菜单中选择"超链接"命令，如下图所示。

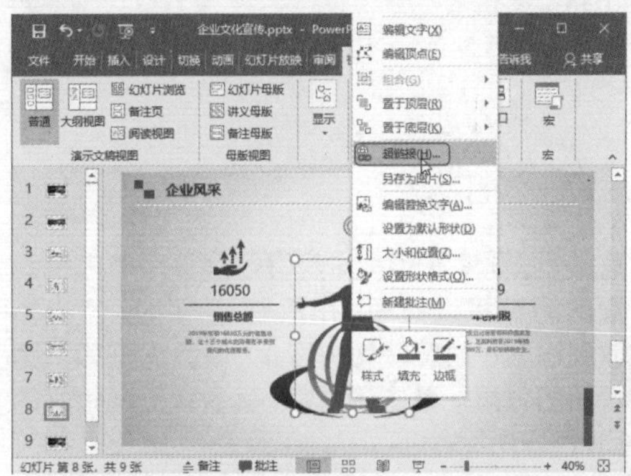

第2步：浏览文件。❶在打开的"插入超链接"对话框中，选择"现有文件或网页"选项；❷单击"浏览文件"按钮，如下图所示。

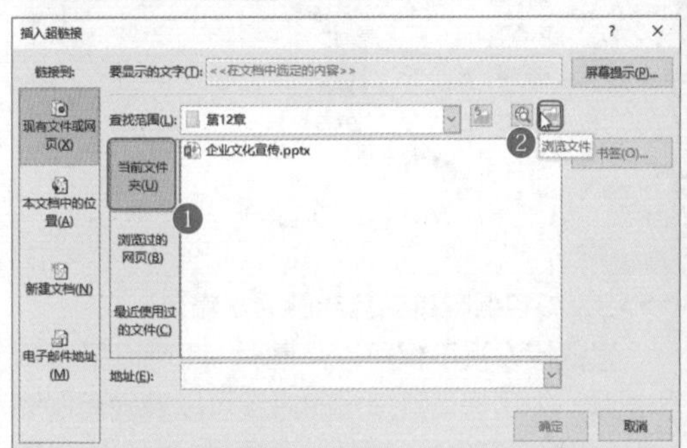

第3步：选择文件。❶在打开的"链接到文件"窗口中，按照路径"素材文件\第12章\企业文化.jpg"选择素材图片，❷单击"确定"按钮，如下图所示。

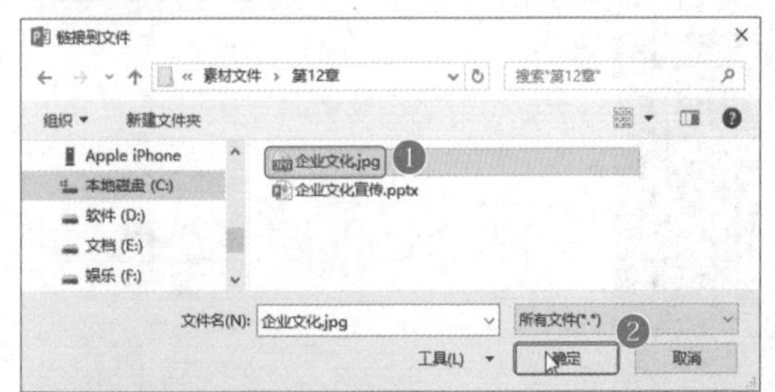

第4步：确定选择的图片。选择图片后，回到"插入超链接"对话框中，单击"确定"按钮，如下图所示。

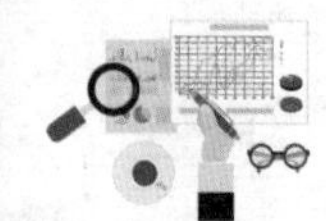

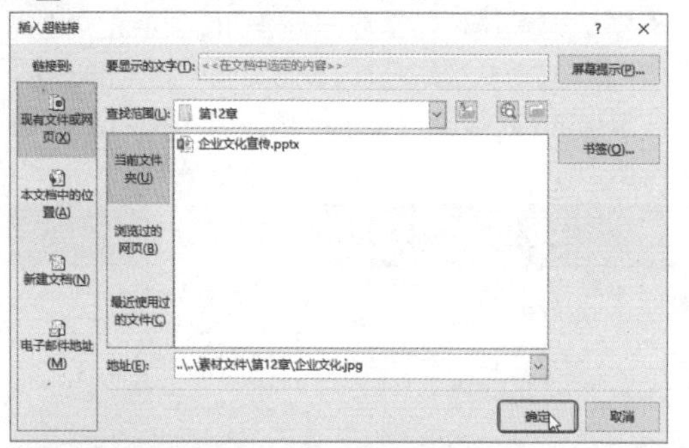

第5步：查看超链接设置效果。完成内容元素的超链接设置后，在放映PPT时，将光标放到设置了超链接的内容上，就会出现如下图所示的效果。单击该内容，就会弹出链接好的图片。

>>>3. 打包保存有交互动画的文稿

超链接设置不仅可以是图片，还可以是音频和视频。为了保证链接好的内容可以准确无误地打开，最好将文件打包保存，避免换一台计算机播放后，超链接打开失败。

第1步：执行“打包成CD”命令。❶选择“文件”→“导出”命令；❷选择“将演示文稿打包成CD”选项；❸单击“打包成CD”按钮，如下图所示。

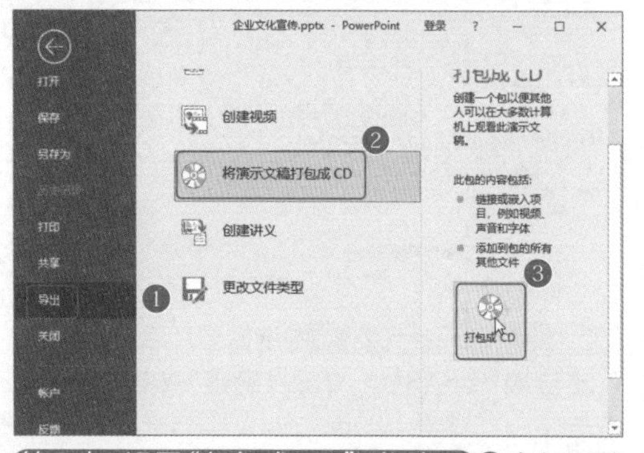

第2步：设置“打包成CD”对话框。❶在打开的“打包成CD”对话框中，输入文件的名称；❷单击“复制到文件夹”按钮，如下图所示。

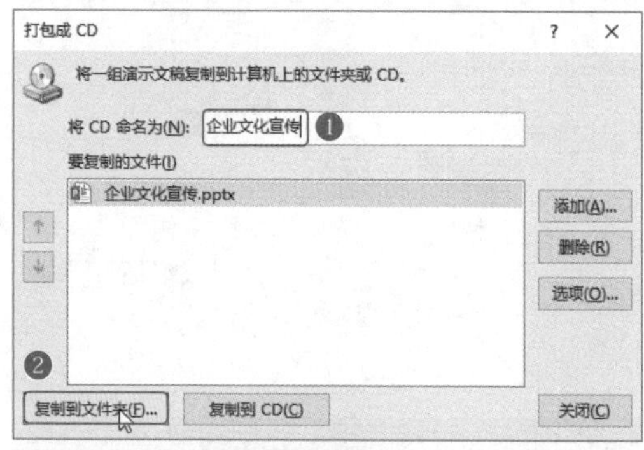

第3步：确定文件打包。此时会弹出“复制到文件夹”对话框，单击“确定”按钮，如下图所示。

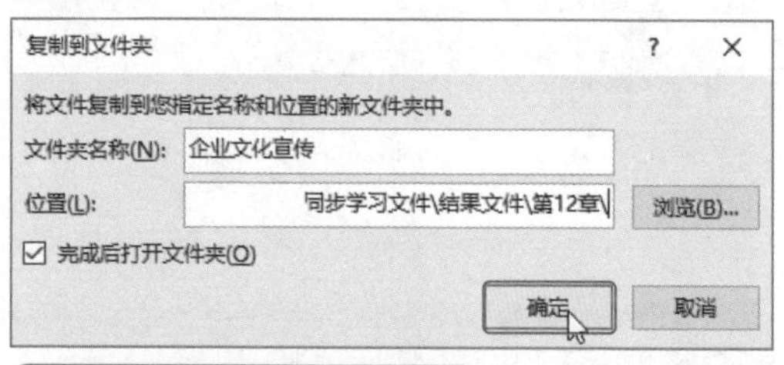

第4步：确定打包链接文件。含有超链接的文件在打包时会弹出如下图所示的对话框，单击“是”按钮，表示要打包超链接文件。

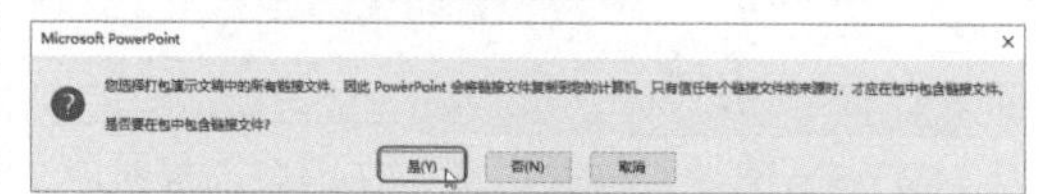

第5步：查看打包成功的文件。打包成功的文件如下图所示，其中包含了超链接用到的链接文件，将打包文件复制到其他计算机播放时也不用担心链接文件的路径失效影响播放效果。

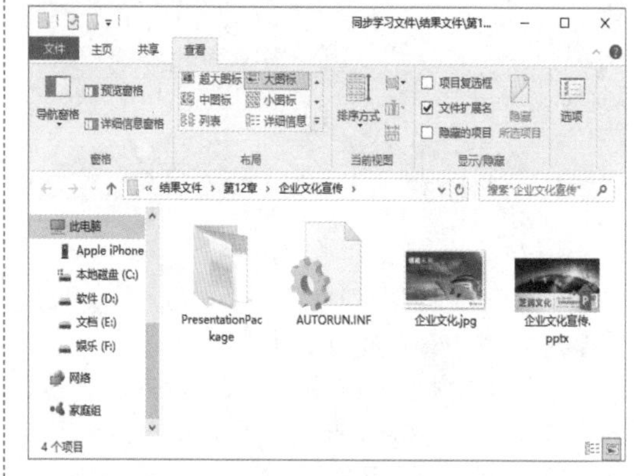

12.2 设置与放映“年终总结 PPT”

扫一扫 看视频

※ 案例说明

在年终的时候，公司与企业不同的部门都要进行年终总结汇报。此时就需要利用 PPT 来放映年终总结汇报内容。年终总结 PPT 中通常包含对去年工作的优点与缺点总结，对来年工作的计划与展望。为了在年终总结大会上完美地进行演讲，需要提前在幻灯片中设置好备注内容，防止关键时刻忘词，也需要提前进行演讲排练，做足准备工作。

“年终总结 PPT”文档制作完成后的效果如下图所示。

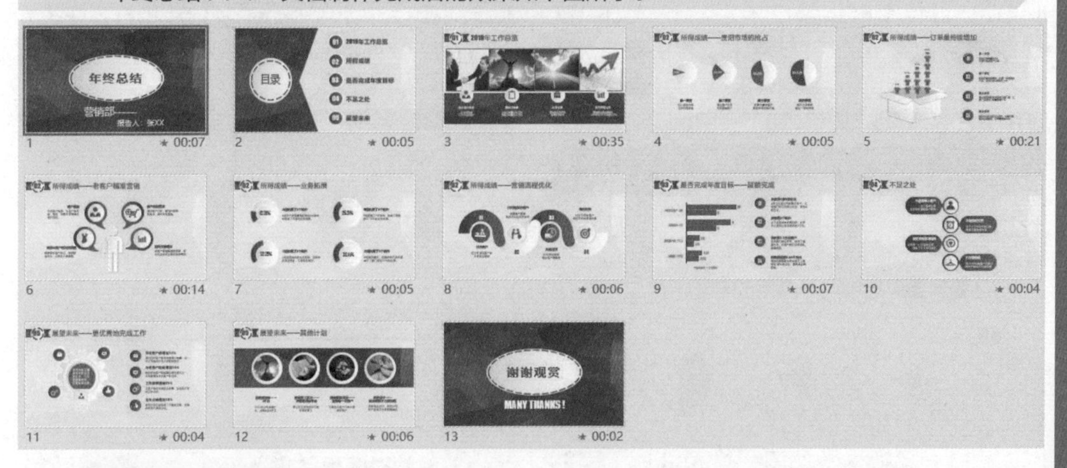

※ 思路解析

当完成年终总结报告制作后，需要审视每一页内容，思考在放映这页幻灯片时，需要演讲什么内容，是否有容易忘记的内容需要以备注的形式添加到幻灯片中。当完成备注添加后，还要知道如何正确地播放备注。此外，还要明白如何设置幻灯片的播放。具体的制作流程及思路如下图所示。

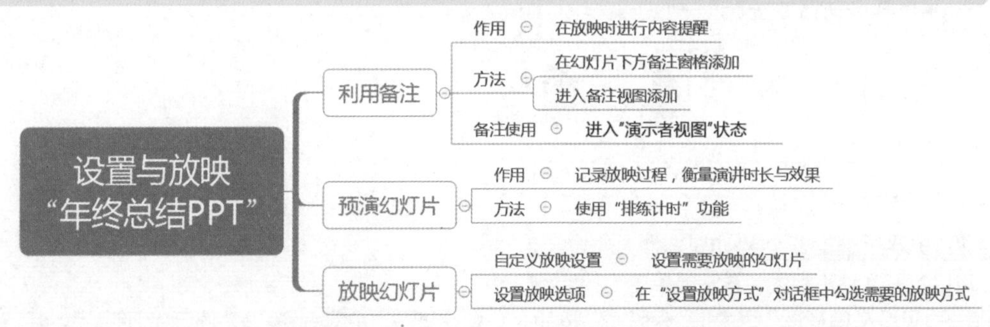

第3篇　用 PowerPoint 高效做幻灯片

※ 步骤详解

12.2.1 设置备注帮助演讲

在制作幻灯片时，幻灯片页面中仅输入主要内容，其他内容可以添加到备注中，在演讲时作为提词。备注最好不要长篇大论，简短的几句思路提醒、关键内容提醒即可，否则在演讲时长时间盯着备注看，会影响演讲效果。完成备注添加后，演讲时也需要正确设置，才能正确显示备注。

>>>1. 设置备注

设置备注有两种方法，短的备注可以在幻灯片下方进行添加，长的备注则可以进入备注视图添加。

第1步：打开备注窗格。 按照路径"素材文件\第12章\年终总结.pptx"打开素材文件。❶切换到需要添加备注的页面，如第4张幻灯片；❷单击幻灯片下方的"备注"按钮，如下图所示。

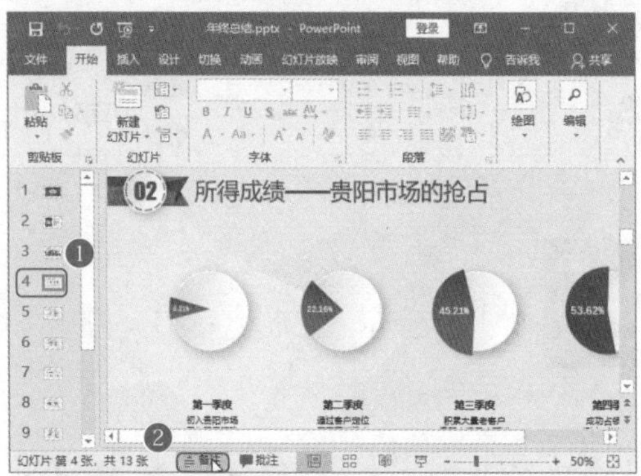

第2步：输入备注内容。 在打开的备注窗格中输入备注内容，如下图所示。

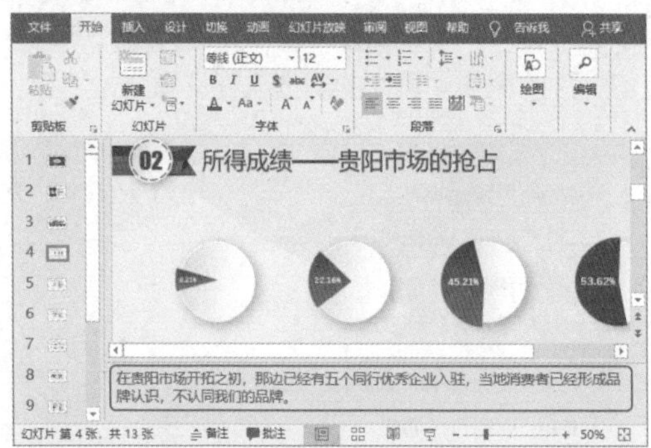

第3步：进入备注页视图。 如果要输入的内容太长，可以打开备注页视图。方法是单击"视图"选项卡下"演示文稿视图"组中的"备注页"按钮，如右上图所示。

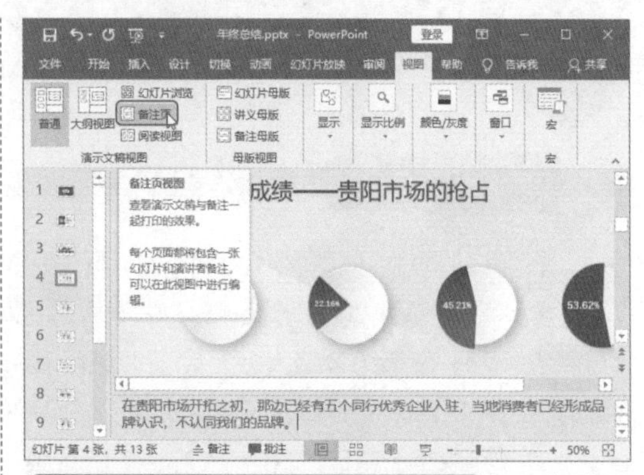

第4步：在备注页视图中添加备注。 打开备注页视图后，在下方的文本框中输入备注即可，如下图所示。

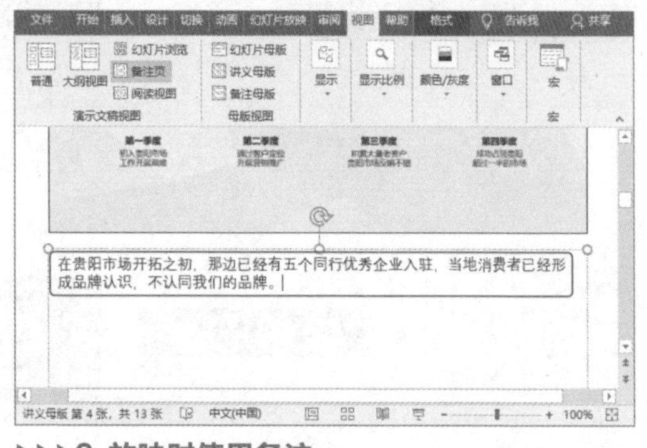

>>>2. 放映时使用备注

完成备注输入后，需要进行正确设置，才能在放映时，让观众看到幻灯片内容，演讲者看到幻灯片及备注内容。

第1步：执行"显示演示者视图"命令。 按F5键，进入幻灯片播放状态。在播放时右击，在弹出的快捷菜单中选择"显示演示者视图"命令，如下图所示。

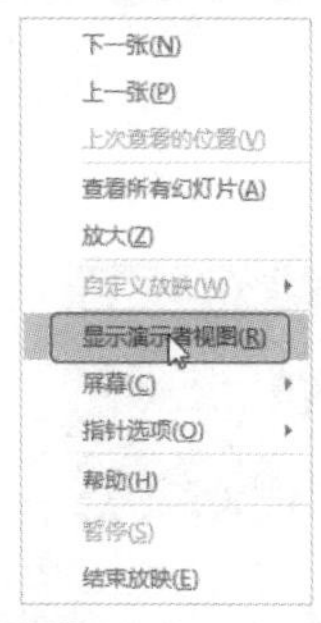

第2步：查看备注。 进入演示者视图状态后，效果如下图所示，在界面右边显示了备注内容。

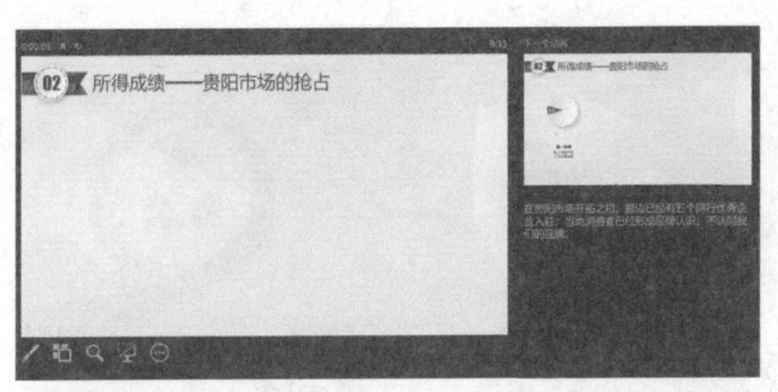

第3步：放大备注。在放映时，备注文字可能过小不方便辨认，此时可以单击"放大文字"按钮 ，加大备注字号，效果如下图所示。

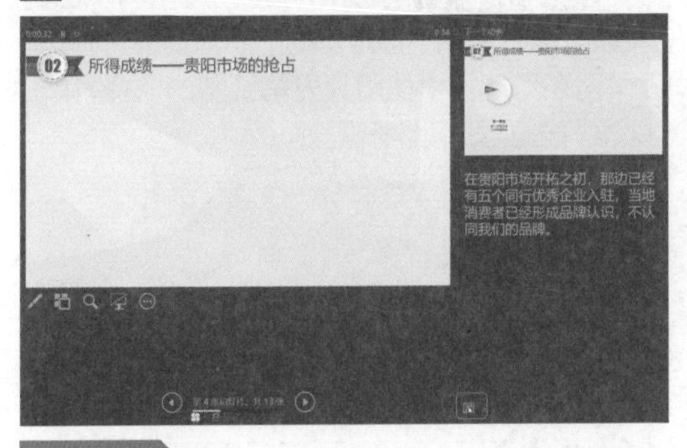

专家点拨

设置备注的播放方式，还可以按下Windows+P组合键，选择"扩展"模式，表示允许放映幻灯片的计算机屏幕与投影屏幕显示不同的内容。其效果与执行"使用演示者视图"命令的效果是一样的。

12.2.2 在放映前预演幻灯片

在完成演示文稿制作后，可以播放幻灯片，进入计时状态，将幻灯片放映过程中的时间长短及操作步骤录制下来，以此来回放分析演讲中的不足之处以便改进。也可以让预演完成的幻灯片自动播放。

第1步：执行"排练计时"命令。单击"幻灯片放映"选项卡下"设置"组中的"排练计时"按钮，如下图所示。

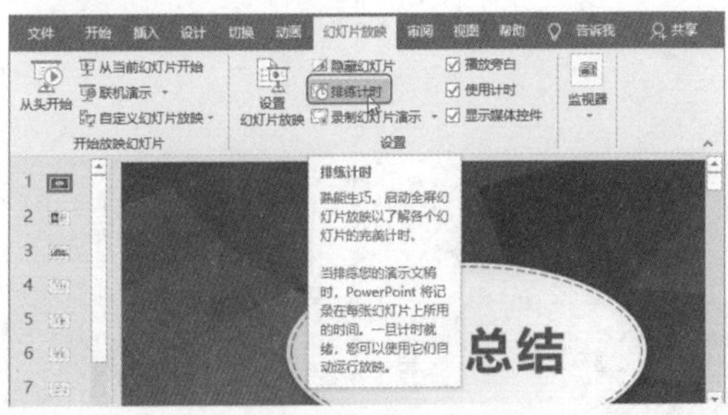

第2步：进入放映状态。此时就进入放映状态，界面左上方出现计时窗格，里面记录了每一页幻灯片的放映时间以及演示文稿的总放映时间，如下图所示。

第3步：打开激光笔。在放映时，可以设置光标为激光笔，方便演讲者指向重要内容。❶单击界面下方的笔状按钮 ；❷在弹出的列表中选择"激光笔"命令，如下图所示。

第4步：使用激光笔。将光标变成激光笔后，在界面中可以用激光笔指向任意位置，效果如下图所示。

第5步：打开荧光笔。如果想要使用荧光笔在界面中圈画重点内容，可以将光标变成荧光笔。❶单击笔状按钮 ；❷选择"荧光笔"命令，如下图所示。

第6步：在界面中圈画重点内容。当光标变成荧光笔后，按住鼠标左键不放，拖动圈画重点内容，效果如下图所示。

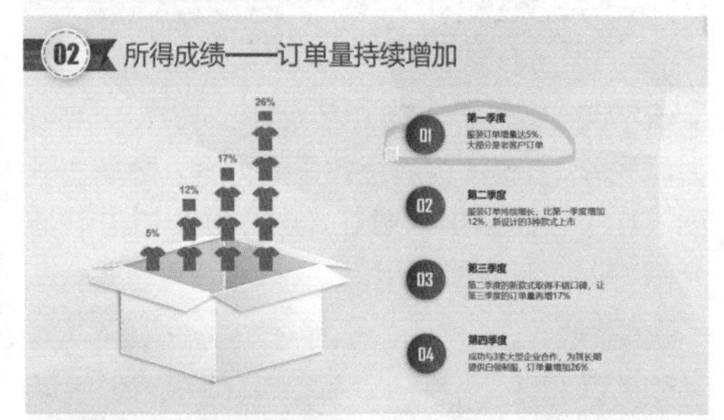

第7步：激活放大镜。对于重点内容，还可以使用放大镜放大播放。单击页面左下方的放大镜按钮 ，激活放大镜功能，如下图所示。

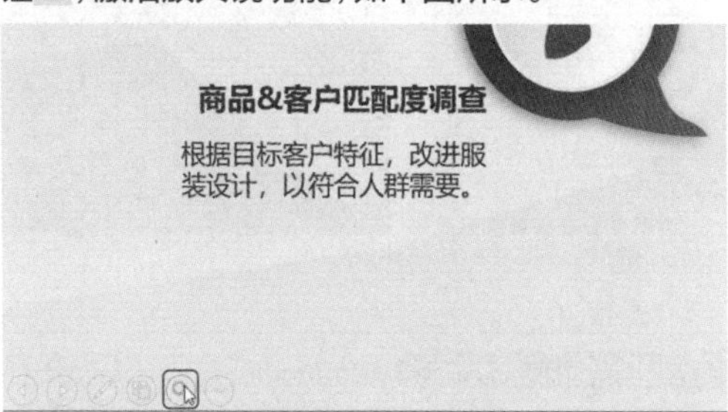

第8步：使用放大镜。将光标放到需要放大的内容区域单击，如下图所示。

第9步：查看放大内容。被放大镜选中的区域就会放大显示，效果如右上图所示。

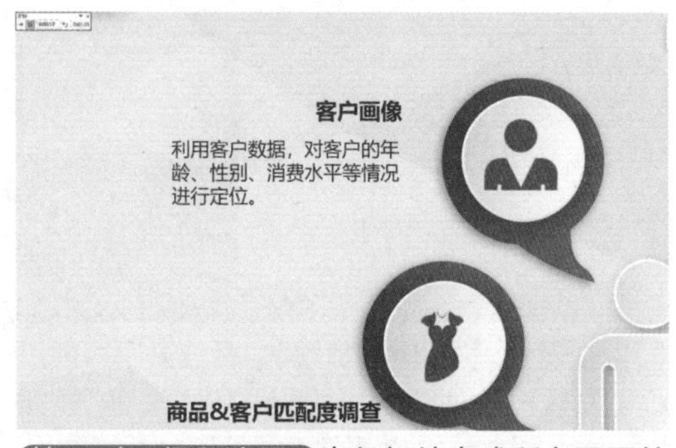

第10步：保留注释。当幻灯片完成所有页面的放映后，会弹出如下图所示的提示对话框，询问是否保留在幻灯片中使用荧光笔绘制的注释，单击"保留"按钮，如下图所示。

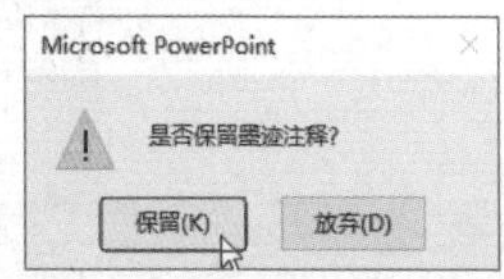

第11步：保留幻灯片计时。保留注释后会弹出对话框询问是否保留计时，单击"是"按钮，如下图所示。

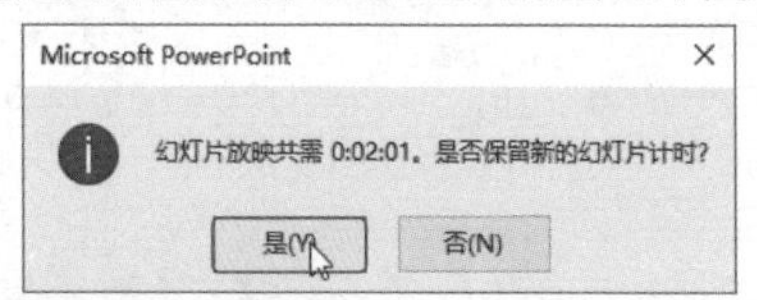

第12步：查看计时。结束放映后，单击"视图"选项卡下"幻灯片浏览"按钮，此时可以看到每一页幻灯片下方都记录了放映时长，并且用荧光笔绘制的痕迹也在，如下图所示。

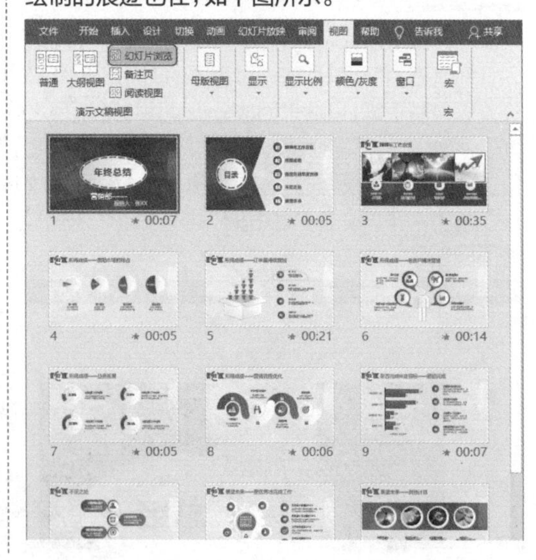

12.2.3 幻灯片放映设置

在放映幻灯片的过程中，演讲者可能对幻灯片的放映类型、放映选项、放映幻灯片的数量和换片方式等有不同的需求，为此，可以对其进行相应的设置。

>>>1.放映内容设置

在放映幻灯片时，可以自由选择要从哪一页幻灯片开始放映。同时也可以自由选择要放映的内容，并且调整放映时幻灯片的顺序，具体操作如下。

第1步：从当前幻灯片开始放映。 放映幻灯片时，切换到需要开始放映的页面，单击“幻灯片放映”选项卡下“开始放映幻灯片”组中的“从当前幻灯片开始”按钮，就可以从当前的幻灯片页面开始放映，而不是从头开始放映，如下图所示。

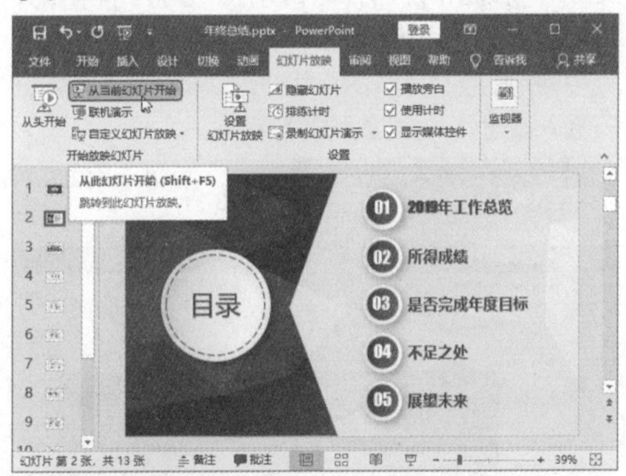

第2步：自定义幻灯片放映。 单击“幻灯片放映”选项卡下“自定义幻灯片放映”下拉按钮，在弹出的下拉列表中选择“自定义放映”选项，如下图所示。

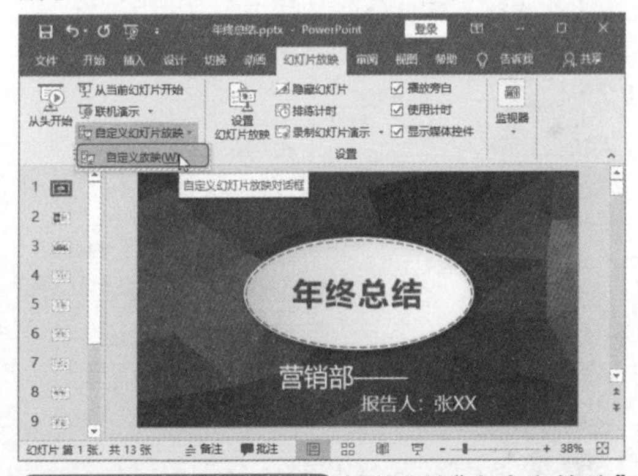

第3步：新建自定义放映。 在弹出的“自定义放映”对话框中单击“新建”按钮，如下图所示。

第4步：添加要放映的幻灯片。 ❶在弹出的“定义自定义放映”对话框中输入幻灯片放映名称；❷选中要放映的幻灯片，单击“添加”按钮，如下图所示。

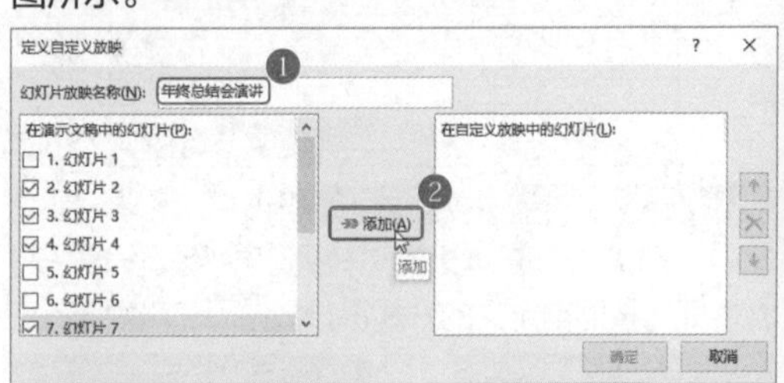

第5步：确定放映。 单击“确定”按钮，就能确定要放映的自定义幻灯片，如下图所示。

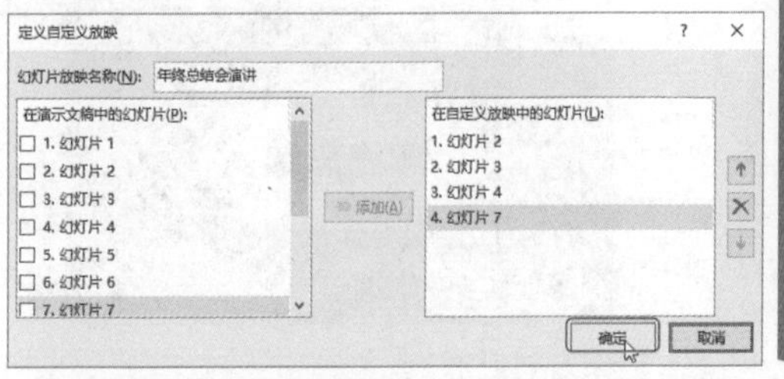

第6步：调整幻灯片顺序。 如果觉得幻灯片的放映顺序需要调整，❶选中幻灯片；❷单击“向上”按钮，如下图所示。

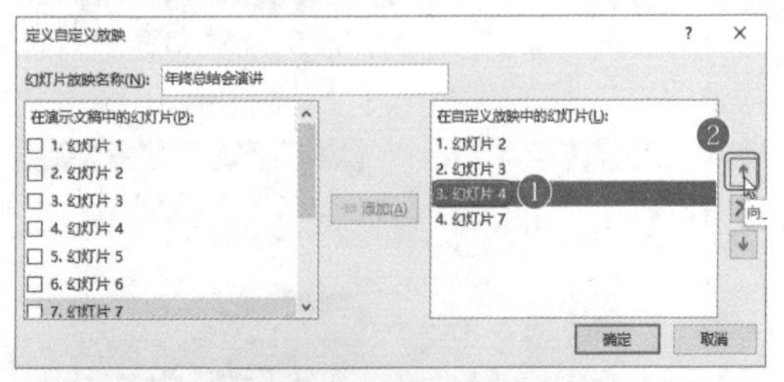

第7步：删除幻灯片放映。 如果觉得某张添加的幻灯片不需要放映，❶选中该幻灯片；❷单击“删除”按钮，如下图所示。

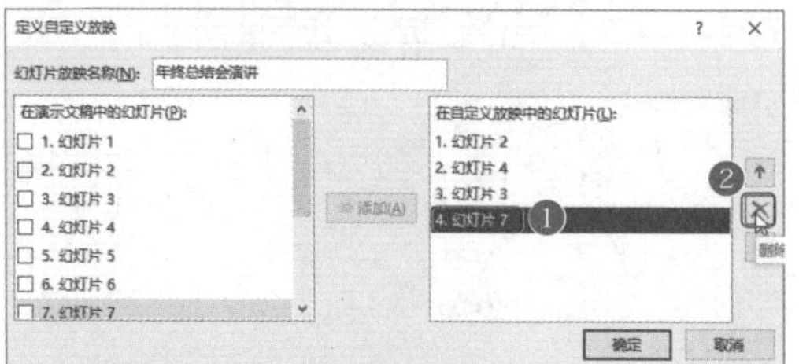

第8步：完成自定义放映设置。返回"自定义放映"对话框中，单击"关闭"按钮，完成幻灯片的自定义放映设置，如下图所示。

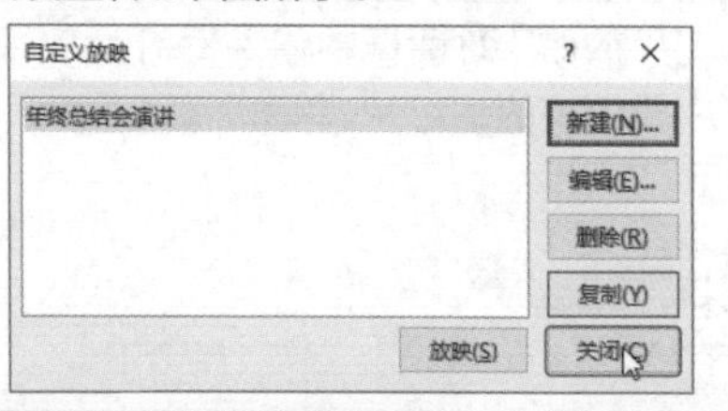

第9步：选择自定义放映方式。单击"自定义幻灯片放映"下拉按钮，在弹出的下拉列表中选择设置好的文件即可按照自定义的方式进行放映，如下图所示。

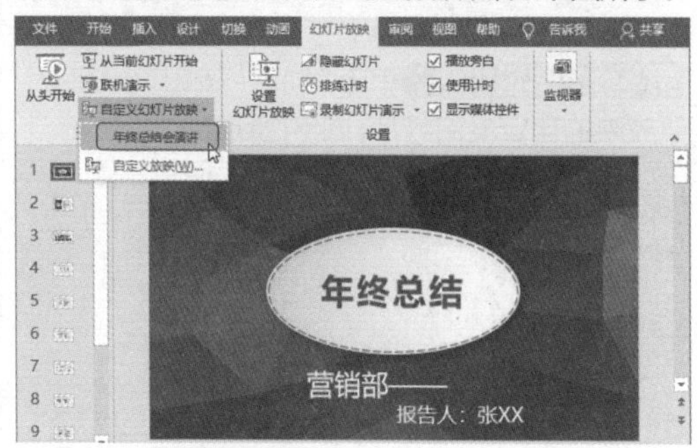

>>>2. 放映方式设置

幻灯片的放映有多种方式，并且还可以设置放映过程中的细节问题。

第1步：打开"设置放映方式"对话框。单击"幻灯片放映"选项卡下"设置"组中的"设置幻灯片放映"按钮，如下图所示。

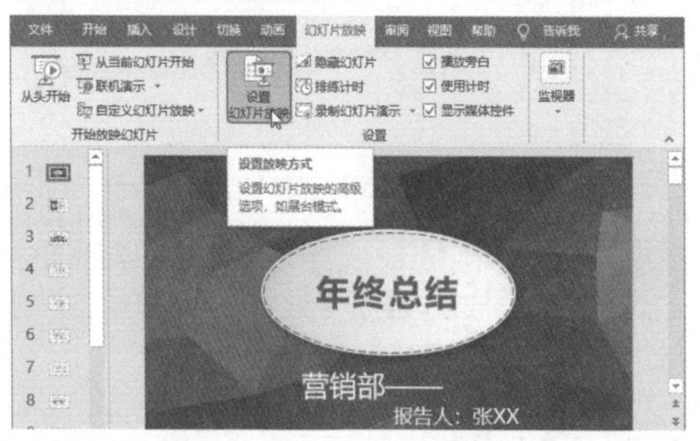

第2步：设置放映方式。在打开的"设置放映方式"对话框中，选择需要的放映方式，单击"确定"按钮，如下图所示。

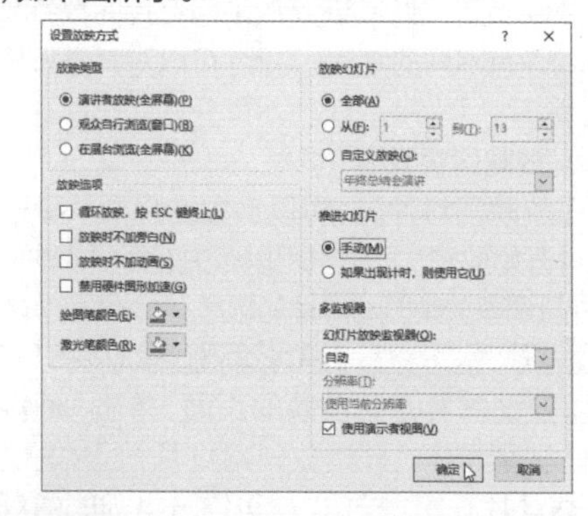

12.2.4 将字体嵌入文件设置

在放映幻灯片时，可能出现幻灯片的字体异常的情况。这很可能是放映的计算机上没有安装文档中使用的字体造成的。此时可以将文档的字体进行嵌入设置，以保证放映时的效果。

第1步：单击"文件"按钮。单击界面左上角的"文件"菜单项，如下图所示。

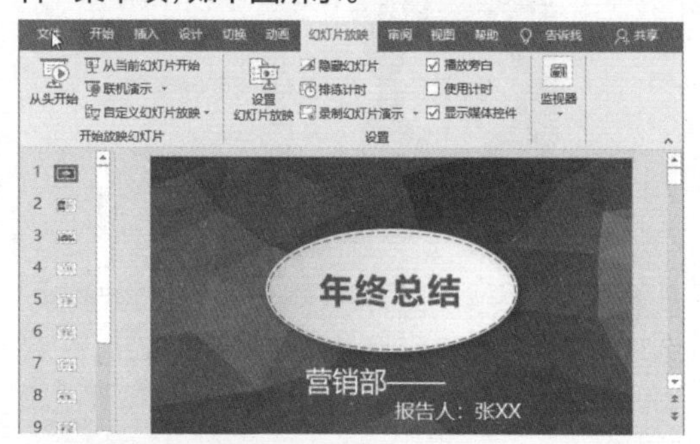

第2步：选择"选项"命令。在弹出的"文件"菜单中选择"选项"命令，如下图所示。

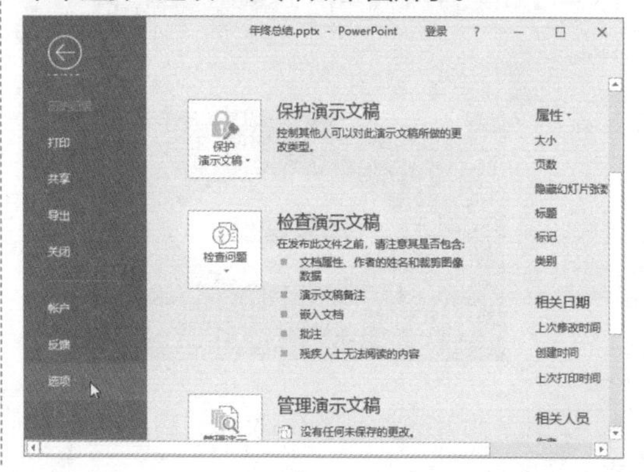

第3步：设置字体嵌入。❶在弹出的“PowrPoint选项”对话框中，切换到“保存”选项卡下；❷选中“将字体嵌入文件”复选框，再选择“仅嵌入演示文稿中使用的字符(适于减小文件大小)”单选按钮；❸单击“确定”按钮，如下图所示。

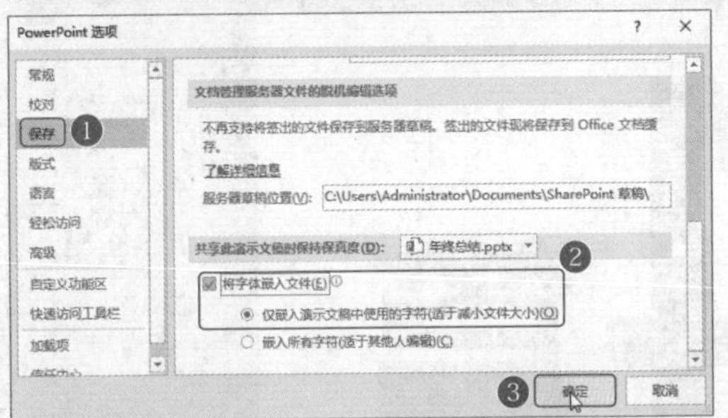

专家答疑

问：嵌入字体后文件过大，如何减小文件大小？

答：通过压缩图片实现。打开PPT文件的“另存为”对话框，在“工具”菜单中选择“压缩图片”命令；在弹出的“压缩图片”对话框中，选中“删除图片的裁剪区域”选项，并根据PPT的应用场所选择“分辨率”，即可减小文件大小。

读书笔记

第4篇

用PS高效处理头像

第13章 数码照片后期处理

◆本章导读

在日常工作中，即使不是设计工作者也难免需要临时处理照片。例如，行政人员处理公司团建照片、文案人员处理产品照片。用Photoshop简单处理照片已经成为职场人士的必备技能。职场人士只需要掌握常用的处理工具，就可以大大改善数码照片效果。

◆知识要点

- 调整照片尺寸
- 旋转照片
- 校正照片的色调
- 调整照片的曝光问题
- 美化人物妆容
- 去除人物脸部痘痘

◆案例展示

扫一扫 看视频

13.1 修正照片构图问题

※ 案例说明

在完成照片拍摄后，为了让照片主体更突出，结构更合理，可以对照片的构图进行处理。如下图所示，左边是处理前的照片，右边是处理后的照片，右边照片的构图看起来更加平衡，且在内容上显得更充实。

照片结构修正前后的效果对比如下图所示。

※ 思路解析

处理照片构图的常用手法有三种：一是裁剪图像，将图像次要信息删除。二是调整画面尺寸，让图像大小更合理。三是旋转画布，让照片的内容方向发生改变。具体思路如下图所示。

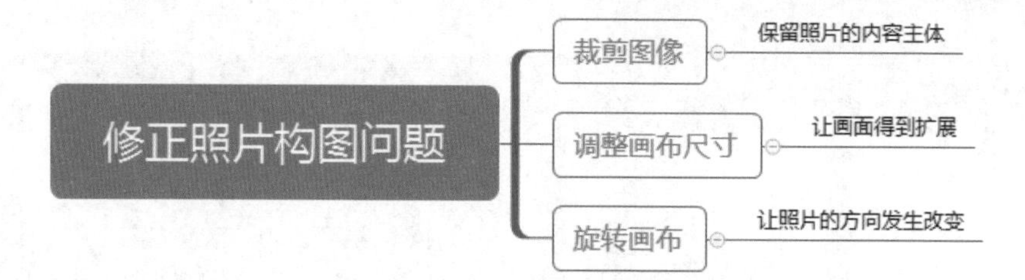

※ 步骤详解

13.1.1 裁剪图像

图像过宽或者空白太多，或只想突出某一主体，都可以使用“裁剪工具”进行裁剪。裁剪图像的具体操作步骤如下。

第1步：打开素材文件。打开“素材文件\第13章\人物.jpg”文件，如下图所示。

第2步：设置裁剪区域。选择工具箱中的"裁剪工具"，将鼠标指针移动至图像中按住鼠标左键不放，任意拖出一个裁剪框，释放鼠标后，裁剪区域外部屏蔽图像变暗，如下图所示。

第3步：完成裁剪。调整所裁剪的区域后，按Enter键确认完成裁剪，效果如下图所示。

13.1.2 调整画布尺寸

画布就是绘画时使用的纸张。在Photoshop CC中，可以随时调整画布(纸张)的大小。

第1步：设置画布大小。执行"图像"→"画布大小"命令，打开"画布大小"对话框，❶更改"宽度"和"高度"分别为7厘米和11厘米；❷单击"确定"按钮，如下图所示。

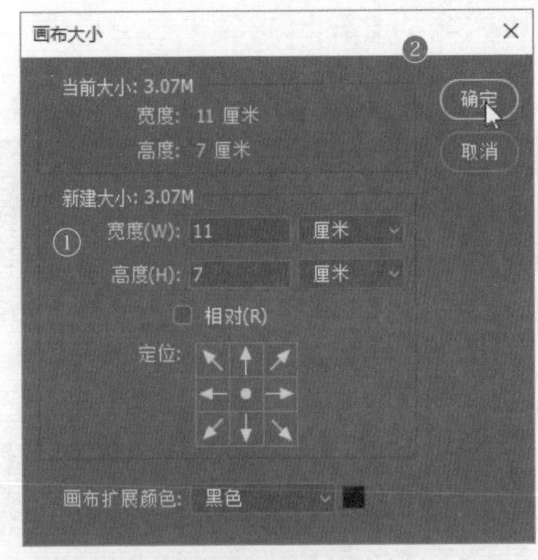

其中各项含义如下表所示。

选项	含 义
当前大小	显示了图像宽度和高度的实际尺寸和文档的实际大小
新建大小	在"宽度"和"高度"框中输入画布的尺寸。当输入的数值大于原来尺寸时会增加画布，反之则减小画布
相对	选中该项，"宽度"和"高度"选项中的数值将代表实际增加或者减少的区域的大小
定位	单击不同的方格，可以指示当前图像在新画布上的位置
画布扩展颜色	在该下拉列表中可以选择填充新画布的颜色

第2步：查看画布大小。通过前面的操作，扩展黑色画布，如下图所示。

13.1.3 旋转画布

旋转画布功能可以调整图像旋转角度。

第1步：水平旋转画布。❶执行"图像"→"图像旋转”命令，在弹出的子菜单中，可以选择旋转角度，包括“180度”“90度”“任意角度”等；❷例如：选择“水平翻转画布”命令，如下图所示。

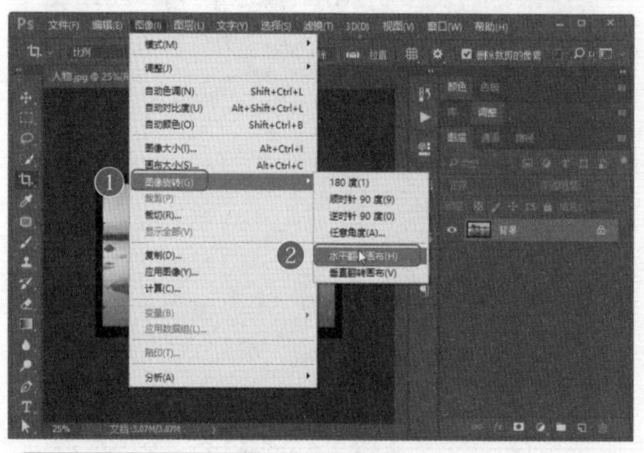

第2步：查看画布翻转效果。通过前面的操作，水平翻转画布，效果如下图所示。

专家点拨

“水平旋转”画布可以产生照片左右两边的内容互换位置的效果。例如位于照片左边的道路移动到了照片右边。“垂直旋转”可以产生照片上下内容互换位置的效果，如天空与水平的位置互换。在旋转画面时，需要注意旋转过后的内容逻辑是否合理。

扫一扫 看视频

13.2 校正照片色调问题

※ 案例说明

在处理数码照片时，首先要审视照片的色调有没有问题，例如照片是否偏色、饱和度是否过高或过低等。在Photoshop CC中调整照片的颜色，还可以实现特殊的效果，例如调整出山水调的怀旧照片效果、仙境效果等。

调整照片颜色的案例效果如下表所示。

案例名	处理前	处理后
校正照片偏色		

续表

案例名	处理前	处理后
调出朦胧怀旧山水调		
调出仙境色调		
调出淡雅五彩色调		

※ 思路解析

调整照片的色调，可以灵活使用“滤镜”“色阶”“黑白”“阴影 / 高光”“色相 / 饱和度”等功能来进行，具体思路如下图所示。

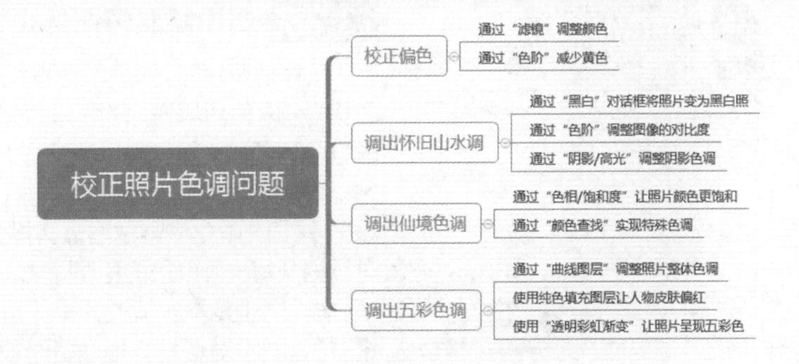

※ 步骤详解

13.2.1 校正照片偏色问题

在拍摄照片时，由于光线或角度问题，照片可能出现偏色现象。例如本例中，照片颜色偏黄，具体的偏色问题处理步骤如下。

第1步：打开文件。按Ctrl+O组合键，打开“素材文件\第13章\偏色图片.jpg”文件，如下图所示。

第2步：选择照片滤镜。❶在“图层”面板中单击“创建新的填充或调整图层”按钮◐；❷在打开的快捷菜单中选择“照片滤镜”命令，如下图所示。

第3步：设置滤镜属性。在打开的“属性”面板中选择照片滤镜的颜色为黄色的互补色蓝色，设置浓度为30%，如左下图所示。

第4步：查看照片效果。调整颜色后的照片如右下图所示。

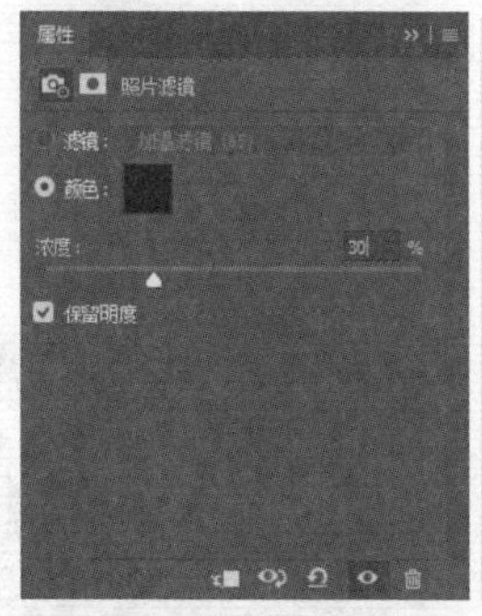

第5步：设置色阶属性。下面将照片再调亮一些，减少黄色。再在“图层”面板中单击“创建新的填充或调整图层”按钮◐，在打开的快捷菜单中选择“色阶”命令，在打开的“属性”面板中设置参数，如左下图所示。

第6步：完成偏色校正。调整色阶后的照片如右下图所示。

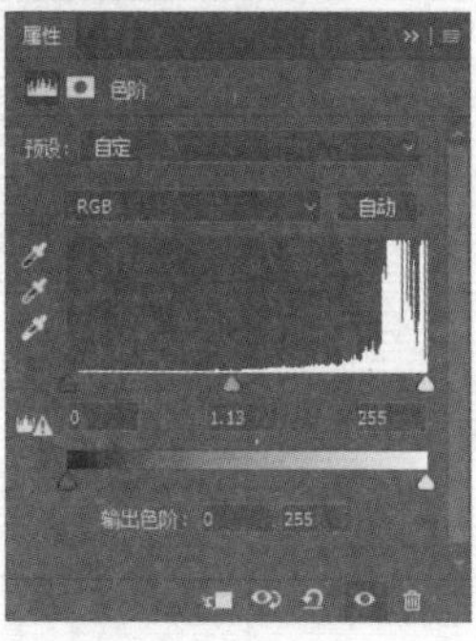

13.2.2 调出朦胧怀旧的山水调

在处理照片时，如果希望照片呈现复古、怀旧风格，可以使用黑白、色阶、阴影/高光等功能来进行色调调整，实现朦胧的色调效果。

>>>1.黑白

“黑白”命令将彩色图像转换为黑白图像时，可以控制每一种颜色的色调深浅，避免色调单一。

执行“图像”→“调整”→“黑白”命令，可以打开“黑白”对话框。拖动各个颜色的滑块可调

整图像中特定颜色的灰色调，向左拖动灰色调变暗，向右拖动灰色调变亮。接下来使用“黑白”命令，将彩色图像转换为黑白图像。

第1步：打开素材。打开素材文件。打开“素材文件\第13章\山水画.jpg”文件，如下图所示。

第2步：设置黑白参数。执行“图像”→“调整”→“黑白”命令，打开“黑白”对话框。❶设置“红色”为36%，“黄色”为161%，“蓝色”为-33%，“洋红”为60%；❷单击“确定”按钮，如下图所示。

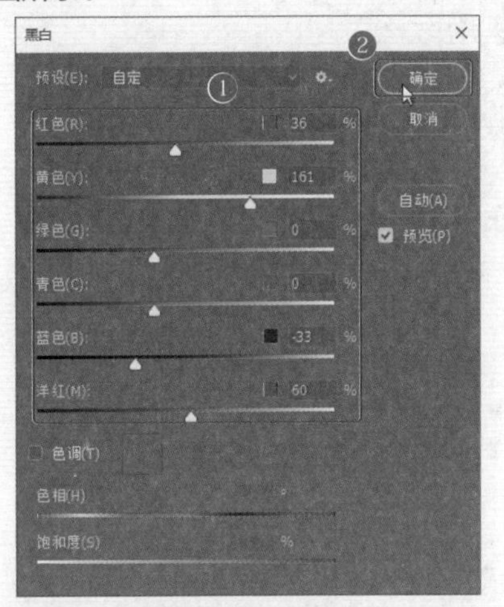

第3步：查看图像效果。通过前面的操作，将彩色图像转换为灰度图像，如下图所示。

>>>2. 色阶

“色阶”可以调整图像的阴影、中间调和高光，校正色调范围和色彩平衡。

执行“图像”→“调整”→“色阶”命令，可以打开“色阶”对话框，如下图所示。

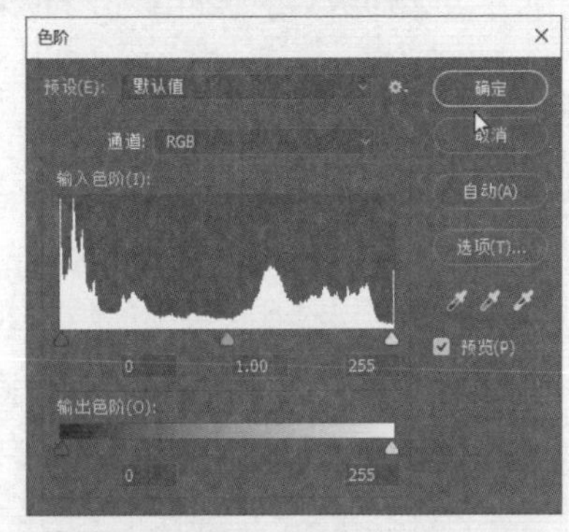

其中各项含义如下表所示。

选 项	含 义
预设	单击“预设”选项右侧的 按钮，在打开的下拉列表中选择“存储”命令，可以将当前的调整参数保存为一个预设文件。在使用相同的方式处理其他图像时，可以用该文件自动完成调整
通道	在“色阶”对话框中，可以选择一个通道进行调整，例如：“蓝”，调整通道会影响图像的颜色
输入色阶	用于调整图像的阴影、中间调和高光区域。可拖动滑块或者在滑块下面的文本框中输入数值来进行调整
输出色阶	可以限制图像的亮度范围，从而降低对比度，使图像呈现褪色效果
自动	单击自动按钮，可应用自动颜色校正，Photoshop 会以 0.5% 的比例自动调整图像色阶，使图像的亮度分布更加均匀
选项	单击选项按钮，可以打开“自动颜色校正选项”对话框，在对话框中可以设置黑色像素和白色像素的比例
设置白场	使用此工具在图像中单击，可以将单击点的像素调整为白色，比该点亮度值高的像素也都会变为白色

设置灰点	使用该工具在图像中灰阶位置单击，可根据单击点像素的亮度来调整其他中间色调的平均亮度。通常使用它来校正色偏
设置黑场	使用该工具在图像中单击，可以将单击点的像素调整为黑色，原图中比该点暗的像素也变为黑色

接下来使用“色阶”命令调整图像的对比度。

第1步：设置色阶参数。执行“图像”→“调整”→“色阶”命令，打开“色阶”对话框，❶设置“输入色阶”为(0, 2.05, 255)，“输出色阶”为(38, 255)；❷单击“确定”按钮，如下图所示。

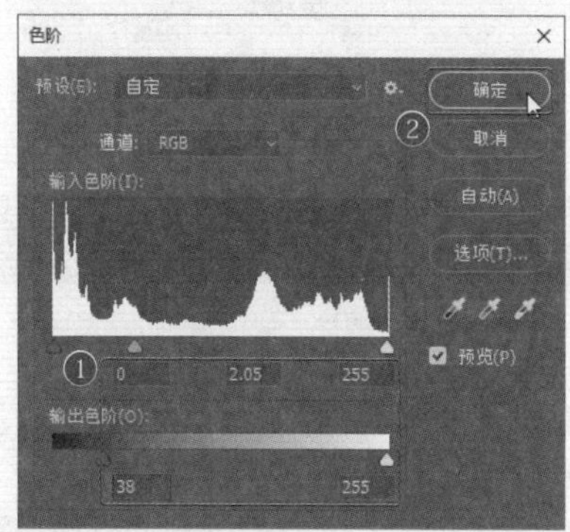

第2步：查看图像效果。通过前面的操作，调整图像的色调，如下图所示。

第3步：复制图层。按Ctrl+J组合键，在“图层”面板中，生成复制图层，如下图所示。

第4步：选择滤镜效果。执行“滤镜”→“滤镜库”命令，在“扭曲”滤镜组中，❶单击“扩散亮光”图标；❷设置“粒度”为1，“发光量”为2，“消除数量”为17；❸单击“确定”按钮，如下图所示。

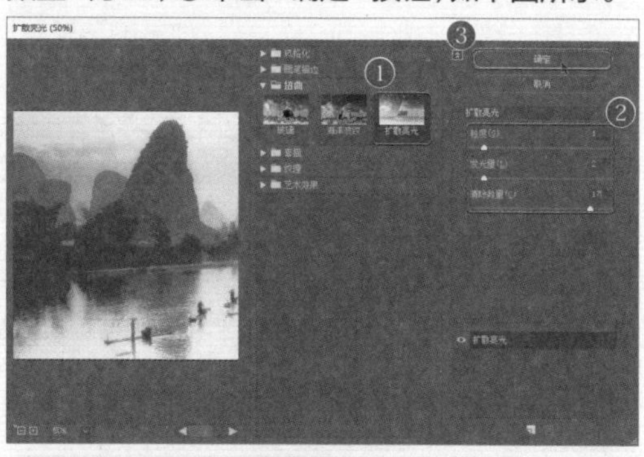

第5步：查看图像效果。通过前面的操作，得到略泛黄的图像色调，如下图所示。

>>>3. 阴影/高光

“阴影/高光”命令可以调整图像的阴影和高光部分，主要用于修改一些因为阴影或者逆光而主体较暗的照片。

执行“图像”→“调整”→“阴影/高光”命令，可以打开“阴影/高光”对话框，如下图所示。

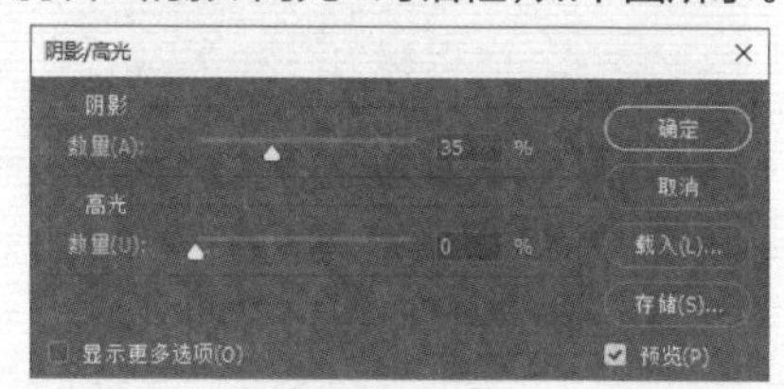

其中选项含义如下表。

选 项	含 义
阴影	拖动“数量”滑块可以控制调整强度，其值越高，阴影区域越亮
高光	“数量”控制调整强度，其值越大，高光区域越暗
显示更多选项	选中此复选项，可以显示全部选项

接下来使用“阴影/高光”命令调整阴影色调。

第1步：设置阴影数量。执行“图像”→“调整”→“阴影/高光”命令，打开“阴影/高光”对话框，❶设置阴影“数量”为35%；❷单击“确定”按钮，如下图所示。

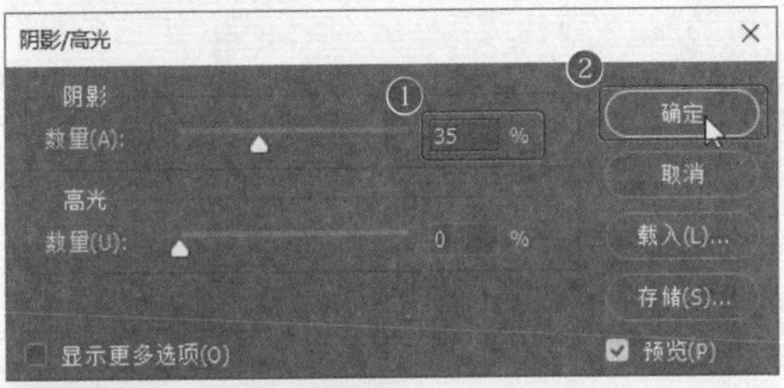

第2步：查看图像效果。通过前面的操作，适当调亮阴影区域，如下图所示。

第3步：输入文字。使用“横排文字工具”T输入黑色文字“一江春水向东流”，在选项栏中，设置字体为“全新硬笔行书简”，字体大小为50点，如下图所示。

13.2.3 调出仙境色调

本案例主要通过调出仙境色调图像，学习色彩调整命令，包括色相/饱和度、颜色查找等命令。

>>>1. 色相/饱和度

通过“色相/饱和度”命令，可以对色彩的色相、饱和度、明度进行修改。它的特点是可以调整整个图像或图像中一种颜色成分的色相、饱和度和明度。

执行“图像”→“调整”→“色相/饱和度”命令，可以打开“色相/饱和度”对话框，如下图所示。

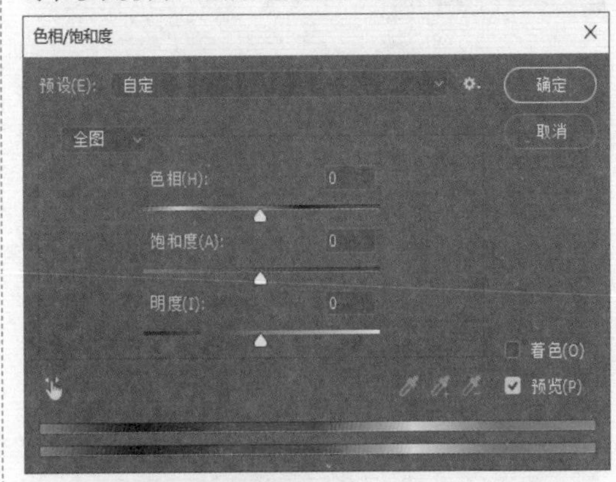

各选项含义如下表所示。

选 项	含 义
全图	在下拉列表框中可选择要改变的颜色，红色、蓝色、绿色、黄色或全图
色相	色相是各类颜色的相貌称谓，用于改变图像的颜色。可通过数值框中输入数值或拖动滑块来调整
饱和度	饱和度是指色彩的鲜艳程度，也称为色彩的纯度
明度	明度是指图像的明暗程度，数值设置越大图像越亮，反之，数值越小图像越暗
图像调整工具	选择该工具后，将鼠标指针移动至需调整的颜色区域上，单击并拖动鼠标可修改单击颜色点的饱和度，向左拖动鼠标可以降低饱和度，向右拖动则增加饱和度
着色	选中该项后，如果前景色是黑色或白色，图像会转换为红色；如果前景色不是黑色或白色，则图像会转换为当前前景色的色相；变为单色图像以后，可以拖动“色相”滑块修改颜色，或者拖动下面的两个滑块调整饱和度和明度

接下来使用“色相/饱和度”命令调整图像的饱和度。

第1步：打开素材。打开“素材文件\第13章\仙境.jpg”文件，如下图所示。

第2步：创建新图层。在“调整”面板中，单击“创建新的色相/饱和度调整图层”按钮，如左下图所示。

第3步：设置饱和度参数。打开“属性”对话框，设置“饱和度”为37，如右下图所示。

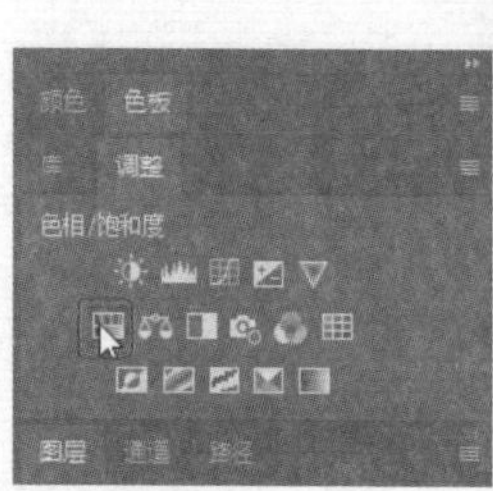

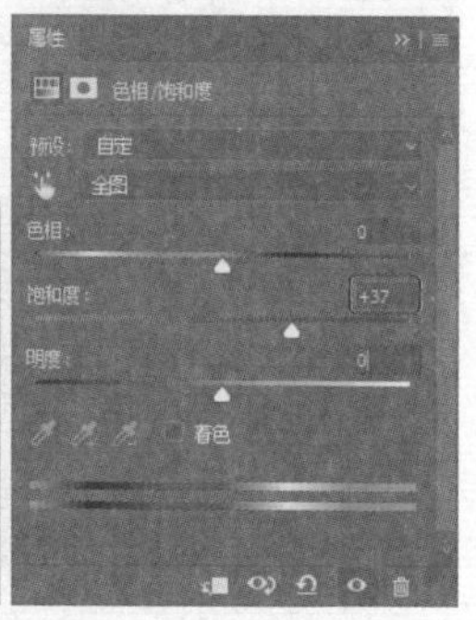

专家点拨

执行“图像”→“调整”→“自然饱和度”命令，可以打开“自然饱和度”对话框。

“自然饱和度”命令也可以调整图像的饱和度。它的特别之处是可在增加饱和度的同时防止颜色过于饱和而出现溢色。

第4步：查看图像效果。通过前面的操作，增加图像的饱和度，如下图所示。

>>>2. 颜色查找

“颜色查找”命令可以让颜色在不同的设备之间精确地传递和再现。还可以创建特殊色调效果，具体操作方法如下。

第1步：创建新图层。在“调整”面板中，单击“创建新的颜色查找调整图层”按钮，如左下图所示。

第2步：选择文件。打开“属性”对话框，设置“3DLUT文件”为Crisp_Warm.look，如右下图所示。

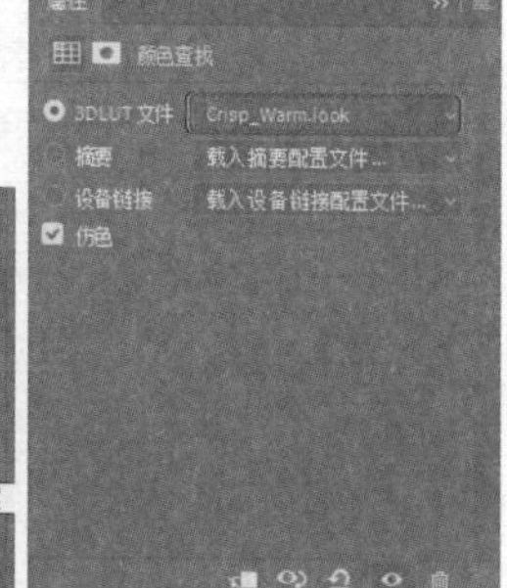

第3步：查看图像效果。通过前面的操作，得到特殊色调效果，如下图所示。

13.2.4 调出淡雅五彩色调

淡雅五彩色调可以使图像看起来温馨浪漫，下面讲解如何在Photoshop CC中，调出淡雅五彩色调。

第1步：打开素材。打开“素材文件\第13章\白砖.jpg”文件，如左下图所示。

第2步：调整曲线形状。创建“曲线”调整图层，在“属性”面板中，选择“RGB”通道，调整曲线形状，如右下图所示。

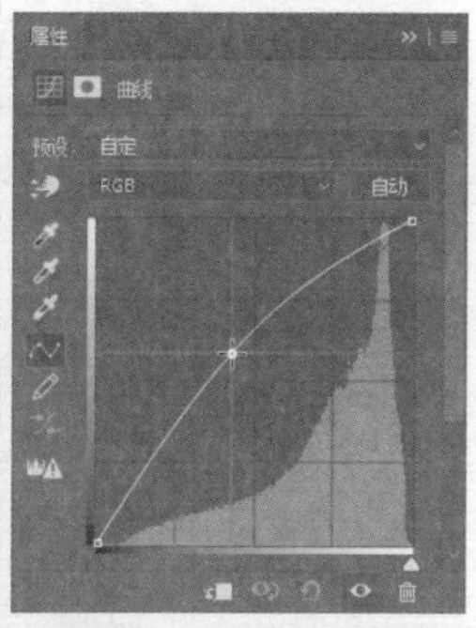

第3步：调整红色通道曲线。 在“属性”面板中，选择“红”通道，调整曲线形状，如左下图所示。

第4步：调整绿色通道曲线。 在“属性”面板中，选择“绿”通道，调整曲线形状，如右下图所示。

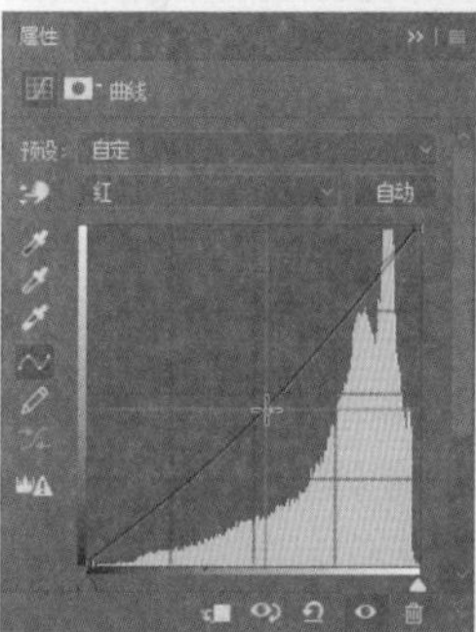

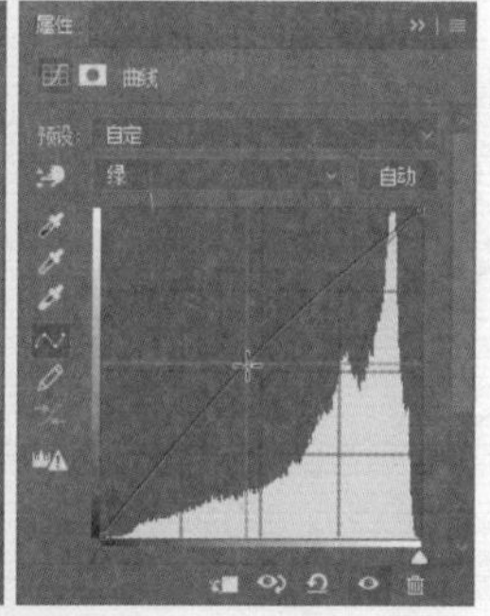

第5步：查看图像效果。 通过前面的操作，调整图像的整体色调，图像整体偏绿色，效果如左下图所示。

第6步：创建纯色填充图层。 创建“颜色填充1”纯色填充图层，填充颜色为浅红色#fc9d9d，如右下图所示。

第7步：调整图层属性。 在“图层”面板中，更改“颜色填充1”图层混合模式为柔光，不透明度为50%，如左下图所示。

第8步：查看图像效果。 通过前面的操作，使人物皮肤略偏红色，如右下图所示。

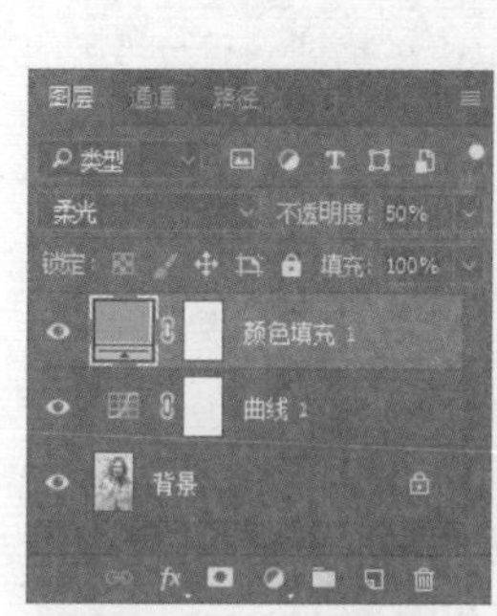

第9步：创建新图层。 在“图层”面板中，单击“创建新图层”按钮，新建“图层1”，如左下图所示。

第10步：选择渐变类型。 选择工具箱中的“渐变工具”，在“属性”栏中，单击色条右侧的按钮，选择“透明彩虹渐变”，单击“角度渐变”按钮，如右下图所示。

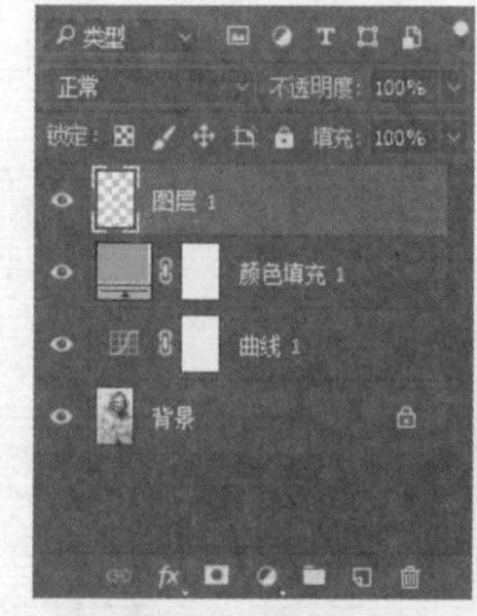

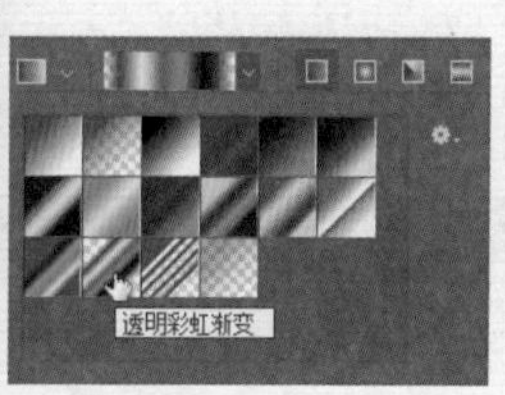

第11步：绘制渐变。 从左下角往右上角拖动鼠标，填充渐变色，如下图所示。

第12步：设置滤镜参数。执行“滤镜”→“扭曲”→“波浪”命令，❶设置生成器数为2；❷单击“确定”按钮，如下图所示。

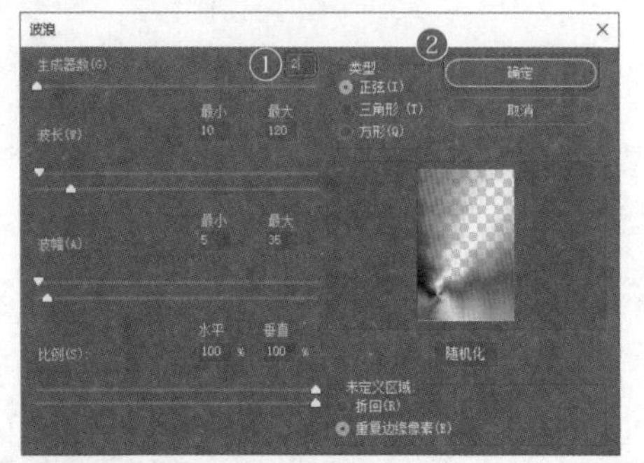

第13步：更改图层模式。更改“图层1”图层混合模式为“变亮”，如右上左侧图所示。

第14步：完成图像颜色调整。混合图层后，得到淡彩图像效果，如右下图所示。

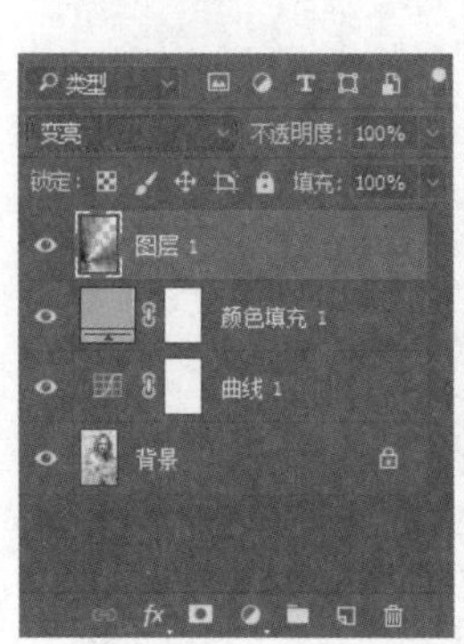

扫一扫 看视频

13.3 校正照片光影问题

※ 案例说明

在拍摄照片时，由于光线或角度问题，难免出现曝光或逆光问题，这时就要对照片的光影问题进行修复处理。主要包括校正曝光不足的照片、曝光过度的照片、逆光的照片。

校正照片光影问题的案例效果如下表所示。

案例名	处理前	处理后
修复曝光不足的照片		

续表

修复曝光过度的照片		
修复逆光照片		

※ 思路解析

校正照片的光影问题，主要方法有调整亮度参数、阴影参数、色阶参数，其具体思路如下图所示。

- 校正照片光影问题
  - 校正曝光不足
    - 增加亮度提高照片曝光
  - 校正曝光过度
    - 降低亮度减少照片曝光
    - 通过“曲线”让照片变暗
  - 校正逆光
    - 设置“阴影”数量让阴影区域变亮
    - 通过“色阶”让照片整体变亮

※ 步骤详解

13.3.1 修复曝光不足的照片

照片偏暗，会看不清楚，无法识别细节。使用Photoshop CC可以轻松修复这类问题。

第1步：打开素材。按Ctrl+O组合键，打开“素材文件\第13章\女装.jpg”文件，如左下图所示。

第2步：设置亮度参数。执行“图像”→“调整”→“亮度/对比度”命令，打开“亮度/对比度”对话框，❶设置“亮度”为8；❷单击“确定”按钮，如右下图所示。

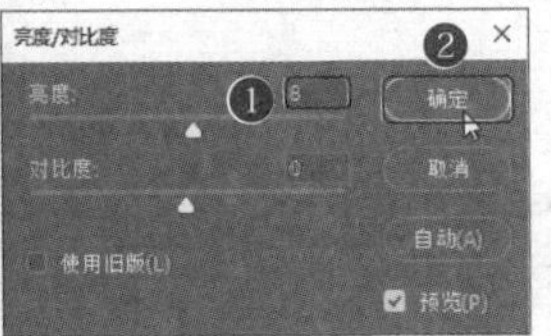

第3步：查看图片效果。通过前面的操作，提高图片整体曝光，如左下图所示。

第4步：设置色阶参数。执行"图像"→"调整"→"色阶"命令，打开"色阶"对话框，❶设置参数值；❷单击"确定"按钮，如右下图所示。

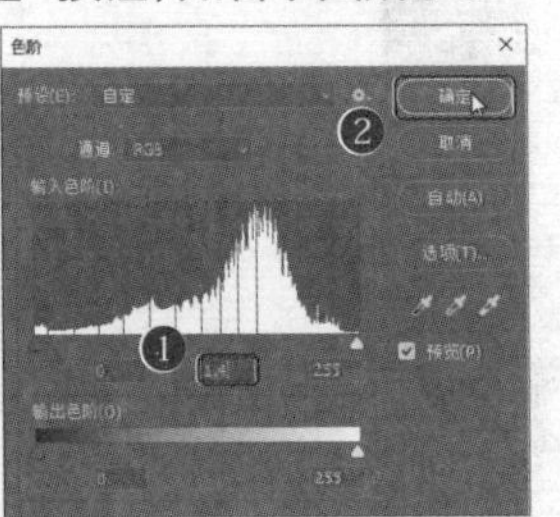

第5步：查看图片效果。通过前面的操作，整体画面更加明亮，如下图所示。

13.3.2 修复曝光过度的照片

拍摄照片时，有时会因阳光过于明媚或室内光的原因，导致产品局部出现过亮的问题。本实例将对图片进行曝光减弱。

第1步：打开素材。按Ctrl+O组合键，打开"素材文件\第13章\运动鞋.jpg"文件，如左下图所示。

第2步：设置亮度参数。执行"图像"→"调整"→"亮度/对比度"命令，打开"亮度/对比度"对话框，❶设置"亮度"为-20；❷单击"确定"按钮，如右下图所示。

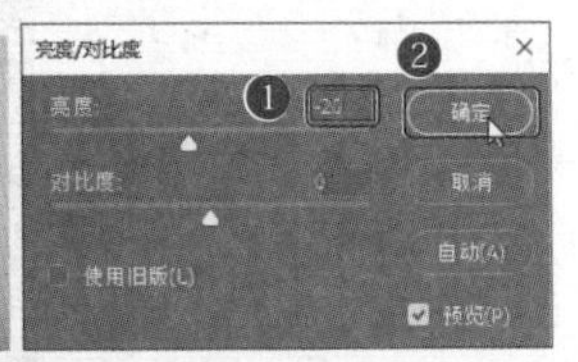

第3步：查看图片效果。通过前面的操作，图片效果如下图所示。

第4步：调整曲线。执行"图像"→"调整"→"曲线"命令，打开"曲线"对话框，❶向下拖动曲线；❷单击"确定"按钮，如下图所示。

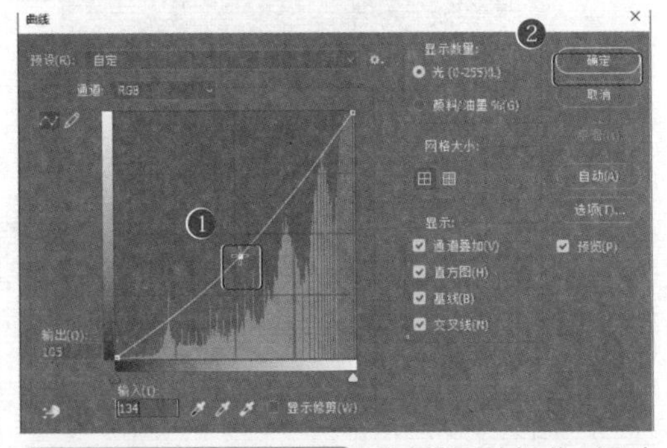

第5步：查看图像效果。通过前面的操作，调暗图片，效果如下图所示。

13.3.3 修复逆光照片

拍摄照片时如果背对光源，就会出现逆光现象。该现象的主要问题是主体偏暗，背景明亮，逆光可以在Photoshop CC中进行修复。

第1步：打开素材文件。 按Ctrl+O组合键，打开“素材文件\第13章\逆光图片.jpg”文件，如右图所示。

第2步：设置阴影数量。 执行“图像”→“调整”→“阴影/高光”命令，打开“阴影/高光”对话框，❶设置阴影“数量”为75%；❷单击“确定”按钮，如左下图所示。

第3步：查看图片效果。 通过前面的操作，调亮阴影区域，效果如右下图所示。

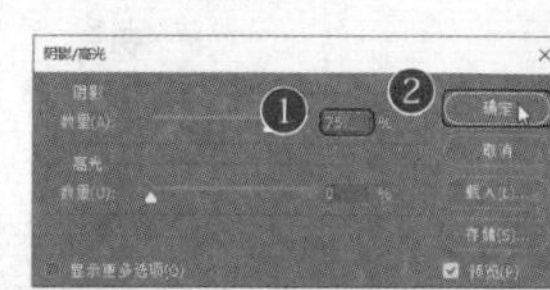

第4步：设置色阶参数。 执行“图像”→“调整”→“色阶”命令，打开“色阶”对话框。❶设置色阶值；❷单击“确定”按钮，如左下图所示。

第5步：查看照片效果。 此时就完成了照片的逆光校正，效果如右下图所示。

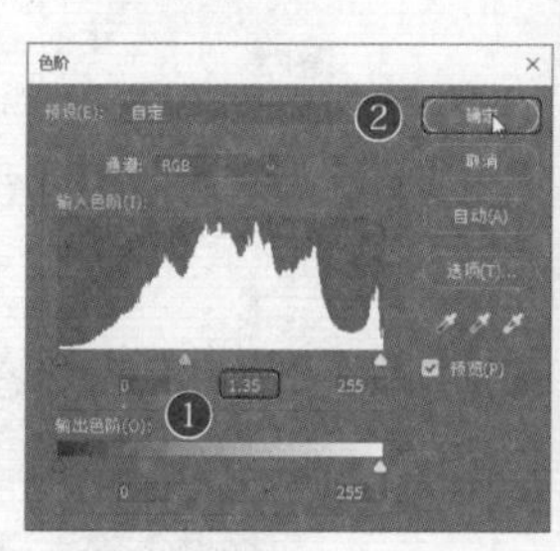

13.4 人像照片美容处理

扫一扫　看视频

※ 案例说明

在处理人物相关的数码照片时，常常需要对照片中的人物进行美容处理。例如美化人物的妆容、去除脸部的瑕疵、瘦脸等。

人像照片的美容处理效果如下表所示。

案例名	处理前	处理后
美化人物唇彩和指甲颜色		
打造人物彩妆		
去除脸部痘痘		
打造时尚小脸		

※ 思路解析

美化人像照片主要会用到画笔工具、蒙版、修补工具、变形工具等。其具体的思路如下图所示。

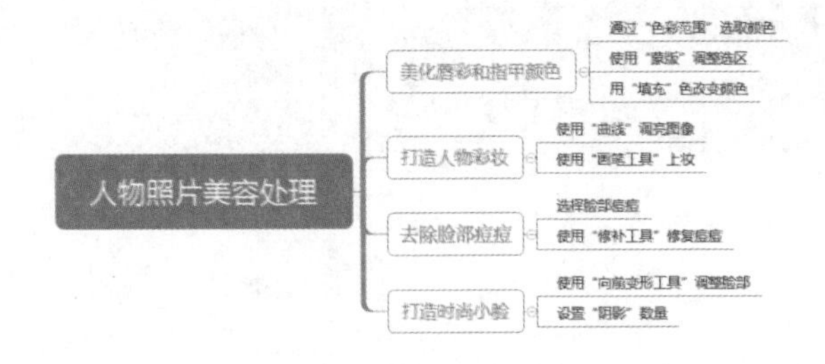

※ 步骤详解

13.4.1 美化人物唇彩和指甲颜色

更改人物的唇彩和指甲颜色，需要理解“色彩范围”的概念，并应用快速蒙版修改选区来实现颜色改变。

>>>1. 色彩范围

“色彩范围”命令可以根据图像的颜色创建选区，该命令提供了丰富的控制选项，具有更高的选择精度。执行“选择”→“色彩范围”命令，打开“色彩范围”对话框，如下图所示。

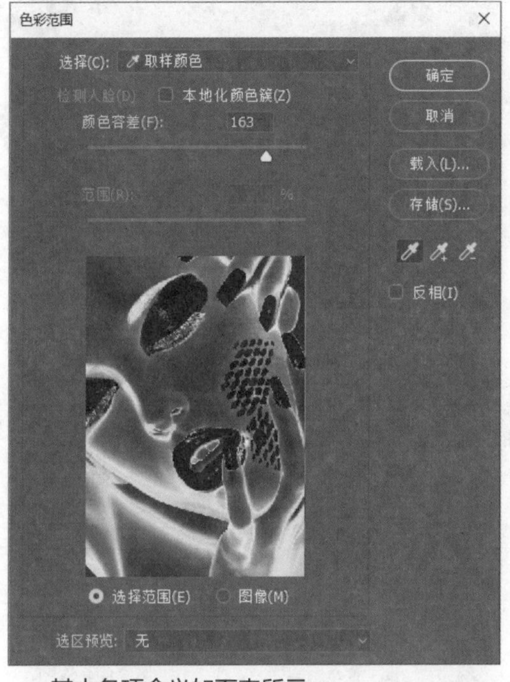

其中各项含义如下表所示。

选 项	含 义
选择	在下拉列表中选择各种颜色选项，包括“取样颜色”“红色”“黄色”“高光”“中间调”“溢色”等
吸管工具	选择“取样颜色”时，可将光标放在图像上，或“色彩范围”对话框的预览图像上单击进行取样。单击“添加到取样”按钮 后进行取样，可以添加选区；单击“从取样中减去”按钮 后进行取样，会减少选区
检测人脸	选择人像或人物皮肤时，可选中该项，以便更加准确地选择肤色
本地化颜色簇	选中该选项后，拖动“范围”滑块可以控制要包含在蒙版中的颜色与取样点的最大和最小距离
颜色容差	用于控制颜色的选择范围，该值越高，包含的颜色越广
选区预览图	选区预览图包含了两个选项，选中“选择范围”时，预览区的图像中，白色代表被选择的区域，黑色代表了未选择的区域，灰色代表了被部分选择的区域；选中“图像”时，则预览区内会显示彩色图像
选区预览	用于设置文档窗口中选区的预览方式
载入/存储	单击“存储”按钮，可以将当前的设置状态保存为选区预设；单击“载入”按钮，可以载入存储的选区预设文件
反相	反转选区，相当于创建了选区后，执行“选择”→“反向”命令

使用“色彩范围”命令创建选区的具体操作方法如下。

第1步：打开素材。 打开“素材文件\第3章\红指甲.jpg”文件，如下图所示。

第2步：设置对话框。执行“选择”→“色彩范围”命令，进入“色彩范围”对话框。设置“选择”为“取样颜色”，如下图所示。

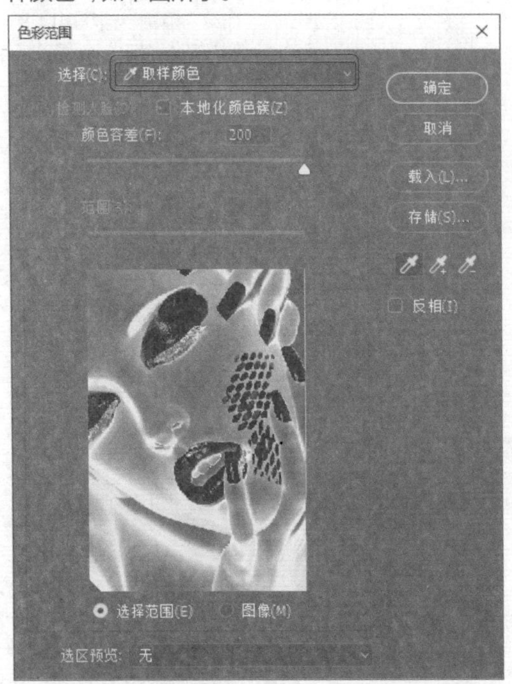

第3步：颜色取样。在人物红色嘴唇上单击，进行颜色取样，如下图所示。

第4步：设置颜色容差。在“色彩范围”对话框中，❶设置“颜色容差”为100；❷单击“确定”按钮，如右上图所示。

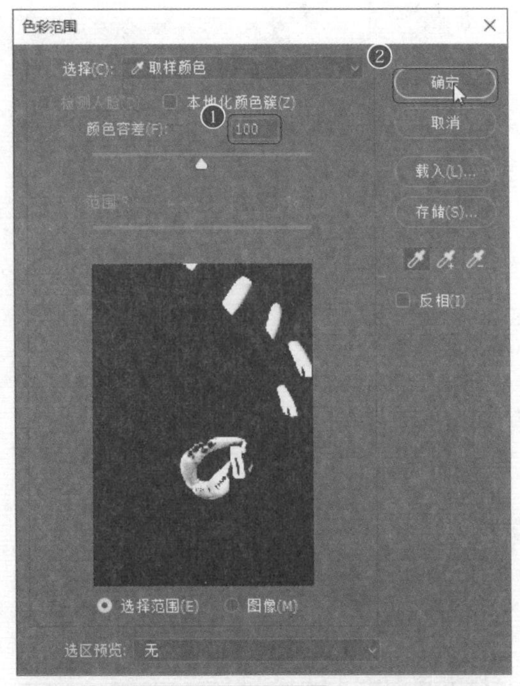

第5步：完成唇彩和指甲选择。通过前面的操作，选中图像中红色嘴唇和红色指甲，如下图所示。

>>>2. 快速蒙版

快速蒙版是一种选区转换工具，它能将选区转换成为一种临时的蒙版图像，方便我们使用画

笔、滤镜等工具编辑蒙版后，再将蒙版图像转换为选区，从而实现选区调整。

双击工具箱中的“以快速蒙版模式编辑”按钮，弹出“快速蒙版选项”对话框，通过对话框可对快速蒙版进行设置，如下图所示。

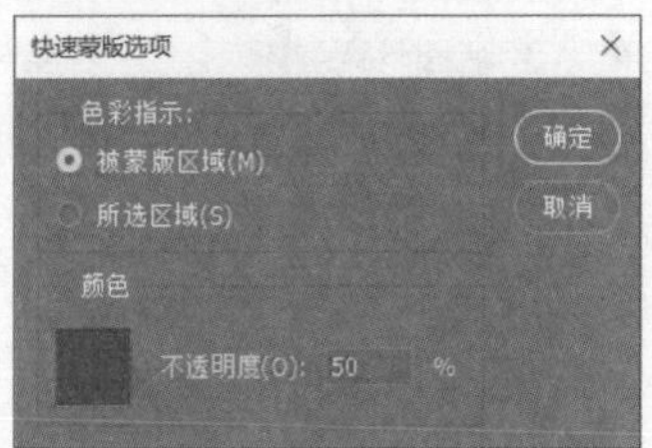

其中各项含义如下表所示。

选 项	含 义
被蒙版区域	将“色彩指示”设置为“被蒙版区域”后，选区之外的图像将被蒙版颜色覆盖
所选区域	如果将“色彩指示”设置为“所选区域”，则选中的区域将被蒙版颜色覆盖
颜色	单击颜色块，可在打开的“拾色器”中设置蒙版颜色；“不透明度”设置蒙版不透明度

接下来使用快速蒙版修改选区。

第1步：放大视图。按Ctrl++组合键，放大视图，前面使用“色彩范围”命令选中的嘴唇和指甲不太完整，如下图所示。

第2步：设置蒙版颜色。双击工具箱底部的“进入快速蒙版编辑模式”按钮，打开“快速蒙版选项”对话框，❶设置蒙版颜色为黑色；❷单击“确定”按钮，如右上图所示。

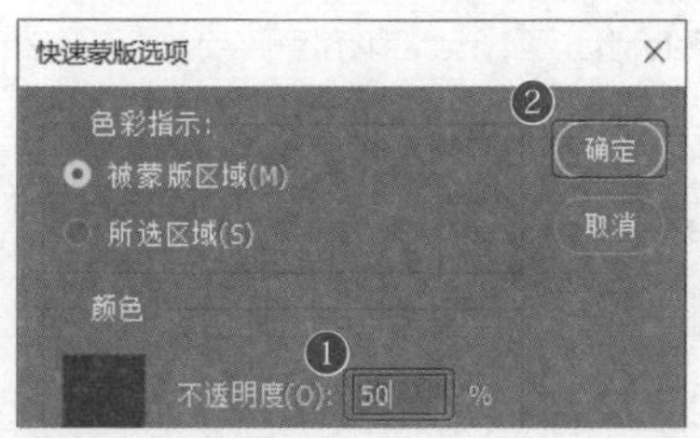

第3步：切换编辑模式。单击工具箱中底部的“进入快速蒙版编辑模式”按钮，切换到快速蒙版编辑模式。此时选区外的范围被黑色蒙版遮挡，如左下图所示。

第4步：设置画笔大小。工具箱中的前景色会自动变为白色，选择工具箱中的“画笔工具”，在选项栏中，单击“画笔预设”图标，在下拉面板中，设置“大小”为15像素，如右下图所示。

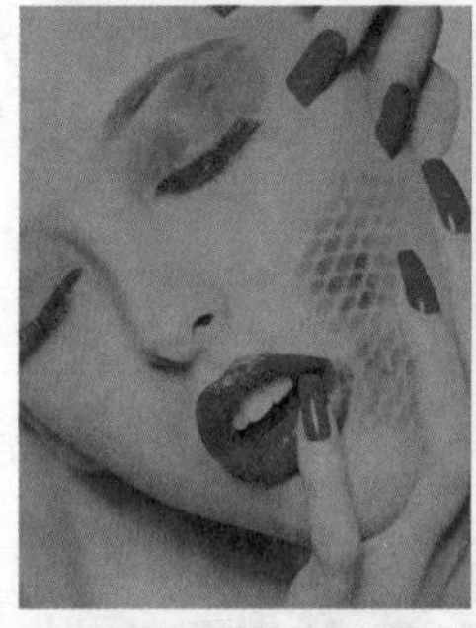

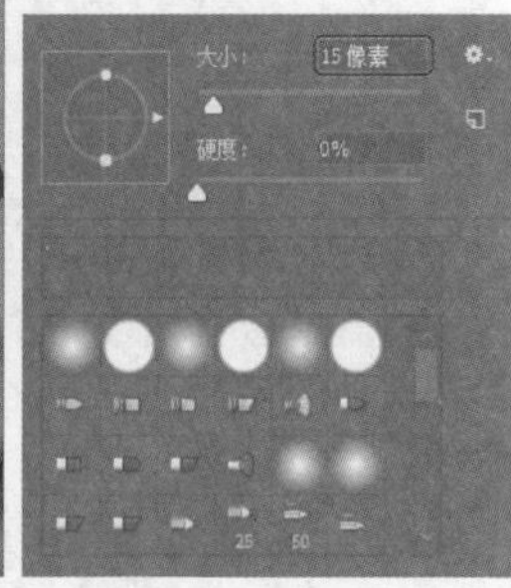

第5步：添加选区。在未选中区域进行涂抹，添加选区，如左下图所示。

第6步：完成选区编辑。单击工具箱中的“以标准模式编辑”按钮，即可退出快速蒙版，切换到标准编辑模式，得到修改后的选区，如右下图所示。

>>>3. 填充

使用“填充”命令可以在选区内填充颜色或图案，在填充时还可以设置不透明度和混合模式。接下来使用“填充”命令填充嘴唇和指甲选区。

第1步：设置前景色和填充参数。❶设置前景色为洋红色#e61af3；❷执行“编辑”→“填充”命令，在打开的“填充”对话框中，设置“内容”为前景色，模式为“颜色”；❸单击“确定”按钮，如下图所示。

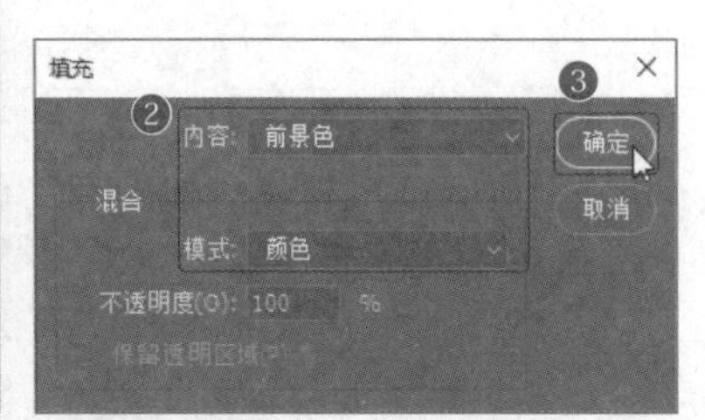

第2步：完成颜色修改。通过前面的操作，为选区填充颜色，如下图所示。

13.4.2 打造人物彩妆

素颜代表清新，但是完美的彩妆可以让人更漂亮。打造人物彩妆的具体步骤如下。

第1步：打开素材文件。打开“素材文件\第13章\卷发.jpg”，如下图所示。

第2步：调整曲线形状。按Ctrl+J组合键复制图层。按Ctrl+M组合键，执行“曲线”命令，拖动曲线形状，如下图所示。

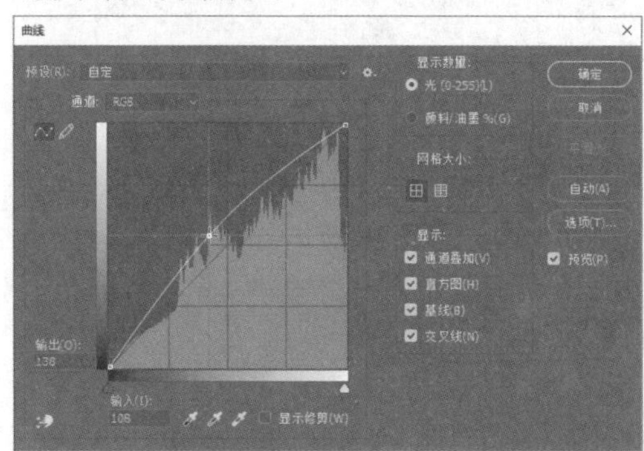

第3步：查看图像效果。通过前面的操作，调亮图像整体效果，如下图所示。

第4步：添加黑色蒙版。为“图层1”添加图层蒙版，并为图层蒙版填充黑色，如下图所示。

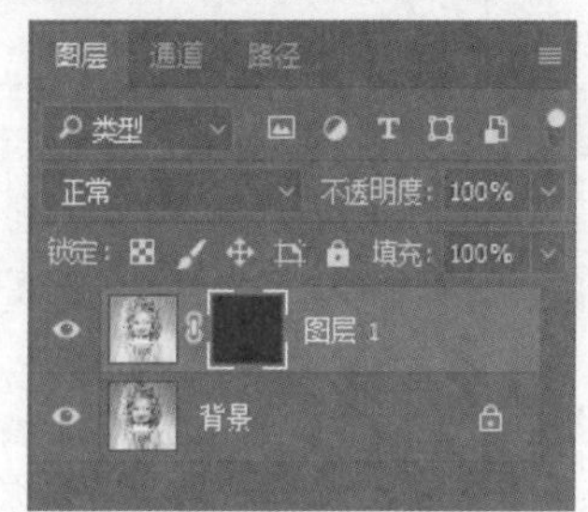

第5步：使用画笔工具。使用白色“画笔工具”在人物皮肤位置涂抹，修改图层蒙版，如下图所示。

第6步：更改图层模式。新建“图层2”，更改图层混合模式为柔光，如下图所示。

第7步：使用画笔工具。设置前景色为桃红色#fb26ac，使用“画笔工具”在头发和嘴唇位置涂抹，如下图所示。

第8步：涂抹腮红。设置前景色为红色#e60012，使用“画笔工具”在两腮涂抹，如下图所示。

第9步：更改图层模式。新建“图层3”。更改图层混合模式为颜色加深，如下图所示。

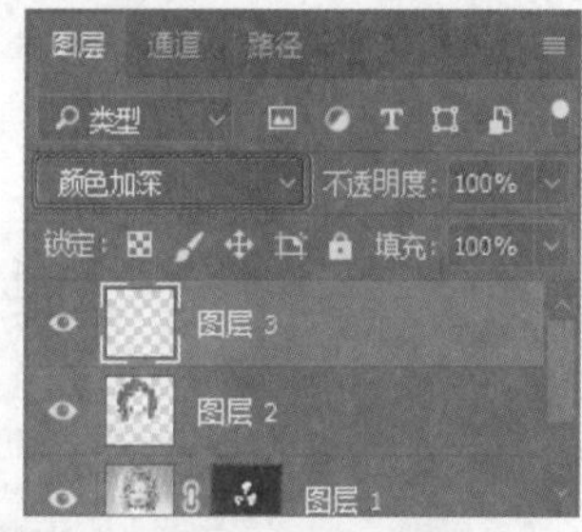

第10步：涂抹眼影。新建“图层3”。设置前景色为黄绿色#c7d354，使用“画笔工具”在上眼皮位置涂抹，如下图所示。

13.4.3 去除脸部痘痘

在拍照时，人物脸部有痘痘、斑点等瑕疵容易影响照片的美观。这时可以通过“修补工具”来去除脸部的瑕疵。

第1步：打开素材复制图层。 打开“素材文件\第13章\痘痘.jpg”文件，按Ctrl + J组合键复制“背景”图层，得到“图层1”，如下图所示。

第2步：选择痘痘区域。 使用工具箱中的“修补工具”，拖动鼠标在有痘痘的区域创建选区，如左下图所示。

第3步：移动选区。 拖动鼠标将选区移动到脸部光滑皮肤的区域，如右下图所示。

第4步：查看选区内痘痘修复效果。 按Ctrl+D组合键取消选择后，选区内的痘痘被修复，如左下图所示。

第5步：修复其他污点。 继续使用“修补工具”，将脸部其他区域的痘痘进行修复，也可将脸上的一些污点一同去除，效果如右下图所示。

第6步：创建新的选区。 使用“套索工具”在人物头发根部的痘痘处创建选区，如右上左侧图所示。

第7步：设置填充对话框。 执行“编辑”→“填充”命令，或按Shift+F5组合键，弹出“填充”对话框。❶在该对话框中设置相应的选项；❷单击“确定”按钮，关闭该对话框，如右下图所示。

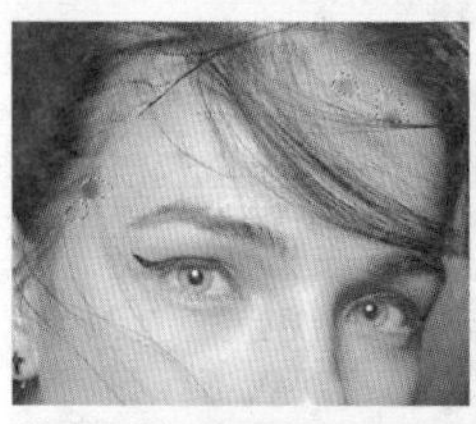

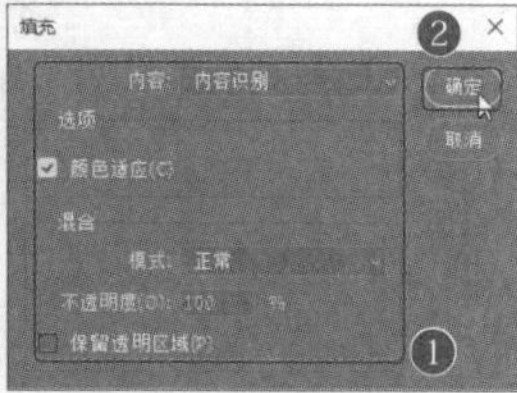

第8步：取消选区。 通过前面的操作，脸上的痘痘全部消失，按Ctrl+D组合键取消选择，如下图所示。

13.4.4 打造时尚小脸

爱美是人的天性，谁都希望有一张小巧的脸。拍摄时由于角度等问题，脸部过宽，可以通过变形工具实现瘦脸的目的。

第1步：打开素材文件。 打开素材“素材文件\第13章\瘦脸.jpg”文件，如下图所示。

第2步：选择变形工具。执行"滤镜→液化"命令，选择左上角的"向前变形工具"，如下图所示。

第3步：设置画笔大小。在右侧的"画笔工具选项"栏中，设置画笔"大小"为80，如下图所示。

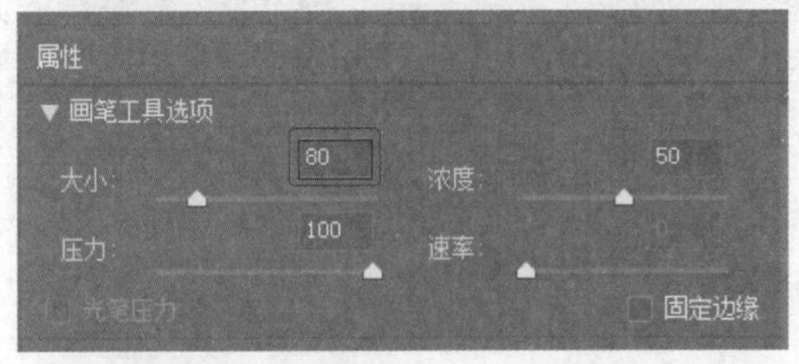

第4步：变形左脸。在人物左侧脸部拖动鼠标进行变形操作，如左下图所示。

第5步：变形右脸。在人物右侧脸部拖动鼠标进行变形操作，如右下图所示。

第6步：设置阴影数量参数。执行"图像"→"调整"→"阴影/高光"命令，❶设置阴影"数量"为35%；❷单击"确定"按钮，如右上图所示。

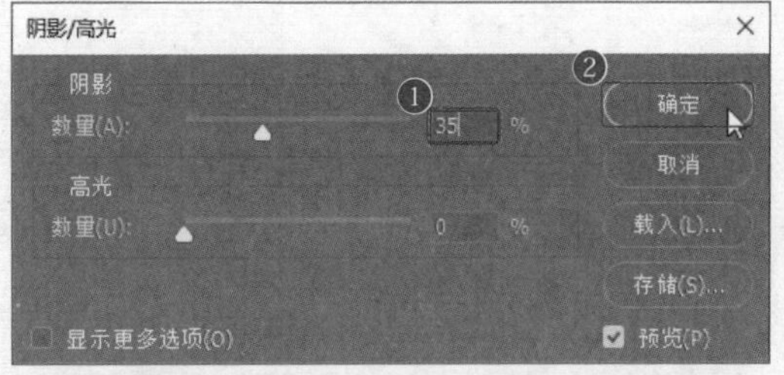

第7步：变形嘴唇。执行"滤镜"→"液化"命令，选择"向前变形工具"，拖动嘴唇对象，如左下图所示。

第8步：改变图层模式。复制"图层1"，更改图层混合模式为"叠加"，"不透明度"为50%，如右下图所示。

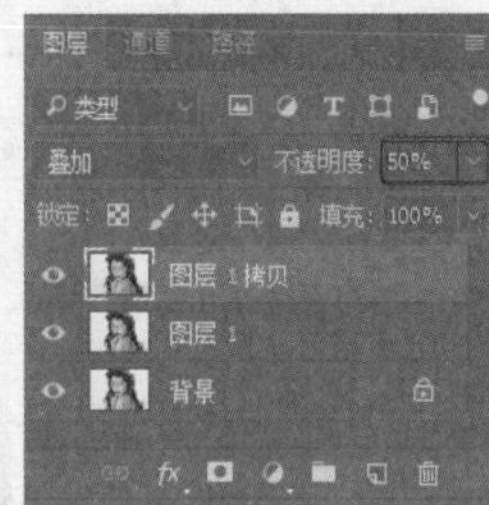

第9步：查看图像效果。此时就完成了人物瘦脸的变形操作，效果如下图所示。

第14章 图像特效与创意合成

◆本章导读

要想使用Photoshop CC制作出更具创意的图像，最重要的一条思路就是图像合成。通过多张不同内容的图像，将其巧妙地组合，成为新的图像，从而实现极具创意的图像效果。

◆知识要点

- ■图层模式设置
- ■使用颜色、渐变等图层
- ■使用阴影和描边图层
- ■使用图层蒙版
- ■进行蒙版转换
- ■在合成图像时进行计算

◆案例展示

14.1 制作“烈火劫”文字特效

扫一扫 看视频

※ 案例说明

本案例主要通过制作“烈火劫”文字特效，学习图层样式、图层合并、图层混合模式和调整图层等知识。完成制作后的案例效果如下。

※ 思路解析

在制作文字特效时，需要灵活运用不同类型的图层，并且设置图层样式。在文字特效制作后期，还需要对图层进行处理。其具体思路如下图所示。

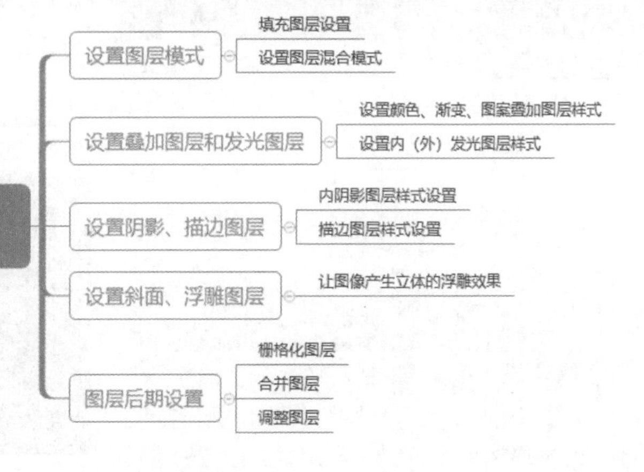

※ 步骤详解

14.1.1 图层模式设置

制作文字特效的第一步便是设置图层模式，这可以确定图像的基本基调。

>>>1. 填充图层

填充图层，可以为目标图像添加色彩、渐变或图案填充效果，这是一种保护性色彩填充，并不会改变图像自身的颜色，下面以渐变和图案填充为例，讲述填充图层的创建方法。

第1步：新建文件。按Ctrl+N组合键，执行“新建”命令，设置“宽度”为12.7厘米，“高度”为7.6厘米，“分辨率”为200像素/英寸，如下图所示。

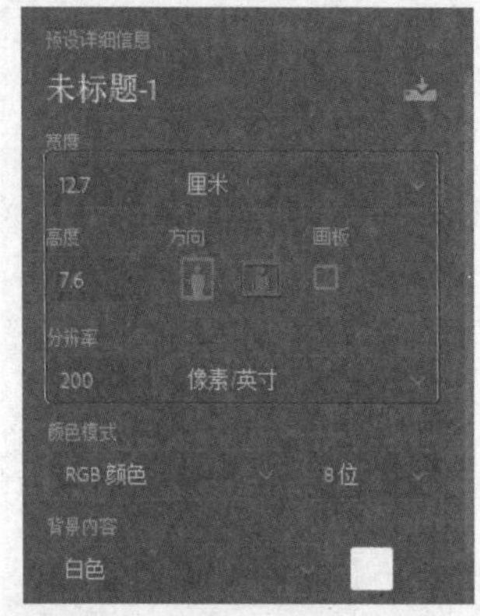

第2步：设置背景。通过前面的操作，新建空白文件，将背景填充为黑色，如下图所示。

第3步：新建图层。执行“图层”→“新建填充图层”→“渐变”命令，打开“新建图层”对话框，单击“确定”按钮，如下图所示。

第4步：选择渐变填充。在打开的“渐变填充”对话框中，❶单击渐变色条右侧的按钮；❷在打开的下拉列表框中，单击“红，绿渐变”，如右上图所示。

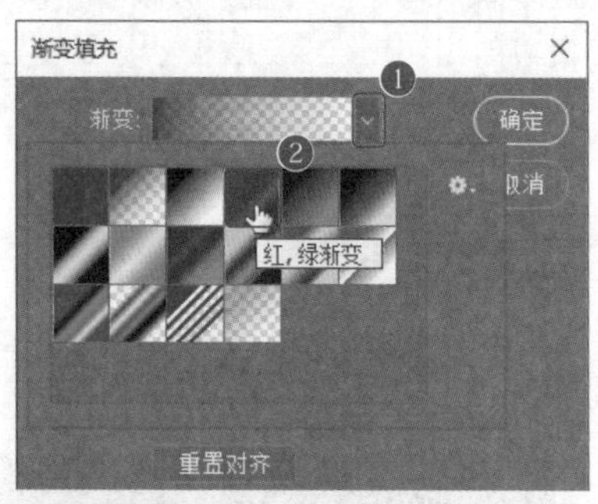

第5步：设置渐变填充参数。❶设置“样式”为线性，“角度”为90度，“缩放”为150%；❷单击“确定”按钮，如下图所示。

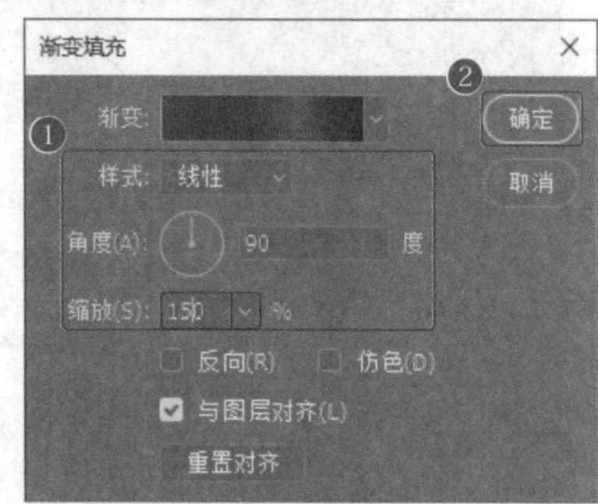

第6步：查看创建的图层。通过前面的操作，创建“渐变填充1”图层，如下图所示。

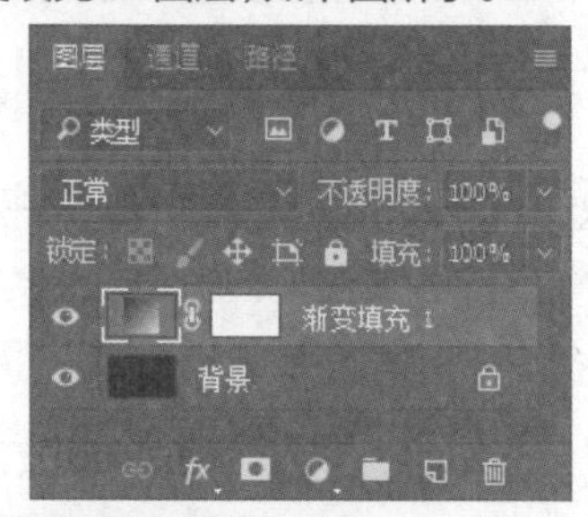

第7步：设置图层透明度。设置“渐变填充1”图层“不透明度”为50%，如下图所示。

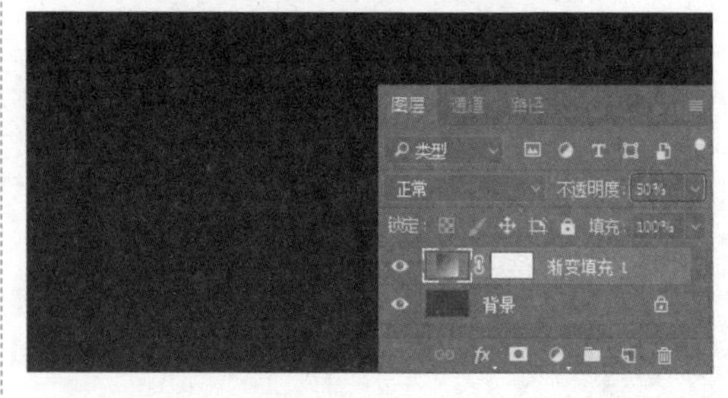

第8步：新建图层并填充纹理。执行“图层”→“新建填充图层”→“图案”命令，打开“新建图层”对话框，❶单击“确定”按钮。弹出“图案填充”对话框，单击左侧图案；❷单击下拉列表框右上角的扩展按钮，在打开的下拉列表框中，如下图所示；❸选择“填充纹理2”，如下图所示。

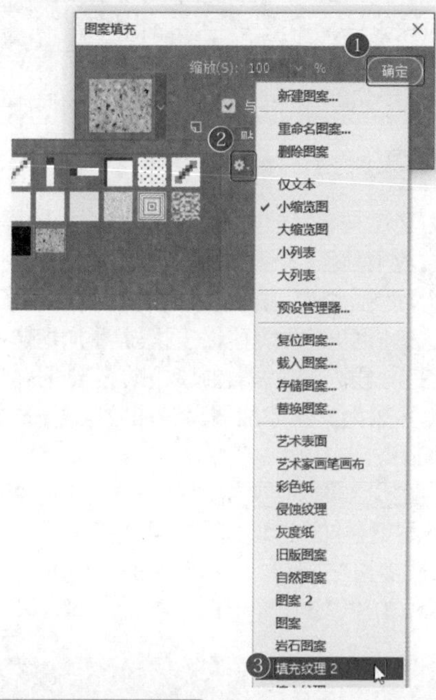

第9步：确定填充纹理。弹出提示对话框，单击“确定”按钮，如下图所示。

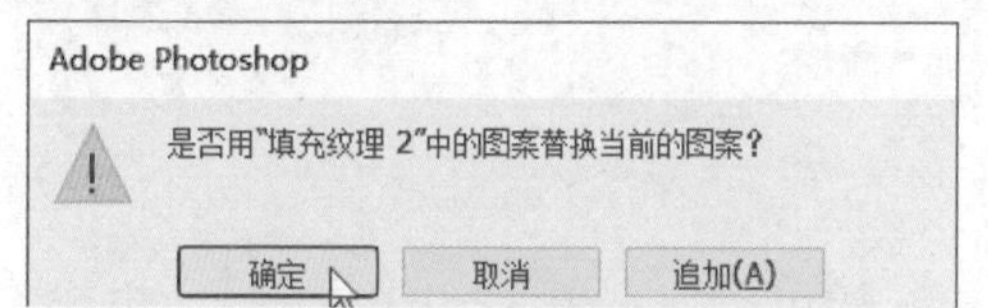

第10步：选择图案。通过前面的操作，成功用“填充纹理2”替换了之前的图案，单击选中“灰泥4”图案纹理，如下图所示。

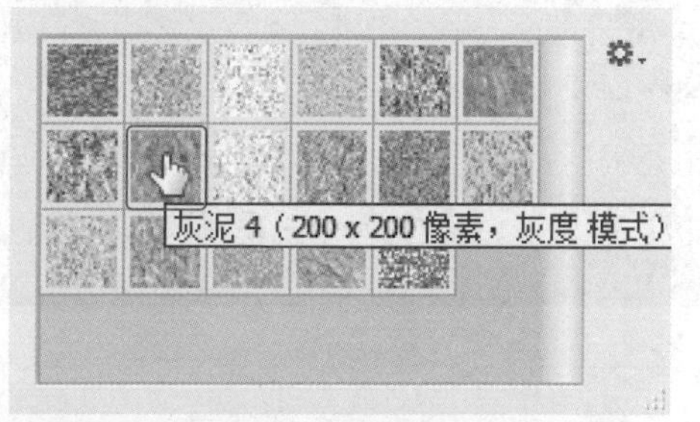

第11步：查看图案填充效果。通过前面的操作，得到图案填充效果，如右上图所示。

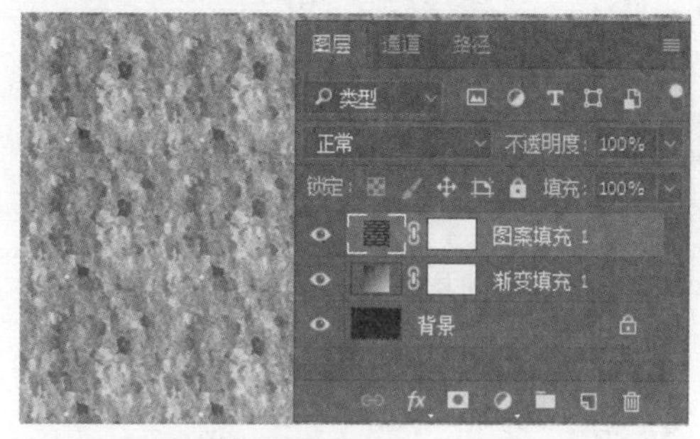

>>>2. 图层混合模式

图层混合模式是指图层和图层之间的混合方式，如下图所示。

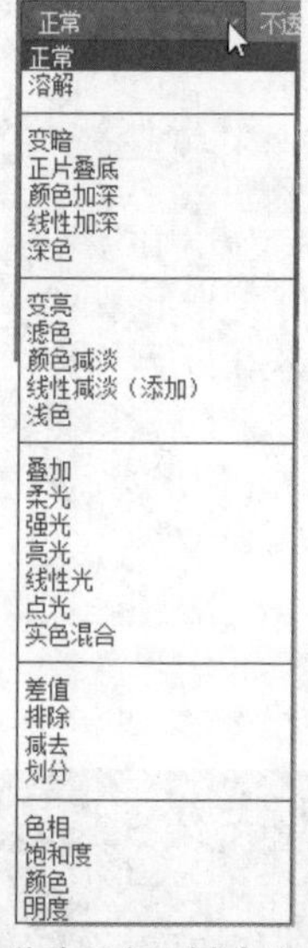

混合模式共分为6组，其含义如下表所示。

组	含 义
组合	该组中的混合模式需要降低图层的不透明度才能产生作用
加深	该组中混合模式可以使图像变暗，在混合过程中，当前图层中的白色将被底色较暗的像素替代
减淡	该组与加深模式产生的效果相反，它们可以使图像变亮。在使用这些混合模式时，图像中的黑色会被较亮的像素替换，而任何比黑色亮的像素都可能加亮底层图像
对比	该组中的混合模式可以增强图像的反差。在混合时，50% 的灰色会完全消失，任何亮度值高于 50% 灰色的像素都可能加亮底层的图像，亮度值低于 50% 灰色的像素则可能使底层图像变暗

续表

比较	该组中的混合模式可能比较当前图像与底层图像，然后将相同的区域显示为黑色，不同的区域显示为灰度层次或彩色。如果当前图层中包含白色，白色的区域会使底层图像反相，而黑色不会对底层图像产生影响
色彩	使用该组混合模式时，Photoshop 会将色彩分为色相、饱和度和亮度 3 种成分，然后将其中一种或两种应用在混合后的图像中

接下来混合图案填充图层，具体操作方法如下。

第1步：设置图层模式。在“图层”面板左上角中，设置图层混合模式为“划分”，“不透明度”为80%，如下图所示。

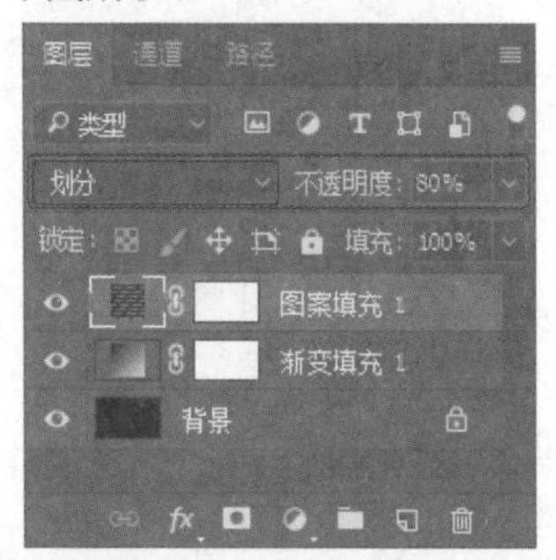

第2步：查看图层效果。通过前面的操作，得到图层混合效果，如下图所示。

第3步：置入素材文件。打开“素材文件\第14章\烈火劫.tif”文件，拖动到当前文件中，如下图所示。

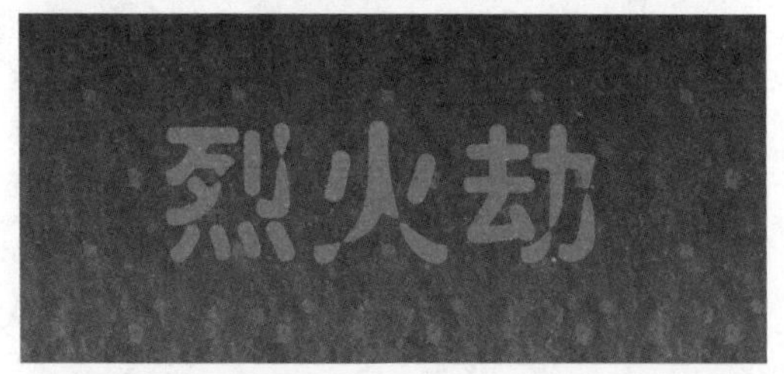

第4步：设置图层样式。双击文字图层，在打开的“图层样式”对话框中，选中“投影”选项，设置“不透明度”为75%，“角度”为90度，“距离”为8像素，“扩展”为5%，“大小”为12像素，如下图所示。

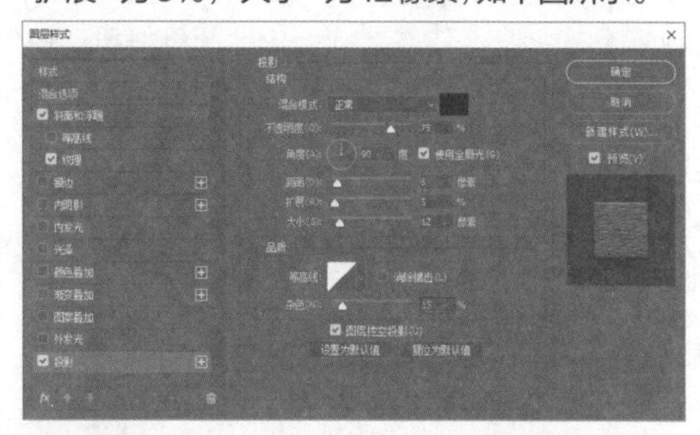

14.1.2 颜色、渐变、发光等图层样式

为了让文字特效实现叠加和发光的效果，下面需要应用颜色、渐变、发光等图层样式。

>>>1. 颜色、渐变、图案叠加图层样式

这三个图层样式可以在图层上叠加指定的颜色、渐变和图案，通过设置参数，可以控制叠加效果。

接下来为文字添加图案叠加效果，具体操作方法如下。

第1步：设置图层样式。在“图层样式”对话框中，选中“图案叠加”选项，设置“混合模式”为正片叠底，图案为“灰泥1”，“不透明度”为100%，“缩放”为100%，如下图所示。

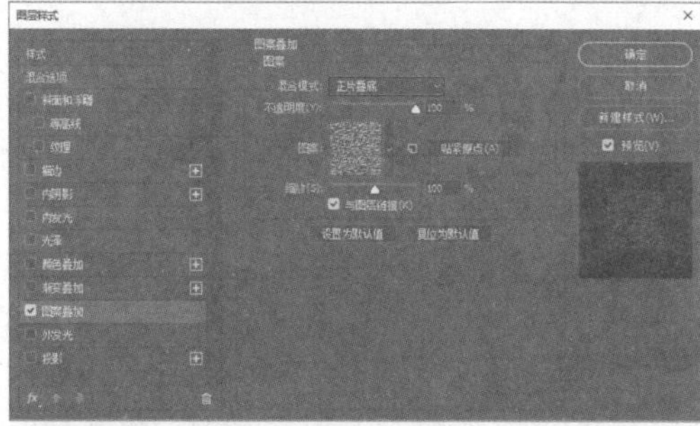

第2步：查看效果。通过前面的操作，为图层添加图案叠加样式，如下图所示。

>>>2. 内(外)发光图层样式

“外发光”是指在图层对象边缘外产生发光效果，其设置对话框如下图所示。

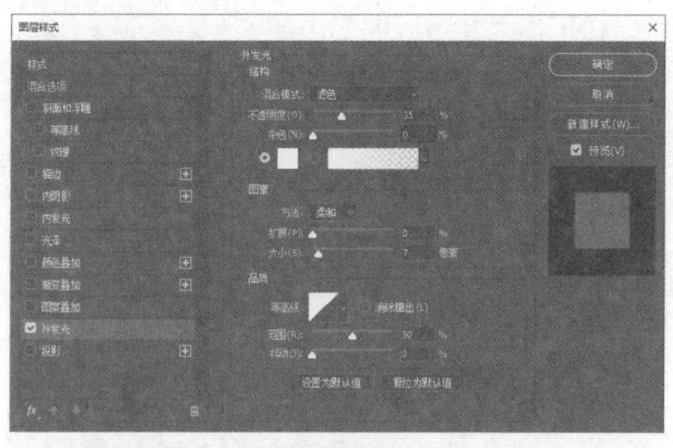

其中各项含义如下表所示。

选项	含 义
混合模式	用于设置发光效果与下面图层的混合方式
不透明度	用于设置发光效果的不透明度，该值越低，发光效果越弱
杂色	在发光效果中添加随机杂色，使光晕呈现颗粒感
发光颜色	“杂色”选项下面的颜色和颜色条用于设置发光颜色
方法	用于设置发光的方法，以控制发光的准确程度
扩展	“扩展”用于设置发光范围的大小
大小	“大小”用于设置光晕范围的大小

“内发光”是指向物体内侧创建发光效果。“内发光”效果中除了“源”和“阻塞”外如下图所示，其他大部分选项都与“外发光”效果相同。

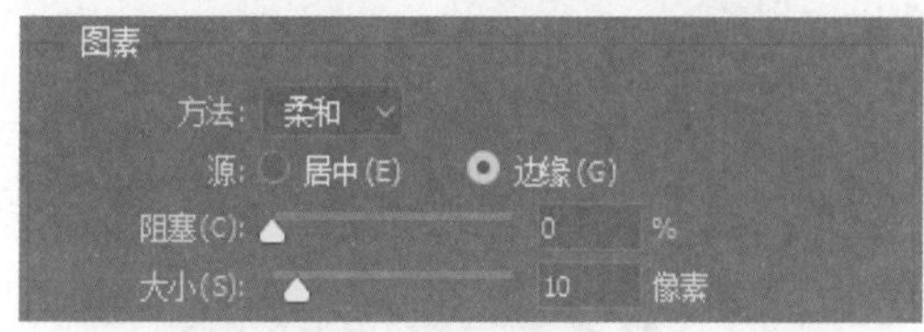

这两项的含义如下表所示。

选项	含 义
源	用于控制发光源的位置
阻塞	用于在模糊之前收缩内发光的杂色边界

接下来为文字添加内发光效果，具体操作方法如下。

第1步：设置图层样式。在“图层样式”对话框中，选中“内发光”选项，设置“混合模式”为实色混合，发光颜色为橙色，“不透明度”为80%，“源”为边缘，“阻塞”为0%，“大小”为10像素，“范围”为100%，“抖动”为0%，如下图所示。

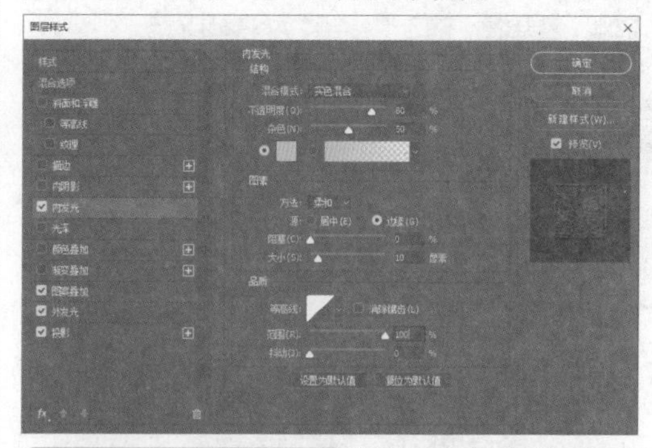

第2步：查看发光效果。通过前面的操作，得到内发光效果，如下图所示。

14.1.3 阴影和描边图层样式

为了让图层产生凹陷和硬边形状的效果，需要使用阴影图层和描边图层。

>>>1. 内阴影图层样式

“内阴影”效果可以在紧靠图层内容的边缘内添加阴影，使图层内容产生凹陷效果。接下来为文字添加内阴影效果。

第1步：设置图层样式。在“图层样式”对话框中，选中“内阴影”选项，设置“混合模式”为线性减淡(添加)，“不透明度”为75%，阴影颜色为橙色#1f6aac，“角度”为-90度，“距离”为8像素，“阻塞”为20%，“大小”为6像素，“杂色”为20%，如下图所示。

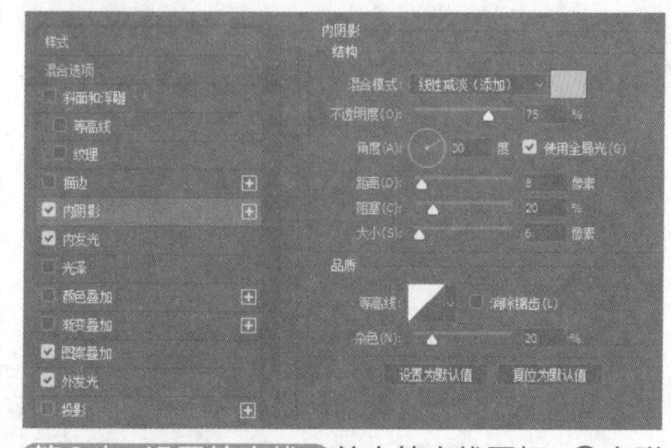

第2步：设置等高线。单击等高线图标，❶在弹

出的“等高线编辑器”对话框中，拖动调整等高线形状；❷单击“确定”按钮，如下图所示。

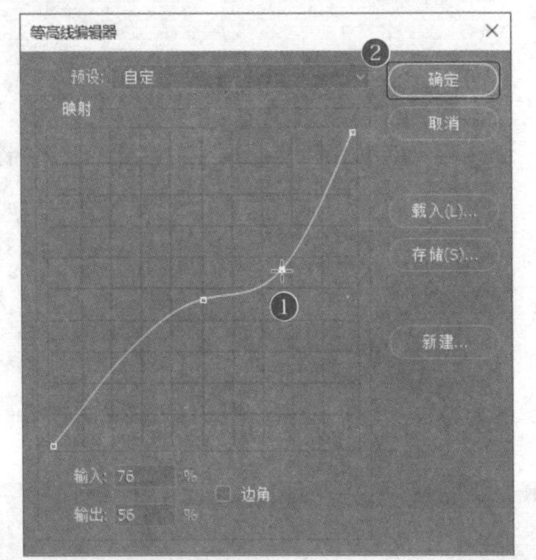

第3步：查看效果。通过前面的操作，得到内阴影效果，如下图所示。

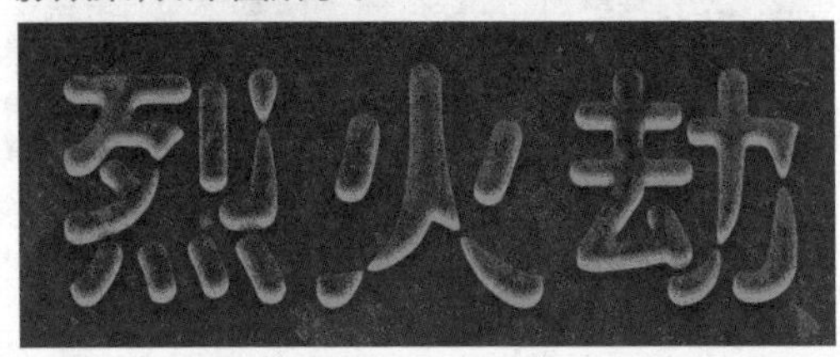

>>>2. 描边图层样式

“描边”效果可以使用颜色、渐变或图案描边图层，对于硬边形状、文字等特别有用。其常用设置选项主要有“大小”“位置”和“填充类型”，如下图所示。

这3项的含义如下表所示。

选项	含 义
大小	用于调整描边的宽度，取值越大，描边越粗
位置	用于调整对图层对象进行描边的位置，有“外部”“内部”和“居中”三个选项
填充类型	用于指定描边的填充类型，分为“颜色”、“渐变”“图案”三种

接下来为文字添加描边效果。

第1步：设置图层样式。双击图层，在打开的“图层样式”对话框中，选中“描边”选项，设置“大小”为1像素，描边颜色为黄色#fff100，如下图所示。

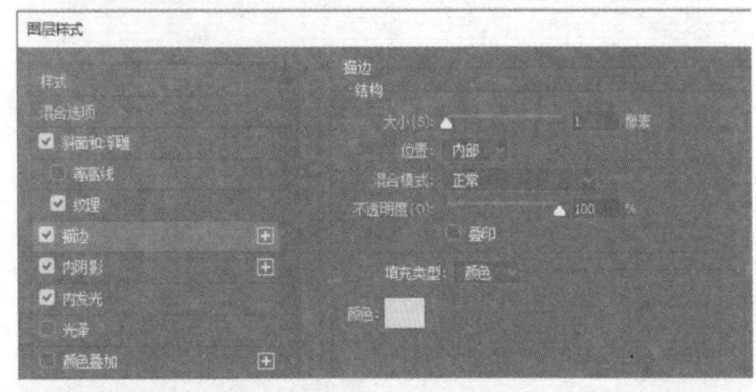

第2步：查看效果。通过前面的操作，得到描边效果，如下图所示。

14.1.4 斜面和浮雕图层样式

“斜面和浮雕”可以使图像产生立体的浮雕效果，是极为常用的一种图层样式。其设置选项如下图所示。

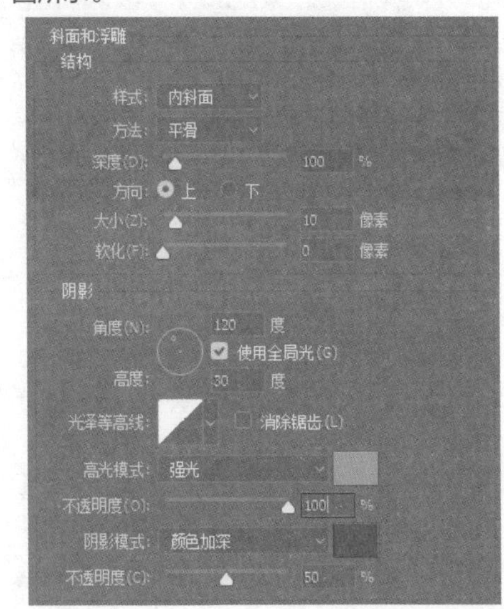

各项含义如下表所示。

选项	含 义
样式	在该选项下拉列表中可以选择斜面和浮雕的样式
方法	用于选择一种创建浮雕的方法
深度	用于设置浮雕斜面的应用深度，该值越高，浮雕的立体感越强
方向	定位光源角度后，可通过该选项设置高光和阴影位置
大小	用于设置斜面和浮雕中阴影面积的大小
软化	用于设置斜面和浮雕的柔和程度，该值越高，效果越柔和
角度 / 高度	“角度”选项用于设置光源的照射角度，“高度”选项用于设置光源的高度
光泽等高线	为斜面和浮雕表面添加光泽，创建具有光泽感的金属外观浮雕效果
消除锯齿	可以消除由于设置了光泽等高线而产生的锯齿
高光模式	用于设置高光的混合模式、颜色和不透明度
阴影模式	用于设置阴影的混合模式、颜色和不透明度

第1步：设置图层样式。双击图层，在打开的“图层样式”对话框中，选中“斜面和浮雕”选项，设置“样式”为内斜面，“方法”为平滑，“深度”为300%，“方向”为上，“大小”为10像素，“软化”为0像素，“角度”为120度，“亮度”为30度，“高光模式”为强光，“不透明度”为100%，颜色为浅橙#ff6c00，“阴影模式”为颜色加深，“不透明度”为50%，颜色为橙色#ff0000，如下图所示。

第2步：查看效果。通过前面的操作，得到斜面和浮雕效果，如下图所示。

14.1.5 图层后期设置

接下来，只需要进行图层后期设置，就可以完成文字特效制作。

>>>1. 栅格化图层

如果要使用绘画工具和滤镜编辑文字图层，需要先将其栅格化，使图层中的内容转换为栅格图像，然后才能够进行相应的编辑。接下来栅格化文字图层，操作方法如下。

第1步：拷贝图层。按Ctrl+J组合键复制图层，生成“烈火劫 拷贝”图层，如左下图所示。

第2步：栅格化图层。选择需要栅格化的图层，执行“图层”→“栅格化”→“文字”命令，栅格化文字图层，如右下图所示。

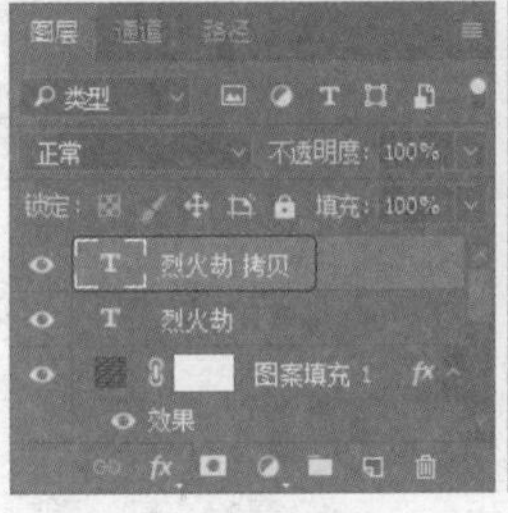

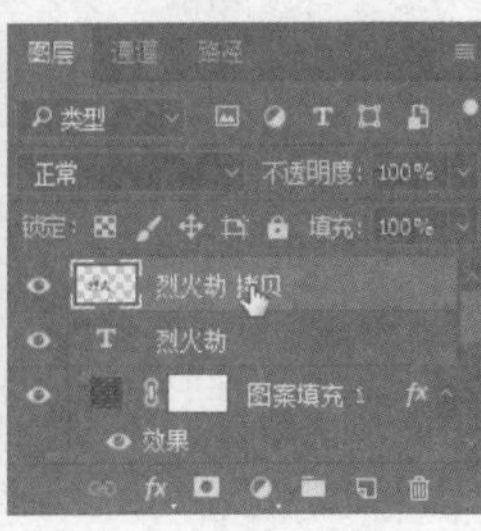

>>>2. 合并图层

图层、图层组和图层样式的增加会占用计算机的内存和暂存盘，从而导致计算机的运算速度变慢。将相同属性的图层进行合并，不仅便于管理，还可减少所占用的磁盘空间，以加快操作速度。

接下来通过合并图层，合并图层样式。

第1步：新建图层。按住Ctrl键，单击“烈火劫 拷贝”图层，将在该图层下方新建“图层1”，如左下图所示。

第2步：合并图层。执行“图层”→“向下合并”命令，或按Ctrl+E组合键，可以合并图层，合并后图层使用下面图层名称，如右下图所示。

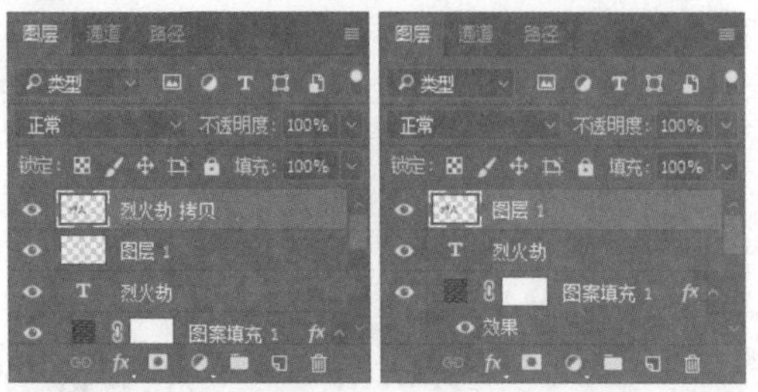

第3步：使用滤镜。执行“滤镜”→“扭曲”→“挤压”命令，在弹出的“挤压”对话框中设置“数量”为40%，单击“确定”按钮，如下图所示。

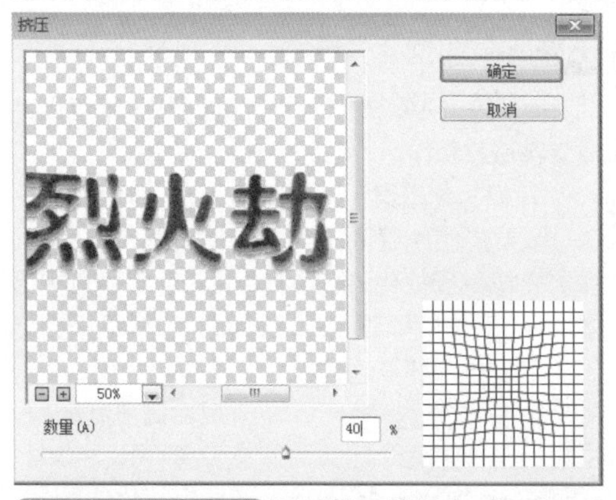

第4步：隐藏图层。通过前面的操作，得到文字扭曲效果。隐藏下方的文字图层，如下图所示。

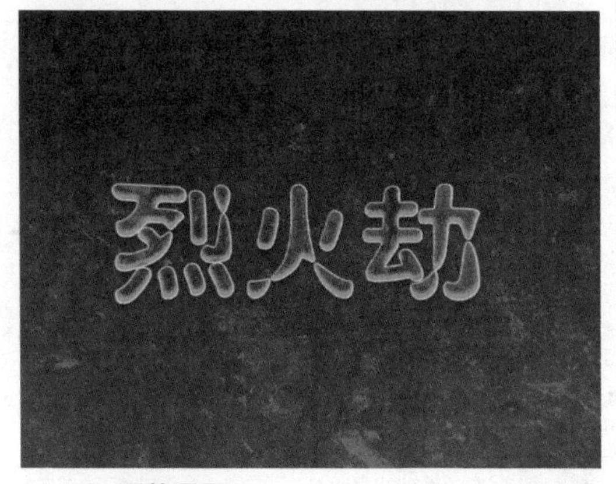

>>>3. 调整图层

调整图层可以将颜色和色调调整应用于图像，但是不会改变原图像的像素，是一种保护性调整方式。

创建调整图层后，会显示相应的参数设置面板。例如，创建“色阶”调整图层后，设置参数的“属性”面板如右上图所示。

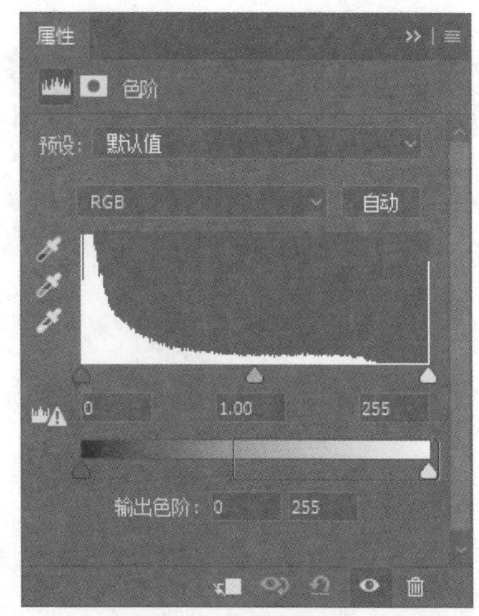

其中各项含义如下表所示。

选 项	含 义
此调整影响下面的所有图层	单击此按钮，用户设置的调整图层效果将影响下面的所有图层
按此按钮可查看上一状态	单击此按钮，可在图像窗口中快速切换原图像与设置调整图层后的效果
复位到调整默认值	单击此按钮，可以将设置的调整参数恢复到默认值
切换图层可见性	单击此按钮，可隐藏用户创建的调整图层，再次单击可以显示调整图层
删除此调整图层	单击此按钮，将会弹出询问对话框，询问是否删除调整图层，单击“是”按钮即可删除相应的调整图层

接下来使用调整图层控制下方图像对比度。

第1步：创建新图层。在“调整”面板中，单击“创建新的色阶调整图层”按钮，如下图所示。

第2步：设置色阶值。在“属性”面板中，设置输入色阶(0，1.45，255)，如下图所示。

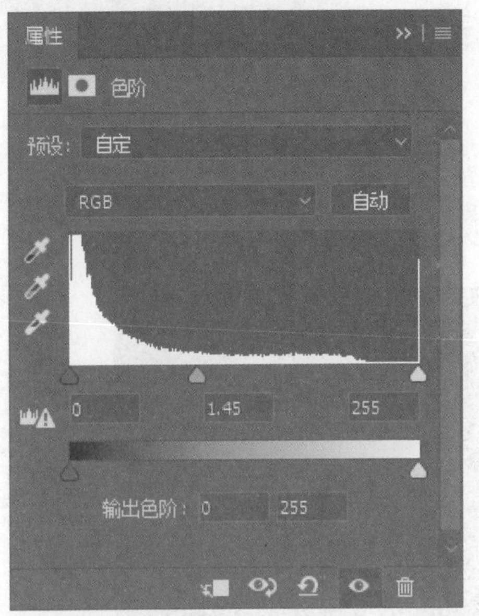

第3步：查看图像效果。通过前面的操作，调整总体图像的对比度，如左下图所示。

第4步：复制粘贴素材。打开“素材文件\第14章\火.jpg”文件，复制粘贴到当前文件中，命名为“火”，如右下图所示。

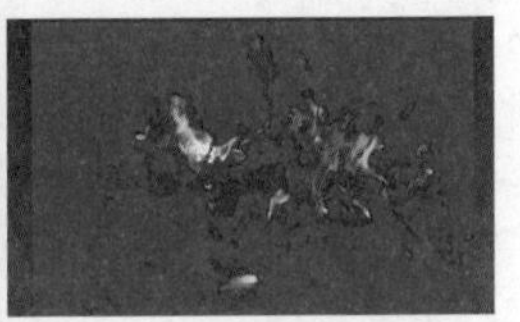

第5步：更改图层模式。更改“火”图层混合模式为滤色，如下图所示。

第6步：查看图层效果。通过前面的操作，得到图层混合效果，如下图所示。

第7步：设置色阶值。继续创建“色阶”调整图层，在“属性”面板中，设置输入色阶(0，2，137)，单击“此调整剪切到此图层”按钮，如下图所示。

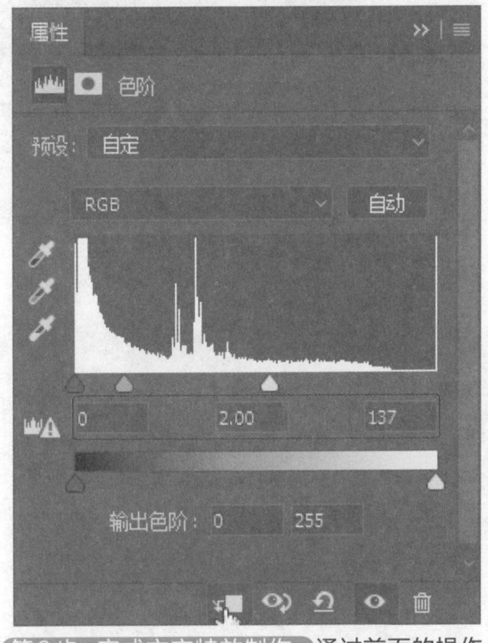

第8步：完成文字特效制作。通过前面的操作，使火焰变得更加鲜艳，效果如下图所示。

扫一扫 看视频

14.2 合成番茄皇冠图像

※ 案例说明

本案例主要通过合成番茄皇冠图像，学习蒙版基本操作。包括创建和编辑图层蒙版、创建和编辑矢量蒙版等基础知识。完成图像合成后的效果如下图所示。

※ 思路解析

在合成番茄皇冠图像时，主要需要应用图层蒙版，其具体的制作思路如下图所示。

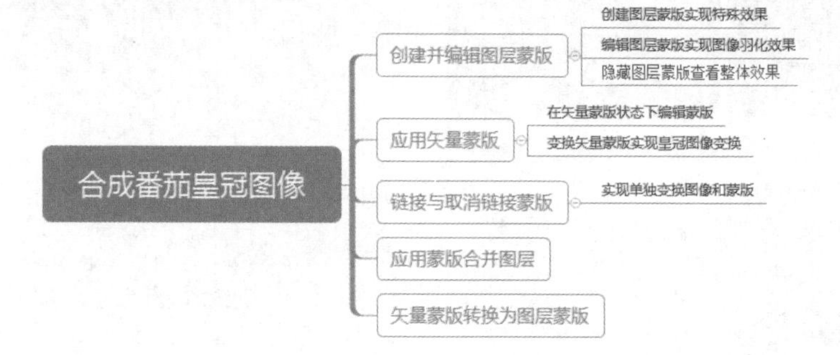

※ 步骤详解

14.2.1 创建并编辑图层蒙版

制作番茄皇冠图像首先需要创建并编辑图层蒙版。

>>>1. 创建图层蒙版

图层蒙版是一种特殊的蒙版，它附加在目标图层上，用于控制图层中的部分区域是隐藏还是显示。通过使用图层蒙版，可以在图像处理中制作出特殊的效果。

第1步：打开素材文件。打开“素材文件\第14章\番茄.jpg”文件，如左下图所示。

第2步：打开素材文件。 打开“素材文件\第14章\婴儿.jpg”文件，如右下图所示。

第3步：复制粘贴图像。 将婴儿图像复制粘贴到蕃茄图像中，如右图所示。

第4步：添加图层蒙版。 在“图层”蒙版中，单击“添加图层蒙版”按钮，如左下图所示。

第5步：查看添加的图层蒙版。 通过前面的操作，为“图层1”添加图层蒙版，如右下图所示。

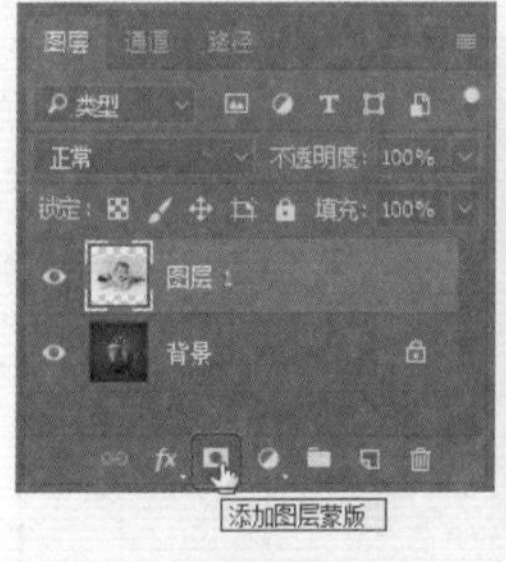

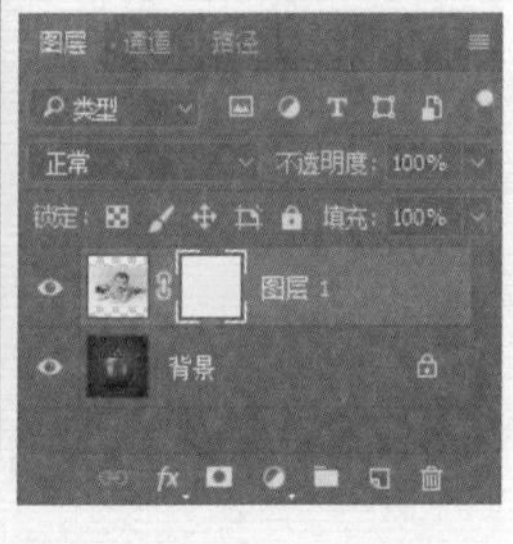

>>>2. 编辑图层蒙版

创建图层蒙版后，常会使用“画笔工具”对蒙版进行编辑。将画笔设置为黑色，在蒙版中绘画后，被绘制的区域即被隐藏；将画笔设置为白色，在蒙版中涂抹后，被绘制的区域即可显示出来；使用半透明画笔进行涂抹，可以创建图像的羽化效果。

第1步：选择画笔工具。 选择“画笔工具”，在画笔选取器中，选择“柔边圆”画笔，如右图所示。

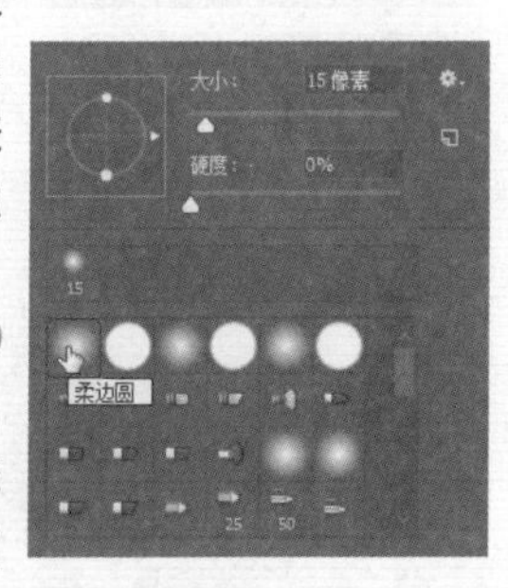

第2步：使用画笔工具。 设置前景色为黑色#000000，在图像中单击，图像被隐藏，如左下图所示。

第3步：隐藏人物背景。 继续拖动鼠标，修改图层蒙版，隐藏人物背景图像，如右下图所示。

第4步：移动人物位置。 向下方拖动，移动人物图像的位置，如左下图所示。

第5步：修改图层蒙版。 继续使用“画笔工具”修改图层蒙版，如右下图所示。

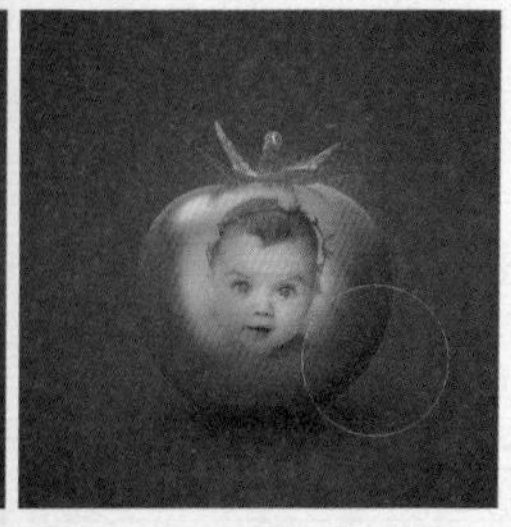

第6步：涂抹人物。 调整画笔不透明度为20%，设置前景色为白色。在人物周围涂抹，显示出部分背景，如下图所示。

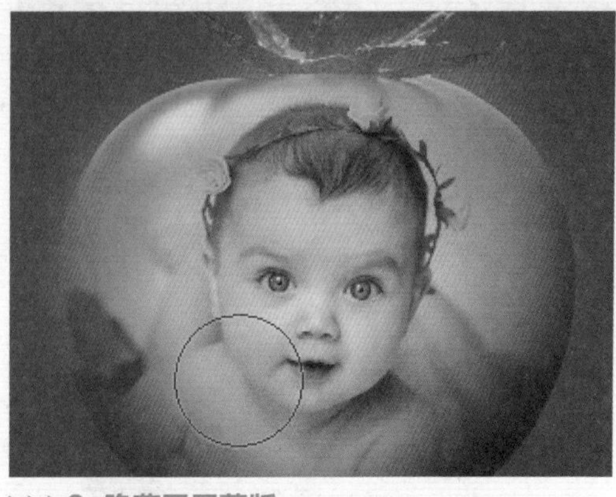

>>>3. 隐藏图层蒙版

对于已经通过蒙版进行编辑的图层，也可以随时查看原图效果。

接下来查看图层蒙版原图效果。

第1步：隐藏图层蒙版。 按住Shift键，单击图层蒙版缩览图，如下图所示。

第2步：观察图像。通过前面的操作，可以暂时隐藏图层蒙版效果，方便设计师对整体效果进行观察，如下图所示。

第3步：显示图层蒙版。再次按住Shift键，单击图层蒙版缩览图，可以显示出图层蒙版。图层蒙版缩览图中的红叉消失，如下图所示。

14.2.2 应用矢量蒙版

接下来需要在矢量状态下编辑蒙版。

>>>1. 创建矢量蒙版

矢量蒙版则是将矢量图形引入蒙版中，它不仅丰富了蒙版的多样性，还提供了一种可以在矢量状态下编辑蒙版的特殊方式。

第1步：打开素材。打开“素材文件\第14章\儿童.jpg”文件，如下图所示。

第2步：复制粘贴图像。将儿童图像复制粘贴到蕃茄图像中，如下图所示。

第3步：选择形状。选择“自定形状工具”，在选项栏中，选择“皇冠5”形状，如下图所示。

第4步：绘制路径。在选项栏中，选择“路径”选项，拖动鼠标绘制路径，如左下图所示。

第5步：添加蒙版。在"图层"面板中，按住Ctrl键，单击"添加图层蒙版"按钮，即可为图像添加矢量蒙版，如右下图所示。

第6步：查看图像效果。添加矢量蒙版后，得到图像效果，如下图所示。

>>> 2. 变换矢量蒙版

创建矢量蒙版后，还可以变换矢量蒙版，接下来变换皇冠图像。

第1步：隐藏蒙版。单击"图层"面板中的矢量蒙版缩览图，如左下图所示。

第2步：进行变换操作。执行"编辑"→"自由变换路径"命令，即可对矢量蒙版进行各种变换操作，如右下图所示。

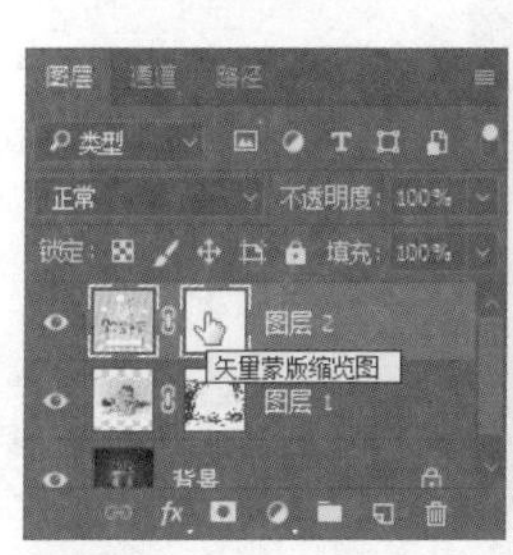

14.2.3 链接与取消链接蒙版

创建蒙版后，蒙版缩览图和图像缩览图中间有一个链接图标，它表示蒙版与图像处于链接状态，此时进行变换操作，蒙版会与图像一同变换。取消链接蒙版后，则可以单独变换图像和蒙版。接下来取消蒙版链接状态。

第1步：取消蒙版链接。在"图层"面板中，单击图层和蒙版缩览图之间的"指示矢量蒙版链接到图层"图标，如左下图所示。

第2步：查看链接取消效果。通过前面的操作，可以取消图层和蒙版之间的链接，取消后可以单独变换图像和蒙版，如右下图所示。

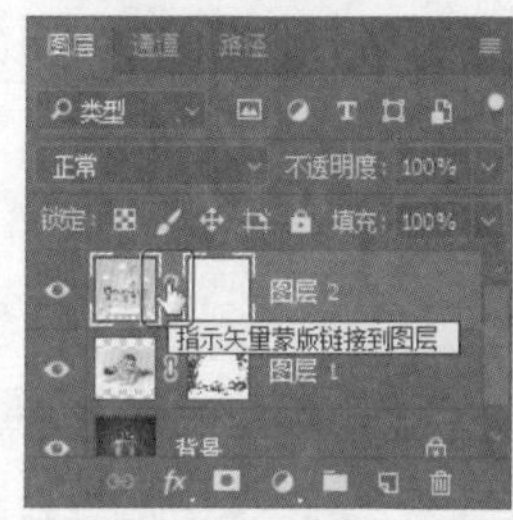

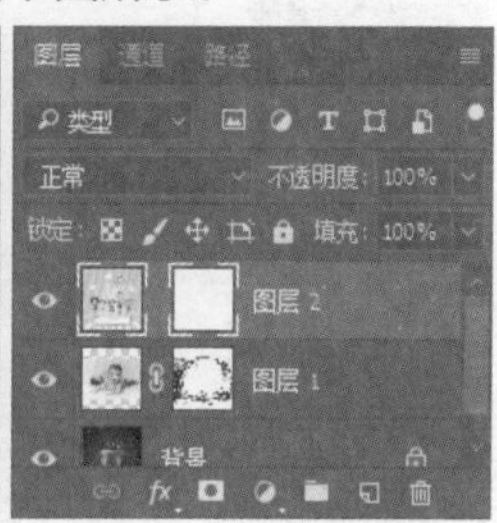

第3步：选中图层2。单击"图层2"缩览图，选中该图层，如左下图所示。

第4步：移动图像位置。使用"移动工具"移动图像，调整图像位置，如右下图所示。

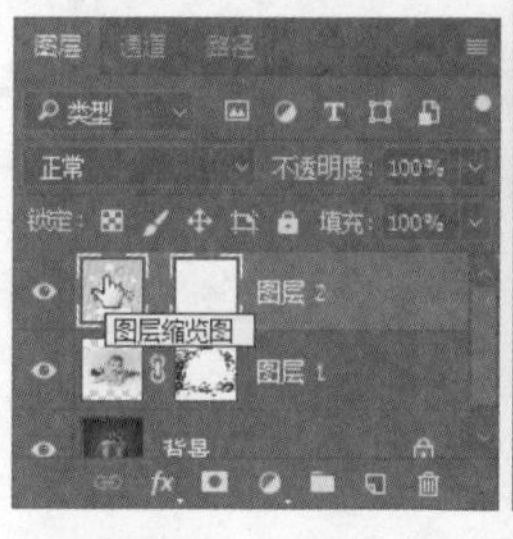

14.2.4 应用蒙版合并图层

当确定不再修改图层蒙版时，可将蒙版进行应用，即合并到图层中。

第1步：应用图层蒙版。在蒙版缩览图上右击，在弹出的菜单中选择"应用图层蒙版"命令，如左下图所示。

第2步：查看图层蒙版合并效果。通过前面的操作，应用图层蒙版。图层蒙版效果合并到图层中，如右下图所示。

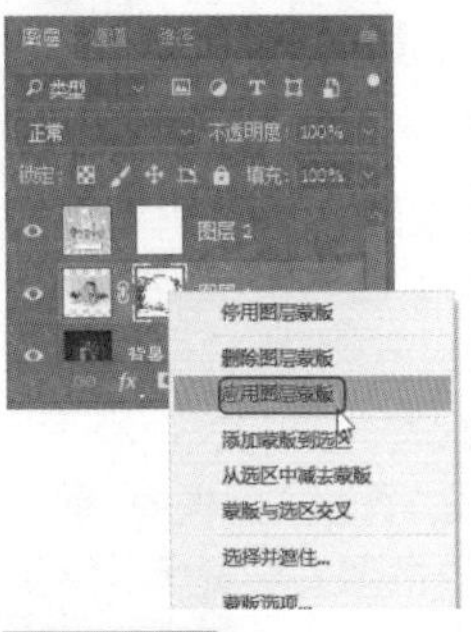

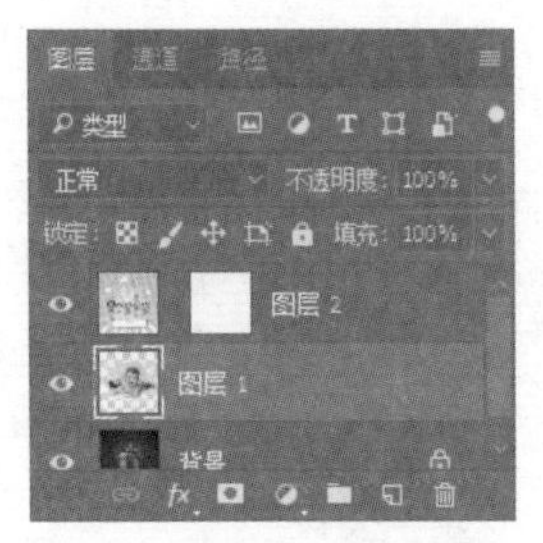

专家点拨

在“图层”面板中选择蒙版缩览图，并将其拖动至面板底部的“删除图层”按钮 🗑 处 。可以删除图层蒙版。

删除图层蒙版后，蒙版效果也不再存在；而应用图层蒙版时，虽然删除了图层蒙版，而蒙版效果依然存在，并合并到图层中。

14.2.5 矢量蒙版转换为图层蒙版

矢量蒙版和图层蒙版都有其独有的编辑属性。接下来将矢量蒙版转换为图层蒙版。

第1步：栅格化蒙版。 在蒙版缩览图上右击，在弹出的菜单中选择“栅格化矢量蒙版”命令，如左下图所示。

第2步：查看蒙版转换效果。 通过前面的操作，可以将矢量蒙版转换为图层蒙版，如右下图所示。

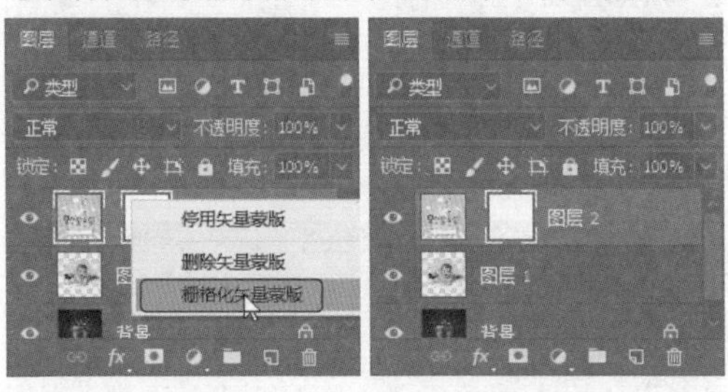

扫一扫 看视频

14.3 合成傍晚的引路灯

※ 案例说明

本案例主要通过合成傍晚的引路灯效果，学习通道运算基本操作，包括应用图像和计算命令。完成制作后的图像合成效果如下图所示。

※ 思路解析

制作傍晚引路灯的图像特效方法比较简单，主要用到了图片混合功能以及在混合图像时，进行参数计算。其具体思路如下图所示。

合成傍晚的引路灯
- 应用图像
  - 将两张图片混合到一起
- 计算
  - 将图像混合结果新建为通道
  - 设置混合参数

※ 步骤详解

14.3.1 应用图像

在如下图所示的“应用图像”对话框中，各项含义如下表所示。

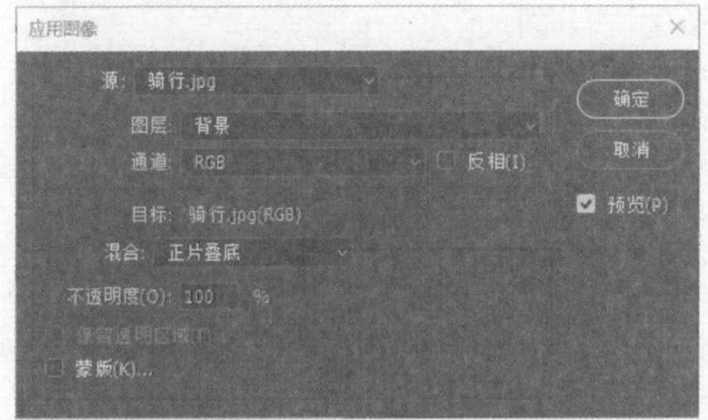

选项	含　义
源	默认的当前文件，也可以选择使用其他文件来与当前图像混合，但选择的文件必须打开，并且与当前文件具有相同尺寸和分辨率的图像
图层和通道	“图层”选项用于设置源图像需要混合的图层，当只有一个图层时，就显示背景图层。“通道”选项用于选择源图像中需要混合的通道，如果图像的颜色模式不同，通道也会有所不同
目标	显示目标图像，以执行应用图像命令的图像为目标图像
混合和不透明度	“混合”选项用于选择混合模式。“不透明度”选项用于设置源中选择的通道或图层的不透明度
反相	这个选项对源图像和蒙版后的图像都是有效的。如果想要使用与选择区相反的区域，可选择该项

接下来混合通道，具体操作方法如下。

第1步：打开素材。打开“素材文件\第14章\灯.jpg”文件，如右上左侧图所示。

第2步：打开素材。打开“素材文件\第14章\骑行.jpg”文件，如右上右侧图所示。

第3步：应用图像。在“骑行”这张图中，执行“图像”→“应用图像”命令，在弹出的“应用图像”对话框中，设置“源”为“灯.jpg”，“混合”为“浅色”，单击“确定”按钮，如下图所示。

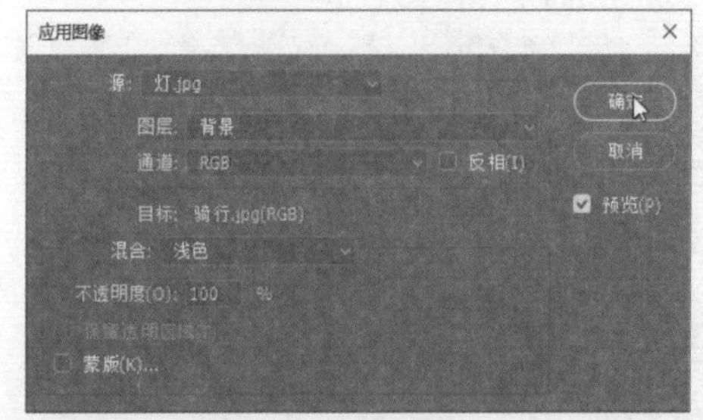

第4步：查看效果。通过前面的操作，得到通道混合效果，效果如下图所示。

14.3.2 计算

“计算”命令与“应用图像”命令基本相同，也可将不同的两个图像中的通道混合在一起，它与“应用图像”命令不同的是，使用“计算”命令混合出来的图像以黑、白、灰显示。并且通过“计算”

面板中结果选项的设置，可将混合的结果新建为通道、文档或选区。

第1步：设置计算参数。执行“图像”→“计算”命令，在弹出的“计算”对话框中，设置“源1”为“灯.jpg”，“通道”为“红”，“源2”为“骑行.jpg”，“通道”为“红”，“混合”为“叠加”，“结果”为选区，单击“确定”按钮，如下图所示。

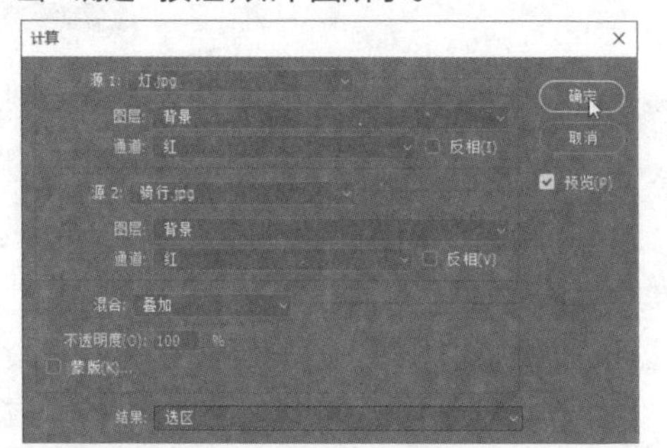

第2步：完成混合通道选区。通过前面的操作，得到混合通道选区，如下图所示。

第3步：更改图层模式。按Ctrl+J组合键，复制选区到新图层中。更改图层混合模式为“正片叠底”，如下图所示。

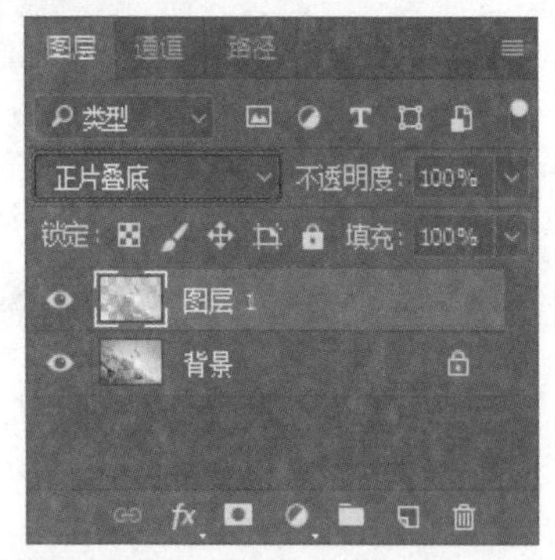

第4步：查看图像效果。通过前面的操作，图像整体变暗，如下图所示。

第5步：复制图层。再次按Ctrl+J组合键，复制图层，如下图所示。

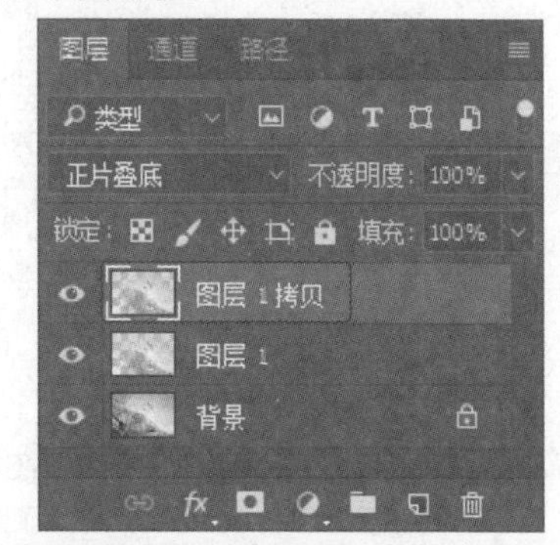

第6步：查看图像效果。通过前面的操作，加强图像整体变暗效果，如下图所示。

专家点拨

使用“应用图像”和“计算”命令进行操作时，如果是两个文件之间进行通道合成，需要确保两个文件有相同的文件大小和分辨率，否则将不能进行通道合成。

第15章 网店美工设计

◆本章导读

网店设计对网店的成交量起到了至关重要的作用，不仅要注重商品图片处理，更要注重店铺各个板块的设计。

◆知识要点

- 宝贝图片处理
- 网店店标设计
- 首页焦点图设计
- 详情页布局设计
- 详情页商品展示设计
- 产品特色卖点设计

◆案例展示

扫一扫 看视频

15.1 宝贝图片处理与优化

※ 案例说明

在拍摄宝贝照片的时候，由于光线、角度、背景等因素，拍摄出来的照片往往不够理想。为了让网店的宝贝更加吸引人，就需要对宝贝照片进行处理与优化，才能进一步向顾客展示商品。

如下图所示，分别是去除宝贝照片多余对象、调整照片清晰度、处理模特身材、调出不同颜色后的宝贝图片效果。

※ 思路解析

在处理和优化宝贝照片时，根据照片的特点不同，处理方法也不同，其具体思路如下图所示。

宝贝图片处理与优化

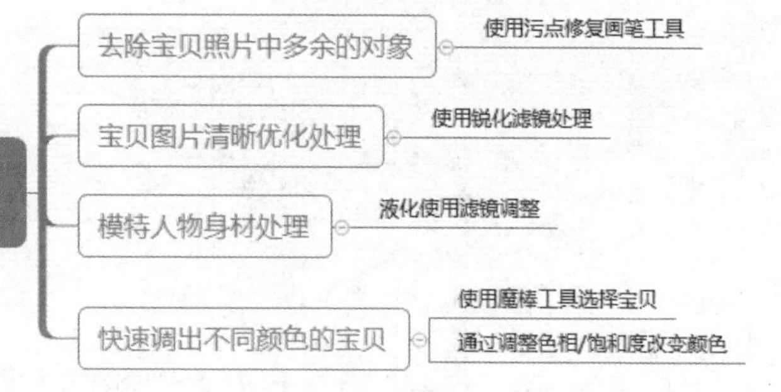

※ 步骤详解

15.1.1 去除宝贝照片中多余的对象

如果宝贝照片中有多余的对象，可以使用Photoshop中的污点修复画笔工具进行处理。其前后对比效果如下图所示。

第1步：打开素材。按Ctrl+O组合键，打开"素材文件\第15章\包.jpg"文件。选择工具箱中"污点修复画笔工具"，将光标放到要去除的物件中，按住鼠标左键不放拖动，如下图所示。

第2步：完成多余物体的处理。释放鼠标后，多余的物件被去除，如下图所示。

15.1.2 宝贝图片清晰度优化处理

如果宝贝照片有一些模糊，可以使用Photoshop中的"锐化"滤镜进行处理，但对太过模糊的图片不适用。其前后对比效果如下图所示。下面介绍其具体操作步骤。

第1步：打开素材。按Ctrl+O组合键，打开"素材文件\第15章\T恤.jpg"文件，如左下图所示。

第2步：使用滤镜。执行"滤镜"→"锐化"→"USM锐化"命令，打开"USM锐化"对话框，❶设置参数；❷单击"确定"按钮，如右下图所示。

第3步：查看效果。此时宝贝图片清晰度优化处理后的效果如下图所示。

15.1.3 模特人物身材处理

有时为了突出衣服的穿着效果，需要对模特的身材进行微处理，其前后对比效果如下图所示。下面介绍其具体操作步骤。

第1步：打开素材。按Ctrl+O组合键，打开“素材文件\第15章\模特.jpg”文件，如下图所示。

第2步：使用液化。执行“滤镜”→“液化”命令，打开“液化”对话框，如下图所示。

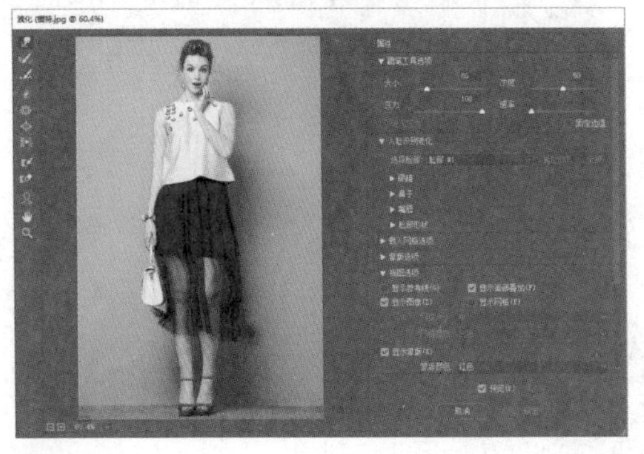

第3步：使用画笔。变换画笔大小，在模特腰部、手臂、腿等处向内拖动，给模特瘦身。完成瘦身后单击“确定”按钮，此时就完成了模特身材的处理，效果如下图所示。

15.1.4 快速调出不同颜色的宝贝

如果一个宝贝图片有多个颜色，在主图中可以将多个颜色的宝贝都放置上。本节将以一个主图制作的案例介绍快速调出不同颜色的宝贝的方法，制作前后对比效果如下图所示。

第1步：新建文件。按Ctrl+N组合键，新建一个宽度为450像素，高度为450像素，分辨率为72像素/英寸的空白文件。设置前景色RGB值

为:88、179、235，按Alt+Delete组合键填充前景色，如左下图所示。

第2步：使用套索工具。选择工具箱中“多边形套索工具”，绘制多边形选区。设置前景色RGB值为:209、209、209，按Alt+Delete组合键填充前景色。按Ctrl+D组合键取消选区，如右下图所示。

第3步：打开素材。按Ctrl+O组合键，打开“素材文件\第15章\T恤颜色.jpg”文件，如左下图所示。

第4步：设置选区。选择工具箱中“魔棒工具”，在选项栏中设置容差为10，在背景处单击，得到选区，如右下图所示。

第5步：反选选区。按Ctrl+Shift+I组合键，反选选区，如左下图所示。

第6步：移动图片。选择工具箱中“移动工具”，将T恤拖到新建的文件中，如右下图所示。

第7步：复制并移动图片。复制T恤，向右移动一定距离，如右上图所示。

第8步：调整色相饱和度参数。执行“图像”→“调整”→“色相/饱和度”命令，打开“色相/饱和度”对话框，❶设置参数如图；❷单击“确定”按钮，如下图所示。

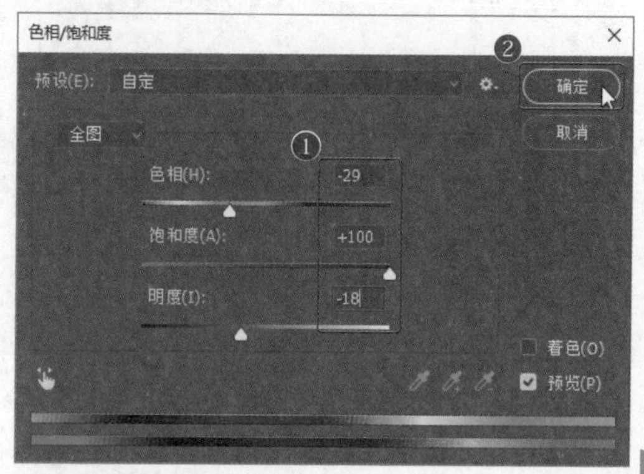

第9步：查看效果。调整颜色后的T恤如左下图所示。

第10步：调整图片顺序。在图层面板中调整T恤的顺序，如右下图所示。

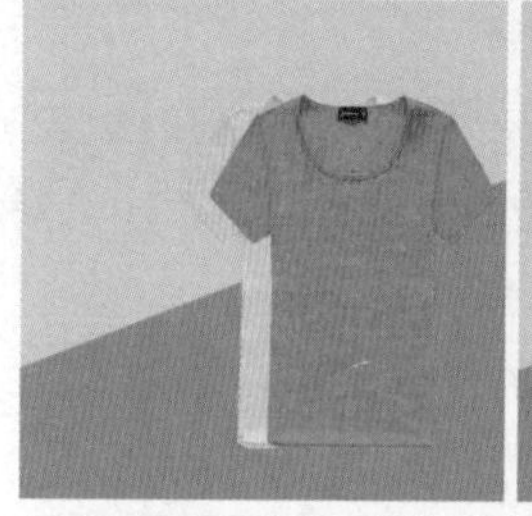

第11步：完成图片处理。用相同的方法复制并调整T恤的颜色。然后再将灰色T恤处理成麻灰色，如下图所示。

扫一扫 看视频

15.2 网店设计与装修

※ 案例说明

网店标志是网店综合信息传递的媒介，在形象传递过程中，是应用最广泛、出现频率最高的元素；导航的作用是将产品分类以方便顾客寻找，包括品牌介绍、店铺介绍等；首焦图是店铺首页最显眼的信息。这三个内容的设计影响到顾客对网店的第一印象。

网店标志、首焦图、导航的设计效果如下图所示。

※ 思路解析

在设计网店的店标、导航和焦点图时，要充分考虑其功能和作用，然后选择恰当的制作方法。其具体制作思路如下图所示。

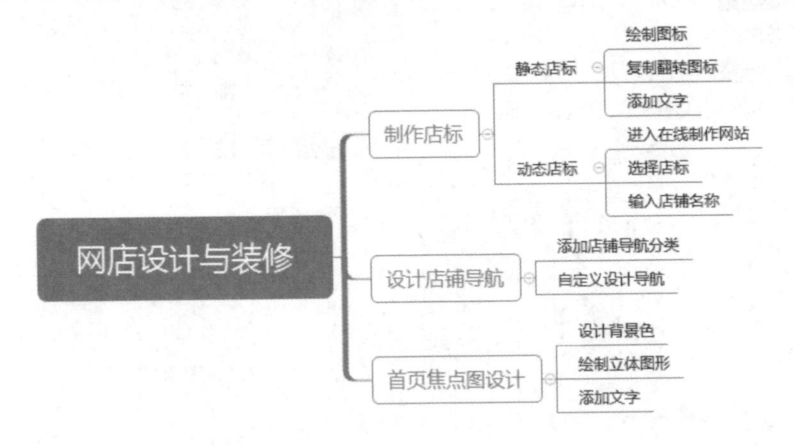

※ 步骤详解

15.2.1 制作静态和动态店标

网店标志是网店综合信息传递的媒介，在形象传递过程中，是应用最广泛、出现频率最高的元素，它将店铺的定位、模式、产品类别和服务特点涵盖其中。Logo代表着特定的形象，一个独一无二、有创意的Logo可以让店铺脱颖而出。Logo主要有以下三种形式。

(1)文字Logo，基于文字变形。

(2)图形Logo，使用直接与公司类型相关的图形，图形可以是具象，也可以是抽象(如鞋店用鞋子作为Logo)。

(3)文字和图形结合的Logo。

>>>1. 制作静态店标

好的Logo是有力的，无论是图形或者只是纯文字都有它特定的力量，使它引人注目。Logo需要成为品牌的支撑，还要能传达出公司的核心信息，传播公司所信仰的质量、技术与价值观。

因淘宝平台只需上传“位图”格式Logo，可以使用Photoshop软件进行设计。如果有需要设计“矢量图”格式Logo，可使用与Photoshop软件同为Adobe公司开发的Illustrator软件或Corel公司开发的CorelDRAW软件。标志大小在80KB以内才能上传，本例标志效果如下图所示。

MO SHOES

第1步：新建文件。 打开Photoshop，按Ctrl+N组合键新建一个图像文件，在“新建”对话框中设置页面的宽度为450像素，高度为450像素，分辨率为72像素/英寸。

第2步：绘制路径。 选择工具箱中“钢笔工具”，在选项栏中选择“路径”，绘制如左下图所示的路径。

第3步：使用填充。 新建图层，设置前景色RGB值为:213、3、3，切换到路径面板，单击路径面板下面的用前景色填充路径按钮，得到如右下图所示的效果。

第4步：翻转图像。 按Ctrl+T键进入变换状态，然后右击图形，在弹出的快捷菜单中选择“水平翻转”命令，如左下图所示。

第5步：查看图像翻转效果。 此时图形的水平翻转效果如右下图所示。

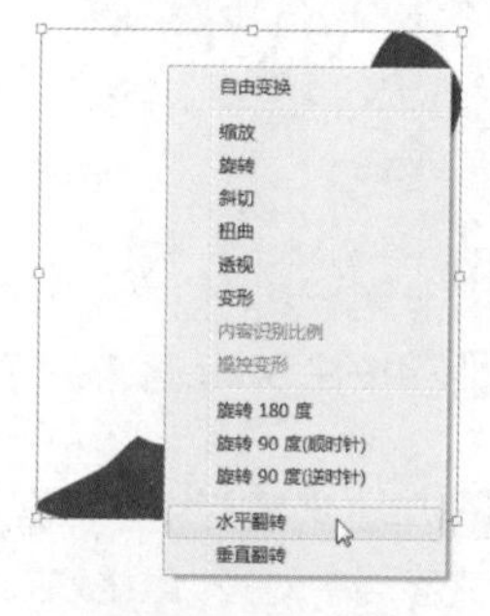

第6步：移动图像。 选择工具箱中“移动工具”，按住Shift键，将图形水平向左移动，如下图所示。

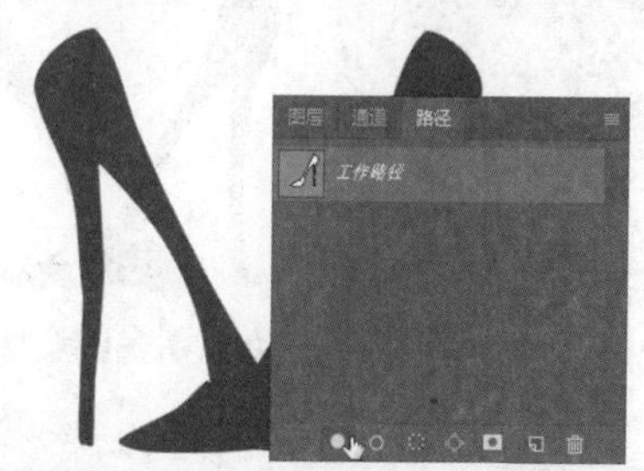

第7步：使用钢笔工具。 在路径面板新建路径，选择工具箱中“钢笔工具”，在选项栏中选择“路径”，绘制左下图所示的路径。

第8步：取消选区。按Ctrl+Enter组合键，将路径转换为选区。按Delete键删除选区内的图形，按Ctrl+D组合键取消选区，如右下图所示。

第9步：输入文字。按Ctrl+E组合键向下合并图层，将左右图形合并到一层，这一步是为了后面的对齐操作。选择工具箱中"横排文字工具"T，设置前景色为黑色。在图像上输入文字，字体为"叶根友毛笔行书"，按Ctrl+Enter组合键，完成文字的输入，效果如下图所示。

第10步：对齐文字与图形。按住Shift键选中所有图层，如左下图所示。

第11步：完成店标制作。单击选项栏中水平居中对齐按钮，将图形与文字居中对齐，最终效果如右下图所示。

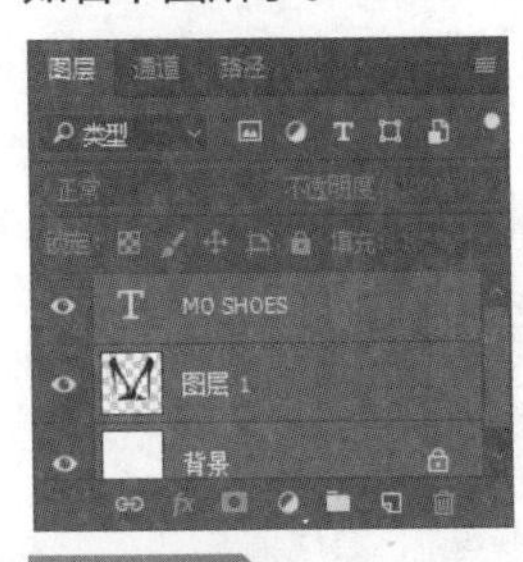

专家答疑

问：如何才能设计出优秀的Logo呢？

答：要设计出优秀的Logo，需要做到以下几点。

(1) 必须充分考虑可行性，针对其应用形式、材料采取不同的设计方式。同时，还需注意其应用于各种传播方式的缩放效果。

(2) Logo要足够简单大气、容易辨认，适当利用图形来提高品牌辨识度。

(3) 构思要新颖独特，表意准确，色彩搭配要单纯、强烈、醒目。

(4) Logo设计要符合作用对象的直观接受能力、审美意识、社会心理和禁忌。

当应用于淘宝平台时，建议Logo的尺寸为80px×80px，图片格式为GIF、JPG、PNG文件，大小在80KB以内。

>>>2. 制作动态店标

除了静态店标以外，还可以制作动态店标。以如下图所示的Logo为例，学习动态店标制作方法，其动态变化为水波摇曳。

第1步：进入网页。在浏览器地址栏中输入网址http://zz.sanjiaoli.com，进入"三角梨在线制作"网站页面，如下图所示。

第2步：选择分类。单击"淘宝店标"按钮，如下图所示。

第3步：选择店标。选择一款适合自己店铺的成品店标，单击店标下面的"点此开始制作"按钮，

如下图所示。

第4步：提交店铺名。输入店铺店名，单击“确定提交”按钮，如下图所示。

第5步：下载图片。生成动态店标后，单击“图片下载”按钮，可以将店标图片保存到本地文件夹中，如下图所示。

专家答疑

问：除了“三角梨”，还有其他的店标制作的网站吗？

答：在网络搜索引擎中输入“淘宝店标在线制作”文字进行搜索，可以找到很多类似的网站，方便卖家制作自己喜欢的动态店标。

15.2.2 设计店铺导航

导航的作用是将产品分类以方便顾客寻找，包括品牌介绍、店铺介绍、售后服务、特惠活动、宝贝分类等。导航位于店铺店招的下方，宽度与店招同宽，淘宝店铺有文字内容的部分建议在950像素以内，天猫店铺建议990像素以内，高度为30像素。它是买家访问店铺的快速通道，可以让顾客方便地从一个页面跳转到另一个页面，查看店铺的各类商品及信息。因此，清晰的导航能保证更多店铺页面被访问，使更多的商品得到展现。

导航的设置并不是越多越好，而是需要结合店铺的运营，选取对店铺经营有帮助、有优势的内容。导航在首页布局所占的比例并不大，但是其所附带传播的信息对于塑造店铺的个性化形象至关重要，导航的设计应与店铺整体风格搭配。

>>>1. 添加店铺导航分类

设置好店铺的分类后，卖家还可以将其快速添加到导航中，以引导买家购物，其具体的操作方法如下。

第1步：进入导航编辑。进入装修页面，单击导航栏右边的“编辑”按钮，如下图所示。

第2步：添加导航。在打开的“导航”面板中单击“添加”按钮，如下图所示。

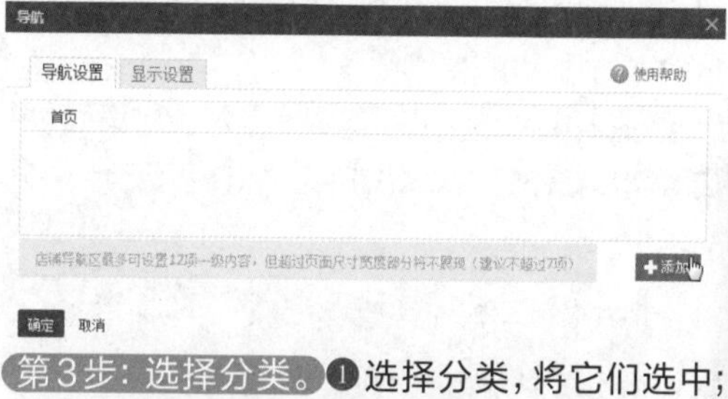

第3步：选择分类。❶选择分类，将它们选中；❷单击“确定”按钮，如下图所示。

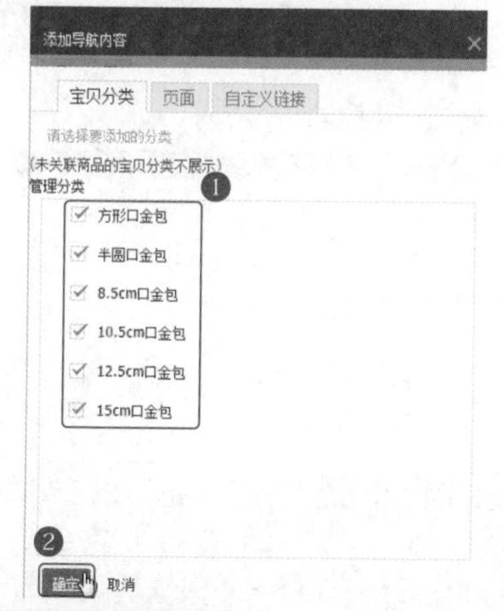

第4步：确定导航设置。在“导航”面板中单击“确定”按钮，如下图所示。

第5步：查看效果。此时即可在导航中显示添加的分类，如下图所示。

>>>2. 自定义设计导航

系统模板中默认的导航只有所有分类和首页，卖家可以根据需要增加店铺导航的分类，其具体的操作方法如下。

第1步：进入导航编辑状态。进入装修页面，单击导航栏右边的“编辑”按钮，如下图所示。

第2步：添加导航。在打开的“导航”面板中单击“添加”按钮，如下图所示。

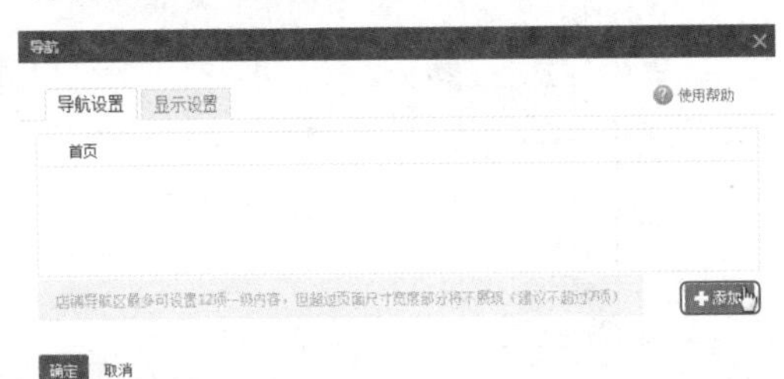

第3步：添加链接。单击“添加链接”按钮，如右上左侧图所示。

第4步：保存链接。❶输入链接名称和链接地址；❷单击“保存”按钮，如右上右侧图所示。

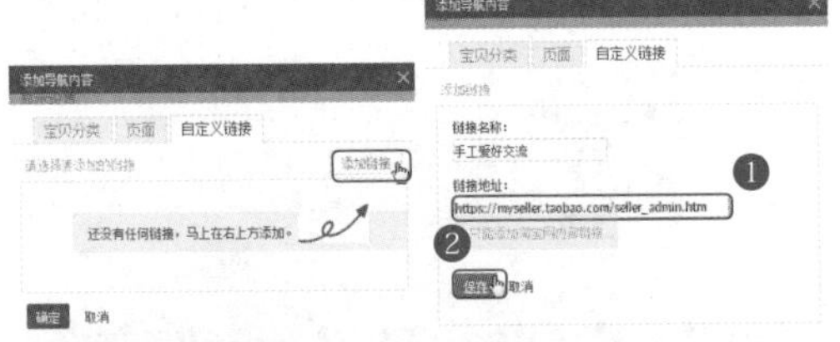

第5步：确定设置。在切换到的面板中单击“确定”按钮，如下图所示。

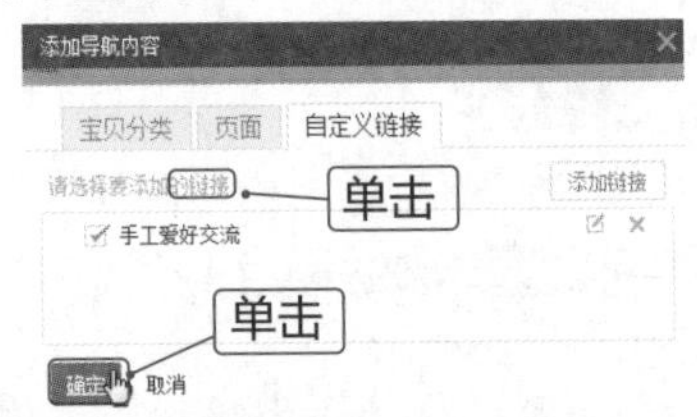

第6步：确定导航设置。在“导航”面板中单击“确定”按钮，如下图所示。

第7步：查看效果。此时即可在导航中显示新添加的分类，如下图所示。

15.2.3 首页焦点图设计

首焦是首页中的一个重点，更是一个亮点，在和首页合成为一个整体时，能从首页中脱颖而出。在设计整个页面时，适当的消弱除首焦外的其他元素，可以更好地突出首焦。

首焦图对于卖家来说并不陌生，但很多时候也难免会束手无策。如果要将商品原片打造成适用于一些特定风格的首焦图，更需要一些创意性的想法，也需要一些合成的基本理论知识，如服装类产品在拍摄前期需要考虑到模特姿势问题，否则后期制作中会遇到诸多限制。

尺寸方面淘宝店铺默认宽为950像素，天猫店铺默认宽为990像素，高度建议在600像素以内。本例以一个男鞋店铺首焦图为例，介绍设计首焦图的方法，案例效果如下图所示。

第1步：新建文件。打开Photoshop，按Ctrl+N组合键新建一个图像文件，在“新建”对话框中设置页面的宽度为950像素，高度为460像素，分辨率为72像素/英寸。

第2步：设置渐变参数。选择工具箱中“渐变工具”，单击选项栏中“点按可编辑渐变”按钮，打开“渐变编辑器”对话框，❶设置两端色块颜色RGB值为:102、127、191，中间色块颜色RGB值为:227、229、254；❷单击“确定”按钮，如左下图所示。

第3步：渐变填充。单击选项栏中的“线性渐变”按钮，在文件中从左至右拖动光标，释放鼠标后得到如右下图所示的效果。

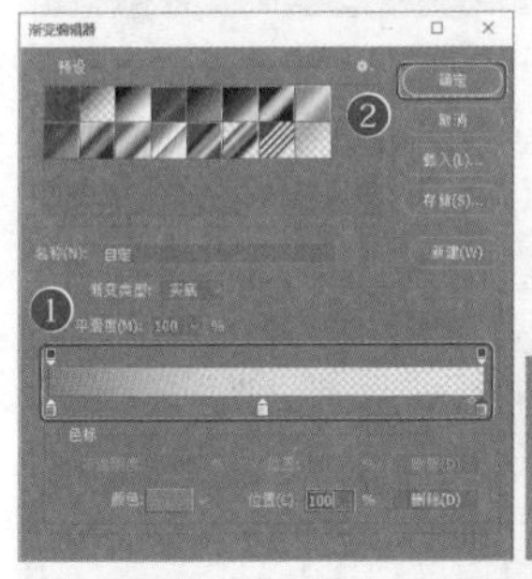

第4步：使用标尺画辅助线。按Ctrl+R组合键，显示标尺。选择工具箱中“移动工具”，从标尺中拖出辅助线，如下图所示。

第5步：绘制图形。选择工具箱中“多边形套索工具”，绘制多边形选区，新建图层，填充为不同深浅的蓝色，绘制如下图所示的立体图形。

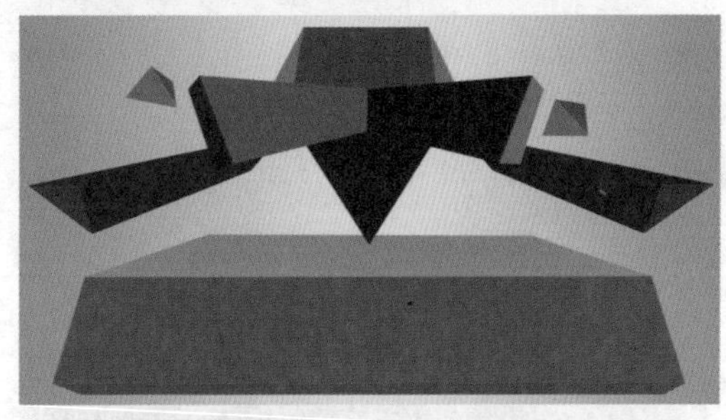

第6步：绘制选区。再选择工具箱中“多边形套索工具”，绘制如下图所示的多边形选区。

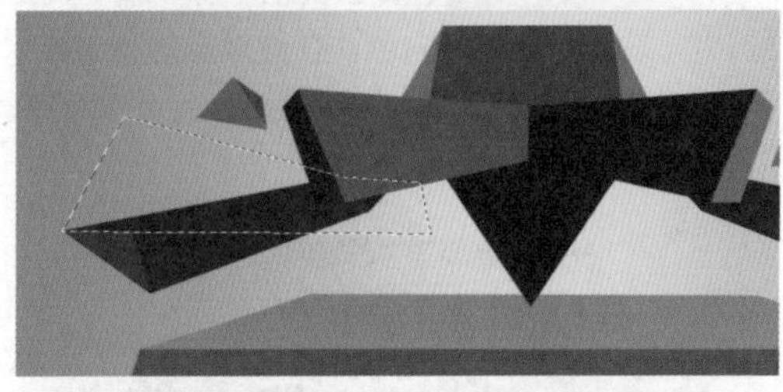

第7步：渐变填充。新建图层，选择工具箱中“渐变工具”，设置颜色为蓝色到深蓝色的渐变色，再在选项栏中单击“线性渐变”按钮，从左向右拖动光标，填充渐变色，如下图所示。

第8步：制作其他渐变图形。按Ctrl+D组合键，取消选区。用相同的方法再制作几个渐变图形，如下图所示。

第9步：打开素材。按Ctrl+O组合键，打开“素材文件\第15章\男鞋.psd”文件。选择工具箱中“移动工具”，将素材拖到新建的文件中，如下图所示。

第10步：输入文字。选择工具箱中“横排文字工具”T，设置前景色为白色。在图像上输入文字，字体为黑体，按Ctrl+Enter组合键，完成文字的输入，效果如下图所示。

第11步：绘制矩形。选择工具箱中“圆角矩形工具”，在选项栏中选择“像素”，设置半径为8像素。设置前景色为白色，绘制一个圆角矩形。按Ctrl+T组合键，将其旋转一定角度后放到如下图所示的位置。

第12步：翻转形状。选择工具箱中“移动工具”，将光标置于圆角矩形上，按住Alt键的同时拖动，复制圆角矩形。按Ctrl+T组合键，右击复制的圆角矩形，在弹出的快捷菜单中选择“水平翻转”命令，按Enter键确定，效果如下图所示。

第13步：输入文字。选择工具箱中“横排文字工具”T，设置前景色为白色。在图像上输入文字，字体为方正综艺简体，按Ctrl+Enter组合键，完成文字的输入，如下图所示。

第14步：扭曲文字。在图层面板中文字所在图层右击，在弹出的快捷菜单中选择“删格化文字”选项，将文字删格化。按Ctrl+T组合键，右击文字，在弹出的快捷菜单中选择“扭曲”命令，如下图所示。

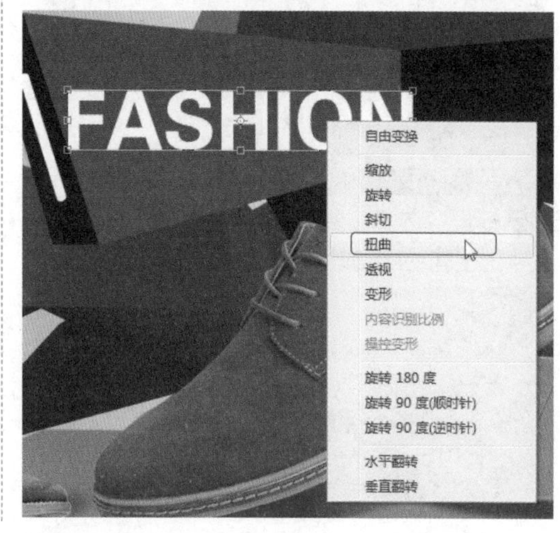

第15步：移动文字控制点。拖动四角的控制点，制作文字的透视效果，按Enter键确定，如下图所示。

第16步：输入文字。选择工具箱中“横排文字工具”T，输入如下图所示的文字，属性与前面相同。

第17步：完成文字透视效果制作。在图层面板中文字所在图层右击，在弹出的快捷菜单中选择“删格化文字”选项，将文字删格化。按Ctrl+T组合键，右击文字，在弹出的快捷菜单中选择“扭曲”命令，制作文字的透视效果，如下图所示。

第18步：输入文字。选择工具箱中“横排文字工具”T，设置前景色为白色。分别在图像上单击输入价格文字，如下图所示。

第19步：输入文字。选择工具箱中的“横排文字工具”T，设置前景色为白色。在图像上输入广告语，字体为造字工房力黑，按Ctrl+Enter组合键，完成文字的输入，如下图所示。

第20步：设置文字倾斜。单击文字工具选项栏最后面的“切换字符和段落面板”按钮，在弹出的字符面板中的单击“仿斜体”按钮T，如下图所示。

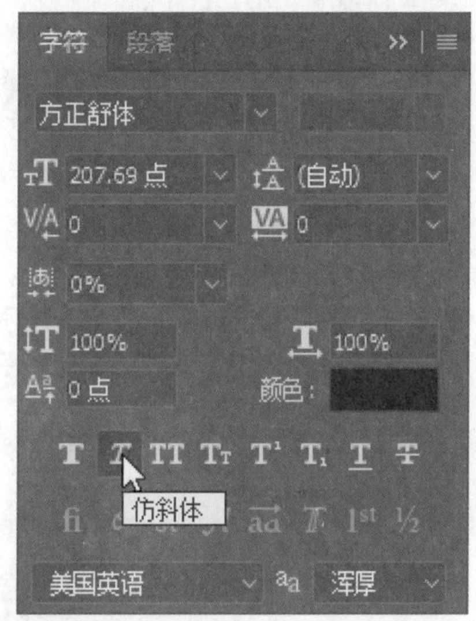

第21步：查看效果。此时文字变倾斜，最终效果如下图所示。

第22步：将首焦图上传到店铺。进入图片空间，将首焦图上传到图片空间，单击图片下方的按钮“复制链接”按钮，如下图所示。

第23步：添加模块。进入装修页面，如果店铺中没有首焦图模块，需要先添加模块。将光标放到"自定义区"模块上，按住鼠标左键不放，拖动到需要的位置，如下图所示。

第24步：编辑模块。单击自定义模块右上角的"编辑"按钮，如下图所示。

第25步：打开图片。在打开的对话框中单击"图片"按钮，如下图所示。

第26步：复制链接。❶将图片空间中复制的链接粘贴到"图片地址"文本框中；❷单击"确定"按钮，如下图所示。

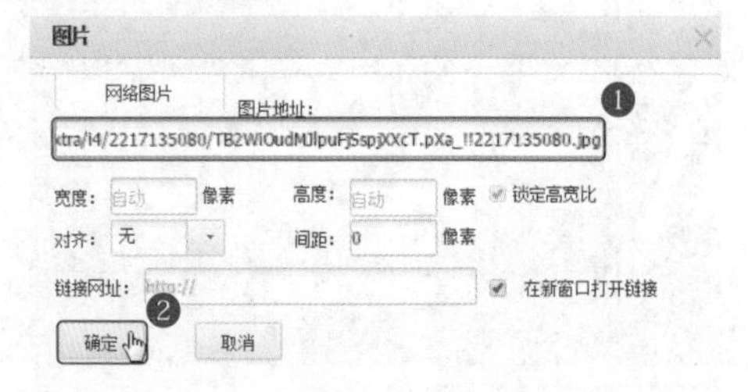

第27步：确定设置。单击"确定"按钮，如下图所示。

第28步：发布站点。最后，单击"发布站点"按钮即可，如下图所示。

扫一扫 看视频

15.3 产品详情页设计

※ 案例说明

详情页设计对于宝贝的成交起着至关重要的作用，详情页包括了布局设计、整体展示设计、细节设计、产品介绍设计等。

详情页设计的效果如下图所示。

※ 思路解析

在设计产品详情页时，要使用素材、模版布局、文字等元素。其具体的设计思路如下图所示。

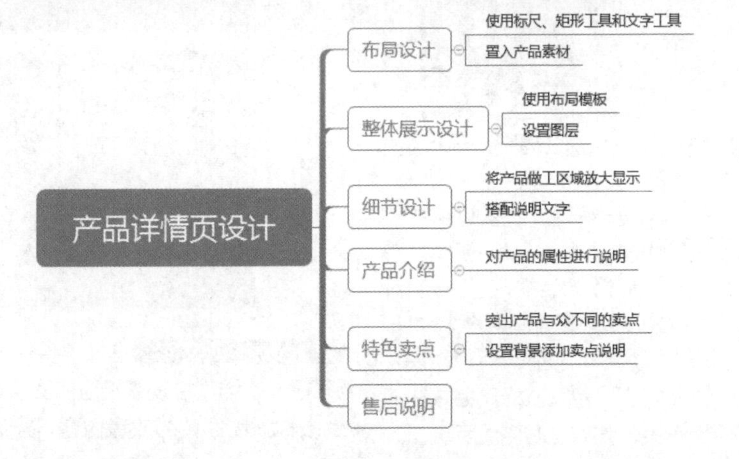

※ 步骤详解

15.3.1 详情页布局设计

页面布局是设计任何页面所必须做的，本案例通过介绍布局的思路和方法制作一个简单的案例，主要通过标尺、矩形工具和文字工具的使用，设计出详情页中各项内容的放置区域，最后置入需要的产品素材，再完善细节，案例效果如下图所示。

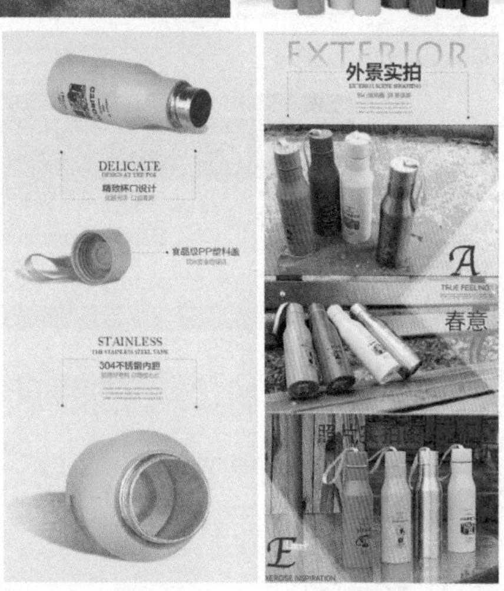

第1步：新建文件。 按Ctrl+N组合键新建一个图像文件，在“新建”对话框中设置页面的宽度为790像素，高度为2860像素，分辨率为72像素/英寸。

第2步：新建参考线。 执行“视图”→“新建参考线”命令，打开“新建参考线”对话框，在打开的对话框中设置参考线参数，创建精确的参考线，如右上左侧图所示。如果不需要精确的参考范围，只需要选择工具箱中“移动工具”，从标尺上方往下或者左侧往右拖出参考线，如右上右侧图所示。

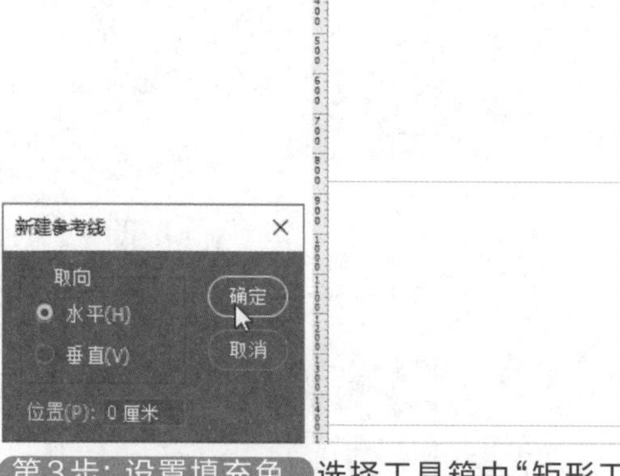

第3步：设置填充色。 选择工具箱中“矩形工具”，在选项栏设置自己喜欢的填充颜色，绘制各个区域范围，如下图所示。

第4步：输入文字。 选择工具箱中“横排文字工具”T，在选项栏设置相应的文字属性，在各区域上方输入此区域的放置内容，便于设计时直接放

入，如下图所示。

整体展示图一

第5步：输入文字。通过相同的方法使用"矩形工具"在画面中绘制出需要的内容区域，并使用"横排文字工具"输入相关的内容，如下图所示。

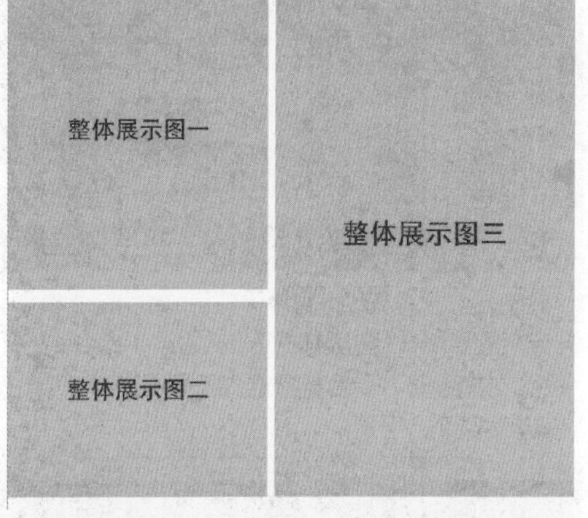

细节展示图一
外景实拍
细节展示图二
照片实拍图一
细节展示图三
照片实拍图二
照片实拍图三

第6步：完成其他设计。在各区域内进行产品详情页相应的设计即可，效果如右上图所示。其具体的设计方法将在15.3.2小节中进行讲解。

15.3.2 产品整体展示设计

产品整体展示是位于详情页开头处，直接影响着详情页的好坏，下面通过一个案例介绍详情页中产品整体展示设计的方法，其效果如下图所示。

第1步：打开素材。打开上例中的详情页布局模版。按Ctrl+O组合键，打开“素材文件\第15章\素材1.jpg”文件。选择工具箱中“移动工具”，将素材拖到新建的文件中。

第2步：绘制正圆。选择工具箱中“椭圆工具”，在选项栏中选择“像素”，设置前景色RGB值为：99、45、67，新建图层，按住Shift键，绘制一个正圆，如下图所示。

第3步：制作透明效果。在“图层”面板中设置填充为45%，制作透明效果，如下图所示。

第4步：输入文字。选择工具箱中“横排文字工具”T，设置前景色为白色。在图像上输入文字“出发！”，在“图层”面板中设置文字的不透明度为80%，效果如右上图所示。

第5步：新建图层。选择工具箱中“钢笔工具”，在选项栏中选择“像素”，新建图层，设置前景色RGB值为：255、193、0，绘制如下图所示的闪电图形。

第6步：设置图层样式。保持图层的选中状态，执行“图层”→“图层样式”→“投影”命令，打开“投影”对话框，❶设置参数如下图所示；❷单击“确定”按钮。

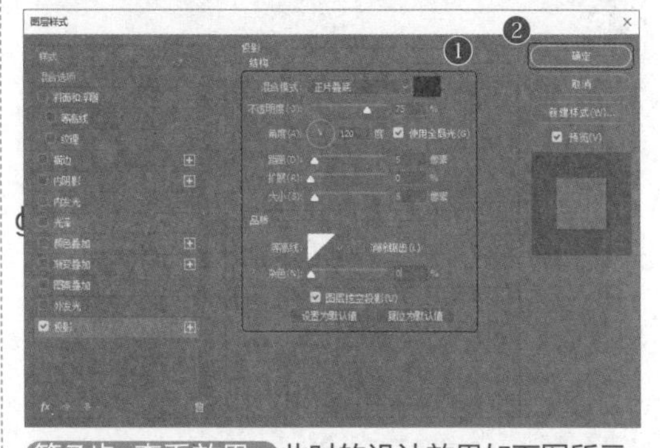

第7步：查看效果。此时的设计效果如下图所示。

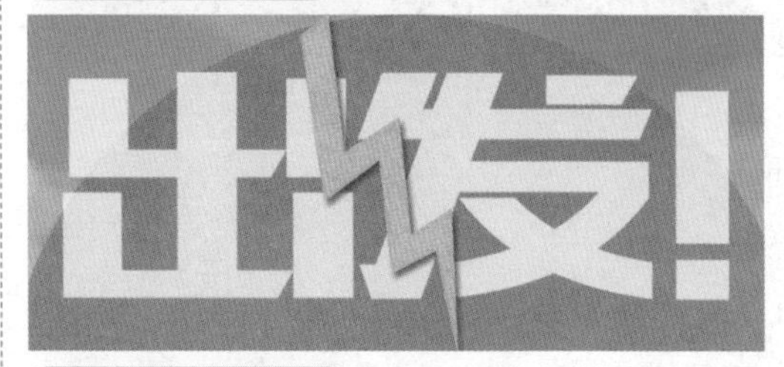

第8步：输入文字。选择工具箱中“横排文字工具”T，分别设置不同的颜色和字体，输入3行广告语，如下图所示。

第9步：输入文字。 为第二行和第三行文字应用阴影效果，如下图所示。

第10步：打开素材。 按Ctrl+O组合键，打开“素材文件\第15章\杯子1.psd”文件。选择工具箱中“移动工具”，将素材拖到新建的文件中，如下图所示。

第11步：绘制矩形。 按Ctrl+O组合键，打开“素材文件\第15章\草地.jpg”文件。选择工具箱中“移动工具”，将素材拖到新建的文件中。新建图层，选择工具箱中“矩形工具”，在选项栏中选择“像素”，设置前景色RGB值为:255、193、0，拖动光标，绘制一个黄色矩形。再新建一个图层，设置前景色为白色，绘制一个白色矩形。同时选中两个矩形所在的图层，单击选项栏中的“水平居中对齐”按钮，将两个矩形对齐，如下图所示。

第12步：新建动作。 执行“窗口”→“动作”命令，打开动作面板。单击动作面板下方的“创建新动作”按钮，如下图所示。

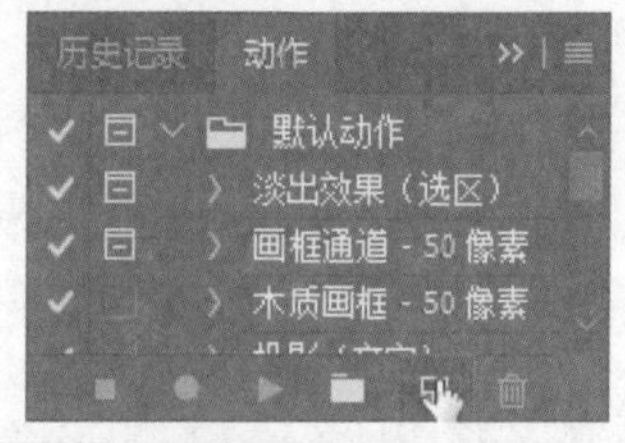

第13步：开始记录动作。 弹出“新建动作”对话框，单击“记录”按钮，开始记录动作，如下图所示。

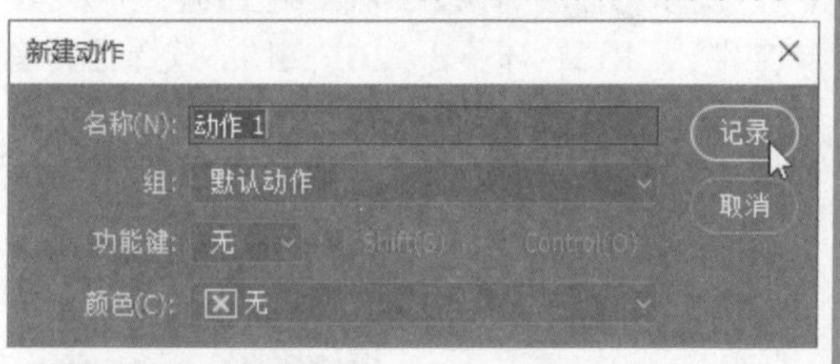

第14步：复制矩形。 选择工具箱中“移动工具”，将光标置于矩形上，按住Shift+Alt组合键的同时向右拖动，水平复制矩形，如下图所示。

第15步：播放动作。单击动作面板下方的“停止播放/记录”按钮■，停止记录。单击两次动作面板下方的播放按钮▶，如下图所示。

第16步：复制矩形。此时，复制了几个等距的矩形，如下图所示。

第17步：打开素材。按Ctrl+O组合键，打开“素材文件\第15章\杯子2.psd”文件。选择工具箱中“移动工具”，将素材拖到新建的文件中，放置4个杯子到4个矩形上，如下图所示。

第18步：调整对齐方式。按住Ctrl键，在图层面板同时选中四个杯子所在的图层，单击选项栏中的“顶对齐”按钮和“水平居中分布”，将它们对齐并等距分布，如右上图所示。

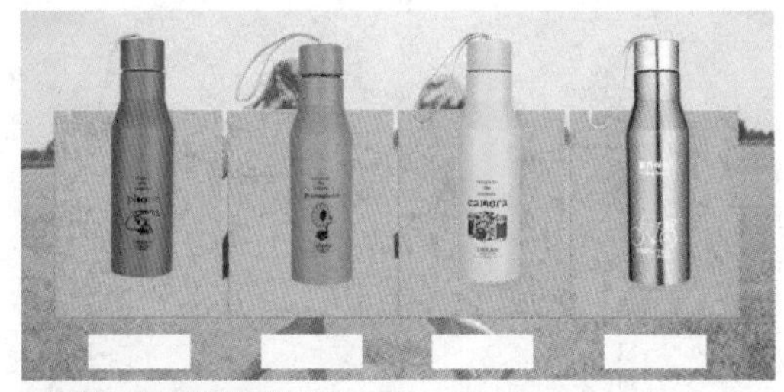

第19步：输入文字。选择工具箱中“横排文字工具”T，分别在四个白色矩形上单击输入文字，字体为黑体，如下图所示。

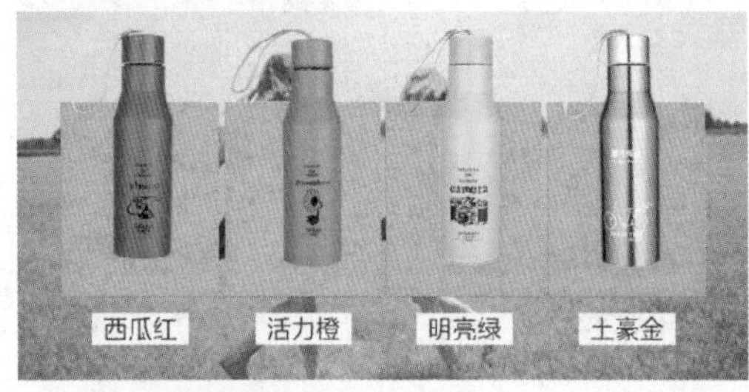

第20步：输入文字。选择工具箱中“横排文字工具”T，在图像上输入广告文字，设置英文字体为Modern No.20，中文字体为黑体，如下图所示。

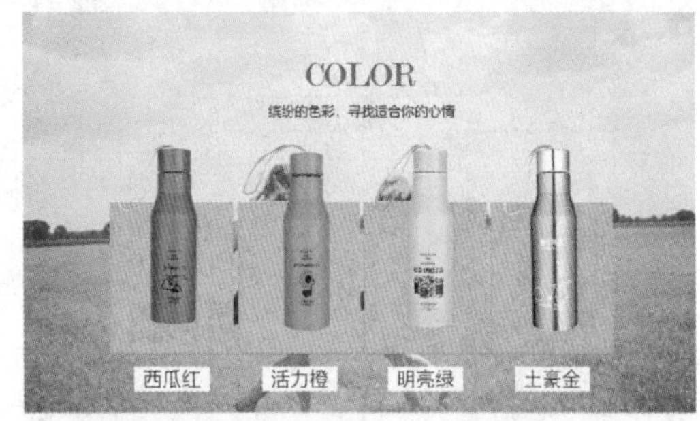

第21步：打开素材。按Ctrl+O组合键，打开“素材文件\第15章\天空.jpg”文件。选择工具箱中“移动工具”，将素材拖到新建的文件中，如下图所示。

第22步：绘制正圆。按Ctrl+R组合键，显示标尺，拖出一条垂直辅助线和一条水平辅助线。新建图层，

选择工具箱中"椭圆工具"，在选项栏中选择"像素"，设置前景色为白色，按住Alt+Shift组合键，以辅助线的交点为起点绘制一个正圆，如左下图所示。

第23步：设置选区。按住Ctrl键的同时，单击圆所在的图层，载入选区。选择工具箱中"矩形选框工具"，在选项栏中单击"与选区交叉"按钮，在如右下图所示的位置拖动。

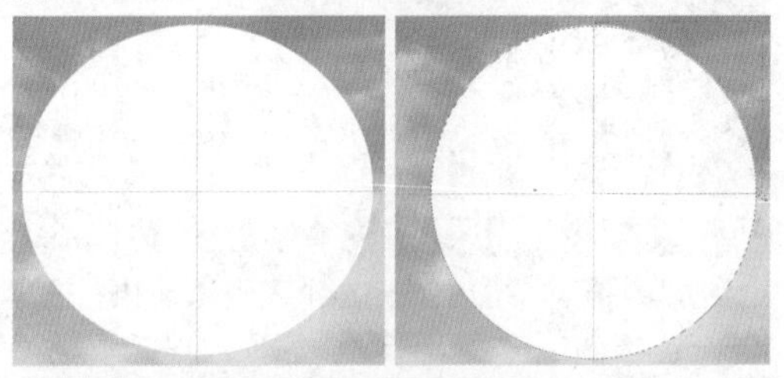

第24步：查看效果并新建图层。释放鼠标后得到一个饼形选区。新建图层，设置前景色RGB值为:255、193、0，按Alt+Delete组合键填充前景色，按Ctrl +D组合键取消选区，如下图所示。

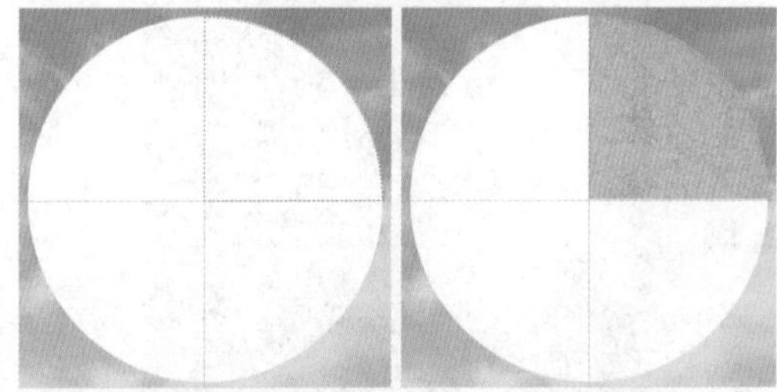

第25步：翻转饼图。按Ctrl+J组合键复制饼形，按Ctrl+T组合键，右击饼形，在弹出的快捷菜单中选择"垂直翻转"选项，再右击饼形，在弹出的快捷菜单中选择"水平翻转"选项，按Enter键确定，再将翻转后的饼形放到如左下图位置。

第26步：设置图层样式。选中白色圆所在的图层，单击图层面板下方的"添加图层样式"按钮，在弹出的快捷菜单中选择"投影"命令应用投影效果，如右下图所示。

第27步：打开素材。按Ctrl+O组合键，打开"素材文件\第15章\场景素材.psd"文件。选择工具箱中"移动工具"，将素材拖到新建的文件中。

第28步：创建蒙版。分别在两张素材所在的图层上右击，在弹出的快捷菜单中选择"创建剪贴蒙版"命令，效果左下图所示。

第29步：输入文字。选择工具箱中"横排文字工具"，在图像上输入一组文字，字体为黑体，如右下图所示。

第30步：改变文字内容。复制文字，选择工具箱中"横排文字工具"，激活文字，改变文字的内容，如左下图所示。

第31步：绘制选区。选择工具箱中"多边形套索工具"，绘制如右下图所示的选区。

第32步：设置色阶参数。选中天空素材所在的图层，单击"图层"面板下方的"创建新的填充或调整图层"按钮，在弹出的快捷菜单中选择"色阶"命令，在弹出的"色阶"对话框中设置参数，如左下图所示。

第33步：查看图像效果。此时图像效果如右下图所示。

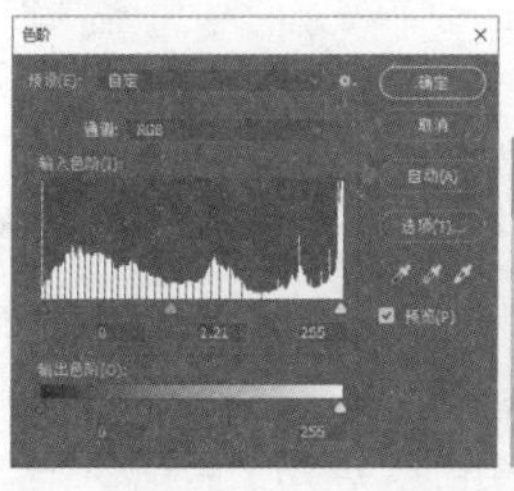

第4篇 用PS高效处理图像

第34步：绘制选区。选择工具箱中“多边形套索工具”，绘制选区，如左下图所示。

第35步：取消选区。选中天空素材所在的图层，按Delete键删除选区内的内容，按Ctrl+D组合键取消选区，如右下图所示。

第36步：打开素材。按Ctrl+O组合键，打开“素材文件\第15章\场景素材2.jpg”文件。选择工具箱中“移动工具”，将素材拖到新建的文件中，如左下图所示。

第37步：设置渐变参数。单击“图层”面板下方的“添加蒙版”按钮，选择工具箱中“渐变工具”，在选项栏中单击“线性渐变”按钮，在“渐变编辑器”对话框中设置如右下图所示的渐变。

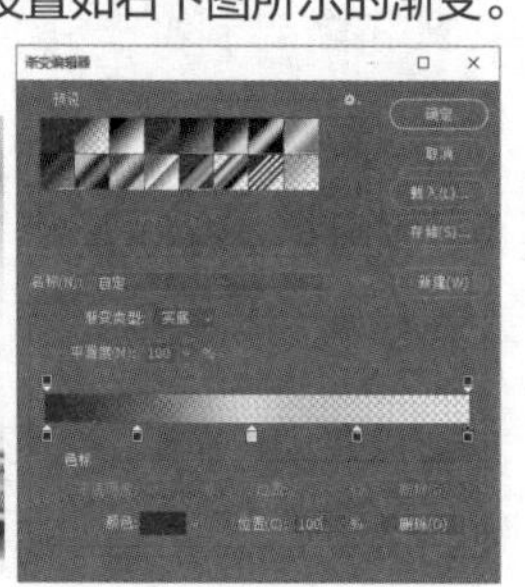

第38步：绘制渐变。在素材上从上向下拖动光标，如左下图所示。

第39步：绘制直线。选择工具箱中“直线工具”，在选项栏中选择“像素”，新建图层，按住Shfit键，绘制如右下图所示的直线。

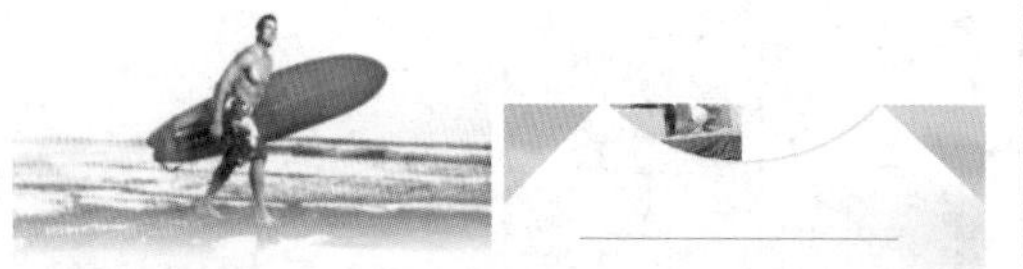

第40步：设置渐变参数并绘制渐变。单击图层面板下方的“添加蒙版”按钮，选择工具箱中“渐变工具”，在选项栏中单击“线性渐变”按钮，在“渐变编辑器”对话框中设置渐变色。在直线上从中心向右拖动光标进行绘制，如下图所示。

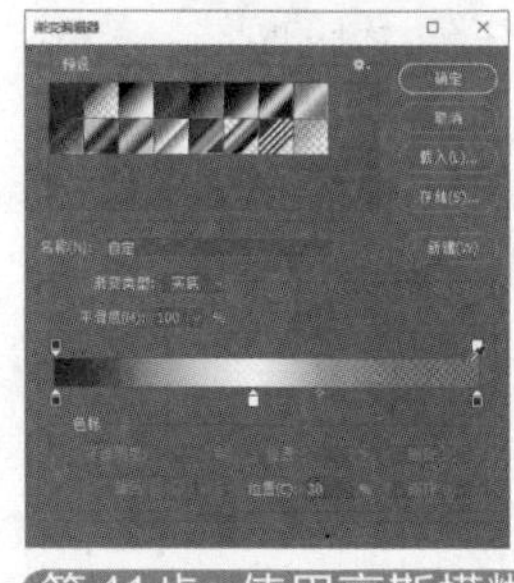

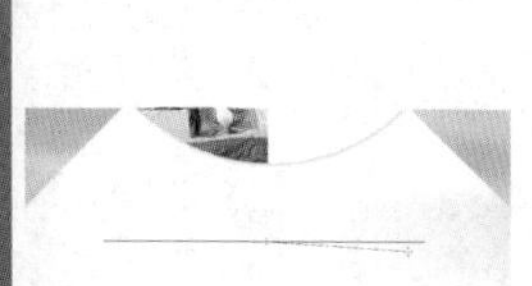

第41步：使用高斯模糊。复制直线，按Ctrl+T组合键调整其高度，按Enter键确认。执行“滤镜”→“模糊”→“高斯模糊”命令，打开“高斯模糊”对话框，❶设置参数；❷单击“确定”按钮，如下图所示。

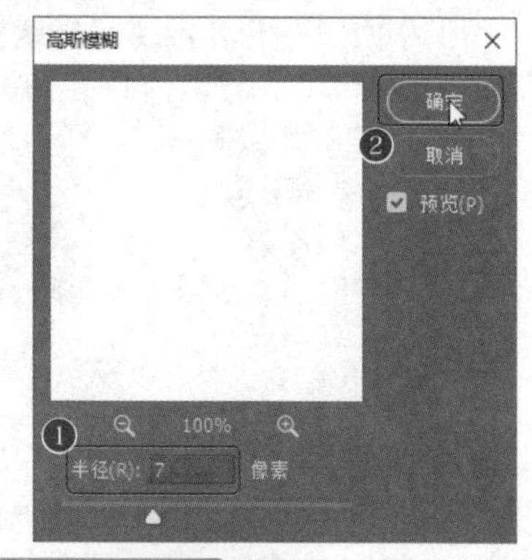

第42步：查看效果。模糊后的图像如下图所示。

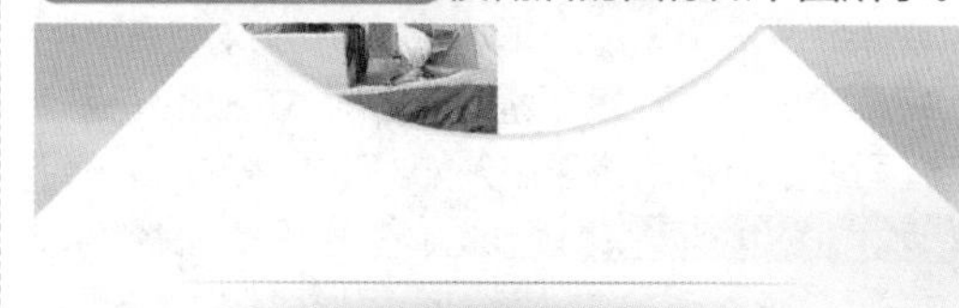

第43步：绘制选区。移动模糊图形的位置，让直线居于图形的中间。选择工具箱中“矩形选框工具”，绘制如下图所示的选区。

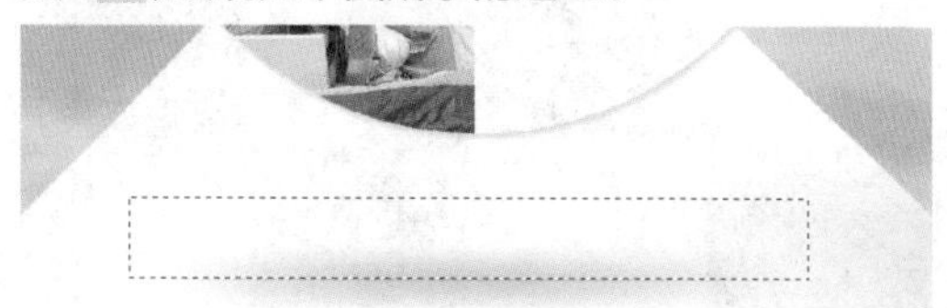

第44步：取消选区打开素材。按Delete键删除选区内的图形，按Ctrl+D组合键取消选区。按Ctrl+O组合键，打开“素材文件\第15章\杯子3.psd”文件，如下图所示。

第45步：移动素材位置。选择工具箱中“移动工具”，将素材拖到新建的文件中，如下图所示。

15.3.3 产品细节设计

产品细节模板主要用于展示产品做工、款式等细节问题，展示方式主要通过将产品做工区域放大显示，并配上合适的文字说明，案例效果如右图所示。

第1步：设计背景。新建图层，选择工具箱中“矩形工具”，在选项栏中选择“像素”，设置前景色为浅灰，拖动光标，在产品细节展示区域绘制灰色矩形作为背景。

第2步：打开素材。按Ctrl+O组合键，打开“素材文件\第15章\细节图1.psd”文件。选择工具箱中“移动工具”，将素材拖到新建的文件中。

第3步：绘制路径。选择工具箱中“钢笔工具”，在选项栏中选择“路径”，绘制如下图所示的路径。

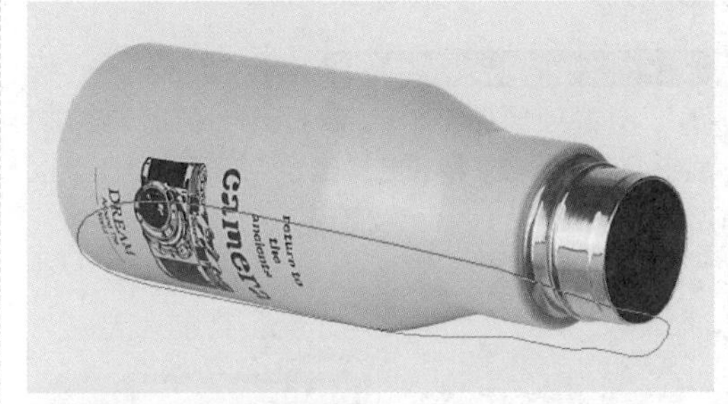

第4步：取消选区。按Ctrl+Enter组合键，将路径转换为选区。设置前景色为黑色，按Alt+Delete组合键填充前景色，按Ctrl +D组合键取消选区，如下图所示。

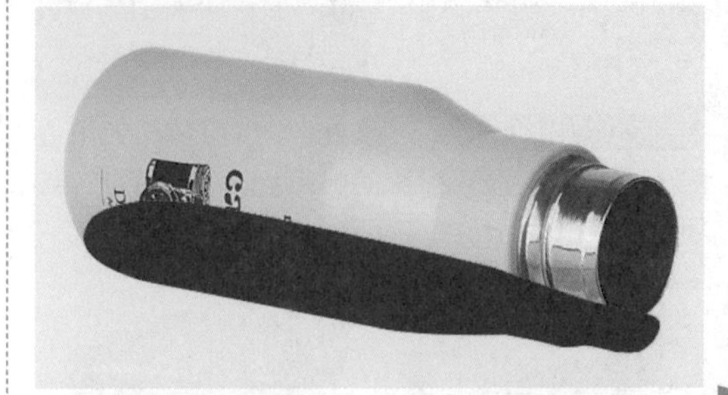

第5步：设置渐变。单击“图层”面板下方的“添加蒙版”按钮，选择工具箱中的“渐变工具”，在选项栏中单击“线性渐变”按钮，设置白色到黑色的渐变色，在如下图所示的位置由左向右拖动，释放鼠标后得到初步阴影效果。

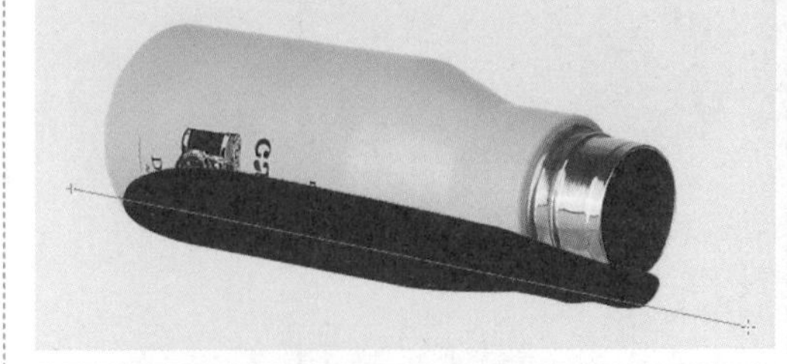

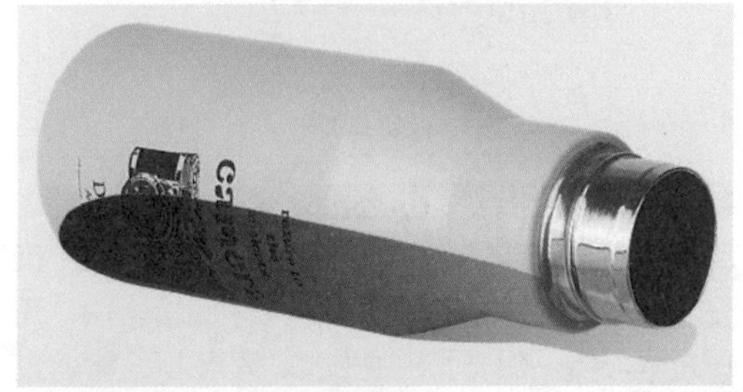

第6步：应用图层蒙版。在其图层上右击，在弹

出的快捷菜单中选择“应用图层蒙版”命令，如左下图所示。

第7步：应用高斯模糊。执行“滤镜”→“模糊”→“高斯模糊”命令，❶打开“高斯模糊”对话框，设置参数；❷单击“确定”按钮，如右下图所示。

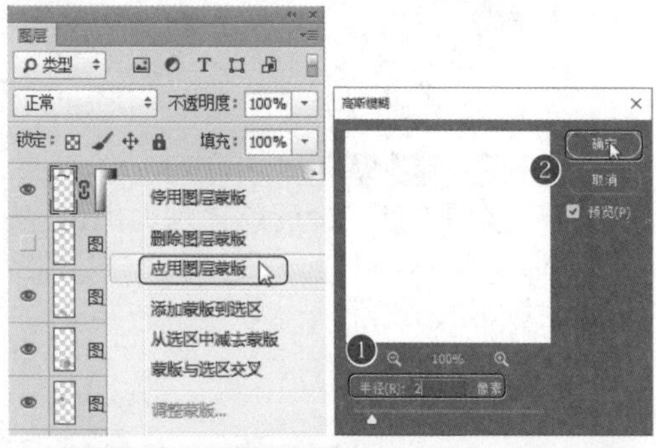

第8步：调整阴影位置。此时，投影效果如下面第一图所示。调整投影的顺序到杯子的下方，如下面第二图所示。

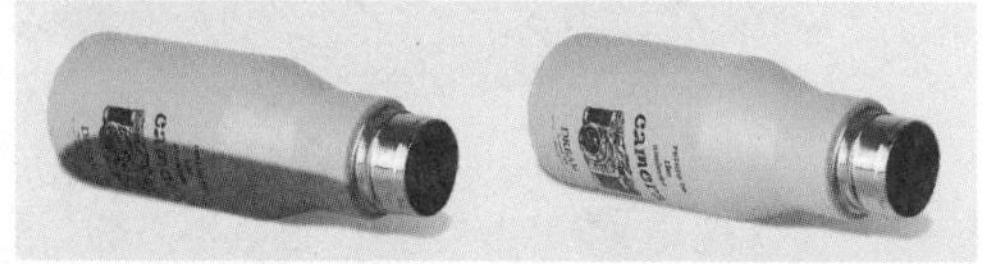

第9步：输入文字。选择工具箱中“横排文字工具”T，在图像上输入说明文字，如下图所示。

第10步：绘制直线和正圆。选择工具箱中“直线工具”╱，在选项栏中选择“像素”，新建图层，按住Shfit键，分别绘制两段直线。选择工具箱中“椭圆工具”⬭，在选项栏中选择“像素”，设置前景色为黑色，按住Shift键，在直线的顶端绘制一个正圆，如下图所示。

DELICATE
DESIGN AT THE TOP
精致杯口设计
优越光泽 口齿清爽

第11步：翻转图像。按Ctrl+J组合键复制直线，按Ctrl+T组合键，右击直线，在弹出的快捷菜单中选择“垂直翻转”命令，按Enter键确定，再将翻转后的素材向右水平移动，如下图所示。

DELICATE
DESIGN AT THE TOP
精致杯口设计
优越光泽 口齿清爽

第12步：打开素材。按Ctrl+O组合键，打开“素材文件\第15章\细节图2.psd”文件，选择工具箱中“移动工具”，将素材拖到新建的文件中。用前面相同的方法为其制作投影，如下图所示。

第13步：调整投影并绘制直线和圆点。调整投影的顺序到杯子的下方。用相同的方法绘制一条直线和圆点，如下图所示。

第14步：输入文字。选择工具箱中“横排文字工具”T，在图像上输入细节说明文字，如下图所示。

第15步：打开素材。按Ctrl+O组合键，打开“素材文件\第15章\细节图3.psd”文件，选择工具箱中“移动工具”，将素材拖到新建的文件中。用前面相同的方法为其制作投影，如下图所示。

第16步：调整投影并输入文字。调整投影的顺序到杯子的下方。选择工具箱中“横排文字工具”T，在图像上输入文字，将它们水平居中对齐，如下图所示。

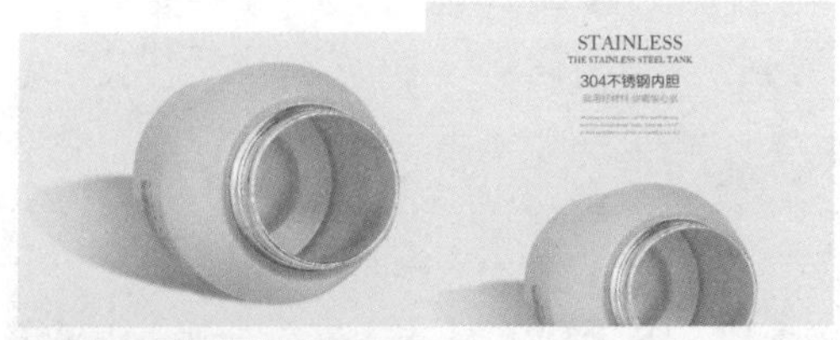

第17步：翻转素材。按Ctrl+J组合键复制前面绘制的直线图形，按Ctrl+T组合键，右击素材，在弹出的快捷菜单中选择“垂直翻转”命令，按Enter键确定，再将翻转后的素材向下移动，放到如左下图所示的位置。

第18步：完成制作。本例最终效果如右下图所示。

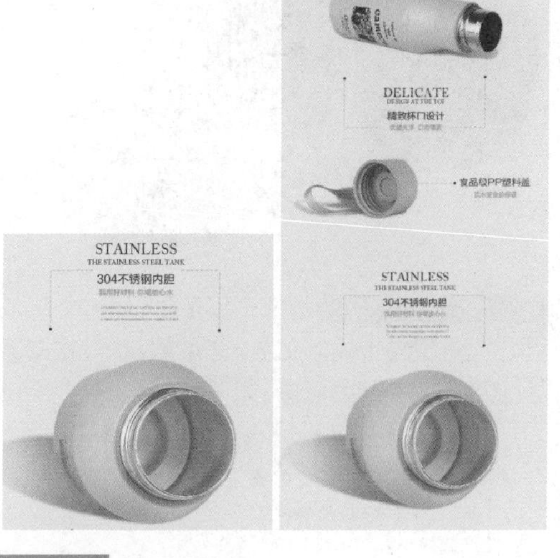

15.3.4 产品介绍

在详情页中不仅要展示产品，还要对产品的属性进行说明，以便于顾客了解产品。本例介绍了用Photoshop设计产品介绍的方法，案例效果如下图所示。

第1步：打开素材。打开Photoshop，按Ctrl+N组合键新建一个图像文件。按Ctrl+O组合键，打

开“素材文件\第15章\食品.psd”文件。选择工具箱中“移动工具”，将素材拖到新建的文件中，如下图所示。

第2步：输入文字。选择工具箱中“横排文字工具”T，在图像上输入文字，上面字体为叶根友毛笔行书，下面字体为黑体，如下图所示。

原味肉酥
【品　　名】原味肉酥
【产品规格】90g/罐
【产　　地】中国浙江
【生产日期】见包装
【保 质 期】12个月
【配　　料】精选猪腿精肉、豌豆粉、白沙糖、酿造酱油植物油、小麦粉、葡萄糖等
【保存方法】置于阴凉、通风、干燥处
【味觉口感】入口即化

第3步：输入文字。选择工具箱中“横排文字工具”T，在标题文字下方输入一串省略号，选中输入的内容，按住Alt键的同时按向右的箭头，可以调整字间距，如下图所示。

原味肉酥
【品　　名】原味肉酥
【产品规格】90g/罐
【产　　地】中国浙江
【生产日期】见包装
【保 质 期】12个月
【配　　料】精选猪腿精肉、豌豆粉、白沙糖、酿造酱油植物油、小麦粉、葡萄糖等
【保存方法】置于阴凉、通风、干燥处
【味觉口感】入口即化

第4步：打开素材。按Ctrl+O组合键，打开“素材文件\第15章\店招素材.psd”文件。选择工具箱中“移动工具”，将素材拖到新建的文件中，如下图所示。

第5步：绘制矩形。新建图层，选择工具箱中“矩形工具”，在选项栏中选择“像素”，设置前景色为橘色，绘制如下图所示的矩形。

第6步：输入文字。选择工具箱中“横排文字工具”T，在图像上输入文字，上面字体为方正综艺简体，下面字体为黑体，如下图所示。

匠心烘焙
传承经典美味

第7步：设置图层样式。新建图层，选择工具箱中“矩形工具”，在选项栏中选择“像素”，设置前景色为橘色，绘制矩形。单击图层面板下方的“添加图层样式”按钮fx，在弹出的快捷菜单中选择“描边”选项，❶在弹出的“图层样式”对话框中设置参数；❷单击“确定”按钮，如下图所示。

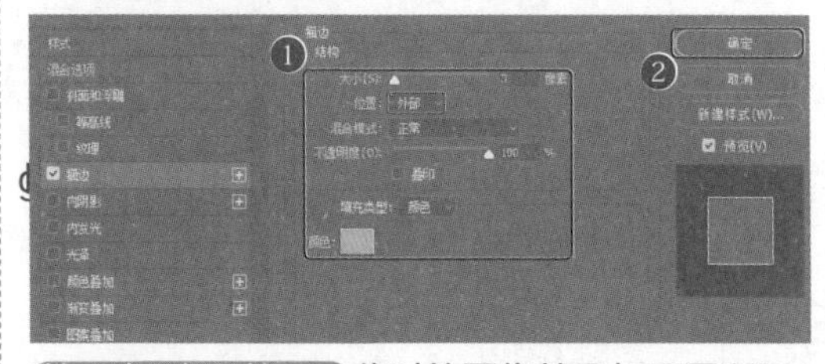

第8步：查看效果。此时的图像效果如下图所示。

第9步：复制矩形。选择工具箱中"移动工具"，将光标置于矩形上，按住Alt键的同时拖动，复制两个矩形，如下图所示。

第10步：打开素材。按Ctrl+O组合键，打开"素材文件\第15章\食品素材1.jpg"文件。选择工具箱中"移动工具"，将素材拖到新建的文件中，如下图所示。

第11步：创建蒙版。在此图层的图层名称上右击，在弹出的快捷菜单中选择"创建剪贴蒙版"命令，图像效果如下图所示。

第12步：打开素材。按Ctrl+O组合键，打开"素材文件\第15章\食品素材2、食品素材3.jpg"文件。拖到文件中后用相同的方法创建剪贴蒙版，如下图所示。

第13步：输入文字。选择工具箱中"横排文字工具"T，在图像上输入文字，字体为方正粗倩简体，如下图所示。

第14步：绘制圆形。选择工具箱中"椭圆工具"，在选项栏中选择"像素"，设置前景色为白色，新建图层，按住Shift+Alt组合键的同时拖动光标绘制圆，复制多个圆，如下图所示。

第15步：输入文字。选择工具箱中"横排文字工

具”T，设置前景色为橘色。在图像上输入文字，字体为方正粗倩简体，如下图所示。

15.3.5 产品特色卖点

为产品特色卖点展示区设计，可以放置一些带感情色彩的文字内容以引起顾客的认同感，要突出产品与众不同的卖点。案例效果如下图所示。

第1步：设置前景色。打开Photoshop，按Ctrl+N组合键新建一个图像文件。新建图层1，设置前景色为蓝色，按Alt+Delete组合键填充前景色，如右上图所示。

第2步：设置渐变填充。双击背景图层将其解锁，生成图层0，调整图层0到图层1的上方。单击图层面板下方的“添加蒙版”按钮，选择工具箱中“渐变工具”，设置颜色为黑、白、黑的渐变色，如下图所示。

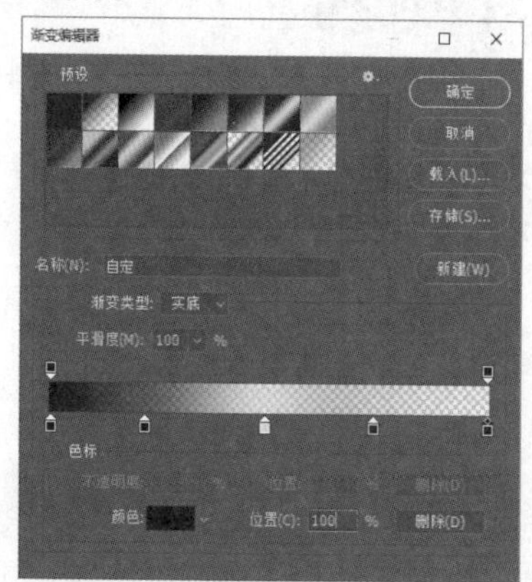

第3步：绘制渐变。在选项栏中单击“线性渐变”按钮，从左向右水平拖动光标，释放鼠标后得到如下图所示的效果。

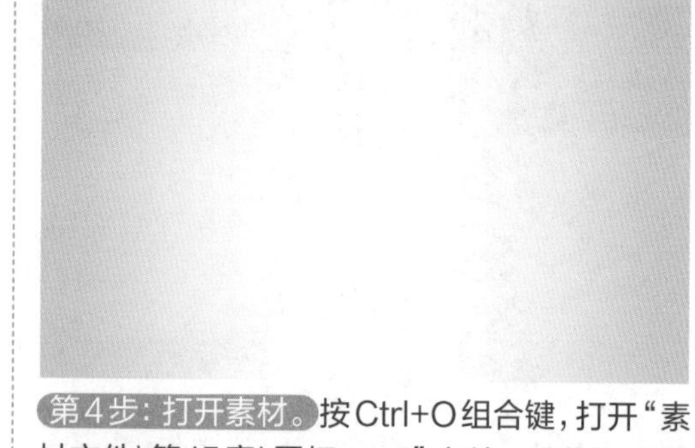

第4步：打开素材。按Ctrl+O组合键，打开“素材文件\第15章\图标.psd”文件。选择工具箱中“移动工具”，将素材拖到新建的文件中，如下图所示。

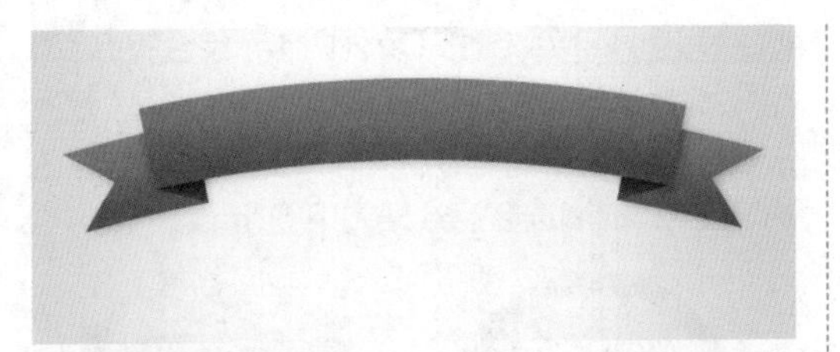

第5步：输入文字。选择工具箱中“钢笔工具”，在选项栏中选择“路径”，沿图标弧度绘制路径。选择工具箱中“横排文字工具”T，设置颜色为浅蓝色，捕捉到路径时单击，输入文字，如下图所示。

第6步：设置图层样式。选中文字图层，单击图层面板下方的“添加图层样式”按钮fx，在弹出的快捷菜单中选择“投影”命令，在弹出的“图层样式”对话框中设置参数，如下图所示。

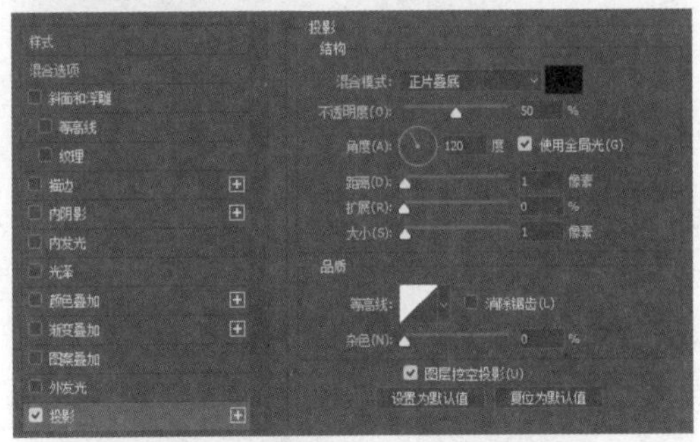

第7步：输入文字。选择工具箱中“横排文字工具”T，在图像上输入文字，字体为黑体，如下图所示。

第8步：输入文字。选择工具箱中“横排文字工具”T，分别设置前景色为蓝色和灰色。在图像上输入文字，字体为黑体，如下图所示。

第9步：绘制直线。分别使用椭圆工具和直线工具绘制圆和直线，如下图所示。

第10步：改变文字内容。复制两组文字，选择工具箱中“横排文字工具”T，激活文字，改变文字的内容，如下图所示。

第11步：打开素材。按Ctrl+O组合键，打开“素材文件\第15章\杯子.psd”文件。选择工具箱中“移动工具”，将素材拖到新建的文件中，如下图所示。

15.3.6 产品售后说明

为一服装类目的售后说明区域设计，首先重点设计了退换货区域，让顾客能安心购物。最后再暗示顾客对产品5分好评，案例效果如下图所示。

退换货制度	能否退货	能否换货	有效时间	证据提交	邮费问题	商品完整度
质量问题	能	能	7天	需要拍图	卖家承担	不能人为破坏
发错货品	能	能	7天	需要拍图	卖家承担	不能人为破坏
大小问题	能	能	7天	需要拍图	买家承担	商品完好,吊牌/包装齐全
喜好问题	能	能	7天	需要拍图	买家承担	商品完好,吊牌/包装齐全

第1步：新建文件。 打开Photoshop，按Ctrl+N组合键新建一个图像文件。按Ctrl+O组合键，打开“素材文件\第15章\保障图标.psd”文件。选择工具箱中“移动工具”，将素材拖到新建的文件中。

第2步：绘制选区。 选择工具箱中“钢笔工具”，在选项栏中选择“路径”，在图标的右方绘制数字路径，如下图所示。

第3步：取消选区。 按Ctrl+Enter组合键，将路径转换为选区。选择工具箱中“渐变工具”，从右上角向左下角拖动光标，填充不同程度红色的渐变色，取消选区后效果如下图所示。

第4步：设置图层样式。 单击图层面板下方的“添加图层样式”按钮，在弹出的快捷菜单中选择“斜面和浮雕”命令，❶在弹出的“图层样式”对话框中设置参数；❷单击“确定”按钮，如下图所示。

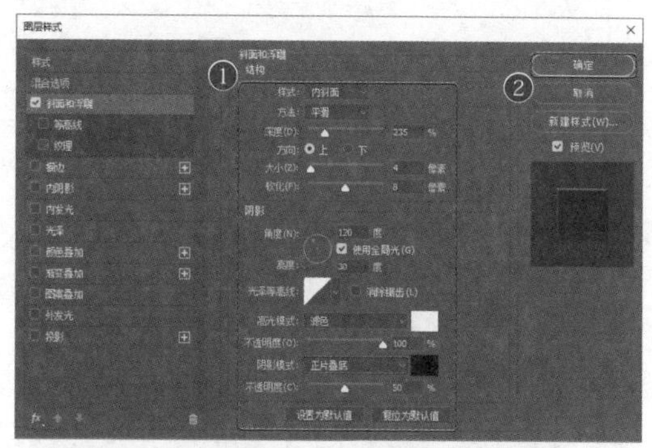

第5步：查看效果。 此时图像效果如下图所示。

第6步：输入文字。选择工具箱中"横排文字工具"T，设置前景色为黑色。在图像上输入文字，字体为方正综艺简体，如下图所示。

第7步：绘制矩形。选择工具箱中"矩形工具"▭，在选项栏中选择"形状"，设置前景色为洋红，绘制如下图所示的两个矩形。

第8步：输入文字。选择工具箱中"横排文字工具"T，设置前景色为洋红。选择工具箱中"横排文字工具"T，在图像上输入一串省略号，单击选项栏中"切换文本取向"按钮，切换方向为竖向。选中输入的内容，按住Alt键的同时按向下的箭头，可以调整字间距，如下图所示。

第9步：复制符号输入文字。复制几个符号。选择工具箱中"横排文字工具"T，设置前景色为白色。在图像上输入文字，字体为方正粗倩简体，如右上图所示。

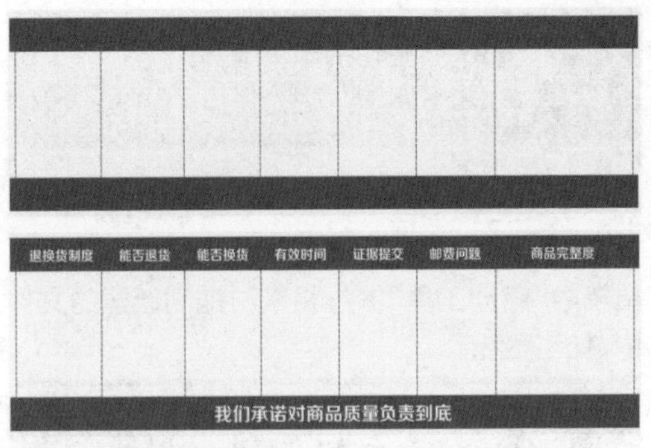

第10步：输入文字。选择工具箱中"横排文字工具"T，设置前景色为黑色。在图像上输入文字，字体为黑体，如下图所示。

退换货制度	能否退货	能否换货	有效时间	证据提交	邮费问题	商品完整度
质量问题	能	能	7天	需要拍图	卖家承担	不能人为破坏
发错货品	能	能	7天	需要拍图	卖家承担	不能人为破坏
大小问题	能	能	7天	需要拍图	买家承担	商品完好,吊牌/包装齐全
喜好问题	能	能	7天	需要拍图	买家承担	商品完好,吊牌/包装齐全
我们承诺对商品质量负责到底						

第11步：设置选区。选择工具箱中"矩形选框工具"⬚，绘制选区，填充不同程度的黄色的渐变色后取消选区，如下图所示。

第12步：输入文字。选择工具箱中"横排文字工具"T，分别在图像上输入数字"5"和文字。

第13步：设置选区。在图层面板中将数字所在的图层栅格化。选择工具箱中"矩形选框工具"⬚，绘制左下图所示的选区。按Delete键，删除选区内的图像，按Ctrl+D组合键取消选区，如右下图所示。

第14步：输入文字。选择工具箱中"横排文字工具"T，设置前景色为黄色，分别在图像上输入文字，如下图所示。

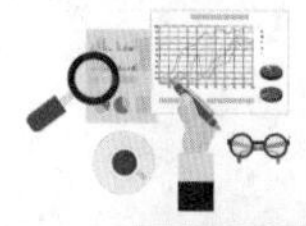

第15步：打开素材。按Ctrl+O组合键，打开“素材文件\第15章\售后素材.psd”文件。选择工具箱中“移动工具”，将素材拖到新建的文件中，如下图所示。

第16步：输入文字。选择工具箱中“横排文字工具”T，设置不同的前景色，分别在图像上输入文字，如右上图所示。

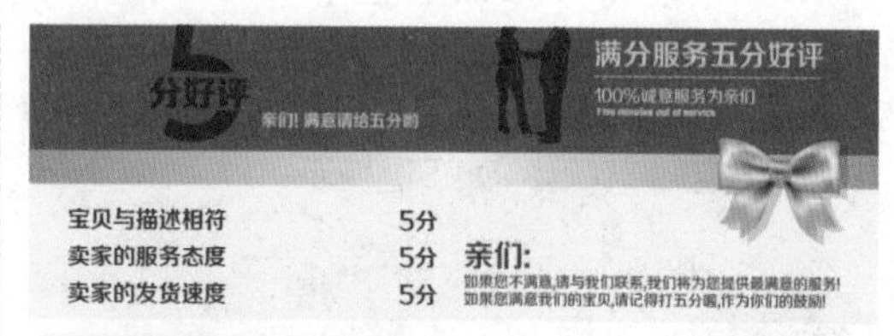

第17步：完成制作。按Ctrl+O组合键，打开“素材文件\第15章\五星.psd”文件。选择工具箱中“移动工具”，将素材拖到新建的文件中，复制几组五星，最终效果如下图所示。

退换货制度	能否退货	能否换货	有效时间	证据提交	邮费问题	商品完整度
质量问题	能	能	7天	需要拍图	卖家承担	不能人为破坏
发错货品	能	能	7天	需要拍图	卖家承担	不能人为破坏
大小问题	能	能	7天	需要拍图	买家承担	商品完好,吊牌/包装齐全
喜好问题	能	能	7天	需要拍图	买家承担	商品完好,吊牌/包装齐全

第16章 商业广告设计

◆本章导读

Photoshop CC除了用来处理图片、进行创意合成外，还被广泛地应用在商业广告设计中。通过灵活运用其相关功能，可以进行名片设计、宣传海报设计、产品包装设计。这些设计在商业活动中起到了至关重要的作用。

◆知识要点

- ■图层设置
- ■编辑名片文字
- ■图像色调调整
- ■海报背景设计
- ■海报文字设计
- ■产品包装设计

◆案例展示

扫一扫 看视频

16.1 名片设计

※ 案例说明

名片是进行自我介绍、公司推广、建立人际关系的重要媒介。名片中显示了姓名、公司名称、联系方式等信息。设计精美的名片会让人忍不住多看几眼，从而加深印象。为了让名片足够精美，在设计名片时要充分考虑背景、字体、装饰元素的设计。

案例完成制作后的效果如下图所示。

※ 思路解析

在制作宣传名片时，首先制作名片的背景效果，接下来添加花朵和文字，最后统一名片整体色调。在设计名片时，需要对图层进行设置并载入素材图片，然后编辑名片文字，最后还需要让名片的色调看起来美观大方。其具体的制作流程如下图所示。

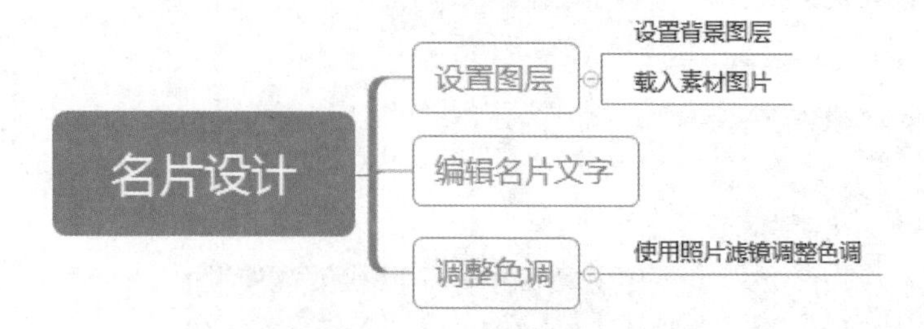

※ 步骤详解

16.1.1 设置图层

设计名片时，首先要设置图层。在图层中可以使用素材设计名片的背景，确定名片的基本设计方向。

第1步：新建文件。按Ctrl+N组合键，执行“新建”命令，打开“预设详细信息”对话框。❶设置“宽度”为16厘米，“高度”为10厘米；❷单击“创建”按钮，如下图所示。

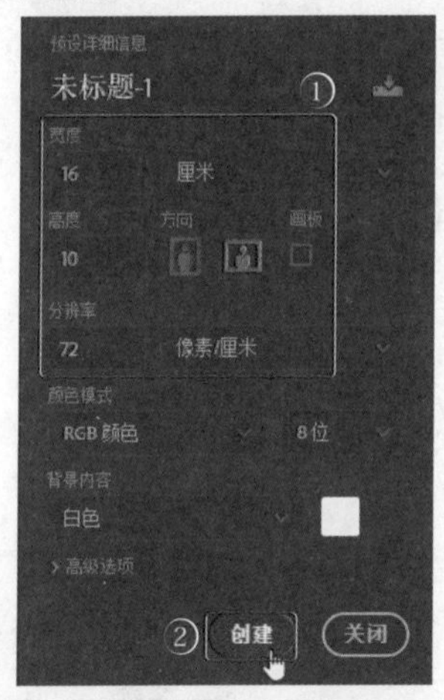

第2步：设置渐变参数。新建图层，命名为“底图”。选择工具箱中的“渐变工具”，在选项栏中单击渐变色条，在弹出的“渐变编辑器”对话框中设置渐变色标(白，浅紫#c489c5，深紫#5f006a)，如下图所示。

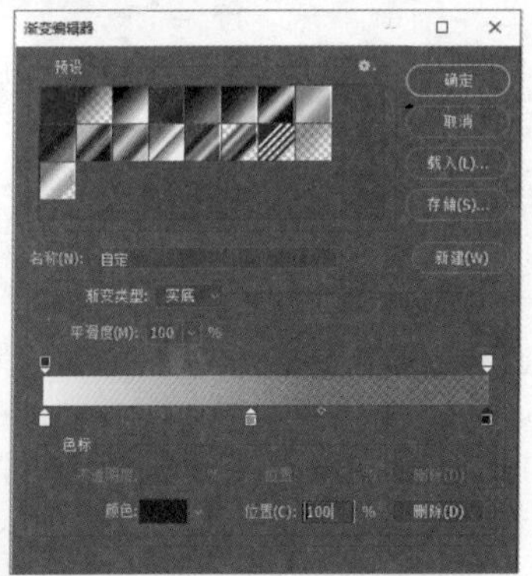

第3步：绘制渐变。在选项栏中单击“径向渐变”按钮，拖动“渐变工具”填充渐变色，如右上图所示。

第4步：载入素材图片。载入素材文件“素材文件\第16章\16-01a.jpg”，执行“图层”→“创建剪贴蒙版”命令，如下图所示。

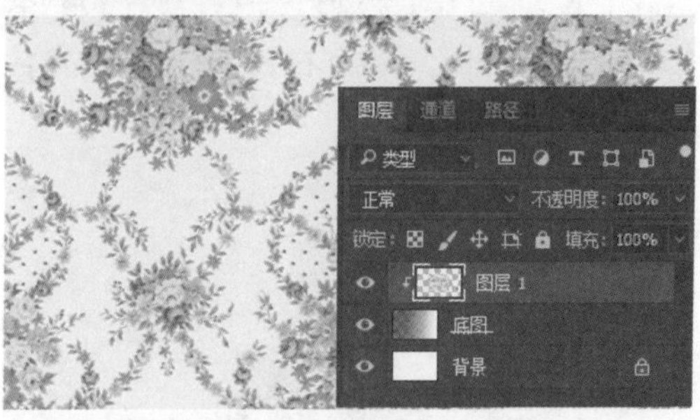

第5步：设置图层混合模式。更改图层名称为“底装饰”，更改图层混合模式为“线性减淡(添加)”，“不透明度”为50%，如下图所示。

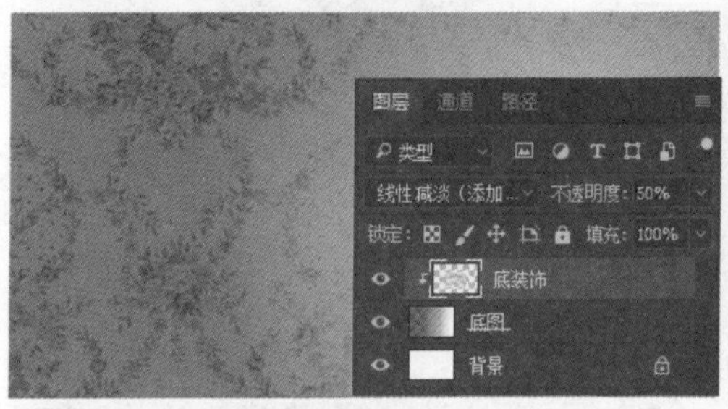

第6步：添加素材。载入素材文件“素材文件\第16章\16-01b.tif”，移动到右下方适当位置，命名为“装饰”，如下图所示。

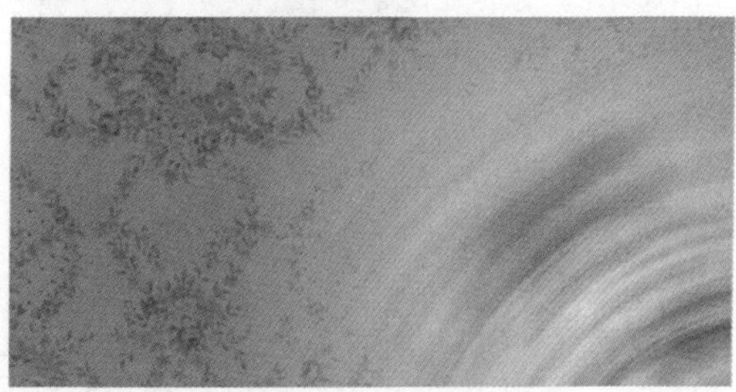

第7步：设置图层并创建蒙版。更改图层名称为“装饰”，更改图层混合模式为“颜色减淡”，创建剪贴蒙版，如下图所示。

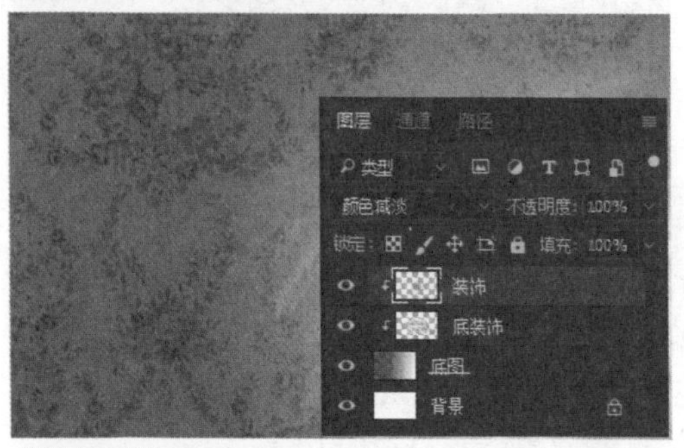

第8步：载入素材。载入素材文件“素材文件\第16章\16-01c.tif”，移动到右下方适当位置，命名为“花朵”，如下图所示。

16.1.2 编辑名片文字

完成图层设置后，就可以开始编辑名片的文字了。编辑文字时，要注意文字与背景及装饰元素的协调、搭配。

第1步：输入文字。选择工具箱中的“横排文字工具”T，在图像中输入文字，设置“字体”为黑体，“字体大小”为18点，如下图所示。

第2步：设置图层样式。双击文字，在“图层样式”对话框中，❶选择“外发光”选项卡；❷设置“混合模式”为“滤色”，发光颜色为白色，“不透明度”为75%，“杂色”为0%，“方法”为柔和，“扩展”为0%，“大小”为5像素，“范围”为50%，“抖动”为0%，如下图所示。

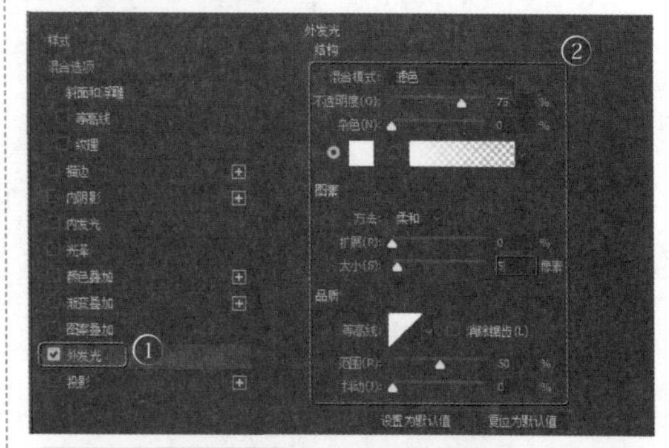

第3步：绘制分隔线。新建图层，命名为“分隔线”。选择工具箱中的“直线工具”，在选项栏中选择“像素”选项，设置“粗细”为1像素，拖动鼠标绘制白色分隔线，如下图所示。

第4步：输入文字。继续使用“横排文字工具”T，在图像中输入英文字母，设置“字体”为Times New Roman，“字体大小”为18点，如下图所示。

第5步：输入文字。继续使用“横排文字工具”T，在图像中输入英文字母“FLOWER”，设置

“字体”为Times New Roman,“字体大小”为20点,如下图所示。

第6步:设置文字格式。使用“横排文字工具”T,选中字母“ER”,在“字符”面板中设置“基线偏移”为5,如下图所示。

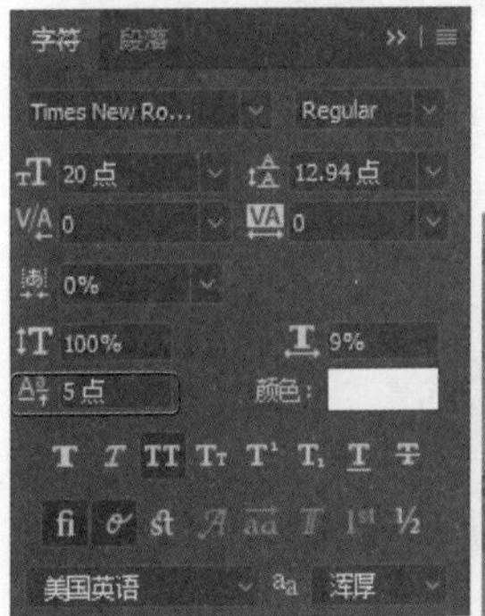

第7步:输入文字。继续使用“横排文字工具”T,在图像中输入“.COM”,设置“字体”为Times New Roman,“字体大小”为14点,如下图所示。

第8步:输入文字。继续使用“横排文字工具”T,在图像中输入文字“艺术城市”,设置“字体”为黑体,“字体大小”为17点,如右上图所示。

第9步:设置英文内容。使用“横排文字工具”T,在图像中输入英文字母,设置“字体”为Times New Roman,“字体大小”为10点,如下图所示。

16.1.3 调整色调

为了让名片整体效果更好,最后需要为名片进行色调调整。

第1步:创建滤镜。创建“照片滤镜”调整图层,设置“滤镜”为深红,如下图所示。

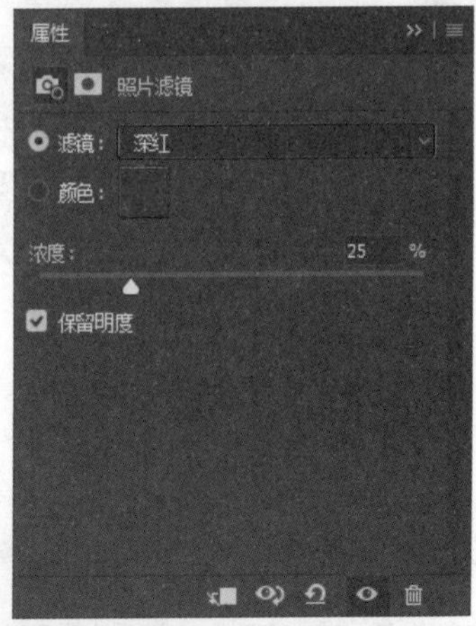

第2步:查看效果。通过前面的操作,调整名片的整体色调,如下图所示。

第3步：让花朵显示原来的颜色。使用黑色“画笔工具”涂抹花朵，显示出花朵原来的颜色，如下图所示。

扫一扫 看视频

16.2 宣传海报设计

※ 案例说明

当新品上市，或者是需要加大商品的推广力度时，往往需要进行宣传海报设计。宣传海报设计要求能快速吸引消费者的眼球，从而将商品信息宣传出去，勾起消费者的购物欲望。在宣传海报设计中，重要信息要突出设计，例如品牌信息、商品名称信息、打折信息等。完成制作后的案例效果如下图所示。

※ 思路解析

在制作靓衣裳新品上市宣传海报时，首先制作底图效果，接下来制作装饰文字和说明文字，最后添加人物完成整体效果。其具体的制作思路如下图所示。

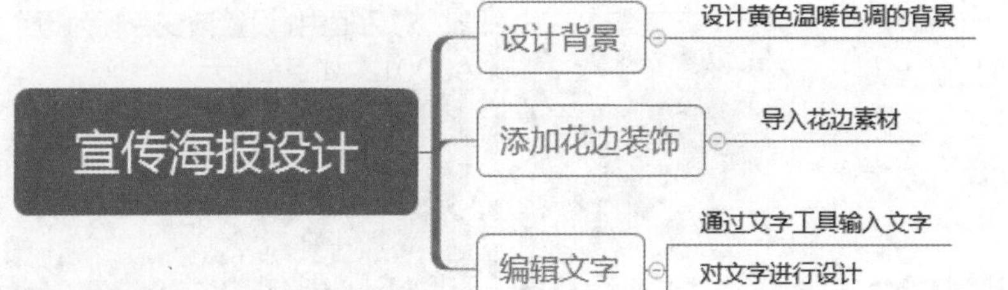

※ 步骤详解

16.2.1 设计背景

在设计宣传海报前，首先需要设计背景，背景的色调及元素要与商品相搭配。

第1步：新建文件。按Ctrl+N组合键，执行“新建”命令，打开“预设详细信息”对话框。❶设置“宽度”为33.5厘米，“高度”为16厘米；❷单击“创建”按钮，如下图所示。

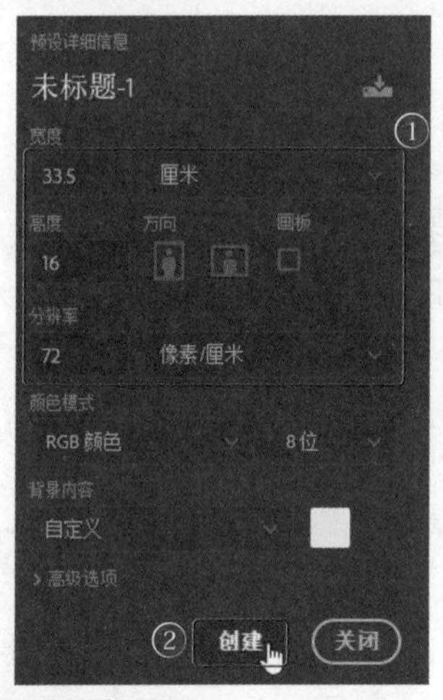

第2步：填充背景色。为“背景”图层填充浅黄色#ffffc7，如下图所示。

16.2.2 添加花边装饰

完成背景创建后，就可以在背景上添加装饰性的素材了。添加素材时要注意调整位置。

第1步：添加素材。导入素材文件“素材文件\第16章\16-02a.jpg”，移动到适当位置，命名为“左侧花纹”，如下图所示。

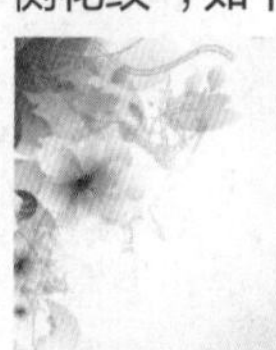

第2步：更改图层模式。更改“左侧花纹”图层混合模式为“正片叠底”，如下图所示。

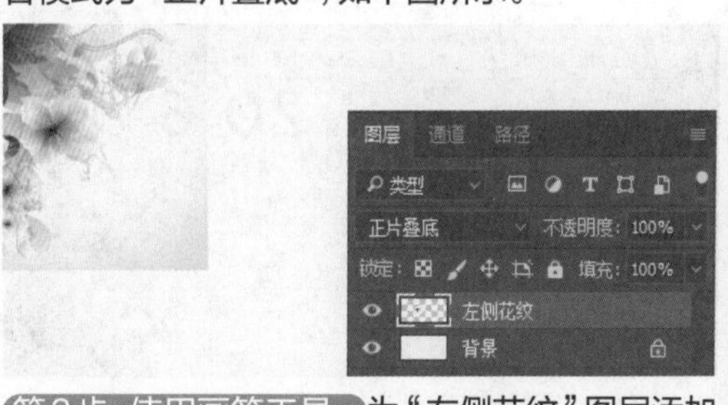

第3步：使用画笔工具。为“左侧花纹”图层添加图层蒙版，使用黑色“画笔工具”涂抹右下方，溶合图像，如下图所示。

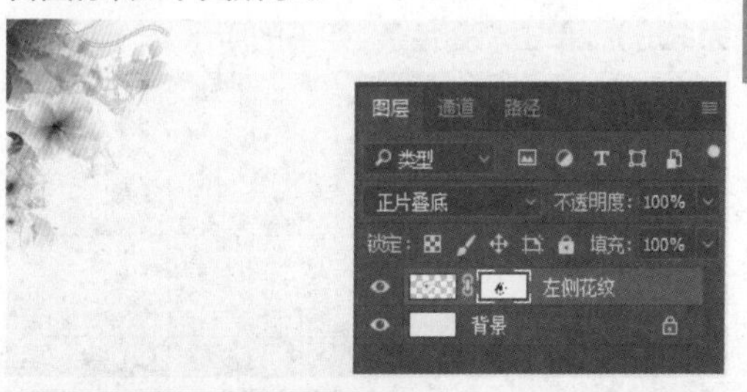

第4步：调整图片大小。按Ctrl+J组合键复制图层，命名为“右侧花纹”；按Ctrl+T组合键，执行自由变换操作，适当放大对象，如下图所示。

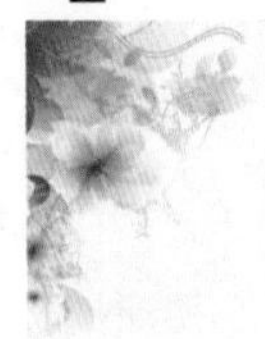
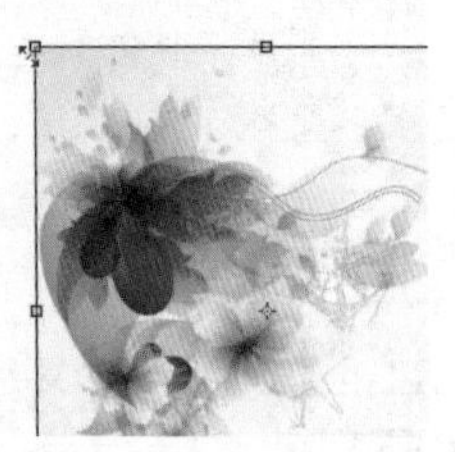

第5步：旋转图片。执行“编辑”→“变换”→“旋转180度”命令，旋转对象，效果如下图所示。

16.2.3 编辑文字

完成背景及装饰性元素设计后，需要为宣传海报添加文字，以准确表达海报信息。

第1步：输入文字。使用“横排文字工具” 在图像中输入数字“20 6”，设置“字体”为Vrinda，“字体大小”为95点，如下图所示。

第2步：设置图层样式。双击文字图层，打开“图层样式”对话框中。❶勾选“渐变叠加”选项卡；❷设置“样式”为线性，“角度”为90度，“缩放”为100%，单击渐变色条，如下图所示。

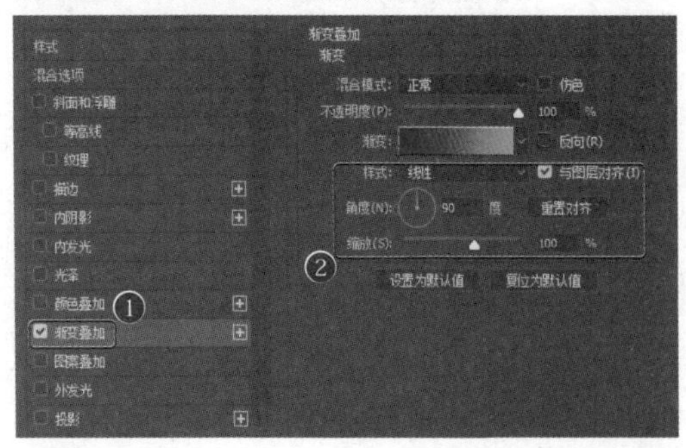

第3步：设置渐变颜色。在弹出的“渐变编辑器”对话框中，设置渐变色标为橙# f08200红# e60012，如下图所示。

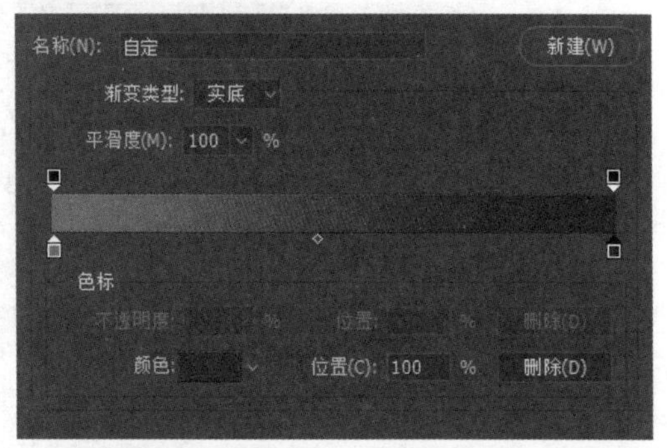

第4步：导入素材。导入素材文件“素材文件\第16章\16-02b.jpg”，移动到适当位置，命名为“花朵”，如下图所示。

第5步：输入文字。使用“横排文字工具” 输入文字“SPRING”，设置“字体”为Broadway，“字体大小”为110点，颜色为绿色#ffffc7，如下图所示。

第6步：创建选区。新建图层，命名为“文字底色”；使用“矩形选框工具” 创建一个矩形选区，填充深绿色#002f16，如下图所示。

第7步：输入文字。使用“横排文字工具”T输入文字“靓衣裳”，设置“字体”为方正正纤黑简体，“字体大小”为67点，颜色为白色，如下图所示。

第8步：导入素材。导入素材文件“素材文件\第16章\16-02c.jpg”，移动到适当位置，命名为“新品上市”，如下图所示。

第9步：填充图层。锁定透明像素后，为“新品上市”图层填充红色，如下图所示。

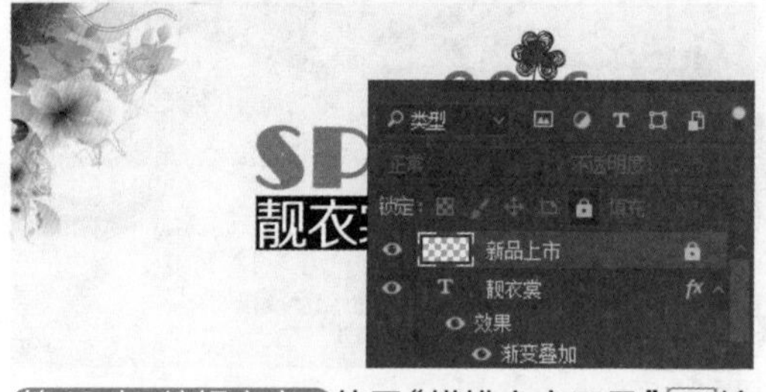

第10步：编辑文字。使用“横排文字工具”T输入“New product launches”，设置“字体”为Myriad Pro，“字体大小”为17点，如下图所示。

第11步：编辑文字。使用“横排文字工具”T输入文字，设置“字体”为微软雅黑，“字体大小”为14点，如右上图所示。

第12步：编辑文字。使用“横排文字工具”T输入文字“春季新品全场优惠”，设置“字体”为幼圆，“字体大小”为30点，字体颜色为绿色#0d8a00，如下图所示。

第13步：导入素材。导入素材文件“素材文件\第16章\16-02d.jpg”，移动到适当位置，命名为“人物”，如下图所示。

第14步：调整图层模式。更改“人物”图层混合模式为“深色”，如下图所示。

第15步：完成海报制作。向左侧适当移动SPRING文字图层，协调整体画面，最终效果如右图所示。

扫一扫 看视频

16.3 产品包装设计

※ 案例说明

产品的包装设计是产品营销过程中的重要一环。优秀的包装设计能够精确体现产品的卖点，第一时间激起消费者的购物欲望。在设计产品包装时，要结合产品的特点、颜色、购买对象等情况来进行。在本案例中，为糖果产品进行包装设计后的效果如右图所示。

※ 思路解析

在对糖果外包装进行设计时，首先制作糖果的轮廓效果，接下来制作糖果文字图案部分，最后添加倒影完成整体效果。其具体制作流程如下图所示。

产品包装设计
- 变换操作 — 载入素材图片进行变换操作
- 使用钢笔工具 — 绘制选区
- 使用画笔工具 — 绘制装饰图形

※ 步骤详解

16.3.1 变换操作

设计糖果包装时，可以先将糖果素材图片导入Photoshop CC软件中，然后通过变换操作调整大小和位置。

第1步：新建文件。按Ctrl+N组合键，执行“新建”命令，打开“预设详细信息”对话框。❶设置“宽度”为9.3厘米，“高度”为10厘米；❷单击“创建”按钮，如左下图所示。

第2步：设置前景色。设置前景色为粉红色#ffbdc9，按Alt+Delete组合键填充前景色，如右下图所示。

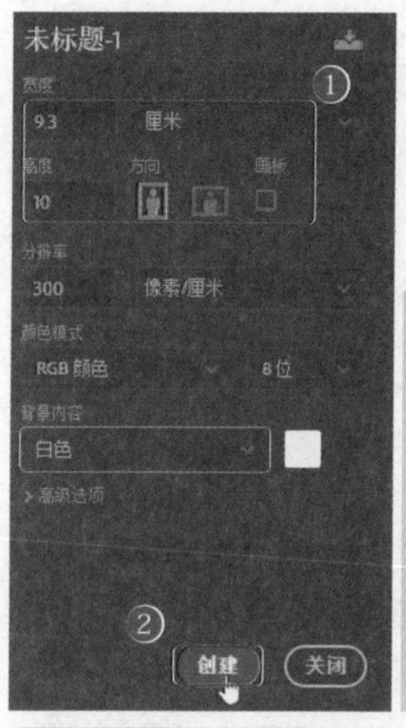

第3步：载入图片。载入素材文件“素材文件\第16章\16-03a.tif”，移动到左侧适当位置，命名为“左糖果模板”，如左下图所示。

第4步：新建图层并填充。按住Ctrl键，单击“左糖果模板”图层缩览图，载入选区。新建图层，命名为“左糖果颜色”，填充深红色#8a024f，如右下图所示。

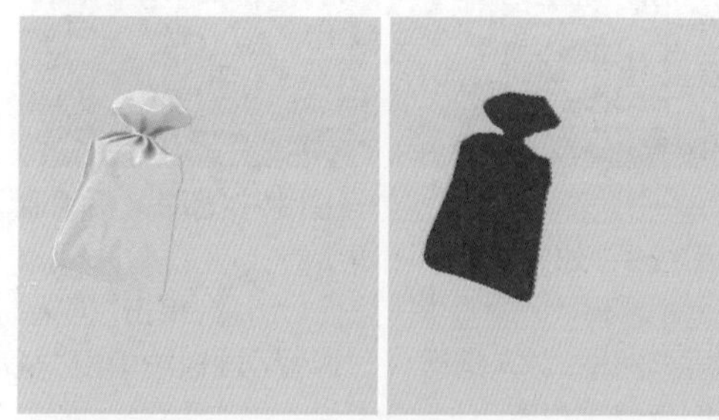

第5步：更改图层混合模式。更改图层混合模式为“颜色”，如左下图所示，效果如右下图所示。

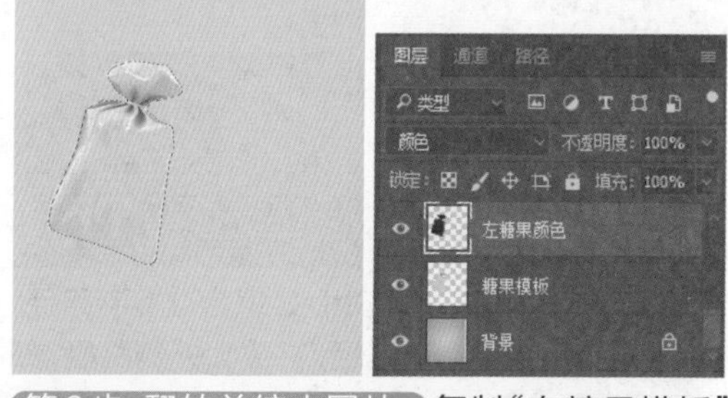

第6步：翻转并缩小图片。复制“左糖果模板”图层，命名为“右糖果模板”，执行“编辑”→“变换”→“水平翻转”命令，水平翻转对象，然后适当缩小对象，如右上左侧图所示。

第7步：新建图层并填充。按住Ctrl键，单击“右糖果模板”图层缩览图，载入选区。新建图层，命名为“右糖果颜色”，填充深红色#8a024f，如右下图所示。

第8步：更改图层混合模式。更改图层混合模式为“颜色加深”，如左下图所示。效果如右下图所示。

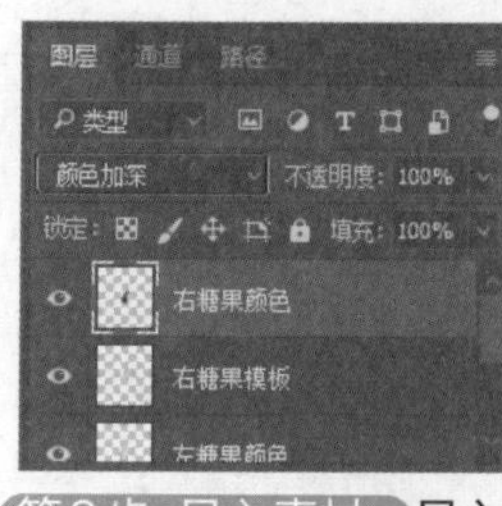

第9步：导入素材。导入素材文件“素材文件\第16章\16-03b.jpg”，命名为“糖果”，如下图所示。

16.3.2 使用钢笔工具

接下来，需要使用钢笔工具绘制选区，具体操作步骤如下。

第1步：绘制路径并添加蒙版。使用“钢笔工具”绘制路径，按Ctrl+Enter组合键载入选区后，单击“图层”面板下方的“添加图层蒙版”按钮，如右图所示。

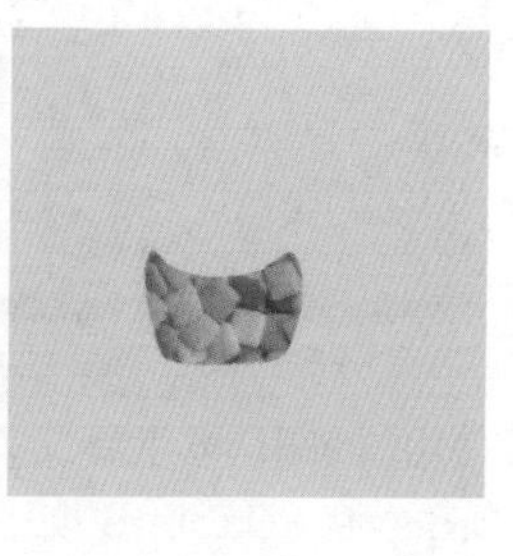

第2步:载入选区半描边。新建图层，命名为“眼眶”。使用“钢笔工具”绘制路径，载入选区后填充白色，并描边，如下图所示。

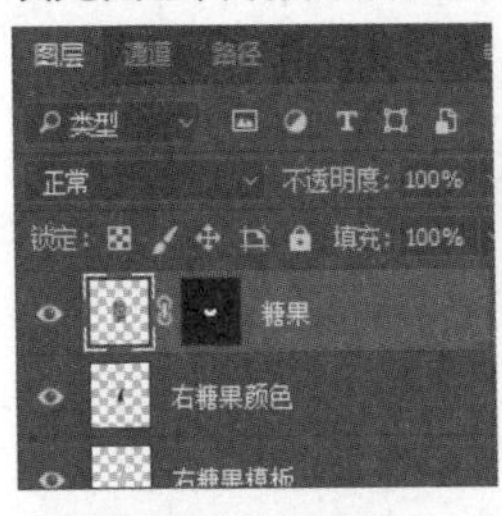

16.3.3 使用画笔工具

使用画笔工具，可以在包装设计中添加细节内容，具体操作步骤如下。

第1步:设置画笔参数。选择工具箱中的“画笔工具”，❶在选项栏中设置“大小”为3像素，“硬度”为0%；❷选择“柔边圆”类型，如下图所示。

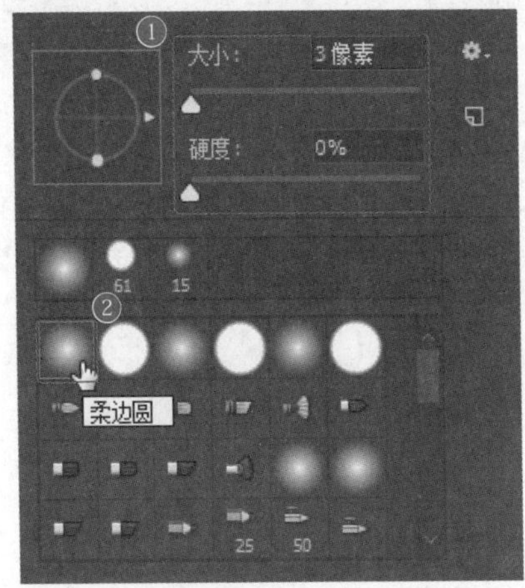

第2步:添加描边路径。设置前景色为深蓝色#00417d，在“路径”面板中单击“用画笔描边路径”按钮，如下图所示。

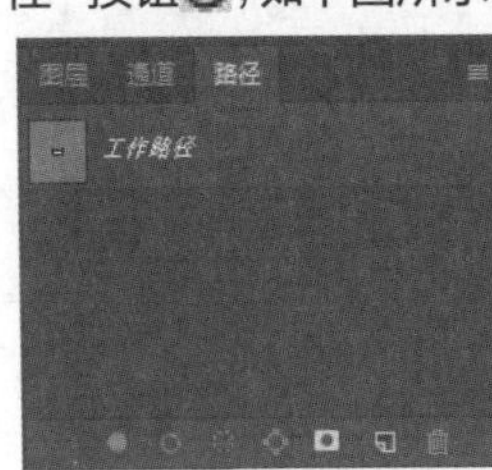

第3步:创建选区。新建图层，命名为“眼珠”。使用“椭圆选框工具”创建两个正圆选区，填充深蓝色#056bb6，如右上左侧图所示。

第4步:绘制并描边路径。新建图层，命名为“牙齿”。使用“钢笔工具”绘制路径，载入选区后填充白色，并描边路径，如右下图所示。

第5步:选择预设画笔。选择工具箱中的“画笔工具”，在“画笔预设”面板中选择“圆点硬”画笔，如左下图所示。

第6步:选择画笔大小。在“画笔”面板中，设置“大小”为1像素，如右下图所示。

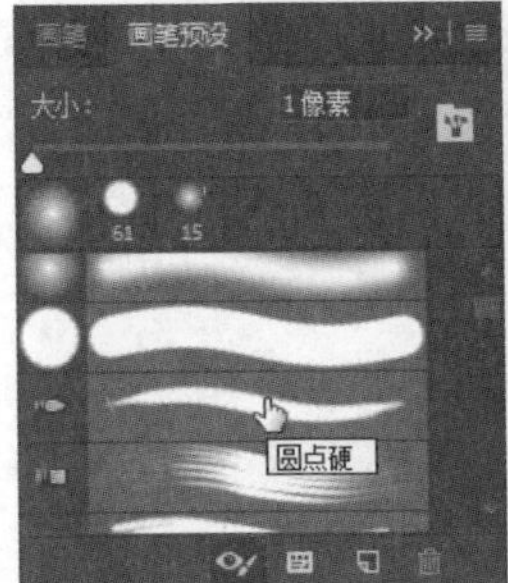

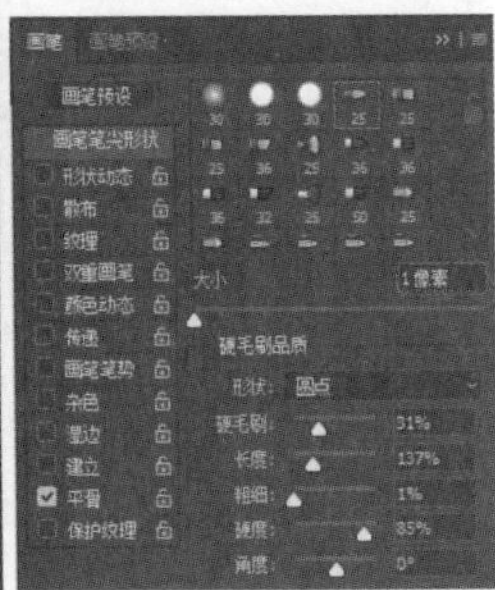

第7步:绘制阴影线条。在图像中拖动鼠标绘制阴影线条，效果如左下图所示。

第8步:生成工作路径。按住Ctrl键，单击“糖果”图层缩览图，载入选区；在“路径”面板中单击“从选区生成工作路径”按钮，生成工作路径，如右下图所示。

第9步:粘贴路径。按Ctrl+C组合键复制路径，按Ctrl+V组合键粘贴路径，并放大外侧路径，如左下图所示。

第10步:调整路径形状。使用“钢笔工具”调整路径形状，效果如右下图所示。

第11步：载入选区。 按Ctrl+Enter组合键载入选区，填充黄色并描边路径，效果如左下图所示。

第12步：选择形状。 选择工具箱中的“自定形状工具”，在选项栏中选择“螺线”形状，如右下图所示。

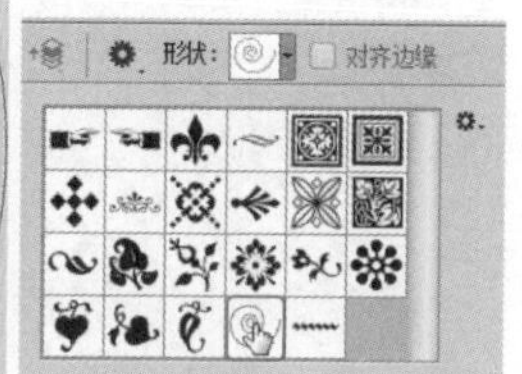

第13步：绘制形状。 设置前景色为浅蓝色#4c9bd5，绘制螺线对象，使用“圆形工具”绘制圆形对象，如左下图所示。

第14步：绘制眉毛形状。 使用“钢笔工具”在左上方绘制黄色眉毛并描边路径，效果如右下图所示。

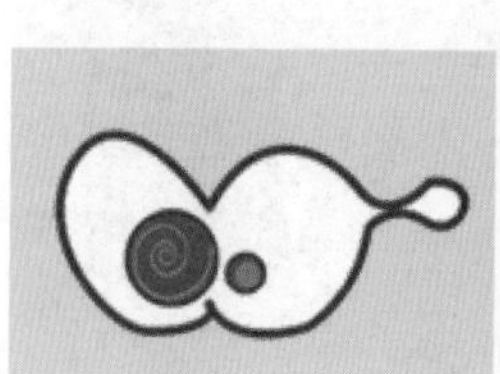

第15步：绘制标志。 使用“自定形状工具”绘制白色回收标志，如下图所示。

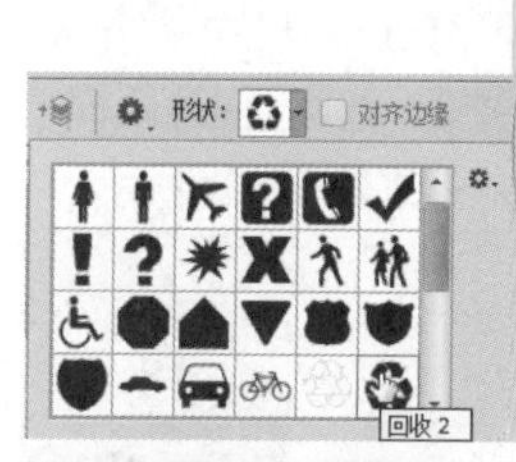

第16步：编辑文字。 使用“横排文字工具”在图像中输入“800g”，设置“字体”为Lucide handwriting，“字体大小”为7点，如右上左侧图所示。

第17步：编辑文字。 使用“横排文字工具”在图像中输入字母“Candy me”，设置“字体”为Myriod pro，“字体大小”为22和14点，如右下图所示。

第18步：新建并隐藏图层。 新建“组1”。拖动“糖果”图层以上的所有图层到“组1”中，向右移动对象，显示隐藏的图层，如下图所示。

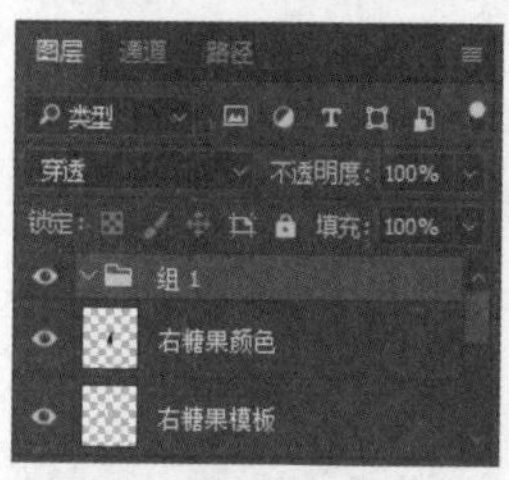

第19步：设置组。 按Alt+Ctrl组合键，盖印“组1”，命名为“右侧文字”。隐藏“组1”，如左下图所示。

第20步：扭曲图形。 执行“编辑”→“变换”→“扭曲”命令，拖动节点进行扭曲变换，如右下图所示。

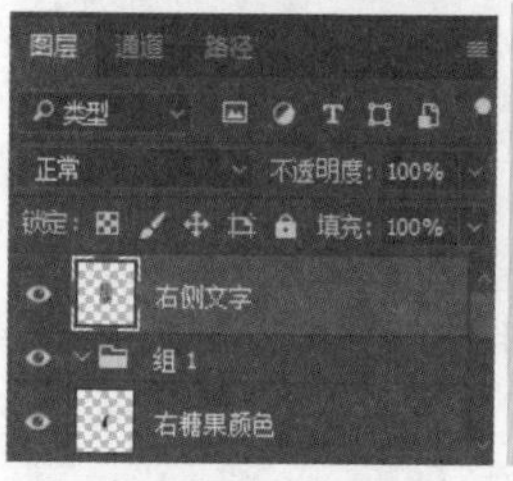

第21步：执行变换操作。 在变换状态下，右击，选择“变形”操作，如左下图所示。

第22步：调整扭曲程度。 在变形框内部，拖动节点调整对象的扭曲程度，如右下图所示。

第23步：导入图片。 导入素材文件“素材文件\第

16章\16-03c.tif”，命名为“左侧文字”，移动到左侧适当位置，如左下图所示。

第24步：调整文字。选择“右侧文字”图层，使用“套索工具”选中上方的文字，适当缩小文字，并进行适当扭曲变形，如右下图所示。

第25步：设置图层。选中左侧糖果所有图层，按Alt+Ctrl组合键，盖印图层，命名为“左侧倒影”，如下图所示。

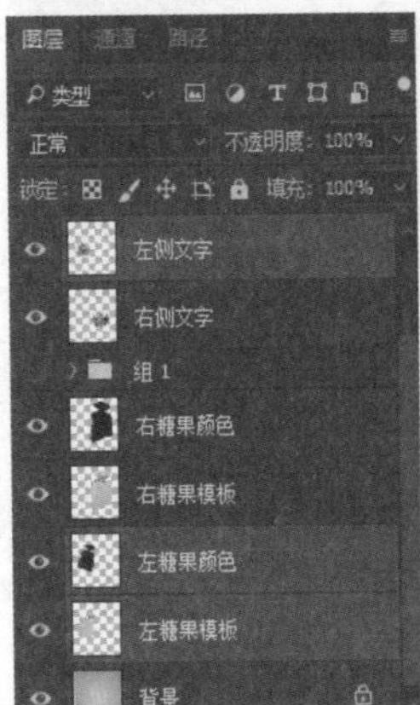

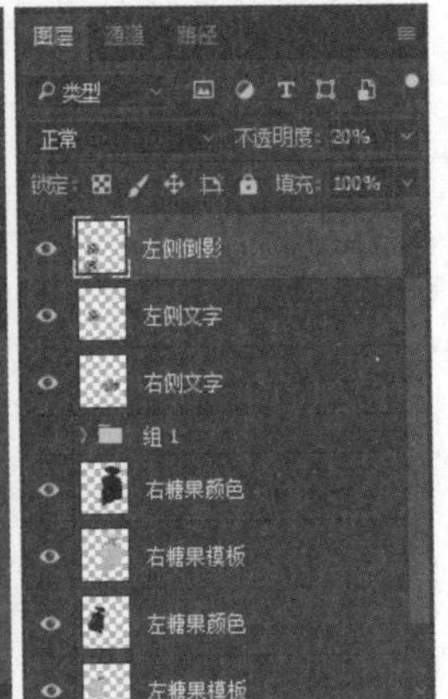

第26步：设置图层。选中左侧糖果所有图层，按Alt+Ctrl组合键，盖印图层，命名为“左侧倒影”，如左下图所示。

第27步：翻转图像。执行“编辑”→“变换”→“垂直翻转”命令，垂直翻转对象，效果如右下图所示。

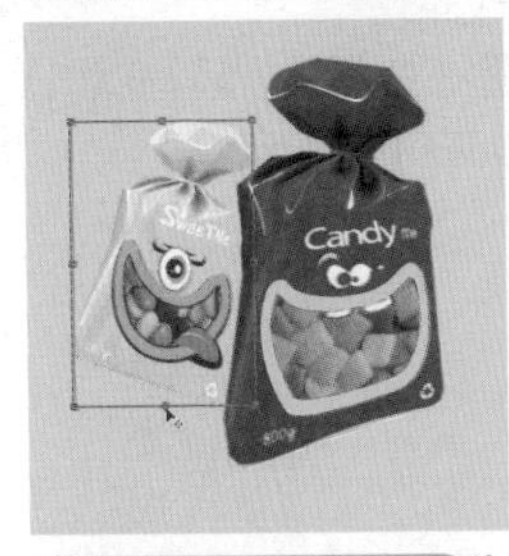

第28步：添加蒙版。为“左侧倒影”图层添加图层蒙版，拖动黑白“渐变工具”修改蒙版，如右上左侧图所示，效果如右上右侧图所示。

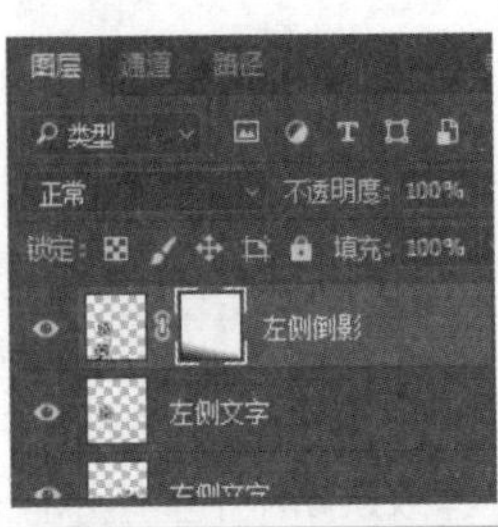

第29步：设置图层透明度。更改“左侧倒影”图层“不透明度”为20%，如左下图所示。效果如右下图所示。

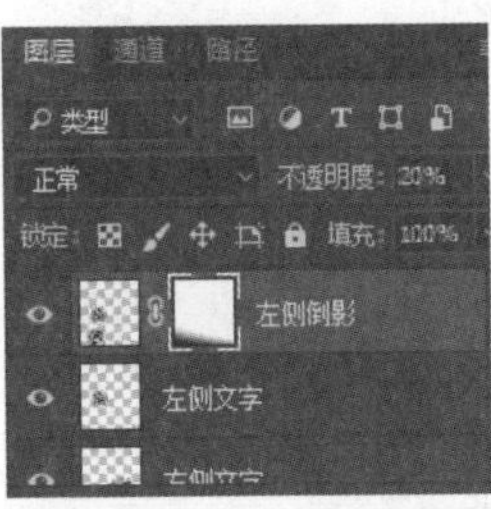

第30步：创建右侧倒影。使用相同的方法创建右侧倒影，如左下图所示。效果如右下图所示。

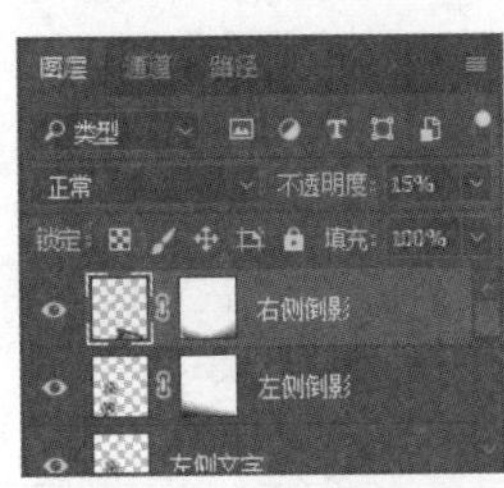

第31步：设置图层填充。设置前景色为浅红色#ffbdc9，背景色为较深的红色#df7f86；选择工具箱中的“渐变工具”，在选项栏中单击“径向渐变”按钮；选择“背景”图层，拖动鼠标填充渐变色，如左下图所示。效果如右下图所示。

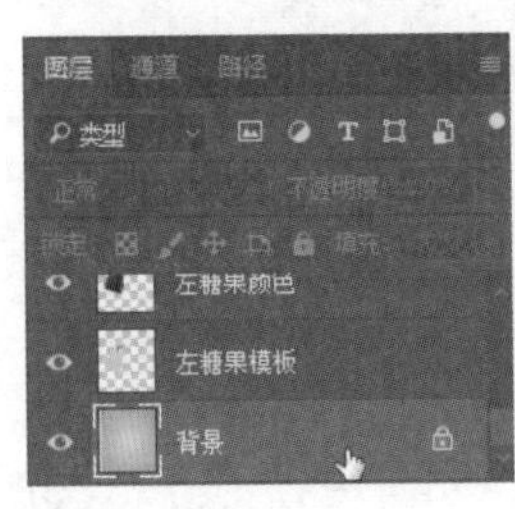

第5篇

高效
移动办公篇

第17章 手机移动办公实用指南

◆本章导读

随着智能手机的更新迭代，手机不再只是通信工具，而是功能丰富的工作伙伴。使用手机，可以进行时间管理，提高工作效率；管理人脉，加强业务联系。此外当职场人士出差在外时，还可以通过手机进行办公。例如，在手机上查看邮件、下载工作文档，或者是外出办事时将手机上生成的文件、照片等资料同步到办公室计算机中。

◆知识要点

- 使用手机番茄钟
- 使用Forest减少手机使用时间
- 使用手机端邮箱
- 在手机上处理各类文档
- 让手机文件与计算机同步
- 利用手机管理人脉

◆案例展示

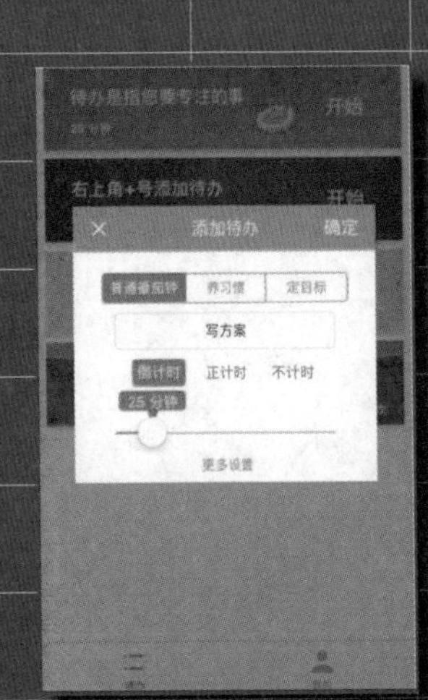

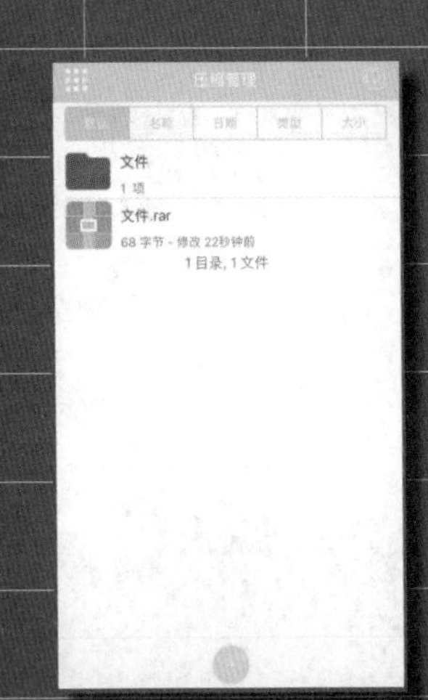

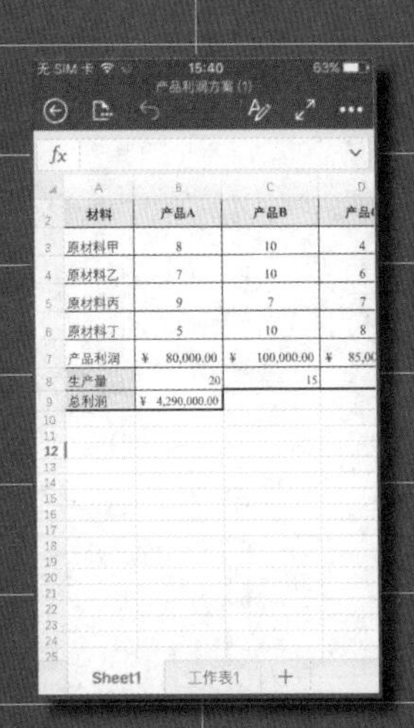

17.1 时间管理

※ 思路解析

每个人的时间都是 24 小时 / 天，有的人却能合理利用有限的时间做更多的事。现代智能手机的功能越来越丰富和人性化，人们完全可以高效利用这些功能，帮助自己进行时间管理。其思路如下图所示。

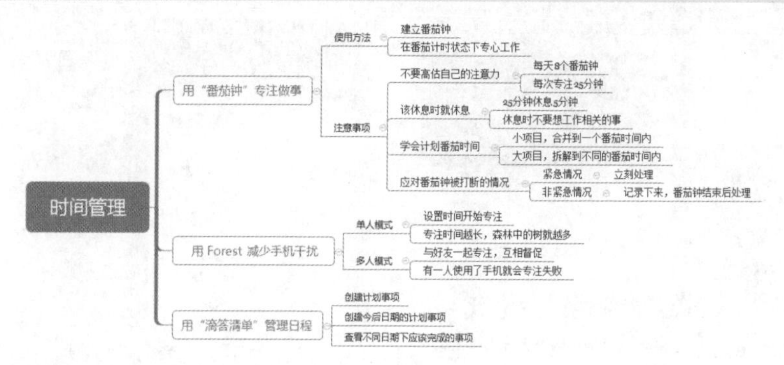

※ 用法详解

17.1.1 使用番茄钟提高效率

在智能手机的应用商店里，有多种番茄钟App，番茄钟App是根据番茄工作法开发的时间管理软件。番茄工作法的原理是，在25分钟内专注做事，中间不中断，25分钟后休息5分钟。

使用番茄钟科学合理地进行工作和休息，可以提升工作时的注意力，缩短做事的时间，实现劳逸结合、高效工作。

番茄钟的使用方法虽然简单，执行起来却比较难。下面来看一下使用番茄钟的具体方法及注意事项。

>>>1. 使用番茄钟的方法

无论是安卓系统还是IOS系统的手机，都有多款番茄钟App可供选择，其使用方法也大同小异。下面以使用量比较多的一款番茄钟App“番茄ToDo”为例进行介绍。

第1步：新建项目。 打开“番茄ToDo”App，点击右上角的“+”按钮，新建番茄钟计划。当然，也可以直接点击下方建好的待办事项等项目进入番茄钟计时状态，如下图所示。

第2步：设置项目。在添加待办项目时，可以设置“普通番茄钟”。❶输入项目的名称，如“写方案”；❷设置番茄时间，通常为“25分钟”；❸点击“确定”按钮，如左下图所示。

第3步：开始进入番茄钟计时。此时就成功创建了一个名为“写方案”的使用番茄钟的项目。点击“开始”按钮，即可进入计时状态，如右下图所示。

第4步：在计时状态下专心工作。当手机进入25分钟的倒计时状态时，排除干扰，专心完成工作，如左下图所示。

使用这款App，不仅可以设置单独的番茄钟，还可以设置长远计划的番茄钟。只需在添加待办事项时，选择“养习惯”选项卡，就可以设置每天/每周/每月完成多少分钟的番茄钟，及每个番茄钟的时间长短，从而让自己按计划完成任务，如右下图所示。

此外，还可以以目标的形式设置番茄钟。在添加待办事项时，选择“定目标”的方式，即可设置完成某目标需要专心的番茄钟分钟数，如左下图所示。这样就可以看到为了达成目标而积累的时间，以此来激励自己努力完成目标。

在设置番茄钟时，不仅可以设置番茄钟的时间长短，还可以设置番茄钟使用模式。例如“学霸模式”会在番茄钟计时的时候，如果打开其他App应用，就会发出提醒；而“严格模式”可以禁止在番茄钟计时期间，提前结束或放弃。此外，还可以设置休息时间长短。例如当番茄钟时长为50分钟，可以设置休息时间为10分钟，适当多休息一会儿。具体设置如右下图所示。

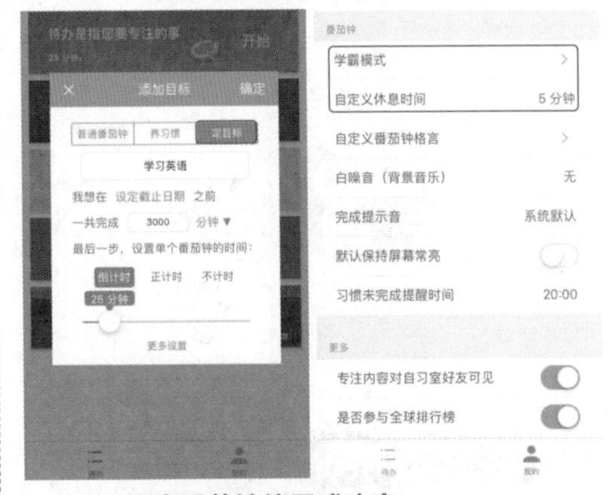

>>>2. 提高番茄钟使用成功率

番茄钟的使用方法很简单，只要稍加学习就可以上手使用。可事实是，很多人无法从中受益，导致最后放弃使用。下面来看看提高番茄钟使用成功率的注意事项。

(1)人的注意力是有限的。

很多人在一开始使用番茄钟时，总是信心满满，认为自己可以从早到晚循环使用番茄钟计时高效工作，或者是将番茄时间定为1小时甚至更长时间。

事实上，人的注意力是有限的，不可能一整天都保持专注状态。因此，建议找到自己的黄金时间使用番茄钟，在这个时间段内高效工作。例如某人的黄金时间是早上9点到中午12点，那么可以在这个时间段内完成6个番茄钟；而在下午，则少安排几个番茄钟。一般来说，每天完成8个番茄钟是比较合理的。

番茄钟的科学时间是25分钟，25分钟也是经过研究和证实的，是人的注意力高度集中的时间

段。超过这个时间段，人就容易分心。因此，通常建议番茄钟时间为25分钟。在经过一定时间的训练后，如果你的专注力有所提升，可以保持30分钟、40分钟甚至更长时间，可以适当增加番茄钟。

(2)该休息时就休息。

番茄钟计时完成后就进入休息时间，而番茄钟使用新手很容易犯的错误是该休息时不休息。

如果在番茄钟休息时间内，没有真正地休息，就无法让大脑得到放松，从而不能在下一个番茄钟时段里高度集中注意力。

正确的做法是完全停止工作，脑海中也不要想工作相关的事，可以站起来喝杯茶，也可以拉伸一下身体，为下一个番茄钟做好充分准备。

(3)学会计划番茄时间。

在实际工作时，工作项目所需的时间有长有短，此时就需要合理地进行计划，使用番茄钟来完成这些项目。

对于处理时间比较短的项目，可以合并。例如统计销售数据需要10分钟，修改项目方案需要10分钟，打印文件需要5分钟，那么这3个项目可以合并为一个25分钟的番茄钟。

对于处理时间比较长的项目，则需要合理分解。例如写一篇微信文章，可以计划用1个番茄钟的时间进行内容调查，用1个番茄钟的时间进行提纲拟定，用2~3个番茄钟的时间进行内容写作，用1个番茄钟的时间进行内容检查和排版。只需要在每个番茄钟的时间内，专注完成一件事，整个项目就可以高效完成。

(4)使用番茄钟时被打断怎么办。

在实际应用番茄钟时，常常会出现一些干扰，打断番茄钟的使用。这时就要根据干扰事项的重要性来区别对待。

对于紧急事项，必须马上做的事，可以终止或暂停番茄钟，处理完成后再进入番茄钟专注状态继续完成工作。

但是，很少有事项是必须立刻去做的，大部分事情都可以等到这个番茄钟结束后再处理。对于这些事情，可以立刻用便签记下，告诉自己番茄钟结束后再处理，然后集中精力，继续处理手上的工作。因为事情被记录了，就可以避免注意力不集中，分散精力去思考其他事项。

17.1.2 使用 Forest 减少手机影响

随着智能手机的迭代，其功能越来越丰富，在为人们提供更多便利的同时也带来了严重的干扰。在工作时，常常出现这样的现象，习惯性地打开微信看看谁又发了朋友圈，打开QQ看看有没有新的消息，打开微博看看有没有什么热点事件……

如此频繁地使用手机，让很多人无法专注于眼前事务，工作效率十分低下。

为了放下手机，专心于眼前工作，提升自制力，可以使用一些保持专注的App，如Forest App就是一款广受欢迎的改善手机使用习惯、高效工作学习的App。在Forest专注时间内，不允许使用手机，否则就会出现一颗枯树表示专注失败。系统会根据专注的时间种树，专注时间越长，树就越多，成就感也就越强。

下面来看一下Forest的具体使用方法。

>>>1. 单人专注模式

第1步：进入专注时间。 Forest默认的模式是单人专注模式，让自己在特定的时间内专心做事。❶进入单人专注模式后，可以设置专注时间，例如设置在60分钟内专注做事，不看手机；❷点击"开始"按钮进入专注时间，如左下图所示。

第2步：专心做事。 在计时状态下专心做事，不可以使用任何手机App，否则就会失败，如右下图所示。

如果在专注时间内使用了手机，就会出现如左下图所示的枯树。

第3步：查看成果。 在"总览"页面中，可以查看自己的专注成果，专注时间越长，森林中的树就越多，如右下图所示。

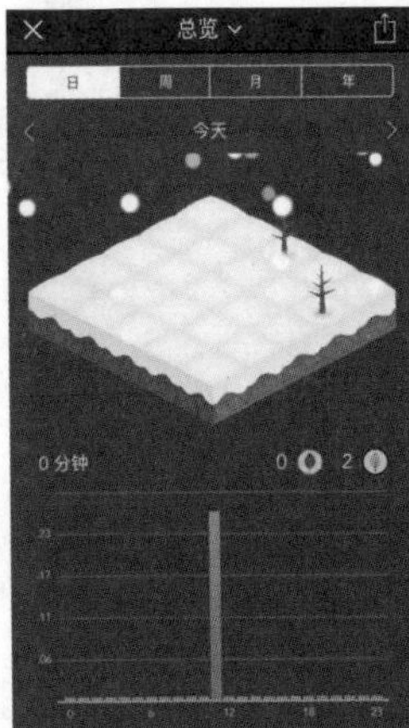
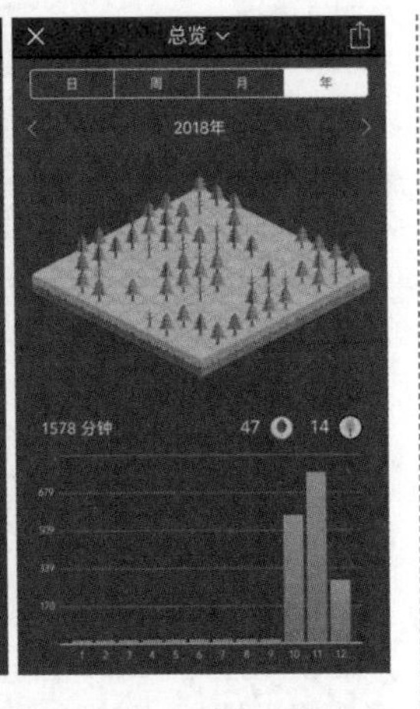

专家点拨

在使用Forest时，要善于激励自己。方法有：①以周/月/年为时间单位查看自己种下的树，增强成就感；②看排行榜，看看榜单前三名都专注了多长时间，向他们学习；③每次完成专注时间后，就写下一句鼓励自己的话。

>>>2. 多人专注模式

第1步：建立房间。 可以多人一起使用Forest，实现互相督促、共同进步的效果。❶切换到多人专注模式；❷设置好专注时间后，点击“建立房间”按钮，如左下图所示。

第2步：让好友加入。 ❶此时会生成“房间密匙”，让好友输入房间密匙进入房间；❷点击“开始”按钮，就可以进入专注模式了，如右下图所示。这时房间内的人都不可以使用手机，否则专注就会失败。

17.1.3 使用清单做好日程管理

现代人的工作和生活节奏都很快，如果不能有效管理每天的事务，就容易陷入“瞎忙”的状态。为了高效管理每个事项，可以使用相应的工具。使用工具来管理日程，而不是将待办事项装在脑海里，还能有效避免事项被遗忘。

日程管理App比较多，选择其中一款适合自己的软件管理事项即可。下面以好评度较高的软件“滴答清单”为例讲解日程管理的具体方法。

第1步：建立计划事项。 安装“滴答清单”手机App后，就可以建立计划事项了。进入App界面，点击按钮“+”，如左下图所示。

第2步：完成计划创建。 输入计划的名称后，就可以成功创建事项了。如右下图所示，如果完成了这个事项，可以在事项前面的小方框里打勾，就表示做完了这件事。

第3步：创建提醒事项。 “滴答清单”可以计划和安排后面日期中需要完成的事项，并设置提醒，以实现日程规划的效果。❶点击“+”按钮进入计划事项创建，输入计划名称；❷点击“日历”按钮，如左下图所示。

第4步：设置提醒日期。 ❶在日历中设置计划事项的提醒日期和时间；❷点击“完成”按钮，如右下图所示。

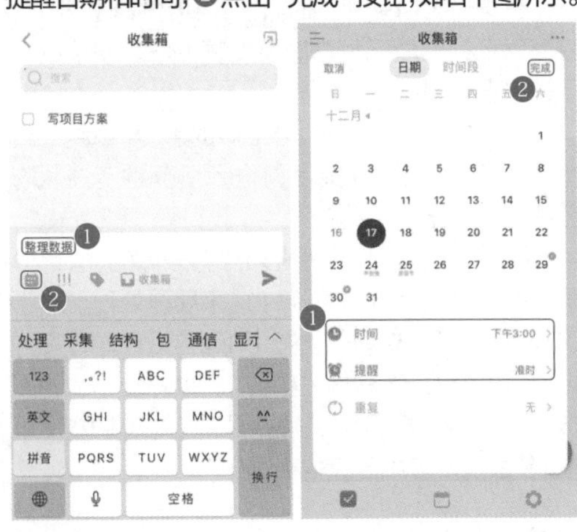

第5步:查看计划清单。❶此时可以选择某一日期，查看该日期下的清单。例如选择12月16日，可以看到该日期下的未完事项；❷切换到12月17日，可以看到该日期下的未完事项，如下图所示。

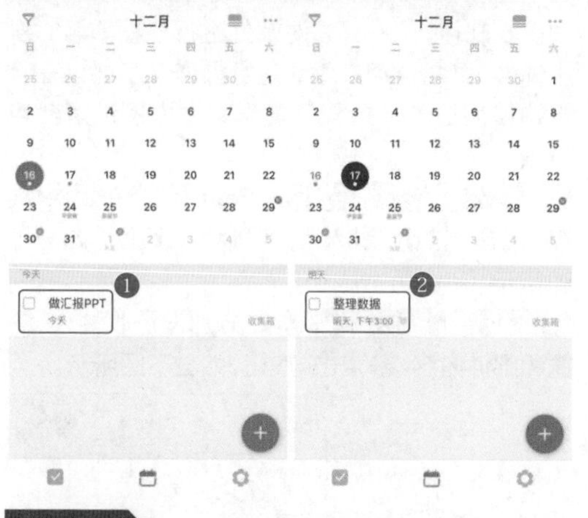

专家点拨

如果有太多的日程需要管理，建议使用付费版“滴答清单”。付费版的App可以显示“日历月视图”，提供了一整月的计划总览，帮助用户对整月的事项安排、工作量、事项进度有一个整体的了解。

在“滴答清单”中进行日程管理时，可以设置事项的优先级。❶创建一个新的计划事项，输入事项名称；❷点击“!!!”按钮，选择事项优先级，例如选择“高优先级”；❸就表示这件事需要优先完成，如下图所示。

17.2 邮件处理

※ 思路解析

在日常工作和生活中，常常需要及时处理邮件。在PC端处理邮件很方便，可是如果在室外办事时有邮件需要及时处理就要学会使用移动端邮箱了。移动端邮箱的使用思路如下。

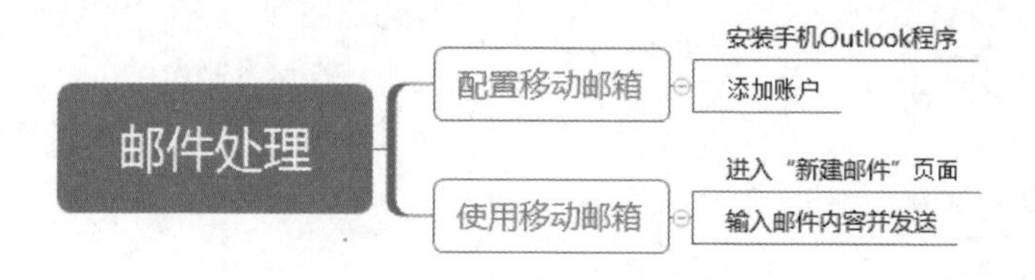

※ 步骤详解

17.2.1 配置移动邮箱

当用户没有使用计算机时，为了避免重要邮件不能及时查阅和处理，用户可在移动端配置移动邮箱。下面以在手机上配置移动Outlook邮箱为例，讲解如何配置移动端邮箱。

第1步：设置账户。在手机上下载并安装、启动Outlook程序；❶点击“请通知我”按钮；❷在打开页面中输入Outlook邮箱；❸点击“添加账户”按钮；❹打开“输入密码”页面，输入密码；❺点击“登录”按钮，如右侧及下图所示。

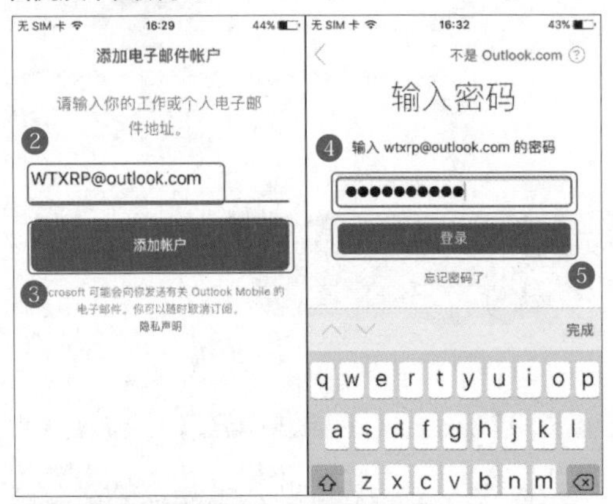

第2步：完成配置。在打开的页面中，❶点击“是”按钮；❷在打开页面中点击“以后再说”按钮，如下图所示。

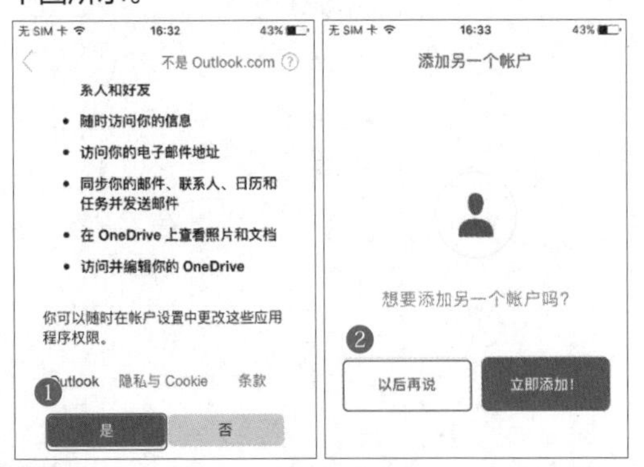

17.2.2 随时随地收发邮件

在移动端配置好邮件收发程序后，系统会自动接收邮件，用户只需对邮件进行查看即可。发送邮件，则需要用户手动进行操作。下面以在手机端使用Outlook程序发送邮件为例讲解使用方法。

第1步：进入新建邮件界面。启动Outlook程序，点击 按钮，进入“新建邮件”页面，如左下图所示。

第2步：输入邮件内容。❶分别设置收件人、主题和邮件内容；❷点击 按钮，如右下图所示。

专家点拨

手机端管理邮件的应用比较多，可以根据个人情况应用。如果固定使用一个邮箱，如QQ邮箱，可以安装QQ邮箱App来管理邮件。这类单一账户的App，只需要输入账号和密码就可以管理邮件；如果使用的邮箱比较多，那么就要安装可管理多种邮箱的工具，例如Outlook、电子邮件等App。这类管理多种邮箱的工具都需要进行账户配置，将常用的电子邮箱账户进行添加后使用。

17.3 文件处理

※ 思路解析

在计算机中可以轻松地打开各类文档和查看压缩文件，但是特殊情况下，如果需要在手机上查看这些文件，则会不那么方便。此时可以通过安装相应的手机软件来处理相关文件。具体思路如下图所示。

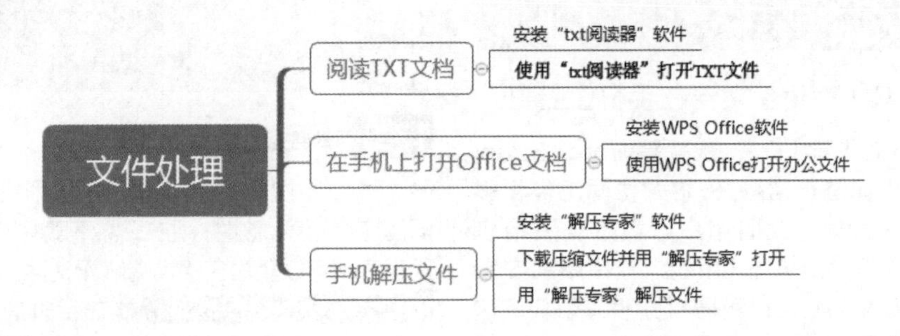

※ 步骤详解

17.3.1 TXT 文档显示问题

如果移动设备中的TXT文档显示混乱，很可能是因为该设备中没有安装相应的TXT应用程序。这时，可下载安装TXT应用来轻松解决。下面以在苹果手机中下载“txt阅读器”应用为例进行讲解。

第1步：安装阅读器。 打开App Stroe；❶在搜索框中输入“txt阅读器”；❷在搜索到的应用中点击所需应用的“获取”按钮，如这里点击“多多阅读器”应用的“获取”按钮进行下载，如右图所示。

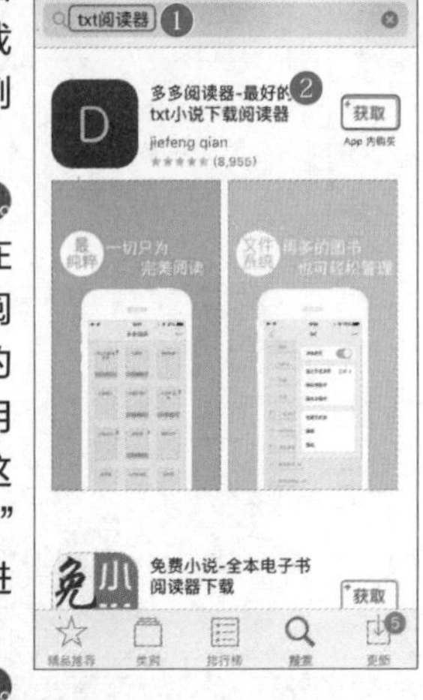

第2步：打开阅读器。 点击“打开”按钮，如右上图所示。

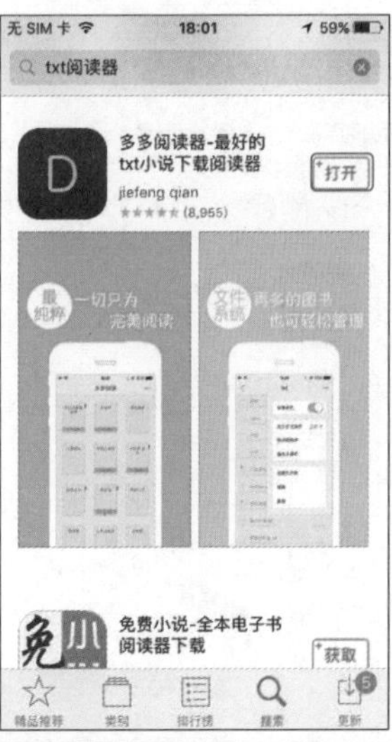

第3步：设置阅读器。 ❶在弹出的页面中点击“允许”/“不允许”按钮；❷在弹出的页面中点击Cancel按钮，完成安装，如下图所示。此时就可以使用安装好的阅读器打开TXT文档，文档便不会再出现显示问题了。

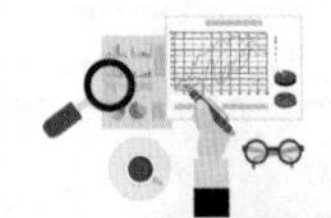

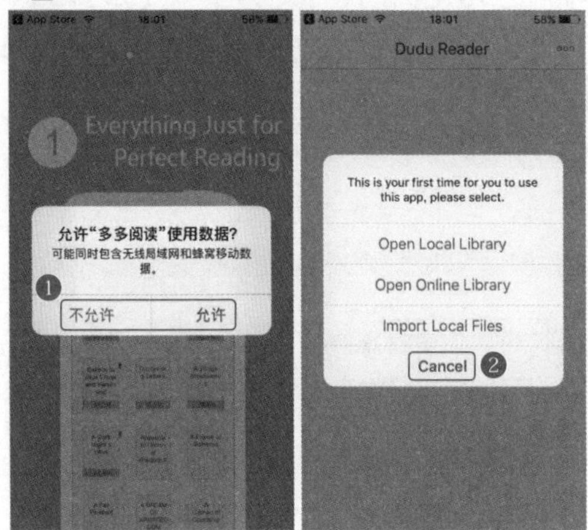

17.3.2 让 Office 文档在手机上打开

Office文档无法打开，也就是Word、Excel和PPT文件无法正常打开，这对协同工作和移动办公很有影响。此时用户可直接安装相应的Office应用，如WPS Office，或是单独安装Office的Word、Excel和PPT组件来解决。这里以在苹果手机中下载WPS Office应用为例进行讲解。

第1步：安装手机办公软件。打开App Stroe；❶在搜索框中输入“Office”，点击“搜索”按钮在线搜索；❷点击WPS Office 应用的“获取”按钮，如下图所示。

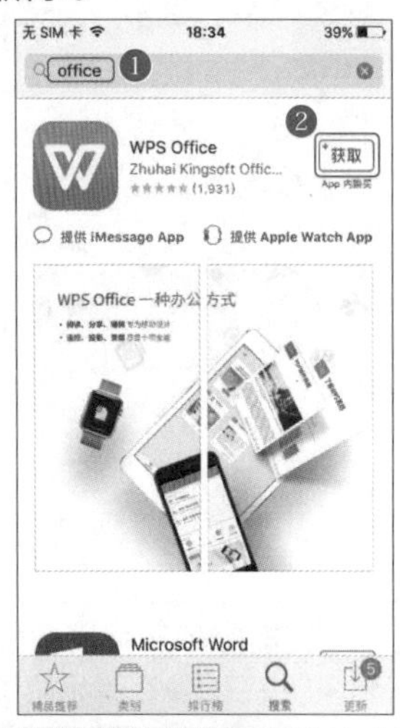

第2步：打开并设置软件。❶点击“打开”按钮；❷在弹出的页面中点击“允许”/“不允许”按钮，如右上图所示。此时就完成了软件安装，就可以使用软件打开Office文档了。

17.3.3 轻松解压压缩文件

移动端中压缩文件无法解压，很可能是没有解压应用程序，这时，用户只需下载并安装该类应用程序就可以轻松在手机端解压文件。

第1步：安装解压软件。❶在手机应用商店中搜索“zip”关键字；❷选择一款解压软件，如选择“解压专家”软件，点击“获取”按钮，如下图所示。

第2步：用其他应用打开压缩文件。在手机中下载压缩文件，如在QQ中下载压缩文件后，点击

"用其他应用打开"按钮，如左下图所示。

第3步：选择解压软件。 在弹出的软件列表中选择安装好的解压软件"解压专家"，如右下图所示。

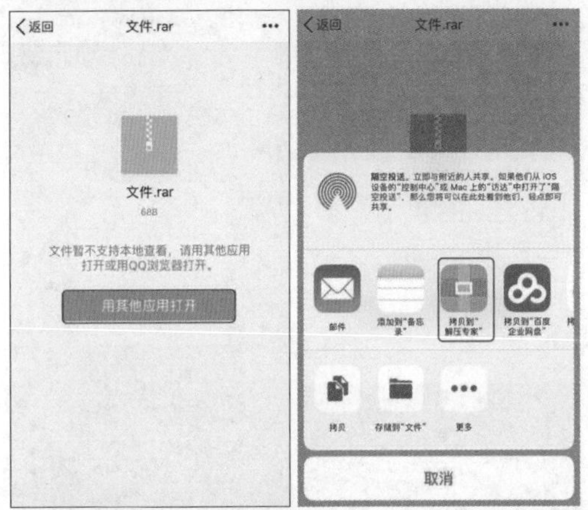

第4步：开始解压文件。 此时就会进入"解压专家"页面，点击"解压缩"选项，如右栏左图所示。

第5步：完成解压。 稍等片刻后，就可以完成文件的解压了。此时在"解压专家"中，既显示了解压前的压缩包，又显示了完成解压后的文件夹，打开文件夹就可以看到里面的文件了，如右下图所示。

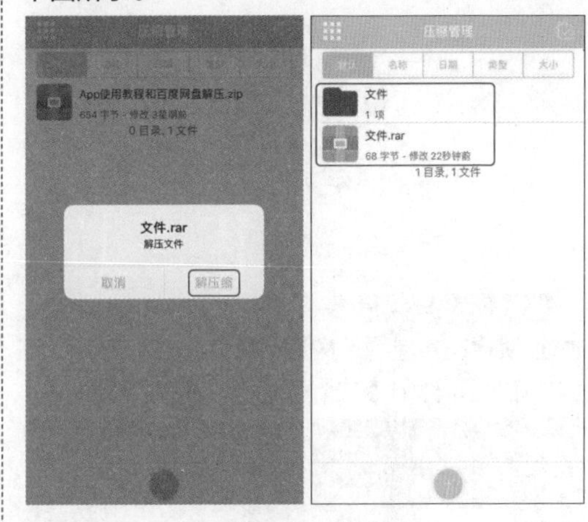

17.4 文件同步

※ 思路解析

现在的电子设备十分丰富，可以利用计算机、手机、iPad 等设备办公。为了让办公资料同步，不影响办公进度，可以通过 OneDrive 和云盘来实现文件同步。其具体思路如下。

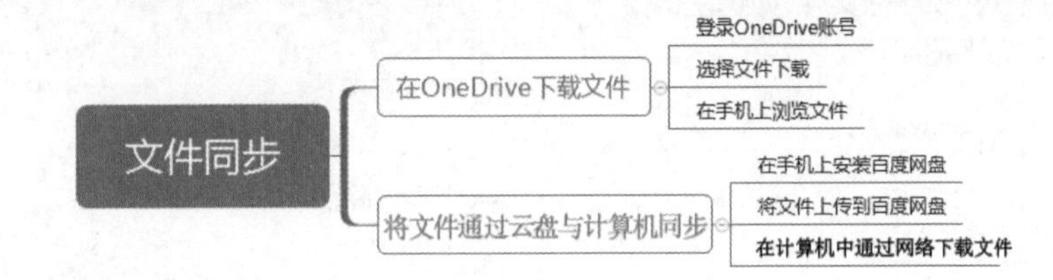

※ 步骤详解

17.4.1 在 OneDrive 下载文件

通过计算机或其他设备将文件或文件夹上传到OneDrive中，用户不仅可以在其他计算机上进行下载，还可以在其他移动设备上进行下载。如下面在手机中通过OneDrive程序下载指定Office文件，其具体操作如下。

第1步：安装OneDrive程序。 在手机上下载安装OneDrive程序并将其启动，如下图所示。

第2步：登录账户。❶在账号文本框中输入邮箱地址；❷点击“前往”按钮；❸在“输入密码”页面中输入密码；❹点击“登录”按钮，如下图所示。

第3步：选择文件。选择目标文件，如这里选择“产品利润方案(1)”，如下图所示。

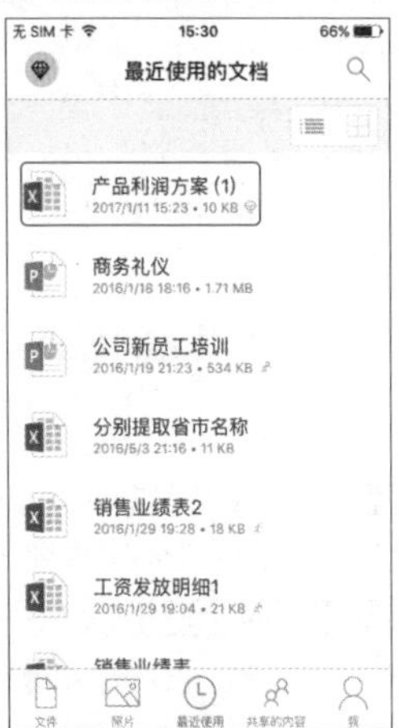

第4步：预览文件。❶进入预览状态，点击Excel表格；❷系统自动从OneDrive中下载工作簿，如下图所示。

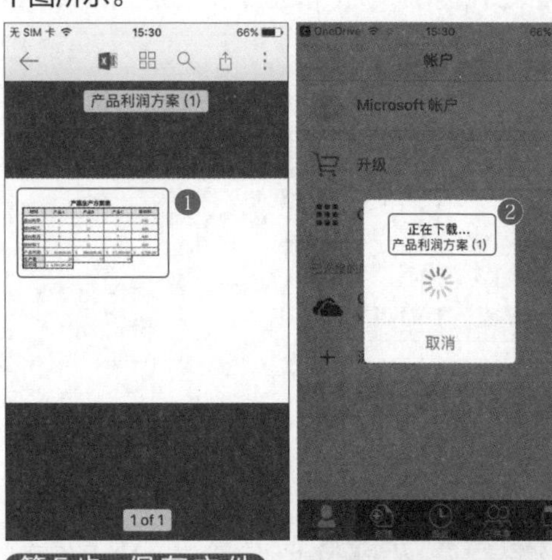

第5步：保存文件。系统自动将工作簿以Excel程序打开。❶点击按钮；❷设置保存工作簿的名称；❸在“位置”栏中选择工作簿保存的位置，如这里选择iPhone；❹点击“保存”按钮，系统自动将工作簿保存到手机上，如右侧及下图所示。

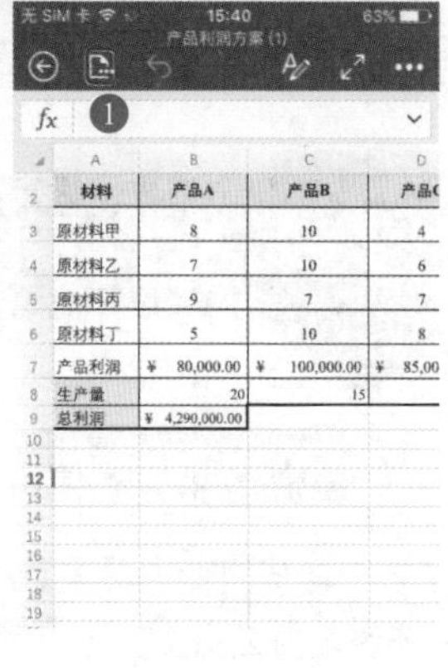

17.4.2 将文件上传到云盘中

在外办公时，或者是用手机拍摄了照片、做了

资料文档，可以通过手机将文件传送到云盘中，然后在计算机上进行下载，从而实现手机资料与计算机资料的同步。在手机中可选择的云盘客户端有多种，下面以常用的百度云盘为例进行讲解。

第1步：安装并打开百度网盘。首先在手机中安装百度网盘，然后将其打开。如果想将手机中的照片或视频上传到云端，点击“+”按钮，如左下图所示。

第2步：上传照片或视频。在弹出的菜单中选择“上传照片”或“上传视频”，就可以从手机中选择照片或视频上传了，如右下图所示。

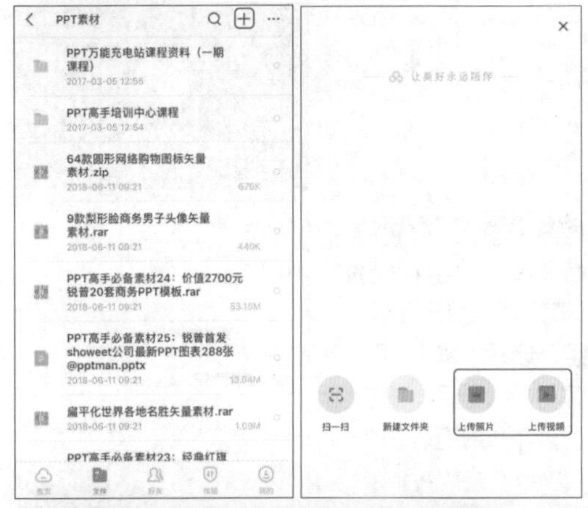

第3步：用其他应用打开要上传的文件。如果要上传的文件是Word、Excel、PPT等类型的文档，需要先打开这些文件，然后点击“用其他应用打开”按钮，如右上左侧图所示。

第4步：选择打开应用。点击“拷贝到‘百度网盘’”按钮，如左上右侧图所示。

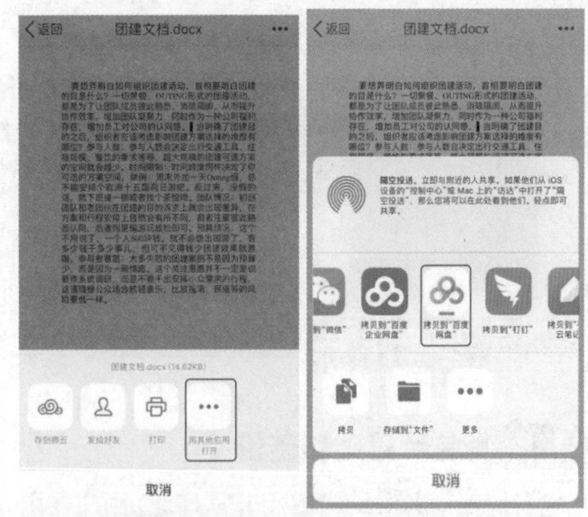

第5步：上传到云端。此时就可以在百度网盘中打开要上传的文件了。❶选择文件上传的网盘文件夹，如这里选择了“公司活动”文件夹；❷点击“上传”按钮，就可以将文件上传到百度网盘了。然后在计算机中登录网盘账号，就可以在计算机中下载和使用成功上传的文件，如下图所示。

17.5 人脉管理

※ 思路解析

在不同的社会交际活动中，人们常常收到他人的名片或互留联系方式。高效利用各种人脉关系的前提是管理好这些人脉关系，其思路如下图所示。

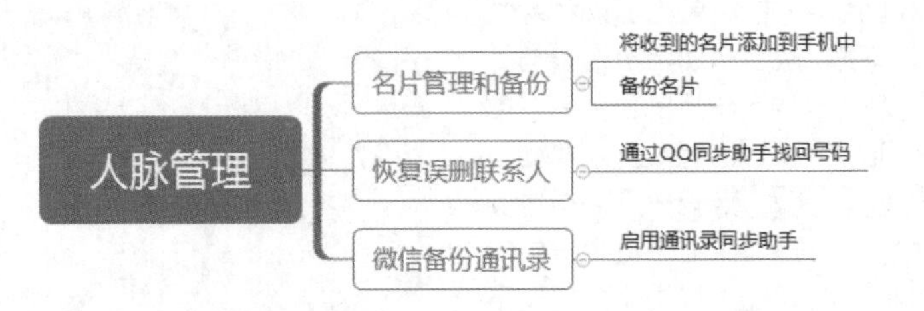

※ 步骤详解

17.5.1 名片管理和备份

名片在商务活动中应用非常广泛，用户要用移动端收集和管理这些信息，可借用一些名片的专业管理软件，如“名片全能王”。

>>>1. 添加名片并分组

第1步：进入名片管理页面。启动“名片全能王”，进入主界面，点击+按钮。

第2步：识别并保存名片。❶进入拍照页面，对准名片，点击“拍照”按钮，程序将自动识别并获取名片中的关键信息；❷点击“保存”按钮，如右侧及下图所示。

第3步：设置分组。❶选择“分组和备注”选项；❷选择“设置分组”选项；❸选择“新建分组”选项，如右侧图及下图所示。

第4步：完成分组。打开“新建分组”对话框，❶在文本框中输入分组名称，如这里输入“领导”；❷点击“完成”按钮；❸点击“确认”按钮完成操作，如下图所示。

第5步：查看分组效果。此时就成功将名片信息保存并分组，效果如下图所示。

>>>2. 名片备份

第1步：进入设置页面。❶点击"我"按钮；❷点击"设置"选项，进入设置页面，如右图所示。

第2步：添加备份邮箱。❶选择"账户与同步"选项，进入"账户与同步"页面；❷选择相应备份方式，如这里选择"添加备份邮箱"选项，如右上图所示。

第3步：登录邮箱。❶输入备用邮箱；❷点击"绑定"按钮；❸在打开的"查收绑定邮件"页面中输入验证码；❹点击"完成"按钮，如下图所示。

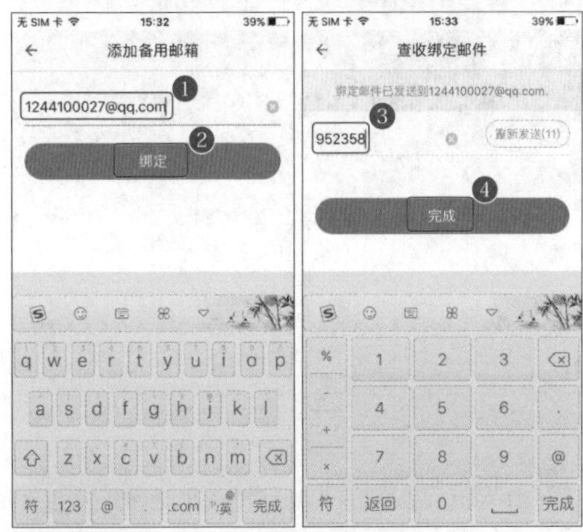

17.5.2 恢复误删联系人

若误将联系人删除或需要恢复删除的联系人，可使用"QQ同步助手"将其快速准确的召回，具体操作步骤如下。

第1步：号码找回。进入"QQ同步助手"的主界面；❶点击左上角的☰按钮；❷在打开的页面中选择"号码找回"选项，进入"号码找回"页面，程序自动找到删除的号码；❸点击"还原"按钮，如右图及下图所示。

第2步：完成号码找回。❶在打开的"还原提示"对话框中点击"确定"按钮，打开"温馨提示"对话框；❷点击"确定"按钮，如下图所示。

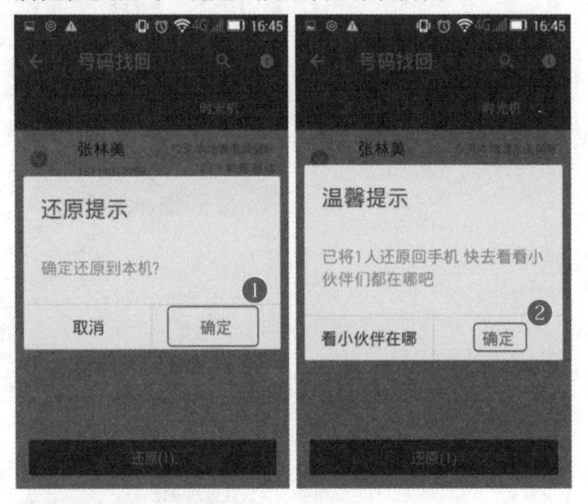

17.5.3 利用微信对通讯录备份

微信已经成为人们的必备通信工具，它除了可以进行联络外，还可以对通讯录进行备份，防止换手机、手机意外丢失等情况下，丢失通讯录联系人。

第1步：进入功能界面。启动微信；❶在"设置"页面中选择"通用"选项；❷在打开的页面中选择"功能"选项，如下图所示。

第2步：启用通讯录同步。进入到"功能"页面；❶选择"通讯录同步助手"选项，进入"详细资料"页面；❷点击"启用该功能"按钮。此时就可以成功在微信上同步通讯录，在手机意外丢失时，也可通过登录微信找回通讯录，如下图所示。

附：Word、Excel、PPT 高效办公快捷键速查表

一、Word 常用操作快捷键

为了提高工作效率，在用Word制作办公文档的过程中，用户可通过使用快捷键来完成各种操作。笔者特地为用户整理搜集了Word常用操作的快捷键，快来学学吧！适用于Word 2003、Word 2007、Word 2010、Word 2013、Word 2016等各个版本。

1. Word文档基本操作快捷键

快 捷 键	作 用	快 捷 键	作 用
Ctrl+N	创建空白文档	Ctrl+O	打开文档
Ctrl+W	关闭文档	Ctrl+S	保存文档
F12	打开“另存为”对话框	Ctrl+F12	打开“打开”对话框
Ctrl+Shift+F12	选择“打印”命令	F1	打开 Word 帮助
Ctrl+P	打印文档	Alt+Ctrl+I	切换到打印预览
Esc	取消当前操作	Ctrl+Z	取消上一步操作
Ctrl+Y	恢复或重复操作	Delete	删除所选对象
Ctrl+F10	将文档窗口最大化	Alt+F5	还原窗口大小

2. 复制、移动和选择快捷键

快 捷 键	作 用	快 捷 键	作 用
Ctrl+C	复制文本或对象	Ctrl+V	粘贴文本或对象
Alt+Ctrl+V	选择性粘贴	Ctrl+F3	剪切至”图文场”
Ctrl+X	剪切文本或对象	Ctrl +Shift+C	格式复制
Ctrl +Shift+V	格式粘贴	Ctrl+Shift+F3	粘贴”图文场”的内容
Ctrl+A	全选对象		

3. 查找、替换和浏览快捷键

快 捷 键	作 用	快 捷 键	作 用
Ctrl+F	打开“查找”导航窗格	Ctrl+H	替换文字、特定格式和特殊项
Alt+Ctrl+Y	重复查找（在关闭“查找和替换”对话框之后）	Ctrl+G	定位至页、书签、脚注、注释、图形或其他位置
Shift+F4	重复”查找”或”定位”操作		

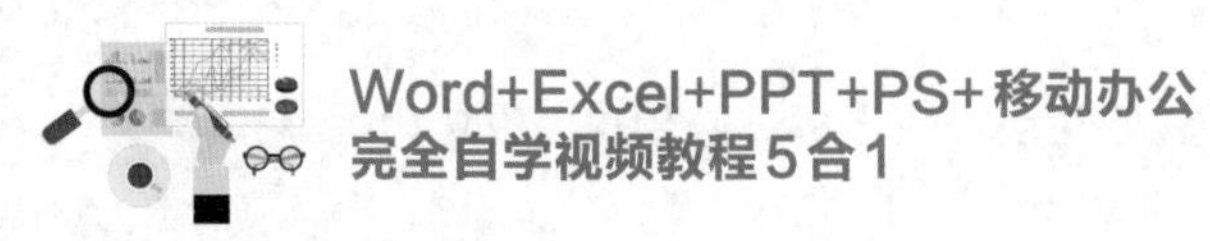

4. 字体格式设置快捷键

快　捷　键	作　　用	快　捷　键	作　　用
Ctrl+Shift+F	打开”字体”对话框更改字体	Ctrl+Shift+>	将字号增大一个值
Ctrl+Shift+<	将字号减小一个值	Ctrl+]	逐磅增大字号
Ctrl+[	逐磅减小字号	Ctrl+B	应用加粗格式
Ctrl+U	应用下划线	Ctrl+Shift+D	给文字添加双下划线
Ctrl+I	应用倾斜格式	Ctrl+D	打开”字体”对话框更改字符格式
Ctrl+Shift++	应用上标格式	Ctrl+=	应用下标格式
Shift+F3	切换字母大小写	Ctrl+Shift+A	将所选字母设为大写
Ctrl+Shift+H	应用隐藏格式		

5. 段落格式设置快捷键

快　捷　键	作　　用	快　捷　键	作　　用
Enter	分段	Ctrl+L	使段落左对齐
Ctrl+E	使段落居中对齐	Ctrl+R	使段落右对齐
Ctrl+J	使段落两端对齐	Ctrl+Shift+J	使段落分散对齐
Ctrl+T	创建悬挂缩进	Ctrl+Shift+T	减小悬挂缩进量
Ctrl+M	左侧段落缩进	Ctrl+ 空格键	删除段落或字符格式
Ctrl+1	单倍行距	Ctrl+2	双倍行距
Ctrl+5	1.5 倍行距	Ctrl+0	添加或删除一行间距

6. 特殊字符插入快捷键

快　捷　键	作　　用	快　捷　键	作　　用
Ctrl+F9	域	Shift+Enter	换行符
Ctrl+Enter	分页符	Ctrl+Shift+Enter	分栏符
Alt+Ctrl+ 减号	长破折号	Ctrl+ 减号	短破折号
Ctrl+Shift+ 空格键	不间断空格	Alt+Ctrl+C	版权符号
Alt+Ctrl+R	注册商标符号	Alt+Ctrl+T	商标符号
Alt+Ctrl+ 句号	省略号		

7. 应用样式的快捷键

快 捷 键	作 用	快 捷 键	作 用
Ctrl+Shift+S	打开”应用样式”任务窗格	Alt+Ctrl+shift+S	打开”样式”任务窗格
Alt+Ctrl+K	启动”自动套用格式”	Ctrl+Shift+N	应用”正文”样式
Alt+Ctrl+1	应用”标题 1”样式	Alt+Ctrl+2	应用”标题 2”样式
Alt+Ctrl+3	应用"标题 3”样式		

8. 在大纲视图中操作的快捷键

快 捷 键	作 用	快 捷 键	作 用
Alt+Shift+←	提升段落级别	Alt+Shift+→	降低段落级别
Alt+Shift+N	降级为正文	Alt+Shift+↑↓	上移所选段落
Alt+Shift+↓	下移所选段落	Alt+Shift+ +	扩展标题下的文本
Alt+Shift+ −	折叠标题下的文本	Alt+Shift+A	扩展或折叠多有文本或标题
Alt+Shift+L	只显示首行正文或显示全部正文	Alt+Shift+1	显示所有具有“标题 1”样式的标题

9. 审阅和修订快捷键

快 捷 键	作 用	快 捷 键	作 用
F7	拼写检查文档内容	Ctrl+Shift+G	打开“字数统计”对话框
Alt+Ctrl+M	插入批注	Home	定位至批注开始
End	定位至批注结尾	Ctrl+Home	定位至一组批注的起始处
Ctrl+ End	定位至一组批注的结尾处	Ctrl+Shift+G	修订
Ctrl+Shift+E	打开或关闭修订	Alt+Shift+C	如果”审阅窗格”打开，则将其关闭

二、Excel 常用操作快捷键

笔者还将为大家献上精心收集的Excel常用快捷键大全，适用于Excel 2003、Excel 2007、Excel 2010、Excel 2013、Excel 2016等各个版本，有了这些Excel快捷键，保证你日后的工作会事半功倍。

1. 工作表的操作快捷键

快 捷 键	作 用	快 捷 键	作 用
Shift+F1 或 Alt+Shift+F1	插入新工作表	Ctrl+PageDown	移动到工作簿中的下一张工作表
Ctrl+PageUp	移动到工作簿中的上一张工作表	Shift+Ctrl+PageDown	选定当前工作表和下一张工作表

快　捷　键	作　　用	快　捷　键	作　　用
Ctrl+ PageDown	取消选定多张工作表	Ctrl+PageUp	选定其他的工作表
Shift+Ctrl+PageUp	选定当前工作表和上一张工作表	Alt+O+H+R	对当前工作表重命名
Alt+E+M	移动或复制当前工作表	Alt+E+L	删除当前工作表

2. 选择单元格、行或列的快捷键

快　捷　键	作　　用	快　捷　键	作　　用
Ctrl+ 空格键	选定整列	Shift+ 空格键	选定整行
Ctrl+A	选择工作表中的所有单元格	Shift+Backspace	在选定了多个单元格的情况下，只选定活动单元格
Ctrl+Shift+*(星号)	选定活动单元格周围的当前区域	Ctrl+/	选定包含活动单元格的数组
Ctrl+Shift+O	选定含有批注的所有单元格	Alt+;	选取当前选定区域中的可见单元格

3. 单元格插入、复制和粘贴操作快捷键

快　捷　键	作　　用	快　捷　键	作　　用
Ctrl+Shift+ +	插入空白单元格	Ctrl+ −	删除选定的单元格
Delete	清除选定单元格的内容	Ctrl+Shift+=	插入单元格
Ctrl+X	剪切选定的单元格	Ctrl+V	粘贴复制的单元格
Ctrl+C	复制选定的单元格		

4. 通过“边框”对话框设置边框的快捷键

快　捷　键	作　　用	快　捷　键	作　　用
Alt+T	应用或取消上框线	Alt+B	应用或取消下框线
Alt+L	应用或取消左框线	Alt+R	应用或取消右框线
Alt+H	如果选定了多行中的单元格，则应用或取消水平分隔线	Alt+V	如果选定了多列中的单元格，则应用或取消垂直分隔线
Alt+D	应用或取消下对角框线	Alt+U	应用或取消上对角框线

5. 数字格式设置快捷键

快　捷　键	作　　用	快　捷　键	作　　用
Ctrl+1	打开“设置单元格格式”对话框	Ctrl+Shift+~	应用“常规”数字格式
Ctrl+Shift+$	应用带有两个小数位的“贷币”格式(负数放在括号中)	Ctrl+Shift+%	应用不带小数位的“百分比”格式

Ctrl+Shift+	应用带两位小数位的“科学记数”数字格式	Ctrl+Shift+#	应用含有年、月、日的“日期”格式
Ctrl+Shift+@	应用含小时和分钟并标明上午(AM)或下午(PM)的“时间”格式	Ctrl+Shift+!	应用带两位小数位、使用千位分隔符且负数用负号(−)表示的“数字”格式

6. 输入并计算公式的快捷键

快 捷 键	作 用	快 捷 键	作 用
=	键入公式	F2	关闭单元格的编辑状态后，将插入点移动到编辑栏内
Enter	在单元格或编辑栏中完成单元格输入	Ctrl+Shift+Enter	将公式作为数组公式输入
Shift+F3	在公式中，打开“插入函数”对话框	Ctrl+A	当插入点位于公式中公式名称的右侧时，打开“函数参数”对话框
Ctrl+Shift+A	当插入点位于公式中函数名称的右侧时，插入参数名和括号	F3	将定义的名称粘贴到公式中
Alt+=	用SUM函数插入“自动求和”公式	Ctrl+’	将活动单元格上方单元格中的公式复制到当前单元格或编辑栏
Ctrl+`(左单引号)	在显示单元格值和显示公式之间切换	F9	计算所有打开的工作簿中的所有工作表
Shift+F9	计算活动工作表	Ctrl+Alt+Shift+F9	重新检查公式，计算打开的工作簿中的所有单元格，包括未标记而需要计算的单元格

7. 输入与编辑数据的快捷键

快 捷 键	作 用	快 捷 键	作 用
Ctrl+;(分号)	输入日期	Ctrl+Shift+:(冒号)	输入时间
Ctrl+D	向下填充	Ctrl+R	向右填充
Ctrl+K	插入超链接	Ctrl+F3	定义名称
Alt+Enter	在单元格中换行	Ctrl+Delete	删除插入点到行末的文本

8. 创建图表和选定图表元素的快捷键

快 捷 键	作 用	快 捷 键	作 用
F11 或 Alt+F1	创建当前区域中数据的图表	Shift+F10+V	移动图表
↓	选定图表中的上一组元素	↑	选择图表中的下一组元素
←	选择分组中的上一个元素	→	选择分组中的下一个元素
Ctrl + PageDown	选择工作簿中的下一张工作表	Ctrl +PageUp	选择工作簿中的上一个工作表

9. 筛选数据操作快捷键

快捷键	作用	快捷键	作用
Ctrl+Shift+L	添加筛选下拉箭头	Alt+↓	在包含下拉箭头的单元格中，显示当前列的“自动筛选”列表
↓	选择“自动筛选”列表中的下一项	↑	选择“自动筛选”列表中的上一项
Alt+↑	关闭当前列的“自动筛选”列表	Home	选择“自动筛选”列表中的第一项（“全部”）
End	选择“自动筛选”列表中的最后一项	Enter	根据“自动筛选”列表中的选项筛选区域

三、PowerPoint 常用操作快捷键

熟练掌握PowerPoint快捷键可以让我们更快速的制作幻灯片，大大的节约时间成本。下面的PowerPoint快捷键适用于2003、2007、2010、2013、2016等各个PowerPoint版本。

1. 幻灯片操作快捷键

快捷键	作用	快捷键	作用
Enter 或 Ctrl+M	新建幻灯片	Delete	删除选择的幻灯片
Ctrl+D	复制选定的幻灯片	Shift+F10+H	隐藏或取消隐藏幻灯片
Shift+F10+A	新增幻灯片节	Shift+F10+S	发布幻灯片

2. 幻灯片编辑快捷键

快捷键	作用	快捷键	作用
Ctrl+T	在句子，小写或大写之间更改字符格式	Shift+F3	更改字母大小写
Ctrl+B	应用粗体格式	Ctrl+U	应用下划线
Ctrl+I	应用斜体格式	Ctrl+=	应用上标格式
Ctrl+Shift++	应用下标格式	Ctrl+E	居中对齐段落
Ctrl+J	使段落两端对齐	Ctrl+L	使段落左对齐
Ctrl+R	使段落右对齐		

3. 幻灯片对象排列的快捷键

快捷键	作用	快捷键	
Ctrl+G	组合选择的多个对象	Shift+F10+R+Enter	将选择的对象至于顶层
Shift+F10+F+Enter	将选择的对象上移一层	Shift+F10+K+Enter	将选择的对象至于底层
Shift+F10+B+Enter	将选择的对象下移一层	Shift+F10+S	将所选对象另存为图片

4. 调整 SmartArt 图形中的形状

快 捷 键	作　用	快 捷 键	作　用
Tab	选择 SmartArt 图形中的下一元素	Shift+ Tab	选择 SmartArt 图形中的上一元素
↑	向上微移所选的形状	↓	向下微移所选的形状
←	向左微移所选的形状	→	向右微移所选的形状
Enter 或 F2	编辑所选形状中的文字	Delete 或 Backpace	删除所选的形状
Ctrl+→	水平放大所选的形状	Ctrl+←	水平缩小所选的形状
Shift+↑	垂直放大所选的形状	Shift+↓	垂直缩小所选的形状
Alt+→	向右旋转所选的形状	Alt+←	向左旋转所选的形状

5. 多媒体操作快捷键

快 捷 键	作　用	快 捷 键	作　用
Alt+Q	停止媒体播放	Alt+P	在播放和暂停之间切换
Alt+End	转到下一个书签	Alt+Home	转到上一个书签
Alt+Up	提高声音音量	Alt+ 向下键	降低声音音量
Alt+U	静音		

6. 幻灯片放映快捷键

快 捷 键	作　用	快 捷 键	作　用
F5	从头开始放映演示文稿	Shift + F5	从当前幻灯片开始放映
Ctrl+F5	联机演示演示文稿	Esc	结束演示文稿放映

7. 控制幻灯片放映的快捷键

快 捷 键	作　用	快 捷 键	作　用
N、Enter、Page Down、向右键、向下键或空格键	执行下一个动画或前进到下一张幻灯片	P、Page Up、向左键、向上键或空格键	执行上一个动画或返回到上一张幻灯片
B 或句号	显示空白的黑色幻灯片，或者从空白的黑色幻灯片返回到演示文稿	W 或逗号	显示空白的白色幻灯片，或者从空白的白色幻灯片返回到演示文稿
E	擦除屏幕上的注释	H	转到下一张隐藏的幻灯片
T	排练时设置新的排练时间	O	排练时使用原排练时间
M	排练时通过鼠标单击前进	R	重新记录幻灯片旁白和计时
A 或 =	显示或隐藏箭头指针	Ctrl+P	将指针更改为笔
Ctrl+A	将指针更改为箭头	Ctrl+E	将指针更改为橡皮擦

Ctrl+M	显示或隐藏墨迹标记	Ctrl+H	立即隐藏指针和导航按钮

四、Photoshop 图像处理常用快捷键

1. 工具快捷键索引

工具名称	快 捷 键	工具名称	快 捷 键
移动工具	V	矩形选框工具	M
椭圆选框工具	M	套索工具	L
多边形套索工具	L	磁性套索工具	L
快速选择工具	W	魔棒工具	W
吸管工具	I	颜色取样器工具	I
标尺工具	I	注释工具	I
透视裁剪工具	C	裁剪工具	C
切片选择工具	C	切片工具	C
修复画笔工具	J	污点修复画笔工具	J
修补工具	J	内容感知移动工具	J
画笔工具	B	红眼工具	J
颜色替换工具	B	铅笔工具	B
仿制图章工具	S	混合器画笔工具	B
历史记录画笔工具	Y	图案图章工具	S
橡皮擦工具	E	历史记录艺术画笔工具	Y
魔术橡皮擦工具	E	背景橡皮擦工具	E
油漆桶工具	G	渐变工具	G
加深工具	O	减淡工具	O
钢笔工具	P	海绵工具	O
横排文字工具	T	自由钢笔工具	P
横排文字蒙版工具	T	直排文字工具	T

工具名称	快 捷 键	工具名称	快 捷 键
路径选择工具	A	直排文字蒙版工具	T
矩形工具	U	直接选择工具	A
椭圆工具	U	圆角矩形工具	U
直线工具	U	多边形工具	U
抓手工具	H	自定形状工具	U
缩放工具	Z	旋转视图工具	R
前景色 / 背景色互换	X	默认前景色 / 背景色	D
切换屏幕模式	F	切换标准 / 快速蒙版模式	Q
临时使用吸管工具	Alt	临时使用移动工具	Ctrl
减小画笔大小	[	临时使用抓手工具	空格
减小画笔硬度	{	增加画笔大小	]
选择上一个画笔	,	增加画笔硬度	}
选择第一个画笔	<	选择下一个画笔	,
选择最后一个画笔	>		

2. 菜单命令与快捷键索引

(1)【文件】菜单

文件命令	快 捷 键	文件命令	快 捷 键
新建 ...	Ctrl+N	打开 ...	Ctrl+O
在 Bridge 中浏览 ...	Alt+Ctrl+O Shift+Ctrl+O	打开为 ...	Alt+Shift+Ctrl+O
关闭	Ctrl+W	关闭全部	Alt+Ctrl+W
关闭并转到 Bridge...	Shift+Ctrl+W	存储	Ctrl+S
存储为 ...	Shift+Ctrl+S Alt+Ctrl+S	存储为 Web 所用格式 ...	Alt+Shift+Ctrl+S
恢复	F12	文件简介 ...	Alt+Shift+Ctrl+I
打印 ...	Ctrl+P	打印一份	Alt+Shift+Ctrl+P
退出	Ctrl+Q		

(2)【编辑】菜单

编辑命令	快 捷 键	编辑命令	快 捷 键
还原 / 重做	Ctrl+Z	前进一步	Shift+Ctrl+Z
后退一步	Alt+Ctrl+Z	渐隐 ...	Shift+Ctrl+F
剪切	Ctrl+X 或 F2	拷贝	Ctrl+C 或 F3
合并拷贝	Shift+Ctrl+C	粘贴	Ctrl+V 或 F4
原位粘贴	Shift+Ctrl+V	贴入	Alt+Shift+Ctrl+V
填充 ...	Shift+F5	内容识别比例	Alt+Shift+Ctrl+C
自由变换	Ctrl+T	再次变换	Shift+Ctrl+T
颜色设置 ...	Shift+Ctrl+K	键盘快捷键 ...	Alt+Shift+Ctrl+K
菜单 ...	Alt+Shift+Ctrl+M	首选项	Ctrl+K

(3)【图像】菜单

图像命令	快 捷 键	图像命令	快 捷 键
色阶 ...	Ctrl+L	曲线 ...	Ctrl+M
色相 / 饱和度 ...	Ctrl+U	色彩平衡 ...	Ctrl+B
黑白 ...	Alt+Shift+Ctrl+B	反相	Ctrl+I
去色	Shift+Ctrl+U	自动色调	Shift+Ctrl+L
自动对比度	Alt+Shift+Ctrl+L	自动颜色	Shift+Ctrl+B
图像大小 ...	Alt+Ctrl+I	画布大小 ...	Alt+Ctrl+C

(4)【图层】菜单

图层命令	快 捷 键	图层命令	快 捷 键
新建图层	Shift+Ctrl+N	新建通过拷贝的图层	Ctrl+J
新建通过剪切的图层	Shift+Ctrl+J	创建 / 释放剪贴蒙版	Alt+Ctrl+G
图层编组	Ctrl+G	取消图层编组	Shift+Ctrl+G
置为顶层	Shift+Ctrl+]	前移一层	Ctrl+]
后移一层	Ctrl+[	置为底层	Shift+Ctrl+[
合并图层	Ctrl+E	合并可见图层	Shift+Ctrl+E
盖印选择图层	Alt+Ctrl+E	盖印可见图层到当前层	Alt+Shift+Ctrl+A

(6)【选择】菜单

选择命令	快　捷　键	选择命令	快　捷　键
全部选取	Ctrl+A	取消选择	Ctrl+D
重新选择	Shift+Ctrl+D	反向	Shift+Ctrl+I Shift+F7
所有图层	Alt+Ctrl+A	调整边缘 ...	Alt+Ctrl+R
羽化 ...	Shift+F6	查找图层	Alt+Shift+Ctrl+F

(7)【滤镜】菜单

滤镜命令	快　捷　键	滤镜命令	快　捷　键
上次滤镜操作	Ctrl+F	镜头校正 ...	Shift+Ctrl+R
液化 ...	Shift+Ctrl+X	消失点 ...	Alt+Ctrl+V
自适应广角	Shift+Ctrl+A		

(8)【视图】菜单

视图命令	快　捷　键	视图命令	快　捷　键
校样颜色	Ctrl+Y	色域警告	Shift+Ctrl+Y
放大	Ctrl++ 或 Ctrl+=	缩小	Ctrl+−
按屏幕大小缩放	Ctrl+0	实际像素	Ctrl+1 Alt+Ctrl+0
显示额外内容	Ctrl+H	显示目标路径	Shift+Ctrl+H
显示网格	Ctrl+’	显示参考线	Ctrl+;
标尺	Ctrl+R	对齐	Shift+Ctrl+;
锁定参考线	Alt+Ctrl+;		

(9)【窗口】菜单

窗口命令	快　捷　键	窗口命令	快　捷　键
动作面板	Alt+F9 或 F9	画笔面板	F5
图层面板	F7	信息面板	F8
颜色面板	F6		

(10)【帮助】菜单

帮助命令	快　捷　键		
Photoshop 帮助	F1